Cavitation of Hydraulic Machinery

유체기계에서의
공동화 현상

저 자 S. C. Li
대표역자 박한영
공동역자 정태희 · 안상구 · 구본철 · 박노현
신현욱 · 양재구 · 양철수

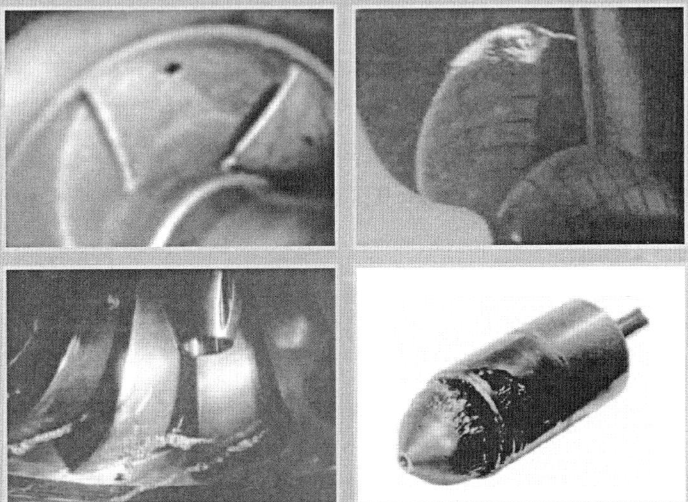

홍릉과학출판사

Cavitation of Hydraulic Machinery

Editor S.C.Li

차례

CHAPTER 3 기포 역학

Part 1: 단일 기포

Part 2: 복수 기포(확률론적 거동)

CHAPTER 7 공동화로 인한 진동

CHAPTER 8 기계 부정류로 인한 불안정한 공동화 유동

Part 1: 수차 부정류

Part 2: 펌프 부정류

CHAPTER 9 2상 유동

CHAPTER

1 소개

S.C. Li

1.1 공동화 (Cavitation)

1.1.1 발견

R. E. Froude가 최초로 "공동화" 용어를 사용하였고 1895년 Barnaby가 최초로 인용하였다[1.2]. 오일러가 1754년 수차 이론에서 이보다 훨씬 일찍 공동화 현상을 제시하였다[1.3]. 1893년 Barnaby & Parsons가 설계 속도 27노트의 영국 고속함정 HMS Daring의 날개에서 증기 기포가 프로펠러 장애(failure) 원인인 것으로 발견하고 최초로 실제 공동화를 규명하고 조사하였다[1.1]. 1895년 Parsons는 최초로 공동화 연구용 수로(water tunnel)를[1] 구축하여 공동화 및 공동화가 프로펠러에 미치는 손상 관계를 규명하였다. Rayleigh가 1917년 대형 액체 질량 내 빈 공동의 붕괴 문제를 해결하여 공동화 연구를 위한 기초이론을 전개하였다[1.9].

Parsons 및 Rayleigh의 기념비적인 과업 이후, 공동화에 대한 수많은 논문과 도서들이 발간되었지만 아직도 공동화에 대한 지식은 매우 제한된다.

1.1.2 분류

통상적으로 공동화는 액체 내 증기 또는 가스 또는 이들의 혼합체로서 기포의 생성, 성장, 붕괴 및 리바운드(rebound)와 같은 후속적인 활동으로 정의되며, 기포의 내용

[1]시험 단면이 12인치인 이 수로는 현재 영국 뉴캐슬대학에 있다.

물에 따라 증기공동화(vaporous cavitation)와 가스공동화(gaseous cavitation)로 분류할 수 있다. 공동화의 발생 기작은 비등(boiling)과는 다르며 압력이 임계 수치 이하로 감소하는 것과 직접 관련된 현상이다. 통상적으로 두 방법으로 압력이 감소한다. 하나는 빈번하게 유체역학 공동화라 불리는 유체 유동에 의해 압력이 감소한다. 다른 하나는 빈번하게 음향 공동화(acoustic cavitation)라 불리는 음장(acoustic field)에 의해 압력이 감소한다. 그러나 레이저의 광자(photon) 또는 기포 챔버 내 양성자(proton)와 같은 다른 기본 입자에 의해서도 공동화가 발생한다. 자연에서 액체 내 장력이 아니라 국부 에너지 침착(deposit)에 의해 이러한 공동화가 발생할 수 있으며, 이를 광학 공동화(optical cavitation) 및 입자 공동화(particle cavitation)라 부른다. 이 두 공동화 형식은 수력기계에서 발생하지 않는다.

Lauterborn은 1979년 공동화의 생성 기작에 따라 그림 1.1과 같이 공동화를 분류하였다[1.5]. Hutton이 1972년에 더욱 자세한 정보를 검토하여 제시하였다.

요즘은 단일/복수/확률론적 기포 역학, 음향 공동화, 수력 공동화, 공동화 발광, 공동화 소음 및 침식 등과 같이 다양한 분야에서 공동화 연구를 수행하고 있다.

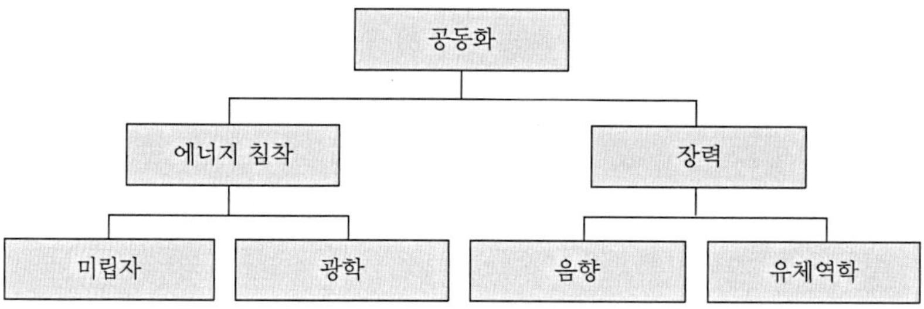

그림 1.1 공동화 분류

1.2 수력기계 및 공동화

1.2.1 공동화에 의해 발생하는 문제들

비록 공동화는 다른 분야들에서 약간은 선호될지라도 항상 대부분 수력기계에서는 원치 않는 현상이다.[2] 공동화는 실제로 고성능 기계 개발시 주된 장애물이다.

그림 1.2와 같이 공동화는 기계 부품을 침식시키며, 기계성능을 저하시키고, 소

[2]공동화는 일부 의료/산업 용도에서 사용된다. 상세한 내용은 참고문헌 [1.10] 참조.

그림 1.2 강력한 전연 공동화 공격에 의한 스폰지와 유사한 침식 패턴[17]

음, 진동(vibration) 및 전체 시스템 동요(oscillation)를 유발한다. 또한, 시너지 효과를 통해 부식/실트(silt) 침식이 증가된다. 한 예로서 그림 1.3은 공동화로 인해 손상된 수차와 펌프를 보여준다. 공동화 손상 복구비용은 고가라서 기계의 수명과 성능-가용성을 감소시킨다.

1.2.2 공동화와의 전쟁

지난 100년 동안 공동화의 발견 및 연구는 수력기계[3]의 발전과 깊은 관계가 있는 것을 보여준다. 주어진 적용 환경 아래 기계가 고성능 또는 비속도가 클수록 공동화 및 손상에 더욱 민감하게 된다.[4] 따라서 공동화는 고성능 기계 개발에서 주된 장애물이 된다.

공동화에 대처하기 위해 적정한 조치들을 조심스럽게 고려하여야 한다. 즉, 수력

[3]광의의 정의에서 작업 매체로서 유체를 사용하여 한 형식에서 다른 형식으로 에너지를 변화시키거나 또는 에너지를 전달하는 모든 기계를 수력기계라 한다. 이들의 기능에 따라 수력구동기계(예를 들어 수차), 펌핑기계, 수력전달, 수력추진(예를 들어 선박 프로펠러) 4형식으로 세분할 수 있다.

[4]예를 들어 공동화 침식률은 상대 유속의 6승에 비례하여 증가한다.

그림 1.3 공동화로 손상된 프란시스수차(상부)와 원심펌프 임펠러(하부)

계획, 기계 선정 및 중요 설계, 기계 설계 및 재질 선정, 기계 설치 높이 결정(즉, 수차의 경우 플랜트 공동화 지수 σ_p, 펌프의 경우 요구 순수 흡입수두 $NPSH_{req}$) 그리고 기계 운영/유지관리/보수 계획을 통해 균형을 맞추어야 한다. 따라서 주어진 프로젝트에서 포괄적이고 최적의 공동화 대처법을 개발하기 위해서는 많은 학문분야에 걸친 공동 노력이 필요하다.

공동화와의 전쟁에서 기본적으로 다음 두 사항에 집중한다. 첫 번째는 공동화를 방지하는 방법이고, 두 번째는 만일 공동화를 피할 수 없다면 손상 가능성이 있는 부분을 수용할 수 있는 수준으로 최소화하고 부품들의 보수 및 대체를 용이하게 하여 미래 복구비용을 감소시키기 위한 조치들을 취하는 것이다.

계획 설계시 또는 기계 선정시(특히, 설계 범위 밖에서 운영하는 경우) 기계 내부에서 공동화 발생의 계산과 예측 이론은 정확하지 않으며 또한 항상 신뢰성이 있는 것이 아니므로 반드시 이전 경험 또는 운영자료를 사용하여야 한다. 3D $k-\epsilon$ 모델과[5] 같은 고급 유동-모의 기법을 채택하여 기계의 수리설계를 최적화하여야 한다.

특히 가장 심각한 손상을 유발하는 공동화(보텍스 공동화) 그리고 흡출관 내 공동화된 보텍스 방출(shedding) 및 공동화된 보텍스 코어와 같은 비정상적인 공동화 유동을 피하는 것이 매우 중요하다. 공동화에 노출되기 쉬운 임계 유동 구조를 탐지하기 위해 적정한 모델-시험 기법을 채택하여야 하며, 원형에서 발생 가능한 공동화의 개시 및 성장을 예측하기 위해 정확한 스케일 법칙(scaling law)을 사용하여야 한다. 적정 기계 높이의 선정은 날개 공동화를 방지하기 위해 매우 중요하지만 날개가 없는 기계와 관련된 공동화에 미치는 영향은 거의 없다. 수용할 수 있는 공동화 정도를 보장하기 위해 $NPSH_{req}$ 또는 σ_p 수치 선정시 안전계수가 필요하다.[6] 그러나 기계를 깊게 설치할수록 더욱 많은 토목공사가 필요하기 때문에 자본비용이 증가한다. 따라서 조심스런 상호절충이 필요하다. 공동화 공격을 받기 쉬운 부분에 재질 자체 및 기계가공/보수 공정 모두의 측면에서 저렴하고 공동화에 강한 재질을 사용하면 공동화 손상을 효과적으로 완화시킬 수 있다. 예를 들어 기저 부하를 제공하는 수차의 경우 운영관점에서 가능하다면 설계점 이외 운영을 방지하는 것이 매우 중요하다. 또한, 카플란/프로펠러수차의 공기 주입, 날개 핀과 같은 공동화 방지 장치들은 빈번하게 사용되는 효과적인 처방이다. 낮은 공동화 및 대용량 에너지 기계를 개발하기 위해 새로운 설계를 추구하고 있다. 예를 들어 Li는 1964년 2열 캐스케이드 러너(double-row cascade runner) 개념[7]의 사용을 제안하였고[1.6], 이와 같은 기

[5]최근에 Keck(*Sulzer Technical Review* 1/97, pp26~29)는 $k-\epsilon$ 난류모델을 사용한 프란시스수차(스파이럴 케이스의 유입부부터 흡출관 유출구까지)의 완벽한 모의를 보고하였다.

[6]주로 날개 공동화로 야기된 특정 에너지(예를 들어 효율, 펌핑 수두 등) 저하에 대한 시험으로 기계의 *NPSH* 수치 또는 σ를 구한다. 실제로 이 단계에서 공동화는 여러 상태(status)로 이미 발달되어 있다.

[7]이 아이디어를 프란시스수차(Yunfeng Power Station, China, 1960년대 후반) 및 펌프(상하이 펌프 공장, 1970년대 초반)에서 우호적인 결과로 시험하였다. 최근에 Kvaerner Brug(노르웨이)는 중국 Lubuge 발전소를 위해 이와 같은 2열 구조를 사용하는 새로운 프란시스수차(단위 용량 150MW)를 개발하였다. 특히 비속도가 낮은 프란시스수차에서 2열(두 번째 열의 날개 익현 길이가 짧은) 캐스케이드 러너를 사용하여 다음 이유로 기계 공동화수 σ를 현저하게

계를 성공적으로 제작하였다. 유지관리 및 보수와 관련하여 공동화 및 공동화로 인한 손상을 최소화하기 위해 적정한 검사 및 유지관리 프로그램 그리고 보수 주기, 손상-원인 분석, 보수 방법 및 재질 선정 등과 같은 보수 방법은 매우 중요하다. 효과적인 보수 방법으로 기계에서 발생하는 공동화 문제의 최소화는 물론 완전 해결이 가능하다. 그렇지 않으면 손상은 점진적으로 확대된다. 개량 프로젝트 수행시 높은 에너지 성능(출력 및 효율)을 추구하면서 빈번하게 공동화 위험을 간과하는 경향이 있기 때문에 개량으로 인해 빈번하게 심각한 공동화 및 손상이 발생한다. 예를 들어 개량된 새로운 프란시스 러너(runner)는 통상적으로 직경이 크며 날개 숫자가 적고 보텀링(bottom ring)의 구석이 상당히 날카롭게 된다.[8] 이는 공동화에 민감한 유동 환경을 제공할 수 있으므로 개량 설계시 에너지 이득과 공동화 위험의 균형을 맞추도록 주의하여야 한다.

앞에서 언급한 것과 같이 적합한 포괄적인 공동화 방지 방법을 실행하면 큰 유지관리 없이 30년 동안 운영하고, 60년 수명 동안 공동화가 발생하지 않는 수차를 제작하는 것이 실제로 가능하다. 펌프의 경우 공동화 강도를 재질의 저항강도 이하로 제어하면 10년 수명을 보장할 수 있다.

감소시킬 수 있었다. (a)주 날개에서 우호적인 압력분포 변화, (b)일부 운영 조건에서 경계층 천이와 박리를 지연시키고, 이는 공동화 개시를 지연시킨다. (c)부분부하 운영 동안 2차 유동 형성의 완화. σ 감소 이외 양호한 유동 조건으로 인해 높은 에너지(효율) 영역이 더욱 넓어진다.

[8] 6.6.4절 예제 참조.

References

1.1 Barnaby, S. W. and Parsons, C. (1897), *Trans. Inst. Naval Arch.* 38.

1.2 Barnaby, S. W. and Thornycroft, Sir John, (1895), 'Torpedo Boat Destroyers', *Proc. Inst. Civ. Engrs.* 122, 57.

1.3 Euler, L. (1754), 'Histoire de l'Academie Royale des Sciences et Belle Letters', Memo. R.10, Berlin, pp266-267.

1.4 Hutton, S. P. (1972), 'The Saga of the Singing Kettle', Inaugural Lecture, University of Southampton, UK.

1.5 Lauterborn, W. (1979), 'Cavitation and Coherent Optics', *Cavitation and Inhomogeneities in Underwater Acoustics*, Springer-Verlag, pp3-12.

1.6 Li, S. C. (1964), 'Hydrodynamic Approach for Improvement of Hydroturbine Cavitation Performance', Graduation Thesis, Beijing University of Hydro Engineering; also, Proc. 2nd National Conference on Turbomachinery, Harbin, China.

1.7 Li, S. C. (1987), 'Cavitation Damage on Pump-turbine', Consultant File.

1.8 Parsons, C. (1912), Trans. N. E. *Coast. Engrs. & Shipbuilders.*

1.9 Rayleigh, Lord (1917), 'On the Pressure Developed in a Liquid during the Collapse of a Spherical Cavity', *Phil. Mag.* 34, pp94-98.

1.10 Young, F. R. (1989), *Cavitation*, McGraw-Hill, UK, pp389-408.

CHAPTER

2 공동화 및 공동화 형식

A.J. Acosta

2.1 공동화 현상

2.1.1 공동화

공동(cavity)이라는 용어는 라틴으로부터 유래되었고 고체 내부에 중공(hollow) 또는 빈 공간(empty place)을 의미한다.[1] 기술적 측면에서는 공동화의 용어는 여러 의미를 갖는다. 예를 들어 응력에 기인한 고체 내부 공극(void)의 형성을 의미한다. 또한 이 용어는 가스 진공의 초음속 확장에서도 사용된다. 해군 수리역학 및 수력기계 용도와 관련된 공학에서 공동화는 액체 내 공극(void), 중공(hollow) 또는 단순히 공동(cavity)의 형성을 의미한다. 이 경우 공동은 가스 상(phase)으로 충만 되고, 이 상은 원래 액체 매체의 증기, 액체 내 융해된 비압축성 가스 성분, 또는 유동의 동작 또는 고의적으로 공동 내부에 주입되거나 포획된 다른 가스의 조합으로 구성될 수 있다. 예를 들어 대양 자유 표면 인근에서 운영되는 해군 프로펠러 또는 부양 하이드로포일(hydrofoil)은 공기를 표면으로부터 포일의 저압 영역 내부로 포획하여 부양 표면의 성능에 큰 영향을 미칠 수 있는 커다란 공동을 형성할 수 있다. 이러한 프로펠러를 빈번하게 공동화한다고 말한다. 이 경우 공동의 내용물은 주로 주변 공기로 구성된다. 일부 저자는 이 용어 대신 "통풍(ventilation)" 또는 "인공 공동화(artificial cavitation)" 용어를 선호한다[2.1]. 실제로 공동을 발생시키기 위한 의도적인 공기의 도입은 포일(foil)/프로펠러에서의 부력을 수정하기 위해 잘 알려진 수단이며 그러한

[1] Oxford Compact Unabridged Dictionary, 1971.

목적으로 사용되어 왔다.

2.1.2 유체역학 공동화(Hydrodynamic cavitation)

액체 내 이러한 공동의 내용물들을 제공하기 위해 인접한 자유 표면 또는 인공 수단이 필요하지는 않다. 즉, 액체 매체 자체로부터 기화되어 공동이 생성될 수 있다. 통상적으로 이는 수력기계에서의 용어 공동화를 의미한다. 즉, 유체 유동 동작을 통해 액체의 증기압(vapour pressure)보다 압력이 낮은 액체로부터 공동화가 발생한다. 다시 말해 베르누이 효과에 따라 압력이 변화하므로 공동화는 하나의 동역학적 과정이다. 이에 따른 상변화는 다른 용해된 성분의 증기와 함께 액체의 증기를 제공한다. 그러나 상대적인 용해된 가스 함량의 중요도에 따라 더욱 상세하게 구별할 수 있다. 순수한 액체와 용해된 비압축성 가스로 구성된 열역학 시스템은 비압축성 가스(해양 및 수력기계에서 가장 공통적인 상황)의 분압에 비례하여 주어진 온도에서 평형 성분(equilibrium composition)을 가질 수 있다는 사실을 상기할 수 있으며 이 관계를 헨리의 법칙이라 부른다. 즉, 만일 주어진 온도와 성분의 전체 혼합 압력이 평형 압력보다 적으면, 용해된 가스는 용액으로부터 분출되어 공동 또는 가스 상을 형성하게 된다. 이 가스 상이 나타나는 평형 압력을 포점(bubble point)이라 부른다. 만일 액체 압력이 이 포점보다 낮으면, 액체부터 공동화가 발생할 수 있다. 만일 압력이 순수 액체의 증기압보다 낮으면, 공동 내부에서 액체의 가스성분과 증기성분 모두가 나타날 수 있다.[2]

비록 이 결과들은 잘 알려져 있지만 후술하는 것과 같이 특정 공동화 현상 해석 시 어려움과 불확도가 발생할 수 있다. Holl 교수는 그의 영향력 있는 논문에서 공동 내용물이 주로 비압축성 가스인 상황과 압축성 증기(통풍 또는 인공적인 공동화가 배제된 것으로 가정한다)인 상황들로부터 발생하는 공동화 현상들을 명백하게 구별하였다[2.36]. 그는 첫 번째를 "가스공동화" 그리고 두 번째를 "증기공동화"라 명명하였다. 이 두 형식 모두는 기술적으로 중요한 유동에서 발생하는 것은 물론 실질적으로 중요한 결과가 존재한다는 것을 알 수 있게 될 것이다.

지금까지 본 절에서는 유체 유동의 동적 운동에 의한 액체 내 가스/증기 상의 생성에 대한 물리적 기초를 기술하였다. 주어진 시스템 압력에서 액체 온도는 압력에

[2]더욱 복잡한 다중-성분 시스템은 석유-화학 펌핑 분야에서 흔하다. 해수는 시험실에서 흔하게 사용하는 수돗물과 다르며, Edstrand가 1984년에 지적하였듯이 해수 내 CO_2의 존재는 모델 시험에서 예상되는 공동화 발생 및 형식에 영향을 미칠 수 있다.

따라 동등하게 상승하여 순수 액체 성분의 "비등(boiling)"은 물론 용해된 비응축성 가스로 진화(gaseous evolution)하는 것이 명백하다. 사실 "기포성(bubbly)" 유동 내에서 발생하는 비등과 증기공동화는 본질적으로 동일한 현상을 갖는 측면에서 유사성이 많다. 그러나 유체 유동에서 전형적인 수력기계와 유체역학은 통상적으로 복합하고, 3차원이고, 비정상 점성 유동은 공동화 공동(cavitation cavity)의 실제 생성에 심오하게 영향을 미치므로 상이점도 존재한다. 이러한 다양한 공동화 형태와 형식, 공동화의 영향 중 일부, 그리고 공동화 개시(inception) 기작을 다음 절에서 토론한다.

2.2 공동화 형식

2.2.1 공동화 지수

여기에서 사용한 공동화 지수(cavitation index) σ는 공동화수(cavitation number)라 불리는 무차원 압력계수이다.

$$\sigma = \frac{p_\infty - p_v}{\frac{\rho U_\infty^2}{2}} \tag{2.1}$$

여기서 p_∞ : 액체의 기준 정압력

p_v : 순수 액체의 평형 증기압

ρ : 유체 밀도

U_∞ : 기준 유속

수력기계에 적용시 U_∞는 유입 상대 속도이다. 때로는 전체 유입압력 p_{t1}(공동화 장소에서)을 사용하고 $p_{t1} - p_v$ 차이를 $NPSP$(net positive suction pressure)라 부른다. 증기공동화가 발생하기 위해서는 $p_{min} < p_v$가 되어야 하며, 여기서 p_{min}은 유체 내 최소 압력이다. 공동화가 개시(inception 또는 onset)할 때 식 (2.1)의 수치를 공동화 개시 지수라 부르며 σ_i로 표기한다. 때로는 유동 또는 접수 표면(wetted surface) 내 압력 p을 알 수 있거나 또는 계산할 수 있으며, 다음과 같이 무차원 형태의 계수를 작성할 수 있다.

$$c_p = \frac{p - p_\infty}{\frac{\rho U_\infty^2}{2}} \tag{2.2}$$

따라서 다음 조건에서 증기공동화 개시가 명백하게 된다.

$$\sigma_i < -c_{p\ min}$$

1969년 Holl이 증명하였듯이 만일 $\sigma_i > -c_{p\ min}$이면 용해된 가스의 확산(diffusion)으로 인해 "가스공동화"가 발생한다. 대부분의 기술 적용시 실제 공동화수 σ는 공동화 개시 σ_i 수치보다 적고, 비록 알 수는 없지만 $-c_{p\ min}$보다도 적다.

2.2.2 스케일 효과와 공동화 형식

대부분의 수력기계 적용시 액체 터보기계의 운전은 상사법칙을 따르며, 기하학적으로 상사한 터보기계의 공동화 거동은 전적으로 공동화수에 종속되는 것으로 예상된다. 이를 따르지 않을 때는 "스케일 효과(scale effect)"가 원인이 된다. 공동화는 열과 질량이 전달되는 상(phase) 변화를 수반하는 복잡한 물리적 과정이고, 또한 기계 내 공동화의 발생여부 및 정도는 유체 자체 내부 공동화 핵(nuclei)의 농도에 종속된다. Holl은 이러한 스케일 효과를 다음과 같이 두 형식으로 분류한다[2.57]. 이 스케일 효과는 공동화의 형식과 외관에서 중요한 차이를 야기하기 때문에 공동화 형식 범위를 토론하기 전에 본 절에서 이들을 열거한다.

- **형식 1:** 이 스케일 효과는 레이놀즈수, 프루드수(Froude number), 또는 표면 조도와 같은 기하학적 효과의 변화에 의해 외부 유동장을 변화시키며, 난류 압력 동요를 포함한다.
- **형식 2:** 이 스케일 효과는 액체의 상변화를 지배하는 물리적 과정을 변화시키고 그리고 시간 스케일(time scale), 열 및 질량 전달, 표면 장력, 공동화 핵의 농도를 포함한다.

형식 1은 $-c_{p\ min}$ 수치에 영향을 미치는 한편, 형식 2는 국부적으로 극세기포(microbubbles) 및 공동들의 성장률 그리고 순수 액체의 증기압 p_v을 변화시킬 수 있다는 것을 암시하므로 이와 같은 형식 구별은 매우 중요하다. 후자를 열역학적 효과라 부르며, 차가운 물에서와 같이 액체의 밀도와 증기 상태의 비율이 크지 않은 액체의 펌핑에서는 이와 같은 열역학적 효과를 무시할 수 있다. 이를 배경으로 그리고 Acosta가 작성한 유사한 표에 의지하여 광범위한 상황들에서 공동화의 개시 및 개시 이하에서 발생하는 공동화 형식들을 표 2.1과 같이 작성할 수 있다[2.2]. 이 모든 공동 형식들은 펌프 또는 수차에서 발생할 수 있다. 기계 내부에서 이 유동을 관측하

표 2.1 공동화 형식

항목	형 식	묘 사
1	이동성 기포 공동화 (Travelling bubble cavitation)	구상(spheroidal) 기포가 자유유동속도로 표면 상부에서 이동한다.
2	쉬트 공동화 (Sheet cavitation)	축 대칭 몸체 또는 하이드로포일의 앞머리(nose) 인근으로부터 다소 뚜렷한 쉬트 형태로 발생한다.
3	초공동화 (Super cavitation)	항목 2와 유사하지만 통상적으로 완전 발달된 공동은 익현(chord)보다 길다.
4	기포-링 공동화 (Bubble ring cavitation)	몸체 표면 인근에서 매우 간헐적으로 분리된 영역에서 링 형태로 발생한다.
5	밴드 공동화 (Band cavitation)	많은 작은 기포들로 구성되어 육안으로 확인할 수 있는 공동화 영역을 형성한다.
6	고정된 패치 공동화 (Fixed patch cavitation)	공동화가 빈번하게 $-c_{p\ min}$ 인근에서 시작하여 일렬로 늘어선 쐐기 형상으로 발생한다.
7	이동성 패치 공동화 (Travelling patch cavitation)	항목 6과 유사하지만 하류측으로 이동하고, 이동성 기포 형태로 완만하게 통합된다.
8	반점 공동화 (Spot cavitation)	패치 공동화와 유사하지만 통상적으로 줄(string)에 더욱 유사하며 빈번하게 국부 조도에 기인하여 발생한다.
9	클라우드 공동화 (Cloud cavitation)	공동화하는 기포의 무리로서 십중팔구 절벽 몸체의 후류, 프로펠러 또는 하이드로포일 상에서 붕괴되는 쉬트 공동의 하류측에서 관측된다. 또한, 전단유동 및 제트 내에서도 관측된다.
10	팁 보텍스 공동화 (Tip vortex cavitation)	대부분 빠르게 회전하는 유동인 프로펠러 또는 하이드로포일 팁(tip)에서 뚜렷하게 관측된다. 또한, 터보기계의 틈새 유동(gap flow) 또는 팁 간극, 프로펠러의 허브(hub) 또는 설계점 이외에서 운영되는 수차에서 발생한다.
11	선회성 공동화 (Vortical cavitation)	절벽 몸체의 후류 내에서 관측되는 공동화로서 빈번하게 주 공동화와 부차적(유동방향) 공동화가 관측된다. 또한, 부분적으로 공동화하는 포일에서 불안정하게 붕괴되는 쉬트 공동의 하류에서 발생한다.
12	전단유동 공동화 (Shear flow cavitation)	벽 전단층과 제트의 자유전단층 내에서 관측된다.

는 것이 쉽지 않기 때문에 빈번하게 펌프 문헌에서는 단순하게 항목 1, 2, 3, 5, 6, 8의 공동화 형식을 "날개 표면 공동화(blade surface cavitation)"로 묶는다. 클라우드

공동화(Cloud cavitation)는 웨어링 링을 통한 준-제트(jet-like) 유동 내부에서 그리고 Stoffel이 기술한 것과 같이 역류 유동 및 접근하는 자오선(meridional) 속도의 혼합 영역에서 발생할 수 있다[2.72]. 만일 펌프가 설계점 훨씬 밖에서(예를 들어 설계 유량의 25% 유량에서) 운영되면, 유입측과 유출측 모두에서 강한 역류가 발생하며, 공동화 및 공동화 손상과 함께 유입부에 심각한 공동화 환경이 존재하고, 깃(vane)의 법선(normal) 압력 표면에서 공동화가 발생한다. Gülich의 관측에 따르면 간헐적으로 붕괴되는 클라우드 공동은 이러한 손상의 원인이 될 가능성이 크다[2.33].

지난 20년에 걸쳐 많은 수력 및 유체역학 실험실에서 이러한 다양한 공동화 형식, 공동화 묘사, 공동화의 근원 및 점성유체유동과의 연계, 극세기포 집단, 그리고 2-상 유동 기계를 강도 높게 연구하여 왔으며, 이러한 노력은 오늘날에도 계속되고 있다. 다수의 협회는 표 2.1의 긴 범주와 연결되는 많은 원인들을 집중적으로 다루어 왔다. 이 다양한 공동화 형식들이 유도된 참고문헌에서 이 원인들 중 일부가 여러 국제 심포지엄에서 언급되었다. 다양한 출처들 중 Rood[2.68]의 검토는 특히 공동화 개시와 관련된 유체역학 분야에 종사하는 사람들에게 가장 도움이 되며 International Towing Tank Conferences에서 구매할 수 있다[2.39].

스케일 효과를 유발하는 두 형식의 영향들을 재차 언급한다. 첫 번째는 실제 유체의 점성효과(viscous effect)이다. 다소 늦었지만 실험실에서 공동화 군락 내 유동에서 공통적으로 층류박리(laminar separation)가 존재할 수 있다는 사실을 인지하였다. 기포 링(ring), 밴드(band) 및 쉬트(sheet) 공동화 형태 모두는 층류박리 안에서 발생한다. 일부 몸체는 층류박리를 갖지 않는다. 극단적인 최소압력계수에서도 박리되지 않는 훌륭한 예는 이른바 "Schiebe" 몸체이다. 이 명칭은 연구시 이러한 특수 반쪽 몸체를 최초로 사용한 Frank Schiebe의 이름에서 유래되었다[2.70]. 그림 2.1은 두 개의 다른 수로 내 Schiebe 몸체 상에서 발생하는 공동화를 보여준다. 하나는 이

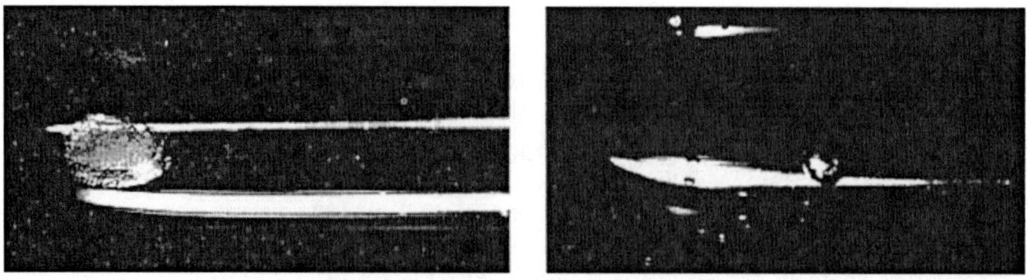

그림 2.1 Schiebe 몸체, $c_{p\ min}=0.75$에서 공동화(직경 50.8 mm의 동일한 몸체에서 하나는 $\sigma=0.46$에서 이동성 기포 공동화, 다른 하나는 $\sigma=0.6$에서 고정된 패치 공동화를 보여준다)[2.29]

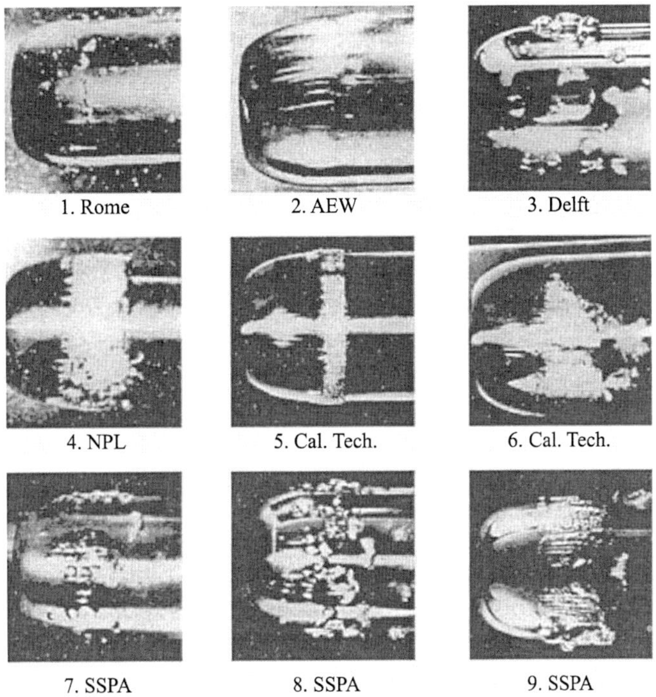

그림 2.2 층류박리가 발생하는 매끄러운 몸체에서 공동화 형식들[2.41]

동성 기포 공동화이고, 다른 하나는 고정된 패치 공동화이다. 이는 이 두 공동화 사이에 많은 중간 형식들이 존재할 수 있다는 것을 의미한다. 반면 그림 2.2는 Johnson의 round-robin 시험 조건에서 층류박리를 갖는 것으로 잘 알려진 ITTC 표준 헤드(head) 형식을 보여준다. 두 몸체 형식과 발생된 공동화 형식 사이에 중요하고 명백한 차이가 존재한다. 아마도 유체역학에서 가장 많이 실험한 반구형 헤드 형상도 층류박리를 포함한다. 그림 2.3은 링과 밴드 공동화를 보여준다. Arakeri가 최초로 점성효과의 중요성을 언급하였으며, 폴리머 주입 및 조도 조작을 통한 경계층 여기(excitation)로 이 점성효과를 조작할 수 있는 것으로 증명하였다[2.5]. 더욱 중요하게 큰 원형은 층류박리를 갖지 않는 반면 실험실 규모의 축소모형은 점성효과를 가질 수 있다. Arakeri 또는 Holl이 반구 몸체에서 수행한 과업에서 이동성 기포 공동화가 관측되지 않았지만, 신기하게도 Kodama는 다른 실험시 ITTC 표준헤드에서 이미 발달된 공동 또는 쉬트 공동이 형성되었을 때 개시를 훨씬 초과한 조건에서 시험 유체에 핵을 추가로 공급하여 이동성 기포 공동화를 관측하는 것이 가능하였다[2.57].

층류박리와 층류천이(laminar transition)의 존재는 표 2.1의 공동화 항목 1 또는

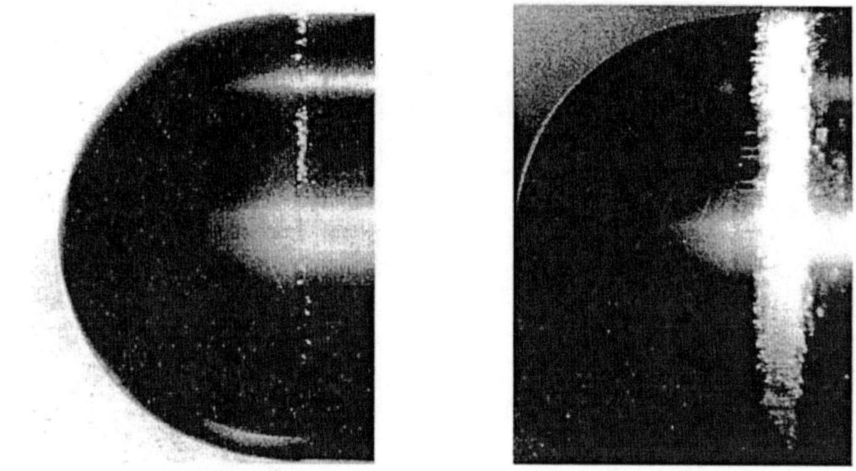

s = 0.626, V_∞ = 18.3 m/s, α = 9.5 ppm　　　　s = 0.610, V_∞ = 18.3 m/s, α = 9.2 ppm

그림 2.3 반구형 몸체에서 기포 링(왼쪽) 공동화와 밴드(band) 공동화(오른쪽)

유동에 영향을 미치는 외부 요인이다. 사실 이 스케일 효과의 일부 특성을 생성하기 위해 조도 요소에 의한 경계층 모의를 사용할 수 있고[2.54], 프로펠러 날개 전연(前緣, leading edges)에 이 기법을 성공적으로 적용하여 왔다[2.50, 2.38].

전술한 내용은 대부분 개시 인근에서 고찰한 결과이다(그림 2.4 제외). 모든 사례들에서 일정한 속도에서 공동화 지수가 개시로부터 더욱 감소하면서 공동화 범위가 증가하였다. Holl에 따르면 표 2.1의 항목 2, 4, 5, 6, 8 모두는 부착되고 제한된 공동화 형상들이다[2.36]. 공동화수가 지속적으로 감소하면 이들은 기포성 및 포말성(foamy) 영역으로부터 부착된 쉬트 공동으로 확장되며, 이 공동의 내용물은 주로 증기 및 용해된 가스이다. 그러나 이 영역의 종단(terminus)은 모든 몸체 상에서 매우 불안정하다. 공동이 상당히 길게 될 때까지 이 조건이 지배한다. 그러나 하이드로포일 또는 반 몸체(half body)에서 공동은 몸체보다 길게 될 수 있다. 여기서 명백한 쉬트 공동이 발생하며 Marshall Tulin은 이를 "초공동화(supercavitation)"라 명명하였다. Knapp은 이러한 일련의 이벤트를 논문에서 충분히 증명하였고, 광범위하게 수학적 및 수치적으로 유동을 해석하였다. 이 광범위한 주제에 대해서는 Wu의 검토[2.79], Murai[2.60] 및 Furuya[2.26] 논문을 참조한다.

이동성 기포 개시 형태로부터 더욱 광범위하게 공동화가 성장할 때 이벤트 순서를 명백하게 이해할 수 없다. 이런 상황에서 공동화 지수를 감소시키면 더욱 많은 기포들이 생성되고 이 기포들은 시험 몸체의 표면을 덮어 몸체 상에서 부착된 공동

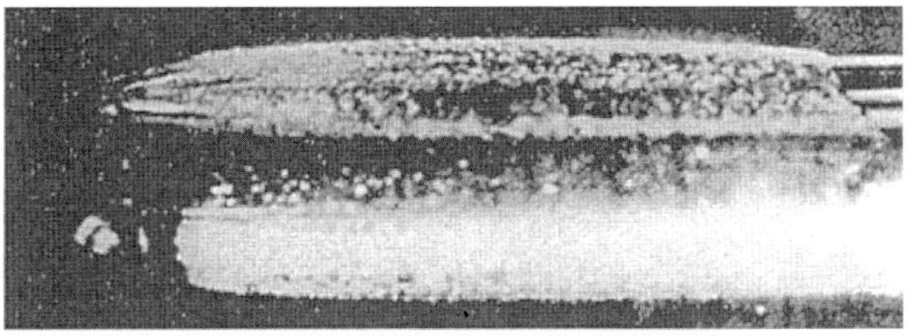

핵을 추가하지 않았을 때 ITTC 몸체에서 쉬트공동 $U_\infty = 6.8$ m/s, $\sigma = 0.60$

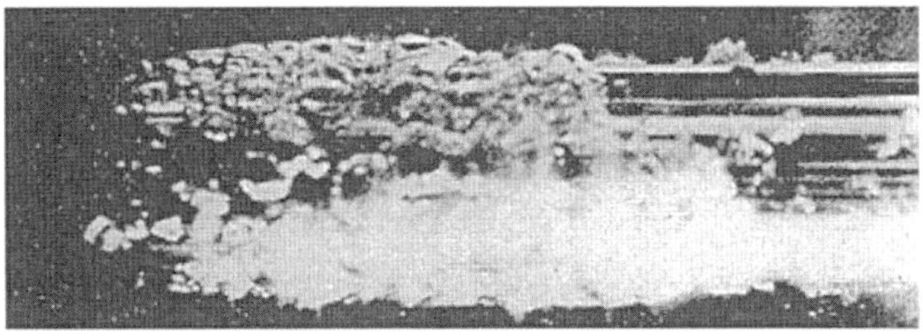

핵을 추가하였을 때 ITTC 몸체에서 기포공동 $U_\infty = 6.8$ m/s, $\sigma = 0.60$

그림 2.4 핵 농도가 다른 그림 2.2와 동일한 몸체

또는 쉬트 공동이 생성되는 조건에 도달하는 경향이 있다. 이 과정은 층류박리가 나타나지 않는 표면에서도 발생한다. Gates 그리고 더욱 최근에는 Ceccio는 그림 2.5와 같이 비박리(non-seperating) Schiebe 몸체 상에서도 이러한 과정을 확실하게 관

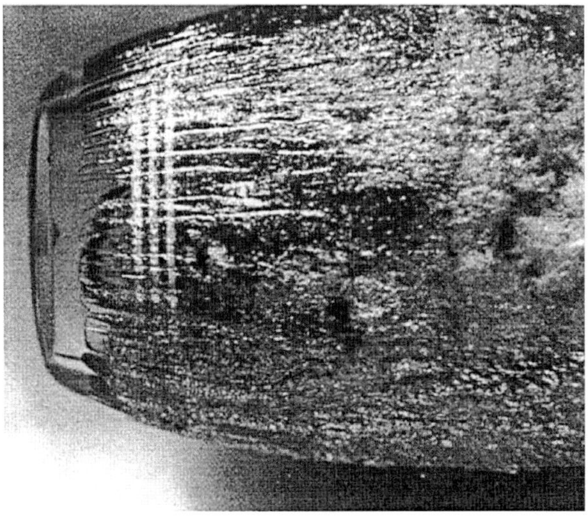

그림 2.5 아크릴 수지로 제작된 Schiebe 헤드 형태에서 형성된 부착된 공동(공동화 지수 σ =0.32, 그림 2.1과 동일한 몸체이지만 공동화 외관이 다르다)

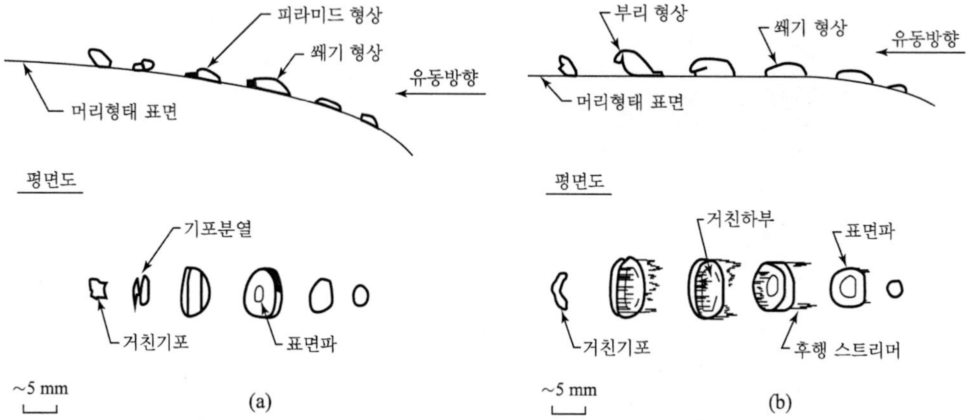

그림 2.6 공동화하는 기포 전개의 개요도[(a) 비박리 Schiebe 몸체, (b) 그림 2.2의 ITTC 헤드]

측하였다[2.28, 2.16]. 부착된 쉬트 공동의 생성은 상류측에서의 층류박리를 암시한다[2.6, 2.25]. 즉, 공동화 표면의 생성 자체가 박리되기 위해서는 상류에서 점성층이 필요하다. 이제 많은 이동성 기포의 존재는 몸체 상에서 층류박리 조건의 발생을 초래하는 것처럼 보인다. 그렇지 않으면 이 몸체는 박리를 갖지 않는다. 그러나 이러한 추정을 증명할 필요가 있다.

Ceccio는 Knapp이 최초로 찍은 사진과 같이 기포들이 멀리 떨어질 때에도 이동성 기포 공동화의 과정을 최근에 광범위하게 실험으로 연구하였다[2.17]. 그는 체계적인 사진으로 몸체의 층류박리 소유 여부에 따라 개별 기포 공동화의 성장과 붕괴의 이력이 상당히 다르다는 사실을 증명하였다. 그림 2.6a와 2.6b에서와 같이 두 경우 모두에서 기포는 전혀 구 형태가 아니며, 박리의 존재여부는 공동화 리바운드 과정 및 붕괴의 소음 신호의 결과에 중요한 영향을 미친다. 이전에 광범위하게 관측되었던 그림 2.6b와 같은 후행 스트리머(trailing streamers)는 공동화 유동 바로 아래 층류박리의 압력 내에서 발생하는 것으로 나타난다.

쉬트 공동의 종단(terminus) 인근에서 또는 재순환 전단유동 내부에서의 현저한 특징으로서 클라우드 공동화의 존재를 이미 언급하였으며, 이 공동화의 결과는 펌프 및 프로펠러에서 중요하다. Van der Muelen은 이 공동들의 붕괴 에너지가 상당히 클 수 있어 프로펠러 공동화 침식의 근원으로 추정할 수 있다는 사실을 증명하였다[2.77]. 이 과정의 집중도는 공동에 수직[즉, 날개길이방향(spanwise) 내]인 와도(vorticity)에 기인한다. 그림 2.7의 하이드로포일에서의 클라우드 붕괴 과정은 상기 과정을 잘 보여준다. 즉, 프로펠러 상 쉬트 공동은 통상적으로 3차원이고, 쉬트 공동

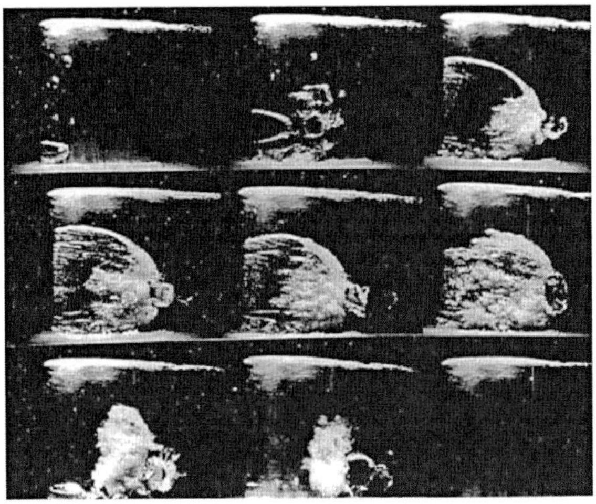

그림 2.7 동요하는 3차원 하이드로포일 NACA 64-309에서 급진적인 공동화 단계를 보여주는 일련의 사진. 감소된 주파수 0.88에서 평균 영각 7°을 중심으로 2° 동요하는 포일. 순서는 9° 영각에서 형성된 전연 공동화 공동를 보여준다(상부 왼쪽). 0.5° 증분으로 취한 사진은 이동성 기포로서 시작하여 전연 쉬트 공동으로 진행하여 7° 영각으로 동요하는 포일로서 집중된 클라우드 공동화로서 붕괴된다(보텀링). 포일의 종횡비 = 2, 익현 길이 = 15 cm[2.34].

종단은 상당한 뒤젖힘(sweep back)을 가지며 이로 인해 팁 보텍스 내부로 부드럽게 줄을 지어 이동하여 강한 클라우드 공동 붕괴가 방지된다. 하이드로포일을 통과한 불안정한 공동화 유동은 지속적으로 상당한 관심거리가 되며, 기포 "클라우드" 개념에 기초한 이러한 유동모델들은 많은 관심을 끌어왔다[2.63]. 최근 Kubota의 수치연구는 실험과의 상당한 유사성을 증명하였다[2.48]. 상당히 단순화된 유체역학적 상호작용 수단으로서 클라우드 공동의 구상은 이미 상당한 관심을 끌어 왔으며, 이 방법의 추가 개발이 예상된다[2.18, 2.22].

팁 보텍스 유동 및 팁 보텍스 공동화는 빈번하게 그리고 쉽게 육안으로 확인 가능하다. 극단적인 유한 종횡비(aspect ratio)의 특징을 갖는 프로펠러 및 포일의 유동 내부로 방출된 포일의 경계와도(bound vorticity)는 롤링업(rolling up) 보텍스 코어 내부에서 자신을 정리(organized)하여 공동화가 시작될 수 있는 낮은 압력을 형성한다. 유동의 복잡성은 상상을 초월할 수 있고[2.68], 유동은 반드시 정상유동(steady)일 필요가 없으며, 용존가스와 및 자유가스 함량뿐만 아니라 유동의 점성 특성에 민감하게 종속된다. 공동화 조건에 노출되는 시간 길이에 따라 개시는 증기 또는 가스가 될 수 있다고 생각된다. 펌프와 같은 수력기계에서는 통상적으로 슈라우드(shroud)가 없는 경우에는 그림 2.8에서와 같이 팁 간극 내에서, 슈라우드가 있는 경우에는

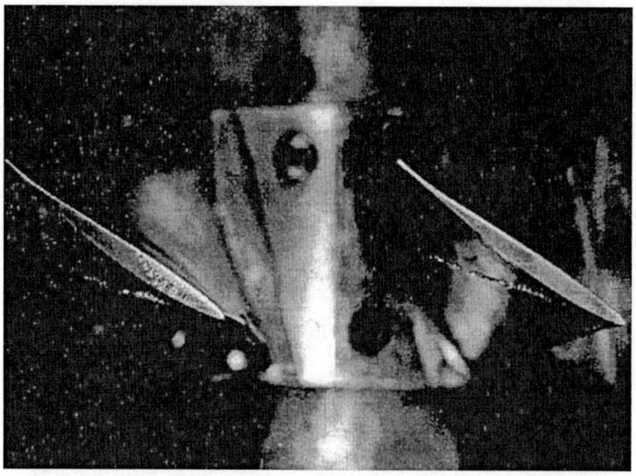

그림 2.8 둥근 날개 팁(오른쪽)과 각진 날개 팁의 축류 펌프에서 보텍스 공동화(Caltech 사진)

그림 2.9와 같이 임펠러의 웨어 링의 누수전단유동(leakage shear flow) 내에서 팁 보텍스 공동화가 발생할 수 있다. Grein은 조사 문헌에서 슈라우드가 있는 원심펌프 임펠러 아이 내부에서의 공동화 성장 사진을 보여준다[2.32]. 개시 단계시 날개 전연(前緣, leading edge)에서 부착된 공동화 형상은 유리 같은 쉬트 공동으로 발달하는 것으로 관측되며, 웨어 링 누수 유동 내부는 물론 슈라우드 표면에서 이동성 기포 공동화가 관측된다. 후자는 낮은 압력에서 "클라우드" 공동으로 나타난다.

슬롯(slots) 내부 후향계단(backward facing steps) 뒤 절벽 몸체의 하류측에서 발

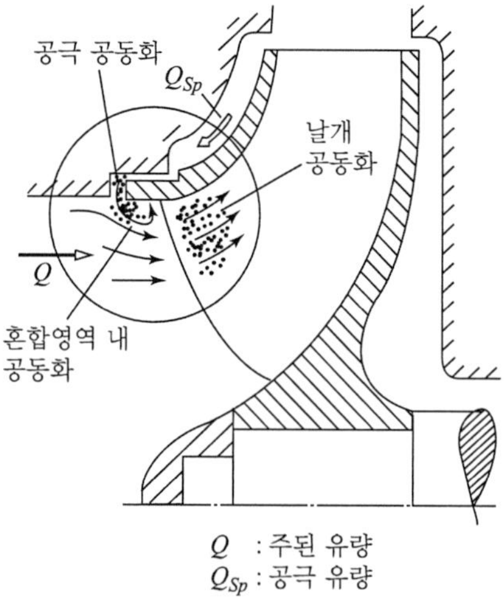

그림 2.9 펌프 유입부에서 공동화 위치[2.72]

견되는 강하게 회전하는 유동을 나타내기 위해 "선회성 공동화" 용어를 사용한다 [2.21]. 이 모든 사례에서 개시 단계에서의 공동화 지수는 몸체 표면에서의 $-c_{p\ min}$ 순간 수치 또는 시간 평균 수치보다 상당히 크다. 이에 대한 원인은 비정상 유동으로 인해 유체 내에서 동요하는 압력이 공동화를 야기하기 때문이다. 그러나 유동 장 내 동요하는 압력의 측정이 불가능하기 때문에 통상적으로 이 영역들 내 공동화가 가스 또는 증기 인지는 알려져 있지 않다. 이를 구분하기 위한 방법은 국부 압력의 척도로서 난류 비공동화(non-cavitation) 유동 내부 초기 균등한 극세기포의 체적을 사용하는 것이다[2.66]. Cimbala는 이와 같은 체적측정의 구상에 기초하여 압력 동요는 공기확산(즉, 천이 압력은 포점 이하이다)을 야기하기에 충분하지만 증기공동화를 야기하기에는 충분하지 않은 것으로 제시하였다[2.21].

표 2.1의 항목 12의 전단유동 공동화는 항목 11과 유사하지만 몸체 축척 길이(body scale length)가 존재하지 않는 특징을 갖는다. 즉, 이 공동화와 관련된 길이는 공간과 시간 구조 전단 층 자체의 특징을 결정하는 길이이다. 이러한 유동은 대부분 난류이며, 몸체 주변의 유동과는 다르다. 즉, 유동에 반응하는 것이 가능한 공동화 핵의 집단 및 이 혼합 영역의 특성(형식 1의 영향)이 공동화를 유발한다. Arndt는 이와 같은 유동들을 광범위하게 연구하여 왔다[2.8, 2.9].

본 절을 마무리 하면서 비록 여기에서 주된 공동화 형식의 개념 중 일부를 기술하였지만 이 개념들을 보편적으로 수용할 필요가 없다는 사실에 주의하여야 한다. 또한, 공동화의 "소실" 또는 "소멸" 조건보다는 "발생(onset)" 또는 "개시(inception)"에 대해 주의를 기울여야 한다. 이 두 수치는 중요하며, Holl이 기술하였듯이 액체 환경과 시험 절차는 시작과 소멸 결과에 상당한 영향을 미칠 수 있다[2.36, 2.44]. Keller가 지적하였듯이 이에 대한 이유는 부분적으로 재순환 시험 설비 내 핵 집단은 시간에 걸쳐 일정하지 않기 때문이다[2.52]. 더욱이 점진적으로 인지하고 있는 것과 같이 공동화는 확률과정이다[2.52]. 최근까지 수력산업의 펌프 및 수차 성능 및 내구성 시험시 이러한 많은 고려들을 대부분 간과하여 왔다. 그러나 발전소 및 산업 분야에서 플랜트의 긴 수명과 신뢰성 있는 펌프 운영의 중요성이 증가하면서 이제 공동화 과정은 주요 고려 대상이 되었다[2.33, 2.31, 2.11].

2.3 공동화 영향

Knapp은 "공동화는 영향이 바람직스럽지 않고 빈번하게 파괴적인 하나의 수력적 현상이다”라고 진술하였다. 특별한 자기-조정 펌프 설계시 또는 청소 또는 절단 장치에서 공동화를 유익하게 사용할 수 있지만 오늘날 대부분 수력 기술자들은 Knapp 교수의 의견에 동의한다. 또한, 공동화는 수력 장비의 성능을 좋지 않게 변화시키며 소음, 기계적 진동, 내부 유동 서징과 재질 손상(공동화 침식)을 초래할 수 있다고 보편적으로 인식하고 있다. 사실 공동화 침식은 수력발전소, 열 발전소, 산업 펌프 내 모든 수력 장비에서 발생하는 심각한 문제이며, 최초 프로펠러에 의한 배 추진시부터 오늘날까지 수력기계에서 지속적으로 존재해 왔다[2.47]. 수력기계 및 구조물에서 공동화의 영향을 기술하는 더욱 광범위한 최근 검토결과들을 읽어볼 것을 권장한다[2.9, 2.10].

2.3.1 일반 현상

공동화 지수가 개시로부터 감소하면서 공동화 범위가 증가한다. 하이드로포일과 같은 양력면(lifting surface)에서 공동화범위가 증가하면 양력계수가 변화하며 통상적으로 항력(drag)이 증가한다. 만일 공동화가 전연(前緣) 인근에서 시작하는 쉬트 공동이면, 양력계수는 처음에는 공동길이의 증가와 함께 상승하지만 공동이 포일보다 길어지면 상당히 낮은 수치로 감소한다(그림 2.10 참조). 일반적으로 공동화 유동(cavitating flow)은 고정적이지 않으며 전형적으로 쉬트 공동이 익현 길이의 1/3 ~ 1/2이 될 때 진동이 발생하며 여기서 공동 전체 또는 일부가 주기적으로 성장하고 붕괴되어 양력(lift force)의 동요를 초래하며, 양력의 동요는 포일 형식에 따라 평균 양력의 상당한 부분이 될 수 있다. 만일 공동이 익현(chord)보다 상당히 길어지면, 이러한 양력의 동요는 중지된다. 동요 주파수는 개시 직후 높고 공동 길이가 증가하면서 감소한다. 감소된 무차원 주파수는 다음과 같다.

$$k = \frac{\omega c}{U}$$

여기서 ω : 각 주파수(angular frequency)
c : 익현(chord)
U : 자유유동(free stream) 속도

이 주파수의 범위는 높은 경우 5로부터 낮은 경우 0.1 정도가 되며 넓은 주파수 대(frequencies band)가 존재할 수 있다[2.61].

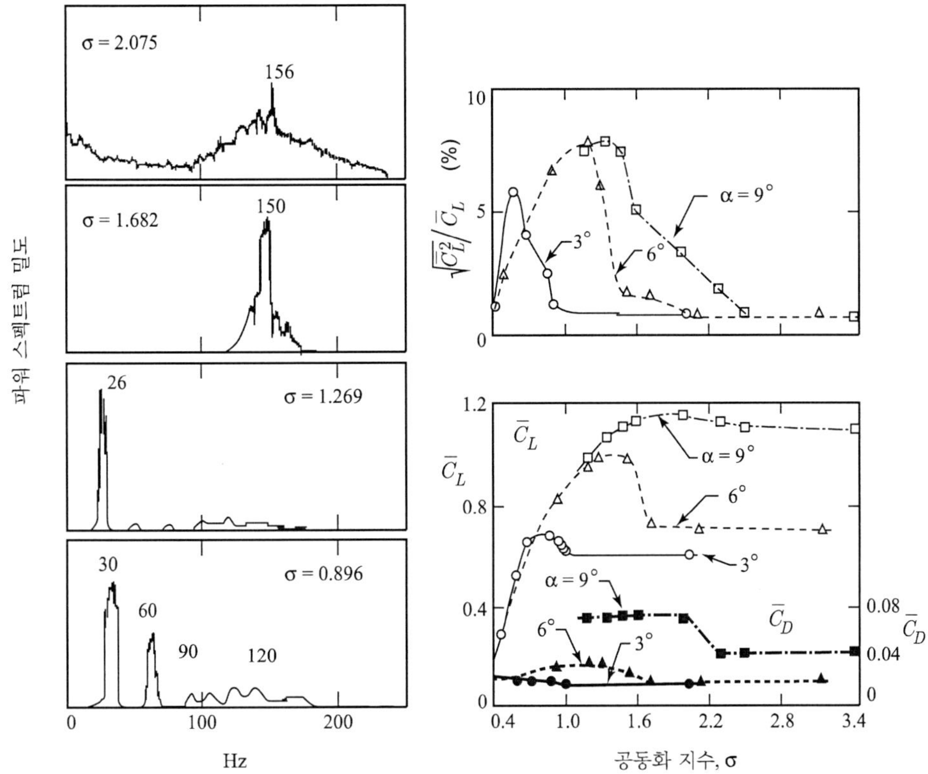

그림 2.10 양력에서 불안전한 영향과 이 영향의 주파수를 보여주는 포일의 양력과 항력에 대한 공동화 영향[2.61]

2.3.2 기계 성능에 미치는 영향

매우 유사한 과정이 펌프에서도 발생할 수 있다. 즉, 하이드로포일과 다소 유사한 비속도가[3] 중간 범위 $Ns \approx 0.75$인 펌프에서도 그림 2.11과 같이 양력계수 및 효율의 성능이 변화할 수 있다. 공동화로 인한 적은 성능손실은 수용할 수 있는 것처럼 보일 수 있다. 공동화 침식으로 인한 예상 수명에 따라 이 성능손실의 크기는 1 ~ 3% 범위로 변화한다. 원심펌프 임펠러에서 공동화 지수가 낮으면 전형적으로 유량계수(flow coefficients)가 작게 된다. 즉, 그림 2.11에서와 같은 급격한 성능 저하를 공동화 손상(breakdown)이라 부르며, 이는 임펠러 유입부에서의 큰 공동화 범위의 영향에 기인하며 그림 2.10과 같은 하이드로포일의 성능을 상당히 따른다. 일부 경우 동일한 비속도에서도 그림 2.11보다 상당히 낮은 공동화 지수 수치에서 펌프를 운영할

[3] $Ns = \Omega Q^{1/2}/(\triangle p_t/\rho)^{3/4}$, 여기서 Ω는 각속도(rads/s), $\triangle p_t$는 전체 압력 상승, ρ는 밀도, Q는 체적 유동률이다.

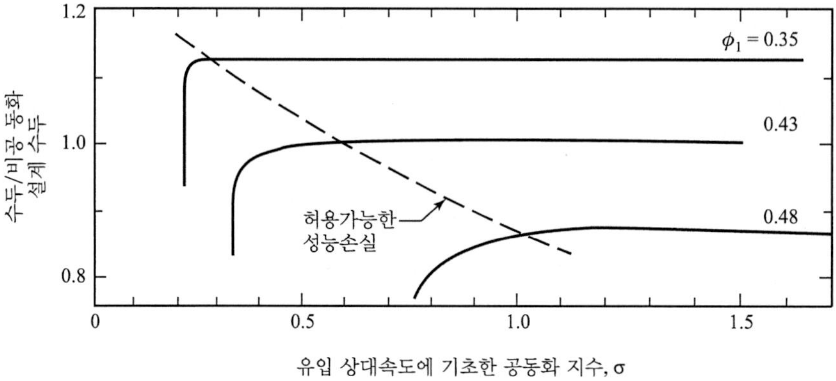

그림 2.11 상대 유입 속도에 기초한 공동화 지수–일정한 유입 유량계수에서 효율적인 원심펌프의 공동화 성능. 유량계수 ϕ_1은 유입 팁 속도 U_1에 대한 유입 축방향 속도의 비율이다.

필요가 있을 수 있다. 이런 경우 펌프 유입부에 임펠러와 한 몸체로서 또는 주 임펠러에 부착되는 별개 부품으로 경부하 수중익선 계단식 단면을[통상적으로 "인듀서(inducer)"라 부름] 사용할 수 있다. 이 인듀서의 유일한 기능은 주된 임펠러의 부분을 만족스럽게 운영하기 위해 필요한 전체 압력 상승을 제공하는 것이다. 즉, 인듀서의 무차원 압력상승은 수용할 수 있는 주 임펠러의 운영에 필요한 유입부 공동화 지수와 동일할 것이다.[4] 그림 2.12는 전형적인 인듀서 펌프의 공동화 성능을 보여준다

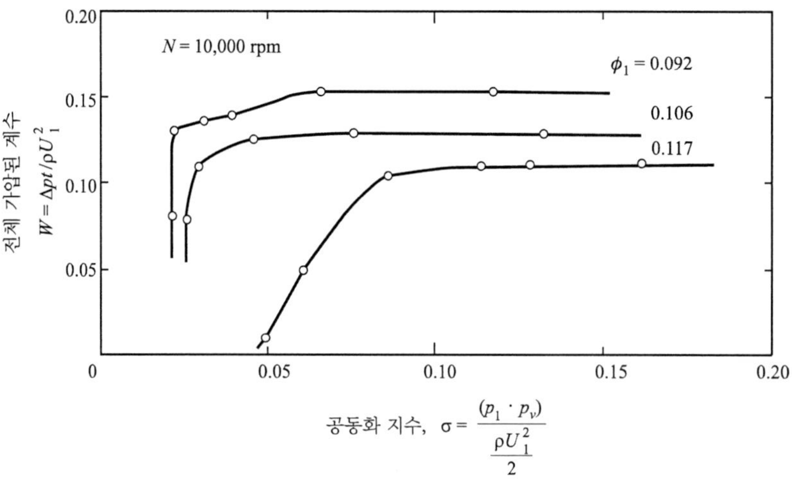

그림 2.12 원뿔 인듀서 펌프의 공동화 성능(날개수 = 3, 유입 팁 각도 = 7.5°, 외부 허브 비율 = 0.29, 팁 고형비 = 2.5)[2.42]

[4] 만일 둘 모두가 동일한 기준 동압에 기초하면.

[2.42]. 즉, 임펠러 축의 상류측에 인듀서가 부착되고 고정된 날개 배열(blading)을 방해하지 않는 펌프 임펠러의 공동화 성능은(그림 2.11과 같은 것) 두 구성품의 설계점에서 인듀서 단독 성능과 유사하고, 전체 압력 상승은 당초 펌프 임펠러의 압력 상승과 본질적으로 동일하다. 전 세계에서 이와 같은 인듀서 펌프를 광범위하게 연구하여 왔지만 이러한 사실을 언급하는 연구는 오직 소수이다[2.42, 2.75, 2.78, 2.40, 2.4, 2.74]. 팁 날개 각도의 범위가 6 ~ 15°이고, 고형비(solidities)[5]가 1.5 ~ 3인 경우 물 및 액화 산소와 같은 유체에서 최저 공동화 지수 수치 0.02를 쉽게 얻을 수 있다. 유체 상태가 상대적으로 임계점 인근이 되면 증기 공동을 채우기 위한 액체의 단열 증발로 인해 부분 증기압의 저하 및 그렇지 않은 경우보다 더 낮은 σ_i에서 운영을 초래하는 추가 열역학적 영향이 나타난다. 이는 표 2.1의 항목 2와의 상사성 효과[2.36]이며, 더욱 자세한 내용은 문헌 [2.9]를 참조한다.

펌프 운영을 위해 빈번하게 필요한 이와 같이 더욱 심각한 흡입조건은 개시 자체로부터 멀리 이동한다. 비속도가 중간($0.55 < Ns < 1.4$)인 펌프의 개시(inception) 공동화 지수와 손상(breakdown) 공동화 지수의 비율은 최소 2.5부터 10 이상의 범위가 된다[2.53]. 개시 인근에서의 조건은 아직도 고유 관심거리이고 다음 절에서 이에 대해 기술한다.

또한, 개별 하이드로포일 상에서 관측된 불안정한 공동화 동요는 완벽한 펌프에서도 발생하며, 인듀서 펌프에서 그림 2.13의 예와 같이 공동화 소음은 물론 불안정한 펌프 토출 및 흡입 압력을 야기한다[2.61]. 통상적으로 하이드로포일에서 쉽게 탐지할 수 있는 공동화 소음을 공동화가 발생하는 펌프의 기계 소음과 분리할 수 있으며, 공동화는 물론 침식의 존재여부를 확인하기 위한 진단 시험으로서 공동화 소음을 사용할 수 있다[2.33, 2.53, 2.76].

2.3.3 시스템 안정성 (System Stability)

수력기계인 펌프 또는 수차에서의 더욱 상세하고 중요한 공동화 유동 특징은 시스템 안정성의 가능성이다. 즉, 이와 같은 기계들과 관련된 시스템의 동요는 역사가 길며 제7장에서 충분히 기술하였다. 여기에서는 문헌에 보고된 많은 인듀서 펌프들의 불안정한 서지 동요는 수력시스템은 물론 수력시스템에 연결된 펌프(또는 수차)와의 상호작용현상이라는 사실을 인식하는 것이 중요하다. 이러한 동적 현상 해석 초기에

[5] 원주 방향 내 간격에 대한 날개 길이의 비율.

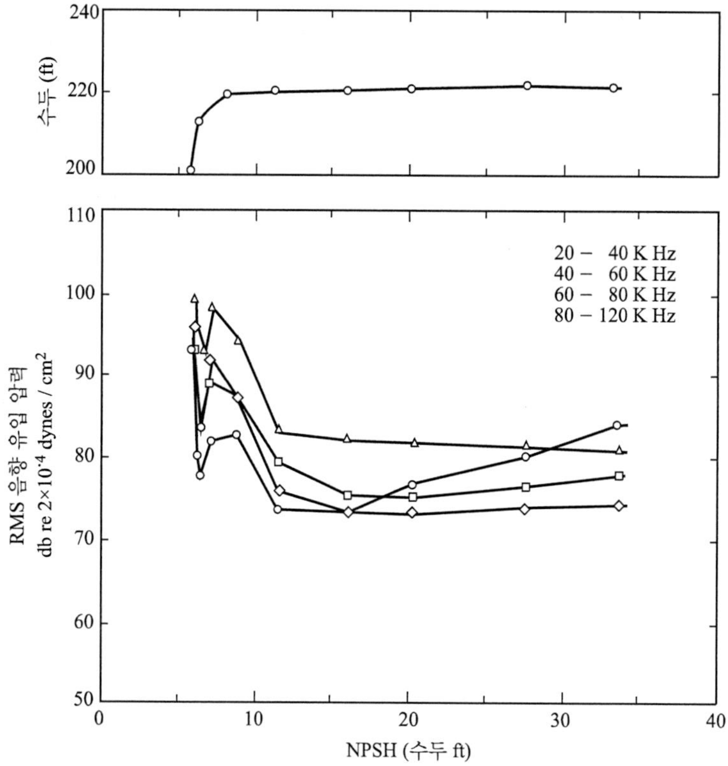

그림 2.13 다양한 주파수대에서 음향 출력의 변화 및 3600 rpm으로 회전하는 5인치 인듀서 펌프에서 형성된 전체 수두–NPSH(유량 600 gpm(U.S))[2.31]

공동화가 발생하는 수력기계의 동적 표현이 필요하다는 사실을 알게 되었다. 그림 2.11과 2.12의 공동화 성능 시험은 유입 압력이 안정되고, 회전속도와 유량이 일정한 조건(일부 상황에서는 현실화가 어려움)에서 성립되고, 시스템 동요가 발생할 때 이러한 조건들은 성립되지 않는다는 사실을 반드시 상기하여야 한다. 이로 인해 평균 운영점과 같은 펌프의 작은 동적 변화, 예를 들어 섭동(perturbations)을 나타내기 위해 1960년대 많은 기술자들이 다음 식을 사용하게 되었다.

$$\begin{pmatrix} \Delta p \\ m_2 \end{pmatrix} = [Z] \begin{pmatrix} p_1 \\ m_1 \end{pmatrix} \tag{2.3}$$

여기서 Δp : 동요하는 무차원 전체 압력 증가

m_2 : 동요하는 유출 유량 계수

p_1 : 동요하는 유입 공동화수

m_1 : 동요하는 유입 유량 계수

평균 수치들과 비교할 때 상기 모든 동요들은 작은 것으로 가정한다. $[Z]$항은 변환 행렬이며 이 계수들은 시간의 허수(complex)이고, 다음 예와 같이 감소된 주파수의 함수이다.

$$k = \omega / \Omega$$

여기서 ω : 동요 주파수(oscillation frequency)
Ω : 축 회전속도(만일 축 회전속도가 정속이 아니면 추가 항이 필요)

만일 $k \ll 1$이면 $[Z]$를 특정 항으로 추정할 수 있다. 즉, 정상적인 정적 펌프 성능 자료로부터 동요는 준-정적(quasi-steady)이 된다[2.69]. Caltech에서 $[Z]$의 4개 허수 성분 모두를 측정하였고, 이 4개 허수 모두를 결정할 수 있는 것으로 증명하였다[2.13]. 즉, 이들은 감소된 주파수의 함수로서 공동화 지수에 종속되는 것으로 증명되었다. 다른 측면에서 4개 허수는 정상적인 펌프 상사법칙을 따른다. 또한, 인듀서 펌프에서 광범위한 공동화가 발견된 경우 공동화 유동 펌프는 동요에 에너지를 입력시킬 수 있는 것으로 증명되었다. 즉, 초기 과업에서와 같이 펌프는 "수동적"이 아닌 용량성(capacitive), 저항성(resistive), 관성(inertance) 집중 매개변수 요소들로 구성된 "능동적" 요소가 된다. 더욱 최근에는 다른 실험기법을 사용한 Sulzer Bros.의 개발로 비속도가 $Ns \approx 0.6$인 전형적인 보일러 급수용 원심펌프에서 유사한 동적 요소들을 측정하였다[2.71]. 더욱 최근에 이 펌프들의 전형적인 공동화 영역(3% 이하의 수두손실) 내에서 앞에서 기술한 매우 단순한 수동적 표현은 수력시스템의 음향 분석에 충분하고, 실제로 초기 집중(lumped)-매개변수 추정치로 되돌아가는 것으로 증명되었다[2.15]. 제7장의 결과들로부터 이 준-정적 집중 매개변수 항들을 다음과 같이 물리적으로 해석할 수 있는 것으로 예상할 수 있다. Z_{11}의 실제 부분은[6] 표준 공동화 성능 곡선(그림 2.11)의 기울기에 상응하고, Z_{12}의 실제 부분은 정상적인 펌프 특성 곡선의 기울기에 상응한다. 펌프를 통한 액체 동요로 인한 관성의 영향은 Z_{12}의 가상적인 부분에 상응한다. 만일 펌프 내 실질적인 밀도가 시간에 따라 변화하면 유입측과 유출측 질량 유동률이 다를 수 있다. 즉, 이는 액체의 압축성은 물론 압력의 함수로서 생성된 공동화의 체적과 하우징의 탄성 모두의 영향을 포함한다. 따라서 항 Z_{21}, 즉 최종적으로 날개 입구 가장자리(blade inlet edges)에서 영각(angle of attack)은 공동체적을 변화시킬 수 있고, 이를 표현하기 위해 Z_{22}가 필요하다[2.13].

---

[6]통상적인 행렬 표기법 사용

그리고 더욱 최근에는 Nishiyama가 이 항들을 집중 연구하였다[2.64]. Bolleter의 관측은 대형 수력시스템이 본질적으로 역학을 지배하는 경우, 그리고 공동화의 크기가 작은 경우 공동화하는 펌프는 "수동적"이라는 것이다. 즉, 펌프 특성으로부터 준-정적 측정은 실제 Z_{12}에 충분하고, 액체 압축성은 Z_{21}, Z_{11}에 거의 충분하고, Z_{22}는 무시할 수 있고, 액체 관성의 기하학적 추정은 가상의 Z_{12}에 충분하다. 그러나 이 사례는 변환행렬의 모든 4개 항들을 반드시 평가하여야 하는 인듀서 펌프의 공동화 거동에 해당되지 않는다.

2.4 공동화 핵형성(Nucleation)과 개시(Inception)

2.4.1 개시 (Inception)

그림 2.2의 ITTC 시험 몸체와 같은 하나의 몸체 상에서 보여준 다른 공동화 형식들로 공동화 개시 지수의 가변성을 쉽게 상상할 수 있다. 이 몸체에 대한 개시 지수는 그림 2.14와 같으며 이들 모두는 중요한 스케일 효과(즉, $\sigma + c_{p\ min} \neq 0$)를 보여준다. 관련된 몸체(예를 들어 반구 몸체)와 비분리 몸체(예를 들어 그림 2.1, 또는 참고문헌 [2.80]의 매우 유사한 결과) 그리고 매끄러운 몸체 이외 벽 전단층(wall shear layers)과 자유 전단층(제트)에서 조도의 영향에 대한 많은 유사한 보고들이 제공된다[2.9]. 이들 모두는 복잡하고 그리고 전술한 두 스케일효과 형식으로 인한 상호 관련된 효과이다. 현재 Arndt 그리고 Rood 및 다른 출처로부터 층류박리(매끄러운 몸체 상 형식 2, 4, 5)의 선재(pre-existing) 영역 내에서 생성되는 공동화 개시 지수 σ_i는 다음 형태를 갖는 것으로 공감대가 형성된 것처럼 보인다[2.9].

$$\sigma_i \approx - c_{ps} - c_{pt} \tag{2.4}$$

여기서 $-c_{ps}$: 박리 영역 말단부(end) 인근에서 평균 압력계수
c_{pt} : 불안정한 압력 변동(pressure fluctuation)의 기준

일반적으로 질량 확산이 과정을 추진(drive)할 때를 제외하고 $\sigma_i < -c_{p\ min}$이 되고, $\sigma_i > -c_{p\ min}$인 경우 그림 2.15에서 가스공동화 결과들을 볼 수 있다[2.36]. 비록 난류 재부착(turbulent reattachment) 위치들과 층류/난류 경계층 천이를 구하기 위해 동압의 수 %를 초과하여 rms를 측정하여도 난류 압력 변동의 특성들은 잘 알려져 있지 않다. 선재 층류박리의 부재시 이동성 기포(형식 1) 또는 부착된 공동(형식 6,

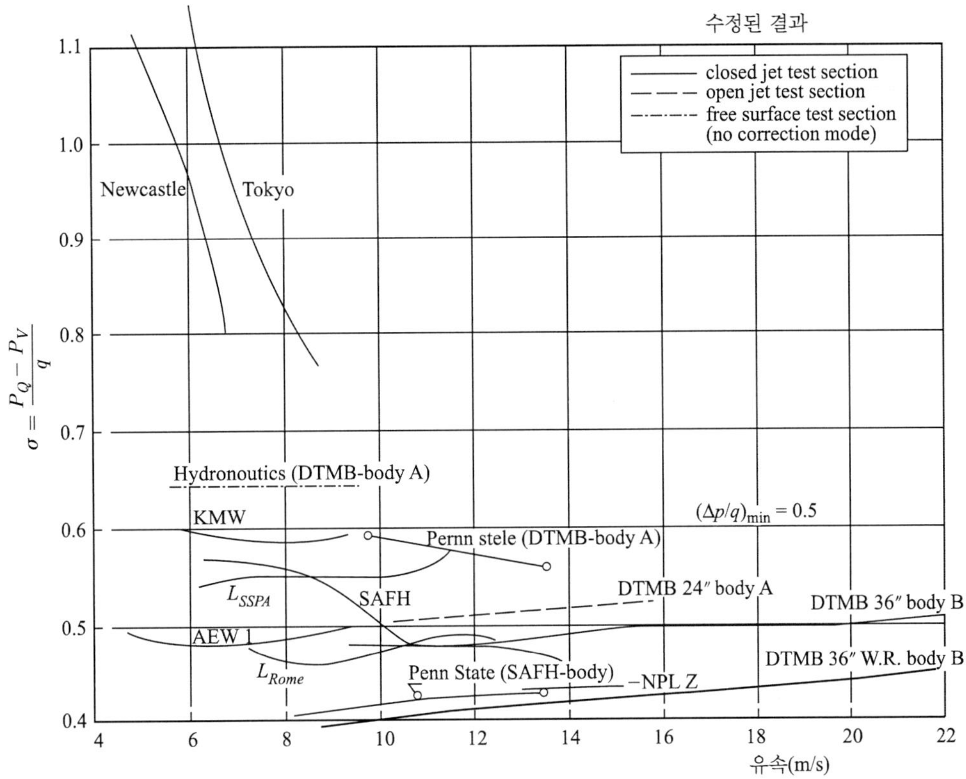

그림 2.14 그림 2.2의 시험 몸체에서 공동화 개시 지수 수치[2.41]

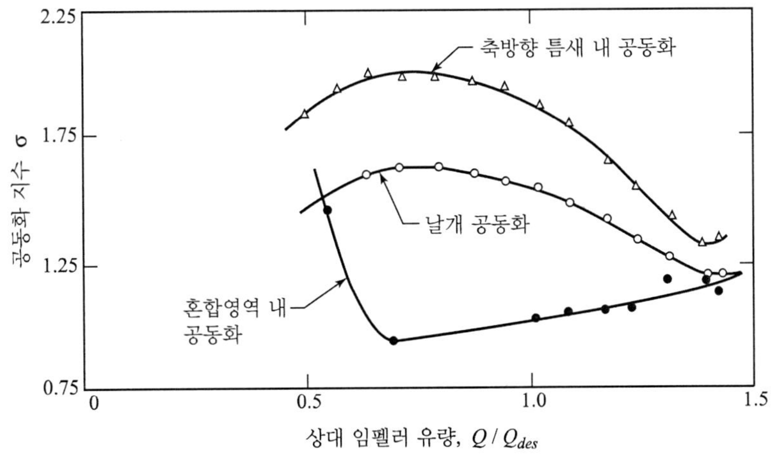

그림 2.15 그림 2.5의 펌프 유입부에서 공동화 개시 자료(이 자료는 일련의 갭 간극에 대해 가시적으로 얻은 것임)[2.72]

7, 8)이 개시에서 나타날 수 있다. 이동성 기포 공동화를 포함한 이 사례들에서는 다음과 같고,

$$\sigma_i < -c_{p\ min}$$

여기서 $c_{p\ min}$: 몸체 최소압력계수

그리고 일부 사례에서는 다음과 같이 제안된다.

$$\sigma_i \approx -c_{ptr} - c_{ptt} \tag{2.5}$$

여기서 c_{ptr} : 천이 위치에서 압력계수(이 자체는 실제 유동에서 일정하지 않다)
c_{ptt} : 난류 압력 변동에 의해 야기된 등가 불안정한 항

재차 상기 계수들이 동압의 20%에 접근하여도 공간 또는 시간 변동의 통계는 거의 알려져 있지 않다. 표 2.1의 최종 항목 12의 순수 벽 전단 유동은 제한된 사례이고 Arndt(1969)는 다음 관계식을 제시한다[2.8].

$$\sigma_i = 16c_f \tag{2.6}$$

여기서 c_f : 난류 전단 응력 계수

비박리 몸체 상에서 이동성 기포 공동화 개시는 비율-종속 현상이며, 극세기포 숫자의 밀도 분포에 종속된다. 부착된 개시 형상들은 이러한 핵에 크게 종속되지 않고, 용해된 공기 함량과는 상대적으로 독립적이다. Xu는 $c_{p\ min} = -1.0$ Schiebe 몸체에서 극세기포 농도가 cc당 직경이 40 μm인 약 2 ~ 5개의 핵을 갖는 이동성 기포 공동화로부터 직경이 약 30 μm보다 작은 핵이 약 절반인 "패치(patch)" 공동으로의 천이에 미치는 영향을 최초로 정량적으로 증명하였다[2.80]. 네덜란드 와게닝겐(Wageningen) 대학교에 있는 진공 예인수조(vacuum rowing tank)와 같이 탈기된 액체의 극단적인 조건들에서 핵형성의 영향은 심각하게 된다. Kuiper는 그림 2.16과 같이 이 조건에서 반드시 자유유동 핵을 공급하여야 하고, 만일 이들이 충분하지 않으면 인위적인 조도를 이용하여 국부 핵을 공급하여야 한다는 사실을 명백하게 증명하였다[2.50]. 핵형성의 근원으로서 인위적인 조도는 문제가 없지는 않지만 다른 문맥에서 모델 축척에서 임의의 박리를 방지하기 위한 난류유동을 보장하기 위해 인위적인 조도를 사용할 수 있다. 이제 개시 규칙은 식 (2.5)를 따르는 경향이 있지만 아직도 핵에 종속된다[2.38, 2.37]. 이러한 기술 및 핵 측정 방법의 발전에도 불구하고 박리되지 않은 임의의 몸체 상에서 임의의 핵 농도와 용해 가스 함량을 갖는 부착된

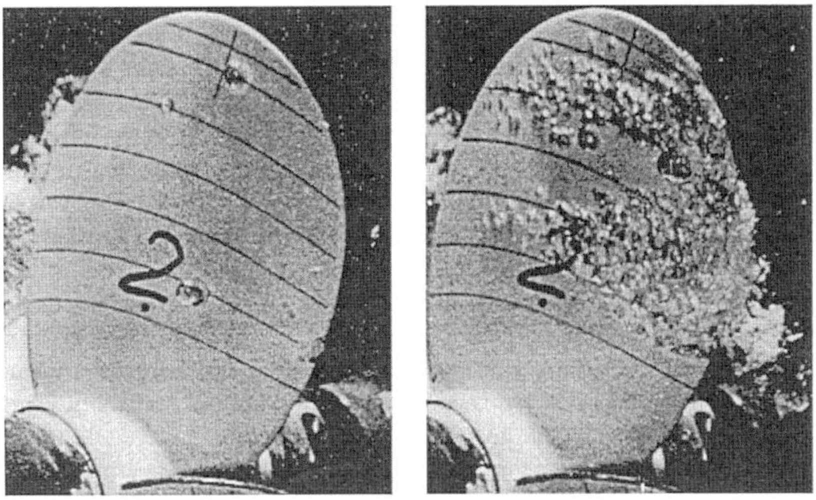

그림 2.16 탈기된 예인수조 내 전기분해로 생성된 공동화 핵의 효과를 보여주는 사진

공동화 또는 이동성 기포 공동화의 개시를 사전에 예측하는 것은 아직은 불가능하다.

그림 2.15에서와 같이 이 유동의 추가적인 복잡성은 다른 형식의 공동화를 동반하는 것을 제외하고 이 모든 고려들은 수력기계들에 적용된다. 여기서 전술한 것과 같이 대부분 수력기계에서 "날개 공동화(blade cavitation)"는 이동성 기포는 물론 부착된 기포 형식을 포함한다. 증가하는 음향탐지의 관심을 이미 언급하였고, 소음과 침식 사이 유용한 상관관계가 있는 것으로 보이지 않기 때문에 대부분 수력기계에서 개시점(inception point)을 쉽게 결정할 수 없다[2.31, 2.33, 2.53, 2.54]. 그러나 Gopalakrishnan이 강조하듯이 침식은 상업 또는 산업설비의 긴 수명에 상당히 중요하므로 수용 절차로서 빈번하게 날개 공동화의 육안관찰이 필요하다. Gülich는 광범위한 시험에서 펌프 유입구에서 날개 공동화의 "기포 길이"와 침식과의 관계를 관련시켰으며 한 펌프 형식의 특정 음향 측정 위치(임펠러 유입부와 상대적으로)에서 공동화 소음-기포 길이 상관관계를 실험으로 발견하였다. 그러나 Grein, Gülich 및 다른 사람들이 보고한 것과 같이 상업용 펌프 개발시 펌프에서의 공동화 개시를 육안으로 관측하는 것이 불가능하므로 펌프 유입부에서 공동화의 존재를 추론하기 위해 "연질 코팅(soft coating)"의 침식에 기반한 대안적인 수단을 광범위하게 사용하고 있다[2.31]. 이와 같은 공동화의 관측결과는 "피트(pits)"로 이어지는 이동성 기포의 붕괴[2.47] 또는 상당한 공동화 집중도(intensity)의 근원으로 이미 알려진 쉬트 공동

의 종료(termination) 영역과 일치하며, 이들은 후속적인 침식 마모 예측시 유용하지만 제한된 역할을 수행한다.

2.4.2 핵 측정 (Nuclei measurement)

Knapp의 유명한 사진에서 설명한 것과 같이 "공동화 핵"의 역할은 핵형성의 필연성을 지적하였지만 핵이 공동화의 개시 및 발달에 얼마나 중요하고 크게 영향을 미치는지를 축소해서 말한다. 이와 같은 공감대가 형성되어 액체 내에서 핵형성이 무엇인지, 순수 유체에서 핵형성의 열역학 기초, 극세미립자(microparticulate)의 영향, 고체 시험 몸체의 표면 특성, 현재 우리의 영역을 초월한 많은 다른 화학적 그리고 물리적 영향을 정의하는 수많은 다른 방법의 연구로 이어져 왔다. 통상적으로 시험 장비 및 대양과 강의 천연수에서 발견된 일부 고체 미립자는 핵의 역할을 하지만 이 가능성을 정량화하는 것은 얼버무린 상태로 남아 왔다. 동시에 액체 내부 가스 기포는 다른 형태는 물론 이동성 기포 공동화 형식에 적합한 핵형성 위치인 것이 확실하다. 따라서 시간에 걸쳐 2중 방법을 전개하여 왔다. 하나는 표준 공동화 실험 수단으로 공동화에 대한 액체의 민감도를 측정하는 것이고(따라서 모든 형식의 핵이 포함됨), 다른 하나는 액체 내 미립자들의 규격 분포와 농도를 직접 측정하여 추론하고 이들을 "고체" 또는 극세기포로 분류하는 것이다. 이 두 방법에 대한 많은 예들을 문헌에서 찾을 수 있고, 이 방법들은 International Towing Tank Tri-annual Conferences에서 체계적으로 검토되었다[2.39]. Arndt 문헌에서 초기 민감도 장치들의 개발을 추적할 수 있다[2.9]. 즉, 기본 개념을 알고 있는 유동장의 기하학적 구조 내 알고 있는(또는 추론된) 최소 압력의 함수로서 이동성 기포 붕괴 이벤트 빈도를 탐지하는 것이다. 제3장에서 구형 기포 성장 기작에 기초하여 초기 핵(nucleus) 규격과 농도를 추론할 수 있으며 광학 또는 음향으로 이를 탐지할 수 있다. 벤트리 관과 같이 외부 유동 또는 내부 유동 모두를 사용할 수 있다. Oldenziel이 최초로 벤트리 관을 사용한 후로 Lecoffre는 중심 몸체(center body)를 포함시키기 위해 벤트리 관을 개발하여 왔으며 후속적으로 수정하여 왔다[2.65, 2.51]. 조정 가능한 중심 몸체를 갖는 벤트리 관의 최신 변종은 최대 농도 10핵/㎖에서 직경이 5 μm[7]보다 작은 "공동화가 가능한" 핵을 측정 가능한 것처럼 보인다. 현재 I.T.T.C.의 핵 측정방법에서 검토된 광학 탐지 방법은 빛 분산(light scattering), PDA(phase Doppler anemometry),

[7] 현재 홀로그래피 방법의 현실적인 한계는 약 10 μm이다. 만일 시험 내 활동적인 핵이 이보다 작은 것으로 증명되면 정확한 캘리브레이션이 가능한 새로운 기법 PDA가 아마도 개발될 것이다.

펄스 루비 레이저(pulsed ruby lasers)를 이용한 직접-홀로그래피기법을 포함한다[2.39]. 이 홀로그래피기법(holography)은 약 10 μm 이상의 극세미립자(고체 또는 극세기포)를 분류할 수 있다. 원리적으로 광산란 측정기는 이보다 작은 규격을 탐지할 수 있다. 펜 스테이트(Penn State) 대학에서 홀로그래피, 빛 분산(light scattering), PDA 및 벤트리 관을 직접 비교하였다. 아직은 이 비교 결과 전체를 얻을 수 없지만 직접-홀로그래피기법과 PDA 방법은 고체 미립자가 많지 않을 때 극세기포와 필적하는 것으로 보인다. 시험 유체가 극세기포와 고체 극세미립자 모두를 포함하면 광산란 방법과 PDA 방법은 약간의 문제가 있어 보인다. 따라서 추가 개발이 필요하며, 현재 진행 중인 것으로 보인다. I.T.T.C. 공동화 위원회는 이러한 결과들에 기초하여 공동화 시험 동안 연속적인 감시를 위한 기준 장치로서 공동화에 민감한 장치(벤트리 관)를 사용할 것으로 결론 내린다. 즉, PDA에서 중대한 발전이 이루어졌지만 홀로그래피는 고체와 가스 극세미립자를 구별하는 최상의 방법을 유지한다.

물론 음향으로 극세기포를 탐지하는 것이 가능하며 실제로 이는 표준 해양학 기법이다[2.3, 2.55]. 더욱 최근에는 수로와 펌프의 내부 유동에서 이러한 측정을 어렵게 만드는 것을 방지하는 것으로 보이는 극세기포 분포를 추론하기 위해 수로 시험 설비 내 극세기포에 의한 음향 빔(acoustic beams)을 사용하여 왔다.

본 절을 마무리하면서 다른 환경들에서 발견된 핵의 숫자와 규격 분포를 간략하게 기술한다. 그림 2.17은 세계 많은 출처로부터 수집된 자료를 보여준다. 주어진 규격에서(예를 들어 20 ~ 50 μm) 이 집단 내 크기가 5승 정도 다르다는 사실에 주의하여야 한다. 이 모든 분포들의 형상은 $N(R) \sim R^n$이며 n은 3 ~ 4 사이가 된다. 일정 규격 이하에서 $N(R)$은 감소하지만 현재 자료에서는 알 수 없는 잘리는 규격이 반드시 존재한다. 혹자는 몸체 상에서 공동화 개시 그리고 기계 내부에서 이동성 기포 공동화(기포 기작을 근접하게 적용할 수 있는 유일한 형태)에 중요한 규격이 무엇인지를 질문할 수 있다. 이에 대해 Knapp은 증기 성장이 진행할 수 있는 임계 기포 반지름은 다음과 같다고 주장한다.

$$\sigma_i + c_{p\ min} \leq -\frac{4S}{3Rq} \tag{2.7}$$

여기서 S : 표면장력(N/m)

R : 압력이 최소가 되는 지점에서 기포의 반지름

q : 자유 유동 동압

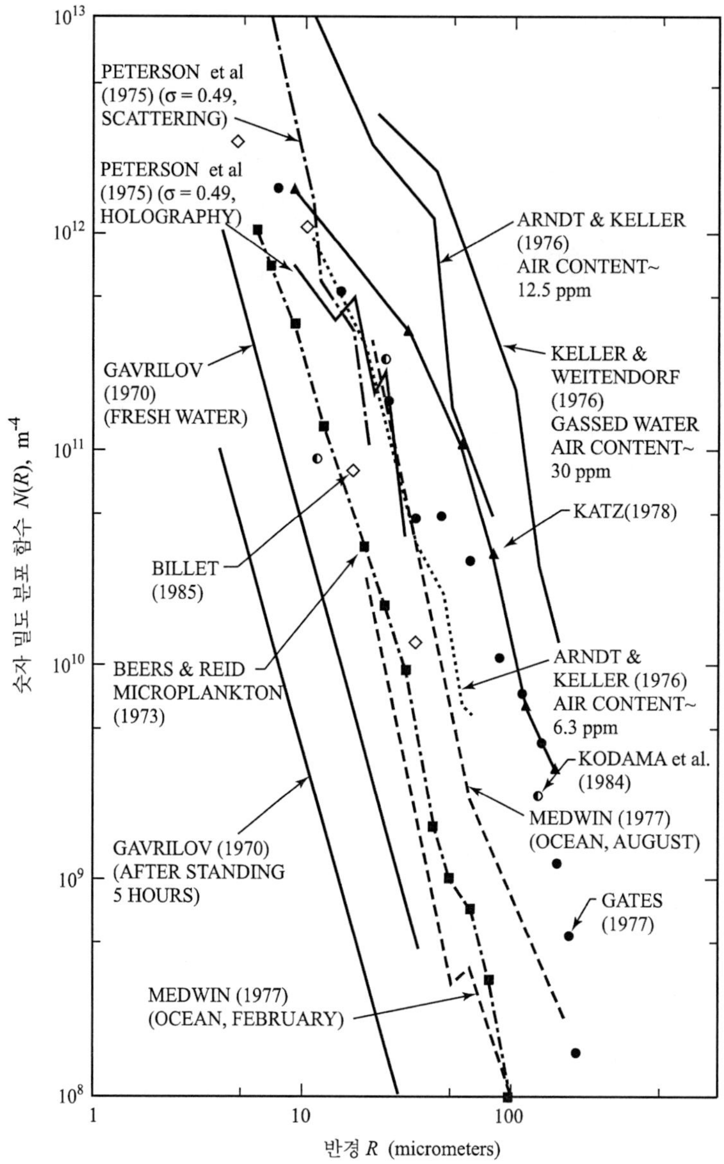

그림 2.17 다양한 기법으로 측정한 극세미립자와 미세기포의 개략적인 분포도[2.62]

예를 들어 그림 2.14의 유속 13 m/s의 시험자료로부터 $\sigma_i + c_{p\ min} = -0.25$가 명백하며, 그리고 $S = 0.073$ N/m로 가정하면 식 (2.7)로부터 $R = 4.6$ μm를 얻을 수 있다. 개시 자료의 암시 및 결과는 공동화하기 위해 더 이상의 큰 기포를 이용할 수 없다는 것이다. 그러나 이 중요한 공식화는 준-정적 과정이다. 실제 몸체에서 전통적인 기포 성장을 위해 유효한 물리적 공간과 시간 모두가 제한되어 그림 2.6의 연속사진에서와 같이 이보다 상당히 더 큰 기포는 실제적으로 관측되지 않을 것이다. Meyer는 중요한 이동성 기포 개시의 수치 모의시 5.08 cm Schiebe 몸체($c_{p\ min} = -0.75$) 9 m/s 유속에서 관측된 수치 $\sigma_i = 0.55$를 재생하기 위한 임계 반지름은 11.7 μm인 것을 증명하였다. 즉, 직경 25 ~ 50 μm 범위의 극세기포의 필요성을 증명하는 실제 실험과 우호적으로 비교되는 것으로 입증된 광범위한 조건에 걸친 완전한 확률론적 모의(stochastic simulation)는 공동화 시험 시설 내 바람직한 범위인 것으로 오래전부터 간주되어 왔다. 이 결론으로부터 Gindroz가 인용한 핵 규격은 다소 "작아"보인다[2.30].

2.4.3 결론

유체역학 적용시 핵 집단(population)의 중요성은 최근에야 알려져다. 아직은 유체역학 분야에서 필요한 극세기포 집단 또는 핵보다는 문서화가 덜 되었지만 수력기계에도 동일한 사실이 적용된다. 즉, 부분적으로 실험실 용도에서 캘리브레이션된 핵 측정방법을 수용한다. 이동성 기포 공동화를 제외하고 핵 분포가 알려진 경우에서조차도 확신을 갖고 공동화 형식과 개시 지수를 예측할 수 없지만 일반적인 추세는 알려져 있다. 즉, 핵을 충분히 공급하면 이동성 기포 공동화가 발생하며, 핵이 적지만 박리되지 않는 몸체에서도 개시에서 부착된 공동화가 관측된다. 이 부착된 공동화는 전형적으로 고도의 3차원 쐐기 또는 패치(patches) 형태이며, 개시 이전에 유지된 장력 아래 액체 유동은 무작위 핵형성으로 인해 3차원으로 성장하기에 불안정하게 되며 부착된 영역을 형성한다. 층류박리 이전의 영역에서 안정된 부착된 형상들 또는 방금 언급하였던 부착된 형상들은 고도의 3차원 공동화 박리 경계면(detachment interface)을 갖는다. 선두 공동 가장자리에서의 이러한 실제 유체 효과는 쉬트 공동 붕괴 영역 내에서 관측된 높은 회전성(rotationality) 또는 와도(vorticity)에서 중요한 역할을 하는 것으로 분명하게 나타난다[2.12]. 이 유동의 선회성 특성은 내부 공동화가 아닌 액체 유동 자체의 특성으로서 공동화가 발생하는 3차원 유동의 점성 또는 실제 유체의 선회 특성으로 나타난다. 따라서 개별 이동성 기포 공동화 이벤트들의 진화는 특히 붕괴/리바운드의 최종 단계에서 중요한 점성 유동 상호작용을 가질 수 있는 것으로 상상할 수 있거나 또는 가능성이 크다. 결과적인 붕괴 집중도는 침식으로 이어지기 때문에 특히 클라우드 공동화에서 이러한 선회성 유동을 상세하게 이해하는 것이 중요하다. 유사하게 펌프에서는 긴 수명을 위해 다양한 펌프 형식에서 공동화의 개시를 알 필요가 있다.

References

2.1 Acosta, A.J., 1973, "Hydrofoils and Hydrofoil Craft", *Ann. Rev. Fi. Mech.*, Vol. 5, pp. 161-185, Van Dyke, M., Vincenti, W.G. and Wehausen, J.G. (eds.).

2.2 Acosta, A.J. and Parkin, B.R., 1980, "Report of the ATTC Cavitation Inception Committee", Ann Arbor Science Pub. Inc., 230 Collingwood, P.O. Box 1425, Ann Arbor, MI 48106.

2.3 Akulichev, V.A. and Ilychev, V.I., 1986, "Acoustic Cavitation in Sea Water", Proc. Int. Symp. on Propellers and Cavitation, Wuxi, China, pp201-206.

2.4 Anton, I., 1984, *Cavitatia*, Vol. 1, 2, Editura Academei, Bucuresti (in Romanian).

2.5 Arakeri, V.H. and Acosta, A.J., 1973, "Viscous Effects in Inception of Cavitation on Axisymmetric Bodies", *J. Fl. Eng.*, Trans. A.S.M.E.

2.6 Arakeri, V.H., 1975, "Viscous Effects on the Position of Laminar Separation from Smooth Bodies", *J. Fl. Mech.* Vol. 68, Part 4, p.779.

2.7 Arakeri, V.H. and Shanumugathan, V., 1985, "On the Evidence for the Effect of Bubble Interference on Cavitation Noise", *J. FI. Mech.*, Vol. 159, pp. 137-150.

2.8 Arndt, R.E.A. and Daily, J.W., 1969, "Cavitation in Turbulent Boundary Layers", in Robertson and Wislicenus (1969), pp. 64-87.

2.9 Arndt, R.E.A., 1981, "Cavitation in Fluid Machinery and Hydraulic Structures", *Ann. Rev. Fi. Mech.*, Vol. 13, pp. 273-328.

2.10 Arndt, R.E.A. and Webb, D.R. (eds.), 1985, *Cavitation in Hydraulic Structures and Turbomachinery*, A.S.M.E. FI. Eng. Div., Vol. 25.

2.11 Avellan, F., Gindroz, B., Henry, P., Bachmani, P., Vulliod, G. and Wegner, M., 1986, "Influence of the Test Head and of the Water Nuclei Content on the Cavitation Performance of Water Turbine Models", 13th Symp. Sect. Hydraulic Machines, Equipment and Cavitation, Int'l. Assoc, Hyd. Res., Montreal.

2.12 Avellan, F., Dupont, P. and Rhyming, I., 1988, "Generation Mechanism and Dynamics of Cavitation Vortices Downstream of a Fixed Leading Edge Cavity", 17th Symposium on Naval Hydrodynamics, The Hague.

2.13 Brennen, C.E., 1978, "The Unsteady, Dynamic Characteristics of Hydraulic Systems with Emphasis on Cavitation and Turbomachines", Joint Symp. on Design and Operation of Fluid Machinery, I.A.H.R., A.S.M.E., A.S.C.E., Fort Collins.

2.14 Brennen, C.E. and Braisted, D.M., 1980, "Stability of Hydraulic Systems with Focus on Cavitating Pumps", 10th I.A.H.R. Symp. on Hydraulic Res., Tokyo, pp. 255-269.

2.15 Bolleter, U., Stirnemann, A. and Eberl, J., 1990, "The dynamic Transfer Matrix of a Pump and its Use in Pumping System Design," article in Kim and Yang (1990).

2.16 Ceccio, S.L. and Brennen, C.E., 1990a, "Observations of the Dynamics and Acoustics of

Attached Cavities", *Cavitation and Multiphase Flow Forum*, Furuya, 0. (ed.), A.S.M.E., Vol. 98, pp. 79-84.

2.17 Ceccio, S.L. and Brennen, C.E., 1990b, "The Dynamics and Acoustics of Travelling Bubble Cavitation", *Eighteenth Symposium on Naval Hydrodynamics*, Ann Arbor, MI.

2.18 Chahine, G.L., 1982, "Cloud Cavitation Theory," *14th Symposium on Naval Hydrodynamics*, Ann Arbor, MI.

2.19 Chauvin, J. (ed.), 1973, *Recent Progress in Pump Research* in Karman Inst. for Fl. Dyn. Lecture Series 61.

2.20 Chebayevskii, V.F. and Petrov, V.J., 1973, *Cavitation Characteristics of High Speed Inducer Pumps*, U.S. Nat. Trans. Tech. Serv. AD-A004-520 (Kavitatsionnyye Kharakteristiki Byso-kooborotnykh Shneko Tsentrobezhnykh Nasosov, USSR, 1973).

2.21 Cimbala, J.M. and Billet, M.L., 1989, "Cavitation in Rectangular Slots", article in Morgan and Parkin (1989).

2.22 d'Agostino, L. and Brennen, C.E., 1983, "On the Acoustical Dynamics of Bubble Clouds", *Cavitation and Multiphase Flow Forum*, Houston.

2.23 Edstrand, H., 1984, "Remarks on Ship Model Testing, Facilities and Test Results", David Taylor Naval Ship Research and Development Center Rept. DTNSRDC-83/054.

2.24 Falcao de Campos, J.A.C., George, M.F. and Mackay, M., 1989, "Experimental Investigation of Tip Vortex Cavitation for Elliptical and Rectangular Wings", *Cavitation and Multiphase Flow Forum*, Furuya, O. (ed.), A.S.M.E., La Jolla.

2.25 Franc, J.P. and Michel, J.M., 1985, "Attached Cavitation and the Boundary Layer and the Boundary Layer ...", *J. Fl. Mech.*, Vol. 154, pp. 63-90.

2.26 Furuya, O., 1975, "Exact Supercavitating Cascade Theory", *J. Fl. Eng.*, A.S.M.E. Vol. 97, pp. 419-429.

2.27 Furuya, O. (ed.), 1990, *Cavitation and Multiphase Flow Forum - 1990*, A.S.M.E. Fed. Vol. 98.

2.28 Gates, E.M. and Acosta, A.J., 1978, "Some Effects of Several Freestream Factors on Cavitation Inception on Axisymmetric Bodies", *12th Symposium on Naval Hydrodynamics*, Washington, D.C.

2.29 Gates, E.M. and Billet, M.L., 1980, "Cavitation Nuclei and Inception", 10th IAHR Symp. on Hyd. Res., Tokyo, pp. 3-24.

2.30 Gindroz, B., 1990, "A New Nuclei Counter", Report from Inst. de Mach. Hydronlique et de Mechanic des Fluides, Ecole Polytechnique Federal de Lausanne, 1015 Lausanne, Switzer-land.

2.31 Gopalakrishnan, S., 1985, "Modern Cavitation Criteria for Centrifugal Pumps", *2nd International Pump Symposium*, Turbomachinery Lab., Texas A&M Univ., College Station, TX, Childs, D. and Bailey, J.C. (eds.), pp. 3-11.

2.32 Grein, H., 1973, "Cavitation", article in Chauvin (1973).

2.33 Gülich, J.F., 1989, "Guidelines for the Prevention of Cavitation in Centrifugal Feedpumps", EPRI Report GS-6398. See also, 1986, "Quantitative Prediction of Cavitation Erosion in Centrifugal Pumps", *13th Symposium, Section on Hydraulic Machinery, Equipment and Cavitation*. Int'l. Assoc. Hyd. Res., Montreal.

2.34 Hart, D.P., Brennen, C.E. and Acosta, A.J., 1990, "Observations of Cavitation on a Three-dimensional Oscillating Hydrofoil", article in Furuya (1990).

2.35 Henry, P., 1978, "Influence of the Amount of Bubble Nuclei on Cavitation Tests of a Francis Turbine," *Cavitation and Polyphase Flow Forum*, A.S.M.E., Fort Collins, pp. 23-28.

2.36 Holl, J.W., 1969, "Limited Cavitation", Robertson and Wislicenus (1969), pp. 26-64.

2.37 Huang, T.T., 1964, "The Effects of Turbulent Stimulation on Cavitation of Axisymmetric Headforms", in Morgan and Parkin (1964).

2.38 Huang, T.T. and Shen, Y.T., 1986, "The Application of Turbulence Stimulator to Reduce Scale Effect on Cavitation", in Anon. (1986), pp. 182-190.

2.39 Huang, T.T., 1990, Report of the Cavitation Committee, International Towing Tank Con- ference, Madrid.

2.40 Janigro, A. and Ferrini, F., 1973, "Inducer Pumps", article in Chauvin (1973).

2.41 Johnsson, C.A., 1969, "Cavitation Inception on Headforms, Further Tests", 12th I.T.T.C, Rome, pp. 381-392.

2.42 Kanijo, K., Suzuki, A., Shimura, T., Hashimoto, R., Watanabe, M., Watanabe, Y., Iwabuchi, T. and Mori, Y., 1975, "Experimental Investigation of Small, High-Speed, High-Head Liquid Oxygen Pump", N.A.L. TR-415 (in Japanese).

2.43 Kato, H., 1985, "On the Structure of Cavity - New Insight into the Cavity Flows", *Int'l. Symp. Jets and Cavities*, Kim, J., Furuya, O. and Parkin, B.R. (eds.), A.S.M.E., F.E.D., Vol. 31.

2.44 Keller, A.P., 1979, "Cavitation Inception Measurement and Flow Visualisation on Axisymmetric Bodies at Two Different Free Stream Turbulence Levels and Test Procedures", article in Margan and Parkin (1979).

2.45 Kim, J.H. and Yang, W.J. (eds.), 1990, "Third International Symposium on Transport Phenomena and Dynamics of Rotating Machinery", ISROMAC-3, Hemisphere.

2.46 Knapp, R.T., 1952, "Cavitation Mechanics and its Relation to the Design of Hydraulic Equipment," Proc. (a) Inst. Mech. Engr., Vol. 166, pp. 150-163.

2.47 Knapp, R.T., Daily, J.W. and Hammitt, F.G., 1979, *Cavitation*, Inst. Hydraulic Research, U. Iowa, Iowa USA.

2.48 Kubota, A., 1988, "Numerical Studies of Unsteady Cavitation on a Hydrofoil by a Bubbly Two-Phase Flow Model", Ph.D. Thesis, U. Tokyo, Dept. Nav. Arch., H. Kato, Dir.

2.49 Kubota, S., Kato, H., Yamaguchi, H. and Maeda, M., 1987, "Unsteady Structure Measurement of Cloud Cavitation on a Foil Section Using Conditional Sampling Technique", *Int'l. Symp. on Cavitation Research Facilities*, A.S.M.E., F.E.D. Vol. 57, Holl, J.W. and Billet,

M.L. (eds.), pp. 161-169.

2.50 Kuiper, G., 1979, "Some Experiments with Distinguished Types of Cavitation on Ship Propellers", Morgan and Parkin (1979), pp. 171-207.

2.51 Lecoffre, Y., 1987, "Procedures and Instrumentation for Monitoring Gas Content in Cavi- tation Test Loops", *Int. Symp. on Cavitation Research Facilities*, Holl, J.W. and Billet, M.L. (eds.), A.S.M.E., Boston.

2.52 Li, S., Ni, A., Huang, J. and Xu, F., 1986, "Estimation of Incipient Cavitation Number by a Probability Method", *Int'l. Symp. on Propeller and Cavitation*, Wuxi, China (1986), pp. 281-285.

2.53 McNulty, P.J. and Pearsall, I.S., 1979, "Cavitation Inception in Pumps", in Morgan and Parkin (1979), pp. 163-170.

2.54 McNulty, P.J., 1985, "Detection of Cavitation Inception by a Single Point Acoustical Measurement", article in Arndt and Webb (1985).

2.55 Medwin, H., 1977, "Acoustical Determination of Bubble Size Spectra", J. Acoust. Soc. Am., Vol. 62, pp. 1041-1044. Also see Medwin, H. and Breitz, N.G., 1989, "Ambient and Transient Bubble Spectral Densities in Quiescent Seas and Under Spilling Breakers", *J. Geophys. Res.*, Vol. 94, No. C9, pp. 12,751-12,759, Sept. 15.

2.56 Meyer, R.S., Billet, M.L. and Holl, J.W., 1990, "Free-Stream Nuclei and Cavitation", in Morgan and Parkin (1990), pp. 55-62.

2.57 Morgan, W.B.and Parkin, B.R. (eds.), 1979, *International Symposium on Cavitation Inception*, A.S.M.E.

2.58 Morgan, W.B. and Parkin, B.R. (eds.), 1984, *Int'l. Symp. Cavitation*, A.S.M.E.

2.59 Morgan, W.B. and Parkin, B.R. (eds.), 1989, *Int'l. Symp. Cavitation*, A.S.M.E.

2.60 Murai, H and Kinoe, T., 1968, Rep. Inst. High Speed Mechanics (Sendai), Vol. 20, pp. 263-285.

2.61 Murai, H. and Itoh,, H., 1985, "Pressure Fluctuations in Axial Flow Pump Induced by Transient Cavitation", article in Arndt and Webb (1985), pp. 111-118.

2.62 Murai, H. (ed.), 1986, *International Symposium on Cavitation*, Sendai.

2.63 Narasaka, T., Oba, R. and Hirata, Y., 1990, "Cavitation Observations Around the CY4-Hydrofoil by Means of High Speed Photography", Rept. Inst. of Fl. Science, Tohoku Univ., Vol. 1, pp. 1-13.

2.64 Nishiyama, H. and Nishiyama, T., 1980, "Dynamic Transfer Characteristics of Partially Cavitated Hydrofoil Cascade," *10th IAHR Symp. on Hyd. Res.*, Tokyo, pp. 243-254.

2.65 Oldenziel, D.M., 1979, "New Instruments for Cavitation Research", in Morgan and Parkin (1979), pp. 111-124.

2.66 Ooi, K.K. and Acosta, A.J., 1983, "The Utilization of Specially Tailored Air Bubbles as

Static Pressure Sensors in a Jet", *J. Fl. Eng.*, Vol. 106, No. 4, pp. 459-465.

2.67 Robertson, J.M. and Wislicenus, G.F., 1969, *Cavitation State of Knowledge*, A.S.M.E.

2.68 Rood, E.P., 1989, "Mechanisms of Cavitation Inception", in Morgan and Parkin (1989).

2.69 Sacks, L.E. and Nottage, H.B., 1965, "System Oscillations Associated with a Cavitating Inducer", J. *Basic Eng.*, A.S.M.E. Ser. D., vol. 87.

2.70 Schiebe, F.R., 1972, "Measurements of the Cavitation Susceptibility of Water Using Standard Bodies", Rept. 118, St. Anthony Falls Hyd. Lab., Univ. of Minnesota.

2.71 Stirnemann, A., Eberl, J. and Bolleter, U., 1987, "Experimental Determination of the Dynamic Transfer Matrix for a Pump", *J. Fl. Eng.* Trans., A.S.M.E., Vol. 109, No. 3, pp. 218-225.

2.72 Stouffel, B. and Ludwig, G., 1990, "The Influence of the Gap Flow at the Impeller Inlet on Cavitation and Part Load Recirculation of a Centrifugal Pump", article in Kim and Yang (1990).

2.73 Takagawa, S., 1989, "A New Acoustic Attenuation Method for Profiling of Cavitation Nuclei Distribution", in Morgan and Parkin (1989), pp. 73-78.

2.74 Takamatsu, Y., Ishizaka, K., Kishikawa, T. and Kusaka, Y., 1980, "An Investigation of Tandem-Bladed Helical Inducer for Cavitation-Resistant Pump", *10th I.A.H.R. Symp. on Hydraulic Res. Sect, for Hyd. Mech., Equip, and Cavitation*, Tokyo, pp. 291-303.

2.75 Valensek, B., 1983, "Pump Prestages for Extreme Suction Heads", *Mechanical Engineering Journal*, Turboinstitut, Ljubljana.

2.76 van der Muelen, J.H.J., 1986, "On Correlating Erosion and Luminescence from Cavitation on a Hydrofoil", article in Anon. (1986), pp. 261-267.

2.77 van der Muelen, J.H.J. and Wijnant, I.L., 1990, "On the Structure and Intensity of Sheet Cavitation", in *Cavitation and Multiphase Flow Forum*, Furuya, O. (ed.) loc cit.

2.78 Wood, G.M. and Whippen, W.G., 1969, "Cavitation Effects in Turbomachinery", article in Robertson and Wislicenus (1969), pp. 148-165.

2.79 Wu, T.Y., 1972, "Cavity and Wake Flows", *Ann. Rev. Fl. Mech.*, Vol. 4, pp. 243-285.

2.80 Xu, W., Chen, G. and Pan, S., 1986, "The Influence of Cavitation Nuclei on Cavitation Inception on the Smooth Axisymmetric Bodies", article in Anon. (1986).

CHAPTER

3

기포 역학 Part 1: 단일 기포

A. Shima

단일 기포 거동은 수력기계와 관련된 공동화 문제의 이해를 돕기 위한 기포 역학의 기본이다. 특히, 기포 붕괴는 충격압력(impulsive pressure), 충격파(shock waves), 소음, 그리고 공동화 손상 등의 원인이 된다. 이 주제들에 대한 문서화는 잘 되어 있다.[1] 따라서 본 장에서는 기포 붕괴에 대해 강조하면서 간략한 개관만을 제공한다.

3.1 레일리 분석 (Rayleigh Analysis)

3.1.1 베전트 문제 (Besant problem)

레일리가 공동화 기포 이론 연구에 대한 기본틀을 확립하였다[3.12]. 그는 베전트 문제를 해결하면서 빈 구형 기포의 운동을 밝혀냈다[3.2]. 베전트가 공식화하면서 발생한 문제는 "힘이 작용하지 않는 무한한 동질의 비압축성 유체의 질량이 정지된 상태이고, 그리고 유체의 구형 부분이 급작스럽게 소멸된다. 즉, 임의의 질량 점에서 순간적인 압력의 변화 그리고 기포가 채워지는 시간, 무한한 거리에서 일정하게 유지하기 위한 압력을 찾을 필요가 있다"는 것이다.

3.1.2 레일리 해

비점성 및 비압축성 액체 내 기포 운동 고려시 만일 $\dot{R}$와 R이 시간 t에서 기포 표면

[1]예를 들어 Cavitation(Knapp, Daily and Hammitt, 1970, McGrow-Hill; *Cavitation and Bubble Dynamics* (Brennen, 1995, Oxford); 그리고 여러 검토 논문.

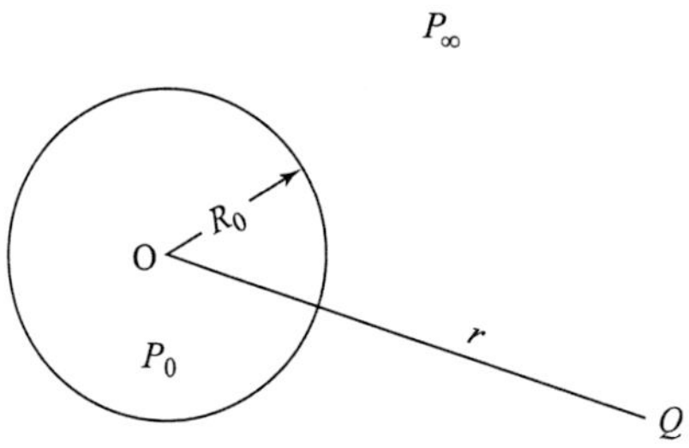

그림 3.1 구형 기포

에서 속도와 반지름이고, u가 중심으로부터 임의의 거리 r에서의 반경방향 속도(radial velocity) 성분이면 다음 식을 유도할 수 있다.

$$\frac{u}{\dot{R}} = \frac{R^2}{r^2} \tag{3.1}$$

식 (3.1)을 사용하면 기포 주변 액체의 운동에너지를 다음 식으로 표현할 수 있다.

$$\frac{1}{2}\rho\int_R^\infty u^2 4\pi r^2 dr = 2\pi\rho\dot{R}^2R^3 \tag{3.2}$$

여기서 ρ : 액체 밀도

액체 내 초기 기포 반지름이 R_0에서 R로 변화하면서 수행된 일은 다음과 같다.

$$p_\infty \Delta V = \frac{4\pi p_\infty}{3}\left(R_0^3 - R^3\right) \tag{3.3}$$

상기 식에서 p_∞는 기포로부터 무한 거리에 있는 액체 압력이고, 기포 표면에서의 압력은 0으로 가정한다.

식 (3.2)와 (3.3)을 정리하면 다음 식을 얻는다.

$$\dot{R}^2 = \frac{2}{3}\frac{p_\infty}{\rho}\left[\left(\frac{R_0}{R}\right)^3 - 1\right] \tag{3.4}$$

이제

$$t = \sqrt{\frac{3\rho}{2p_\infty}}\int_R^{R_0}\frac{R^{3/2}}{\left(R_0^3 - R^3\right)^{1/2}}dR \tag{3.5}$$

$\beta = R/R_0$로 표현하면 식 (3.5)는 다음과 같이 된다.

$$t = R_0\sqrt{\frac{3\rho}{2p_\infty}}\int_\beta^1 \frac{\beta^{3/2}}{\beta(1-\beta^3)^{1/2}}d\beta \tag{3.6}$$

따라서 붕괴 완료에 소요되는 시간 τ는 $R_0\sqrt{\rho/p_\infty}$에 비례한다. 식 (3.6)을 Γ함수 항으로 적분하면 다음과 같다.

$$\begin{aligned}\tau &= R_0\sqrt{\frac{\rho}{6p_\infty}}\frac{\Gamma(5/6)\Gamma(1/2)}{\Gamma(4/3)} \\ &= 0.91468R_0\sqrt{\frac{\rho}{p_\infty}}\end{aligned} \tag{3.7}$$

식 (3.4)로부터 R이 0에 접근하면서 속도 $\dot{R}$가 무한하게 되는 것을 알 수 있다. 비록 실제 붕괴 시간은 통상적으로 식 (3.7)이 예측하는 것보다 크지만 대략적인 붕괴 시간으로서 빈번하게 이 식을 사용한다[3.15].

또한, 레일리는 영구적인 가스로 채워진 기포 문제를 해결하였다. 그의 연구결과로부터 가스는 지연 역할을 하는 것으로 증명되었다. 즉, 가스는 기포의 완벽한 붕괴를 방해하여 기포가 리바운드 및 동요하도록 만든다.

3.2 증기기포와 가스기포

3.2.1 분류

액체 내 작은 증기기포 또는 가스기포가 발생하는 특징으로 공동화의 개시를 묘사한다. 기포-성장과 관련하여 가스공동화의 특징은 완만한 확산 과정으로 묘사되는 반면 증기공동화의 특징은 폭발적인 성장으로 묘사된다. Blake는 증기공동화의 특징을 급작스런 기포의 확장으로 그리고 가스공동화의 특징을 주변 액체로부터의 가스 확산으로 인한 핵의 성장으로 묘사하였다[3.3]. 실제로 가스가 확산되어 기포가 될 때는 항상 증기공동화를 동반한다. 그리고 통상적으로 가스의 확산 과정은 증기기포의 급속한 확장과 비교하여 매우 완만하다. 따라서 많은 증기공동화 사례에서 확산 영향을 무시하는 것이 실용적이다.

3.2.2 안정성

Plesset의 핵 확장 이론에 따라 초기 기포 반지름 R_0에 대한 변형크기 Δ의 비율인 Δ/R이 작으면 구형 기포는 안정적이다[3.16].

증기기포 붕괴시 $1 \geq R/R_0 \geq 0.2$인 경우 이 변형은 작다. $R \to 0$이 되면서 변형은 $R^{-1/4}$에 비례하여 증가하고 기포는 불안정하게 된다.

기포 내부 초기 가스 압력이 극도로 낮지 않으면 가스기포 붕괴시 기포는 최소 반지름이 될 때까지 구 형상을 매우 잘 유지한다.

3.3 점성 및 압축성 효과

3.3.1 점성 및 표면장력의 효과

Poritsky는 내부 압력이 일정한 구 형상 기포의 운동에 대한 점성효과를 조사하였다[3.18]. Poritsky는 레일리 분석식을 수정하여 다음과 같이 일반화된 레일리-Plesset 식을 유도하였다[3.4].

$$R\ddot{R} + \frac{3}{2}\dot{R}^2 = \frac{1}{\rho}(p_v - p_\infty) - \frac{2\sigma}{\rho R} - \frac{4\mu}{\rho}\frac{\dot{R}}{R} \tag{3.8}$$

여기서 σ : 액체의 표면장력

p_v : 포화 증기압력

μ : 점성

Poritsky의 수치해석결과 다음 식의 무차원 점성 μ'이 상당히 크면 기포운동은 상당히 지연되고, 만일 σ를 0으로 가정하고 μ' 수치가 크면(예를 들어 $\mu' = 0.46$) 붕괴 시간은 무한이 된다[6].

$$\mu' = \frac{4\mu}{R_0\sqrt{\rho(p_\infty - p_v)}} \tag{3.9}$$

Shu는 상기 Poritsky 수치해석결과의 추세를 조사하였고, 이와 같은 μ'의 임계 수치 μ'_0의 존재를 증명하였다[3.30]. 즉, 표면장력이 없는 기포운동은 다음과 같은 조건에서 붕괴 시간이 무한이 된다.

$$\mu' \geq \mu'_0$$

3.3.2 압축성 효과

많은 기포 붕괴 사례에서 액체 내 국부 속도는 상당한 음속수치에 도달하므로 더 이상 액체 압축성을 무시할 수 없게 된다.

Herring은 액체 압축성을 포함시키기 위해 1차 추세식을 유도하였다[3.7]. 그러나 이 추세식은 오직 기포 벽에서의 속도와 압력만을 처리한다. Trilling은 액체 내 속도와 압력장을 포함하는 1차 추세식을 구하였다[3.35]. 1차 추세식에서의 가정은 액체 속도 u는 액체의 음속 C에 비해 작다는 것이다. 이 식들의 중요한 검토 결과는 다음과 같다.

Trilling은 속도 퍼텐셜(velocity potential)은 발산하는 구형파(spherical waves)의 음향식을 만족시킨다고 가정하여 기포운동을 다음 식으로 표현하였다.

$$\rho V\frac{dV}{dR}\left(1-\frac{2V}{C_\infty}\right)+\frac{3}{2}V^2\left(1-\frac{4V}{3C_\infty}\right)=\frac{RV}{\rho C_\infty}\frac{dp_w}{dR}+\frac{p_w-p_\infty}{\rho} \tag{3.10}$$

여기서 V : dR/dt

C_∞ : 무한에서 음속

p_w : 기포 벽에서 액체 내 압력

Trilling은 이 공식화를 이용하여 단열 붕괴 후 비전달, 비점성, 완전(perfect) 가스 기포의 리바운드 과정을 계산하였다. 상기 식에 따르면 $p_\infty=0.15$ MPa, 초기 가스 압력 $p_0=2.03$ kPa, 가스 비열 $\gamma=1.4$, 초기 기포 반지름 $R_0=10$ mm인 경우 최소 반지름 0.64 mm 및 최대압력 약 220 MPa을 구할 수 있다.

Gilmore의 이론에서는 $r(h+u^2/2)$는 $(c+u)$의 특성 속도로 외부로 전파하는 것으로 가정한다[3.6]. 여기서 r은 기포 중심으로부터 거리이고, h는 액체의 엔탈피이다. 다음 기포운동식을 얻는다.

$$RV\frac{dV}{dR}\left(1-\frac{V}{C}\right)+\frac{3}{2}V^2\left(1-\frac{V}{3C}\right)=H\left(1+\frac{V}{C}\right)+\frac{RV}{C}\frac{dH}{dR}\left(1-\frac{V}{C}\right) \tag{3.11}$$

여기서

$$C=C_\infty\left(\frac{p_w+B}{p_\infty+B}\right)^{\frac{n-1}{n}}$$

$$H=\frac{n(p_\infty+B)}{(n-1)\rho}\left[\left(\frac{p_w+B}{p_\infty+B}\right)^{\frac{n-1}{n}}-1\right] \tag{3.12}$$

여기서, 온도가 293.2 °K인 물의 경우 $B\approx 300$ MPa, $n\simeq 7.0$이다.

$$p_w=p_i-\frac{2\sigma}{R}-4\mu\frac{V}{R} \tag{3.13}$$

통상적인 $|H| \ll C^2$[물의 경우 $|p_i - p_\infty| \ll 2000$ MPa에 해당] 조건에서 기포 붕괴 시 식 (3.10)으로부터 다음 해를 얻을 수 있다.

$$V^2 = \frac{2(p_\infty - p_i)}{3\rho}\left[\frac{\left(\frac{R_0}{R}\right)^3}{\left(1 - \frac{V}{3C}\right)^4} - 1\right] \tag{3.14}$$

압축성인 경우의 결과(즉, $V \propto R^{-1/2}$)와 비압축성인 경우의 결과(즉, $V \propto R^{-3/2}$)를 비교하면 압축성은 특히 붕괴의 최종 단계에서 기포운동을 완만하게 하는 것이 명백하다.

Benjamin은 상기 근사화와는 별도로 섭동법(pertubation method)을 사용하여 2차 식의 속도 퍼텐셜 ϕ를 구하였고[3.1], Jahsman은 유사한 방법을 사용하여 가스 기포에 대한 2차 근사식을 구하였다[3.8]. Lilliston의 수치 계산으로 이들의 분석적 조사 결과를 입증하였다[3.11]. Tomita는 PLK 방법으로 다음과 같은 기포운동의 2차 근사식을 구하였다[3.31, 3.32].

$$\begin{aligned} 0 = R\ddot{R}&\left(1 - \frac{2\dot{R}}{C_\infty} + \frac{23}{10}\frac{\dot{R}^2}{C_\infty^2}\right) + \frac{3}{2}\dot{R}^2\left(1 - \frac{4\dot{R}}{3C_\infty} + \frac{7}{5}\frac{\dot{R}^2}{C_\infty^2}\right) \\ &+ \frac{1}{\rho}\left[p_\infty - p_{2r=R} - \frac{\dot{R}\,p'_{1r=R}}{C_\infty} + \frac{1}{C_\infty^2}\left\{2R\dot{R}\,\dot{p}_{1r=R}\right.\right. \\ &\left.\left. + \frac{p_\infty - p_{1r=R}}{2}\left\langle \dot{R}^2 + \frac{3(p_\infty - p_{1r=R})}{\rho}\right\rangle\right\}\right] \end{aligned} \tag{3.15}$$

여기서

$$\begin{aligned} p_{1r=R} &= p_0\left(\frac{R_0}{R}\right)^{3\gamma} - \frac{2\sigma}{R} - 4\mu\frac{\dot{R}}{R} \\ \dot{p}_{1r=R} &= -3\gamma p_0\frac{\dot{R}}{R}\left(\frac{R_0}{R}\right)^{3\gamma} + \frac{2\sigma}{R^2}\dot{R} + \frac{4\mu}{R^2}\left(\frac{5}{2}\dot{R}_2 + \frac{p_\infty - p_{1r=R}}{\rho}\right) \\ p_{2r=R} &= p_{1r=R} - \left(\frac{4\mu}{3} + \zeta\right)\frac{\dot{p}_{1r=R}}{\rho C_\infty^2} \end{aligned} \tag{3.16}$$

여기서 p : 기포 내 초기 가스 압력
γ : 폴리트로픽 지수
ζ : 액체의 체적 점성(bulk viscosity)

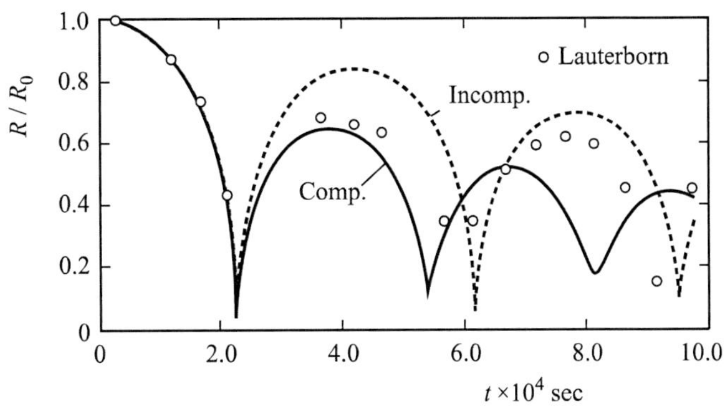

그림 3.2 시간에 따른 실리콘 오일 기포 반지름의 변화에 대한 실험 수치들의 비교(R_0 =2.525 mm, γ= 1.33)[3.23]

Lauterborn이 실리콘 오일(silicone oil)을 사용한 실험결과와 식 (3.15)와 (3.17)로부터 유도한 수치들을 비교한 결과는 그림 3.2와 같다[3.23]. 압축성 해는 2차 리바운드 이후 결과들을 제외하고 실험결과와 잘 일치한다. 액체의 압축성은 기포 반지름을 현저하게 감소시킨다.

3.4 기포 리바운드

3.4.1 소개

기포의 최종 붕괴 및 후속적인 리바운드에 대한 지식은 매우 제한된다. 그러나 이 과정들에서 액체 압축성과 점성은 매우 중요한 역할을 하며, 더 이상 열전달의 영향을 무시할 수 없다.

3.4.2 리바운드 연구

Tomita는 무한 체적의 점성 압축성 액체에서 비응축 가스와 증기 모두를 포함하는 기포의 비평형 붕괴를 수치적으로 연구하여 왔으며 수치 및 실험 결과들은 그림 3.3과 같다[3.23]. 물 속에서 기포가 발생한 스파크로 실험 자료를 생산하였다[3.25]. 수치 해석결과는 기포운동을 상당히 잘 예측하였으며, 리바운드 후 현저한 감쇠와 열전달 효과를 증명하였다.

Fujikawa 연구는 기포의 붕괴로부터 리바운드까지의 거동 그리고 기화 및 응축

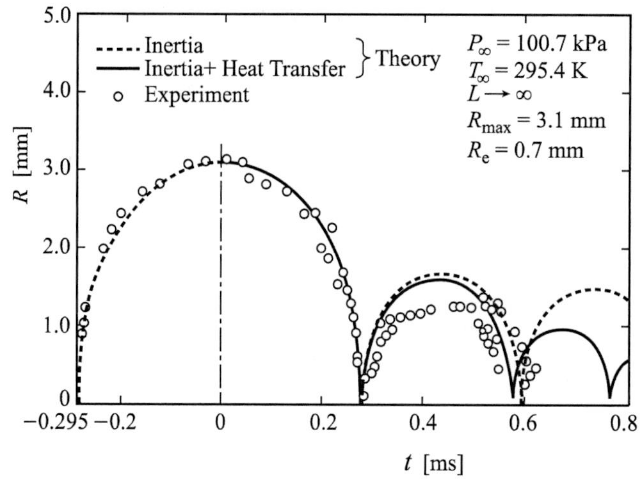

그림 3.3 열전달이 시간에 따른 기포 반지름 변화에 미치는 영향(R_{max} =3.1 mm, $L \rightarrow \infty$)[3.25]

의 강한 영향을 증명하였다[3.5].

3.5 비구형(Nonspherical) 붕괴와 마이크로제트(Micro-jet) 형성

3.5.1 고체 벽 인근에서 붕괴

Rattray는 구형 대칭으로부터의 이탈은 작은 것으로 가정하고, 섭동이론을 이용하여 고체 벽 인근에서 기포 붕괴를 조사하였다[3.19]. 조사 결과 초기 구형 기포는 붕괴 초기 단계에서 고체 벽에 직각 방향으로 신장(elongated)되고, 고체 벽이 붕괴를 지연시키는 것을 보여준다.

Plesset은 Liebmann 반복법을 사용하여 비점성-비압축성 액체 내 고체 벽 인근에서 붕괴하는 증기기포를 연구하였다[3.17]. 이들은 다소 이른 붕괴단계에서 제트의 생성 및 벽에서 제트 충격의 크기를 입증하였다. $W(=R_0/2l)=1/3$일 때 기포 형상 변화에 대한 이들의 결과는 그림 3.4와 같이 Lauterborn이 레이저로 추론한 기포의 실험 결과와 잘 일치한다[3.10]. 여기서 l은 기포 중심과 고체벽 사이의 거리이며, R_0는 초기 기포 반지름이다. Nakajima는 그림 3.5와 같이 액체 점성에 의해 제트 형성이 감소되는 것을 증명하였다[3.13, 3.28].

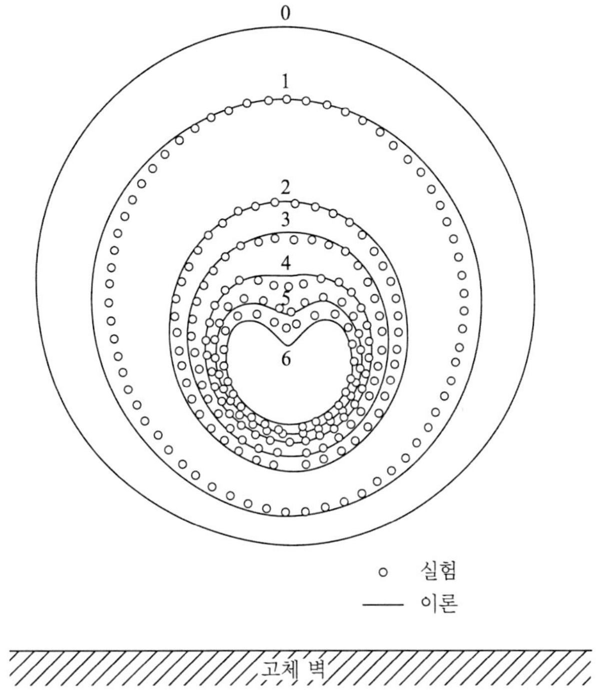

그림 3.4 실험과 Plesset-Chapman 이론으로 결정된 고체 벽 인근 구형 기포들의 붕괴 형상의 비교 [3.10]

3.5.2 고체 벽 접촉시 붕괴

Naudé는 섭동법을 이용하여 비점성-비압축성 액체 내 고체 벽에 부착된 비반구형(nonhemispherical) 기포를 연구하였다[3.14]. 이들 연구결과 붕괴 동안 기포의 측면에서 돌출부가 나타났고, 이 돌출부는 제트로 더욱 발달하여 최종적으로 고체 벽에 부딪히는 것으로 증명되었다. 또한, 초고속 기포 스파크 사진으로 이러한 현상을 확인하였다. Shima는 변분법(variational method)을 사용하여 표면장력이 기포 붕괴를 가속시키고, 붕괴 최종 단계 동안 기포가 변형(deformation)되는 사실을 강조한다[3.21].

그러나 전술한 것과 같이 접촉각 α가 90°가 아니면 붕괴 과정 동안 기포 형상의 변형은 매우 다르게 된다. 특히, 만일 접촉각이 $\alpha < 90°$이면, 붕괴 종료시점에서 변형은 현저하게 크게 된다. 붕괴 후반부에서 돌출된 부분의 속도는 상당히 증가된다. 따라서 이와 같은 돌출부에 의해 생성된 제트는 파괴력을 가지며, 고체 벽에 부딪히면 손상을 야기하는 사실을 실험으로 확인하였다[3.24, 3.29].

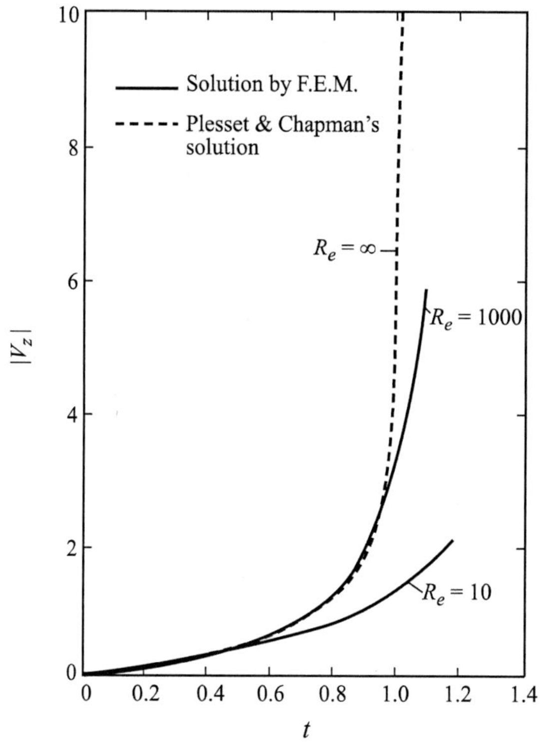

그림 3.5 시간 함수로서 제트 속도[3.13]

3.6 붕괴 압력

3.6.1 충격압력(Impact pressure)과 충격모드

공동화 손상과 관련된 중요한 요소는 붕괴되는 기포에 의해 생성되는 압력이다. 이 압력들 중 하나는 기포 붕괴의 최종 단계 동안 발생하는 충격압력(impulsive pressure) 또는 충격파(shock wave)이고, 다른 하나는 마이크로제트-충돌에 의해 발생하는 수격압(water hammer pressure)이다. 다음 식으로 기포 붕괴 동안 발생하는 최대 충격압력 p_{max}를 추정할 수 있다.

비압축성 액체의 경우

$$p_{max} = p_0 \left(\frac{R_0}{R_{min}} \right)^{3\gamma} - \frac{2\sigma}{R_{min}} \tag{3.17}$$

압축성 액체의 경우

$$p_{max}=p_0\left(\frac{R_0}{R_{min}}\right)^{3\gamma}-\frac{2\sigma}{R_{min}}+\frac{4\mu}{\rho^2}\frac{\left(\frac{4\mu}{3}+\zeta\right)}{R_{min}^2\,C_\infty^2}\left\{p_0\left(\frac{R_0}{R_{min}}\right)^{3\gamma}-\frac{2\sigma}{R_{min}}-p_\infty\right\} \quad (3.18)$$

여기서 p_0 : 기포 내부 초기 가스 압력
p_∞ : 무한 액체 압력
R_0 : 초기 기포 반지름
R_{min} : 최소 기포 반지름
ρ : 무한 액체 밀도
σ : 액체의 표면장력
μ : 액체 점성
γ : 가스의 비열
ζ : 액체의 기포 점성

이와 같이 추정된 최대 충격 압력비 p_{max}/p_∞ 및 최소 기포 반지름 R_{min} 수치는 표 3.1과 같다. 액체의 압축성을 포함시키면 p_{max}/p_∞ 수치가 비압축성일 때의 수치보다 감소하고, 압력비 $q(=p_0/p_\infty)$가 감소하면서 압축성과 비압축성의 p_{max}/p_∞의 차이가 증가한다.

최소 기포 반지름에서 기포 주변 액체의 온도와 최대 충격 압력과의 관계를 수치적으로 연구하였으며 그 결과들 중 하나는 그림 3.6과 같다[3.32].

표 3.1 최대 충격 압력과 최소 기포 반경의 계산된 수치(P_∞ =101.3 kPa, T_∞ =273 K, γ=1.4) [3.31]

R_0(mm)		10		1		10^{-1}		10^{-2}		10^{-3}	
q	유체	$R_{\min}$ (mm)	$\frac{p_{max}}{p_\infty}$	$10R_{\min}$ (mm)	$\frac{p_{max}}{p_\infty}$	$10^2R_{\min}$ (mm)	$\frac{p_{max}}{p_\infty}$	$10^3R_{\min}$ (mm)	$\frac{p_{max}}{p_\infty}$	$10^4R_{\min}$ (mm)	$\frac{p_{max}}{p_\infty}$
0.10	압축	2.731	23	2.729	23	2.706	24	2.511	33	1.784	132
0.10	비압축	2.649	27	2.647	27	2.623	28	2.422	38	1.658	181
0.05	압축	1.712	83	1.711	83	1.698	86	1.588	113	1.209	347
0.05	비압축	1.609	108	1.607	108	1.594	112	1.477	153	1.063	602
0.02	압축	0.9228	444	0.9222	445	0.9170	456	0.8730	559	0.7364	1130
0.02	비압축	0.7923	843	0.7917	845	0.7858	872	0.7353	1151	0.5681	3394
0.01	압축	0.5980	1373	0.5978	1376	0.5953	1399	0.5747	1620	0.5179	2497
0.01	비압축	0.4538	4377	0.4535	4391	0.4504	4517	0.4242	5805	0.3340	15984

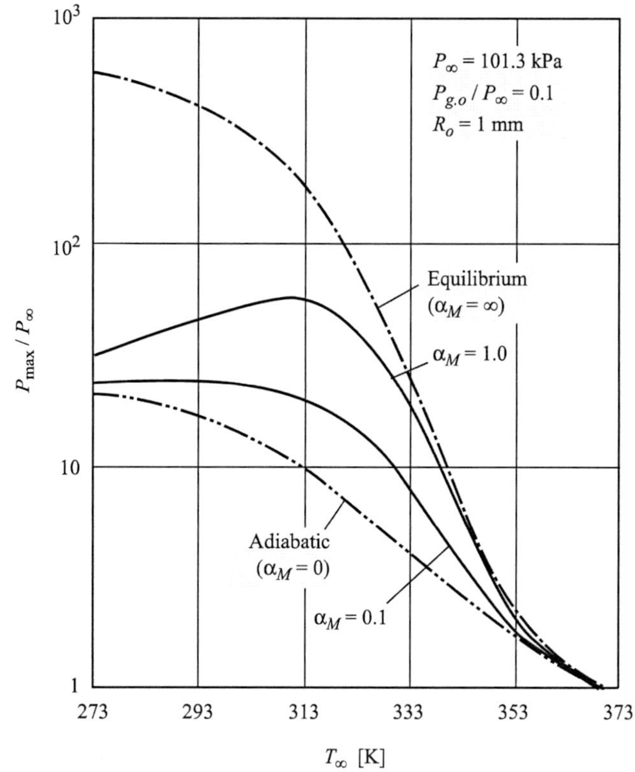

그림 3.6 비평형 매개변수 α_M이 액체 내 최대 충격 압력 p_{max}/p_∞과 온도와의 관계에 미치는 영향

고체 벽 인근에서 기포가 생성한 단일 스파크의 붕괴에 대한 실험결과를 고찰한 결과 L/R_{max} 수치에 따라 3개 붕괴 형식이 존재하는 것으로 증명되었다. 여기서 L은 전극과 고체 벽 사이 거리, R_{max}는 최대 기포 반지름이다. (a) $L/R_{max} \le 0.3$ 및 $L/R_{max} \ge 1.5$인 경우 충격파가, (b) $0.6 \le L/R_{max} \le 0.8$인 경우 액체 제트가 벽 충격 압력(impact pressure)을 지배한다. (c) $0.3 \le L/R_{max} < 0.6$ 및 $0.8 \le L/R_{max} \le 1.5$인 경우 충격파와 액체 제트 모두가 벽 충격압력에 기여한다[3.29].

3.6.2 온도 영향

수온이 단일 기포의 붕괴 및 붕괴시 충격압력에 미치는 영향을 실험적으로 연구한 결과는 그림 3.7과 같다. 수온이 333°K 이상으로 상승하면서 $p_{max} - L/R_{max}$ 곡선은 유사하게 변화한다. $L/R_{max} \ge 1.2$인 경우 L/R_{max} 증가하면서 p_{max}는 역으로 감소하는 관계를 유지한다. 이는 아마도 고체 벽을 통한 열전달 및 높은 수온에서 충격

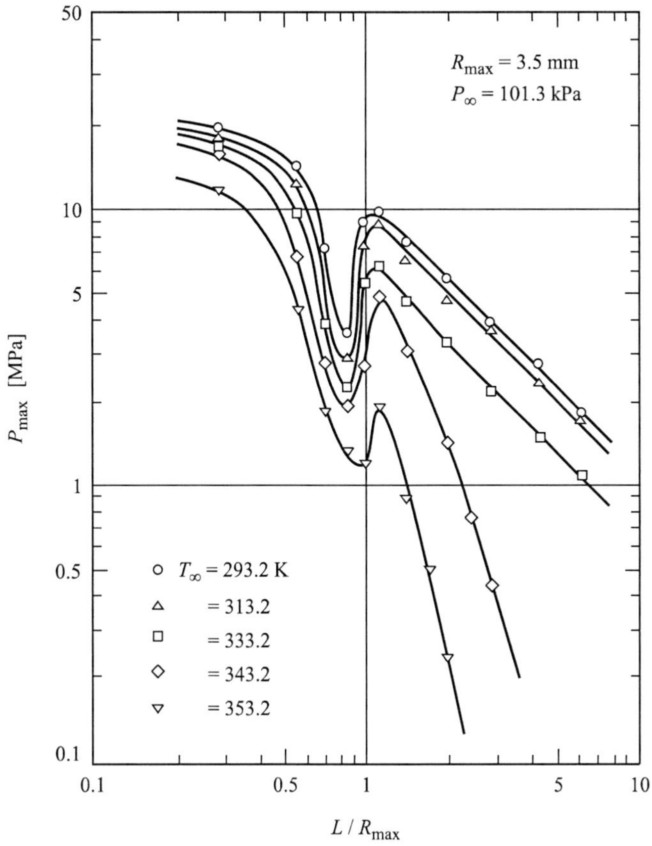

그림 3.7 수온 T_∞가 $p_{max} - L/R_{max}$ 곡선에 미치는 영향(R_{max} = 3.5 mm)[3.27]

유파 강도의 감소에 기인하는 것으로 추정된다.

실험적으로 L/R_{max}에 따른 최대 충격압력(기포의 최초 및 두 번째 붕괴 모두에서)의 관계를 구하였다. 벽 재질의 소성 변형의 원인이 되는 충격압력은 액체 제트의 운동과 밀접하게 관계된다[3.33과 3.34].

References

3.1 Benjamin, T. B., (1956) 'Pressure Waves From Collapsing Cavities', *Proc. 2nd. Symp. on Naval Hydrodynamics,* Washington. D. C , 1956, pp. 207-233.

3.2 Besant, W. H., (1859) *Hydrostatics and Hydrodynamics,* art. 158, Cambridge Univ. Press, London.

3.3 Blake, F. G., Jr., (1949) *The Onset of Cavitation in Liquids,* I, Harvard Acoustics Res. Lab., TM 12, Sept., 1949.

3.4 Brennen, C. E., (1995) *Cavitation and Bubble Dynamics,* Oxford Univ. Press, 1995.

3.5 Fujikawa, S. and Akamatsu, T., (1980) 'Effects of the Non-Equilibrium Condensation of Vapour on the Pressure Wave Produced by the Collapse of a Bubble in a Liquid', *J. Fluid Mech.,* Vol. 97 (1980), pp. 481-512.

3.6 Gilmore, F. R., (1952) *The Growth and Collapse of a Spherical Bubble in a Viscous Compressible Liquid,* Colif. Inst. of Tech., Hydrodyn. Lab., Rep. No. 26-4 (1952), pp. 1-40.

3.7 Herring, C , (1941) *Theory of the Pulsations of the Gas Bubble Produced by an Underwater Explosion,* OSRD Report 236 (1941).

3.8 Jahsman, W. E., (1968) 'Collapse of a Gas-Filled Spherical Cavity', *J. Appl. Mech., Trans.* ASME, Ser.E, Vol. 35 (1968), pp. 579-587.

3.9 Lauterborn, W., (1974) 'Kavitation durch Laserlicht', *Acustica,* Vol. 31 (1974), pp. 51-78.

3.10 Lauterborn W. and Bolle, H., (1975) 'Experimental Investigations of Cavitation-Bubble Collapse in the Neighbourhood of a Solid Boundary', *J. Fluid Mech.,* Vol. 72 (1975), pp. 391-399.

3.11 Lilliston, R. R., (1966) *Calculations on the Collapse of a Spherical Gas-Filled Cavity in a Compressible Liquid,* DTMB Report No. 2223(SP6-002), 1966.

3.12 Lord Rayleigh (1917) 'On the Pressure Developed in a Liquid during the Collapse of a Spherical Cavity', *Phil. Mag.,* Vol.34 (1917), pp. 94-98.

3.13 Nakajima, K. and Shima, A., (1977) 'Analysis of the Behavior of a Bubble in a Viscous Incompressible Liquid by Finite Element Method', *Ing.-Arch.,* Bd. 46 (1977), S. 21-34.

3.14 Naude, C. F. and Ellis, A. T., (1961) 'On the Mechanism of Cavitation Damage by Nonhemispherical Cavities Collapsing in Contact with a Solid Boundary', *J. Basic Engng., Trans. ASME,* Ser. D, Vol. 8 (1961), pp. 648-656.

3.15 Plesset, M.S., (1949) 'The Dynamics of Cavitation Bubbles', *J. Appl. Mech.,* Vol. 16, pp. 227-282.

3.16 Plesset, M. S., and Mitchell. T. P, (1956) 'On the Stability of the Spherical Shape of a Vapor Cavity in a Liquid', *Quart. Appl. Math.,* Vol. 13 (1956), pp. 419-430.

3.17 Plesset, M. S. and Chapman, R. B., (1971) 'Collapse of an Initially Spherical Vapour Cavity in the Neighbourhood of a Solid Boundary', *J. Fluid Mech.,* Vol. 47 (1971), pp. 283-290.

3.18 Poritsky, H., (1952) 'The Collapse or Growth of a Spherical Bubble or Cavity in a Viscous Fluid', *Proc. First U. S. Nat'I. Congr. Appl. Mech.,* ASME, 1952, pp. 813-821.

3.19 Rattray, M., (1951) *Perturbation Effects in Cavitation Bubble Dynamics,* Ph.D. Thesis, Calif. Inst. of Tech.

3.20 Shima, A. and Tomita, Y., (1975) 'On the Impulse Pressure Accompanying Spherical Bubble Collapse in Liquids', *Rep. Inst. High Speed Mech.,* Tohoku Univ. Vol. 31 (1975), pp. 97-135.

3.21 Shima A. and Nakajima K., (1977) 'Collapse of a Non-Hemispherical Bubble Attached to a Solid Wall', *J. Fluid Mech.,* Vol. 80 (1977), pp. 369-391.

3.22 Shima, A. and Tomita, Y., (1979) 'The Behavior of a Spherical Bubble in Mercury/Report 2', *Rep. Inst. High Speed Mech.,* Tohoku Univ., Vol. 39 (1979), pp. 19-45.

3.23 Shima, A. and Fujiwara, T., (1980) 'The Collapse of Bubbles in Compressible Hydraulic Oils', *J. Acoust. Soc. Am.,* Vol. 68 (1980), pp. 1509-1515.

3.24 Shima, A., Takayama, K., Tomita, Y. and Miura, N., (1981) 'An Experimental Study on Effects of a Solid Wall on the Method of Bubbles and Shock Waves in Bubble Collapse', *Acustica,* Vol. 48 (1981), pp. 293-301.

3.25 Shima, A.and Tomita, Y., (1981) 'The Behavior of a Spherical Bubble Near a Solid Wall in a Compressible Liquid', *Ing.-Arch.,* Bd. 51 (1981), S. 243-255.

3.26 Shima, A., Takayama, K., Tomita, Y. and Ohsawa, N., (1983) 'Mechanism of Impact Pressure Generation from Spark-Generated Bubble Collapse Near a Wall', *AIAA Journal,* Vol. 21 (1983), pp. 55-59.

3.27 Shima, A., Tomita, Y and Ohno, T., (1988) 'Temperature Effects on Single Bubble Collapse and Induced Impulsive Pressure', *J. Fluids Engng., Trans. ASME,* Vol. 10 (1988), pp. 194-199.

3.28 Shima, A. and Tomita, Y., (1989) 'Some Numerical Aspects of Cavitation Bubble Collapse', *Annual Rev. Numerical Fluid Mech. and Heat Trans.* Vol. 11 (1989), pp. 198-226.

3.29 Shima, A., (1997) 'Studies on Bubble Dynamics', *Shock Waves,* Vol. 7 (1997), pp. 33-42.

3.30 Shu, S. S., (1952) 'Note on the Collapse of a Spherical Cavity in a Viscous Incompressible Fluid', *Proc. First U. S. Nat'l. Congr. Appl. Mech.,* ASME, 1952, pp. 823-825.

3.31 Tomita, Y. and Shima, A., (1977) 'On the Behavior of a Spherical Bubble and the Impulse Pressure in a Viscous Compressible Liquid', *Bulletin of the JSME,* Vol. 20 (1977), pp. 1453-1460.

3.32 Tomita, Y. and Shima, A., (1979) 'The Effects of Heat Transfer on the Behavior of a Bubble and the Impulse Pressure in a Viscous Compressible Liquid', *ZAMM,* Bd. 59 (1979), S. 297-306.

3.33 Tomita, Y and Shima, A., (1986) 'Mechanisms of Impulsive Pressure Generation and

Damage Pit Formation by Bubble Collapse', *J. Fluid Mech.,* Vol. 169 (1986), pp. 535-564.

3.34 Tomita, Y. and Shima, A., (1994) 'Interactive Problems in Bubble Dynamics', *Current Topics in Acoust. Res.,* Vol. 1 (1994), pp. 231-246.

3.35 Trilling, L., (1952) 'The Collapse and Rebound of a Gas Bubble', J. Appl. Phys., Vol. 23 (1952), pp. 14-17.

Part 2: 복수 기포(확률론적 거동)

S.C. Li

3.7 기포 확률성의 기원

3.7.1 소개

실제 유동 상황에서 공동화 기포의 거동은 불확실성이 강한 확률론적 다중 기포(multibubble)의 행위이다. 그림 3.8과 같이 이 공동화-기포붕괴-펄스는 거의 항상 다른 압력-변동 성분과 중첩된다[3.70]. 예를 들어 프란시스수차 모델에서 공동화가 발생하는 흡출관 유동인 그림 3.9로부터 공동화-펄스 이벤트들의 강한 무작위성(이들의 발생과 파형의 측면에서)이 확실하게 나타난다[3.67].

일반적으로 공동화 기포는 다음의 확률론적 변수로서 공간과 시간 영역 모두에서 무작위로 거동한다.

- 핵의 크기와 내용물, 기포 성장과 붕괴 속도, 붕괴의 비구형도(nonsphericity)와 충격파의 집중도
- 다른 기포의 특정 이벤트(예를 들어 붕괴)가 발생하는 공간 위치

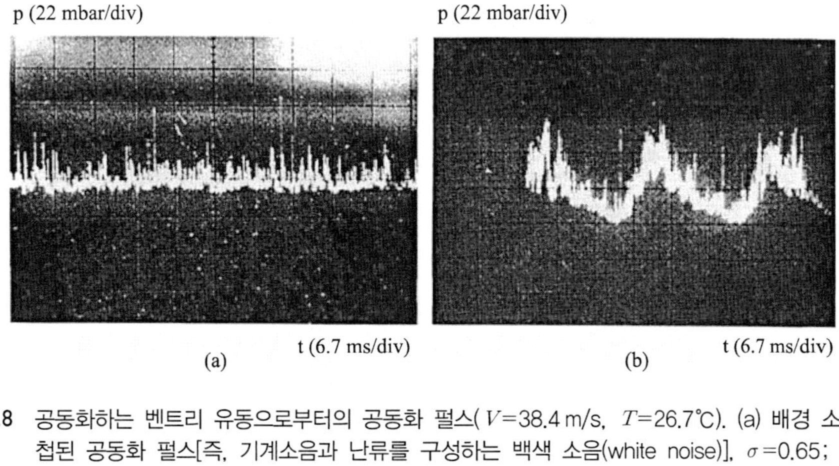

그림 3.8 공동화하는 벤트리 유동으로부터의 공동화 펄스(V=38.4 m/s, T=26.7℃). (a) 배경 소음과 중첩된 공동화 펄스[즉, 기계소음과 난류를 구성하는 백색 소음(white noise)], σ=0.65; (b) 저-주파수 동요와 관련된 공동화와 중첩된 공동화 펄스 및 백색 소음, σ=0.74[3.70]

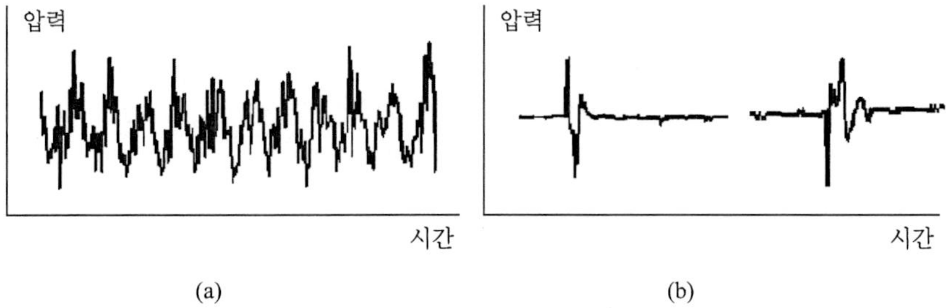

그림 3.9 프란시스수차 모델 러너의 공동화하는 흡출관 유동으로부터 공동화 펄스의 무작위성. (a) 공동화 조건에서 샘플링 비율 1 kHz로 기록된 전체 압력 신호(순서); (b) 공동화 펄스의 발생과 파형에서 강한 무작위성을 보이는 순서로부터 샘플링 비율 200 kHz로 추출한 공동화 펄스[3.67]

- 주어진 공간 위치에서 특정 이벤트(예를 들어 붕괴)의 발생 시간

핵의 공간 위치와 특성(크기, 함량 등) 측면에서 액체 내 핵의 무작위성으로부터 그리고 핵이 공동화되는 공동화 메커니즘으로부터 확률성이 유래되며, 기포의 전체 수명 시간을 통해 다음 세 종류의 상호작용에 의해 확률성이 더욱 증가하고 특징이 결정된다. 첫 번째는 기포-경계 상호작용, 두 번째는 기포들 사이 상호작용, 세 번째는 기포와 불안정한/변동하는 유동장 사이 상호작용이다. 다음 절에서는 이들의 상호작용을 통해 확률성에 기여하는 매개변수들을 기술한다.

3.7.2 기포-경계 상호작용

여러 경계들의 존재는 기포의 확률론적 거동[예를 들어 기포의 구형도, 제트 및 카운터 제트 형성, 극세기포 생성, 전역적 이주(global migration) 및 붕괴 집중도]에 큰 영향을 미친다.

많은 상황에서 이주와 제트 형성을 지배하는 기포와 벽의 상대 거리 γ와 관련된 경계들을 강성체로 취급할 수 있다.

$$\gamma = \frac{S}{R_{max}}$$

여기서 R_{max} : 기포의 최대 반지름

S : 기포가 R_{max}에 도달할 때 기포 중심으로부터 벽까지 거리

Vogel의 체계적인 연구결과(3.7.3절 기포-기포 상호작용의 "기포-극세기포 상호작용"에서 간략하게 포함된)로부터 γ가 기포에 미치는 영향을 알 수 있다[3.80]. 집

중도가 낮은 공동화(6.5.3절 "비용-융 재료" 및 6.6.3절 "보수에서 주된 관심" 참조)로부터 보호하기 위해 질기고 탄성이 있는 코팅(에폭시/에폭시 복합재료 및 폴리우레탄-기반 플라스틱과 같은)을 사용하는 일부 상황에서는 주로 코팅 재료의 상대적인 관성 m^* 및 강성도 k^*와 같은 특성들도 매개변수를 지배한다.

$$m^* = \frac{m}{\rho R_{max}^3}$$

여기서 m : R_{max}와 관련된 등가 코팅 질량

ρ : 액체 밀도

$$k^* = \frac{k}{(p_\infty - p_c)R_{max}}$$

여기서 k : 코팅의 스프링 상수

p_∞ : 무한 거리에서 액체 내 압력

p_c : 액체의 포화증기압

Blake가 저차 특이법(low-order singularity method)으로 절반 공간(half-space) 경계에 걸친 Kelvin 충격(impulse)을 평가한 연구결과는 다양한 경계들의(강성체 경계, 자유 표면 경계면, 2-유체 경계면, 관성 경계 및 멤브레인 경계 등) 존재가 제트 형성과 전역적 운동(global motion)에 미치는 영향을 실증한다[3.44]. 또한, 이 개념을 유한 기포 숫자로 확장하면 경계들과 공동화 기포 메커니즘의 상호작용에 대한 정보와 고찰력을 얻을 수 있다. Kelvin 충격은 다음과 같이 정의된다.

$$I = \rho \int_s \phi \boldsymbol{n} ds$$

여기서 ρ : 유체 밀도

ϕ : 속도 퍼텐셜

s : 공동화 기포의 표면

$\boldsymbol{n}$: 유체에 대한 외부 수직

인근 경계의 존재, 주변 속도 및 압력장에 의해 Kelvin 충격이 발생할 수 있다.[1]

[1]예를 들어 고체 벽의 경우 경계의 존재는 붕괴 단계 동안 멀리 있는 기포는 인근 기포보다 더욱 큰 가속을 얻어 경계를 향한 기포의 전역적 이주를 초래한다. 즉, 경계에 법선 압력구배에 의해 발생된 Bjerknes Force로 인해 기포는 Kelvin 충격을 얻는다. 유체 운동에 의해 유발된 실제 질량이 공동에 기인하면 Kelvin 충격을 선형 모멘텀으로 간주할 수 있다. Benjamin & Ellis가 1966년 기포 역학을 분석하기 위해 최초로 Kelvin 충격을 소개하였다.

하나의 예로서 고체 벽 인근에서 붕괴되는 부력이 있는 공동화 기포의 사례를 인용한다. 이와 같은 기포의 경우 붕괴 완료시 Kelvin 충격은 다음과 같다.

$$I(T_R) \propto \left[2\gamma^2\delta^2 B\left(\frac{11}{6}, \frac{1}{2}\right) - B\left(\frac{7}{6}, \frac{3}{2}\right)\right]$$

여기서 T_R : 레일리 기포의 수명 시간$\left(T_R = 1.83 R_{max}\sqrt{\frac{\rho}{p_\infty}}\right)$

I : 벽에 수직인 기포의 등가 운동과 관련된 Kelvin 충격

B : 베타함수

δ : 무차원 부력 매개변수$\left(\delta = \sqrt{\rho g \frac{R_{max}}{\Delta p}}\right)$

여기서, Δp는 기포가 생성되기 전 위치에서 액체 내 초기 압력 p_0와 기포 내부 증기압 p_v의 압력차이로서 $\Delta p = p_0 - p_v$이다.

$I(T_R) > 0$인 경우 기포는 경계로부터 멀리 이동하고 $I(T_R) < 0$인 경우 그 반대가 된다. 따라서 중립 붕괴(이동 없이 구가 붕괴되는)선은 $I(T_R) = 0$에 상응하며 다음과 같이 된다.

$$\gamma\delta = \sqrt{\frac{B\left(\frac{7}{6}, \frac{3}{2}\right)}{2B\left(\frac{11}{6}, \frac{1}{2}\right)}} = 0.442$$

이 결과는 그림 3.10과 같이 제트의 생성과 방향 측면에서 일련의 수치 실험과 잘 일치한다. Kelvin 충격 개념은 γ 및 δ와 같은 매개변수들이 전역적 운동과 제트 생성에 어떻게 영향을 미치는지 잘 설명하지만 기포 표면 변형에 대한 상세한 정보를 제공하지 않는다. 또한, Kelvin 충격은 전역적 통합 수치로서 오직 전체적인 기포 이동 특성만을 기술하므로 극세기포 생성과 기포-극세기포 상호작용에 대한 어떠한 단서도 제공하지 않는다.

요약하면 γ가 감소하면서 기포-경계 상호작용은 증가한다. 경계의 속성에 따라 다음과 같이 기본적으로 3개의 사례가 존재한다.

(1) 고체 경계($m^* \to \infty$ and $k^* \to \infty$)에서 상호작용은 기포 수명시간을 증가시킨다. 성장 단계 동안 경계는 기포 인근의 확장을 지연시켜 경계 인근 측면에서 평탄화된 비구형 기포가 생성되는 반면 붕괴 단계 동안 기포를 끌어 당겨 경계를 향해 이동하는 환상면(toroidal)의 공동을 초래하고 작은 극세기포로 파괴된다. 통상적으로 γ가 감소하면서 결과적인 제트 속도, 경계에서 충격압

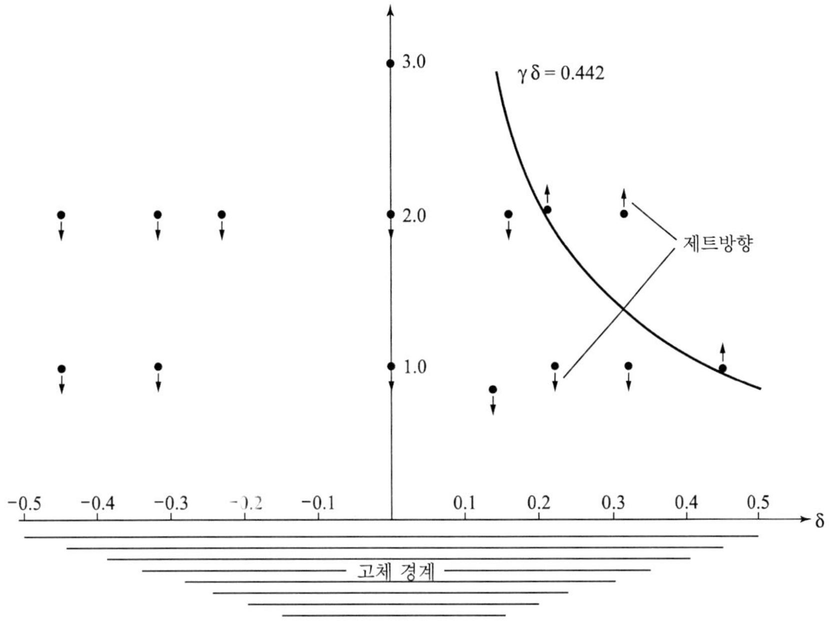

그림 3.10 고체 경계 인근 부양성 증기 기포의 전역적 운동의 분석결과와 실험결과의 비교[3.44]

력, 그리고 손상 잠재력은 증가한다.

(2) 자유 표면[고체 경계와 정반대로 $m^* \to 0$ and $k^* \to 0$, 완벽한 컴플라이언스(compliance)로서 압력이 일정한 경계 역할을 하는 경우]에서 부력을 고려하지 않으면 큰 γ 수치에서 기포는 붕괴 단계 동안 표면으로부터 멀리 이동하여 기포 이동과 동일한 방향에서 제트를 형성한다. 즉, 자유 표면은 기포로부터 멀리 이동하는 스파이크(spike)를 형성한다. $\gamma = 1.0$과 $\gamma = 1.5$인 두 증기기포에 대한 기포-벽 이동, 입자 유적선(pathlines), 그리고 성장과 붕괴 동안 압력 등고선의 수치해석 결과는 그림 3.11과 같다. 이 그림으로부터 자유 표면 영향을 명백하게 알 수 있다. 즉, γ 수치가 작은 경우 Bjerknes 효과는 더욱 날카로운 제트와 함께 항상 표면으로부터 먼 방향으로 향한다. 즉, $\gamma = 1.5$인 경우 표면은 기포 성장과 붕괴 동안 상승 및 하강하는 반면 수치가 감소된 $\gamma = 1.0$인 경우 표면은 상당히 상승하고, 붕괴 단계에서도 지속적으로 상승하여 확연한 스파이크를 생성한다. 만일 부력을 무시할 수 없으면, 부력은 스파이크 강도를 감소시키고 붕괴 단계 동안 자유 표면을 향해 상승하는 이동 성분을 기포에게 제공한다(특히 γ수치가 큰 경우 기포의 상승 이동으로 이어질 수 있다).

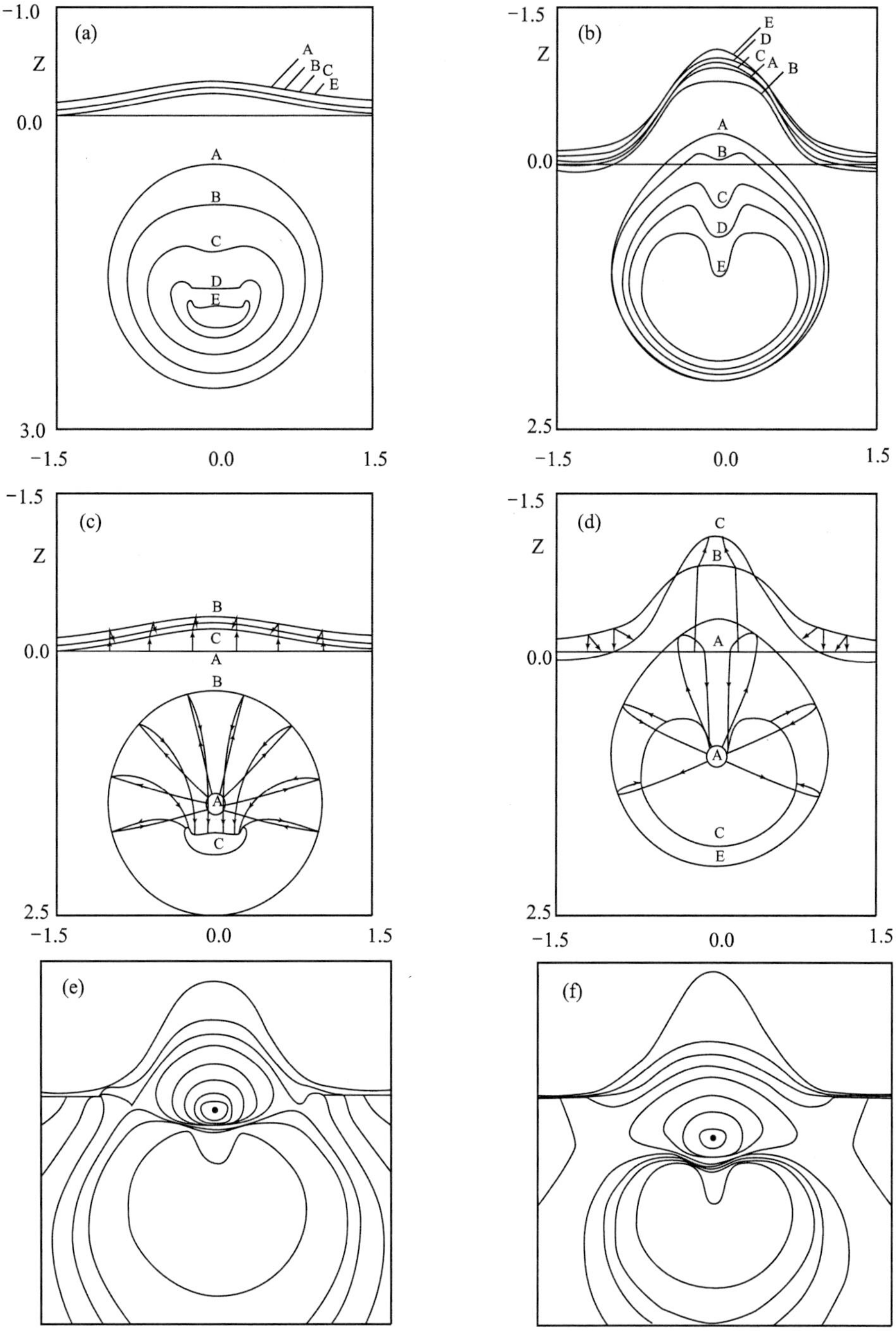

그림 3.11 자유 표면 근접 $\gamma=1.0$과 $\gamma=1.5$에서 증기기포의 성장과 붕괴. (a) 기포 형상, $\gamma=1.5$; (b) 기포 형상, $\gamma=1.0$; (c) 입자 유적선, $\gamma=1.5$; (d) 입자 유적선, $\gamma=1.0$; (e) 압력 등고선, $\gamma=1.0$ & $T=1.186$; (f) 압력 등고선, $\gamma=1.0$ & $T=1.310$[3.45]

(3) 상기 두 극단적인 사례 사이의 경계[예를 들어 표면 매개변수 m^*와 k^*가 0이 아닌 유한 수치를 갖는 유연한(flexible) 합성재료로 구성된 순응성(compliant) 경계]에서는 유체 운동과 경계 사이에 관련된 에너지 교환 과정이 존재한다. 경계는 액체 운동으로부터 부분적으로 소멸될 수 있는 에너지를 추출하고 나머지 에너지를 유체 운동으로 되돌려 줄 수 있다. 이와 같은 에너지 교환 과정을 통해 기포 성장과 붕괴의 행위가 변화된다. 이와 같은 에너지 교환 방법은 주로 상대적인 위치 γ 그리고 경계 매개변수 m^* 및 k^*에 종속된다. 이와 같은 순응성 경계의 우호적인 효과는 기포의 이동 및 제트를 지연시키는 것이다. 특정 γ, m^*, k^* 수치 조합에서 기포는 경계로부터 멀리 추방되고, 제트는 사라지거나 또는 경계로부터 멀어져 경계를 손상시킬 가능성이 거의 없게 된다. 그림 3.12는 최근 연구에 기초한 이러한 개념들을 보여준다 [3.77, 3.82]. 세 γ 수치에 대한 m^*(범위 0으로부터 ∞까지)와 붕괴 최종 단계에서 상대적인 기포 거리 S_c/R_{max}(S_c는 기포 붕괴 최종 단계에서 경계까지의 거리이다)의 관계는 중립 붕괴선(점선)에 의해 분리된 RZ(repelling zone)와 AZ(attracting zone) 중 하나에서 붕괴가 발생하는 사실을 밝혀준다. 이 중립 붕괴선은 $S_c/R_{max} = \gamma$인 점들을 통과한다.

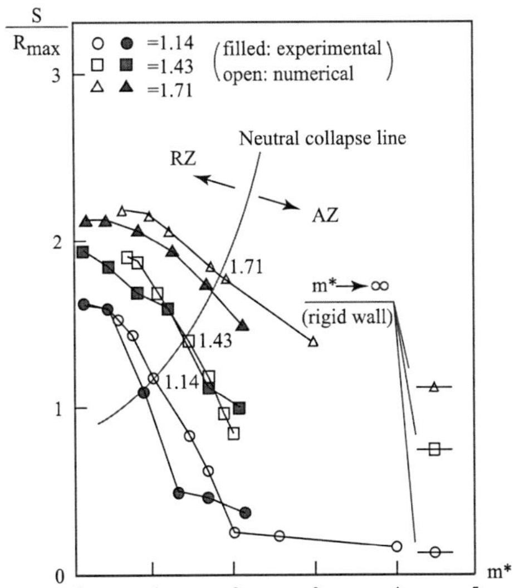

그림 3.12 경계 특성이 단일-정 기포 붕괴에 미치는 영향(찬 심볼: 실험결과, 빈 심볼: 분석결과) [3.77, 3.82].

3.7.3 기포-기포 상호작용

기포/충격파 운동을 통해 발생하는 기포-기포 상호작용은 주로 두 형식으로 존재한다. 한 형식은 기포 자체의 붕괴 과정에서 발생한다. 즉, 주 붕괴로부터 방출된 충격파는 극세기포(주된 붕괴에 의해 생성된)와 부딪히며, 극세기포 붕괴 비율을 가속하여 상당히 높은 붕괴 피크 압력을 초래한다. 이 상호작용은 작은 영역 내에서 발생하며, 주로 인근에 경계가 존재할 때 비구형의 주된-붕괴 동안 발생된 불안정성에 의해 극세기포가 생성되므로 특히 경계 인근에서 붕괴되는 기포에서 이 상호작용이 발생하며 이러한 기포-극세기포 상호작용을 빈번하게 소규모(small-scale) 상호작용이라 부른다. 다른 형식은 원래 다른 핵들로부터 성장하고, 기포-극세기포 상호작용과 비교할 때 더욱 큰 공간 거리 내에서 상호작용하는 기포들 사이의 상호작용이 발생하며 이러한 기포-기포 상호작용을 대규모(large-scale) 상호작용이라 부른다.

기포-극세기포(소규모) 상호작용 레이저로 추론(laser-induced)하여 기포가 고체 경계 인근에서 붕괴되는 소규모 상호작용을 설명할 수 있다[3.80]. 붕괴 모습[기포 신장(elongation),[2] 주된 제트 및 카운터 제트의 생성, 링 보텍스(ring vortex), 극세기포 생성 및 기포-극세기포 상호작용]은 기하학적 형상(특히 상대적 거리 γ)에 강하게 종속된다.

γ가 매우 클 때 저층류(bottom flow)는 경계에 의해 방해받지 않고, 신장이 발생되지 않아 구형 붕괴가 발생한다(그림 3.13a 참조). 카운터 제트는 중간 γ 수치에서 나타날 수 있지만 $\gamma > 1$이고 곡률이 큰 하부 기포 벽이 경계에 부착되지 않을 때 나타난다(그림 3.13b 참조). 카운터 제트는 저층류에 의해 방해를 받기 때문에 항상 주된 제트보다 약하다. 카운터 제트 및 신장 ϵ은 γ의 함수이다. γ가 감소하면서($\gamma > 1$일 때) 그리고 ϵ이 증가하면서 카운터 제트의 강도가 증가하며 이들의 관계는 그림 3.14와 같다.

γ 수치가 상대적으로 클 때($\gamma = 1.9 \sim 2.55$ 범위) 최초 붕괴 후 링 보텍스가 생성된다. 기포는 환상형 형상을 취한 후 여러 부분들로 해체되고, 이 부분들은 리바운드 동안 거의 같은 시간에 개별적으로 붕괴되고 다시 합체된다. 기포는 고체경계를 향해 이동하며 경계에 도달하는 순간 팽창하기 시작한다. 보텍스 코어는 두 번째 붕괴

[2] Lauterborn이 1982년 제트/카운터-제트로 이어지는 신장의 기작을 상세하게 기술하였다[3.66]. 신장은 $\epsilon = h/R_{hor}$로 정의되며, 여기서 R_{hor}는 기포 최대 신장 순간 수평 기포 반경, h는 R_{hor} 위치(level)와 기포 상부 사이 거리이다.

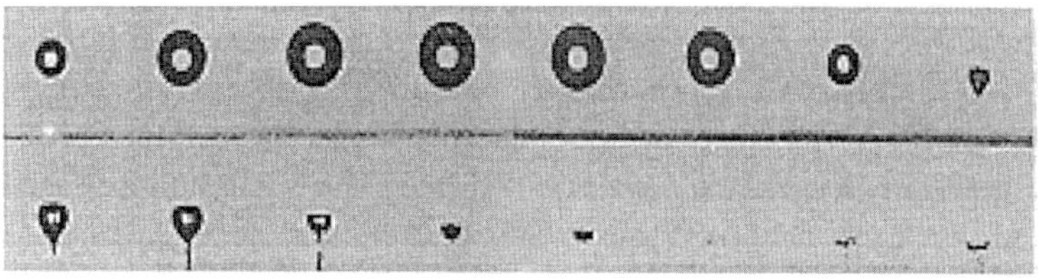

(a)

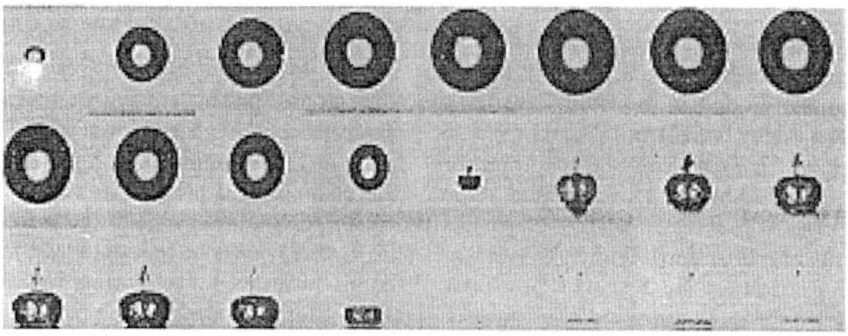

(b)

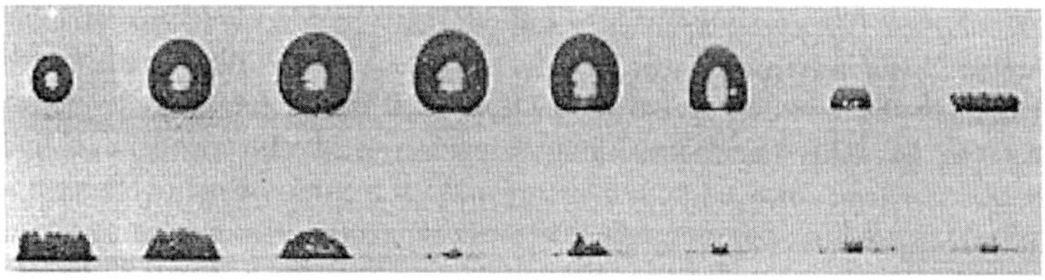

(c)

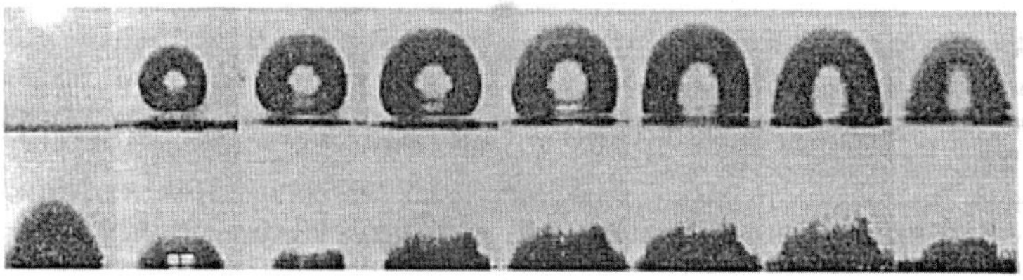

(d)

그림 3.13 20,000프레임/초로 취득한 무차원 거리 γ에서 형성된 제트와 카운터제트사진(R_{max}는 최대 기포 반지름, ϵ은 붕괴 전 기포 신장)[3.80]
(a) γ=2.30, ϵ=1.04, R_{max} =2.0 mm; (b) γ=1.56, ϵ=1.13, R_{max} =3.2 mm; (c) γ=0.75, ϵ=1.41, R_{max} =1.6 mm; (d) γ=0.34, ϵ=1.38, R_{max} =2.3 mm

후 보텍스에서의 불안정한 파(wave)로 인해 다각형 형상을 취한다. Kelvin 충격 보존으로 인해 첫 번째와 두 번째 기포 붕괴 동안 이주는 가속화된다.

γ 수치가 감소하면서 기포의 두 번째 붕괴는 γ 수치가 2 이상인 경우의 붕괴와는 다르다. 그림 3.16($\gamma = 1.66$)에서 첫 번째 붕괴 후 리바운드 동안 기포는 경계와

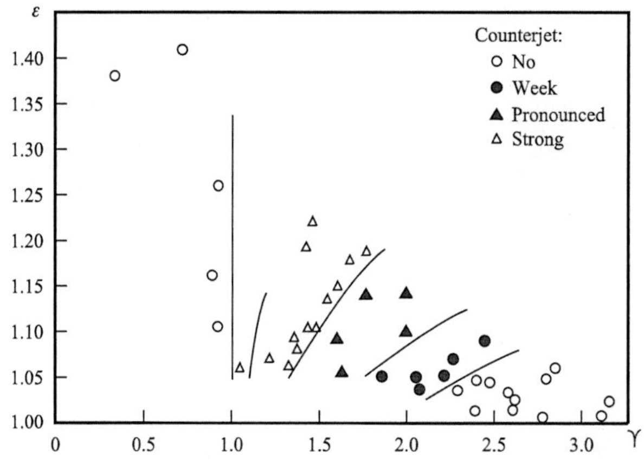

그림 3.14 γ와 ϵ의 함수로서 카운터-제트의 형성과 강도[3.80]

접촉하고, 두 번째 붕괴 동안 기포 하부 측이 경계로부터 다시 분리될 때 링 보텍스가 매우 짧은 기간에 존재할 수 있다(그림 3.16에서 세 번째와 네 번째 그림). 기포 붕괴동안 증가하고 최종적으로 기포를 붕괴하는 기포-벽 불안정성(비구형)은 첫 번째 붕괴로부터 극세기포를 생성한다. Schlieren 기법은 이러한 극세기포를 가시화한다(그림 3.16 참조).[3] 두 번째 붕괴는 극세기포와 부딪히고 극세기포는 신속하게 붕

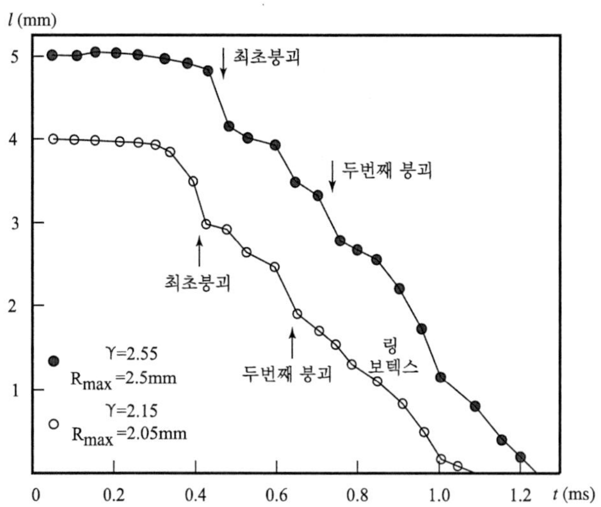

그림 3.15 고체 경계 인근에서 붕괴되는 기포의 이동(l은 기포 중심과 경계 사이 거리)[3.80]

[3]주된 기포는 빛을 차단하고 극세기포의 클라우드(공동을 둘러싸는)는 이들의 높은 분산(scattering) 효율로 인해 밝게 나타난다.

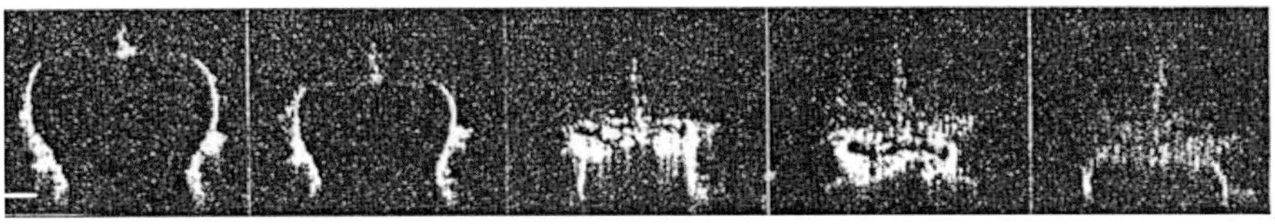

그림 3.16 20,000프레임/초로 공간 필터링하여 취득한 $\gamma=1.66$, $R_{max}=3.3$ mm 기포의 2차 붕괴 사진(고체 경계의 위치는 첫 번째 프레임 내 흰색 수평 바(bar)로 표시됨)[3.80]

괴되어 사라진다(그림 3.16의 다섯 번째 그림).

γ가 더욱 감소하면($\gamma=1.37$) 첫 번째 붕괴 후 링 보텍스가 생성되지 않는다. 고체경계에서 제트로부터 외부로 향하는 반경방향유동(radial flow)이 발생하여 수평 방향으로의 두 번째 붕괴가 감속된다(그림 3.17 참조). 환상면의 기포는 15번째 그림과 같이 관측할 수 있는 개별적으로 붕괴하는 여러 부분들로 해체된다. 여기서 두 번째 붕괴 동안 다른 측면들로부터 두 개의 음향 과도현상들이 방출된다. 기포 상부측에서 극세기포는 하나의 클라우드로서 나타나고, 상부측의 돌출부는 최초 붕괴로부터 카운터 제트가 형성된 것을 나타낸다.

γ가 약 1인 경우 기포 역학이 관심거리가 된다. 첫 번째 붕괴 단계 동안 붕괴의 최종 단계 전에 링 보텍스가 생성되고, 극세기포는 첫 번째 붕괴로부터 생성되어 경계 벽에 부착되어 그림 3.18과 같이 하얀 점선으로 나타난다. 그림 3.18a는 첫 번째 붕괴 후 최대 팽창 단계에서, 3.18b는 중간 단계에서, 그리고 3.18c는 최종 붕괴 약 30 μs전 기포를 보여준다. 무차원 시간 T는 다음과 같이 정의된다.

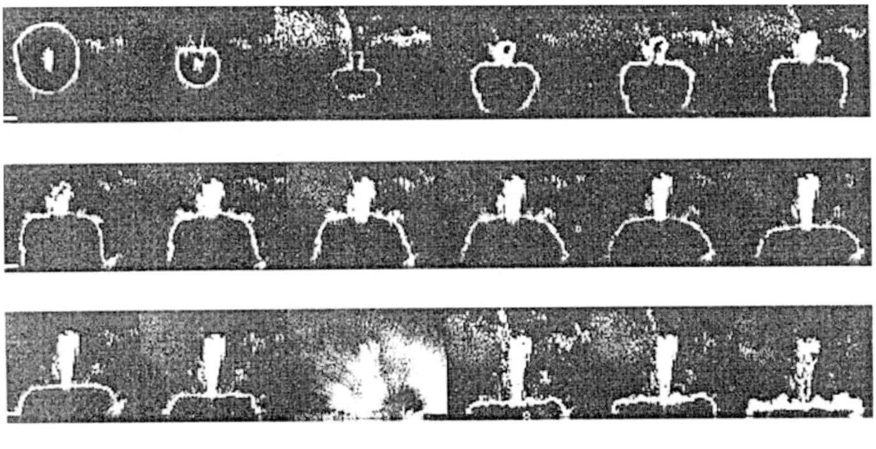

그림 3.17 20,000프레임/초로 공간 필터링하여 취득한 $\gamma=1.37$, $R_{max}=4.0$ mm 기포의 1차 및 2차 붕괴 사진(고체 경계의 위치는 첫 번째 프레임 내 흰색 수평 바(bar)로 표시됨)[3.80]

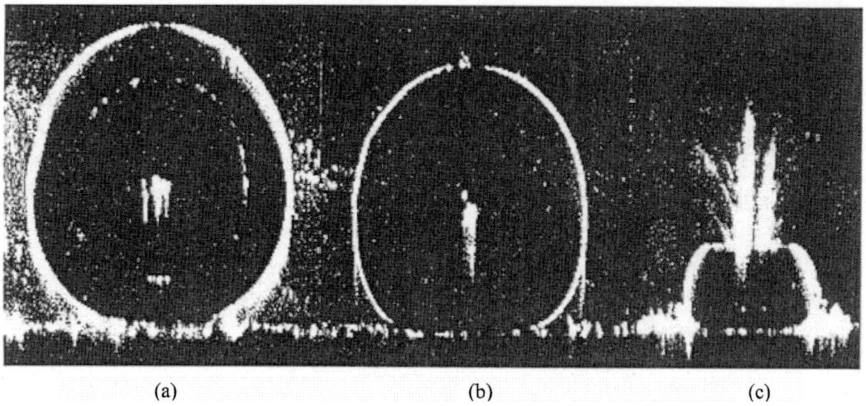

그림 3.18 일련의 Schlieren 붕괴(γ=0.96, R_{max} =3.9 mm)
(a) T=1.03; (b) T=1.80; (c) T=2.19

$$T = \frac{t}{T_c}$$

여기서 T_c : 레일리의 붕괴 시간$\left(T_c = 0.57\,T_R = 0.91 R_{max}\sqrt{\rho / p_\infty}\right)$
t : 기포 생성 순간부터 시작되는 시간

첫 번째 붕괴완료 이전에 링 보텍스(vortex ring)가 생성되면서, 붕괴 동안 기포 중심을 향한 반경(radial) 방향의 유체 운동은 부분적으로 링 보텍스의 회전 운동으로 변형되고, 결과적으로 기포 내파(implosion)가 감속된다. 즉, $\gamma > 1$인 경우의 기포와 비교할 때 붕괴 동안 기포는 상대적으로 크게 유지된다. 따라서 γ가 약 1인 경우 기포 내부 압력 상승은 상당히 낮으며 약한 음을 방출(sound emission)한다.

$\gamma < 1$일 때 카운터 제트는 생성되지 않고, 주된 제트는 두꺼워지고 그림 3.13c와 같이 붕괴 초기 단계에서 하부 기포 벽을 강타한다. γ가 더욱 감소하면(예를 들어 그림 3.13d와 같이 γ=0.34) 제트 직경은 다시 줄어든다. $0 < \gamma < 1$ 범위에서 기포 붕괴 동안 제트 유동에 의해 극세기포가 생성된다(그림 3.13c와 3.13d 참조). 이 범위에서 γ 수치가 감소하면서 기포 붕괴의 집중도가 증가하고, $\gamma \to 0$에서 고체경계에서 가장 큰 압력에 도달한다.

상기 관측으로부터 주로 매개변수 γ가 주된 기포 붕괴와 극세기포 생성을 지배하고, 주된 기포-극세기포 상호작용은 기포 붕괴와 경계 재료손상에 중요한 역할을 한다. 오직 기포-극세기포 상호작용이 발생할 때만 공동화 기포는 경계 재료를 손상시킬 수 있는 충분한 파워를 생산한다. 그러나 주된 제트로부터의 손상 능력만을 고려하면 공동화 기포 붕괴는 매우 연한 순도 99% 알루미늄도 전혀 손상(아주 작은 피트 조차도) 시키지 못한다.[4]

기포-기포(대규모) 상호작용 실제 유동 내 기포-기포 상호작용의 영상을 취득하는 것이 어렵기 때문에 실제 공동화 유동 대신 정적인 유체 공간 내 다중 기포 붕괴를 모의하고, 다양한 실험과 수치해석 기법들을 설계하여 기포-기포 상호작용을 조사하였다.

2D 물/젤라틴(gelatine) 기법을 채택하여 충격파[5] 영향 아래 기포-기포 상호작용에 미치는 두 요소를 밝혀냈다[3.53]. 하나는 충격파가 일렬의 공동들과 동시에 충돌할 때(그림 3.19와 같이 약간 다른 시간에 공동들과 충돌할 때조차도) 제트 방향에 영향을 미치는 이탈효과(divergency effect)이다. 즉, 충격파의 충돌에 의해 공동 내부에서 제트들은 잘 생성되며, 공동외부(outer cavities)에서의 제트 방향은 중심들로부터 멀어지도록 강제된다. 이 제트 이탈효과는 이러한 종류의 기포 상호 영향의 전반적인 특징이고, 공동들이 가까울수록 더욱 강해지며, 심지어 공동-벽의 불규칙성과 파 정면 섭동(shock-front perturbation) 때문에 각 공동 내부에서 두 개의 제트가 생성된다. 두 번째는 연쇄반응(chain reaction), 즉 하나의 공동(또는 일련의 공동)의 붕괴와 리바운드는 강력한 반경 방향 충격파를 생성하며, 이 충격파는 다음 하나(또는 일련)의 공동을 붕괴시키며 이러한 과정이 반복된다. 그림 3.20은 충격파 S가 첫 번째 공동을 붕괴시키고, 두 번째 그림에서 J로 표시된 하나의 제트를 생성하는 연쇄 반응을 보여준다. 세 번째 그림과 같이 리바운드 충격파 S'가 형성된다. 최초 충격파 S는 첫 번째 공동에 의해 차폐된 두 번째 공동에게 거의 영향을 미치지 않으며, 오직 약한 수평 압축만을 야기한다(세 번째 그림). 반면 첫 번째 공동의 리바운드

[4]예를 들어 대기압 아래 물 속 $\gamma=1.0$에서 붕괴되는 기포로부터 제트 속도는 약 100 m/s 이하이다. 이는 수격압 4.5 kbar만을 발생시킬 수 있다. 이는 경계에 부착된 붕괴된 공동 내부에서 얻을 수 있는 압력 2.5 kbar와 동일한 범위에 속한다. 두 수치는 순도 99% 알루미늄의 정적 브리넬 경도 3 kbar와 매우 근사하다. 이는 동적 경도 13 kbar보다 한참 아래다. 따라서 이와 같은 붕괴는 연질 알루미늄을 침식시킬 수 없다. 그러나 만일 기포-극세기포의 상호작용을 고려하면 극세기포의 붕괴의 손상 용량은 매우 클 수 있다는 사실을 알게 된다. 예를 들어 공동 표면이 축소되는 외부로 향해 유동하는 제트의 영향으로 인해 극세기포들이 생성되는 사례를 분석해보자(Tomita & Shima, 1986[3.78]). 그림 3.13c $\gamma=0.75$ 및 그림 3.13d $\gamma=0.34$를 참조하여 작은 γ 수치에서 공동화 기포는 제트가 경계와 부딪히고 약 50 μs 후 최소 규격에 도달한다. 즉, 생성 잠시 후 제트 유동에 의해 생성된 극세기포들은 주 공동 붕괴로(이는 주변 구동 압력보다 상당히 더 크다) 발생한 2.5 kbar 압력 펄스에 의해 부딪힌다. 이로 인해 이 극세기포들은 상당히 더 격렬하게 붕괴되고 알루미늄 또는 다른 재료의 동적 경도(dynamic hardness)를 초월하여 고체 경계에서 국부적으로 상당히 더 높은 압력을 생성한다. 손상 시험에서 흔히 관측되는 붕괴되는 기포의 주변에 위치한 링-형상 손상 패턴은 이러한 형식의 기포-극세기포 상호작용의 증거이다.

[5]충격은 striker에 의해 생성되고 schileren optics로 가시화된다. 실제로 이 충격파들은 이웃 기포들의 붕괴결과이다.

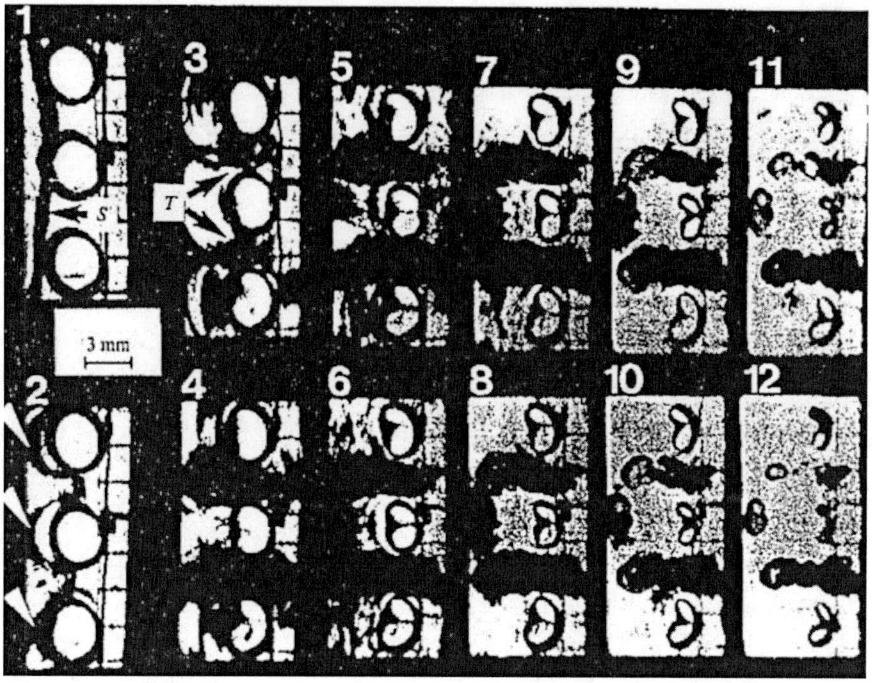

그림 3.19 제트 방향에 대한 이탈효과(충격파 S(= 0.26 GPa)에 평행한 직경 3 mm, 6 mm의 3개 공동. 제트 속도는 약 400 m/s. 프레임 간 시간은 0.96 ms)[3.53]

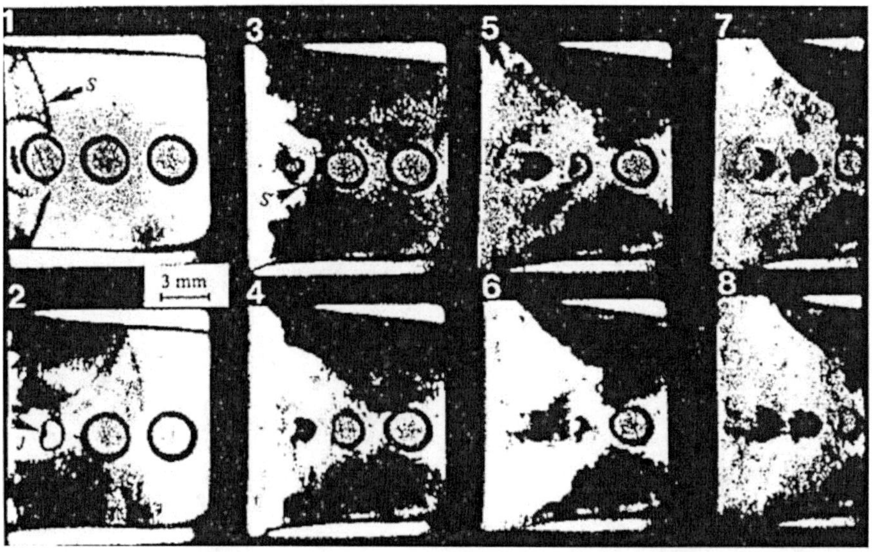

그림 3.20 연쇄반응(충격파 S에 수직인 직경 3 mm의 3개 공동. 프레임 간 시간은 4.25 μs)[3.53]

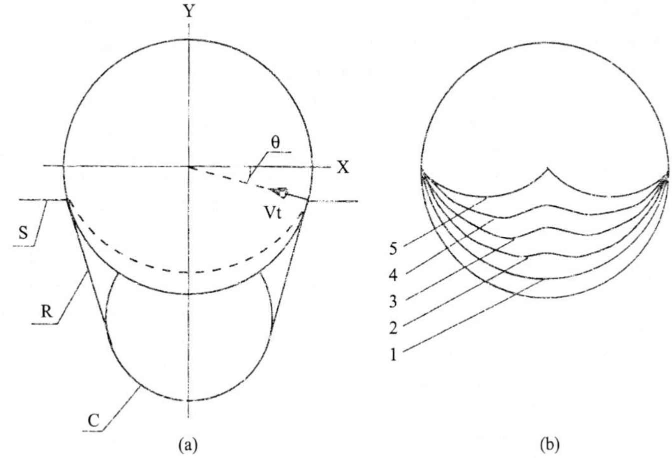

그림 3.21 공동–충격파 작용[3.53]. (a) 평면 충격파 S는 원형 공동에 작용하여 코너 파 C와 반사파 R을 생성; (b) 무차원 시간 $\bar{t}$=1~5에서 공동 벽의 형상 초래

충격은 두 번째 공동의 붕괴와 하나의 제트를 생성한다(네 번째와 다섯 번째 그림). 유사한 방법으로 두 번째 공동의 붕괴 및 리바운드는 세 번째 공동을 붕괴시킨다. 따라서 공동 집단에 따른 연쇄반응은 충격 강도, 공동 직경 및 간격에 종속되어 가능하다. 연쇄반응의 속도(충격파 속도와 다름)는 공동 규격과 제트 속도에 종속된다.

Lesser 모델에[6] 따르면 기포에 충격(impact)을 주는 충격파로 인해 발생된 제트 속도는 고체 경계 벽 인근 기포의 비구형 붕괴로 인해 발생된 제트 속도보다 상당히 높다.[7] 따라서 충격파/기포운동은 매우 높은 "수격(water hammer)" 압력을 야기하며, 이 압력은 이 압력에 노출된 재료를 손상시킬 수 있거나 또는 인근 기포가 상당히 더욱 격렬하게 붕괴되도록 유도하며, 심지어 연쇄반응을 형성한다. 실험결과 제트 속도의 자승의 비율로 추정된 붕괴되는 한 기포의 80 ~ 90%의 높은 붕괴 에너지 부

---

[6]공동 벽에 작용하는 충격파 S의 반사는 corner wave C 및 반사된 장력파(tensile wave) R을 생성한다(그림 3.21 참조). 자유 표면으로 전달된 속도 V_f는 $V_f = 2V\sin\theta$이 되며, 여기서 V는 충격파 뒤 입자 속도이다. 선형으로 가정하면 $p=\rho cV$(여기서 c는 물속에서 음속으로서 c=1500 m/s)이며, 여러 무차원 시간 $\bar{t}$에 대한 결과적인 공동 벽의 형상을 얻을 수 있다($\bar{t}=tc/R$, R은 공동의 반경이다). 그림 3.21은 V=150 m/s 및 $\bar{t}$=1–5인 경우이다. 공동 벽의 최대 속도, 즉 제트 속도 V_{jet}는 공동의 중심에서 얻어지며, $V_{jet}=2V$이다. 만일 제트 팁 수속(收束)효과(convergence effect)와 비선형 충격파 관계가 관련되면 $V_{jet}=3V$이다.

[7]예를 들어 충격파 기포 동작에서(기포 직경 3 mm, 충격파 강도 2.69 kPa) 제트 속도는 약 400 m/s가 되고, 이는 비구형 기포 자체의 붕괴에 의해 생성되는 제트 속도 100 m/s보다 상당히 높다. 일부 실험은 만일 보텍스 공동화 기포의 붕괴로부터 생성된 10 kPa 충격파가 고체 벽 인근에 있는 기포를 치면 1000 m/s의 매우 높은 제트 속도와 20 kPa의 수격압을 생성할 수 있는 것을 보여준다.

분은 다음 기포로 전달된다. 따라서 이와 같은 방법으로 연쇄반응이 유지되고, 후속 기포 붕괴는 더욱 강화된다.

기포 자체의 붕괴로부터 방출된 충격파를 통해 두 기포가 상호작용하는 경우 기포 규격과 구형도(sphericity), 간격(spacing), 그리고 붕괴 시간은 기포들의 거동에 영향을 미친다. Fujikawa는 선형 근사법으로 반지름이 다른 두 개의 초기 구형 기포를 수치적으로 연구하였다[3.58].[8] 기포들의 상호작용은 그림 3.22와 같으며, 여기서 초기 수치 R_{100}(1 mm)와 R_{200}(0.5 mm)으로 기포 반지름을 정규화(예를 들어 $M=R_{200}/R_{100}=0.5$)하였고, 레일리 붕괴 시간으로 시간을 정규화(예를 들어 $\tau=R_{100}\sqrt{\rho_\infty/p_\infty}=99.3\ \mu s$)하였다. 그림 3.22a에서 기포 2의 좌측($\omega'=0°$)과 우측($\omega'=180°$)의 두 속도, 기포 2에 대한 주변 액체의 상대 속도, 실제 시간과 정규화된 시간들이 각 그림에 명시된다. 두 기포 내부 초기 가스압력은 다음과 같고, 이는 $0.07P_\infty$에 상응한다.

$$P_{1g0}=P_{2g0}=P_{g0}=7.091\ \text{kPa}$$

포화증기압은 $P_v=2.337$ kPa이고, 두 기포 사이 초기 거리는 5 mm이다. 그림 3.22를 참조하면 다음과 같이 상호작용을 기술할 수 있다. 큰 기포(여기에서는 기포 1)는 인접한 기포가 없는 것과 같이 거의 구형적으로 거동한다. 반면 작은 기포는 극단적으로 영향을 받는다. 최초 붕괴 단계에서 큰 기포의 벽 형상은 아직도 구형을 유지하지만, 작은 기포 전체는 큰 기포에 이끌려 왼쪽을 향해 직선으로 이동한다. 이제 최초 리바운드 단계에서 작은 기포는 큰 기포의 영향을 받기 때문에 약간 평탄하게 된다. 두 번째 붕괴의 후반부에서 기포 2는 상대적인 유동 방향에 평행으로 신장되고, 두 번째 리바운드 단계에서 벽의 왼쪽 부분($\omega'=0°$)[9]은 급작스럽게 불안정하게 되고 120 m/s 이상의 속도로 기포 1의 방향으로 향하는 돌출부를 형성한다[그림 3.22c에서 스파이크 $\dot{R}(\omega'=0°)$ 참조]. 기포 벽의 우측($\omega'=180°$)은 안정되고 기본적으로 구형 형상을 유지한다. 벽의 두 부분들은 동시에 리바운드하지 않기 때문에 기포 벽의 다른 부분들로부터 발산된 압력파를 비구형으로 만든다. 비응축성 가스 함량은 기포-벽 불안정성에 영향을 미친다. 가스 압력 P_{g0} 수치가 5.065 kPa로 감소할 때 두 번째 붕괴와 리바운드 단계에서 상당히 더 큰 불안정성이 나타나고, $\omega'=0°$에서

[8] 그는 무한에서 단계적 수압 상승 아래 붕괴 과정을 경험하는 비회전 구속되지 않은 액체(물) 내 두 개의 초기 구형 공동화 기포를 가정하였다. 그의 모델은 액체 압축성, 기포 내 가스 함량 및 기포 직선운동을 포함하였다. 상세한 내용은 문헌 [3.57, 3.58, 3.59]를 참조한다.

[9] 이는 상대적인 유동의 하류 측에서 발생한다. 그 이유는 이 순간 기포 2는 주변 유체의 평균 속도보다 상당히 빠른 속도로 기포 1로부터 멀어지는 방향으로 이동하여 상대적인 유체 속도를 기포 1로 향하게 만들기 때문이다.

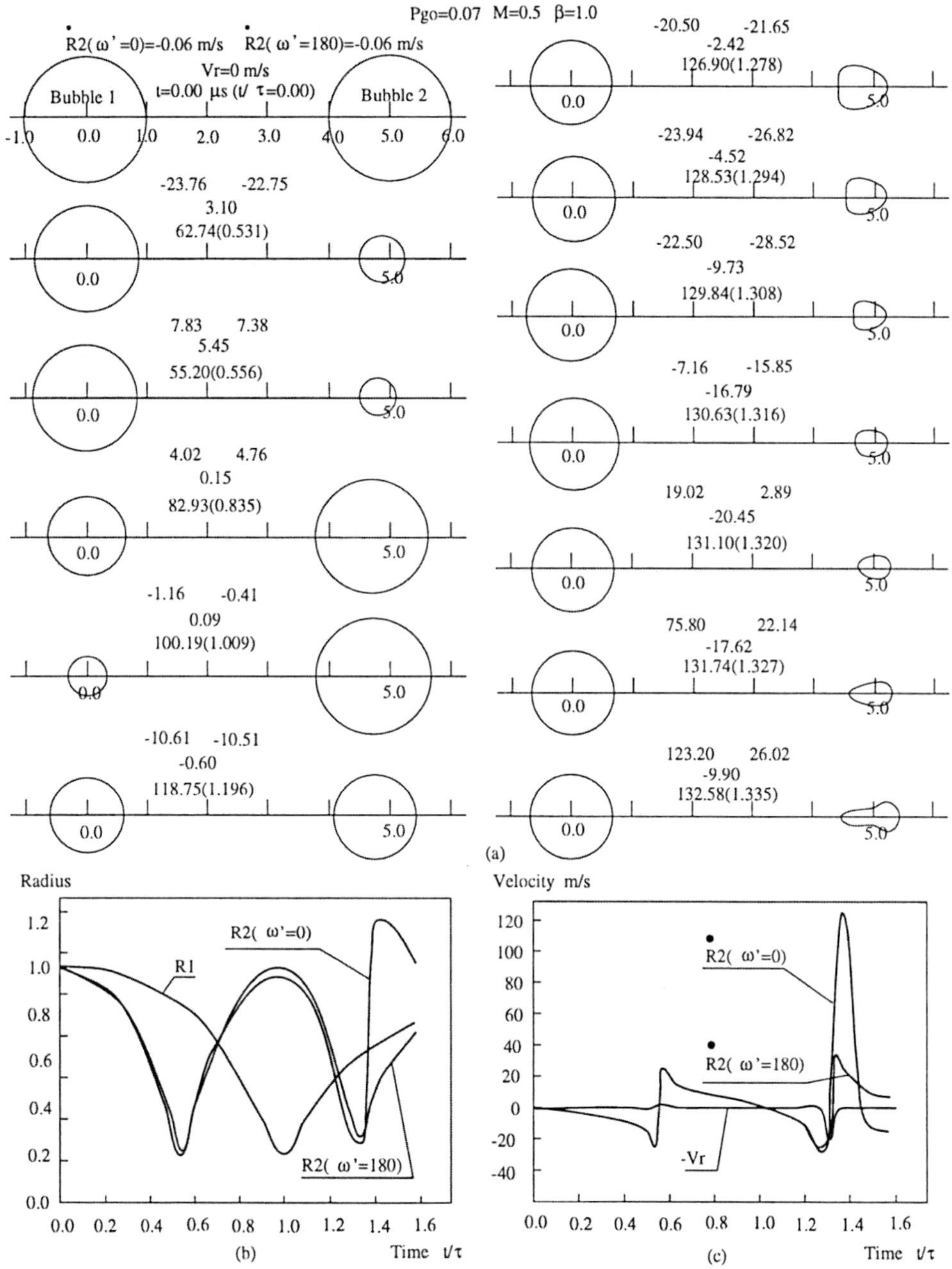

그림 3.22 두 초기 구형 기포의 동적 거동. (a) 기포 형상과 위치; (b) 기포 반지름; (c) 기포 2의 벽 속도와 상대 유속(기포 2에 대한). 만일 기포 2에 대한 액체의 상대 이동 방향이 우측을 향하면 상대 유속 v_r은 (+)로 정의된다[3.59]

750 m/s를 초과하는 속도로 더욱 신속한 돌출부가 생성된다. P_{g0} 수치가 1.013 kPa로 더욱 감소하면 불안정성이 조기(첫 번째 붕괴와 리바운드 단계에서)에 나타나며 이는 벽의 오른쪽 부분($\omega'=180°$)에서 발생하고, 좌측($\omega'=0°$)에서 돌출부 형상 대신 500 m/s 이상의 제트 속도를 갖는 갑작스런 유입 형상(즉, 제트)을 생성한다. 매개변수 M도 상호작용 역학에 영향을 미친다. M이 0.3($R_{100}=1$ mm, $R_{200}=0.3$ mm)으로 감소하면 두 기포는 $M=0.5$와 다소 유사하게 거동하지만 두 번째 붕괴와 리바운드 단계 동안 벽의 왼쪽 부분($\omega'=0°$) 대신 오른쪽 부분($\omega'=180°$)에서 불안정성이 발생한다. 벽의 오른쪽 부분($\omega'=180°$)은 먼저 두 번째 붕괴의 후반부에서 상대적인 유동의 하류측에서 평탄해지기 시작한 후 움푹 들어가고 궁극적으로 후속 리바운드에서 분화구(crater)를 형성한다. 또한 연구결과 한번 벽에서 불안정성이 발생하면 상호작용에 의해 더욱 확대되는 것으로 증명되었다. Tomita의 유사한 연구결과 상대적인 공간의 역수 R_{10}(or R_{20})$/L$이 지배적인 매개변수인 것으로 증명되었다[3.79]. 상대적인 공간의 감소에 따라 상호작용은 증가한다. 압력파(pressure wave)의 파형(wave form)은 기포 거동(특히 상승 시간)에 상당한 영향을 미친다. 예를 들어 삼각형 파 및 지수 파(exponential wave)와 같이 유한 에너지를 갖는 충격 펄스(impact pulse)에서 가장 격렬하게 붕괴되는 기포 규격이 존재하며, 이는 펄스의 동작 지속시간과 양립하는 반응 시간을 나타낸다.

현실에 더욱 가까운 3차원 공간 영역 내 다중 기포 구성에서의 상호작용에 대해 Chahine가 채택한 분석적 기법(점근확장법, asympototic expansion)과 수치모의기법[3차원 경계 요소 방법(boundary element method)-BEM]의 연구는 이 주제[10]에 대한 최초의 과업으로 보인다. 그러나 비압축성 액체의 가정 때문에 조사된 상호작용은 실제로 충격파 운동이 아니라 정수압의 변화를 통해 발생한다[3.51]. Chahine는 다음 무차원 식을 채택하였다.

$$\epsilon = \frac{r_{b0}}{l_0}$$

$$\mathbb{P} = \frac{p_\infty(0) - p_v}{\Delta p}$$

[10]점근확장법은 적은 연산이 필요하고 문제에 대해 상당히 정확한 해를 제공한다. 여기서 기포의 특성 규격 r_{b0}(초기 기포 규격으로 취한)는 특성 내부-기포 거리 l_0와 비교할 때 작으며 이를 약한 상호작용이라 부른다. 반면 Chahine가 개발한 BEM 모델은 강한 상호작용을 모의하는 것이 가능하다.

$$\mathbb{V} = \frac{\tau_{b0} \Delta p}{\sigma}$$

$$\nu = \omega \tau_{b0} \left(\frac{\rho}{\Delta p} \right)^{1/2}$$

여기서 ϵ : 기포의 특성 규격 τ_{b0}와 특성 내부-기포 거리 l_0와의 공극률 크기

$\mathbb{P}$: 공동화수(cavitation number)

$\mathbb{V}$: 웨버수(Weber number)

ν : 반지름이 τ_{b0}인 기포의 자연 주파수와 구동력 주파수 ω의 비율

Δp : 구동력 p_∞와 관련된 특성 압력 변화

시간 $t = 0$에서 압력장(pressure field)을 단계적으로 저하시키는 구동력을 갖는 무한-비회전 액체 영역 내에서 BEM 연산[11]을 수행하였다. 두 개의 초기 압력 저하 수치 $\mathbb{P} = 1.004$(큰 저하)와 $\mathbb{P} = 2.508$(중간 저하)을 채택하였다. ϵ 변화에 따라 웨버수는 2부터 8까지 변화하였다. 밝혀진 상호작용을 다음과 같이 요약할 수 있다.

첫 번째, 기포가 대칭으로 구성된 경우(기포가 선/정사각형/입방체(cube)의 가장자리에 정렬된 경우) 기포 성장이 억제되는 반면 인접한 기포의 성장 결과로서 상호작용은 구동-압력을 감소시키고, 인접한 기포 붕괴의 결과로서 붕괴를 위한 구동-압

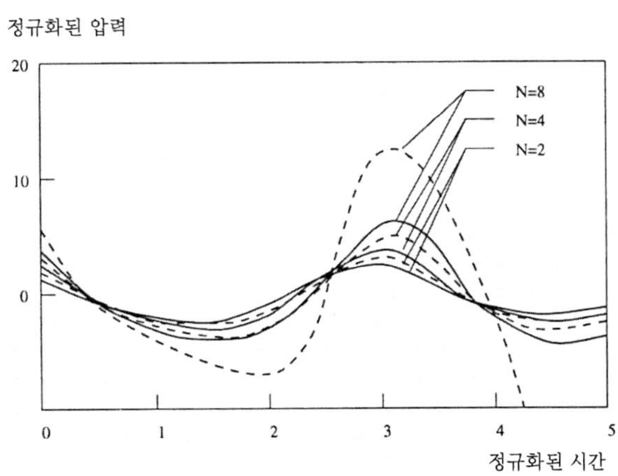

그림 3.23 상호작용하는 기포들의 숫자 N이 클라우드 중심에서의 압력변화에 미치는 영향(점선은 점근적 결과임, ϵ=0.047, $\mathbb{P}$ =2.508, $\mathbb{V}$ =6.7 × 10^5)[3.51]

[11]연산은 다음을 가정한다. 기포들은 증기와 비응축성 가스 모두를 포함한다; 기포 내부 압력은 가스 압력 p_g와 증기 압력 p_v의 합과 같다. p_v는 평형 증기압과 동등하게 일정하다; 비응축성 가스의 양은 일정하다. 가스에 대한 폴리트로픽 관계는 $p_g V^* = const$이다. 더욱 상세한 내용은 문헌 [3.48, 3.51]을 참조한다.

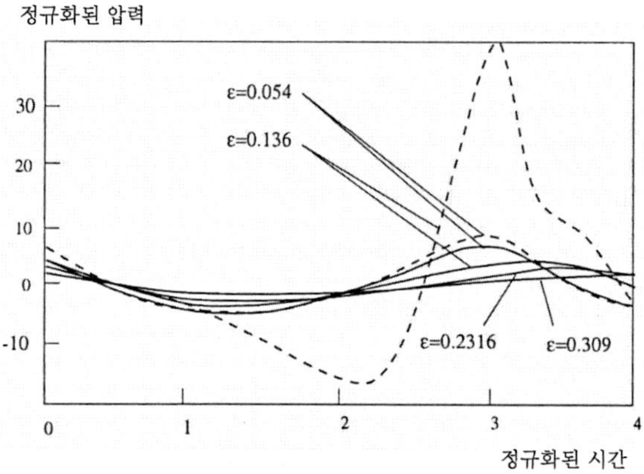

그림 3.24 공극률 ϵ이 클라우드 중심에서의 압력 변화에 미치는 영향(점선은 점근적 결과임, N=4, $\mathbb{P}=2.508$, $\mathbb{V}=6.7\times 10^5$)[3.51]

력이 증가되기 때문에 붕괴는 증대된다. 이러한 영향 때문에 각 기포는 분리된 기포의 경우보다 더 큰 구동 압력(driving pressure) 아래 붕괴를 종료한다. 더욱 많은 기포들이 연루될수록 결과적인 압력은 더욱 커진다(그림 3.23). 기포 동요 시간은 상호작용하는 기포의 숫자 N과 함께 증가한다. 또한, 클라우드 중심을 향한 제트 전진은 N과 함께 증가한다. 이러한 경향들은 ϵ 수치가 증가하면서 더욱 심화된다(그림 3.24). 기포 클라우드 중심에서의 압력은 "레일리-Plesset 기포"로 추론할 수 있었던 거리인 $l_0/2$에서의 최대 압력으로 무차원화되지 않는다.

두 번째, 대칭으로 배열된 기포들에게 초기 위상(phase) 차이가 부과되면 위상 효

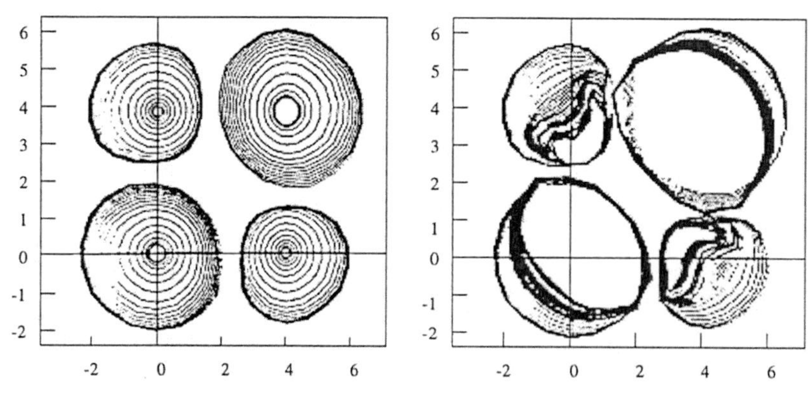

그림 3.25 기포 상호작용의 이동 효과(Phasing effect(4개 기포는 초기에 축대칭으로 분포되나 초기 반지름이 다르다)[3.51]

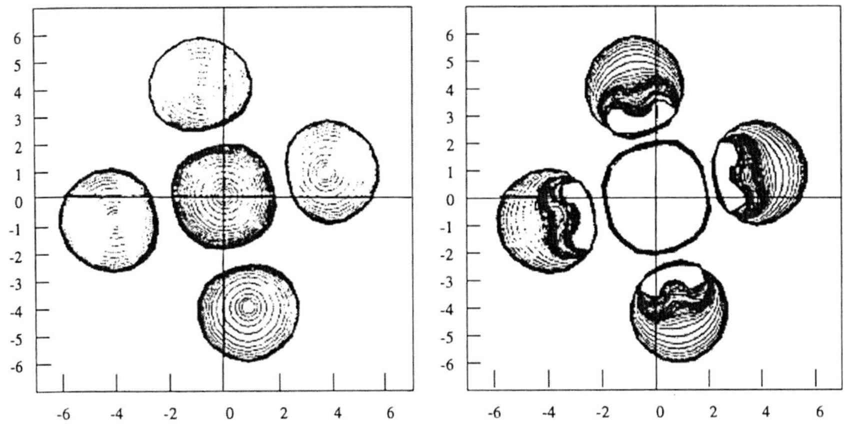

그림 3.26 기포 상호작용의 스크린/차폐 효과(5개 기포 구성, $\epsilon=0.474$)[3.51]

과(phasing effect)가 존재한다. 그렇지 않으면 기포들은 동일하게 거동한다. 그림 3.25는 4개의 기포들이 정사각형의 구석에 중심을 잡은 사례를 보여주며, 여기서 $t=0$과 $(x,\ y)=(0,\ 0)$의 원점인 기포로부터 시작하여 반시계방향으로 상대적인 초기 규격 비율이 2, 1, 3, 1이 되도록 시간을 지연시킨다. $t=0$에서 규격이 큰 기포들의 시간 기간들은 증가되는 반면 "지연된(delayed)" 기포(즉, $t=0$에서 작은 기포)들은 인접한 기포들에 의해 성장이 크게 억제되어 조기에 붕괴된다. 다른 한편으로 조기 붕괴되는 이 기포들은 큰 압력 상승을 발생시켜 큰 기포들이 매우 강하게 붕괴되도록 만든다.

세 번째, 클라우드 내·외부 기포들의 성장은 내부 기포들이 외부 기포들로서 거동하는 것을 차폐하며 이를 스크린효과(screen effect) 또는 차폐효과(shielding effect)라 부른다. 그림 3.26은 대표적인 5개 기포 사례이다. 초기에 내부 기포는 외부 기포와 유사하게 성장하지만 나중에는 특정 시간 기간 동안 변화되지 않는 상태로 남는다. 그럼에도 불구하고 외부 기포들은 중심(내부) 기포를 향하는 재진입 제트(re-entrant jet)의 형성과 함께 격렬한 붕괴 단계로 진행한다. 중심 기포는 약 두 배의 시간 기간 동안 외부 기포에 의해 차폐되는 것처럼 보인다. 또한, 16-기포 클라우드에 대한 연구도 유사한 스크린효과를 증명한다. 실제로 외부층과 내부층 기포들 사이 시간 지연은 Compliance Model[12]의 클라우드와는 구별되는 기포성 클라우드

[12]현재는 공동화하는 수력시스템의 압력 동요를 위해 컴플라이언스 모델이 사용된다. 이 모델에서는 단순히 집중 매개변수 capacitance C, $C=-1/H\cdot\partial V_{cav}/\partial\sigma$(여기서 V_{cav}는 공동화 클라우드 체적, σ는 통상적으로 정의되는 공동화수, H는 압력수두이다)로 공동화 클라우드를 표현한다. 이는 모든 기포들은 주변 압력 변화에 대응하여 불균등하

내부에서 압력파 전파의 특성과 관련된다. 기포성 클라우드는 수동적 컴플라이언스로서 거동하는 것 이외에도 자체의 특성 주파수[13]를 갖는 압력 변동 여기자(exciter)로서 능동적인 기능을 할 수 있다. 그리고 2중-진동자(하나는 클라우드, 다른 하나는 시스템 내 액체상태) 메커니즘을 통해 수력 시스템 내 낮은 주파수의 큰 압력 변동을 모의할 수 있다. 수력 시스템에서 이와 같은 현상이 관측되었으며, 이를 공동화 공명(Cavitation Resonance)[14]이라 부른다[3.69, 3.70, 3.68]. Prosperetti는 해안을 파괴하는 파로부터 해양 소음과 관련된 가스 기포의 유사한 총체적인 현상을 연구하였다[3.75].[15]

기포성 클라우드(cloud) 또는 클러스터(cluster) 내 총체적인 기포-기포 상호작용의 역학[16]을 규명하기 위해 반구형과 실린더 클러스터의 형태로 붕괴되는 증기기포에서 다음과 같은 기포 클라우드 내 다중 기포 상호작용의 중요한 특성들을 연구 조사하였다.

- 주변 압력파에 의해 구동되는 기포 클러스터의 붕괴는 클러스터의 외부 경계로부터 클러스터 중심을 향해 진행한다.
- 내부로 이동하는 경계에서 정압은 지속적으로 증가하여 주변 압력보다 클러스터 중심에서 상당히 높은 수치에 도달한다.
- 따라서 내부로 이동하는 붕괴 절차와 관련된 개별 기포들은 증가하는 높은 구동 압력 아래 붕괴되어 점점 더 격렬하게 붕괴된다.

실제로 빈번하게 관측되는 이 상호작용 현상을 고찰하기 위해 반구형 모델을 인용한다[3.61]. 이에 대한 예는 선박 프로펠러 및 수차/펌프 날개에서 주기적으로 발생하고 붕괴하는 공동화 클라우드이다. 이 모델은 붕괴되는 기포들로부터 나중에 붕괴

게 동요하는 것을 암시한다.

[13]즉, 클라우드 자체는 동요 시스템 내 단순히 집중 capacitive 요소보다는 완벽하게 동요하는 시스템이다. 이는 컴플라이언스와 별도로 최소한 관성-질량, 탄성 및 점성 저항을 소유한다. 그리고 일부 경우 이 매개변수들은 기하학적 형상과 클라우드 특성에 따라 집중 매개변수보다는 불연속 속성을 소유한다.

[14]공동화 공명에서는 시스템 내 공동화 클라우드 및 액체 상(phase) 부분은 두 개의 별개의 동요로 처리되고, 클라우드의 특성 주파수(이는 공동화 클라우드의 특성과 관련된다)들은 공동화 조건에 따라 변화하고, 그리고 특성 조건에서 두 동요들[즉, 클라우드와 액체 상(phase) 부분]의 특성 주파수가 일치하여 전체 시스템 내 거대한 압력 동요를 생성한다.

[15]즉, 낮은 주파수(개별 기포들의 고유 주파수와 비교할 때의) 소음 성분은 항상 관측되고, 이는 특성 주파수에서 동요하는 기포-클라우드에 의해 생성되는 것으로 믿어진다.

[16]대규모(macroscale)에서는 평균 기포 간격 Δl을 기준 길이로 취한다.

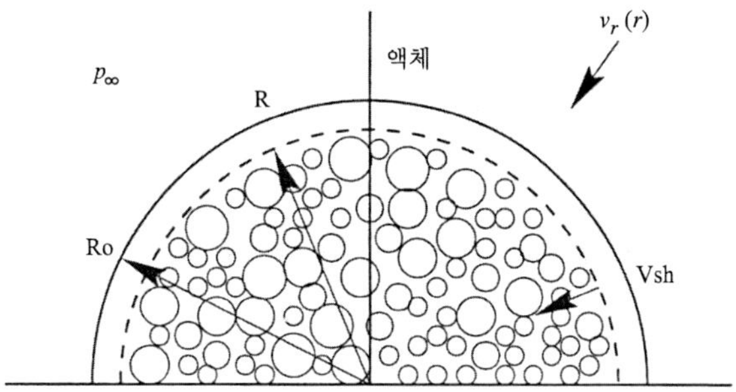

그림 3.27 기포–클러스터 붕괴의 반구형 모델[3.61]

되는 인근 기포로의 에너지 전달에 기초한다(그림 3.27 참조). 주변 액체 내부 정수압에 의해 클러스터의 경계에서 클러스터가 붕괴되기 시작하고, 붕괴는 클러스터 중심을 향해 진행한다. 외부 기포의 붕괴는 클러스터의 나머지 부분 주변 증가된 압력장을 생성하고, 붕괴되는 기포로부터 내부로 향해 발산되는 에너지는 내부 기포의 붕괴 에너지로 전달된다. 결과적으로 개별 기포 붕괴의 집중도는 클러스터의 중심을 향해 증가한다. 이 중심에서는 주변 압력보다 상당히 큰 압력 상승 아래 기포는 가장 격렬하게 붕괴하여 매우 높은 제트 속도와 고체 경계 벽을 손상시킬 잠재력을 생성한다. 이 모델에서는 동질 분포(homogeneous distribution)의 증기 및 구형(초기 반지름 a_0) 기포로 가정하고, 경계에서 충격파면(shock front)의 두께를 무시한다. 따라서 클러스터 반지름이 다음 식의 평균 기포 간격(spacing) $\triangle l$로 감소하면 이 모델의 효력은 없어진다.

$$\triangle l = a_0 \left(\frac{4\pi}{3\beta} \right)^{1/3}$$

여기서 a_0 : 기포 반지름

β : 클러스터의 부피율

클러스터는 증기압과 동등한 주변 압력 p_1 아래 반-무한(semi-infinite) 공간의 평형상태에서 초기에는 반지름 R_0를 갖는 것으로 가정한다. 이제 $t=0$에서 주변 압력은 일정한 수치 $p_\infty (p_\infty \gg p_1)$까지 단계적으로 상승한다. 따라서 압축성 액체 내 충격파의 특성을 갖는 압력파는 클러스터 내부 음속 c_m에 기초한 마하수 M_1으로 클러스터 내부로 전파된다.

$$M_1 = \left(\frac{P_2}{p_1}\right)^{1/2}$$

여기서 아래첨자 1과 2는 충격파면의 전면과 후면에서의 조건을 나타낸다. 대문자는 클러스터 경계에서 조건을 나타낸다. 다음 크기의 충격파면의 두께는 무시된다.

$$\frac{a_0}{\sqrt{\beta\left(1 - M_1^{-2}\right)}}$$

만일 β 수치가 0 또는 1에 가깝지 않으면 다음과 같이 기포성 혼합 영역 내 음속 c_m 수치를 근사화할 수 있다.

$$c_m^2 = \frac{p_1}{\rho\beta(1-\beta)}$$

여기서 ρ는 액체 밀도이다. 충격파가 기포를 내부적으로 전멸시키면 클러스터 경계는 다음 속도로 중심을 향해 이동한다.

$$V_{sh} = c_m M_1 = \dot{R} = -\sqrt{\frac{P_2}{\rho\beta(1-\beta)}} \tag{3.19}$$

액체 영역 내 반지름 r에서 속도는 반경방향 속도 v_r이다. $V_r = \beta\dot{R}$(여기서 V_r은 경계 R에서 액체 입자 속도이다) 관계식을 이용하면 다음과 같이 반경방향 속도 v_r을 클러스터 경계의 내부로 이동하는 속도 $\dot{R}$와 관련시킬 수 있다.

$$v_r = V_r \frac{R^2}{r^2} = \beta\dot{R}\,\frac{R^2}{r^2}$$

다음과 같은 운동식(equation of motion)으로부터

$$\frac{\partial v_r}{\partial t} + v_r \frac{\partial v_r}{\partial r} = -\frac{1}{\rho}\frac{\partial p}{\partial r}$$

다음과 같이 액체 영역 내 압력분포를 유도할 수 있다.

$$p(r,t) = p_\infty + \rho\left(\beta\frac{2R\dot{R}^2 + R^2\ddot{R}}{r} - \beta^2\frac{R^4\dot{R}^2}{2r^4}\right)$$

최종적으로 $r = R$에서 $p = P_2$를 이용하여 다음과 같은 클러스터의 붕괴 식을 얻을 수 있다.

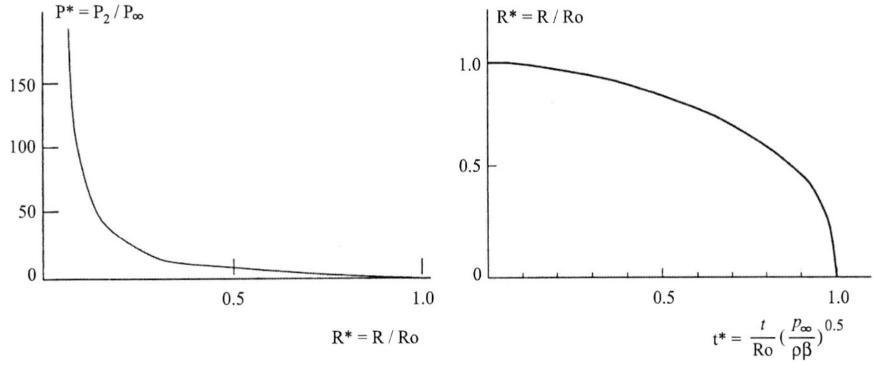

그림 3.28 $\beta \ll 1$ 조건에서 붕괴 동안 클러스터 반지름 R과 압력 p_2의 변화[3.61]

$$R\ddot{R} + \left(1 + \frac{1}{2}\beta\right)\dot{R}^2 = -\frac{p_\infty}{\rho\beta} \tag{3.20}$$

또는 상기 식의 무차원 형태는 다음과 같다.

$$R^* \ddot{R}^* + \left(1 + \frac{1}{2}\beta\right)\dot{R}^{*2} = -1 \tag{3.21}$$

여기서 $R^* = \dfrac{R}{R_0}, \quad t^* = \left(\dfrac{t}{R_0}\right)\left(\dfrac{p_\infty}{\rho\beta}\right)^{1/2}$

식 (3.20)으로부터 R의 함수로 경계 기포 붕괴를 구동하는 클러스터 경계에서의 압력 P_2를 결정할 수 있다. 반구형 클러스터와 실린더 클러스터 모두에 대한 수치해석 결과는 다음과 같다. 액체 영역 내 공간적으로 가장 높은 압력은 클러스터의 경계에서 붕괴되는 압력 $p_{r,t}|_{r\to R} = p(R,t) = P_2(t)$으로서, 이는 경계 기포를 붕괴시키는 압력이다. 그리고 시간적으로 가장 높은 구동 압력 $P_2(t)$는 $R \to 0$일 때, 즉 $t^* \to 1$일 때 클러스터 중심에서 가장 높은 수준(무한)에 도달하고, 그림 3.28과 같이 클러스터 경계의 내부를 향한 속도가 무한에 도달할 때 붕괴가 집중된다. 클러스터의 전체 붕괴 시간 τ는 $\sqrt{\rho\beta/p_\infty}$ 수치에 비례하는 것으로 보인다.

만일 클러스터 형상이 이와 같이 집중된 구성(즉, 반구형과 실린더 형태)과 다르면 내부로 이동하면서 증가하는 압력은 분산될 것이고, 클러스터 붕괴 종료시점에서 압력 상승은 적어지게 된다. 또한, 클러스터 내부 기포 분포(예를 들어 규격 및 공간 분포 등)들도 에너지 전달과 충격파 운동에 영향을 미치는 중요한 매개변수들이다.

3.7.4 기포 - 유동장 상호작용

본질적으로 공동화는 유동장과 함께하는 기포들의 상호작용 결과이다. 전통적인 이론에서는 오직 유동장의 평균 최소압력계수 $C_{p,min}$ 및 핵의 정적인 임계 반지름과 관련된 정적인 문제로서 공동화를 취급한다. 실제로 공동화는 오일러(Euler) 문제라기보다는 라그랑지(Lagrange) 문제이다. 대부분 공동화는 항상 순간 압력이 상당히 그리고 무작위로 변화하는 난류유동과 관련된다. 따라서 공동화(공동화의 개시, 기포 성장, 붕괴 및 리바운드)는 다소 확률론적 문제이다. 공동화의 시간과 공간의 무작위성은 유동장의 스펙트럼과 강하게 관련된다. 따라서 공동화 기포의 확률성은 기포/유동장 상호작용에 의해 수정되고 특징이 결정된다.

(1) *단일/개별 기포*에 대한 속도/속도구배 및 압력구배의 영향을 보여주는 단일/개별 기포 연구를 통해, 그리고 (2) 미소규모(Kolmogorov scale) 또는 전역규모(coherent scale)에서 유동의 압력 변동장(pressure fluctuation field)에 대한 공동화(특히 개시)의 정적인 관계를 보여주는 *정태분석(static study)*을 통해 기포/유동장의 상호작용에 대한 정보를 얻었다.

단일/개별 기포 연구 단일 기포에 대한 초기 연구결과(예를 들어 Kling & Hammitt가 수행한 유동이 기포 신장 및 붕괴에 미치는 영향[3.64] 그리고 Blake & Gibson이 이 수행한 유동이 경계에 미치는 영향[3.45])로부터 속도/속도구배 및 압력구배는 기포 거동에 영향을 주는 주된 유동 매개변수들인 것으로 증명되었다. 이들 연구 결과에 따른 주된 결론들은 다음과 같다.

- 유동 속도는 유동 방향으로 기포를 신장하고, 만일 신장이 경계 인근과 평행이면 경계를 향한 제트 속도는 현저하게 증가한다. 예를 들어 $\gamma(=S/R_{max})=1.14$, $R_{max}=2$ mm인 벤트리 내 25 m/s 유동에 의해 기포는 15% 신장된다[3.64]. 이에 따른 제트 속도(주변 압력 2 bar 아래)는 300 m/s로 추정되었으며[3.80], 이는 유사한 정적인 유동 내 기포 속도의 약 두 배이다. 이 신장은 기포 붕괴에 대한 인근 고체경계의 지연에 의해 야기된 수직 신장과는 본질적으로 다르다.
- 압력구배는 기포 평탄화(flattening)를 야기한다. 일부의 경우 평탄화는 딤플링(dimpling) 또는 공동 내부로 침투하고 공동을 관통하는 제트를 형성한다. 기포에서 압력이 가장 높은 부분은 평탄화되고, 유동장 내 일정한 압력 표면과는 평행하다[3.65].

그러나 상기 초기 연구들은 가장 단순한 정적인 유체 또는 등류(uniform flow)로 제한되므로 실제 유동 내 상황을 이해하기에는 충분하지 않다.

BEM 기술이 발전되어 선 보텍스(line vortex) 유동과 기포의 상호작용[3.50] 그리고 경계 전단 유동[3.49]과 같은 실제 유동 환경에 더욱 가까운 유동으로 다중 기포역학의 연구가 더욱 용이하게 되었다. Chahine의 과업에서 실제 유동장(기포의 행위를 포함하는) $\mathfrak{I}$는 기포가 없는 기본적인 유동 $\mathfrak{I}_0$ 그리고 기포 역학을 포함하는 기포 유동 $\mathfrak{I}_b$로 분해된다. 이 기본적인 유동 $\mathfrak{I}_0$와 실제 유동 $\mathfrak{I}$ 모두는 비압축성이고 Navier Stokes 공식을 만족시킨다. 기포 유동 $\mathfrak{I}_b$는 비압축성-비점성 유동에 국한된다. 따라서 기포 유동은 다음 라플라스(Laplace) 식을 만족시키는 속도 퍼텐셜 ϕ_b를 갖는 퍼텐셜 유동이다.

$$\nabla^2 \phi_b = 0$$

기포 유동(즉, 최대 기포 규격과 기포 수명시간)에 기초한 레이놀즈수는 충분히 커서 점성을 무시할 수 있고, 기포가 추가 와도를 생성하지 않으면 상기 주된 가정은 유효하다.

다음 두 인자는 선형 속도 프로파일[17]을 갖는 경계 유동 내 기포에 영향을 미치는 것으로 밝혀졌다. 그림 3.29에서 S는 초기 기포 중심부터 벽까지 거리, R_{max}는 기포가 무한 영역 내에서 구형으로 성장할 때 기포가 도달하는 최대 반지름, P_{g0}는 초기 가스 압력이다.

- *성장 단계에서 기포 스트레칭(stretching)* : 그림에서 기포 등고선을 가로지르는 직선은 성장과 붕괴 동안 절점 1(이는 초기에 Y 축에 위치함)의 운동을 보여준다. 하류측 점은 상류측 점보다 초기 기포 중심으로부터 상당히 신속하게 이동하여 스트레칭된 성장 형태를 초래한다.
- *붕괴 단계에서 제트 수정* : 제트 생성이 지연되고, 전단유동이 없는 경우와 비교할 때 전단이 매우 작은 경우인 $\chi = 0.043$(그림 3.29a)에서 제트의 발달은 약해진다. 기포는 붕괴 과정을 경험하는 반면 제트는 상류측으로 향한 방향(상류측과 아래 방향 사이 각도)으로부터 하류측으로 향한 방향(하류측과 아래 방향 사이 각도)으로 역전된다.

[17]속도는 반지름이 R_{max}인 기포의 먼 측면에서 속도 V_{shear} 수치로부터 기본 압력(즉, 기본 유동 $\mathfrak{I}_b$ 내 압력)을 갖는 고체 벽에서 속도 0으로 변화하며, 전체 전단층에 걸쳐 P_{amb}로 일정한 것으로 가정한다.

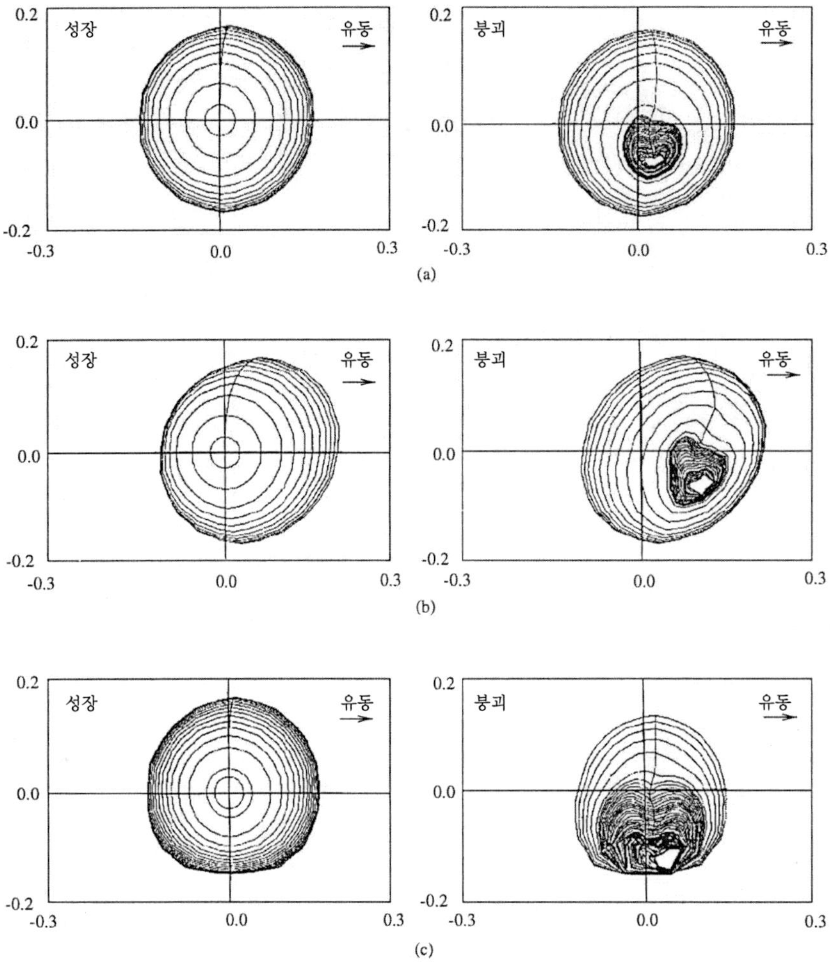

그림 3.29 선형 전단 유동이 고체 경계 인근에서의 기포 동역학에 미치는 영향[3.49].
(a) $\epsilon(=V_{shear}/V_{Rayleigh})$=0.043, $\gamma(=S/R_{max})$=1.77, P_{g0}/P_{amb}=23(P_{g0}=기포 내부 가스의 초기 분압, P_{amb}=무한에서 압력), Y=−0.30에서 경계; (b) ϵ=0.173, γ=1.77; P_{g0}/P_{amb}=23, Y=−0.30에서 경계; (c) ϵ=0.043, γ=1.0, P_{g0}/P_{amb}=23 Y=−0.17에서 경계

이와 같은 기포 역학을 지배하는 매개변수는 벽의 영향 강도의 특징을 결정하는 상대적인 거리 $\gamma = S/R_{max}$와 무차원 전단 강도 χ이다. 여기서 χ는 평균 레일리 속도 $V_{Rayleigh}$에 대한 V_{shear}의 비율이며, $V_{Rayleigh} = \sqrt{\Delta P/\rho}$는 레일리 시간 τ와 R_{max} 수치에 기초한다.

$$\chi = \frac{V_{shear}}{V_{Rayleigh}} = \frac{V_{shear}}{\sqrt{\dfrac{\Delta P}{\rho}}}$$

증가된 χ 수치는 기포 스트레칭 및 제트 수정 효과를 향상시키는 반면 매개변수 γ는 정적 유체 내 단일 기포의 경우에서와 유사하게 기능한다.

선 보텍스가 기포 역학에 미치는 영향은 공통적으로 기포가 구형으로 성장 및 붕괴되면서 보텍스에 의해 포획되는 것으로 가정하는 것과는 다른 것으로 증명되었다 [3.49]. 만일 기포가 초기에 보텍스의 중심에 위치하면, 기포의 성장 동안 회전축 방향으로 스트레칭되고, 두 눈물 형상의 기포들로 분해된다(그림 3.30). 여기서 보텍스

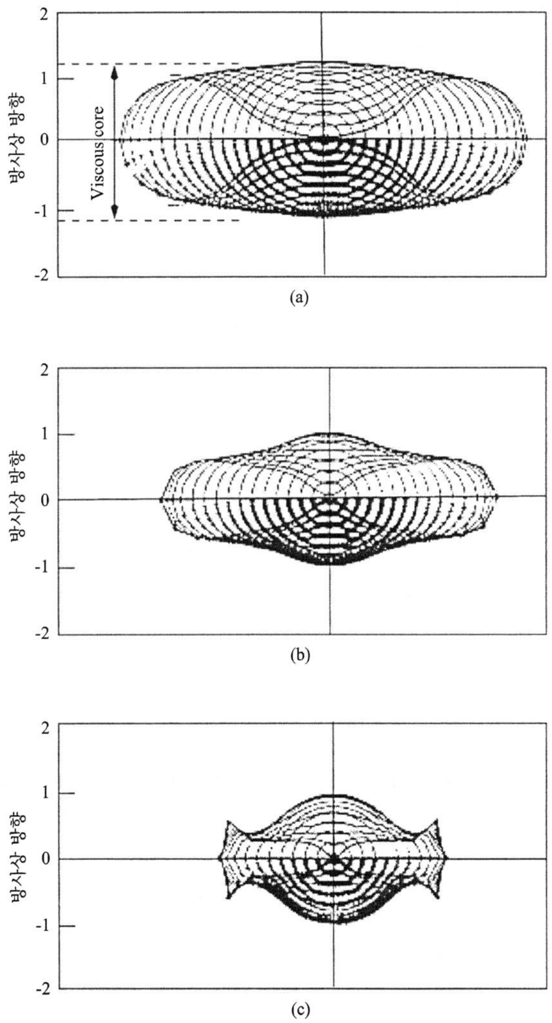

그림 3.30 선 보텍스의 중심에서 기포의 성장과 붕괴(Ω=0.95, P_{g0}/P_{amb}=584, P_{g0}=기포 내부 가스의 초기 분압, P_{amb}=무한에서 압력)[3.50]. (a) $\overline{a_c}$=1.18; (b) $\overline{a_c}$=0.5; (c) $\overline{a_c}$=0.2

강도의 특징을 결정하기 위해 주변 압력과 회전으로 인한 압력저하의 비율인 무차원 매개변수 Ω를 채택한다.

$$\Omega = \frac{\rho}{P_{amb}}\left(\frac{\Gamma}{2\pi a_c}\right)^2 \tag{3.22}$$

보텍스 축에서의 무차원 압력은 $(1-\Omega)$로 평가된다. Ω 수치가 주어진 경우 정규화된 코어 반지름 $\overline{a_c}$는 기포 변형에 영향을 미친다.

$$\overline{a_c} = \frac{a_c}{R_{max}} \tag{3.23}$$

여기서 R_{max} : 주변 압력이 보텍스 축에서의 압력과 동일할 때 기포가 무한 매체 내에서 성장할 수 있는 최대 반지름.

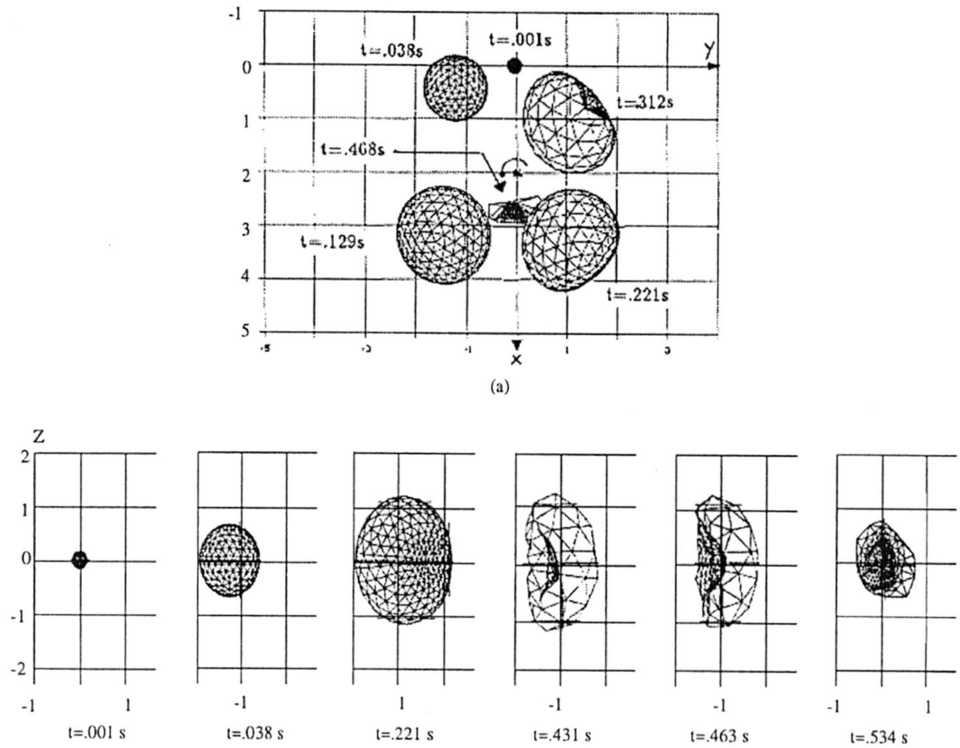

(a)

(b)

그림 3.31 초기에 보텍스 축으로부터 2의 거리에 위치한 기포의 성장과 붕괴(Ω=0.948, P_{g0}/P_{amb}= 584.3 P_{g0}=기포 내부 가스의 초기 분압, P_{amb}=무한에서 압력, $\overline{a_c}$=4)[3.50].
(a) XOY 평면도(보텍스 축에 수직); (b) 측면도

기포 신장은 Ω에 강하게 종속된다. 기포 분할(splitting)은 보텍스 공동화의 개시에서 관측되는 개시 소음에 기여하는 근원들 중 하나이다. 그림 3.31과 같이 초기에 보텍스 축으로부터 $X=2$, $Y=0$에 위치한 정규화된 거리에 기포를 위치시켜 기포 포획 과정(capture process)을 증명하여왔다. 그림 3.31a로부터 기포는 축 주변 나선형 형태로 보텍스 축에 접근하고, 기포 표면은 압력구배의 존재 때문에 현저하게 변형되어 축 방향으로 재진입 제트를 형성하는 것을 알 수 있다. 그림 3.31b로부터 재진입 제트(측면도)뿐만 아니라 축에 따른 기포 신장을 볼 수 있다. Chahine는 포획 과정 동안 기포 표면의 변형은 기포 벽 가속도 γ_{growth}와 압력구배로 인한 가속도 $\gamma_{gradient}$의 비율과 관련되며, 점성 코어 규격 a_c에 대한 특성 기포 반지름 R_b(여기에서는 R_{max})의 항으로 이 비율을 표현할 수 있다는 사실을 발견하였다[3.50].

$$\frac{\gamma_{gradient}}{\gamma_{growth}} = \frac{4R_b}{a_c} \tag{3.24}$$

이는 R_b/a_c는 선 보텍스 유동과 함께 이와 같은 기포 상호작용을 지배하는 매개변수인 것을 의미한다. 웨버수 W_b, 즉 다음과 같이 표현할 수 있는 표면 장력(계수 σ_s)에 대한 기포 주변 국부압력의 변화의 비는 포획 과정 동안 기포 형상의 변형에 영향을 미치는 하나의 매개변수이다.

$$W_b = \rho\frac{a_c}{\sigma_s}\left(\frac{\Gamma}{\pi a_c}\right)^2\left(\frac{R_b}{a_c}\right)^2 \tag{3.25}$$

웨버수가 클수록 기포 표면의 불안정성이 커진다. 따라서 네 개의 매개변수, 즉 보텍스 강도 Ω, 무차원 점성 코어 규격 $\overline{a_c}$, 가속비 $\gamma_{gradient}/\gamma_{growth}$, 그리고 웨버수 W_e는 이와 같은 선 보텍스 환경 내 기포-유동장의 상호작용을 지배하는 매개변수들이다.

통계 분석(Statistical Study) 고전적인 정태이론(steady theory)에 따르면 만일 주변 압력 P_{amb}가 임계 압력 P_{crit}과 같거나 작으면, 즉 다음과 같으면 극세기포(핵)는 공동화한다.

$$P_{amb} \le P_{crit}$$

여기서

$$P_{crit} = P_v - \frac{2}{3}\frac{2\sigma_s}{R^*}$$

여기서 R^*는 임계 반지름이다.

$$R^* = \sqrt{\frac{3}{2}\frac{NT}{\sigma_s}}$$

여기서 N : 기포 내 가스 질량이 고정된 경우 상수
T : 온도
σ_s : 표면장력 계수

실제로 유체역학 공동화는 확률론적 그리고 동적 현상이고, 구형 기포에 대한 역학식(즉, 레일리-Plesset 식)을 조사하여 이 현상을 밝혀낼 수 있다.

$$P_{amb} = \left[P_g + P_v - \frac{2\sigma_s}{R}\right] - \left[\frac{4\nu\dot{R}}{R} + \rho\left(R\ddot{R} + \frac{3}{2}\dot{R}^2\right)\right] \tag{3.26}$$

여기서 P_{amb} : 주변 압력

상기 식에서 우변의 첫 번째 항은 정적인 힘을 나타내고, 두 번째 항은 동적인 힘을 나타낸다. 동적 유동(dynamic flow)에서 특히, 난류 유동에서 P_{amb} 수치는 시간과 공간 영역에서 무작위로 변화한다. 공동화 개시 과정에서 발생하는 극세기포들의 규격 및 내용물 등은 무작위성이며 유동 내부에서 무작위로 분포된다. 따라서 개별 극세기포들에 대한 정적인 항과 동적인 항들은 광범위하게 분포된다. 이와 같은 구동력(즉, P_{amb})과 극세기포들(즉, 정적인 항과 동적인 항)의 무작위성 때문에 공동화는 매우 확률적이고 동적인 문제가 된다. 더욱이 식 (3.26)에 포함되지 않았지만 공동화의 무작위성에 기여하는 다른 요소들이 더 있다. 하나는 기포의 비구형 효과이고, 다른 하나는 공동화 과정 내 포함된 격렬한 기포 활동에 의해 유동장이 더욱 무작위로 강화되는 압력 변동 수준이다. 공동화 히스테리시스 현상[18]은 이러한 증거 중 하나이다.

대부분의 연구에서 경계전단유동(boundary shear flow)과 자유전단유동(free shear flow) 두 형식의 유동을 조사한다. 이 조사결과를 이용하여 통계적으로 극세기포들(핵)이 어떻게 압력 변동에 반응하는지, 그리고 유동은 이러한 기포와 후속적인 공동화 개시의 통계적 특성들을 어떻게 변화시키는지를 증명하려 추구한다. 비록 1950년대 초기부터 통계적인 연구를 수행하여 왔지만 여러 측면에서 현상은 아직도 불

[18]공동화 히스테리시스는 소멸(desinent) 공동화수 σ_d가 초기 공동화수 σ_i보다 빈번하게 높게 되는 현상이다. 이와 같은 원인을 다음과 같이 추론할 수 있다. 한 번 간헐적인 초기 공동화가 발생하면 공동화하는 극세기포들은 유동장 내 압력 동요 수준을 더욱 증가시켜 기포들이 공동화하도록 더 많은 집중적인 구동력을 제공하고, 공동화는 이 상호작용 메커니즘을 통해 통계적으로 안정적인 것이 되며 소멸 공동화 과정 동안 증가된 공동화수에서 균등하게 잘 유지할 수 있다.

확실하다. Knapp, Daily 그리고 Arndt는 1970년대까지의 초기 통계적 연구 조사결과들을 검토하여 얻은 주된 지식을 다음과 같이 요약하였다[3.65, 3.38].

경계 전단층 내 공동화의 경우 압력변동장은 기포의 집중도와 기간[19]의 측면에서 통계적 특성을 지배한다. 난류 유동의 경우 순간적인 압력저하 p_t는 $\sqrt{\overline{p'^2}}$ rms 수치의 5.5 ~ 7.9배이다.

$$\frac{p_t}{\sqrt{\overline{p'^2}}} = 5.5 \sim 7.9 \tag{3.27}$$

다음 식으로 $\sqrt{\overline{p'^2}}$ 수치를 난류 수준과 관련시킬 수 있다.

$$\sqrt{\overline{p'^2}} = \frac{1}{2}\rho K\left(\overline{u'^2} + \overline{v'^2} + \overline{w'^2}\right) \qquad 1 < K < \sqrt{2} \tag{3.28}$$

등방성(isotropic) 난류의 경우

$$\sqrt{\overline{p'^2}} = \frac{3}{2}\rho K\left(\overline{u'^2}\right) \tag{3.29}$$

따라서 경계층에 걸쳐 분포된 변화하는 난류 수준은 경계층에 걸친 극세기포들의 개시 행위의 통계적 특성을 변화시키며, Daily가 최초로 이 현상을 증명하였다[3.52]. Daily는 2D 정상유동 x방향에 대한 레이놀즈식에 Prandtl 수준의 크기 인자를 적용하였고, x방향 내 난류항의 구배를 무시할 수 있는 것으로 가정하여 다음과 같이 단순한 관계를 얻었다.

$$p_1(x) = \bar{p} + \rho\overline{v'^2}$$

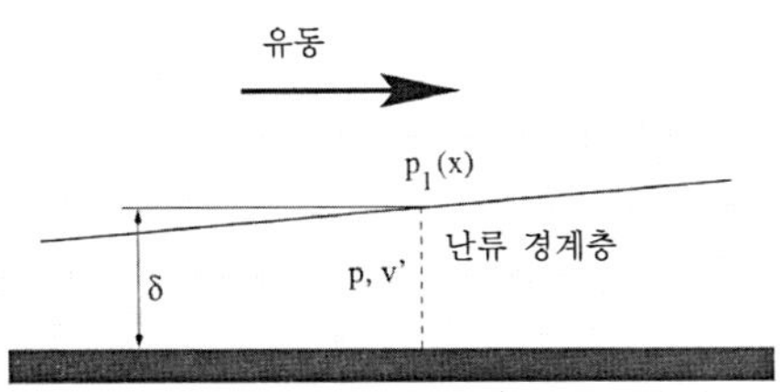

그림 3.32 2차원 난류 경계층

[19] 경계 전단층 내 난류 압력장의 지식은 자유 전단층보다 훨씬 적다. 이는 문제를 이론적으로 그리고 실험적으로 해결하기 어렵게 만드는 벽의 존재와 벽 인근 작은 스케일에 기인한다.

여기서 $p_1(x)$: 경계층을 초월하여 $\overline{v'^2}$를 무시할 수 있는 자유 유동 영역 내 압력
$\overline{p}$: 평균압력

상기 식은 경계층에 걸쳐 평균압력이 가장 낮은 위치에서 난류 수준이 가장 높다는 것을 의미한다. 이 특정 위치에서는 평균압력 $\overline{p}$가 최소가 되고, 순간압력저하 p_t가 최대가 되기 때문에 기포는 공동화할 가능성이 가장 크다. Daily는 공동화하는 극세 기포들의 통계적 분포를 이동시키는 경계층에 걸친 $\overline{v'^2}$의 변화를 실험적으로 관측하였다[3.52]. 통상적으로 $\overline{v'^2}$ 수치는 $y/\delta=0$에서 0으로부터 $y/\delta=0.1\sim0.2$에서 최대로 증가하고 $y/\delta=1$에서 특정 작은 수치로 완만하게 감소한다. Daily는 전체 기

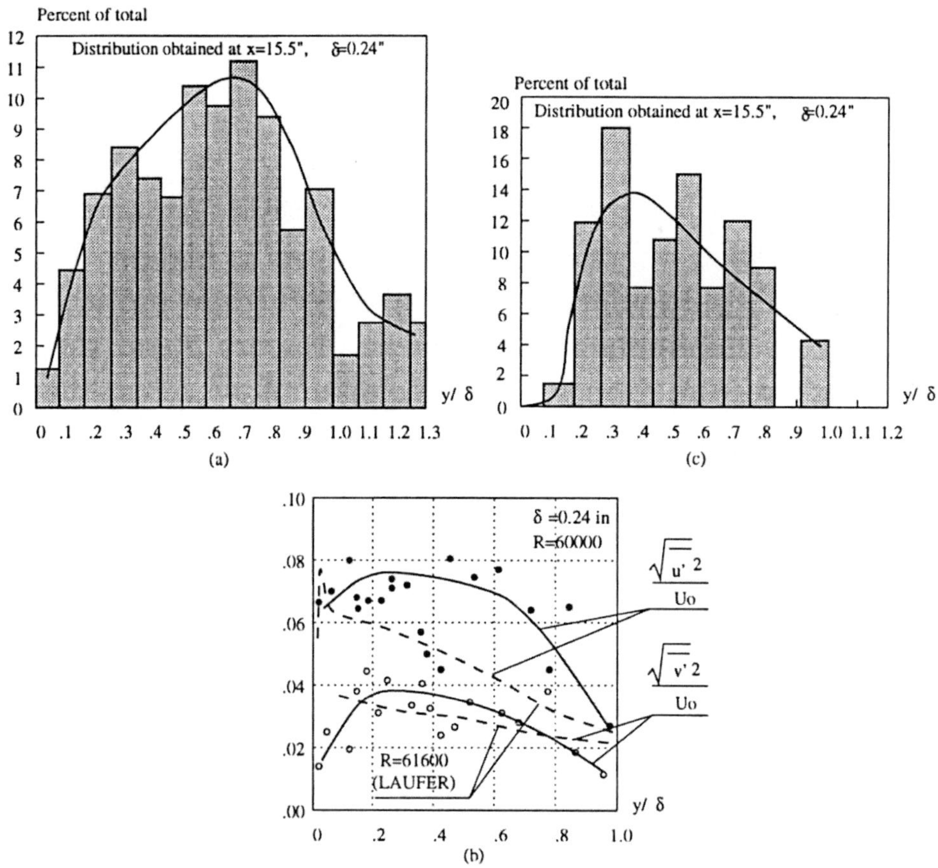

그림 3.33 난류수준이 공동화하는 기포의 통계 특성에 미치는 영향[3.52].
(a) 전체 기포 모집단의 통계적 분포; (b) 난류-수준 변화; (c) 공동화하는 기포 모집단의 결과적 통계적 분포

포 집단의 통계적 분포(그림 3.33a)로부터 경계층 내에서 공동화하는 기포 집단의 통계적 분포(그림 3.33c)는 경계 벽을 향해 이동하고 $\overline{v'^2}$가 최대가 되는 거리 y/δ에서 피크가 되는 것을 증명하였다. Daily의 과업에 따라 Arndt는 조도가 분포된 경계벽에서 유사한 난류 영향을 증명하였다[3.40]. 또한, 개시 스케일 효과에 대한 많은 다른 연구들은 난류의 크기와 시간 스케일이 공동화 개시에 미치는 영향을 증명하였다. Arakari는 난류 변동은 실제로 벽 인근 국부 유동을 실속(stall)시킬 수 있고, 짧은 분리 기간 또는 역류를 갖는 난류 파열로 이어질 수 있다고 상정하여 시간 척도의 중요성을 강조한다[3.36]. 이제 이 영역들 내 핵은 다른 경우 보다도 낮은 압력에 더 길게 노출될 수 있고, 이로 인해 극세기포들의 성장이 촉진된다. 이들 실험에서 사용된 1.5 cal 활꼴 축대칭 몸체 상에서 천이 직전 층류 경계층 내 가장 불안정한 Tollmien-Schlichting wave의 주파수는 성장시 0.2 μs의 기준 시간 기간과 동일한 약 5 kHz이고, 이는 관측된 기포 수명시간(0.1 μs)과 거의 동일한 차수(order)인 사실에 의해 입증된다. Huang은 공동화의 개시는 층류 메커니즘부터 난류 천이 또는 층류박리를 통해 공간 증폭비(spatial amplification ratio) $\mathcal{A}$와 상관되는 것을 발견하였다[3.62]. 자유유동 난류 수준이 낮은 수로에서 개시는 연산된 $\mathcal{A}=e^{11}$의 증폭비 수치와 잘 상관되고, 자유유동 난류 수준이 높은 경우 $\mathcal{A}$가 e^{11}보다 작은 영역 내(예를 들어 e^9 또는 심지어 e^7)에서 개시가 발생한다. Gates는 자유유동 난류는 개시 스케일링에 중요한 요소이고, 이 요소가 개시에 영향을 미치는 메커니즘은 자유유동 난류의 분리 또는 천이의 측면에서 경계층의 구조적 변화인 것을 증명하였다(2.4절 "공동화 핵형성 및 개시" 참조)[3.60]. 또한, 몸체 이격거리 효과(off-body effect)[20]로 인해 기포의 공동화에서 지배적인 요소인 몸체와의 이격 거리가 무작위로 변화하므로 몸체에서 떨어지는 방향(즉, 표면에 수직)에 따라 공동화하는 기포 집단의 통계적 분포가 변화하는 것으로 발견되었다[3.72]. 따라서 강한 무작위성을 소유하는 이 모든 요소들은 공동화 개시 과정에 연루된 기포의 통계 특성에 영향을 미치게 될 것이다.

날카로운 모서리를 갖는 평판의 후류(wake) 표면 그리고 제트와 주변 유체 사이 높은 전단 영역 등과 같은 난류 영역 내 자유전단층(free shear layer)의 공동화에 대한 공동화 메커니즘은 유선형 몸체 주변 유동 내에서 발생하는 것과는 본질적으로 다르며, 또한 통계적 특성들도 다르다. 이와 같이 전단층에서 생성된 난류 에디(ed-

[20]즉, 기포들은 유동 내부에서 이동할 때 볼록한 경계 표면으로부터 이탈할 것이다.

dies)는 더 잘 체계화된 선회성 구조를 보여주고, 이 보텍스의 낮은 압력 코어 내에서 공동화가 발생한다. Knapp의 초기 과업은 이와 같은 난류 유동 내 공동화 개시는 단일 장소에 제한되지 않지만 연속적인 에디 강도 그리고 에디의 순간 압력 및 기간 모두는 난류의 무작위 특성에 따라 변화하므로 높은 전단력과 강한 확률성을 보여주는 넓은 공간영역에 걸쳐 발생한다고 주장한다[3.65]. 이와 같은 압력 변동의 통계적 영향(즉, 이들의 시간과 공간 발생 빈도)을 설명하기 위해 다음과 같이 시간 계수 C_t와 공간 계수 C_s로 공동화 개시 계수 σ_i를 수정할 수 있다(예를 들어 제트 내)[21].

$$\sigma_i = C_t C_s \frac{\sqrt{\overline{p'^2}}}{\frac{\rho V_0^2}{2}}$$

여기서 V_0 : 자유 유동 속도

만일 $\sigma_i \approx 0.55$이면 $C_t C_s$는 약 3이다. 압력 변동 $\sqrt{\overline{p'^2}}$의 rms 수치는 다음과 같이 계수 3.6 및 난류 운동 에너지 $\overline{v'^2_e}/2$와 관련되는 반면 난류 운동 에너지 $\overline{v'^2_c}/2$는 빈번하게 경계 전단층 내 운동 에너지보다 크다.

$$\sqrt{\overline{p'^2}} = \frac{3.6\rho \overline{v'^2_e}}{2}$$

그리고 $\sqrt{\overline{p'^2}}$ rms 수치에 대한 첨두 압력 저하 p_t의 비율은 다음과 같다[3.52]

$$\frac{p_t}{\sqrt{\overline{p'^2}}} = 10 \sim 13$$

따라서 이와 같은 난류 전단 유동 내에서 상당히 더 큰 국부 압력 저하가 무작위로 발생하여 경계 전단 유동 내에서 보다도 상당히 더 큰 개시 계수 수치로 이어지게 된다.

O'hern의 난류 전단 유동 구조와 공동화의 관계를 규명하기 위한 날카로운 모서리 평판의 후류에서의 연구결과 공동화 개시는 유동방향(streamwise) 보텍스 내에서 지속적으로 발생하였고, 유동방향 보텍스와 날개길이방향(spanwise) 보텍스 내 모두에서 더욱 완전하게 발달된 공동화를 육안으로 관찰할 수 있었고, 전형적으로 유동방향 공동들은 인접한 날개길이방향 보텍스들 사이 braid 부분들에 제한되는 것으로

[21]혼합층 내 공동화의 경우 일시적인 압력 동요는 더욱 중요한 역할을 한다[3.38].

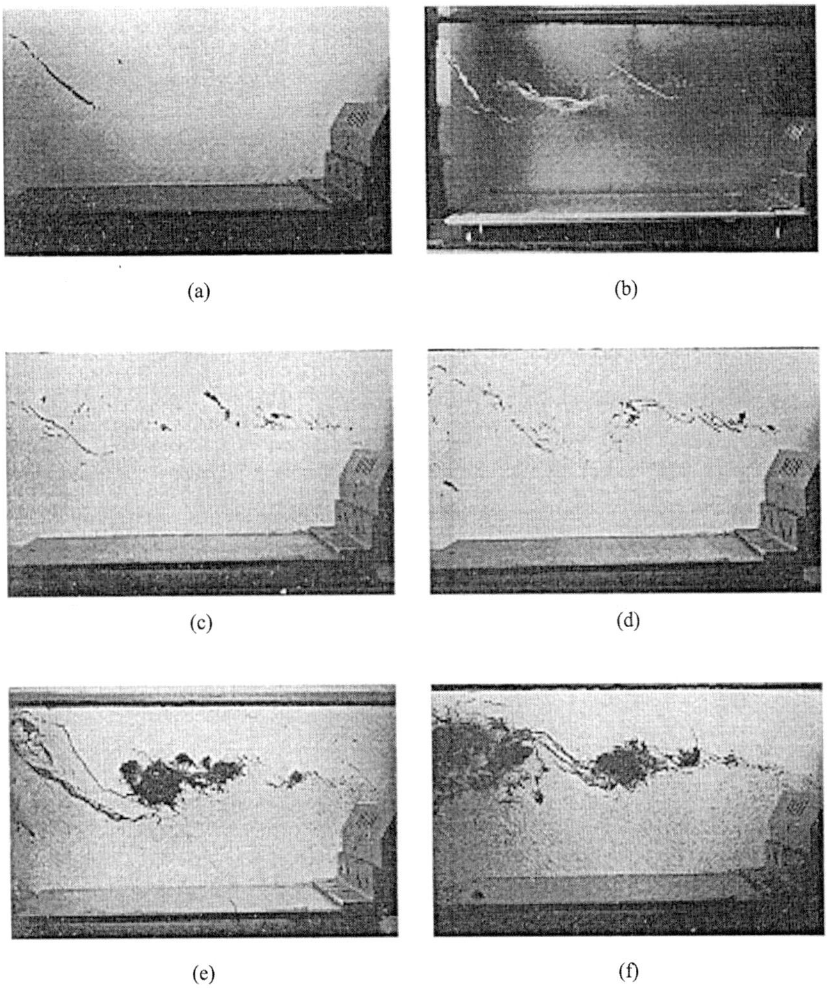

그림 3.34 공동화수 σ_L 감소에 따른 공동화 발달의 측면도(사례 (b)는 다른 조명 스킴 사용)[3.74].
(a) $R_{e,L}=1.5\times10^6$, $\sigma_L=0.87$; (b) $R_{e,L}=2.0\times10^6$, $\sigma_L=0.78$; (c) $R_{e,L}=2.1\times10^6$, $\sigma_L=0.65$; (d) $R_{e,L}=2.1\times10^6$, $\sigma_L=0.65$; (e) $R_{e,L}=2.1\times10^6$, $\sigma_L=0.41$; (f) $R_{e,L}=2.1\times10^6$, $\sigma_L=0.40$

증명되었다[3.74]. 그림 3.34는 공동화수 σ_L(σ_L은 유속과 압력의 평균 국부 유동 수치에 기초한 국부 공동화수)에 따른 난류 전단층 내 공동화 발달을 보여준다.

그림 3.34a와 같이 측면에서 바라볼 때 개시는 주로 유동방향으로 향한 길고 얇은 공동으로 발생한다. 그림 3.35와 같이($\sigma_L=0.65$, $R_{e,L}=2.06\times10^6$)[22] 중간 공동화

[22]공동화 계수 σ_L은 $\sigma_L=2(p_L-p_v)/(\rho U_L^2)$으로 정의되며, 여기서 p_L은 전단 영역 상부 최소 국부 압력, p_v와 ρ는

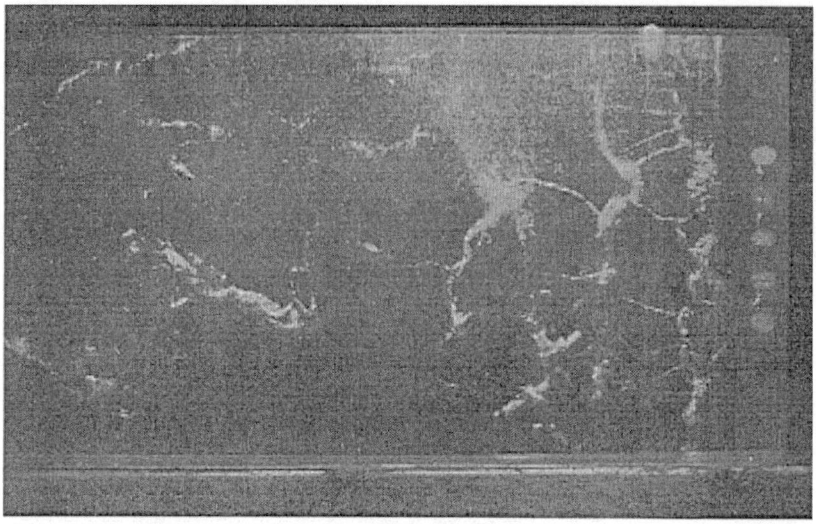

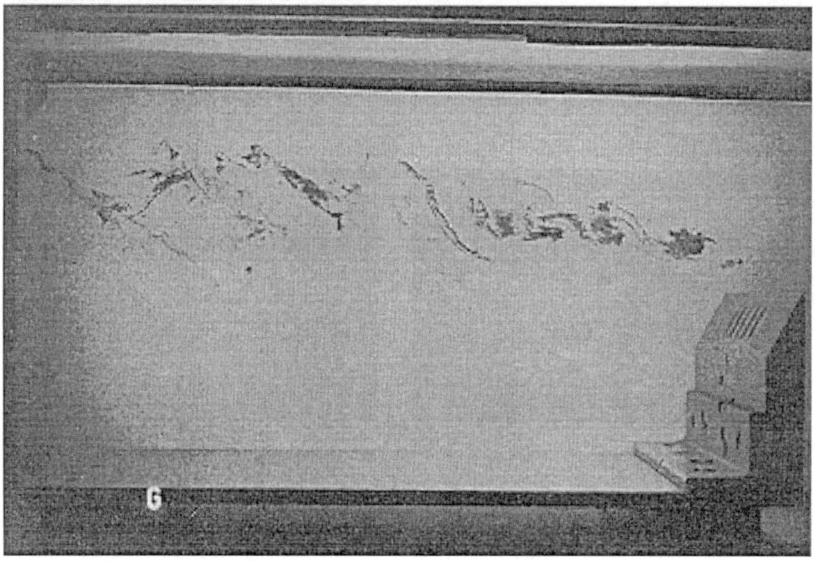

그림 3.35 난류 전단층 내 초기 공동화 단계의 평면도와 측면도(U_L =11.38 m/s, σ_L = 0.65, $R_{e,L}$ =2.06×10^6) [3.74].

사례의 상세한 구조로부터 유동방향 보텍스들은 주로 braid 부분으로 제한되는 것을 알 수 있다. Rankine 보텍스 모델을 사용하여 유동방향 보텍스 $\Gamma_s = \pi\omega a_c^2$(여기서 a_c

---

물의 증기압력과 밀도, U_L은 전단층 상부 최대 속도이다.

는 Rankine 보텍스의 코어 반지름이고, ω는 와도이다)는 항상 날개길이방향 보텍스 Γ_p의 와도 강도의 10%보다 적은 것으로 밝혀졌다.

$$\frac{\Gamma_s}{\Gamma_p} \leq 0.1$$

그럼에도 불구하고 유동방향 보텍스(이는 자유 전단층 유동의 공통적인 특징임)가 제어하는 공동화 개시는 이 보텍스의 코어 내에서 가장 낮은 압력을 나타낸다. 유동방향 보텍스 Γ_s는 전단층 내 3D 불안정성 증폭(instability amplification)에 종속되는 속도로 인해 공동화 개시 및 개시 지수에 대해 지배적인 역할을 하며 레이놀즈수에 종속된다. $U_L = 4.9$ m/s인 경우 첨두 압력 변동은 +344%와 −366% 사이이고, 국부 동압의 153%의 압력 변동이 탐지되었다. 관측된 압력 변동은 가우스분포에 적합하다. 아래 관계는 (−) 첨두 변동 p'는 최소 유동 압력 p_{min}을 야기할 수 있다는 사실을 설명한다. 여기서 p_{min}은 σ_L을 평가하기 위해 사용된 평균 자유유동 수치보다 상당히 낮으므로 상대적으로 높은 σ_L 수치에서 국부적으로 개시가 발생할 수 있다.

$$\frac{p_{min} - p_v}{\frac{\rho U_L^2}{2}} = C_{pb} + \sigma_L - \frac{p'}{\frac{\rho U_L^2}{2}}$$

여기서 C_{pb}는 국부 압력과 와도에 기초한 기본 압력계수이다. 보텍스 및 압력 변동의 무작위 특성 때문에 공동화 개시는 전단층의 임의의 위치에서 발생하므로 하류측 또는 상류측에서 가장 가능성 있는 명확한 개시 발생 위치를 발견할 수 없다. 이 보텍스 공동화의 또 다른 특징은 다음 스트로우홀 수(Strouhal number)에 의해 결정되는 방출 주파수이다.

$$\frac{fd}{U}$$

여기서 f : 보텍스 방출 주파수
d : 특성 길이(예를 들어 제트 직경)
U : 특성 속도(예를 들어 제트 속도)

이와 같은 이유는 고유구조(coherent structure)가 대규모 압력 변동의 변형에서 중요한 역할을 하기 때문이다. 예를 들어 난류 제트들 내 링과 유사한(ring-like) 파열에서 공동화는 비공동화 제트 내 고유 보텍스 링 구조에서의 수치와 인접한 스트로우홀 수 0.5를 갖는 것으로 보인다[3.38]. 이 스트로우홀 주파수는 빈번하게 공동화의

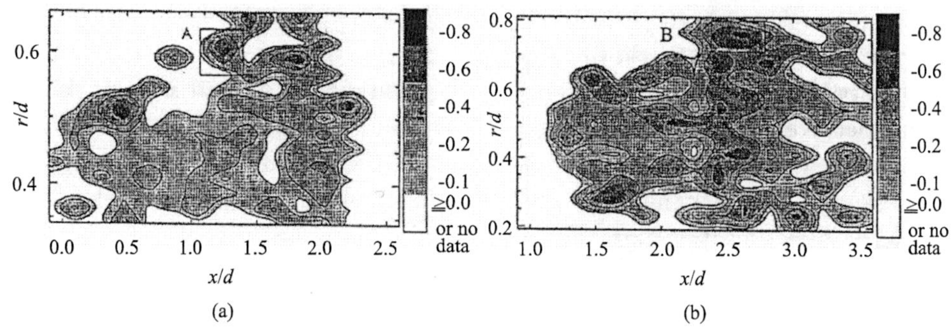

그림 3.36 잠수된 제트 유동 인근장 내 위상-평균된 압력 동요 피크(제트 직경 d=25 mm, 제트 속도 V_j=17.5 m/s)[3.76]
(a) 트리거 변환기 위치 x/d=1.25, r/d=1.5; (b) 트리거 변환기 위치 x/d=2.5, r/d=1.5

무작위성에 주기적인 특성을 추가한다(더욱 상세한 토론은 3.9절 "공동화 소음의 파워 스펙트럼"을 참조한다). 또한, 공동화수에 따른 공동화의 발생은 유동 구조를 변경시킨다. Young과 France는 보텍스 간격과 스트로우홀 주파수의 변화를 보고하였다[3.81, 3.56].

Ran은 공기-기포 주입 및 홀로그래피기법을 사용하여 전단층의 간섭 구조(이것의 압력 변동 피크의 공간적 분포 측면에서) 및 극세기포들의 공간 분포가 개시의 통계적 특성에 미치는 영향을 명백하게 증명하였다[3.76]. 제트 인근 지역 내 "위상 평균된(phase averaged)" 압력 변동 피크들의 공간 분포는 그림 3.36과 같다. 여기서

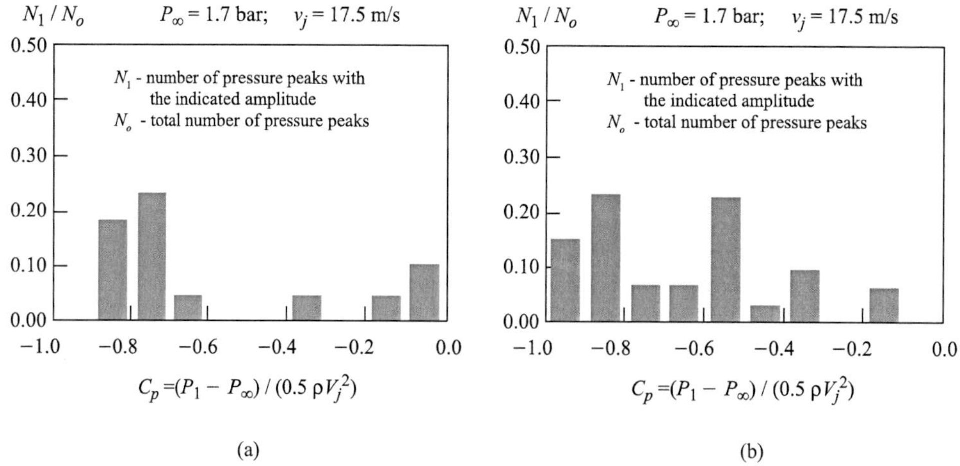

그림 3.37 압력 동요 피크의 확률 밀도 분포((a) 위치 A; (b) 위치 B)[3.76]

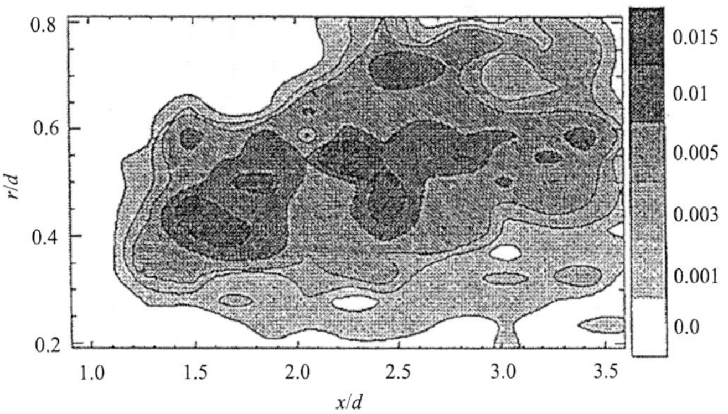

그림 3.38 위상-평균된 기포 숫자 밀도의 공간 분포(트리거 위치 $x/d=2.5$, $r/d=1.5$)[3.76]

A로 표시된 $x/d=1.25$와 B로 표시된 $x/d=2.5$에서 공간적 분포가 최대가 된다. 그리고 또한 그림 3.36a의 $x/d=0.5$ 그리고 그림 3.36b의 $x/d=1.5\sim2.0$에서 추가로 최대가 나타나며 이는 실제로 보텍스의 짝짓기(pairing)과정을 나타낸다. 위치 A와 B에 대한 위상 평균된 압력 변동 피크들의 확률 밀도 분포는 그림 3.37과 같이 대부분의 (−) 피크 범위는 $-0.7\sim-0.9$인 것을 보여준다[$x/d=2.5$에서 분포는 더욱 분산되지만 아직도 (−) 피크들의 15%는 범위 $-0.9\sim-1.0$에 떨어진다]. 사실, 가장 높은 (−) 피크 -0.97은 공동화 개시 수(inception number) $\sigma_i=0.99$와 잘 일치한다. Ran은 기포의 공간적 분포[23]는 압력 피크 확률 및 그들의 공간적 분포와는 독립적인 것으로 가정하여 다음 식으로 개시 확률을 추정한다.[24]

$$\mu(\sigma=\sigma_i,x,r)=\mu\left(p\le p_v-\frac{4S}{3R},\ x,r\right)\mu(R,x,r)$$

여기서 $\mu\left(p\le p_v-\frac{4S}{3R},\ x,\ r\right)$는 국부 압력이 충분히 낮아 개시가 발생하는 확률(압력 피크들의 확률 밀도 분포로부터 이를 평가할 수 있다)이고, $\mu(R,\ x,\ r)$은 특정 위치에서 하나의 기포가 나타나는 확률이다(그림 3.38과 같은 시험으로부터 이를 평가할 수 있다). 큰 (−) 피크 압력 위치인 $x/d=2.5$와 $r/d=0.7$에서 국부적으로 기포

[23]Chahine의 연구에 의해 증명된 것과 같이 명백하게 이 가정은 보텍스에 의한 기포들의 포획효과를 무시한다(3.7.4절 "기포-유동 상호작용"의 단일/개별 기포 연구 참조). 이 유동에서 관측된 10% 정도의 강한 미끄럼 속도는 이와 같은 포획효과의 증거이다.

[24]실제로 Ran은 $r_b\ge R$인 모든 극세기포들은 공동화하기에 충분한 시간을 갖는 것으로 즉, 기포 특성 시간 τ_b는 압력 동요의 특성 시간 τ_p보다 상당히 작은 것으로 가정하였다. $\mu(\tau_b\ll\tau_p,\ x,\ r)=1$

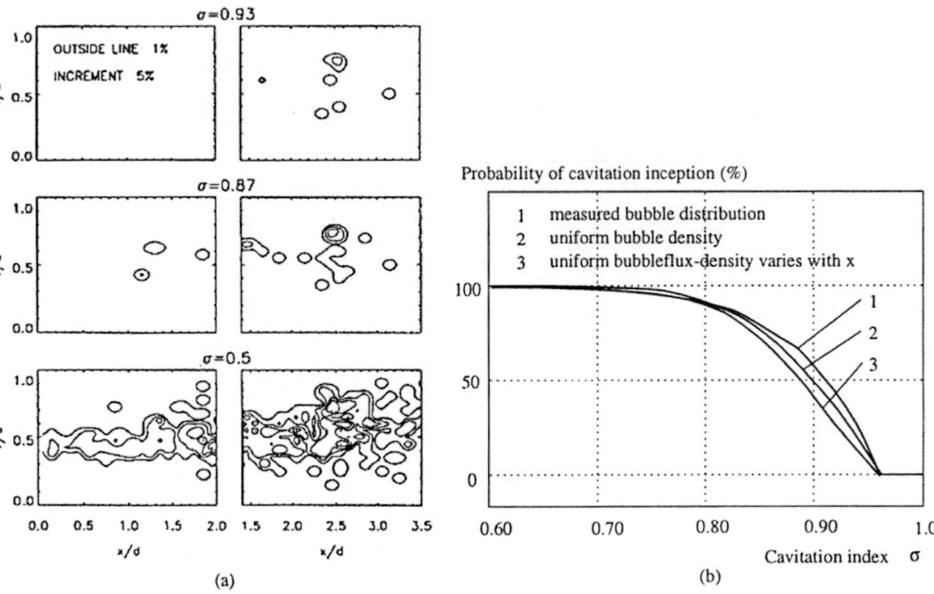

그림 3.39 인근 장(near field) 내(즉, $0<x/d<3.5$와 $0<r/d<1.0$) 공동화 개시의 확률[3.76].
(a) 등고선 도표; (b) 균일한 기포-밀도와 균일한 기포-플럭스를 가정하는 다른 두 사례의 비교

집단 밀도 피크가 존재하는 사실을 알 수 있다. 공동화수 $\sigma_i = 0.93 \sim 0.5$ 범위에서 계산된 공동화 개시의 확률 분포는 그림 3.39a와 같다. 최대 (−) 압력 피크 및 최대 기포 집단 밀도 모두가 나타나는(일치하는) 보텍스 짝짓기(pairing) 영역 내에서만 초기 개시(즉, $\sigma_i > 0.90$일 때)가 발생하는 것을 확신할 수 있다.

전체 지역($0< x/d <3.5$ and $0< r/d <1.2$)에서 존재하는 단일 공동화 이벤트의 확률을 평가하여 기포 분포가 개시 확률에 미치는 영향을 증명할 수 있다. 이 기포 분포는 그림 3.39b와 같이 측정된 밀도 분포, 균등 밀도 분포, 그리고 균등 기포 플럭스 분포의 3개의 다른 사례이다.[25]

$$\overline{\mu}(\sigma = \sigma_i) = 1 - \prod_m \prod_n \left[1 - \mu(\sigma = \sigma_i,\ x_n,\ r_m)\right]$$

이 결과는 기포-유동 상호작용의 양호한 사례이다. 즉, 기포가 주된 보텍스 내부로 이동하여 큰 (−) 압력 피크 위치에서 기포 밀도가 증가하고, 공동화 개시 가능성이 더욱 증가한다. 따라서 측정한 기포 분포에 대한 개시 확률은 $\sigma = 0.84 \sim 0.96$ 범위에

[25]최종 사례에서 전단층 내 기포 플럭스(flux)는 균일하게 분포되지만 전단층이 성장하면서 기포 밀도는 x에 따라 감소한다.

걸쳐 가장 높은 수치를 갖는다. 즉, 기포-유동에 의한 기포 밀도의 재분포는 기포의 개시 촉진 측면에서 공동화 기포의 통계적 특성을 수정한다.

이 제트 유동 내에서 개시는 braid 영역, 즉 O'hern이 2D 자유 전단층 유동으로 증명한 것과 같은 2차 구조가 아닌 짝짓기 보텍스 내에서 발생한다[3.74]. 이를 다음과 같이 추론할 수 있다[3.76]. 즉, 단일 보텍스의 순환을 $V_j\lambda$(여기서 λ는 특성파의 길이다)로 추정할 수 있으며 Rankine 보텍스 모델을 사용하여 다음과 같은 보텍스 중심에서 압력계수를 구할 수 있다.

$$C_p{}' = \frac{p_c - p_\infty}{\dfrac{\rho V_j^2}{2}} \approx -\frac{1}{\pi^2}\left(\frac{\lambda}{a_c}\right)^2$$

초기 보텍스 짝짓기 단계 동안 $r_v/d = 0.62$부터 0.77까지 보텍스 링 반지름 r_v가 증가하여 보텍스를 스트레칭시키고 a_c를 감소시킨다. 만일 보텍스 링의 체적, 즉 $a_c^2 r_v$가 일정하게 유지되면 공동화 개시 수 σ_i(즉, $-C_p{}'$)는 r_v에 비례한다. 따라서 스트레칭은 $-C_p{}'$ 수치를 0.78에서 0.97로 증가시키고, 보텍스 짝짓기 단계에서 조기 개시를 초래한다. 그러나 만일 제트 직경이 충분히 크면 전단층의 2차 구조(secondary structure)가 큰 제트에서 더욱 중요한 역할을 하여 이 자체를 스트레칭 하기 때문에 높은 압력 피크 및 이에 상응하는 개시는 braids 내부에서 먼저 발생할 것이다.

Arndt는 동질 및 등방성 난류에 대한 Kolmogorov 이론을 사용하여 자유 난류 전단 유동과 완전 발달된 경계층 유동에서 공동화 개시와 시간상 압력장의 특성을 관련시키기 위해 시도하여 왔다[3.39]. 자유 전단 유동의 압력 변동에 대한 기포 반응을 분석하기 위해 라그랑지 기준계(Lagrangian frame of reference)의 가설 압력 스펙트럼(spectrum)이 제시되었다(그림 3.40 참조). 이 스펙트럼은 평균 자승 압력과 라그랑지 시간 척도 $\mathfrak{I}$ 항으로 정규화된다.

$$\mathfrak{I} \sim \frac{l}{u'}$$

여기서 l : 가장 작은 에디의 길이 스케일
u' : 에디의 속도

그림 3.40a에 기초하여 스펙트럼을 $\omega = 0$부터 $\omega = 1/T_B$(T_B는 개시에서 기포 성장에 대한 시간 척도이다)까지 적분하고, 핵 규격의 정규 분포를 가정하면 주파수 ω가 $1/T_B$보다 작으면 임의의 압력 변동은 기포의 시간 척도보다 긴 시간 동안 지속하기

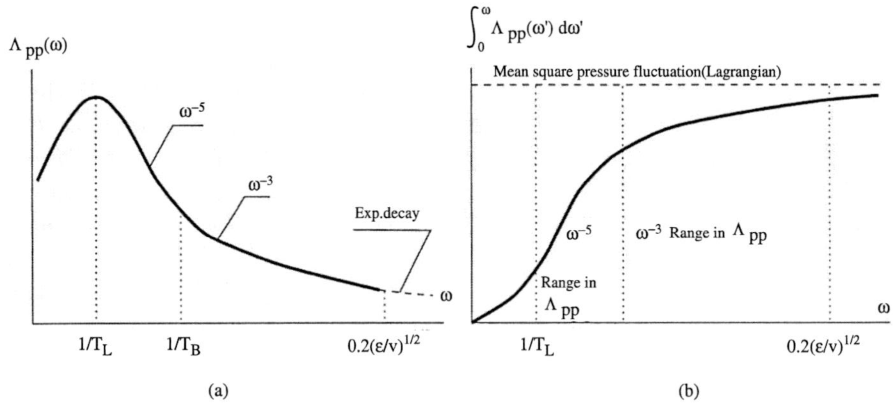

그림 3.40 라그랑지 기준틀 내 가설의 압력 스펙트럼((b)는 (a)의 적분 형태)[3.39]

때문에 주목할 만한 장력이 없는 상태에서 기포 성장에 기여하는 평균 자승 압력의 부분을 평가할 수 있다. 만일 기포 주파수가 Kolmogorov 주파수 $\sqrt{\epsilon/\nu}$ [이는 대략 난류 레이놀즈수 $u'l/\nu$가 $(l/(u'T_B))^2$ 보다 작은 상태에 상응한다] 보다 크면 전체 스펙트럼은 기포 성장에 기여할 수 있다. Ardnt는 라그랑지 스케일 $\mathfrak{I}$로 난류 경계층 유동에서의 외부 층($y/\delta > 0.1$) 내 스펙트럼 피크들을 평가할 수 있고, 유동 내 가장 높은 주파수는 다음과 같을 것이라고 제안한다.

$$\frac{u^{*2}}{\nu} \qquad \text{매끄러운 벽의 경우}$$

$$\frac{u^*}{h} \qquad \text{거친 벽의 경우}$$

여기서 u^* : 벽 마찰 속도[26]
h : 조도 높이

따라서 다음과 같은 조건에서 유동 내부 핵은 전체 스펙트럼에 반응하기에 충분한 시간을 갖게 될 것이다.

$$\left(\frac{u^{*2}}{\nu}\right)T_B < 1 \qquad \text{매끄러운 벽의 경우}$$

$$\left(\frac{u^*}{h}\right)T_B < 1 \qquad \text{거친 벽의 경우}$$

[26] $u^* = \sqrt{\sigma_\omega/\rho}$, 여기서 σ_ω는 평균 벽 전단 응력이다.

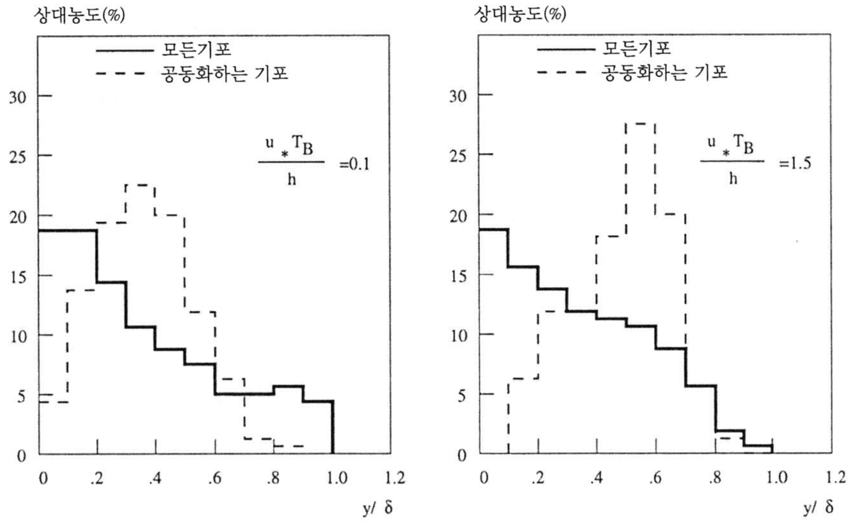

그림 3.41 난류 경계층 내 공동화의 통계적 특성[3.40]

상기 조건이 아닌 경우 기포는 오직 $1/T_B$ 이하의 주파수 부분만을 감지한다. Arndt가 수행한 실험은 상기 시간-스케일 비율이 기포 공동화 행위의 통계적 특성에 미치는 영향을 증명한다[3.40]. 즉, 그림 3.41과 같이 $(u^*/h)T_B$가 1.5에서 1.0으로 감소되면서 최대 공동화 영역은 내부로 이동한다.

3.7.5 논평

기포-경계, 기포-기포 그리고 기포-유동 상호작용은 전체 공동화 과정에 걸쳐 당초 핵 특성의 확률성을 수정하고 특징을 결정한다. 따라서 결과적인 공동화 및 공동화와 관련된 소음은 매우 확률론적인 현상이다.

공동화는 수동적인 유동의 가시화(visualization)뿐만 아니라 유동 구조를 변화시킨다. 따라서 결과적인 유동은 기포가 내포된 공동화가 발생되지 않는 구조가 확실히 아니다.

순응성(compliant) 경계를 사용한 유동-벽 상호작용의 도입은 기포-유동-벽 사이 3중 상호작용으로 이어지며, 지금까지 언급되지 않았던 유동 주제보다 더욱 복잡한 확률론적 과정을 초래한다. 경계가 흡수 벽으로 구성된 특성화된 random-walk 모델로 개발된 Markov chain은 이러한 기포의 확률론적 과정[27]을 모의하기에 적합할 수

[27] 진행 중인 EPSRC 프로젝트(EPSRC GR/L74729)에 대한 타당성 조사(Warwick 대학 유체역학 연구소, 1994년 1

있다.

3.8 공동화 기포의 확률론적 모델

3.8.1 소개

각 공동화 기포가 생성한 압력파 그리고 주어진 공간 위치에서 공동화가 발생하는 시간은 확률변수들이다. 다양한 공동화 상황들에서 이러한 확률성을 모의하기 위해 여러 확률론적 모델들이 제안된다.

3.8.2 단일-이벤트 모델 (Single-event model)

이 모델 형식에서는 단일 이벤트들의 무작위 순서(random sequence)로 기포 이벤트를 처리한다. 여기서 각 단일 기포의 활동(성장, 붕괴 및 리바운드)이 생성하는 압력파를 단일 이벤트로 간주한다. 또한, 단일 이벤트들의 순서는 정상 확률 과정(stationary random process)으로 간주한다.

Fitzpatrick은 한 모델에서 연속적인 이벤트들 사이 시간 간격 Λ는 하나의 독립 확률 변수로서 이 변수의 확률밀도는 푸아송분포를 따르는 것으로 가정하였다[3.35]. 상당히 안정된 유동 환경에서 이동성 공동화의 초기 단계에 이 모델을 적용할 수 있다.

Il'ichev는 주기적인 특성을 갖는 단일 기포 이벤트들을 모의하기 위해 평균 수치 0의 확률론적 분포를 갖고 주기적인 시간에 이벤트들이 나타나는 모델을 제안하였다[3.63]. 즉, m번째 이벤트는 시간 t_m에서 나타난다.

$$t_m = mT_0 + \Delta m$$

월 28일 S. C. Li and P. W. Carpenter의 "공동화 기포의 통계적 거동에 대한 벽 컴플라이언스 영향" 그리고 미국 보스톤 FEDSM, 2000년, S. C. Li and P. W. Carpenter "compliant 벽 인근 공동화 기포에 대해 구상 중에 있는 Markov 모델에 대한 note")는 다음을 제안한다. (a) n-차원-불연속-상(phase)-공간 Ω에서 단일 기포를 표현하는 것이 가능하다. 이 공간은 특정 확률 변수들로 구성될 수 있다. 즉, 특성 기포 규격 $R(\omega)$(즉, 체적-등가 반경 R_{vol}), 순응성 벽에까지 거리 $S(\omega)$(또는 이것의 상대적인 수치 S/R_{max}) 그리고 마이크로제트 크기 $J(\omega)$(최소한 반발, 끌어당기지 않는, 끌어당기는 제트를 표현하기 위해 -1, 0, 1 세 수치를 $J(\omega)$에 할당할 수 있다). 따라서 기포 이동 확률 $\xi(\omega)$는 $\xi(\omega)=[R(\omega),\ S(\omega),\ J(\omega)]$이다. (b) 비정상 변이 확률성을 갖는 Markov chain으로 기포 거동을 나타낼 수 있다. 만일 선택된 상태 공간 Ω가 필요한 정보를 포함하기에 충분히 크지 않는 반면 시스템이 강한 모멘텀 효과를 가지면 이는 2단계 변이 확률성 $p(l,k)|(j,i)=p(l|k,j)p(k|j,i)$을 갖는 $(\xi_n,\ \xi_{n+1})$ 쌍으로 형성될 수 있다. (c) 순응성 벽의 경우 흡수함수(absorption function)는 반드시 감소되거나 또는 (−)가 되어야 한다. 심화 실험으로 이 추정내용은 밝혀질 것으로 예상된다.

여기서 T_0 : 지배(주기적인) 시간 간격으로서 여기에서 이벤트 출현의 확률이 최대가 된다.

Δm : 이벤트 발생의 확률론적 특징을 표현하는 평균 수치가 0인 확률 변수, 그리고 $\Delta m < T_0/2$

음향 공동화, 수차 날개 및 선박 프로펠러 공동화와 같이 주기적으로 기포 생성이 제어되는 공동화의 초기 단계에 이 모델을 적용할 수 있다.

Morozov는 공동화를 동일한 단일 이벤트들(즉, 각 이벤트의 파형과 진폭이 동일하다)로 가정하는 대신 이벤트의 출현 시간, 진폭 및 기간 모두가 확률 변수들인 공동화를 모의하기 위해 일반화된 랜덤펄스열(Random Pulse Train) 모델을 제안하였다[3.73]. 다음과 같은 지수함수로 단일 이벤트 $\tilde{p}(t)$를 근사화한다.

$$\tilde{p}(t) = p_m e^{-\frac{t}{\tau}}$$

여기서 진폭(amplitude) p_m, 지속기간 매개변수 τ, 최대 기포 반지름 R_{max}은 비례관계인 것으로 가정한다. 이와 같이 일반화된 모델의 파워 스펙트럼은 다음 사항들을 포함한다.

- 개별 기포(붕괴)로부터 단일 이벤트의 스펙트럼
- p_m, τ, R_{max} 사이 선형관계로 인한 지속기간 매개변수 τ에 대한 통계 분포함수 및 R_{max}의 통계 분포함수[28]
- 시간 간격 Λ(또는 주기성으로부터 시간 이탈, Δ)의 특성 함수 u_Λ(또는 u_Δ), $u_\Lambda = E\{e^{-i\omega\Lambda}\}$

따라서 일반화된 Morozov 모델은 더욱 넓은 공동화 범위를 모의할 수 있다.

3.8.3 다중-이벤트(클러스터) 모델

만일 이벤트들이 클러스터 형태로 나타나면 단일 이벤트 모델은 기포 이벤트들의 확률론적 과정을 모의하기에 충분하지 않다. 이와 같은 각 클러스터는 두 개 이상의 기포 이벤트들을 포함하며 다음 이유로 클러스터가 형성된다.

---

[28]확률 정리(probability theorem): 만일 두 확률 변수들 사이 선형 관계가 존재하면 이들의 통계적 분포함수는 기하학적으로 유사할 것이다.

- 기포-기포 상호작용은 무시할 수 없게 된다. 만일 주된 기포가 작은 기포로 분해되고, 후속적으로 주된 기포 붕괴 영향 아래 작은 기포들이 붕괴되면 반드시 기포-극세기포(소규모) 상호작용을 고려하여야 한다. 이와 같은 경우 클러스터는 주된 붕괴로 인한 주된 이벤트와 극세기포들에 의한 후속 이벤트로 구성된다. 기포가 더 이상 서로 분리되지 않는 것으로 간주할 수 있는 더욱 심각한 상황으로 공동화가 발달될 때는 빈번하게 기포-기포(대규모) 상호작용의 사례가 된다.
- 기포-유동 상호작용으로 클러스터가 생성된다. 예를 들어 보텍스의 포획효과(capture effect)로 인해 빈번하게 기포 수의 밀도가 증가하면서 공동화 클라우드가 보텍스 코어 내부에서 생성된다. 따라서 기포의 붕괴는 다소 클러스터 형태가 될 것이다. 이는 빈번하게 공동화된 보텍스(예를 들어 날카롭게 모서리진 몸체로부터 탈락된 보텍스로서 클러스터들의 연속적인 시간 간격은 특정한 규칙성을 갖지만 기간이 정확하지 않은 확률 변수이다) 내에서 발생한다(더욱 상세한 내용은 3.9.3절 "단일 이벤트 순서에 대한 스펙트럼" 참조).
- 공동화 기포는 원래 클러스터 형태로 생성된다. 전형적인 사례는 선박 프로펠러 날개에서의 쉬트 공동화이다. 날개가 후류 유동을 통과할 때 주기적인 압력 변화를 경험하고, 쉬트 공동화는 운영 조건에 따라 날개의 하류측에서 하나의 클러스터 또는 클러스터들로서 주기적으로 생성, 분리 및 붕괴된다. 수차와 펌프에서도 유사한 상황이 발생한다. 예를 들어 Brophy가 보고한 것과 같이 러너 날개는 안내깃의 후류를 통과하면서 주기적으로 입사각(incidence)의 변화를 경험하고, 전연(前緣) 하류측에서 하나의 클러스터 또는 클러스터들로서 주기적으로 생성/분리/붕괴되는 간헐적인 전연 쉬트 공동화를 초래한다[3.47]. 이와 같은 경우 클러스터들의 순서는 정확한 기간으로부터 무작위로 이탈하는 주기적인 특성을 갖는다. 만일 모든 날개들이 유사하게 공동화를 발생시키면 주기는 주파수를 통과하는 날개의 역수가 되며, 만일 오직 하나의 날개만이 공동화를 발생시키거나 또는 각 날개가 다르게 공동화를 발생시키면 축 주파수와 동일하다.

클러스터 내부 이벤트의 순서에 대해 여러 모델들이 제안되어 왔다. 기본적으로 다음과 같은 두 경향이 존재한다.

- 클러스터 내 이벤트들은 다소 서로 인접하며, 시간 간격 변수가 0이 될 가능성

이 큰 기준 시간인 "클러스터 출현 시간"에 인접하여 나타난다. 이 모델이 인용하는 공동화 상황은 뚜렷한 시간 차이 없이 압력 상승 또는 압력파가 클라우드 내 기포에 도달하는 클라우드-붕괴 조건을 갖는다. 예를 들어 분리된 쉬트 공동화 클라우드가 더욱 높은 압력 영역 내부로 유동할 때 만일 클라우드의 공극률(void fraction)이 상당히 낮으면 클라우드가 직면하는 압력 상승파는 높은 속도로 전파되어 뚜렷한 시간 지연 없이 모든 기포에 도달한다.

- 클라우드의 공극률이 큰 경우 구동하는 압력파는 기포성 매체 내에서 현저하게 감소된 낮은 속도로 전파된다. Hansson & Mϕch의 모델[그림 3.27 및 3.7.3절 "기포-기포 상호작용"의 "기포-기포(대규모) 상호작용" 참조]로 모의한 것과 같이 먼저 기포의 가장 외부층이 붕괴되고, 매우 낮은 속도로 내부를 향해 붕괴가 전개된다. 이와 같은 경우 클러스터 내 이벤트들은 시간-간격 변수가 0이 될 가능성이 적고 상당히 더욱 광범위하게 산재하게(scatter) 된다.

3.8.4 포괄적 모델

공동화 과정들은 빈번하게 클러스터들 및 단일 이벤트로 구성되며, 이 경우 클러스터 모델 또는 단일-이벤트 모델 단독으로는 충분하지 않다. 따라서 특정 공동화 상황들을 모의할 때는 이들의 조합(즉, 포괄적인 모델)이 필요하다.

3.9 파워 스펙트럼

3.9.1 소개

물 속에서 공동화로 인해 발생된 음(sound)을 상당한 거리에서도 탐지할 수 있고, 음의 파워 스펙트럼은 공동화가 생성되는 메커니즘을 반영한다. 이러한 상관관계를 이용하여 전함과 관련된 공동화 활동을 탐지하고 감시하기 위해 제1차 세계대전 이후 다양한 공동화로부터의 스펙트럼을 광범위하게 연구하여 왔다. 요즘에도 다양한 산업용도(예를 들어 수차 공동화 감시)로 사용되고 있다.

실제로 공동화 신호들은 난류 및 기계 소음과 혼합된다. 따라서 먼저 다양한 탐지 기법으로 배경 소음과 공동화 소음을 구별하는 것이 중요하다. 다음 세 요소는 수중청음기로 픽업한 공동화 신호들의 특징에 영향을 미친다. (1) 공동화를 생성하는 메커니즘은 스펙트럼 내 독특한 특징들의 생성에 지배적인 역할을 한다. (2) 분산

효과(dispersion effect)로 인해 이동 거리에 따라 파가 변형되므로 공동화 근원으로부터 수중청음기까지의 거리는 기록된 압력파에 영향을 미친다. (3) 만일 공동화가 실질적으로 무한한 매체 내에서 발생하지 않으면 반드시 폐쇄(containment)를 고려하여야 한다. 만일 파장$\times(2\pi)^{-1}$의 거리 내 인근 벽에 수중청음기를 설치하는 경우 반향효과(reverberant effect)는 벽 경계와 압력파 주파수의 특성에 강하게 종속된다. 그렇지 않은 경우 수중청음기가 감지한 압력은 벽 특성과는 독립적이다. 수중청음기가 매립 설치된 경우 만일 파장이 수중청음기의 표면 치수보다 상당히 작지 않으면 음향 임피던스(acoustic impedance)에 종속되는 인근 경계는 감지된 압력에 영향을 미친다. 반향효과에 대한 더욱 상세한 내용은 본서의 범위 밖이므로 이 주제에 대한 정보, 특히 공통적으로 사용된 시험 설비를 위한 내용은 문헌 [3.46]을 참조한다.

3.9.2 단일-기포 붕괴 스펙트럼

공동화 소음의 파워 스펙트럼을 이해하기 위해서는 반드시 단일 공동화 기포의 에너지 스펙트럼을 이해하여야 한다.

Fitzpatrick은 단일 공동화 기포가 생성한 에너지 스펙트럼의 개념적인 예증을 제공한다[3.55]. 그는 특정 외부 압력 변화 아래 비압축성 액체 내에서 빈 증기 기포는 구형적으로(spherically) 성장, 붕괴 및 리바운드한다고 가정한다. 레일리-Plesset 식

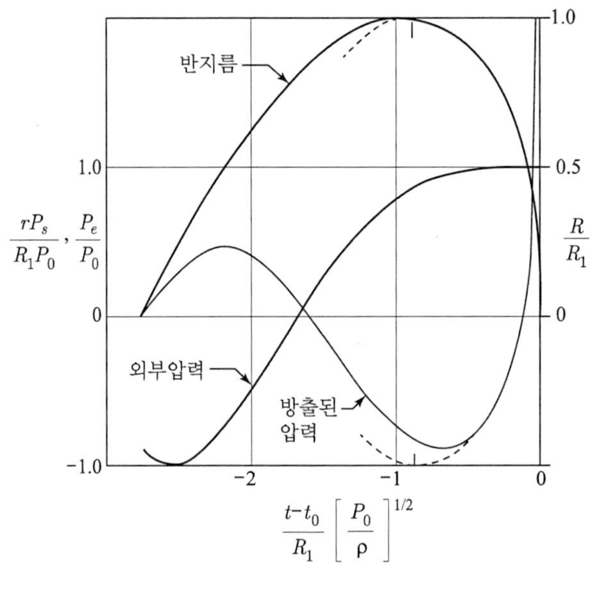

그림 3.42 단일 증기 기포의 반지름과 음압 변화[3.55]

에 기초하여 기포 반지름 및 결과적인 음압력(sound pressure)의 변화를 계산한다. 또한, 기포는 무한히 작은 반지름으로 붕괴되고 독단적으로 상정된(postulate) 에너지 손실을 갖고 리바운드하는 것으로 가정하며 이 결과는 그림 3.42 및 3.43과 같다. 여기서 p_e는 기포가 없을 때 기포 궤적에서 존재하게 될 주변 환경 압력, p_s는 선형음 이론(linear sound theory)[29]에 기초하여 평가되는 결과적인 음압, R_1은 기포의 최대 반지름, 그리고 P_0는 붕괴의 최종 단계 순간에서 외부 압력 p_e와 증기압 p_v의 차이와 동일한 기준압력이다. 그림 3.42에서 점선은 외부 압력이 일정하고 P_0와 동일한 사례를 나타낸다. 성장과 붕괴의 초기 단계에서 음압(sound pressure)은 한 번 동요하고, 급격하게 상승하여 극도로 높은 수치에 도달하고, 붕괴의 최종 단계에서의 격렬한 붕괴로 인해 좁은 "스파이크"를 형성한다. 기포의 수명시간, 즉 초기 성장부터 최종 붕괴까지의 시간은 에너지 스펙트럼의 낮은-주파수 부분의 특징을 결정한다(그림 3.44 참조). 스펙트럼 내 피크들은 수명 시간 역수 순서의 주파수에 위치하고, 낮은 주파수 영역에서 스펙트럼 밀도는 주파수의 4승, 즉 f^4으로 변화(증가)한다.[30] 공동의 다중-붕괴로 인해 스펙트럼 내에서 동요가 나타난다. 다중 기포 이벤트의 경

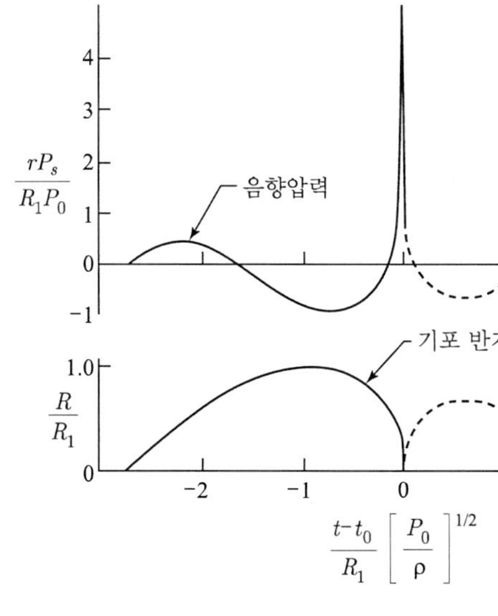

그림 3.43 리바운드하는 단일 증기 기포의 반지름과 음압 변화[3.55]

[29]즉, $p_s(r,t) = \rho\ddot{V}(t-r/C)/(4\pi r)$, 여기서 V는 공동의 순간 체적, r은 공동 중심까지 거리, C는 음속이다.

[30]이 관계는 기포는 이웃 기포 또는 경계와의 상호작용으로부터 분리되는 조건에 기초한다. 그렇지 않으면 이에 따라 수정하여야 한다.

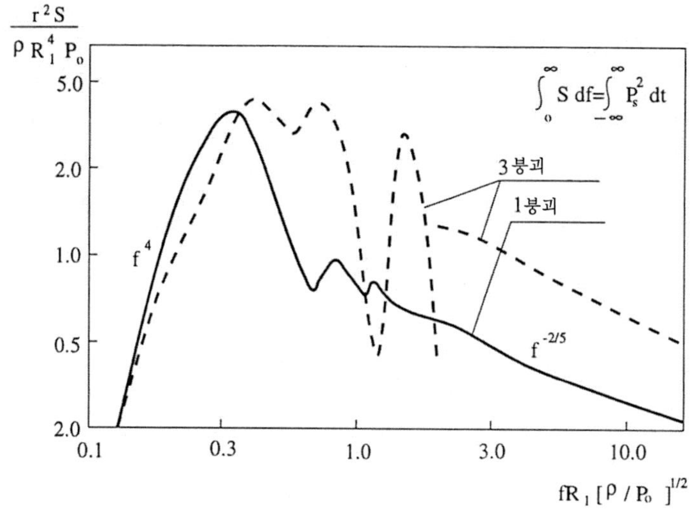

그림 3.44 비압축성 액체 내 단일 증기 기포의 에너지 스펙트럼[3.55]

우 이벤트들은 서로 상관되기 때문에 동요는 부드럽게 된다. 그러나 높은 주파수에서 부드럽게 된 스펙트럼은 단일 기포 사례에서도 자신을 드러내 보인다. 좁은 스파이크는 높은 스펙트럼 주파수에서 특징을 이룬다. 높은 주파수에서 스펙트럼 밀도는 $f^{-2/5}$으로 변화한다. 그러나 특히, 증기 공동의 경우 붕괴의 최종 단계에서 액체의 압축성을 더 이상 무시할 수 없는 것으로 알려져 있다. 따라서 압축성 이론에 기초하여 충격파의 특성 및 합성 스펙트럼의 높은 주파수 부분을 소유하는 스파이크를 반드시 수정하여야 한다. Fitzpatrick은 Kirkwood-Bethe 가설[31]에 기초하여 유도한 Gilmore 식을 사용하여 그림 3.45에서 점선으로 나타낸 것과 같이 이와 같은 높은 주파수 부분에서의 수정을 증명하였다[3.71]. 이들의 이론적인 수정은 관측된 공동화 소음의 스펙트럼과 유사하게 만드는 것이다. 여기에서 높은 주파수 영역 내 스펙트럼 밀도는 대략적으로 주파수의 −2승, 즉 f^{-2}(−6 db/octave)으로 변화(감소)한다. 이와 같은 스펙트럼 밀도의 f^{-2} 변화를 높은 주파수에서 방사된 음압 내 날카로운 압력 상승, 즉 충격파 형성의 암시로 간주할 수 있다.

따라서 비압축성 이론에 기초하여 주로 기포 수명시간과 관련되는 스펙트럼의 낮은 주파수 부분을 평가할 수 있는 반면 압축성 이론에 기초하여 충격파와 관련되

[31] 즉, 양 $r(h+u^2/2)$는 가변속도 $(c+u)$로 외부를 향해 전파된다. 여기서 r은 반경 좌표, c는 국부 음속 수치, h는 엔탈피, u는 액체 입자의 국부 유속이다. 상세한 내용은 3.3절 "점성 및 압축성 효과"를 참조한다.

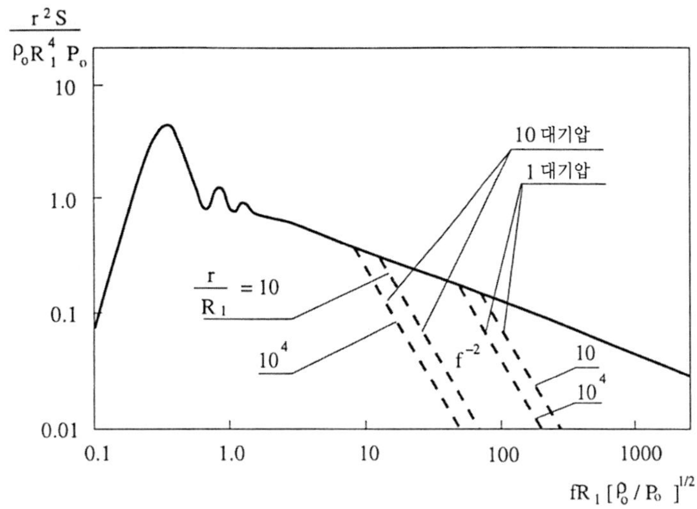

그림 3.45 압축성 액체 내 단일 증기 기포의 에너지 스펙트럼[3.55]

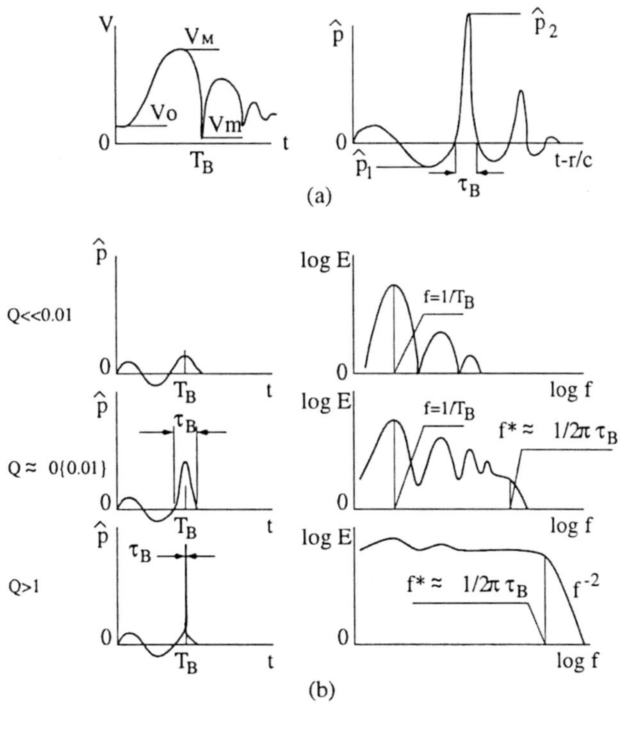

그림 3.46 단일 기포로부터 공동화 소음 이벤트의 범주[3.41]
(a) $\hat{p_1}$, $\hat{p_2}$, τ_B, T_B의 정의; (b) 단일 이벤트의 3 형식

는 높은 주파수 부분을 평가할 필요가 있다. 따라서 Baiter가 다음과 같이 정의한 충격의 비례계수 Q는 결과적인 스펙트럼의 패턴을 지배한다(그림 3.46a 참조)[3.41].

$$Q = \frac{\hat{p}_2 \tau_B}{\hat{p}_1 T_B}$$

여기서 $\hat{p}_1$: 주 충격 펄스를 선행하는 특성 압력(characteristic pressure)

$\hat{p}_2$: 주 충격 펄스의 특성 압력(characteristic pressure)

τ_B : 충격 펄스의 기간

T_B : 기포 수명 시간

Q 수치에 따라 그림 3.46b와 같이 단일 소음 이벤트 $\tilde{p}$를 세 개의 형식으로 구분할 수 있다. $Q \ll 0.01$일 때, 즉 붕괴 최종 단계에서 생성된 압력이 충격 속성(shock nature)을 소유하지는 않지만 선행 행위(즉, 성장 및 붕괴 초반)에 의해 생성된 압력과 기본적으로 동일한 특성을 가질 때 비압축성 이론을 적용할 수 있고, 다음과 같은 선형 음 이론(linear sound theory)으로 단일 기포 소음 이벤트 $\tilde{p}$(즉, 단일 기포로부터 방사된 음압)를 평가할 수 있다.

$$\tilde{p}(t,r) = \rho \ddot{\mathcal{V}} \frac{t - \dfrac{r}{C}}{4\pi r}$$

푸리에 변환(Fourier transform), $\tilde{P}(f)$

$$\tilde{P}(f) = \int_{-\infty}^{\infty} \tilde{p}(t) e^{-i2\pi f t} dt$$

그리고 에너지 스펙트럼 밀도, $E(f)$

$$E(f) = \frac{|\tilde{p}(f)|^2}{\rho C}$$

이 에너지 스펙트럼의 특징은 대략 기포 수명 시간 T_B의 역수에 상응하는 주파수에 위치한 하나의 최대치로서 결정되며, 주파수 f와 함께 급속하게 하강하는 여러 최대치가 뒤 따른다. 스펙트럼 밀도는 최초 최대에 도달하기 전에 주파수의 4승으로 변화(증가)한다.

Q가 약 0.01 정도일 때, 즉 충격파(shock-wave) 속성을 더 이상 무시할 수 없을 때 반드시 압축성 이론으로 더욱 격렬한 최종 단계 붕괴로부터 생성된 압력 펄스를

평가하여야 한다. 스펙트럼의 낮은 주파수 부분은 $Q \ll 0.01$인 경우와 동일한 특징을 갖는다. 그러나 최대치의 감쇠는 평활작용(smoothing effect)으로 더욱 완화되며, 스펙트럼은 높은 주파수 범위로 확장되고, 더욱 격렬한 붕괴로 인해 평탄한 부분으로 된다. 최종적으로 $f^* = 1/(2\pi\tau_B)$의 주파수로 감쇠한다.

$Q = 0.1$일 때, 즉 이벤트 $\tilde{p}$에서 충격파가 지배적인 역할을 하는 반면 선행 압력은 상당히 덜 중요하게 될 때 약 $Q = 0.01$인 경우의 스펙트럼 패턴이 아직도 드러나 보이지만 주된 최대치들은 본질적으로 평탄한 부분 보다 높지 않다. 만일 Q 수치를 1 이상으로(즉, 충격이 중요하게 되어 선행 부분이 무시될 때) 더욱 증가시키면 빈번하게 다음 지수함수로서 표현되는 충격파 단독으로 이벤트 $\tilde{p}$를 근사화할 수 있다.

$$\tilde{p} = \hat{p}_2 e^{-\frac{t}{\tau_B}}$$

스펙트럼 밀도는 다음과 같이 된다(그림 3.46b 참조).

$$E(f) = \frac{(\hat{p}_2 \tau_B)^2}{\rho C\left[1 + (2\pi\tau_B f)^2\right]}$$

이 스펙트럼은 최대 $f = 1/(2\pi\tau_B)$로 확장되고 f^{-2} 비율로 감쇠하는 특징을 갖는다.

3.9.3 단일 이벤트 순서에 대한 스펙트럼

단일 이벤트들의 순서로 일부 공동화들을 모델할 수 있다. 공식의 간략화를 위해 이 절의 나머지 부분을 통해 Baiter의 표기법을 적용한다. 즉, 단일 이벤트를 다음과 같이 $x(t)$로 정의하고

$$x(t) = \frac{\tilde{p}}{\sqrt{\rho C}}$$

$x(t)$의 푸리에 변환

$$X(f) = \int_{-\infty}^{\infty} x(t') e^{-i2\pi f t'} dt'$$

그리고 단일 이벤트 $x(t)$의 에너지 스펙트럼 밀도는 다음과 같다.

$$E(f) = |X(f)|^2$$

따라서 다음과 같이 특정 표본 기간 T 안에서 $x_m (m = 1, 2, 3, \cdots, N)$ 단일 이벤트

들의 순서로 구성된 공동화 소음을 표현할 수 있다.

$$y(t,T)=\sum_{m=1}^{N} x_m(t-\theta_m)$$

여기서, θ_m은 m번째 단일 이벤트 x_m의 발생 시간이다. $y(t,T)$의 푸리에 변환은 다음과 같다.

$$Y(f,T)=\sum_{m=1}^{N} X_m(f)e^{-i\omega\theta_m}$$

여기서, $X_m(f)$는 m번째 단일 이벤트 x_m의 푸리에 변환이다. 이와 같은 단일 이벤트들의 순서로 생성된 공동화 소음의 파워 스펙트럼 밀도는 다음과 같다.

$$\begin{aligned}\phi(f) &= \lim_{T\to\infty} E\left\{\frac{1}{T}|Y(f,T)|^2\right\} \\ &= \lim_{T\to\infty} E\left\{\frac{1}{T}\sum_{m=1}^{N}\sum_{n=1}^{N} X_m(f)X^*{}_n(f)e^{-i\omega(\theta_m-\theta_n)}\right\}\end{aligned}$$

여기서, $X^*{}_n(f)$은 $X_n(f)$의 공액 복소수(complex conjugate)이다. 상기 식에서 만일 (a)N/T가 독립 변수이고, (b)T에 대한 θ_n의 종속도를 무시할 수 있으면 매개변수 T를 $\bar{n}(=E\{N/T\})$로 대체할 수 있다. 따라서 파워 스펙트럼 밀도 $\phi(f)$는 다음과 같이 된다.

$$\begin{aligned}\phi(f) &= \bar{n}\lim_{N\to\infty}\frac{1}{N}\sum_{m=1}^{N}\sum_{n=1}^{N} E\left\{X_m X^*{}_n e^{-i\omega(\theta_m-\theta_n)}\right\} \\ &= \bar{n}\lim_{N\to\infty}\frac{1}{N}\left(\sum_{m=1}^{N} E\{|X_m|^2\}+2Re\left[\sum_{m=1}^{N-1}\sum_{k=1}^{N-m} E\left\{X_m X^*{}_{m+k}e^{-i\omega(\theta_m-\theta_{m+k})}\right\}\right]\right)\end{aligned}$$

만일 추가로 (a)단일 이벤트 $x(t)$의 형상과 진폭의 확률변수들이 발생 시간 θ와 같은 순서의 특징과 관련된 변수들과는 전적으로 독립적이고, (b)순서 내 임의의 단일 이벤트에 대한 확률 변수의 수치가 순서 내 다른 이벤트들에 대한 수치들과 독립적이고, (c)과정을 정상 확률과정으로 가정하면 다음과 같이 파워 스펙트럼 밀도를 작성할 수 있다.

$$\phi(f)=\bar{n}\left(\overline{|X(f)|^2}+|\overline{X(f)}|^2\lim_{N\to\infty}\frac{2}{N}Re\left[\overline{\sum_{m=1}^{N-1}\sum_{k=1}^{N-m} e^{-i\omega(\theta_m-\theta_{m+k})}}\right]\right) \tag{3.30}$$

상기 식에서

$$\overline{|X(f)|^2} = E\{|X_m(f)|^2\}$$

$$\overline{X(f)} = E\{X_m(f)\}$$

$$\overline{e^{-i\omega(\theta_m - \theta_{m+k})}} = E\{e^{-i\omega(\theta_m - \theta_{m+k})}\}$$

푸아송 과정(Poisson Process) 각 기포가 전적으로 서로 독립인 공동화인 경우 공동화 소음 과정을 빈번하게 푸아송 과정으로 가정한다. 즉, 연속적인 단일 이벤트들 사이 시간 간격 Λ의 확률 밀도는 다음 식을 따르는 방법으로 이벤트가 발생한다(그림 3.47a 참조).

$$W_P(\Lambda) = \overline{\Lambda}^{-1} e^{-\Lambda/\overline{\Lambda}}$$

여기서, $\overline{\Lambda}$는 Λ의 예상치이다. 실제로 이는 $\alpha = 1$인 감마분포(Gamma distribution)의 특별한 사례이다(그림 3.48 참조). 다음 관계로 인해

$$\theta_m = \sum_{j=1}^{m} \Lambda_j$$

다음 식이 유지된다.

$$\overline{e^{-i\omega(\theta_m - \theta_{m+k})}} = u_\Lambda^k(f) \tag{3.31}$$

여기서, $u_\Lambda(f)$는 푸아송분포 $W_P(\Lambda)$의 특성 함수이다.

$$u_\Lambda(f) = \overline{e^{-i\omega\Lambda}} = \int_{-\infty}^{\infty} e^{-i\omega\Lambda} W_P(\Lambda) d\Lambda$$

식 (3.31)을 (3.30)에 대입하고 최종 항을 이 항의 제한된 수치로 대체하면 다음과

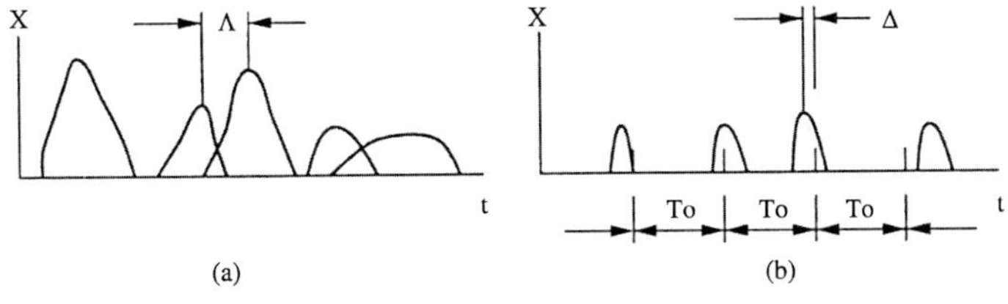

그림 3.47 단일 이벤트 x의 무작위 순서
(a) 시간 간격 Λ; (b) 주기성 T_0로부터 편차 △

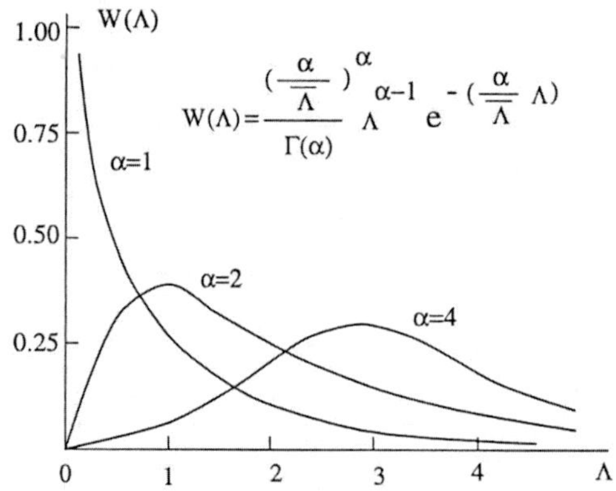

그림 3.48 감마 (Γ) 분포와 푸아송 분포($\alpha=1$)

같이 된다.

$$\phi(f)=\bar{n}\left(\overline{|X|^2}+2|\overline{X}|^2 Re\left[\frac{u_\Lambda}{1-u_\Lambda}\right]\right)+\left(\bar{n}\,\overline{X(0)}\right)^2\delta(f-0) \tag{3.32}$$

여기서, $\delta(f-0)$은 $f=0$인 경우 델타 함수이다.

$$\delta=\begin{cases}1, & f=0\\ 0, & f\neq 0\end{cases}$$

$W_P(\Lambda)$는 푸아송 함수이므로

$$Re\left[\frac{u_\Lambda}{1-u_\Lambda}\right]=0$$

식 (3.32)는 다음과 같이 축소된다.

$$\phi(f)=\bar{n}\,\overline{|X(f)|^2}+\left(\bar{n}\,\overline{X}\right)^2\delta(f-0) \tag{3.33}$$

즉, 파워 스펙트럼 밀도 $\phi(f)$는 하나의 연속 성분과 $f=0$에서 스펙트럼 선으로 구성된다. 이 결과는 $f=0$인 경우를 제외하고 $\phi(f)$는 단일 이벤트들의 에너지 스펙트럼 밀도의 평균수치 $\overline{|X(f)|^2}$와 평균 이벤트 비율 $\bar{n}(=N/T)$의 곱과 동일하며 빈번하게 이를 Campbell theorem[32]이라 부른다.

[32]통신이론으로부터 Campbell theorem을 차용하여 공동화 소음 연구에 적용한 사람은 Morozov, 1969 [3.73]이다.

일반화된 과정(Generalized Process) Morozov는 단일 이벤트들의 순서를 모의하기 위해 다양한 확률론적 속성을 사용하여 그의 모델을 더욱 일반화하였다[3.73]. 이 모델은 (a) 이벤트 $x(t)$의 패턴이 여러 함수가 되도록, (b) 이벤트 $x(t)$의 특성 매개변수들이 확률 변수가 되도록, 그리고 (c) 푸아송 과정과 다른 확률 과정을 허락한다. 여기에서는 공식의 간결함을 위해 [3.73]에서와 같이 비록 이벤트 패턴 v5ch3.9.tex 및 이것의 매개변수 모두가 확률변수인 사례로 확장하는 데 어려움이 없어도 이벤트는 동일한 것으로 가정하고(즉, $\overline{|X|^2} = |\overline{X}|^2 = |X|^2$) Baiter의 표기법을 따른다[3.41, 3.42].

만일 시간 간격 Λ가 감마분포 (Γ)를 제시하면 즉,

$$W_{\Gamma}(\Lambda) = \frac{\left(\frac{\alpha}{\overline{\Lambda}}\right)^{\alpha}}{\Gamma(\alpha)} \Lambda^{\alpha-1} e^{-\alpha\Lambda/\overline{\Lambda}} \qquad \alpha \neq 1$$

다음 관계식과 함께 푸아송 과정과 유사한 절차에 따라 감마과정(Gamma process)에 대한 파워 스펙트럼 밀도 $\phi(f)$를 얻을 수 있다.

$$\frac{1}{\sqrt{\alpha}} = \frac{\sigma_{\Lambda}}{\overline{\Lambda}}$$

여기서 $\overline{\Lambda}$: 시간 간격 Λ의 예상치
σ_{Λ} : 시간 간격 Λ의 표준 편차

확률과정의 특징을 결정하기 위해 빈번하게 다음과 같이 정의되는 파워 스펙트럼 밀도 $\phi(f)$의 함수 $\psi(f)$를 사용한다.

$$\psi(f) = \frac{\phi(f)}{\overline{n}|X(f)|^2}$$

이와 같은 감마과정에 대한 함수 $\psi(f)$는 다음과 같다(그림 3.49a 참조)

$$\psi(f) = \frac{\left(1+\left(\frac{\omega\overline{\Lambda}}{\alpha}\right)^2\right)^{\alpha} - 1}{\left(1+\left(\frac{\omega\overline{\Lambda}}{\alpha}\right)^2\right)^{\alpha} - 2\left(1+\left(\frac{\omega\overline{\Lambda}}{\alpha}\right)^2\right)^{\frac{\alpha}{2}} \cos\alpha\tan^{-1}\frac{\omega\overline{\Lambda}}{\alpha} + 1} + \overline{n}\delta(f-0)$$

파워 스펙트럼 밀도는 다음과 함께 연속 성분 및 $f=0$에서 스펙트럼 선으로 구성된다.

$$\psi(f) = \left(\frac{\sigma_{\Lambda}}{\overline{\Lambda}}\right)^2 + \overline{n}\delta(f-0) \qquad f = 0$$

$$\psi(f) = 1 \qquad\qquad f \to \infty$$

$\sigma_\Lambda / \overline{\Lambda}$ 수치가 감소하면서(즉, 이벤트들은 방출된 보텍스와 관련된 기포와 같이 발생 시간에서 더욱 규칙성을 갖는다) $f\overline{\Lambda} = 1, 2, 3, \cdots$에서 여러 최대치들이 나타난다. $\sigma_\Lambda / \overline{\Lambda} = 1$(즉, $\alpha = 1$인 푸아송 과정)일 때 $\psi(f)$는 항상 1이 되는 것이 분명하며, 이는 재차 Campbell theorem을 나타낸다.

가우스과정(Gaussian process)의 경우, 즉 다음과 같을 때

$$W_N(\Lambda) = \frac{1}{\sqrt{2\pi}\,\sigma_\Lambda} e^{-\frac{(\Lambda - \overline{\Lambda})^2}{2\sigma_\Lambda^2}}$$

다음 식으로 그림 3.49b와 같이 확률과정의 특징을 나타낼 수 있다.

$$\psi(f) = \frac{\sinh\dfrac{(\omega\sigma_\Lambda)^2}{2}}{\cosh\dfrac{(\omega\sigma_\Lambda)^2}{2} - \cos\omega\overline{\Lambda}} + \overline{n}\delta(f - 0)$$

이는 $f = 0$ 인근 영역 내에서 $\psi(f)$가 1로부터 약간의 편차가 있는 것을 제외하고 감마과정에서와 유사한 특징을 갖는다. 따라서 단일 이벤트들이 이들의 발생에서 명백한 규칙성이 없는 한(즉, $\sigma_\Lambda / \overline{\Lambda}$ 수치가 1에 가깝거나 동일하면) Campbell theorem은 현실적으로 가우스과정에 대해 아직도 유효한 것으로 수용할 수 있다.

또한, Morozov는 그림 3.47b와 같이 주기성이 이벤트들의 확률성을 지배하는 사례를 연구하였다[3.73].

$$\theta_m = mT_0 + \Delta_m$$

여기서, Δ_m은 m번째 이벤트 주기성의 편차를 나타내는 확률변수이다. 전과 동일한 절차에 따라 다음과 같이 $\psi(f)$ 함수를 얻는다.

$$\psi(f) = 1 - |u_\Delta|^2 + \frac{1}{T_0}|u_\Delta|^2 \sum_{r=-\infty}^{r=+\infty} \delta\left(f - \frac{r}{T_0}\right)$$

여기서, u_Δ는 확률변수 Δ의 특성함수(characteristic function)이다. 파워 스펙트럼 밀도는 연속 성분과 주기적으로 간격을 둔 $fT_0 = \pm 1, 2, 3, \cdots$에 위치한 일련의 불연속 스펙트럼 선들로 구성된다. 하나의 예로서 변수 Δ를 가우스분포로 가정하면 다음과 같으며 이는 그림 3.49c와 같다.

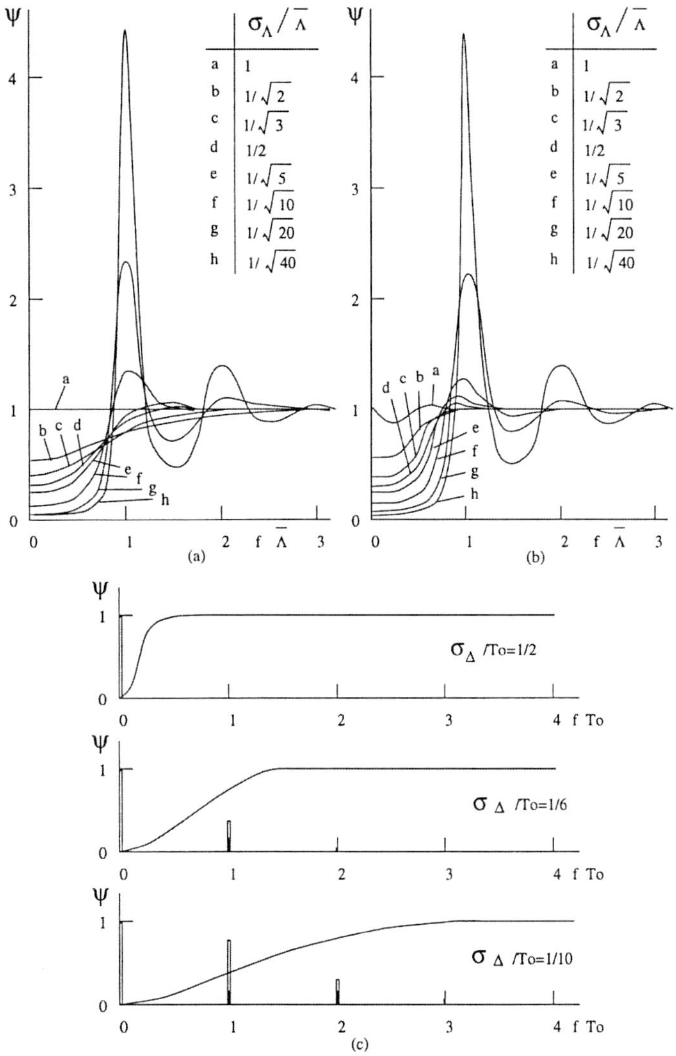

그림 3.49 함수 $\psi(f)$에 의해 특징이 결정된 뚜렷한 확률 과정의 패턴[3.42]
(a) 감마과정; (b) 가우스과정; (c) 가우스 분포인 Δ를 갖는 주기적 과정

$$\psi(f) = 1 - e^{-(\omega\sigma_{\Delta})^2} + \frac{1}{T_0} e^{-(\omega\sigma_{\Delta})^2} \sum_{r=-\infty}^{r=+\infty} \delta\left(f - \frac{r}{T_0}\right)$$

주기성 수준이 증가하면서, 즉 σ_{Δ}/T_0(여기서 σ_{Δ}는 Δ의 표준 편차이다) 수치가 감소하면서 불연속 스펙트럼선들은 강화되고 연속 성분은 특히 낮은-주파수 영역에서 약화된다.

규칙성(Regularity)과 주기성(Periodicity) Baiter는 과정이 소유하는 시간 간격 Λ의 확률변수를 갖는 *규칙성*(그림 3.49a 및 3.49b와 같이) 그리고 확률변수인 정확한 기간 T_0로부터 위상 편차(phase deviation)의 확률변수를 갖는 *정기성*(그림 3.49c와 같이)을 구별하였다[3.42].

이 두 경우에 대한 두 개의 인근 시간 간격의 곱의 예상치는 상당히 다르다.

$$E\{\Lambda_m \Lambda_{m-1}\} = \overline{\Lambda}^2 \qquad \text{규칙성의 경우}$$

$$E\{\Lambda_m \Lambda_{m-1}\} = T_0^2 + \overline{\Delta^2} - \overline{\Delta}^2 \qquad \text{정기성의 경우}$$

비교를 위해 규칙성에 대해 시간 간격 Λ를 그리고 정기성에 대해 편차(deviation) Δ 모두를 가정하면 가우스분포이고, 이들의 시간 간격의 특성 함수는 다음과 같다.

$$u_\Lambda(f) = e^{-i\omega\overline{\Lambda} - \frac{(\sigma_\Lambda \omega)^2}{2}} \qquad \text{규칙성의 경우}$$

$$u_\Lambda(f) = e^{-i\omega T_0} e^{-(\omega\sigma_\Lambda)^2} \qquad \text{정기성의 경우}$$

여기서, σ_Λ와 σ_Δ는 시간 간격 Λ(규칙성의 경우)의 표준편차 및 위상 편차 Δ(정기성의 경우)의 표준편차이다. 동일한 기초에서 즉, 이들의 동일한 시간 간격의 특성 함수 $u_\Lambda(f)$ 수치에서 두 경우를 비교하기 위해 다음과 같이 설정한다.

$$\frac{\sigma_\Lambda}{\overline{\Lambda}} = \sqrt{2}\,\frac{\sigma_\Delta}{T_0}$$

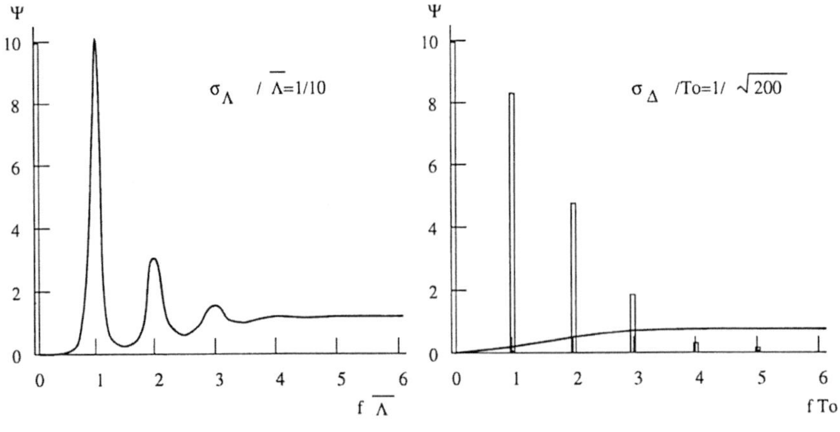

그림 3.50 정기성과 주기성의 차이[3.42]

두 경우에 대한 결과식 $\psi(f)$는 그림 3.50과 같다. 두 경우의 시간 간격은 이들의 특성 함수 $u_{\Lambda}(f)$가 동일하기 때문에 동일한 확률 밀도 $W(\Lambda)$를 가지므로 오로지 비교에서 보여준 차이는 이 두 순서들의 다른 확률속성을 반영한다. 규칙성의 경우 이벤트들은 통계적으로 서로 독립적일지라도 연속해서 규칙적으로 나타나기 때문에 피크들은 조화 주파수(harmonic frequency) $f\overline{\Lambda}=1, 2, 3, \cdots$에서 연속적으로 스펙트럼 형태를 보여준다. 정기성의 경우 피크들 대신 $f\overline{\Lambda}=1, 2, 3, \cdots$에서 스펙트럼선들이 존재한다. 이는 이벤트들의 출현은 정확한 기간으로부터 확률편차 Δ를 갖고 이동할지라도 이벤트들은 서로 통계적으로 독립적이지 않기 때문이다. 즉, 뚜렷한 기간 T_0에 의해 지배된다.

Excess Power 확률 과정 내 이벤트들이 중첩되기 때문에 과정의 전체 파워 $\overline{y^2}$는 이벤트들이 분리될 때 평가된 것과는 다르다. Baiter는 이 차이를 Excess Power라 부른다[3.42]. 다음과 같이 전체 파워 $\overline{y^2}$를 파워 스펙트럼 밀도 $\phi(f)$와 관련시킬 수 있다.

$$\overline{y^2}=\int_{-\infty}^{+\infty}\phi(f)df$$

$$\overline{y}=\overline{n}\,\overline{X(0)}$$

통계적으로 서로 독립적인 단일 이벤트들의 순서에 대해 식 (3.32)를 삽입하면 상기 식은 다음과 같이 된다.

$$\overline{y^2}=\overline{n}\int_{-\infty}^{+\infty}\overline{|X(f)|^2}df+2\overline{n}\int_{-\infty}^{+\infty}|\overline{X(f)}|^2 Re\left[\frac{u_{\Lambda}(f)}{1-u_{\Lambda}(f)}\right]df+\overline{y}^2$$

따라서 전체 파워 $\overline{y^2}$는 두 부분으로 구성된다. 첫 번째 항은 이벤트들이 분리된 경우에서 연산된 수치에 상응하는 파워(즉, 중첩이 없음)이다. 두 번째와 세 번째 항은 이벤트들의 중첩으로 인한 excess power이다. 실제로 중첩된 이벤트들의 순간 크기의 합의 자승은 관련된 개별 이벤트들의 크기의 자승의 합보다 크며 이 차이로부터 excess power가 발생한다.

시간 간격 Λ의 감마분포 Γ와 이벤트 $x(t')$의 지수 함수를 다음과 같이 가정하면

$$W_{\Gamma}(\Lambda)=\frac{\left(\frac{\alpha}{\overline{\Lambda}}\right)^{\alpha}}{\Gamma(\alpha)}\Lambda^{\alpha-1}e^{-\alpha\Lambda/\overline{\Lambda}}$$

그리고

$$x(t')= ae^{-\frac{t'}{\tau}}$$

excess power와 과정 속성과의 관계는 다음과 같다.

1. $\alpha = 1$[즉, $\Lambda = 0$에서 중첩의 가능성을 나타내는 유한 $W_P(\Lambda)$ 수치를 갖는 푸아송분포]의 경우 excess power는 최대($\overline{y^2}$와 동일)에 도달한다.
2. 그림 3.48과 같이 $\Lambda = 0$에서 $W_P(\Lambda)= 0$(즉, $\sigma_\Lambda/\overline{\Lambda}= 1/\sqrt{\alpha}$이므로 $\sigma_\Lambda/\overline{\Lambda}< 1$)이 되는 감마분포를 의미하는 $\alpha > 1$인 경우 excess power는 $\overline{\Lambda}/\tau$ 수치(즉, 이벤트들의 분리 수준)에 영향을 받는 $\overline{y^2}$보다 작게 된다.
3. $\overline{\Lambda}/\tau \to \infty$(즉, 전체적으로 분리된 이벤트들)인 경우 excess power는 0과 동일하다.
4. $\overline{\Lambda}/\tau \to 0$(즉, 강한 중첩)인 경우 $(2\sigma_\Lambda^2/\overline{\Lambda}\tau)> 1$이면 excess power가 지배적이다.

3.9.4 클러스터 순서에 대한 스펙트럼

Arguès가 최초로 클러스터 모델을 위한 수학식을 유도하였다[3.37]. Baiter는 다양한 클러스터 모델들을 체계적으로 표현하였다[3.41, 3.42].

그림 3.51a에서 공동화 소음 내 단일 이벤트들의 m번째 클러스터 η_m은 다음과 같이 표현된다.

$$\eta_m(t-\theta_m)= \sum_{\mu=1}^{N_x(m)} x_{m,\mu}(t-\theta_m-\vartheta_{m,\mu})$$

여기서, $x_{m,\mu}$: m번째 클러스터 내 μ번째 이벤트
θ_m : m번째 클러스터 발생 시간
$\vartheta_{m,\mu}$: m번째 클러스터 발생 시간 θ_m기준으로 μ번째 이벤트 발생시간
$N_x(m)$: m번째 클러스터 내 이벤트 x_m 숫자

시간 기간 $(0, T)$ 내 이벤트 클러스터들의 순서는 다음과 같다.

$$y(t, T)= \sum_{m=1}^{N_c} \eta_m(t-\theta_m)$$

여기서, N_c는 클러스터 숫자이다. 유사하게 클러스터로 구성된 공동화에 대한 파워스펙트럼 밀도 $\phi(f)$를 보편적으로 다음과 같이 표현할 수 있다.

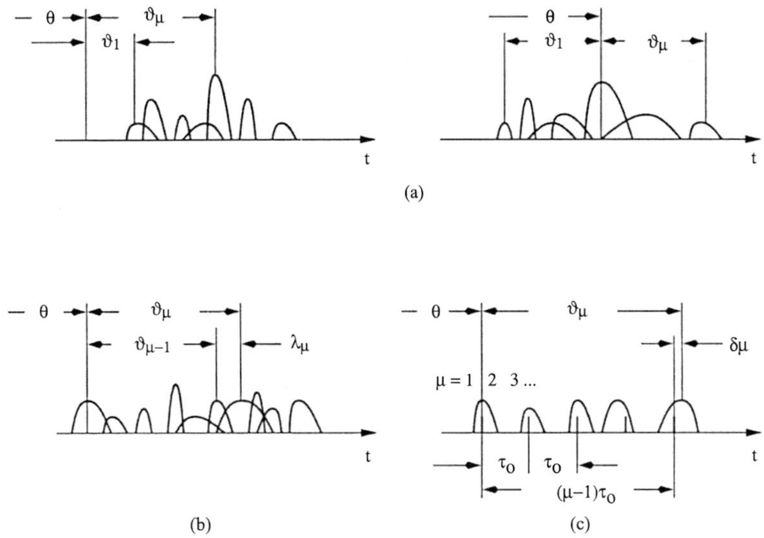

그림 3.51 단일 이벤트들의 클러스터를 위한 모델들[3.42].
(a) 세부사례 a: 이벤트의 상대 발생 시간 ϑ은 독립 확률 변수; (b) 세부사례 b: 연속적인 이벤트들 사이 시간 간격 λ는 독립 확률 변수; (c) 세부사례 c: 주기성으로부터 이벤트 발생 시간의 편차 δ는 독립 확률 변수

$$\phi(f)=\lim_{T\to\infty} E\left\{\frac{1}{T}\sum_{m=1}^{N_c}\sum_{n=1}^{N_c} H_m(f)H_n^*(f)e^{-i\omega(\theta_m-\theta_n)}\right\} \tag{3.34}$$

여기서, $H_m(f)$는 클러스터 η_m의 푸리에 변환이다.

$$H_m(f)=\int_{-\infty}^{+\infty}\eta_m(t')e^{-i\omega t'}dt'$$

기본 모델들 Baiter는 클러스터를 준-단일(quasi-single) 이벤트와 유사하게 취급하여 단일 이벤트(3.9.3절 "단일 이벤트 순서에 대한 스펙트럼" 참조)들에 대한 동일한 가정들을 클러스터들에게 적용하였다. 클러스터들의 순서를 A와 B 두 개의 기본적인 사례들로 분류할 수 있다.

*사례 A*는 클러스터들의 순서로서 여기서 연속적인 클러스터들 사이에서 시간 간격은 통계적으로 독립 확률변수이다. 사례 A의 파워 스펙트럼 밀도 $\phi(f)$는 다음과 같다.

$$\phi(f)=\overline{n_c}\left(\overline{|H|^2}+2|\overline{H}|^2 Re\left[\frac{u_A}{1-u_A}\right]\right)+\left(n_c\cdot\overline{H}\right)^2\delta(f-0) \tag{3.35}$$

여기서, 만일 클러스터들 내 이벤트들의 숫자가 일정한 수치 N_0를 취하는 것으로

가정하면 $\overline{n_c}$는 클러스터의 평균비율로서 $\overline{n}=\overline{n_c}\cdot N_0$를 단일 이벤트의 평균 비율 $\overline{n}$과 관련시킬 수 있다.

사례 B는 클러스터들의 순서로서 여기서 정확한 기간 T_0로부터 클러스터 발생의 편차 Δ는 시간 간격이 아닌 하나의 독립 확률변수이다. 사례 B의 파워 스펙트럼 밀도 $\phi(f)$는 다음과 같다.

$$\phi(f)=\frac{1}{T_0}\left(\overline{|H|^2}-|u_{\Delta}\overline{H}|^2\right)+\frac{1}{T_0^2}|u_{\Delta}\overline{H}|^2\sum_{r=-\infty}^{r=+\infty}\delta\left(f-\frac{r}{T_0}\right) \tag{3.36}$$

$\overline{H(f)}$와 $\overline{|H(f)|^2}$의 특성은 스펙트럼 $\phi(f)$의 속성을 지배한다. 약간의 가정[33]을 하면 다음과 같이 단순화된 $\overline{H(f)}$와 $\overline{|H(f)|^2}$의 표현식을 얻을 수 있다.

$$\overline{H(f)}=\overline{X(f)}\sum_{N_x=A}^{B}P(N_x)\sum_{\mu=1}^{N_x}\overline{e^{-i\omega\vartheta_\mu}}$$

$$\overline{|H(f)|^2}=\overline{N_x}\;\overline{|X(f)|^2}+2|\overline{X(f)}|^2\sum_{N_{x=A}}^{B}P(N_x)Re\left[\sum_{\mu=1}^{N_x-1}\sum_{\nu=1}^{N_x-\mu}\overline{e^{-i\omega(\vartheta_\mu-\vartheta_{\mu+\nu})}}\right]$$

여기서 $\overline{X}$: 클러스터 내 단일 이벤트 x_μ의 푸리에 변환의 예상치
$P(N_x)$: N_x 단일 이벤트들로 구성될 하나의 클러스터의 확률
$A,\ B$: N_x의 상한과 하한

상기 식 $\overline{H(f)}$와 $\overline{|H(f)|^2}$의 $e^{-i\omega\vartheta_\mu}$와 $e^{-i\omega(\vartheta_\mu-\vartheta_{\mu+\nu})}$ 수치는 클러스터 내부 단일 이벤트들의 순서 속성에 의해 결정된다. 따라서 Baiter는 다음과 같이 세 개의 세부 사례(subcases) a, b, c를 정의하였다.

세부 사례 a는 그림 3.51a와 같이 클러스터 발생 시간에 상대적인 이벤트 발생 시간 ϑ가 독립 확률변수인 클러스터 내 하나의 이벤트 순서인 경우이다. 이 세부 사례는 클라우드 내 기포가 직렬이 아니라 병렬(집단적으로)로 붕괴되는 공동화 클라우드에 의해 소음 이벤트들이 생성되는 것을 암시한다. 이때의 $\overline{H(f)}$와 $\overline{|H(f)|^2}$ 표현식은 다음과 같다.

---

[33]가정은 다음과 같다. (a) 동일한 단일 이벤트들을 갖는 클러스터들은 단일 이벤트의 푸리에 변환과 동일한 예상 수치를 생성할 것이다. (b) 클러스터 내 단일 이벤트들에 대한 푸리에 변환의 예상 수치들은 N_x와 독립적이다. (c) 이벤트 형상 및 진폭과 관련된 확률 변수들은 이벤트 순서와 관련된 변수들과는 독립적이다. (d) 임의의 단일 이벤트에 대한 형상 및 진폭 변수들의 수치들은 다른 이벤트들에 대한 수치들과는 독립적이다. (e) 형상과 진폭 변수들이 관련되면 순서는 정적 과정(stationary process)이다.

$$\overline{H(f)} = \overline{N_x}\,\overline{X(f)}\,u_\vartheta(f) \tag{3.37}$$

$$\overline{|H(f)|^2} = \overline{N_x}\left(\overline{|X(f)|^2} - \left|u_\vartheta(f)\overline{X(f)}\right|^2\right) + \overline{N_x^2}\left|u_\vartheta(f)\overline{X(f)}\right|^2 \tag{3.38}$$

*세부 사례 b*는 그림 3.51b와 같이 연속적인 단일 이벤트들 사이에서 독립 시간 간격 λ를 갖는 하나의 이벤트 순서인 경우이다. 다음과 같은 시간 관계를 사용하여

$$\vartheta_\mu = \sum_{i=2}^{\mu} \lambda_i$$

다음 표현식을 얻는다.

$$\overline{H(f)} = \overline{X(f)} \sum_{N_x = A}^{B} P(N_x) \frac{1 - u_\lambda^{N_x}(f)}{1 - u_\lambda(f)} \tag{3.39}$$

$$\overline{|H(f)|^2} = \overline{N_x}\left(\overline{|X(f)|^2} + |\overline{X(f)}|^2 Re\left[\frac{u_\lambda(f)}{1 - u_\lambda(f)}\right]\right) \tag{3.40}$$

$$-2|\overline{X(f)}|^2 \sum_{N_x = A}^{B} P(N_x) Re\left[\frac{u_\lambda(f)\left(1 - u_\lambda^{N_x}(f)\right)}{(1 - u_\lambda(f))^2}\right]$$

*세부 사례 c*는 그림 3.51c와 같이 단일 이벤트의 발생시간은 하나의 독립 확률변수 δ에 의해 정확한 기간 τ_0로부터 이탈되는 하나의 주기적인 이벤트 순서인 경우이다. 다음 관계식을 사용하여

$$\vartheta_\mu = (\mu - 1)\tau_0 + \delta_\mu$$

다음 표현식을 얻는다.

$$\overline{H(f)} = u_\delta(f)\overline{X(f)} \sum_{N_x = A}^{B} P(N_x) \frac{1 - e^{-i\omega N_x \tau_0}}{1 - e^{-i\omega\tau_0}} \tag{3.41}$$

$$\overline{|H(f)|^2} = \overline{N_x}\left(\overline{|X(f)|^2} - \left|u_\delta(f)\overline{X(f)}\right|^2\right) \tag{3.42}$$

$$+\left|u_\delta(f)\overline{X(f)}\right|^2 \sum_{N_x = A}^{B} P(N_x) \left(\frac{\sin\left(\frac{\omega N_x \tau_0}{2}\right)}{\sin\left(\frac{\omega\tau_0}{2}\right)}\right)^2$$

따라서 클러스터 순서에 대한 기본 사례와 이벤트-순서에 대한 세부 사례를 적절하게 조합하여 클러스터들의 순서로 구성된 공동화 소음의 특정 확률과정 모의에

적합한 모델을 구성할 수 있다. 예를 들어 *사례* B와 세부 *사례* a의 조합인 *모델* B_a는 주기성으로부터의 편차 Δ는 하나의 독립변수인 반면 기간 T_0(독립변수가 아닌)는 클러스터 순서에 대한 시간 간격 Λ를 지배하고, 클러스터 내 이벤트들에 대한 상대적인 발생 시간 ϑ는 하나의 독립변수(예를 들어 푸아송분포를 따르는)인 공동화 소음 과정의 모의가 가능하다.

스펙트럼 특성 이러한 클러스터 모델들의 스펙트럼 특성은 $\overline{H(f)}$와 $\overline{|H(f)|^2}$의 차이에 의해 구별된다. Baiter는 이와 같은 차이를 조사하기 위해 클러스터들 내 동일한 이벤트 숫자(즉, $N_x = N_0 = const.$)를 가정하여 다음 함수를 정의한다[3.42].

$$\chi(f) = \frac{H(f)}{X(f)}$$

상기 식은 전적으로 클러스터 내 이벤트-순서의 속성을 반영한다. *세부 사례* a의 경우

$$\overline{\chi} = N_0 u_\vartheta$$

$$\overline{|\chi|^2} = N_0\left(1 - |u_\vartheta|^2\right) + N_0^2 |u_\vartheta|^2$$

세부 사례 b의 경우

$$\overline{\chi} = \frac{\left(1 - u_\lambda^{N_0}\right)}{\left(1 - u_\lambda\right)}$$

$$\overline{|\chi|^2} = N_0\left(1 + 2Re\left[\frac{u_\lambda}{1 - u_\lambda}\right]\right) - 2Re\left[\frac{u_\lambda\left(1 - u_\lambda^{N_0}\right)}{\left(1 - u_\lambda\right)^2}\right]$$

세부 사례 c의 경우

$$\overline{\chi} = u_\delta \frac{\sin\left(\frac{N_0 \omega \tau_0}{2}\right)}{\sin\left(\frac{\omega \tau_0}{2}\right)}$$

$$\overline{|\chi|^2} = N_0\left(1 - |u_\delta|^2\right) + |u_\delta|^2 \left(\frac{\sin\left(\frac{N_0 \omega \tau_0}{2}\right)}{\sin\left(\frac{\omega \tau_0}{2}\right)}\right)^2$$

만일 시간 변수 ϑ, λ, δ에 가우스분포를 할당하면 이들의 특성 함수는 다음과 같이 된다.

$$u_\vartheta = e^{-\frac{(\omega\sigma_\vartheta)^2}{2}}$$

$$u_\lambda = e^{-i\omega\overline{\lambda}-\frac{(\omega\sigma_\lambda)^2}{2}}$$

$$u_\delta = e^{-\frac{(\omega\sigma_\delta)^2}{2}}$$

동일한 $u_{\vartheta,}u_{\lambda,}u_\delta$로 비교하기 위해 다음과 같이 설정한다.

$$\frac{\sqrt{2}\,\sigma_\vartheta}{\overline{\lambda_{ae}}} = \frac{\sigma_\lambda}{\overline{\lambda}} = \frac{\sqrt{2}\,\sigma_\delta}{\tau_0}$$

여기서, $\overline{\lambda_{ae}}$는 *세부 사례 a*에 대한 등가 평균 시간 간격이다.

$$\overline{\lambda_{ae}} = \frac{2\sigma_\vartheta}{N_0}$$

이 세 세부 사례에서 $N_0 = 5$인 경우 $|\overline{\chi}|^2$과 $\overline{|\chi|^2}$의 차이는 그림 3.52 및 3.53과 같다. 여기에서 무차원 주파수 $\mathfrak{J}$는 *세부 사례 a*에서는 $\mathfrak{J} = f\overline{\lambda_{ae}}$, b에서는 $\mathfrak{J} = f\overline{\lambda}$, c에서는 $\mathfrak{J} = f\tau_0$로 정의된다. 이 세 세부 사례에 대한 $|\overline{\chi}|^2$과 $\overline{|\chi|^2}$의 특징들은 다음과 같이 뚜렷하게 나타난다.

(1) $\mathfrak{J} = 0$일 때 세 세부 사례 모두에서 하나의 최대 $|\overline{\chi}|^2 = \overline{|\chi|^2} = N_0^2$이 존재한다.

(2) $\mathfrak{J} \to \infty$ 일 때

$$|\overline{\chi}|^2 \to \begin{cases} 0 & \text{세부 사례 } a\text{와 } c; \\ 1 & \text{세부 사례 } b \end{cases}$$

(3) 다음과 같이 대부분의 확률변수들의 수치가 광범위하게 분산될 때 이 세 세부 사례에서 $\mathfrak{J} = 0$에서의 최대치로부터 점근선으로의 천이과정(transition process)은 $\mathfrak{J} = 1$ 이전에 잘 완료되지만, *세부 사례 a*의 최대치는 상대적으로 넓다.

$$\sigma_\vartheta / \overline{\lambda_{ae}} = 1/\sqrt{2}, \quad \sigma_\lambda / \overline{\lambda} = 1, \quad \sigma_\delta / \tau_0 = 1/\sqrt{2}$$

(4) 분산 수준이 1/10로 감소될 때(그림 3.52와 3.53의 오른쪽 그림 참조), *세부 사례 a*의 경우 $\mathfrak{J} = 0$에서의 최대치는 높은 이벤트 중복 가능성 때문에 높은 주파수 범위로 확장되는 반면 *세부 사례 b*와 c의 경우 $\mathfrak{J} = 0$에서의 최대치가

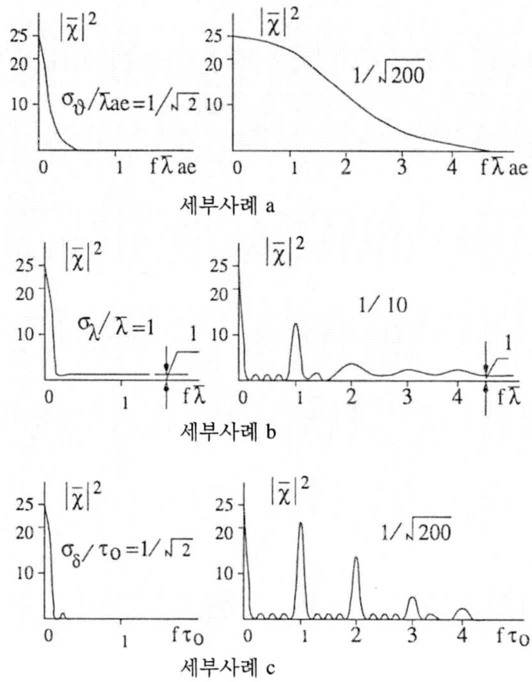

그림 3.52 $N_0=5$인 3 세부사례의 스펙트럼 특성 $(|\overline{X}|^2)$ [3.42]

넓어지는 대신 높은 수준의 이벤트-규칙성(세부 사례 b)과 이벤트-주기성(세부 사례 c) 때문에 후속적인 최대치는 $\Im=1,\ 2,\ 3,\ \cdots$에서 나타난다.

더욱 높은 주파수에서 스펙트럼 최대치의 한계를 넓히는 특징을 나타내는 한계 주파수 f_l(*세부 사례 a*와 *b*)는 다음과 같다[3.41].

$$f_l = \frac{0.45}{2}\sigma_\vartheta^{-1} \qquad \textit{세부 사례 a}$$

$$f_l = 0.7(\overline{\lambda N})^{-1} \qquad \textit{세부 사례 b}$$

변수 σ_ϑ와 $\bar{\lambda}$는 *세부 사례 a*와 *b*에서 유사한 역할을 한다. *세부 사례 b*에서는 추가 요소 $\overline{N}$가 존재한다. 즉, $\overline{N}$가 증가하면 $f=0$에서 최대치는 먼저 높고 좁게 된 후 궁극적으로 $\overline{N}\rightarrow\infty$ 되면서 하나의 스펙트럼선으로 감소한다. 이는 실제로 단일 이벤트들의 순서에 대한 사례가 된다. 다시 말해 이는 클러스터의 생성(단일 이벤트들의 순서는 단일 이벤트들의 숫자가 유한 수치로 제한된 순서로 분해)이고, 이는

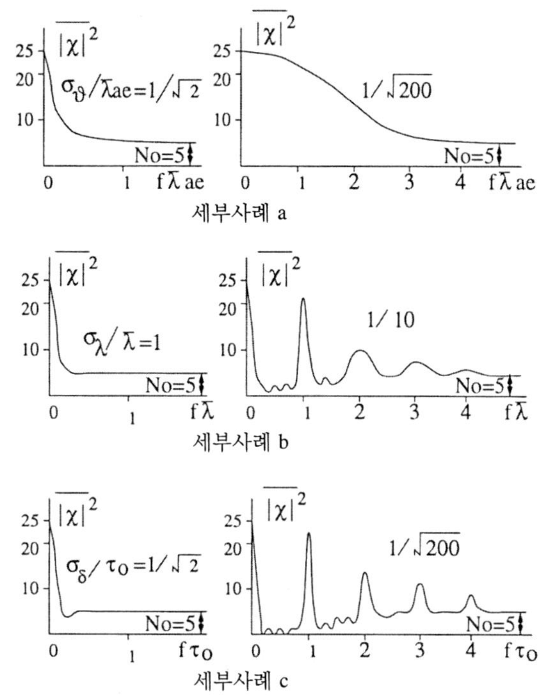

그림 3.53 $N_0 = 5$인 3 세부사례의 스펙트럼 특성$(\overline{|X|^2})$

$f = 0$에서의 스펙트럼 선을 혹(hump) 형상으로 그리고 $\overline{N}$가 감소하면서 더욱 확장되는 최대치로 변환시킨다.

확률 변수는 가우스분포[34]를 따른다고 가정하고 모델 A_a와 B_a에 대한 스펙트럼 밀도 $\phi(f)$를 조사하여 스펙트럼 특징들을 더욱 드러내 보일 수 있다. 앞에서 유도한 적합한 공식들을 조합하여 다음과 같이 모델 A_a에 대한 파워 스펙트럼 밀도를 표현할 수 있다.

$$\phi(f) = \overline{n_t}\,\overline{|X(f)|^2} + \overline{n_t}\,|\overline{X(f)}|^2 e^{(-2\pi\sigma_d f)^2}\left(\frac{\overline{N^2}}{\overline{N}} - 1 - \overline{N}(1-\psi(f))\right) \tag{3.43}$$

$$+ \left(\overline{n_t}\,\overline{X(0)}\right)^2 \delta(f)$$

여기서, $\overline{n_t} = \overline{n_c}\,\overline{N}$는 단일 이벤트들의 전체 평균 비율이다.

[34]단순히 공식 표현이 더욱 간결하기 때문에 세부사례 a와 가우스 가정의 사용은 불필요하다.

$$\psi(f) = \frac{\sinh\left(\frac{(2\pi\sigma_\Lambda f)^2}{2}\right)}{\cosh\left(\frac{(2\pi\sigma_\Lambda f)^2}{2}\right) - \cos(2\pi\Lambda f)}$$

모델 B_a의 경우

$$\phi(f) = \overline{n_t}\left(\overline{|X(f)|^2} + |\overline{X(f)}|^2 e^{(-2\pi\sigma_\vartheta f)^2}\left(\frac{\overline{N^2}}{\overline{N}} - 1 - \overline{N}e^{-(2\pi\sigma_\Delta f)^2}\right)\right) \tag{3.44}$$

$$+\left(\overline{n_t}|\overline{X(f)}|\right)^2 e^{-(2\pi f)^2(\sigma_\Delta^2 + \sigma_\vartheta^2)} \sum_{r=-\infty}^{r=+\infty} \delta\left(f - \frac{r}{T_0}\right)$$

여기서, $\overline{n_t} = \overline{N}/T_0$는 단일 이벤트들의 전체 평균 비율이다.

높은 주파수 부분에 대한(특히 $f \to \infty$ 일 때 모델 A_a와 B_a에 대한) 스펙트럼은 동일한 점근선을 갖는다. 즉,

$$\phi(f) \to \overline{N}\overline{|X(f)|^2} \qquad f \to \infty$$

따라서 통상적으로 Campbell theorem을 이용하여 클러스터 공동화 소음에 대한 스펙트럼의 높은-주파수 부분을 근사화할 수 있다.

낮은 주파수 부분에 대한 클러스터 모델(여기서는 모델 A_a와 B_a)은 단일 이벤트 모델들과는 뚜렷하게 다른 특징들을 제시한다. 전통적인 Campbell theorem에 따르면 파워 스펙트럼 밀도 $\phi(f)$의 최대치(만일 이들이 존재하면)는 단일 소음 이벤트들의 에너지 스펙트럼 밀도 $E(f)$의 최대치들로부터 유래된다. 최초 최대치는 대략적으로 주파수 f_m에 위치하며, 이 주파수는 기포 수명 시간 T_B와 동일하다. 이후 더욱 높은 주파수에서 여러 작은 최대치들이 따른다(3.9.2절 "단일 기포 붕괴 스펙트럼" 및 그림 3.46 참조). 반면 클러스터 모델들은 모델 A_a와 B_a가 명시하는 것과 같이 최소한 3개의 다른 방법들로 추가 최대치들을 생산한다.

(1) 클러스터의 생성은 주파수 f_m에서 하나의 단일 이벤트의 에너지 스펙트럼 $E(f)$ 내에 이미 존재하는 최대치를 증폭시킬 수 있다. 그리고 파워 스펙트럼 밀도 $\phi(f)$에서 증폭된 최대치는 주파수 $f_{max}(\approx f_m)$에 위치하게 될 것이다. 모델 A_a는 이 증폭을 증명할 수 있다. 약간의 가정[35]을 하면 모델 A_a에 대한

[35]가정들은 다음과 같다. (a) $\sigma_\Lambda/\overline{\Lambda} = 1$ 따라서 식 (3.43)에서 $\psi(f)$의 주파수 종속도를 제외하고 $\psi(f) = 1$이 된다.

$\phi(f)$는 다음 식으로 감소된다.

$$\phi(f) \approx \overline{n_t}\left(\overline{|X(f)|^2} + \left(\frac{\overline{N^2}}{\overline{N}} - 1\right)|\overline{X(f)}|^2\right) \tag{3.45}$$

이는 증폭 계수 $\overline{N^2}/\overline{N}$를[36] 제공한다. $e^{-(2\pi\sigma_\vartheta f)^2/2}$의 감소 때문에 주파수 범위가 감소하면서 증폭 계수의 수치가 완만하게 감소한다. 최종적으로 $f \approx 0.24\sigma_\vartheta^{-1}$의 주파수에서 증폭 계수를 무시할 수 있게 된다. 따라서 만일 $0.24\sigma_\vartheta^{-1} < (2\pi\tau_B)^{-1}$이면 그림 3.46b의 $Q=0\{0.01\}$인 경우에서와 같이 준-정체기(plateau-like) 확장 특징을 갖는 단일 이벤트에 대한 $E(f)$의 높은 주파수 부분은 클러스터들의 생성에 의해 증폭되지 않을 것이다.

(2) 모델 A_a가 제시하는 것과(예를 들어 $\sigma_\Lambda/\overline{\Lambda} < 0.1$일 때) 같은 충분한 클러스터 생성의 규칙성은 $f_{max} = 1/\overline{\Lambda}$ 주파수에서 하나의 최대치를 도입할 것이다. 유사한 가정[37]을 하여 다음과 같이 $f_{max} = 1/\overline{\Lambda}$ 주파수에서의 최대치 ϕ_{max}를 근사화한다.

$$\phi_{max} = \overline{n_t}\,\overline{X^2(0)}\,\overline{N}\left(\frac{\overline{\Lambda}}{2\pi\sigma_\Lambda}\right)^2$$

여기서 전체 단일 이벤트들이 푸아송 과정인 것처럼 $\overline{n_t}\,\overline{X^2(0)}$는 $\phi(f)$의 수치이다. 증폭 계수는 $\overline{N}\left(\overline{\Lambda}/(2\pi\sigma_\Lambda)\right)^2$이다.

(3) 기본 사례 B가 제시한 것과 같은 클러스터 생성의 주기성은 스펙트럼의 연속적인 부분에서 최대치를 생성할 것이다. 그림 3.46c를 참조하여 $Q>1$의 단일 이벤트들과 함께 모델 B_a로 이 결과를 증명할 수 있다. 유사하게 다음과 같은 주파수 f_{max}에서

(b)σ_ϑ 수치는 작아 $\sigma_\vartheta < T_B$가 되고, σ_ϑ의 주파수 종속도를 제외시키기 위해 $f=f_m$의 경우 $exp\left(-(2\pi\sigma_\vartheta f)^2/2\right) \approx 1$이 된다.

36 대략적으로 동일한 형상과 크기가 되기 위해 $\overline{|X(f)|^2}$과 $|\overline{X(f)}|^2$을 취한다.

37 이들은 (a)단일 이벤트는 $Q \ll 0.01$(그림 3.46b 참조)이고, (b) $\overline{\Lambda} > 2\pi\tau_B$, (c) σ_ϑ는 τ_B와 비교할 때 작아 $exp\left(-(2\pi\sigma_\vartheta f)^2/2\right) \approx 1$이 되어 주파수 종속도가 제거된다.

$$f_{max} = (2\pi\sigma_{\triangle})^{-1}\left(\ln\left(1+\left(\frac{\sigma_{\triangle}}{\sigma_{\vartheta}}\right)^2\right)+\ln\frac{\overline{N}}{\frac{\overline{N^2}}{\overline{N}}-1}\right)^{1/2}$$

식 (3.44)에 기초한 $\phi(f)$의 최대는 다음과 같다.

$$\phi_{max} = \overline{n_t}\,\overline{X^2(0)}(1+\Omega)$$

여기서 Ω는 증폭 계수이다.

$$\Omega = \overline{N}\left(\frac{\sigma_{\triangle}}{\sigma_{\vartheta}}\right)^2\left(1+\left(\frac{\sigma_{\triangle}}{\sigma_{\vartheta}}\right)^2\right)^{1+\left(\frac{\sigma_{\vartheta}}{\sigma_{\triangle}}\right)^2}$$

증폭 계수 Ω와 주파수 f_{max}는 $\sigma_{\vartheta}/\sigma_{\triangle}$의 비율[38]에 종속된다. 상기 모든 세 최대 생성/증폭 사례에서 최대치가 위치하는 f_{max} 수치들은 제한 주파수 f_l보다 적다. 클러스터 생성에 의한 스펙트럼 최대치의 도입/증폭은 관측된 현상과 상당히 잘 일치한다. 잠수된 제트 및 선박 프로펠러 공동화와 같은 일부 공동화로부터의 파워 스펙트럼 밀도 $\phi(f)$는 빈번하게 정체기(plateau)보다 10 ~ 20 dB 높은 최대치를 가지며 이는 단일 이벤트들의 에너지 스펙트럼 $E(f)$ 내에서 생성된 최대치로 거의 설명될 수 없다(그림 3.54 참조). Baiter는 최대치로부터 정체기까지의 하강 구배는 f^{-b} 법칙을 따른다는 사실을 추가로 증명하였다[3.41]. 여기서 b 수치는 클러스터 내에서 다음 관계를 갖고 이벤트-숫자 N의 확률 분포 $P(N=k)$에 의해 지배된다.

$$P(N=k) = \frac{k^z}{\sum_{k=1}^{N_0} k^z}$$

---

[38] 예를 들어 $\sigma_{\vartheta}/\sigma_{\triangle} \ll 1$과 같이 낮은 비율에서 클러스터 내 단일 이벤트들은 상당히 중첩되고, 클러스터들의 주기성은 극도로 낮아 클러스터 중첩이 증가하여 추가 이벤트-중첩 확률이 생성된다. 이는 $f_{max} \approx (2\pi\sigma_{\triangle})^{-1}\left(2\ln\frac{\sigma_{\triangle}}{\sigma_{\vartheta}}\right)^{\frac{1}{2}}$ 및 $\Omega \approx \overline{N}$를 초래한다. 예를 들어 $\sigma_{\vartheta}/\sigma_{\triangle} \gg 1$과 같이 비율이 높은 경우 높은 클러스터 형성의 주기성은 클러스터 중첩에 의해 제기된 이벤트-중첩 확률을 더욱 감소시키는 반면 단일 이벤트들은 클러스트들 사이에서 상당히 산재된다. 이 경우 $f_{max} \approx 1/(2\pi\sigma_{\vartheta})$ 및 $\Omega \approx \overline{N}(\sigma_{\triangle}/\sigma_{\vartheta})^2 e^1$이 된다.

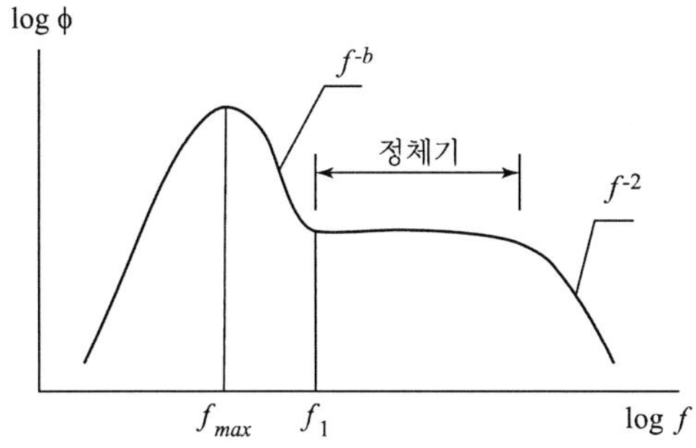

그림 3.54 일부 관측된 공동화-소음 스펙트럼의 개념적 패턴

$$b \approx \begin{cases} 0 & -\infty < z < -3 \\ z+3 & -3 < z < -1 \\ 2 & -1 < z < \infty \end{cases}$$

일부 현실적인 공동화 상황에서 z 수치는 $-2 < z < -1$ 안에 떨어지며, 이는 분리된 단일 이벤트(즉, $N=1$)에서 높은 확률을 그리고 클러스터들(즉, $N>1$)에서 낮은 확률을 의미한다. 이와 같은 z 범위에서 b는 1~2로서 평가된다.

3.9.5 포괄적인 순서에 대한 스펙트럼(실질 공동화 소음)

실제 공동화 소음은 거의 항상 분리된 단일 이벤트들과 클러스터들 모두로 구성된다. 단일 이벤트 순서 모델과 클러스터-순서 모델을 적정하게 조합하면 다양한 공동화 과정들을 모의할 수 있다.

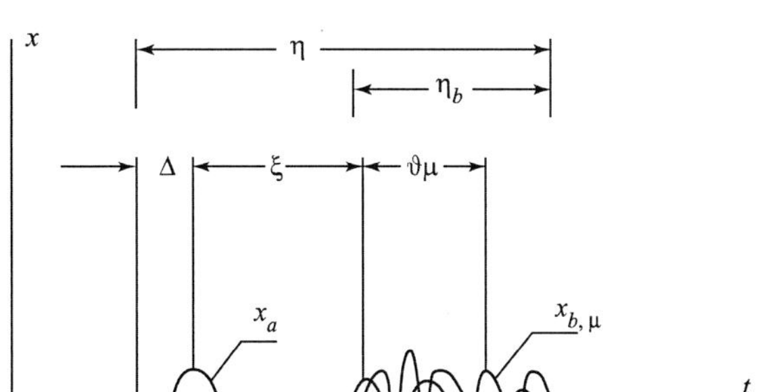

그림 3.55 선박 프로펠러로부터의 공동화 소음을 위한 포괄적인 순서 모델[3.42]

포괄적인 순서에 의한 프로펠러 공동화 소음의 모의는 증명되었다[3.42]. 제안된 포괄적인 순서는 그림 3.55와 같으며 이는 주기가 T_0인 클러스터의 주기적인 순서이다. 단일 이벤트 x_a는 시간 지연 Δ를 갖고 클러스터 η를 개시한다. 이후 시간 지연 ξ를 갖는 단일 이벤트 x_b(세부 사례 a)로 구성된 세부-클러스터 η_b가 뒤 따른다. 이 시간 매개변수들을 확률변수로 가정한다. 이 모델은 선박 프로펠러의 각 날개가 후류 유동에 들어갈 때 마다 단일-이벤트 x_a를 생성하고, 쉬트가 날개로부터 분리되어 클라우드 형상으로 하류측으로 끌려가고, 쉬트의 붕괴로 인해 세부-클러스터가 생성되는 쉬트 공동화를 생성하는 공동화 환경에 적합하다. 세부 사례 a의 사용은 클라우드 내 기포의 병렬 붕괴에 대한 경향을 암시한다. 기간 T_0는 날개-통과 주파수의 역수이다.

다음과 같이 클러스터 η를 표현할 수 있다.

$$\eta(t-\theta)= x_a(t-\theta)+ \eta_b(t-\theta-\xi)$$

상기 식의 푸리에 변환 $H(f)$는 다음과 같다.

$$H(f)= X_a(f)+ e^{-i\omega\xi}H_b(f)$$

여기서, $X_a(f)$와 $H_b(f)$는 x_a와 η_b의 푸리에 변환이다. θ는 클러스터의 발생 시간이다. 약간의 가정[39]을 하면 다음과 같은 $|\overline{H}|^2$와 $\overline{|H|^2}$를 얻을 수 있다.

$$|\overline{H}|^2 = |\overline{X_a}|^2 + |u_\xi \overline{H_b}|^2 + \overline{X_a} u_\xi^* \overline{H_b^*} + \overline{X_a^*} u_\xi \overline{H_b} \tag{3.46}$$

$$\overline{|H|^2}= \overline{|X_a|^2}+ \overline{|H_b|^2}+ \overline{X_a} u_\xi^* \overline{H_b^*} + \overline{X_a^*} u_\xi \overline{H_b} \tag{3.47}$$

여기서, u_ξ는 시간 지연 ξ의 확률 밀도 $W(\xi)$의 특성 함수이다.

$$u_\xi = \int_{-\infty}^{+\infty} e^{-i\omega\xi} W(\xi)d\xi$$

식 (3.36)에 $|\overline{H}|^2$과 $\overline{|H|^2}$를 대입하면(3.9.4절의 사례 B 참조) 이 모델에 대한 파워 스펙트럼 밀도 $\phi(f)$를 얻을 수 있다. 모델을 명시하기 위해 단일 이벤트를 다음 형식으로 가정하고,

[39] 이들은 3.9.3절과 3.9.4절에서 $X_a(f)$와 $H_b(f)$를 위해 작성된 것들과 동일하다. 그리고 ξ을 독립 확률변수로 가정한다.

$$x_a(t')=-a\frac{2t'}{\tau_a}e^{\frac{1-\left(\frac{2t'}{\tau_a}\right)^2}{2}}$$

다음 푸리에 변환을 사용한다.

$$X_a(f)=i\frac{\sqrt{2\pi}}{4}a\omega\tau_a^2e^{\frac{1-\left(\frac{\omega\tau_a}{2}\right)^2}{2}}$$

*세부 사례 a*가 세부-클러스터 η_b 내 단일 이벤트들을 모의하므로 식 (3.37)과 (3.38)에 따라 $\overline{H_b}$와 $\overline{|H_b|^2}$를 평가할 수 있다. 세부-클러스터 내 단일 이벤트들을 다음과 같이 표현할 수 있고,

$$x_b(t')=be^{-\frac{t'}{\tau_b}}$$

다음 푸리에 변환을 사용한다.

$$X_b(f)=b\frac{\tau_b}{1+i\omega\tau_b}$$

선정된 매개변수 수치들과 일부 단순화[40]를 사용하면 파워 스펙트럼 밀도 $\phi(f)$를 구할 수 있다. $T_0/(b\tau_b)^2$으로 곱한 $\phi(f)$는 실선으로 표시된 연속적인 부분과 불연속 스펙트럼 선들로 구성된다.

$\phi(f)$의 연속적인 부분의 패턴은 그림 3.56과 같이 실험으로 관측한 패턴을 상당히 닮는다. 이는 낮은 주파수에서 급격한 초기 상승과 넓은 혹 형상의 최대가 뒤 따르는 특징을 갖는다. 이 혹(hump) 형상 내 여러 개의 작은 피크들이 존재한다. 이제 정체기는 하향 구배에 따라 저하하고, 최종적으로 높은 주파수에서 감쇠된다. 점선은 만일 공동화 소음이 오직 세부-클러스터 이벤트들 x_b로 구성되었을 때 스펙트럼 밀도가 갖는 패턴을 나타낸다[따라서 세부-클러스터 η_b는 $\phi(f)$의 기본적인 특징들을 제시한다]. 만일 이벤트 x_a를 고려하지만 세부-클러스터와의 상관관계를 무시하면 곡선은 점선과 같은 패턴으로 수정될 것이다. 점선과 실선의 차이는 이벤트 x_a와 세

---

[40]단순화는 (a) 단일 이벤트 x_a와 이벤트 x_b 모두는 균일하다. 즉, 진폭 a, b 그리고 시간 매개변수 τ_a, τ_b는 모두 일정한 수치들이다. (b) 세부 클러스터 내에 포함된 이벤트들의 숫자는 일정한 수치 N_0이다. (c) 확률 변수 ξ, $\triangle$, ϑ는 모두 가우스분포이다. $a/b=10^{-3}$, $N_0=10$, $\bar{\xi}/T_0=2\times10^{-1}$, $\tau_a/\tau_b=8\times10^{-2}$, $\tau_b/T_0=10^{-5}$, $\sigma_\xi/T_0=2\times10^{-2}$, $\sigma_\triangle/T_0=2\times10^{-2}$, $\sigma_\vartheta/T_0=2\times10^{-3}$는 다소 독단적으로 선택된 매개변수들이다.

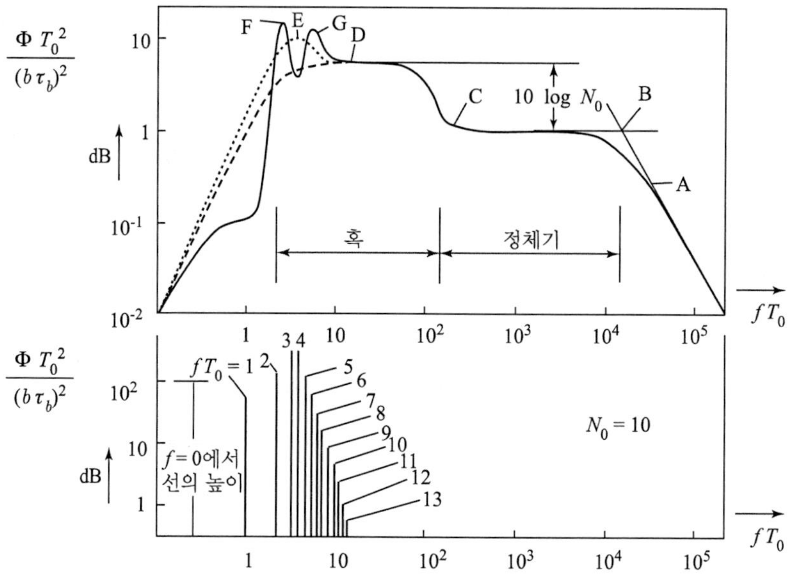

그림 3.56 선박 프로펠러로부터의 공동화 소음을 위한 포괄적인 순서 모델의 파워 스펙트럼 밀도 $\phi(f)$ [3.42]

부-클러스터 η_b의 상관관계를[41] 나타낸다. 점 B에서 감쇠 주파수는 $f^* = 1/(2\pi\tau_b)$이고, 구배 A는 f^{-2}법칙을 따르며 이는 이론적인 고찰 및 실험결과와 일치한다. 만일 세부-클러스터 내 이벤트들 x_b가 푸아송 과정이면(이는 *세부 사례 b*에 속한다. 즉, 이벤트들 x_b는 *세부 사례 a*보다 더욱 분산된다) 정체기는 혹 대신 0 주파수 끝까지 아래로 확장될 것이다. 혹(최대)은 정체기 보다 $10\log N_0$dB 상부로 상승한다. 혹 정상 D에 상응하는 주파수 f_{max}는 다음과 같다.

$$f_{max} = \frac{1}{2\pi}\sqrt{\frac{\ln\left(1+\frac{\left(\sigma_\Delta^2+\sigma_\xi^2\right)}{\sigma_\vartheta^2}\right)}{\sigma_\Delta^2+\sigma_\xi^2}}$$

혹 확장(hump broadening)의 특징을 나타내는 점 C에 상응하는 주파수, 즉 제한 주파수 f_l은 다음 식으로 주어진다.

---

[41] 이벤트 x_a의 역할은 실선에서(피크 E가 나타나는 주기는 τ_a와 σ_Δ에 종속된다) 피크 E를 생성하는 것이다. 그러나 이 피크 E는 사라진다. 그 대신 x_a와 η_b 매개변수의 선정에 따라 이들 사이 상관관계로 인해 결과적인 스펙트럼 내에서 두 개의 피크 F와 G가 나타난다. 피크 F와 G에 해당하는 주파수들은 ξ, τ_a, τ_b, σ_Δ, σ_ξ에 의해 결정된다.

$$f_l = \frac{1}{\sqrt{2}\,\pi\sigma_\vartheta}$$

불연속 스펙트럼 선들의 패턴은 공동화 소음이 강한 주기성을 갖는 것을 나타낸다. 이들의 특징은 이벤트 x_a 및 세부-클러스터 η_b의 속성 그리고 이들의 상관관계에 종속된다. 다음 식으로 $f=0$에서 $\phi(f)$의 불연속 수치를 평가하며, 이 식은 그림 3.56의 $f=0$에서 10^2 dB인 선에 상응한다.

$$\left(\frac{b\tau_b N_0}{T_0}\right)^2 \delta(f-0)$$

이 예를 통해 다음 사항들이 명백해진다. (a) 적정하게 구성된 포괄적인 순서 모델을 사용하여 실제 공동화 소음을 모의하는 것이 가능하고, (b) 관측된 공동화 소음 스펙트럼의 특징들을 분석하여 공동화 소음이 생성되는 메커니즘을 조사할 수 있다.

References

3.36 Arakeri, V. H. and Acosta, A. (1981), 'Viscous Effects in the Inception of Cavitation', ASME *J. Fluid Eng.* 103, pp280-287.

3.37 Argues, P. Y. (1968), 'Sur Certains Probleraes Statistiques lies a l'effect de Barkhausen', *Journal de Physique* 29, pp369-384.

3.38 Arndt, R. E. A. (1981), 'Cavitation in Fluid Machinery and Hydraulic Structures'', *Ann. Rev. Fluid Mech.,* 13, pp273-328.

3.39 Arndt R. E. A. and George, W. K. (1979), 'Pressure Fields and Cavitation in Turbulent Shear Flows', 12th Symp. Naval Hydrodynamics, Washington D. C, pp327-339.

3.40 Arndt, R. and Ippen, A. T. (1967), 'Cavitation near Surfaces of Distributed Roughness', MIT Hydrodyn. Lab. Rept. 104.

3.41 Baiter, H. J. (1986), 'On Different Notions of Cavitation Noise and What They Imply', Int. Symp. on Cavitation and Multiphase Flow, ASME FED 45, pP107-118.

3.42 Baiter, H. J., Gruneis, F. and Tilmann, P. (1982), 'An Extended Base for the Statistical Description of Cavitation Noise', ASME Int. Symp. on Cavitation Noise, pp93-108.

3.43 Benjamin, T. B. and Ellis, A. T. (1966), 'The Collapse of Cavitation Bubbles and the Pressure Thereby Produced against Solid Boundaries', *Phi. Trans. R. Soc.* London, A260, pp221-240.

3.44 Blake, J. R. (1988), 'The Kelvin Impulse: Application to Cavitation Bubble Dynamics', *J. Austral. Math. Soc,* Ser.b.30, ppl27-146.

3.45 Blake, J. R. and Gibson, D. C. (1987), 'Cavitation Bubbles Near Boundaries', *Ann. Rev. Fluid Mech.* 19, pp99-123.

3.46 Blake, W. K. and Sevik, M. M. (1982), 'Recent Developments in Cavitation Noise Research', ASME Int. Symp. on Cavitation Noise, ppl-10.

3.47 Brophy, M. C, Stinebring, D. R. and Billet, M. L. (1985), 'An Analysis of Pump Cavitation Damage', *J. Propulsion,* Vol.1, No.6, pp441-448.

3.48 Chahine, G. L. (1983), 'Cloud Cavitation: Theory', 14th Symp. on Naval Hydrodynamics, Ann Arbor, National Academy Press, Washington, D. C. ppl65-195.

3.49 Chahine, G. L. (1990), 'Numerical Modelling of the Dynamic Behaviour of Bubbles in Nonuniform Flow Fields', ASME FED 91, pp57-64.

3.50 Chahine, G. L. (1990), 'Nonspherical Bubble Dynamics in a Line Vortex', ASME Cavitation and Multiphase Flow Forum, Toronto, Canada, ppl21-126.

3.51 Chahine, G. L. and Duraiswami, R. (1992), 'Dynamical Interactions in a Multi-bubble Cloud', ASME *J. Fluid Eng.* 114, pp680-686.

3.52 Daily, J. W. and Johnson, V. E. (1956), 'Turbulence and Boundary-Layer Effects on

Cavitation Inception From Gas Nuclei', *Transactions ASME* 78, PP1695-1706.

3.53 Dear, J. P. and Field, J. E. (1988), 'A study of the Collapse of Arrays of Cavities', *J. Fluid Mech.* 190, pp409-425.

3.54 Delius, M., Miiller, M., Vogel, A. and Brendel, W. (1988), 'Shock Waves and Cavitation', in *Biliary Lithotripsy,* Chicago: Yearbook.

3.55 Fitzpatrick, H. M. and Strasberg, M. (1956), 'Hydrodynamic Source of Sound', 1st Symp. on Naval Hydrodynamics, Washington D. C, pp241-280.

3.56 France, J. P. and Michel, J. M. (1983), 'Two- and Three-dimensional Rotational Structures in the Cavitating Turbulent Wake of a Wedge', 4th Symp. on Turbulent Shear Flows, Karlsruhe, Germany.

3.57 Fujikawa, S. (1985), 'Interaction between Two Slightly Nonspherical Bubbles in a Compressible Liquid: Part 1 Mathematical Formulation', ASME Symp. Cavitation in Hydraulic Structures and Turbomachinery, FED 25, ppl67-172.

3.58 Fujikawa, S. (1986), 'Interactions between Two Slightly Nonspherical Bubbles in a Compressible Liquid', Int. Symp. on Cavitation, Sendai, Japan, pp55-60.

3.59 Fujikawa, S. (1988), 'Dynamics of Two Nonspherical Cavitation Bubbles in Liquids', *Fluid Dynamics Research* 4, ppl79-194.

3.60 Gates, E. M. and Acosta, A. (1979), 'Some Effects of Several Freestream Factors on Cavitation Inception of Axisymmetric Bodies', 12th Symp. Naval Hydrodynamics, Washington D. C. pp86-112.

3.61 Hansson, I. and M0ch, A. (1980), 'The Dynamics of Cavity Clusters in Ultrasonic (vibratory) Cavitation Erosion', *J. Appl. Phys.* 51(9), PP4651-4658.

3.62 Huang, T.T. (1981), 'Cavitation Inception Observations on Six Axisymmetric Headforms', ASME *J. Fluid Eng.* 103, pp273-279.

3.63 Il'ichev, V. I. and Lesunovskii, V. P. (1963), 'On the Noise Spectra Associated with Hydrodynamic Cavitation', *Akust. Zh.* 91, pp32-36.

3.64 Kling, G. L. and Hammitt, F. G. (1972), 'A Photographic Study of Spark-induced Cavitation Bubble Collapse', Trans. ASME D: *J. Basic Engineering* 94, pp825-833.

3.65 Knapp, R. T., Daily, J. M. and Hammit, F. G. (1970), *Cavitation,* McGraw-Hill, New York, ppl34-141.

3.66 Lauternborn, W. (1982), 'Cavitation Bubble Dynamics - New Tools for an Intricate Problem', *Appl. Sci. Res.* 38, ppl65-178.

3.67 Li, S. C. (1988), 'Statistical Characteristics of Cavitation Bubbles in Cavitating Transient Flows', Report to the Ministry of Water Resources, China.

3.68 Li, S. C. (1992), 'Pressure Fluctuations in Cavitating Draft-tube Flows', ASME FED 136, ppl-6.

3.69 Li, S. C , Zhang, Y. J. and Hammitt, F. G. (1983), 'Low-frequency Fluctuations Associated with Cavitating Venturi Flows', DRDA Rept. No.UMICH 014571-64-1, University of Michigan, Ann Arbor, USA.

3.70 Li, S. C , Zhang, Y. J. and Hammitt, F. G. (1986), 'Statistical Considerations of Pressure Pulses from a Cavitating Venturi', *Proc. Instn. Mech. Engrs.* 200, N0.C6, pp381-387.

3.71 Mellen, R. H. (1954), 'Ultrasonic Spectrum of Cavitation Noise in Water', *J. Acoust. Soc. Am.* 26, pp356-360.

3.72 Meyer, R. S., Billet, M. L. and Holl, J. W. (1992), 'Freestream Nuclei and Travelling Bubble Cavitation', ASME *J. Fluid Eng.* 114, pp672-679.

3.73 Morozov, V. P. (1969), 'Cavitation Noise as a Train of Sound Pulses Generated at Random Times', *Soviet Physics-Acoustics* 14, No.13, pp361-365.

3.74 O'hern, T. J. (1990), 'An Experimental Investigation of Turbulent Shear Flow Cavitation', *J. Fluid Mech.* 215, pp365-391.

3.75 Prosperetti, A. (1993), 'Bubble Mechanics: Luminescence, Noise and Two-phase Flow', *Theoretical and Applied Mechanics,* Elsevier Science Publishers B. V. pp355-369.

3.76 Ran, B. and Katz, J. (1993), 'Pressure Fluctuation and their Effect on Cavitation Inception within Water Jet', ASME FED 153, ppl57-164.

3.77 Shima, A. et al (1989), 'The Growth and Collapse of Cavitation Bubbles Near Composite Surface', *J. Fluid Mech.* 203, ppl99-214.

3.78 Tomita, Y. and Shima, A. (1986), 'Mechanism of Impulsive Pressure Generation and Damage Pit Formation by Bubble Collapse', *J. Fluid Mech.* 169, pp535-564.

3.79 Tomita, Y. and Shima, A. (1986), 'Mechanisms of Impulsive Pressure Generation and Damage Pit Formation by Bubble-Shock Wave Interaction', Int. Symp. on Cavitation, Sendai, Japan, pp77-82.

3.80 Vogel, A., Lauterborn, W. and Timm, R. (1989), 'Optical and Acoustic Investigations of the Dynamics of Laser-produced Cavitation Bubbles near a Solid Boundary', *J. Fluid Mech.* 206, pp299-338.

3.81 Young, J. O. and Holl, J. W. (1966), 'Effects of Cavitation on Periodic Wakes behind Symmetric Wedges', *ASME J. Basic Engineering,* 88, ppl63-176.

3.82 Zhang, S. and Duncan, J. H. (1993), 'Numerical Simulations of Experiments on the Interaction of a Cavitation Bubble and a Compliant Wall', ASME FED 153, ppl37-142.

CHAPTER 4

공동화 유동

4.1 일반 특징

H. Murai

수력기계에서 발생하는 공동화에 의한 주된 영향(주로 부정적인)들은 (1) 성능 특성의 변화, (2) 진동과 소음의 발생, (3) 손상이다. 본장의 내용은 주로 (1)과 관련된다.

표 2.1과 같은 다양한 공동화 형식이 존재하지만 유동장에 크게 영향을 미치는 것은 쉬트 공동화, 이동성 기포 공동화 및 선회성 공동화이다. 공동화 형식은 공동화핵 숫자의 밀도에 종속되며, 핵 숫자의 밀도가 높으면 주로 쉬트 공동화가 발생하고, 낮으면 기포 공동화가 발생하고, 중간에서는 종종 두 형식이 상호존재하게 된다(그림 4.1b 참조).

4.1.1 쉬트 공동화

층류 경계층이 박리되고, 공동화수가 더욱 감소하여 상류측을 박리 기포로 확대하고 채울 때 재부착(re-attachment) 영역(여기에서 일시적인 압력이 최소가 된다)에서 기포-링(ring) 또는 기포-선(line) 공동화가 되어 쉬트 공동화가 발생한다[4.12].

고정된 쉬트 공동화의 발생 초기에 공동은 흰색이고 불투명하다. 이는 공동화수가 감소하여 공동이 성장하면서 유동 교란 때문에 상류측 말단부부터 하류측 말단부까지 뚜렷하게(공동 내 형성된 유리 같은 부분) 되며 이 부분은 흰색이 된다.

공동이 중간 길이(공동화하는 몸체 길이의 약 절반)로 성장할 때 공동 내 압력은

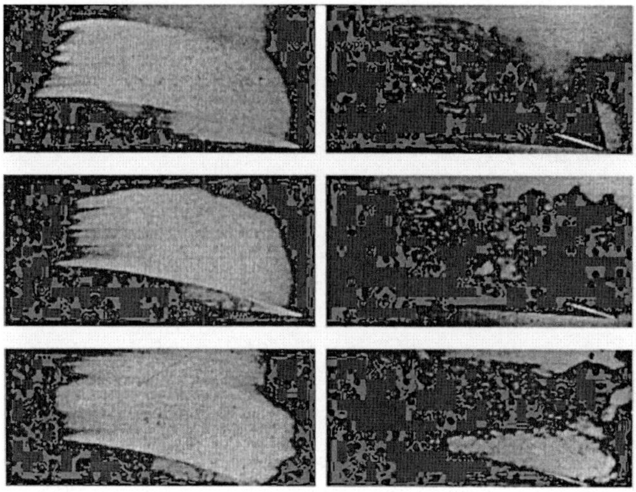

그림 4.1 Clark Y 11.7 하이드로포일의 $\alpha=4°$ 에서 이동성 기포 공동화의 정지사진(좌측)과 순간사진(우측)

거의 증기압에 가깝기 때문에 공동 인근 액체의 속도는 공동의 전단부(front part)에서의 자유 유동 속도의 $\sqrt{(1+\sigma)}$가 된다. 표면은 공동의 후단부(rear part) 내에서 기포성 2-상(two phase) 전단층(shear layer)으로 완만하게 성장하여 후류로 확대된다. 공동의 하류측 말단부에서 공동에 인접한 유동은 안내면(guiding surface)과 재결합하고, 이 유동의 일부는 안내면을 따라 공동 아래로 역으로 유동한다[4.21]. 이 재진입(re-entrant) 유동의 모멘텀 크기에 따라 유동은 역으로 공동의 상류측 말단부 일부 또는 끝까지 도달하고, 공동화 개시 이전의 유동으로 또는 절단 길이(cut off length)의 공동을 갖는 유동으로 회복된다. 공동 표면과 재진입 유동 사이의 나머지 공동은 롤링업(rolling up)되고, 선회성 공동을 형성하여 클라우드 공동화로서 하류측으로 전달되어 공동화 침식(erosion)에 기여한다. 유동 회복 직후 새로운 공동이 다시 성장하기 시작한다. 성장과 수축 주기가 반복되면서 쉬트 공동화는 불안정하게 되고(쉬트 공동화가 충분히 크게 성장하여 재진입 유동이 모멘텀을 거의 갖지 않고 그리고 공동에 영향을 미치지 않을 때까지, 이를 초공동화라 부른다), 안내면 주변 유동장과 몸체상에 작용하는 힘을 동요하게 만든다. 이 불안정한 상태를 부정류 공동화(transient cavitation)라 부른다. 자유 유동 속도, 공동의 하류측 말단부에서 장애물의 구성 또는 크기에 따라 특정 조건에서는 주기가 명백하지 않거나 거의 존재하지 않는다.

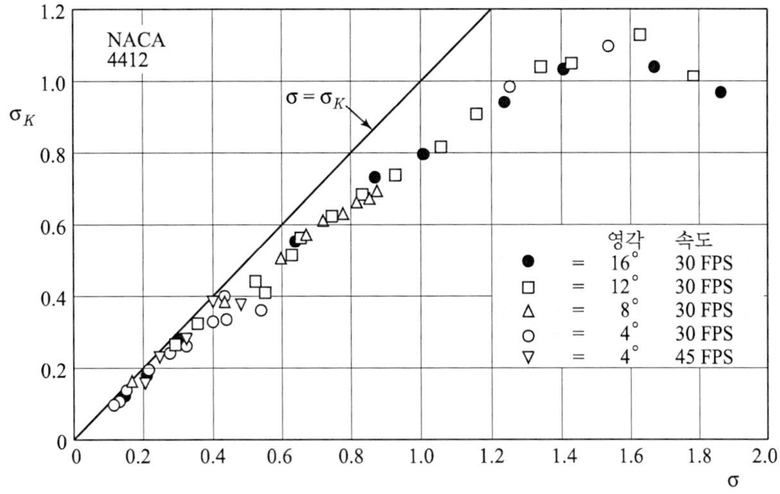

그림 4.2 공동화수에 따른 공동 압력의 변화[4.10]

공동 내 용해되지 않은 가스의 분압과 재진입 유동의 모멘텀 때문에 쉬트 공동화 공동 내 정압은 증기압보다 약간 높다. 이 차이가 클수록 공동화수가 더욱 커진다. 그림 4.2는 공동 압력을 증기압으로 취하여 NACA 4412 프로파일에서 공동 압력의 변화를 공동화수 σ_k의 형태로 보여준다[4.10].

쉬트 공동화의 공동이 가스 또는 거의 고정된 증기압에서 액체 상과 혼합된 가스로 채워진 유동 내 안내면(또는 장애물)의 한 공간을 차지하면서 유동장이 변화하기 때문에 안내면에서 압력 분포는 공동 내부뿐만 아니라 주변에서도 변화한다(비공동화 상태와 비교하여). 이는 평행력(양력)과 장애물에서 형상 항력(profile drag)을 변화시킨다. 이외 공동의 존재는 표면 상 경계층의 거동에 영향을 미쳐 표면 마찰을 변화시킬 뿐만 아니라 박리점의 위치를 이동시켜 주변 유동장과 장애물에 미치는 힘들을 변화시킨다. 또한, 하류측으로 이송된 공동은 유동박리(flow separation) 영역과 후류의 두께를 확대시켜 수력 손실을 증가시킨다.

4.1.2 이동성 기포 공동화

이동성 기포 공동화는 때로는 다른 형식의 공동화와는 별개로(그림 4.1b 참조), 또는 때로는 쉬트 공동화의 공동 표면을 따라 발생한다(그림 4.3b 참조). 어느 경우든 쉬트 공동화가 국부적으로 집중되어 있지 않으면(즉, 쉬트 공동화 집중도의 영향이 동일할 때) 유동장에 거의 영향을 미치지 않는다.

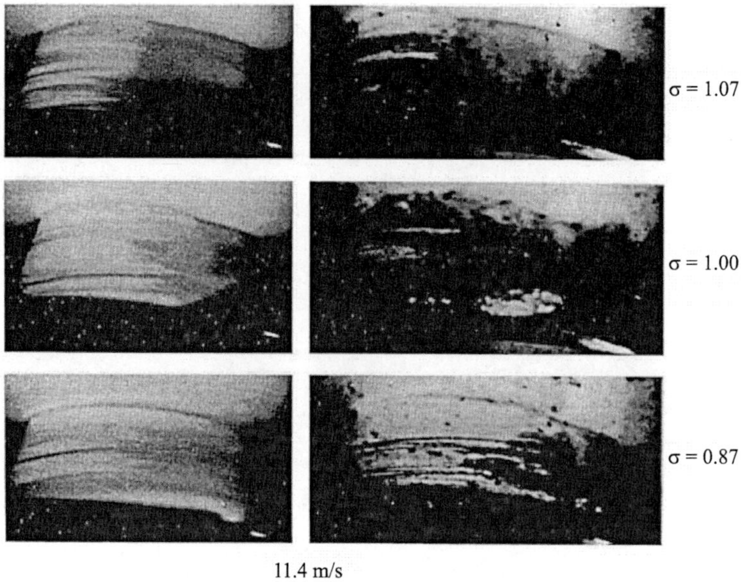

그림 4.3 O_8 하이드로포일의 $\alpha=5^\circ$ 에서 고정된 쉬트 공동화의 정지사진(좌측)과 순간사진(우측)

제3장과 제6장에서 기술한 것과 같이 안내면 또는 쉬트 공동화의 공동 표면을 따라 하류측으로 이송된 이동성 기포는 공동화 소음과 손상에 기여한다.

4.1.3 선회성 공동화 (Vortical cavitation)

선회성 공동화는 보텍스 코어 내부에서, 날카로운-모서리진 구석 주변의 유동 내부에서, 후연 보텍스 길(trailing vortex street) 내부에서, 전단층 내부에서, 그리고 후류 등의 내부에서 발생할 수 있다. 팁 보텍스 공동화와 같이 고체 경계 인근에서 발생하는 선회성 공동화만이 표면 압력 분포에 영향을 미친다.

2차원의 후연 보텍스 길에서 선회성 공동화가 발생하면 집중도에 따라 보텍스 길(vortex street)의 방출 주파수가 변화한다. 그림 4.4는 Young이 쐐기 뒤에서 그리고 그림 4.5는 Shalnev가 원형 실린더 뒤에서 측정한 보텍스 길 내에서 발생하는 공동화수에 따른 정규화된 선회성 공동화의 방출 주파수의 스트로우홀 수의 변화를 보여준다[4.54, 4.47]. 처음에는 스트로우홀 수는 변화하지 않지만 최대로 증가한 후 감소하여 초공동화의 상태로 접근한다.

날카로운 구석을 갖는 몸체에서는 구석에서 공동화가 발생한다. 반면 날카로운 구석이 없는 무딘 앞머리(blunt-nosed) 몸체 주변 유동에서는 빈번하게 유동의 후류

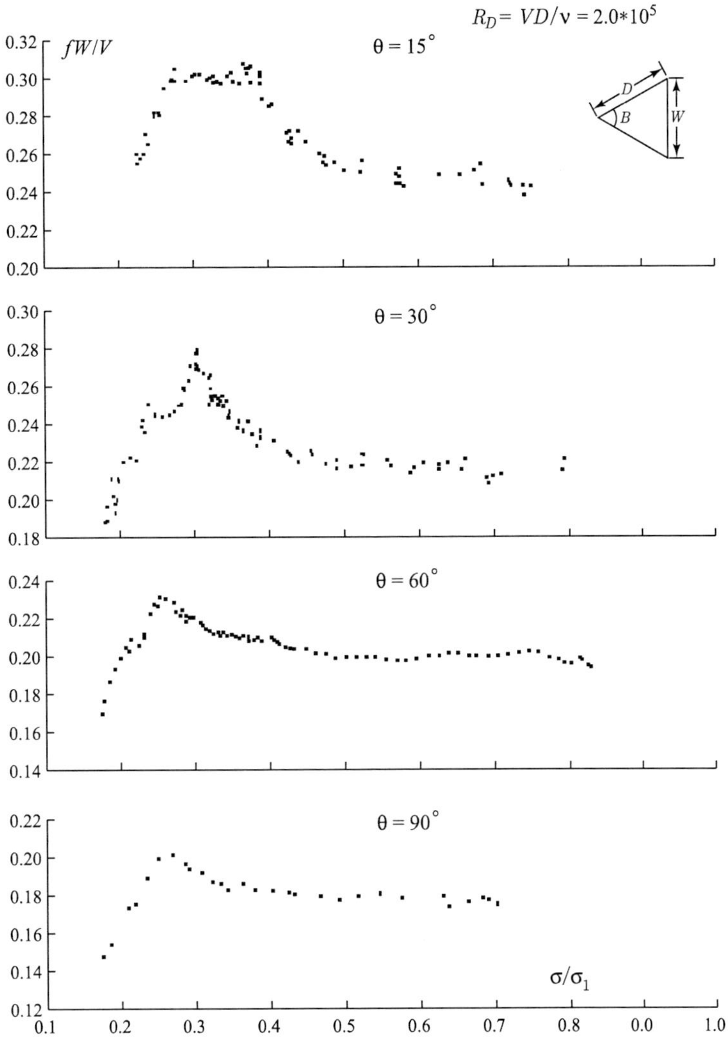

그림 4.4 쐐기에서 정규화된 공동화수에 따른 방출 주파수의 스트로우홀 수의 변화[4.54].

의 전단층 내 보텍스 코어 내부에서 공동화가 발생한다. 두 경우 모두의 선회성 공동화는 상기에서 기술한 것과 같이 거동한다(그림 4.6 참조).

4.1.4 공동화로 인한 수력 손실

공동화로 인한 원형 실린더에서 항력계수 C_D와 압력계수 C_P의 변화를 조사하여 수력 손실을 유발하는 공동화를 기술한다. 공동화 개시 초기에는 C_D는 증가하지 않는다. C_D의 변화는 그림 4.7 및 4.8과 같이 레이놀즈수가 임계 레이놀즈수 Re_c보다 크

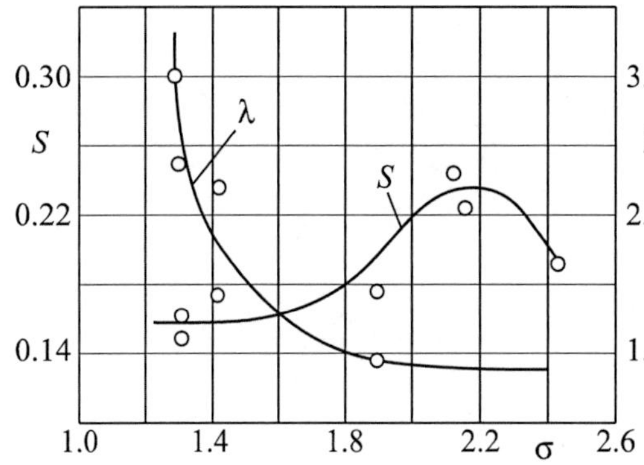

그림 4.5 원통 실린더에서 공동화 수에 따른 방출 주파수의 스트로우홀 수의 변화[4.47]

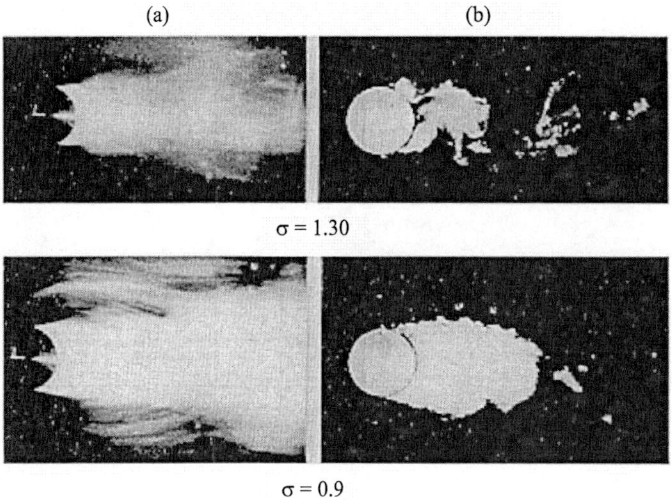

그림 4.6 원통 실린더에서 공동화의 정지사진(좌측)과 순간사진(우측)

거나 작은 것에 종속된다[4.17].

$Re > Re_c$이면 C_D는 초기에 감소한 후 완만하게 증가하여 최대에 도달한다, 그리고 C_D는 완만하게 증가한 후 공동화가 더욱 발달하면서 최종적으로 선형적으로 감소한다. 반대로 $Re < Re_c$이면 공동화 발생 후 C_D가 약간 증가한 후 앞에 것보다 큰 최대로 급격하게 점프한 후 앞의 사례와 유사한 방법으로 감소한다. C_D가 급격하게 상승하는 임계 공동화수는 등류(uniform flow) 내 난류의 증가에 따라 감소하게 된다.

그림 4.8a와 4.8b에서의 $C_P\left[=2(P-P_0)/\left(\rho V_0^2\right)\right]$ 분포를 참고로 다음과 같이 상

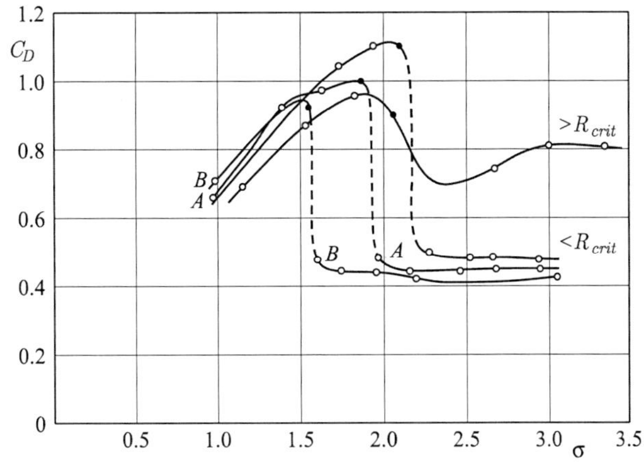

그림 4.7 원통 실린더에서 공동화수와 레이놀즈수에 따른 항력계수의 변화[4.17]

기 두 사례에서 C_D의 변화를 설명할 수 있다. $Re > Re_c$ 유동의 경우 공동이 작아서 공동의 폐쇄 단부(closure end)가 실린더 표면에 재부착할 때 공동 표면에 인접한 유동 내 마찰 손실은 공동 표면이 비공동화 상태에 있는 실린더 표면과 접촉할 때의 마찰 손실보다 작고, 공동 폐쇄부에서 재진입 제트는 상류측으로 향하는 상당한 모멘텀을 제공하여 압력이 회복되고 C_D가 감소된다. 공동이 실린더 표면을 지나 발달한 후에도 재진입 제트에 의한 압력 회복은 실린더의 꼬리부 부근 내에서 유지되어 최대 C_D에 도달할 때까지 C_D의 증가를 완화시킨다. 공동 내 실린더 표면에서의 압력이 균등하게 될 때 $Re < Re_c$ 유동은 층류박리를 야기하고, 비공동화 유동 내 하류측 표면에서 압력 회복은 적게 된다. 따라서 공동화하는 유동에 의해 야기된 C_D의 차이는 크지 않고 동시에 재진입 제트의 모멘텀에 의한 압력회복도 작기 때문에 (큰 공동 압력 때문에) 공동은 작다. 그럼에도 불구하고 공동이 실린더를 지나 발달되는 순간 공동 압력은 균등하게 되고, C_D가 최대치로 급격하게 증가하는 결과를 초래한다.

상기로부터 비록 공동화는 상변화, 액체와 가스 사이 분리 및 용해, 가스상과 액체상 사이 모멘텀 교환, 그리고 고체 벽에 의한 에너지 소멸(dissipation)을 동반하지만 주로 유동박리 영역이 확장되고, 공동화의 성장 단계에서 가스상태 질량 이송에 의해 후류 두께가 확대되어 공동화로 인한 수력손실이 발생하는 것으로 추정할 수 있다.

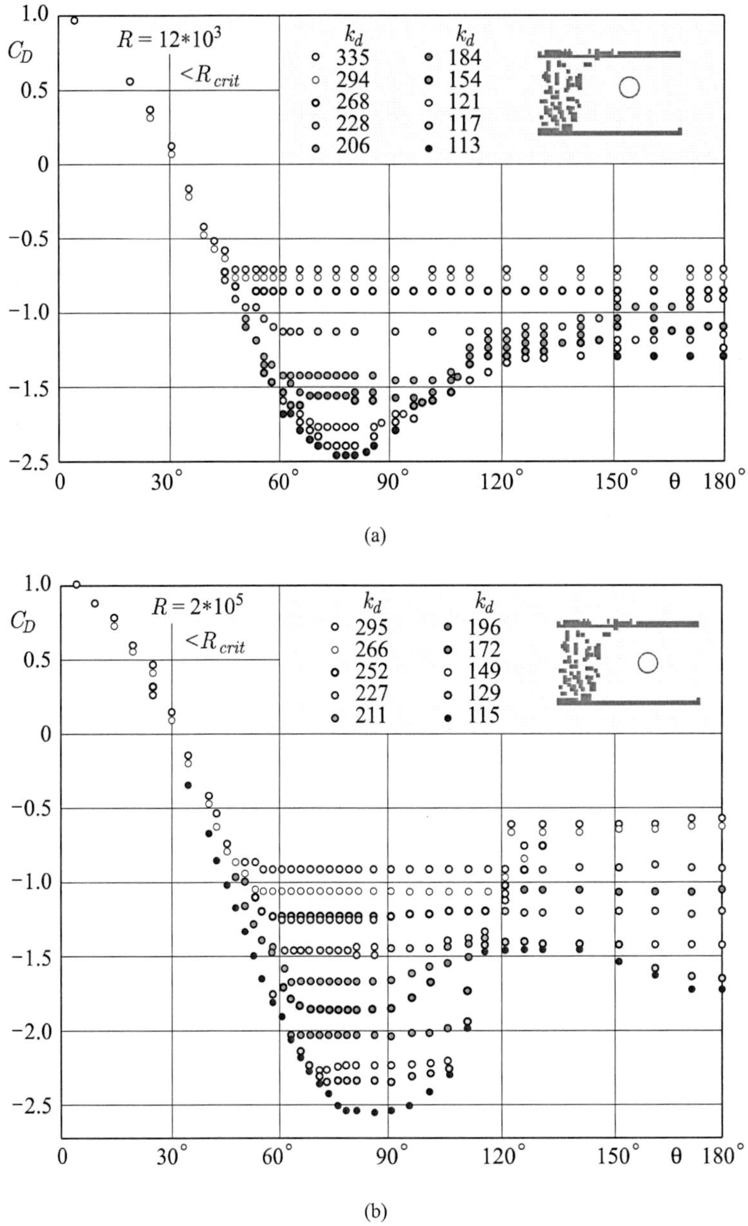

그림 4.8 원통 실린더에서 공동화수에 따른 압력계수의 변화((a) $R_e < R_{crit}$; (b) $R_e > R_{crit}$)[4.17]

[4.2] 하이드로포일과 하이드로포일 캐스케이드

4.2.1 하이드로포일의 공동화 특성

발생 양상 하이드로포일에서 공동화 영역의 위치와 길이 및 공동화 형식은 하이드로포일의 프로파일 형상과 영각(attack angle) 및 공동화수(cavitation number)에 종속된다. 그림 4.9와 4.10은 에어포일 및 전면부가 얇은 두 개의 다른 프로파일 형상의 하이드로포일의 예로서 Clark Y 8%[4.36] 및 활꼴 8%[4.30]에서의 공동화 발생 양상을 보여준다. 그림의 왼쪽 부분의 λ_0/l과 λ/l(l은 익현 길이)은 영역 I, III 그리고 II[즉, 상부 표면의 전연(前緣) 인근, 상부 표면의 뒷부분, 그리고 하부 표면의 전연(前緣, leading edge) 인근]에서 영각(좌표에 나타낸)에 대한 초기 공동화의 상류측과 하류측의 가장자리, 즉 폐쇄 가장자리(closure edges)의 익현방향 위치들을(횡좌표에 나타낸) 보여준다. 그림 우측은 영역 I, III 그리고 II 내 공동화수의 변화와 함께 주어진 영각(좌표에 나타낸)에서 공동의 폐쇄 가장자리 λ/l의 익현방향 위치의 변화를 보여준다.

C.Y. 8에서 공동화 영역은 영각이 증가하면서 영역 I에서 영역 III으로 이동하고, 비록 상대적으로 작은 영각에서 더 많은 기포가 존재하지만 기포 공동화와 쉬트 공동화 두 형식의 공동화가 혼합된다. 그러나 O_8의 경우 영역 I에서는 절대 공동화하

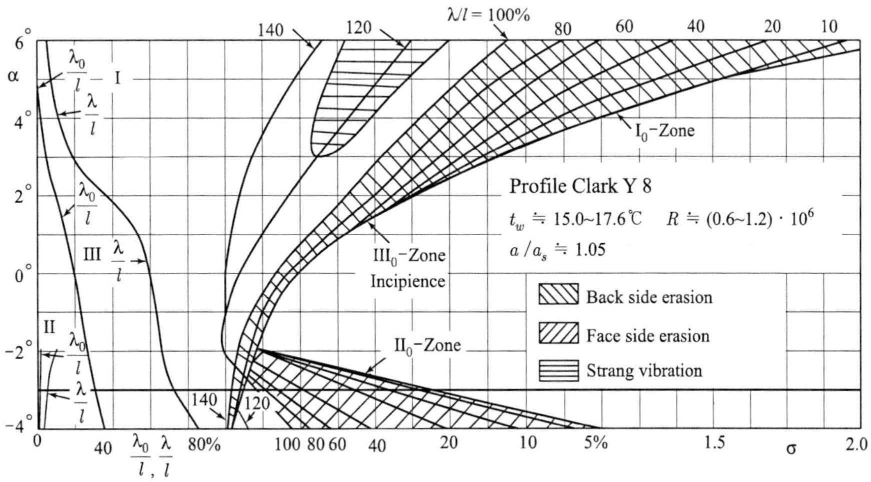

그림 4.9 하이드로포일 Clark Y 8에서 공동화수와 영각에 따른 전연공동화와 후연공동화 및 공동화 길이의 변화(t_w = 수온, a/a_s = 공기 상수, $R = VI/\gamma$)[4.36]

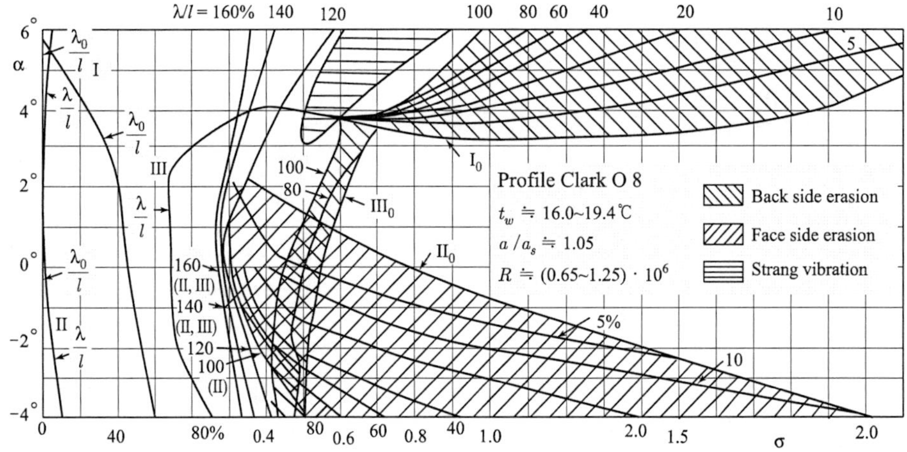

그림 4.10 하이드로포일 O_8에서 공동화수와 영각에 따른 전연공동화와 후연공동화 및 공동화 길이의 변화[4.36]

지 않고, 영역 III에서는 상대적으로 작은 공동화수에서 공동화를 시작하는 것보다 더 작은 각도의 하한이 존재한다. 한 번 영각이 한계를 초과하면 영역 I은 초기에는 쉬트 형식으로 공동화를 시작하고, 공동화수가 감소하면서 영역 III은 기포 형식으로 공동화를 시작한다.

그림 4.9와 4.10에서 나타낸 공동 폐쇄 가장자리의 위치는 시간-평균 수치이다. 공동 길이는 개시 직후로부터 초공동화에 이르기까지 천이 공동화수 영역 내에서 동요하고, 시간-평균된 폐쇄 가장자리는 익현(chord)의 60~70% 및 110~120%에 위치하는 반면 동요하는 힘은 이 범위에서, 특히 하이드로포일에서 극심하게 작용하고, 순간적인 공동 폐쇄 가장자리(closure edge)가 후연(後緣, trailing edge)을 건너고 그리고 재진입하는 제트가 하이드로포일의 하부 표면을 강타할 때 순환은 충분히 커서 재진입 제트가 후연(後緣) 주변에 도달한다. 그림에 극심한 동요 범위를 나타내었다.

하이드로포일의 성능 본 절에서는 공동화에 따른 양력계수와 항력계수의 변화를 기술한다. 영역 I과 영역 III에서 공동화 개시가 발생할 때 양력계수 C_L은 초기에 변화하지 않는다(그림 4.11).

상대적으로 큰 영각에서는 공동화수가 더욱 감소하면서 양력계수의 변화는 주로 약간의 증가 후 최대를 보여주고, 감소(처음에는 완만하게 그리고 이후 다소 선형적으로)하기 시작하는 경향을 보여준다. 만일 하이드로포일의 두께비(특히 전면부)가

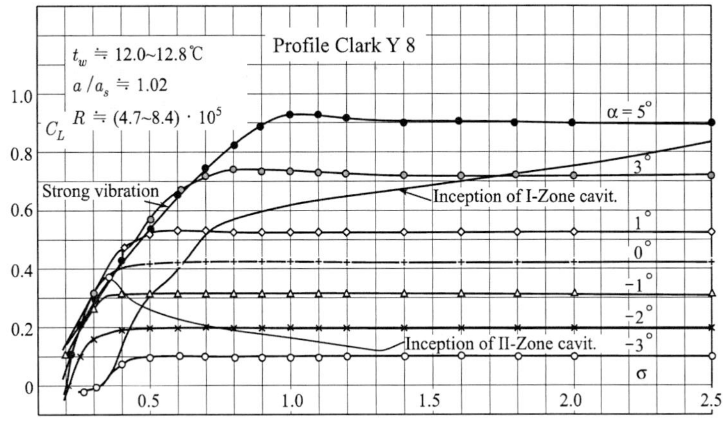

그림 4.11 하이드로포일 Clark Y 8의 공동화수와 영각에 따른 양력계수의 변화[4.35]

작으면 이 증가는 커질 것이다. 그러나 상대적으로 두께가 큰 에어포일 형식은 이와 같은 증가를 거의 보여주지 못한다.

에어포일 형식의 경우 상대적으로 작은 영각에서 초기 증가가 없는 경향이 있다. 전면부가 얇은 하이드로포일에서는 공동화가 영역 II에서 발생한 직후 양력계수는 감소하기 시작한다.

공동이 익현 140%를 초월하여 발달할 때 임의의 하이드로포일 프로파일 형식에서 양력계수는 거의 선형적으로 감소하기 시작한다.

효과적인 캠버(camber)의 증가 또는 피크 압력이 부족하지만 상부 표면 전연 인근에서의 공동(vapour) 압력에 상응하는 압력이 낮은 면적의 증가는 공동화 발생에 의한 양력계수의 증가를 야기하는 것으로 증명되었다(그림 4.12 참조).

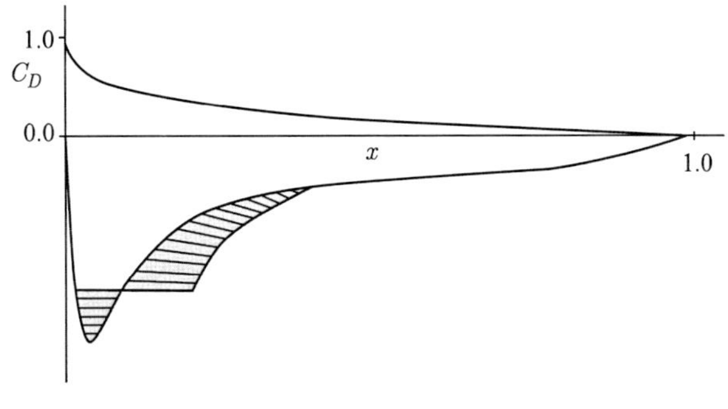

그림 4.12 공동화 발생에 의한 양력의 증가

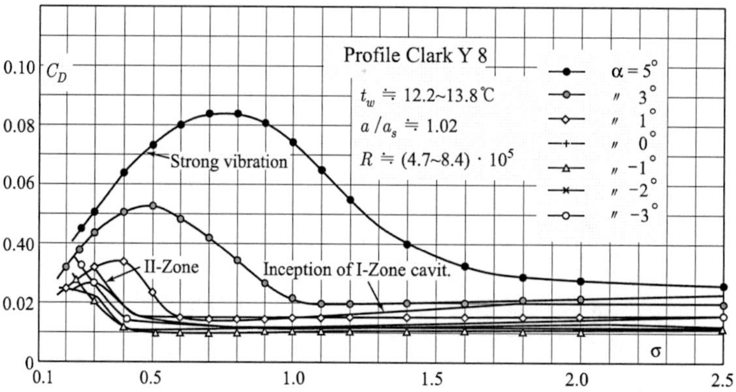

그림 4.13 하이드로포일 Clark Y 8의 공동화수와 영각에 따른 항력계수의 변화[4.35]

공동화가 영역 I에서 발생할 때 공동 폐쇄 가장자리가 익현 10 ~ 25%에 도달한 후 공동화수가 감소하면서 양력계수가 증가하기 시작하는 것과 거의 동시에 항력계수 C_D가 증가하기 시작한다(그림 4.13 참조). 공동화가 영역 III에서 발생할 때 항력계수는 공동화의 발생 잠시 후 증가하기 시작한다. 그러나 활꼴 프로파일과 같이 전면부가 얇은 일부 하이드로포일의 항력계수는 처음에는 감소한 이후 적절한 영각에서 공동화수의 감소와 함께 증가한다.

공동 폐쇄 가장자리가 익현의 110 ~ 120%에 도달하면, 항력계수는 비공동화 조건에서의 수치의 최대 약 두 배가 된다. 공동화수가 더욱 증가하면 항력계수는 처음에는 완만하게 감소하고, 공동 폐쇄 가장자리가 약 익현의 140%에 도달한 후 선형적으로 감소한다. 동시에 양력계수는 선형적으로 감소한다.

공동과 접촉하고 있는 표면에서 마찰의 감소에 의해 야기된 항력 감소와는 별도로 4.1.4절에서 기술한 메커니즘으로 공동화수의 감소(전면부가 얇은 하이드로포일의 항력 감소를 포함한)에 따른 항력계수의 변화를 설명할 수 있다. 또한, 익현의 전면부 자유 유동으로 증가된 경사진 낮은 압력영역도 항력 감소에 기여한다.

이 항력 감소는 상기에서 기술한 양력의 증가와 함께 때로는 수력기계의 성능을 개선시키기 시작한다. 이는 후향 날개를 갖는 원심 임펠러에서 특히 그렇고, 상기에서 기술한 영향 이외 공동 인근에 있는 물에 작용하는 원심력은 날개의 흡입 표면에 있는 공동을 표면을 향해 밀어 공동과 공동의 후류를 얇게 만들어 항력이 더욱 감소한다.

4.2.2 전통적인 에어포일 단면의 공동화 특성

Clark Y, Clark YH, RAF 6[4.36], Munk 6, NACA 23012[4.29], NACA 661-012 [4.19]문헌에서 유체역학 자료, 공동화 발생 양상, 그리고 공동화 및 비공동화 조건 아래 에어포일의 성능 특성들을 얻을 수 있다.

이들 중 Clark YH와 RAF 6 프로파일의 두께비는 11.7%와 6%를 포함하고, Clark Y 프로파일의 두께비는 2%간격으로 4%부터 14%까지를 포함한다[4.35]. 그림 4.14a, b, c, 그리고 4.15a, b, c는 상기 예들을 보여준다.

두께비가 6% 보다 큰 Clark Y 프로파일의 경우, 영각에 따라 영역 I과 III사이에서 공동화 영역의 이동이 존재한다. 그러나 6%보다 작은 경우 작은 특정 제한 길이, 즉 익현 5 ~ 10%를 초월하여 영역 I 공동화가 발생하기 위한 더욱 낮은 한계 영각이 존재한다. 만일 두께비가 크면 영역 I 공동화에서 영역 III 또는 한계 이상으로 이동하기 위한 영각 그리고 특정 공동화수[1]에서 영역 II와 III이 동시에 공동화하기 시작하는 영각 사이의 영각범위는 더욱 넓어질 것이다. 그러나 만일 두께비가 작아지면 영역 III이 공동화하기 시작하는 공동화수는 작아지게 될 것이다. 이는 공동화 발생 측면에서 얇은 프로파일은 영각의 변화에 더욱 민감한 것을 의미한다.

만일 두께가 작으면 강한 동요에 대한 영각 범위는 넓어지게 될 것이다. 14% 단면은 영각 −3° ~ 5°범위에서 강하게 동요하지 않는다.

Clark Y, Clark YH 및 RAF 6의 11.7% 및 6% 두께 단면들에 대해 상기에서 기술한 공동화 발생 및 발달의 비교로부터 Clark Y는 상대적으로 단순한 프로파일임에도 불구하고 우수성이 돋보인다.

Clark Y를 포함한 하이드로포일 형식에서 공동화의 발생과 발생으로 인한 양력계수와 항력계수 변화는 4.2.1절에서 기술한 에어포일 형식의 계수들과 본질적으로 동일하다. 공동화수와 함께 두께에 따른 Clark Y 프로파일의 양력계수와 항력계수 변화의 종속도는 4.2.1절에서 기술한 에어포일 형식의 두께에 대한 종속도와 본질적으로 동일하다. 그림 4.16은 다른 공동화수들에서 Clark Y 프로파일의 두께와 함께 극선도(polar diagram)의 변화를 보여준다. 이 그림은 작은 공동화수에서 Clark Y 8% 프로파일의 상대적인 우수성을 보여준다.

[1]이 범위에서 최대 양력–항력 비율에 대한 영각이 포함된다.

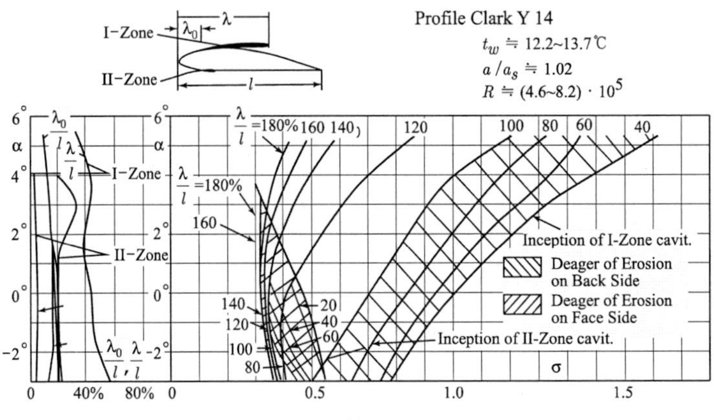

(a)

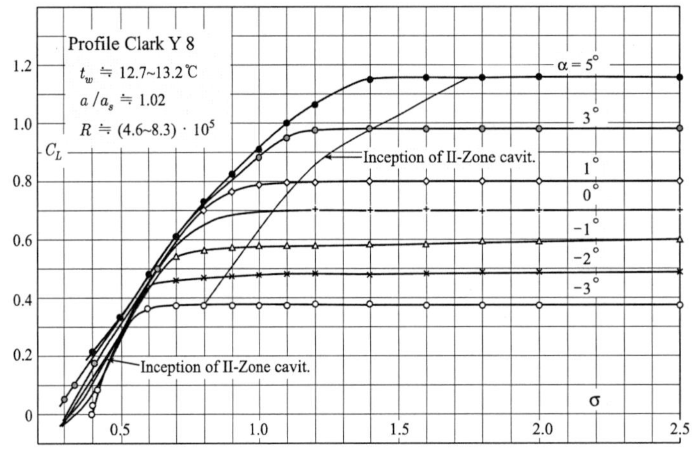

(b)

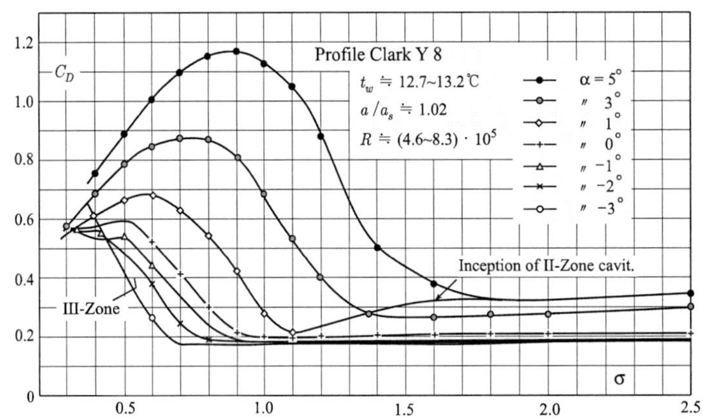

(c)

그림 4.14 하이드로포일 Clark Y 14의 공동화 특성((a) 공동화의 위치와 길이, (b) $C_L-\sigma$, (c) $C_D-\sigma$) [4.35]

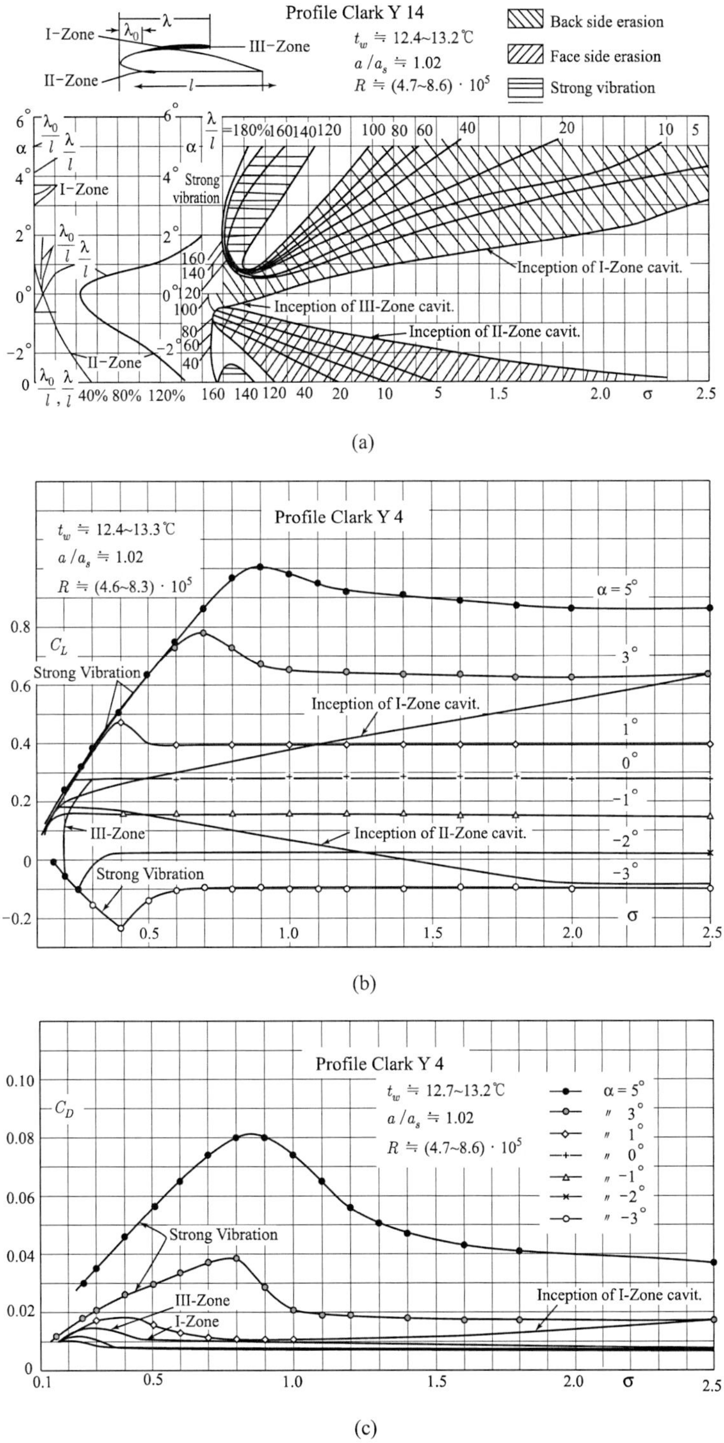

(a)

(b)

(c)

그림 4.15 하이드로포일 Clark Y 4의 공동화 특성[4.35]. (a) 공동화의 위치와 길이; (b) $C_L-\sigma$; (c) $C_D-\sigma$

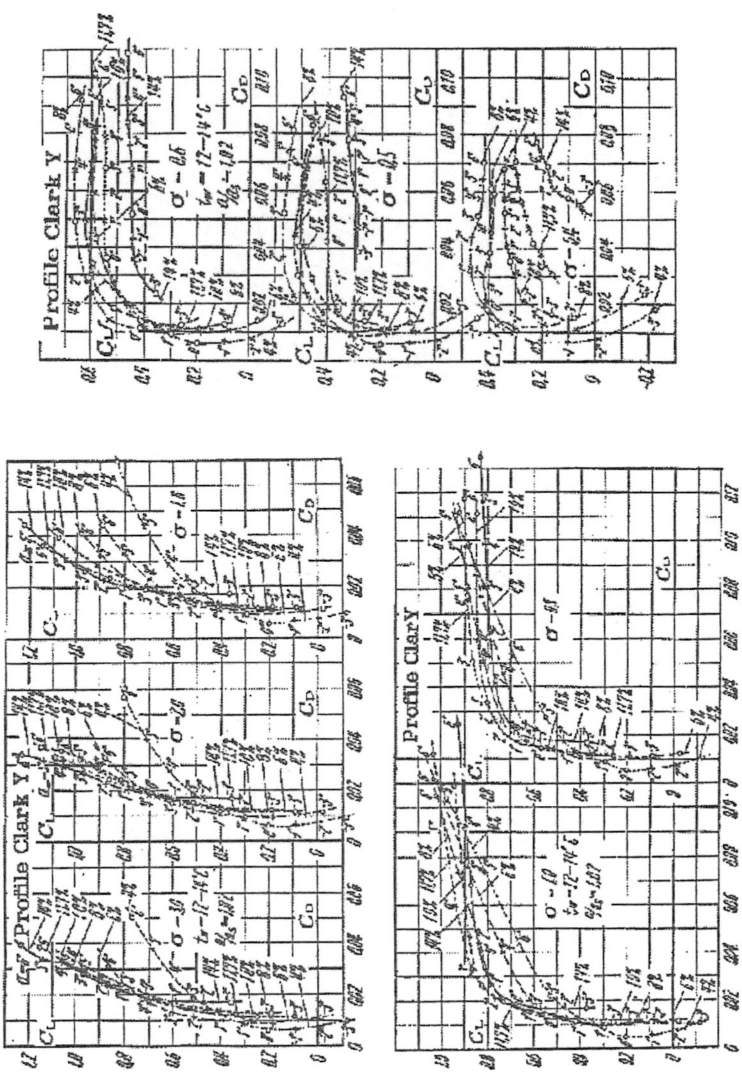

그림 4.16 하이드로포일 Clark Y의 공동화수와 두께에 따른 극선도의 변화[4.35]

4.2.3 활꼴(Ogival) 하이드로포일의 공동화 특성

활꼴 및 수정된 활꼴 프로파일의 유체역학 자료가 발간되어왔다[4.39]. 이 그룹 내 하이드로포일 단면은 날카로운 전연(前緣)과 얇은 전면부를 갖기 때문에 그림 4.10과 같이 영역 I에서 공동이 성장하기에 한계 영각이 낮다. 만일 두께비가 커지면 낮은 한계 영각은 커지게 될 것이다. 두께 단면이 중간 및 큰 경우 영역 I 하부 한계각도와 영역 III 상부 한계각도 사이 공동화가 없는 영각범위가 존재한다. 이 그룹의

하이드로포일 단면의 영역 III에서 공동화 발생 수는 통상적으로 전통적인 에어포일 단면에서의 공동화 발생 수 보다 상당히 작다.

공동화가 발생하지 않는 상태에서 이 그룹 단면의 최대 양력-항력 비율은 상당히 작고, 또한 얇은 단면을 제외하고 전통적인 에어포일 단면의 양력계수와 비교할 때 최적 영각에서 양력계수가 작다.

4.2.4 하이드로포일 캐스케이드의 공동화 특성

터보기계 내 날개 열(blade row)을 통과하는 유동을 캐스케이드(cascade) 하이드로포일을 통과하는 유동으로 모의할 수 있다. 전자는 3차원이고 후자는 2차원 유동이라

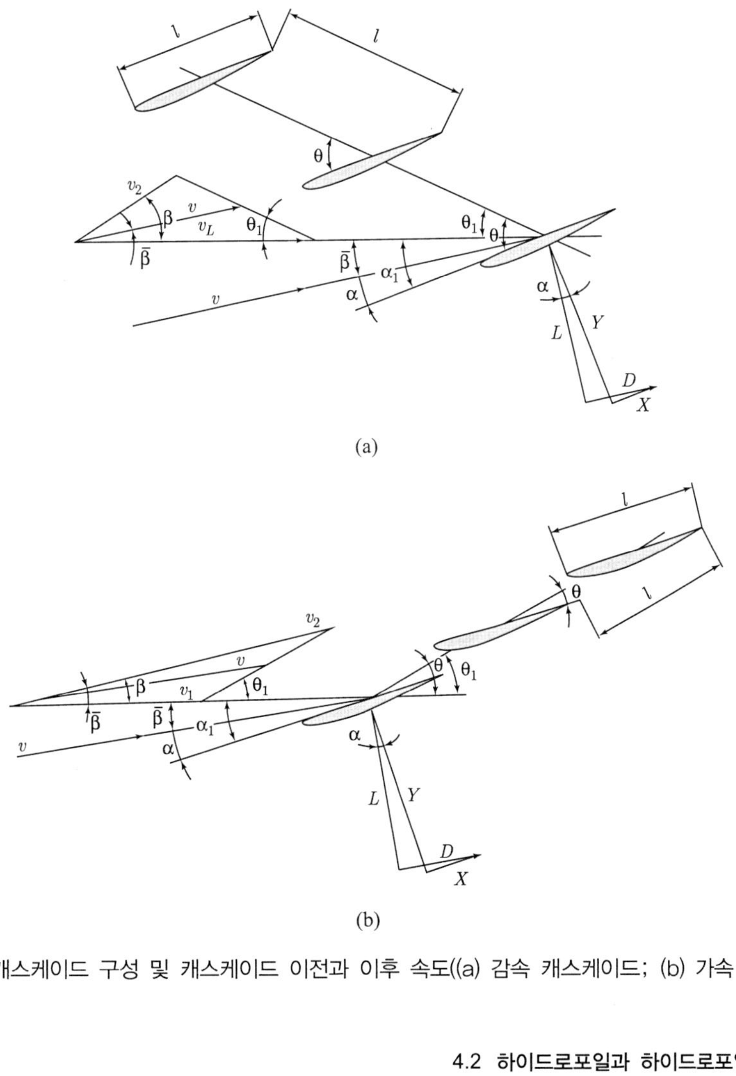

그림 4.17 캐스케이드 구성 및 캐스케이드 이전과 이후 속도((a) 감속 캐스케이드; (b) 가속 캐스케이드)

는 뚜렷한 차이에도 불구하고 이 유동의 지식은 터보기계의 유동 해석과 설계에서 필수적이다.

Numachi는 캐스케이드 하이드로포일에 대한 실험방법과 장비를 확립하였고[4.33], 캐스케이드 공동화에 대한 가장 포괄적인 자료를 발간하였다[4.38]. 다음 내용은 이 결과에 집중된다.

표 4.1 그리고 그림 4.17a 및 4.17b와 같은 설비로 캐스케이드 가속 및 감소 연구를 수행하였다. 영각, 양력계수와 항력계수, 그리고 공동화수와 관련된 캐스케이드의 전면과 후면에서의 속도 V_1 및 V_2, 그리고 이들의 평균 속도 V를 그림에 나타내었다. 다음과 같이 공동화수를 정의한다.

$$\sigma = \frac{P - P_v}{\frac{\rho V_2}{2}}$$

여기서 $P = P_1 + \rho \frac{V_1^2}{2} - \rho \frac{V_2^2}{2}$

표 4.1 감속 및 가속 캐스케이드를 위한 실험 준비

구 분	감 속	가 속
$\alpha = 0$에서 캐스케이드 각	25.73°	27.29°
피치 익현 비율	1.237	1.0

4.2.5 전통적인 에어포일 및 활꼴 프로파일의 공동화 특성

감소 캐스케이드로 준비한 매 6% 두께비의 Clark Y, Clark YH 및 활꼴 프로파일[4.33], 그리고 가속 캐스케이드로 준비한 두께비가 매 8%인 Clark Y 및 활꼴 프로파일 에어포일 단면에 대한 유체역학 자료가 출판되었다[4.30].

감속 캐스케이드 예를 들어 O_6 프로파일의 경우 그림 4.18에서 볼 수 있는 것과 같이 주어진 공동화수에서 각 영역 내 공동화가 발생하는 영각은 분리된 조건에서의 영각으로부터 거의 고정된 수치 $\alpha_1 - \alpha$만큼 크게 이동한다[4.33]. 그러나 캐스케이드 조건과 분리된 조건들에서 영역 I 공동화 발생에서 양력계수는 O_6 프로파일의 것과 거의 동일하다(캐스케이드의 수치가 오직 수 % 크다).

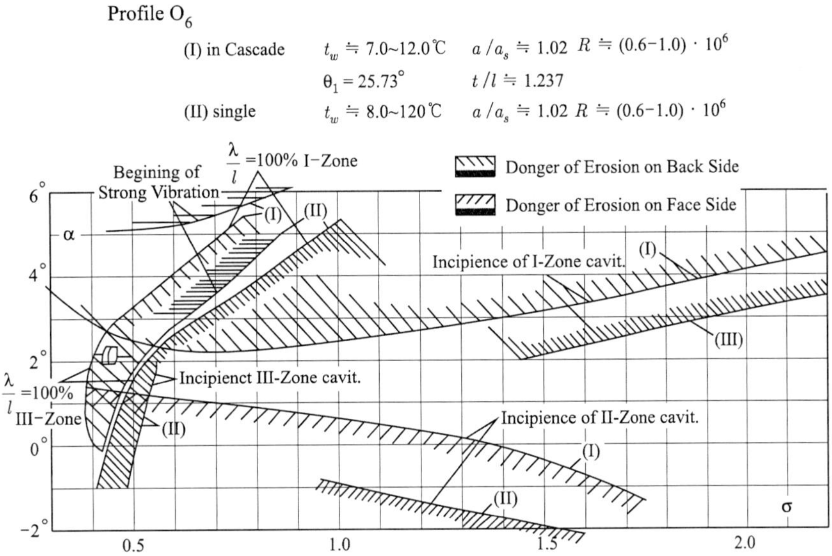

그림 4.18 공동화 조건 아래 감속 캐스케이드와 분리된 하이드로포일의 영각 차이[4.33]

세 프로파일 사이 영역 I 공동화 발생에서의 양력계수들을 비교하면 Clark YH 6은 공동화수 1.2 ~ 1.4 범위에서 가장 큰 것을 보여주는 것을 제외하고 O_6는 2.0 보다 크고 0.45까지의 공동화수 범위를 통해 가장 큰 양력계수를 보여준다. 이 범위 이외 Clark Y 6은 최대 공동화수 2.0 범위까지 Clark YH6 보다 C_L이 크며 이 공동화수 이상에서 두 프로파일의 C_L은 다소 동일하다.

Clark Y 6 단면의 성능 특성은 비공동화 조건 아래 약 0.6보다 작은 양력 계수에서 캐스케이드 날개가 분리된 날개보다 우수하고, 공동화하는 조건에서는 더욱 우수하다. 그러나 성능 특성은 약 0.6보다 큰 양력계수에서는 열등하게 되고, 그림 4.19a에서와 같이 캐스케이드 영향 때문에 공동화가 성장하면서 경계값(border value)은 감소한다. 그러나 O_6 단면과 관련하여 캐스케이드 날개에서의 성능특성은 비공동화 및 공동화 조건에서, 특히 그림 4.19b와 같이 공동화수가 작을 때 거의 전체 양력계수 범위에 걸쳐 분리된 날개에서의 성능특성보다 열등하게 된다. 분리된 날개와 비교할 때 Clark YH 6의 성능특성은 거의 동등하다.

가속 캐스케이드 주어진 공동화수에서 영역 II 공동화가 발생하는 영각은 분리된 조건에서의 영각으로부터 감속 캐스케이드에 반대 방향으로 거의 고정된 수치만큼 작게 이동한다. 즉, 가속 캐스케이드 내 주어진 영각에서 영역 II 공동화는 적어질

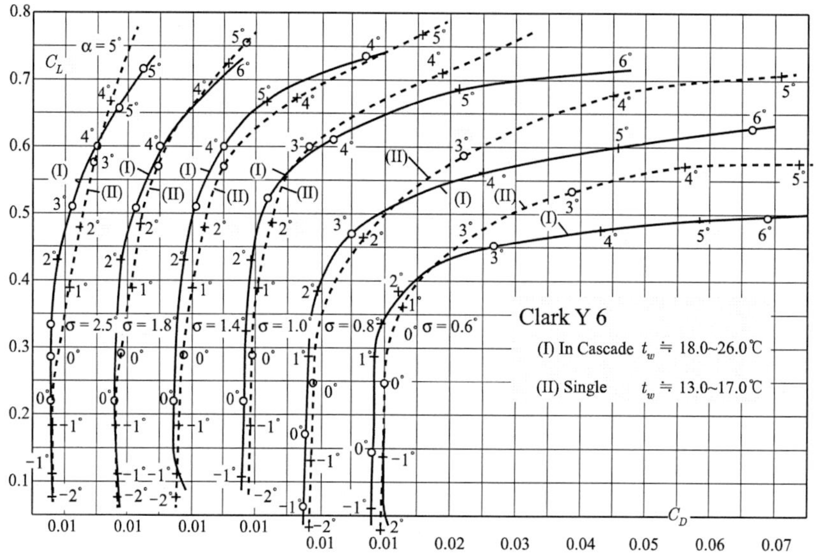

(a)

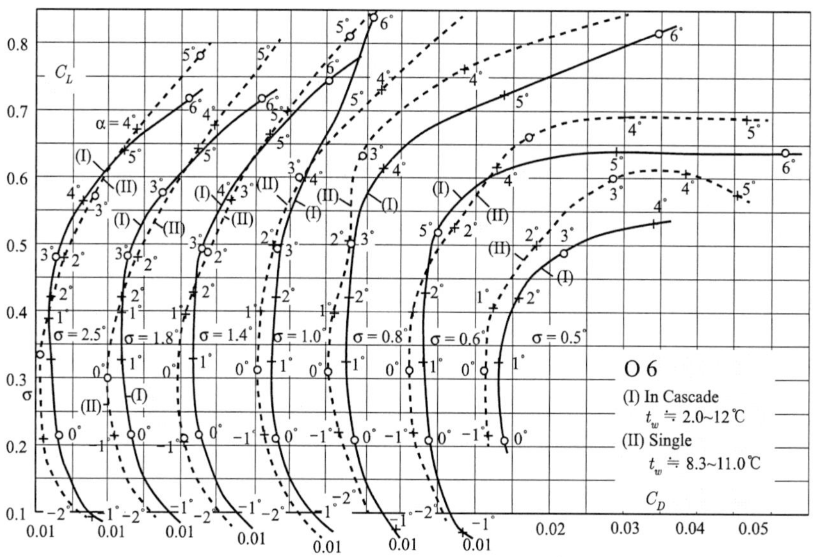

(b)

그림 4.19 감속 캐스케이드와 분리된 하이드로포일의 극선도 비교((a) Clark Y 6; (b) O_6)[4.33]

가능성이 크다. 이와 반대로 영역 III 공동화가 커질 가능성이 크다. 영역 I 공동화는 Clark Y 프로파일의 경우 6° 이하의 영각의 범위에서는 발생하지 않지만, 활꼴 프로파일의 경우 0.77 이상의 공동화수에서 0° 근방의 작은 영각범위에서는 발생한다.

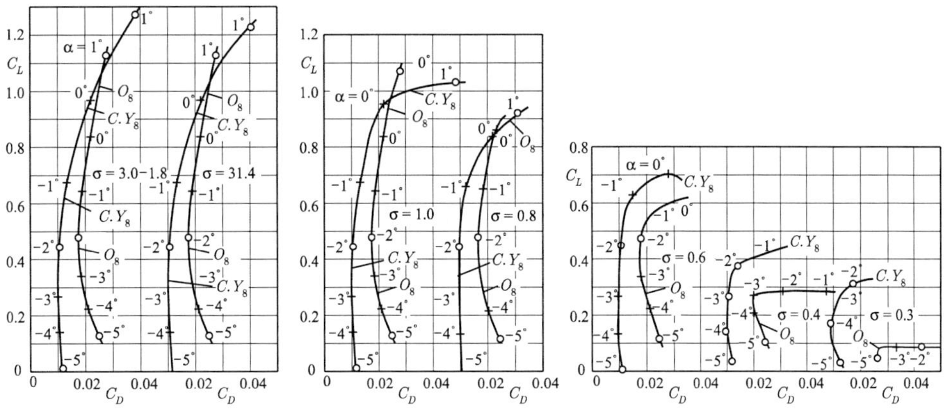

그림 4.20 가속 캐스케이드 내에서 Clark Y 8과 O_8의 극선도 비교[4.30]

가속 캐스케이드에서의 영역 II 공동화가 발생하는 양력계수는 분리될 때보다 수 % 작다[4.30].

가속 캐스케이드 내 두 프로파일에서 발생하는 공동화는 격렬한 진동을 유발하지 않는다.

주어진 양력계수에서 캐스케이드일 때와 분리될 때의 항력계수를 비교하면 Clark Y 프로파일은 0.1 ~ 0.4의 작은 양력계수 범위에서 약간 열등한 것을 제외하고 전반적으로 특히, 큰 양력계수와 작은 공동화수 범위에서 우수한 것을 보여준다. 반면 O_8 프로파일은 공동화수가 6보다 크고 양력계수가 0.6보다 큰 범위에서 우수한 것을 제외하고 0.1 ~ 0.6의 양력계수 범위에서 그리고 공동화수가 0.6보다 작을 때 전반적으로 열등하다.

두 프로파일 사이 주어진 양력계수에서 항력계수를 비교하면 그림 4.20과 같이 Clark Y 프로파일은 1.0보다 큰 공동화수에서 약 1.0보다 큰 양력계수의 범위를 제외하고 특히, 작은 공동화수의 범위에서 가속과 감소 캐스케이드 모두에서 전반적으로 우수한 것을 보여준다.

4.2.6 가속 및 감속 캐스케이드에 적합한 하이드로포일 프로파일

Numach는 공동화 및 비공동화 조건에서 캐스케이드로 배열할 때 우수한 성능을 보여주는 하이드로포일 프로파일인 "캐스케이드 프로파일"을 제안 및 조사하였다[4.37].

공동화 터널(tunnel) 내 감속[4.34] 및 가속[4.32] 캐스케이드 실험 결과와 조합한 퍼텐셜 유동기법(측정에 의해 확인된)으로 양력계수 0.9 또는 0.6(표 4.1) 그리고 두께비 8%를 사용하여 압력변화 경향에 따라 x_1과 x_2 사이 상부 표면상 압력분포를 세 형식으로 분류한다(그림 4.21). 형식 1, 2, 3은 하류측 방향으로 압력이 저하, 일정, 상승하는 분포를 보여준다. x_1과 x_2 그리고 x_3과 x_4(특히 x_1 인근에서 곡률)사이 곡선의 곡률과 함께 압력분포의 형식에 따른 프로파일 성능의 종속도, 이 네 점들의 위치, 그리고 최소 압력의 수치를 조사하였다.

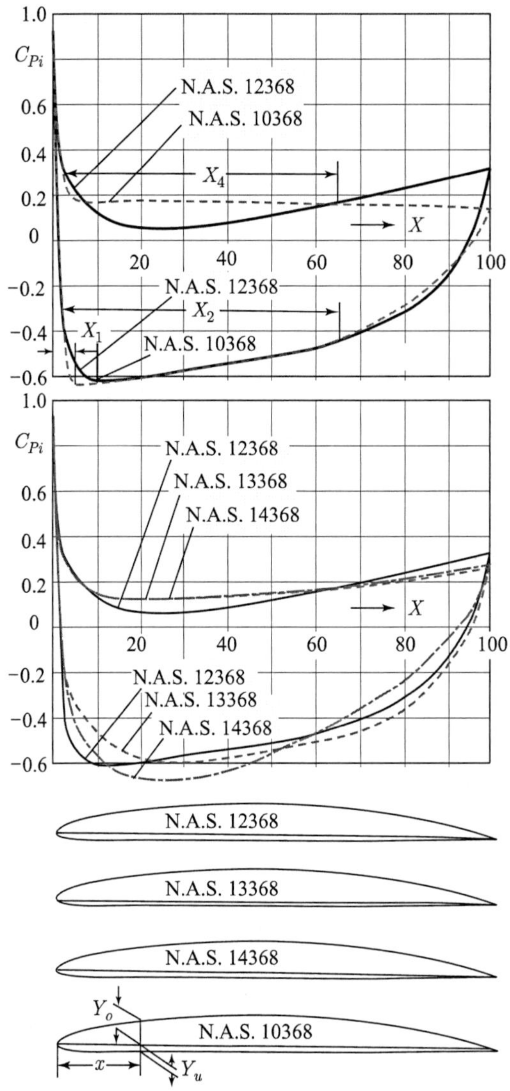

그림 4.21 압력 분포 3 형식[4.34]

그림 4.21은 세 형식의 압력분포와 함께 프로파일 형태를 보여준다[4.34]. 이들 중 프로파일 NAS 13368은 크고 작은 공동화수에서 우수한 성능을 보여주었다. 그림 4.22는 최상의 성능을 보여준 프로파일 NAS 11268 및 NAS 10168의 성능과 비교한 다양한 공동화수에서 프로파일의 극선도를 보여준다.

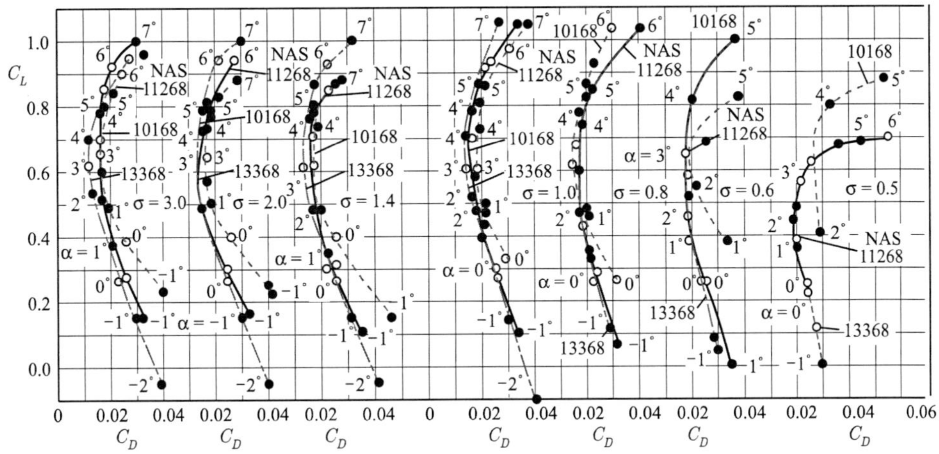

그림 4.22 압력 분포의 지속가능성[4.28]

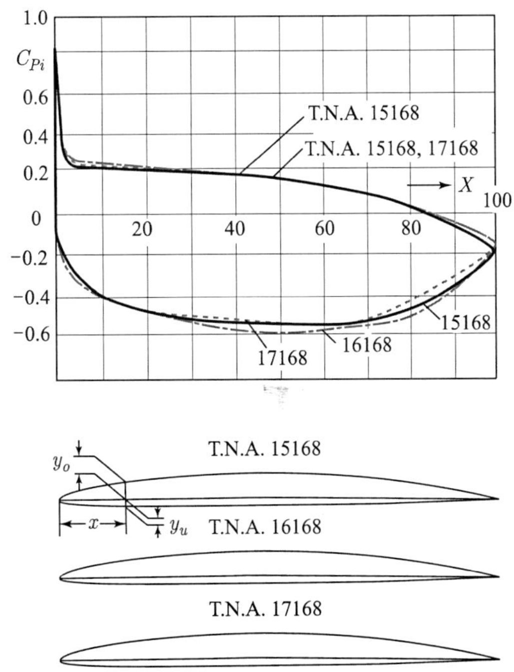

그림 4.23 가속 캐스케이드에서의 압력분포와 프로파일 형태[4.32]

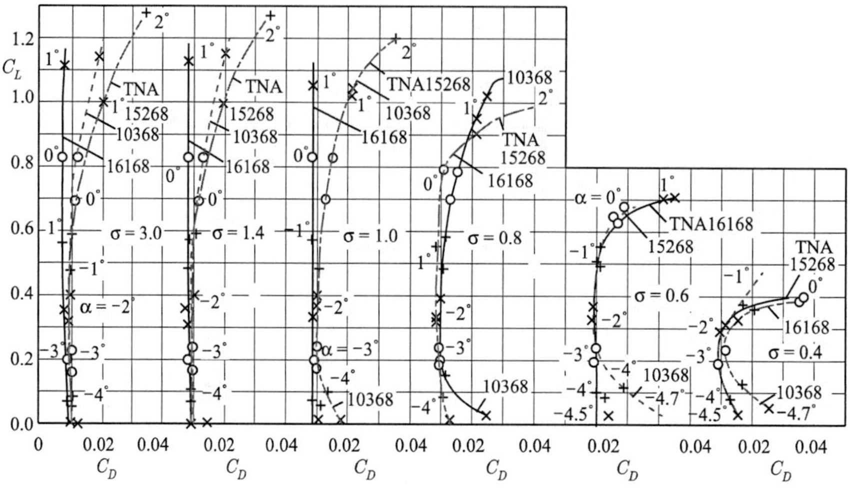

그림 4.24 3 형식의 압력분포와 하이드로포일 사이 극선도의 비교[4.32]

그림 4.23은 가속 캐스케이드에서 첫 번째 형식의 압력분포와 프로파일 형태를 보여준다. 이들 중 프로파일 TNA 16168은 최상의 성능을 보여주었다. 그림 4.24는 형식 2와 3을 대표하는 프로파일 TNA 15268과 TNA 10368의 극선도와 비교한 TNA16168의 극선도를 보여준다. TNA 16168은 그림 4.24에서와 같이 비록 상부 표면에서 초기 공동화수와 양력계수가 현저하게 감소하기 시작하는 공동화수는 다른 두 프로파일보다 크지만 양력계수가 0.6과 동일할 때 0.6보다 작은 공동화수에서 그리고 양력계수가 0.3과 0.5사이일 때 0.4의 공동화수에서를 제외하고 가장 우수하다.

주된 결론은 (1) 감속 캐스케이드에는 세 번째 형식의 압력분포, 가속 캐스케이드에는 첫 번째 형식의 압력분포가 적합하다. (2) 첫 번째 형식의 압력분포를 갖는 프로파일은 작은 공동화수에서 그리고 임의 수치보다 큰 양력계수에서 우수하다. (3) 영역 III 공동화의 발생은 작은 공동화수에서 성능을 악화시키고, x_1 인근 최소 압력은 가능한 커야 한다. (4) 형식 2 압력분포를 갖는 프로파일 형태는 가속 또는 감속 캐스케이드에서 우수한 성능을 절대 보여줄 수 없다.

높은 낙차 카플란수차의 얇고 두꺼운 하이드로포일을 개발하기 위해 이 연구결과들을 사용하였다[4.31].

4.2.7 부분 공동화하는 포일의 전산 모의

자유유선(free streamline) 이론과 선형화된 이론을 사용하여 하이드로포일 주변 공동화 유동을 분석한다[4.51].

하이드로포일 주변에서 부분적으로 공동화하는 유동(이는 불안정하고 가스-액체상 유체의 압축성과 점성에 의해 영향을 받는다)을 분석하기 위한 자유유선 이론의 비압축성과 비점성 유동 가정의 불일치를 보상하기 위해 공동을 전면부와 후면부로 나누고, 전면부는 자유유선이고 후면부는 전면부와 부드럽게 연결되어 후류가 되는 유동 모델이 제시되어 왔다[4.53, 4.23, 4.20].

대안적으로 공동의 내부와 외부를 하나의 연속체로 취급하고, 나비에-스톡(Navier-Stoke)공식과 수정된 레일리 공식을 사용하여 기포 클러스터의 압축성과 점성을 동시에 해석하는 유동 모델이 제시되어 왔다[4.22]. 또한 나비에-스톡공식에 기초하지만 가정된 압력과 밀도의 관계식에 기초하는 더욱 단순한 모델들이 제시되어 왔다[4.45, 4.8].

4.2.8 초공동화(supercavitating) 하이드로포일

하이드로포일은 초공동화 조건에서 불안정한 유체역학 힘 또는 공동화 침식을 경험하지 않고, 오직 하부 표면만이 물과 접촉하기 때문에 마찰 항력이 적다. 이러한 사실에 따라 초공동화를 사용하여 프로파일 항력을 감소시켜 프로펠러, 하이드로포일 보트 및 수력기계의 성능을 개선하기 위해 광범위한 연구를 수행하여 왔다[4.52]. 표 4.2는 Johnson Jr.가 개발한 초공동화 하이드로포일들의 예들을 제공한다[4.16]. 참고문헌 [4.10] 또는 [4.4]는 다른 하이드로포일에 대한 자료를 제공한다. 표 4.2는 평판, 원형 아크 프로파일 그리고 Tulin이 제안한 프로파일을 보여준다[4.49]. 표 4.2에서 공동화수 0(공동 길이 $l=\infty$)에서 선형화된 이론을 사용하여 프로파일의 양력계수 C_L과 항력계수 C_D를 계산하였다. 다음 식을 사용하여 유한 공동화수 σ에 대한 C_L'과 C_D' 수치를 계산할 수 있다[4.41, 4.7].

$$C_L' = \frac{C_L}{1+\dfrac{C_L}{2}}, \qquad C_D' = \frac{C_D}{1+C_L}$$

$$C_L = \sqrt{C_{LO}^2 + 0.85\sigma^2} + \sigma C_{LO}, \quad \frac{l}{c} = 1 + \frac{8}{\pi}\frac{C_D}{\sigma^2}$$

여기서 l : 공동 길이

c : 익현 길이

C_{LO} : $\sigma = 0$에서 C_L

표 4.2 프로파일 형태, 초공동화하는 유체포일의 양력 및 프로파일 항력 계수

구분	y/c	α_d	α_1
평판	0	0	0
원 아크 프로파일	중심 각도 : γ	$6/19 \cdot \gamma$	$\gamma/4$
T-B 프로파일	$A/2\left[x' + 8/3x'^{3/2} - 4x'^2\right]$	$5/4 \cdot A$	$A/4$
3 Term 프로파일	$A/10\left[5x' - 20x'^{3/2} + 80x'^2 - 64x'^{5/2}\right]$	$3/2 \cdot A$	$A/2$
5 Term 프로파일	$A/315\left[\begin{array}{l}210x' - 2240x'^{3/2} + 12600x'^2 \\ -30912x'^{5/2} + 35840x'^3 - 15360x'^{7/2}\end{array}\right]$	$5/3 \cdot A$	$A/2$

$C_L = \pi/2 \cdot (\alpha + \alpha_d)$, $C_D = \pi/2 \cdot (\alpha + \alpha_1)^2$, $x' = x/c$, $\alpha_d =$ 설계영각

초공동화 하이드로포일은 다음과 같은 단점을 갖는다. (1) 날카로운 전연(前緣)과 얇은 전면부는 전연(前緣)에 집중된 유체역학 힘을 지지하기 위한 충분한 강도와 강성도를 갖지 못한다. (2) 설계 영각에서 양력계수는 상대적으로 작고, 설계 영각이 약간 변화하면 프로파일 항력계수는 급격하게 상승한다. 이러한 단점에 대처하기 위해 다음 이론과 실험을 조사하여 왔다.

단점 (1)에 대해 속도(m/s)의 최대 0.06배의 쐐기각(°)을 전연(前緣)에게 제공하는 방법[4.10], 그리고 프로파일 항력을 증가시키지 않고 준-포물선(quasi-parabolic) 또는 포물선 분포의 두께[4.4] 또는 전연(前緣) 인근 진원도(roundness)를 제공하는 방법들이 제시되어 왔다[4.25, 4.9]. 이외 이론 및 실험으로 초공동화하는 유연한 하이드로포일의 유체-탄성(hydro-elastic) 특성을 조사하여 왔다[4.6, 4.27]. 단점 (2)에 대한 이론 및 실험[4.3] 결과는 하이드로포일에 조정 가능한 플랩(flap) 또는 제트 플랩을 부착시키면 높은 양력계수[4.49, 4.24] 그리고 넓은 영각범위에 걸쳐 낮은 프로파일 항력계수 모두를 얻을 수 있다고 제시한다[4.49, 4.11].

4.2.9 초공동화 하이드로포일 캐스케이드

평판의 캐스케이드 주변 질식유동에 대한 자유유선 이론은 잘 알려져 있다[4.5]. 평판과 원형 아크 프로파일 그리고 임의의 프로파일 하이드로포일의 캐스케이드 주변 초공동화 유동에 대한 선형화된 이론은 적정한 엇갈림 각(stagger angle) 선정의 중요성을 강조한다[4.1, 4.40].

4.3 제어밸브

E. Outa

4.3.1 제어밸브 공동화의 일반적인 특징

발전소, 제철소, 그리고 화학 플랜트와 같은 다양한 산업 플랜트에서 유체 시스템의 공정 압력과 유량을 조정하기 위해 다양한 형식의 제어밸브를 사용한다. 많은 밸브들은 극단적인 압력 수준에서 운영된다. 따라서 제어밸브 기술의 발전은 최근 그리고 미래 에너지 플랜트의 고품질 제어 운영을 위해 필수적이다.

밸브 제어 기술에서 가장 심각한 유체 장치 문제 중 하나는 공동화이고, 모든 종류의 액체 그리고 광범위한 압력과 온도에 걸쳐 공동화 현상이 발생할 수 있다. 증기 기포의 생성 및 붕괴의 2-단계로 구성된 공동화 현상은 높은 소음, 기계 진동, 유량 변동, 그리고 공동화 침식을 통해 재료를 손상시킨다. 진동과 유량 동요는 제어루프를 심각하게 방해한다. 심각하게 발달된 공동화 단계에서 그리고 액체의 증기상으로의 플래싱(flashing) 단계에서 유동은 질식되며, 하류측 압력에 반응하지 않고, 증기 응축으로 인한 불안정한 기둥(column) 붕괴 때문에 하류측 영향은 심각하게 된다.

공동화의 특징은 상당히 복잡하며 밸브 트림 형상에 따라 변화한다. 그림 4.25는 글로브 밸브 내부에 삽입된 전형적인 표준 트림 형상을 개략적으로 보여준다. 등고선-플러그(contoured-plug) 밸브에서 교축된 유동은 플러그와 시트-링 사이 갭으로부터 분출된 환상형(annular) 제트 형태를 취한다. 플러그 표면의 경계층 그리고 또한 제트의 외부 전단층에서 공동화 기포가 형성될 수 있다. 케이지 가이드(cage guided) 가변면적 트림에서는 케이지의 포트로부터 여러 제트가 분출되고 케이지 빈 공간의 중심부에서 서로 충돌한다. 오리피스 유동에서 그리고 또한 충돌 제트들의 혼합 영역에서 관측된 것과 유사한 방법으로 공동화 기포가 제트 주변의 전단층에 따라 생성될 수 있다. 플러그가 이동하면서 제트의 단면이 변화하기 때문에 공동화 형상은 플러그 인양 높이에 따라 변화한다. 다공(multi-hole) 케이지 가이드 밸브에서는 작은 직경의 홀로부터 많은 원통형 제트들이 분출된다. 통상적으로 작은 직경 노즐 유동에서 관측되는 링-형상의 공동화 기포가 각 홀에서 생성될 수 있다. 각 홀에서 동일한 공동화 패턴이 반복되면서 플러그의 개방은 기본적인 공동화의 형상을 변화시키지 않고 오직 공동화하는 제트의 숫자만을 변화시킨다. 케이지-가이드와 다공 밸

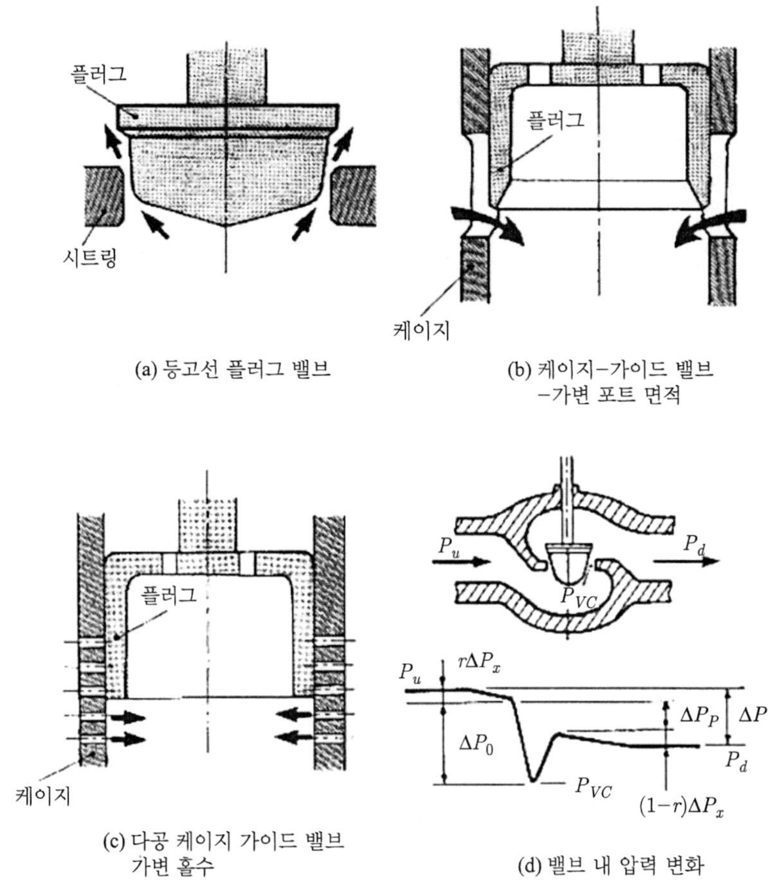

그림 4.25 전형적인 글로브 밸브에서 압력 감소 형상 개략도

브 내 공동화 기포는 벽으로부터 멀어지는 유동 내에서 붕괴하고, 등고선-플러그 공동화에 의해 야기된 것보다 진동과 재료 손상은 약할 것으로 생각된다.

밸브 내 유동형상은 매우 복잡하므로 물리적으로 기초한 특정 공동화를 묘사하는 것이 불가능하다. 다양한 공동화 단계의 한계를 예측하기 위한 판단기준은 아직 확립되지 않았지만 밸브 공동화의 일반적인 특징의 초기 이해를 위해 1차원 모델을 사용할 수 있다. 통상적으로 밸브 유동은 그림 4.25d와 같이 단순한 축소부를 통한 압력 변화에 따른 유동으로 대체된다. 이론적으로 베나(vena) 축소부의 압력 P_{VC}가 증기압에 도달할 때 공동화가 생성된다. 그러나 제트의 높은 운동 에너지는 유동 구속부에서 보텍스 및 유동박리와 같은 동적인 현상을 야기한다. 유동 과정 내 최소 압력은 반드시 베나 축소부에서 발생하는 것은 아니지만 보텍스와 분리 기포 내에서 일시적으로 발생할 수 있으므로 압력 P_{VC}가 증기압에 도달하기 전에 공동화가 발생할 수 있다. 이상적인 공동화 개시가 발생하는 압력 차이를 표현하기 위해 다음과 같이 정의된 공동화수 σ 또는 공동화 지수 k를 사용한다.

$$\sigma = \frac{P_d - P_V}{P_u - P_d} \tag{4.1}$$

$$k = \frac{1}{\sigma + 1} \tag{4.2}$$

여기서 P_d : 밸브 유출압력
P_u : 밸브 유입압력
P_V : 액체의 증기압

Tullis는 다양한 밸브 형식 그리고 그림 4.26과 같은 전형적인 자료들에 대해 공동화 실험을 수행하였다[4.48]. 유입압력과 밸브개도를 변화시키지 않고 차압 $\triangle P$를 증가시키면 유동률 Q는 단조롭게 증가한다. 따라서 다음과 같이 Q와 $\triangle P$의 관계를 표현할 수 있다.

$$Q = C_d A \sqrt{\frac{2 \triangle P}{\rho} + V^2} \tag{4.3}$$

여기서 C_d : 유출계수
A : 밸브 유입 면적
V : 평균 유동 유속
ρ : 액체의 밀도

유출계수는 다음과 같이 정의된다.

$$C_d = \frac{V}{\sqrt{\frac{2 \triangle P}{\rho} + V^2}} \tag{4.4}$$

C_d 수치는 명시된 밸브 개도와 밸브 형상에서 일정하게 유지된다. 따라서 로그-로그 좌표로 식 (4.3)의 Q와 $\triangle P$를 작성하면 기울기가 거의 0.5인 직선으로 나타난다. 그림 4.26에서 각 곡선은 공동화가 V와 S로 표기된 매우 심각한 단계에 도달할 때까지 상기 관계식을 따른다. 이 심각한 단계에 도달하면 유출 곡선은 급격하게 저하되어 일정한 Q 수치의 수평선에 접근하고, 유출압력이 더욱 감소되어도 유동률은 증가하지 않는다. 이와 같이 밸브 목의 하류측에서 초공동화가 발생하는 조건을 통상

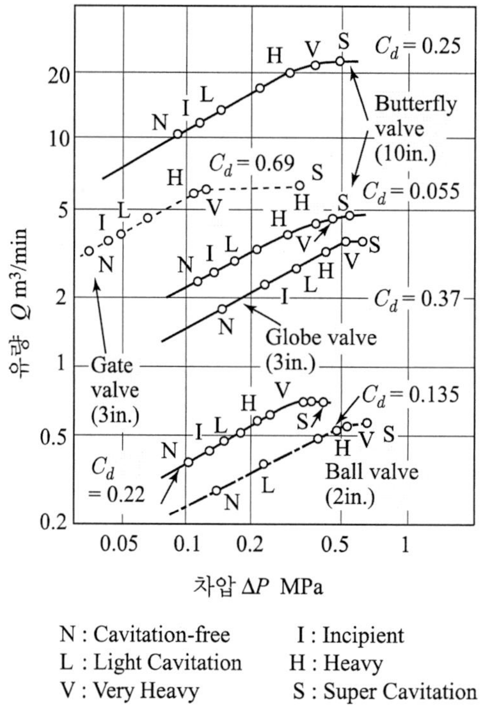

그림 4.26 공동화가 다양한 밸브 형식의 유출 유동률에 미치는 영향[4.48]

적으로 질식 공동화(choking cavitation)라 부르고, 식 (4.3)으로 표현한 직선과 질식 유동의 수평선의 교차점을 질식 유동 공동화 단계로 정의한다.

질식 공동화는 극단적인 공동화 발생 단계이다. 하류측 배관 내 초공동화 기둥의 붕괴로부터의 극심한 진동과 공동화 침식이 불가피하기 때문에 정상적인 제어 운영 시 반드시 이 조건을 피하여야 한다.

그림 4.26에서 각 곡선 상에 알파벳 문자로 나타낸 것과 같이 공동화는 질식 수치보다 상당히 낮은 차압 수치에서 시작하고 발달한다. 액체의 체적은 오직 약간 변화하기 때문에 유동특성 자체로서 공동화의 초기 발달 단계를 거의 감지하는 못하는 사실에 유의하여야 한다. 벽 진동, 음압 및 압력 변동과 같은 동적인 자료들은 공동화 발달에 더욱 민감하다. 그림 4.27은 유입 압력을 5 MPa로 유지한 다공 케이지 밸브의 σ 시험에서 얻은 전형적인 자료를 보여준다[4.44].

유출 압력이 감소되면서 난류가 발달하기 때문에 이 자료들의 rms 수준은 단조롭게 증가한다. 가속자료좌표에서 "inc"로 표기된 지점에서 공동화의 개시가 최초로 발견되며, 이 지점에서 증가율은 급격하게 성장한다. 최대 100 kHz 주파수 범위로

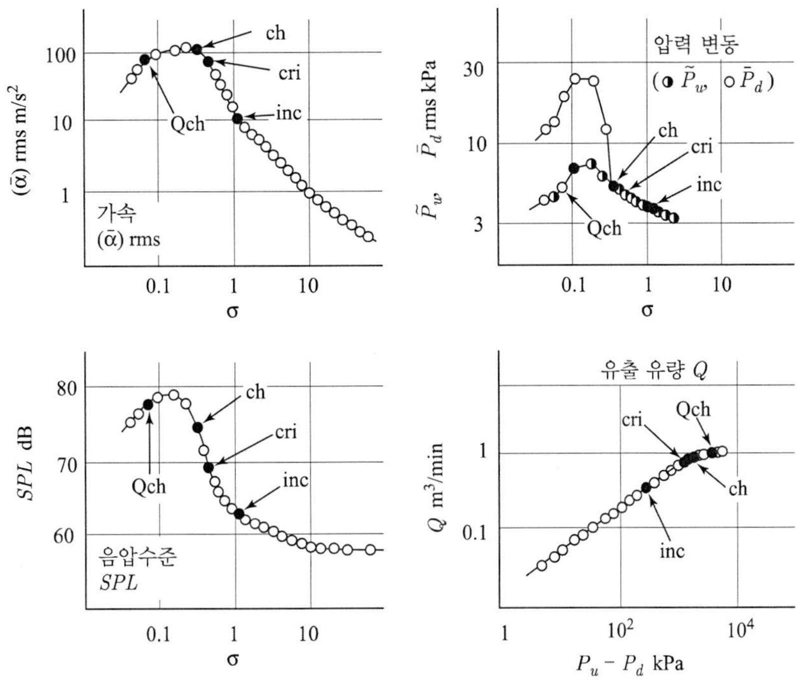

그림 4.27 여러 측정된 변수들로 표현된 전형적인 공동화의 발달($C_V=8$, 3인치, $P_U=5$ MPa에서 다공 케이지 밸브)[4.44]

해석한 푸리에 스펙트럼에서 25 kHz보다 높은 범위에 걸쳐 분포하는 성분에서 상당한 성장이 나타난다. 이와 같은 특징은 이와 같이 높은 주파수에서 수많은 미세 공동화 기포 숫자가 형성되고 불규칙하게 붕괴되는 것을 의미한다. 버터플라이 밸브의 진동 측정에서 이와 같이 높은 주파수 성분 내 유사한 성장이 발생하는 것으로 알려졌다[4.46].

Tullis가 정의한 공동화 발달 다음의 중요한 단계는 좌표에서 "cri"로 표기된 것과 같이 공동화 발달이 안정되고, 진동 수준의 상승률이 완만하게 되는 단계이다[4.50]. 높은 주파수 스펙트럼 성분은 거의 한계 크기에 도달하고, 추가 유출 압력의 감소에 오직 약하게 반응하는 것으로 밝혀졌다. 전단층 내 작은 크기의 기포의 탄생과 붕괴는 아마도 안정된 상태에서 이루어졌을 것이다. Tullis는 큰 소음, 침식 및 극심한 진동을 피하여야 하는 용도에 대해 이 한계를 제시하였다. 그러나 이 단계에서 공동화는 밸브의 수명을 단축시키거나 거부감을 유발하지는 않는다.

세 번째 단계는 유동질식의 개시로서 이는 유출부에 부과된 압력 변동이 유입부 내부로 완전하게 전달되지 않는 한계로서 정의된다. "ch"로 나타낸 압력 변동에서 이 단계를 인지할 수 있다. 이와 같은 압력파 전달의 상황은 하나의 특정 특성으로 이는 속도가 혼합체의 음속에 도달하면서 축소부를 통해 압축성 2상 유동(two phase flow)에서 발생한다. 최종 단계는 전술한 유동질식이다.

기포의 탄생과 성장에 따른 액체 체적의 변화가 매우 작아 시간과 공간 평균된 수치가 거의 응답할 수 없기 때문에 유동률 자료에서 “inc”와 “cri” 단계를 거의 탐지할 수 없다는 사실에 재차 유의하여야 한다. 전달 경로에서의 완화 그리고 광범위하게 분산되는 소음원 속성 때문에 원거리 소음자료는 정확한 진단에 적합하지 않다.

그림 4.28은 여러 글로브 밸브 트림 형식에 대한 개별적인 공동화 단계 자료들을 보여준다. 공동화는 각 단계에서 유출계수에 따라 증가하는 것으로 보인다[이는 선 I - I로 나타낸 것과 같이 등고선-플러그 및 가변 면적 케이지의 트림에 대해 지수가 0.5인 단순한 멱법칙(power-law) 관계로 기술된다]. 다공 케이지 트림의 경우 플러그 인양은 단순하게 높은 속도의 유동이 분출하는 홀의 숫자만을 변경하고, 공동화 발달은 거의 전적으로 홀(hole)의 형상과 홀들 사이 공간에 의해 결정되기 때문에 공동화수는 밸브개도에 덜 민감하다(선 II - II).

그림 4.25의 선도 상에 $r\Delta P_x$로 표기된 등고선-플러그 및 다공 케이지의 베나 축소부의 상류측 통로에 따른 마찰 압력손실은 공동화 개시의 지연에 상당한 역할을 한다. 그러나 공동화 발달은 매우 신속하고, 유동질식은 임계 공동화가 이루어진 직후 개시한다. 이와 대조적으로 가변 면적 케이지에서는 급작스런 축소 형상 때문

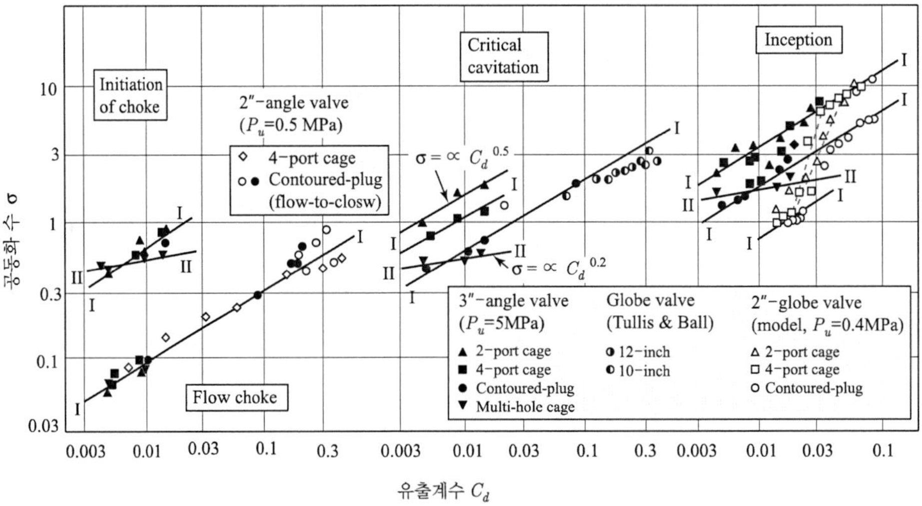

그림 4.28 다양한 밸브 형식에서 측정된 공동화 한계[4.44]

에 손실이 매우 적어 개시는 상당히 높은 공동화수에서 발생하며, 공동화 발달은 다소 완만하다. 질식유동 단계는 트림 형상과는 무관하게 거의 동일한 σ 수치에서 도달하는 것으로 보인다.

4.3.2 글로브 밸브 유동의 공동화 사진

밸브 내 공동화는 밸브의 형상과 유동조건에 따라 다양한 방법으로 나타난다. 등고선-플러그 밸브와 가변 면적 케이지 가이드 밸브 내 전형적인 공동화 유동의 순간 사진은 그림 4.29 및 4.30과 같다.

그림 4.29의 일련의 사진들은 3인치 밸브 몸체에 부착된 측면 유리를 통해 상당히 높은 유입 압력 5 MPa과 유출 압력 범위 2.4 ~ 0.4 MPa에서 취한 것이다. 이와 같이 큰 압력 차이가 발생할 때 플러그와 시트-링 사이 목에서의 유동 속도는 150 m/s 이상이 된다. 목으로부터 분출되는 환상형 유동의 표면층 내부는 물론 플러그 표면에서 경계층 내부 전단율은 극단적으로 높은 것으로 생각된다.

사진 B와 같이 시팅 림(rim)의 선두 부분 주변에서 미세 공동화 기포가 생성되면서 $\sigma = 0.94$에서 개시가 발견된다. 밸브 진동의 rms 수준은 공동화가 발생하지 않는 경우의 20배 이상으로 급격하게 증가한다. 적은 개도에서 이 공동화 영역의 위치는 통상적인 것이고, 경계층 유동박리에 의해 생성된 보텍스의 존재와 밀접하게 관계된다. 보텍스 내 압력은 감소되어 증기압에 도달할 가능성이 있다.

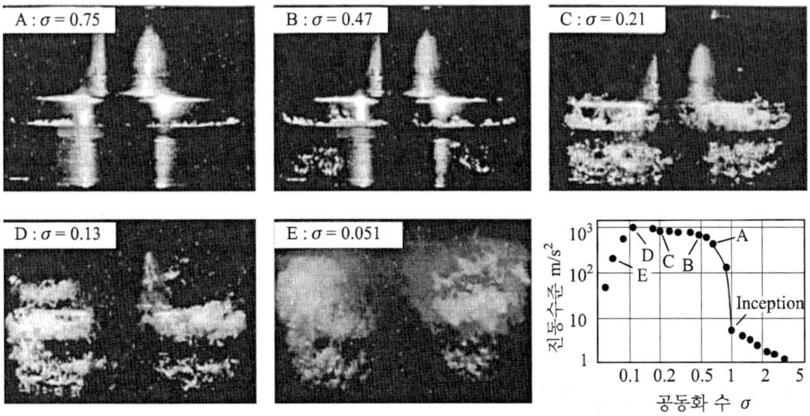

그림 4.29 높은 운영압력에서 등고선-플러그 주변 공동화 발달을 보여주는 순간 사진(P_U =5 MPa, P_d =2.4~0.2 MPa; C_d =0.012)[4.43]

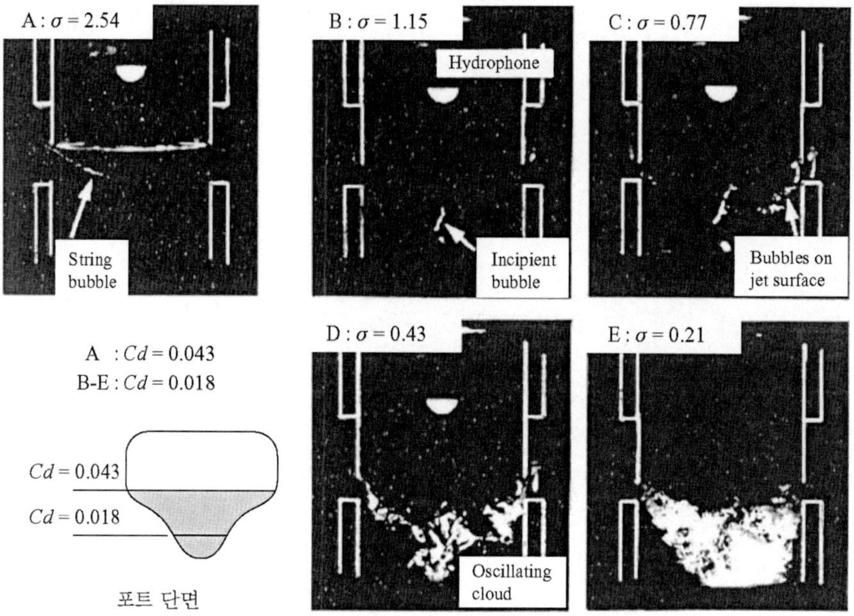

그림 4.30 2포트 케이지 가이드 밸브 내에서 발달하는 공동화 기포와 클라우드[4.44]

사진 B 및 C와 같이 유출 압력이 감소하면서 환상형 유동의 외부 층에 따라 생성 및 붕괴되는 기포가 추가 출현하면서 시팅-림 주변 공동화는 더욱 발달한다. 사진 D의 $P_d = 0.6$ MPa 단계에서 플러그는 링 형상의 공동화 클라우드들로 거의 덮인다. 이는 기포의 방출이 원주상에서 거의 주기적이며 동시 발생하여 심각한 소음과 진동을 야기하는 것을 의미한다. 이 단계를 넘어서면 목의 하류측은 사진 E와 같이 증기 유동으로 충만된다. 증기 체적이 압력파를 흡수하기 때문에 소음과 진동 수준은 상당히 낮게 감소한다.

이 전형적인 높은 압력 공동화 사례에서 그림 4.25d로 나타낸 것과 같은 일차원 유동 고려는 공동화 생성 기작을 기술하는 데 전혀 유용하지 않는 것으로 증명되었다. 증기압과 관련된 유체 압력은 베나 축소부에서의 압력이 아니라 아마도 교축된 유동의 전단층에 의해 생성된 보텍스 내부에서 일시적인 국부압력일 것이다.

그림 4.30의 사진은 두 교축된 포트로부터 분출된 반대 방향의 한 쌍의 제트들이 케이지 중심에서 서로 충돌하는 것을 보여준다. 이 사례에서 유입 압력을 0.4 MPa로 유지하였고, 유출 압력을 0.29 ~ 0.07 MPa 사이에서 변화시켰다. 초기 기포는 사진 A 및 B와 같이 밸브 개도에 따라 케이지 중심 또는 교축 포트 내에서 스파이럴 스트

링(spiral string) 형상을 취하여 나타난다.

개도가 큰 경우 포트 단면 내 측면 구석에서 길이 방향 보텍스가 생성된다. 개도가 작은 경우 케이지 중심에서 두 제트의 충돌에 의해 교대로 발생하는(alternative) 길이 방향 보텍스가 생성된다. 보텍스 코어에 따른 압력은 쉽게 증기압으로 저하되어 두 경우에서 유출 압력이 감소되면서 처음에는 스트링과 유사한 기포가 나타난다. 이 개시는 매우 짧은 기간에 상당히 간헐적으로 발생하며 펄스와 유사한 소음과 진동을 동반한다.

유출 압력이 더욱 감소하면서 그림 4.30의 사진 C와 같이 제트의 외부 표면 주변에서 공동화 기포가 나타난다. 케이지 중심에서 기포 생성은 이미 안정되었고, 두 기포 형식은 사진 D와 같이 공동화 클라우드를 형성한다. 반대 방향의 제트와의 충돌은 불안정하므로 공동화 클라우드는 전후로 동요하면서 낮은 주파수로 밸브를 진동시킨다. 그림 4.30의 사진 E는 강력하게 동요하는 공동화 클라우드를 보여준다.

4.3.3 보텍스 성장에 따른 공동화 개시

앞 절에서 기술한 것과 같이 제어밸브 내 공동화의 특징은 복잡하다. 그러나 현실적인 측면에서 논쟁을 공동화의 개시(inception)로 제한하면 유동 가시화 연구 및 공동화가 없는 나비에-스톡공식으로부터 예측을 위한 일부 물리적인 모델들을 유도할 수 있다. 압력장(field pressure)이 증기압과 직접 관련되는 본질적인 유동 구조 중 하나는 밸브 유동에서 발생하는 보텍스일 수 있다.

그림 4.31에서 등고선-플러그 밸브 내 개시에서의 공동화수를 유출계수에 대비하여 작도하였다. S로 표기한 한계가 높은 C_d 운영에 도달하면서 첨부된 사진 S에서와 같이 간헐적으로 스트링과 유사한 기포가 생성된다. 유출 압력을 더욱 감소시키면 C로 표기된 한계에 도달하고, 이 한계에서는 사진 C와 같이 구형 기포 클라우드가 플러그 특성 표면의 볼록한 어깨 주변에 밀집되어 생성된다. 낮은 C_d 운영에서는 사진 R과 같이 플러그 시팅-림 주변에 공동화 기포가 먼저 나타나며 이 한계를 R로 표기한다.

그림 4.32의 개략도와 같이 스트링과 유사한 기포 S는 길이 방향 보텍스의 축을 따라 발생하는 것으로 추정된다. 통상적으로 밸브 유입부에서 도입된 스월(swirl) 교란에 의해 이와 같은 보텍스가 생성된다. 출현 순간에 찍은 schlieren 사진에서 상류 챔버로부터 목으로 횡단하는 기포는 목의 하류에서 나선형 기포로 파괴되어 구형

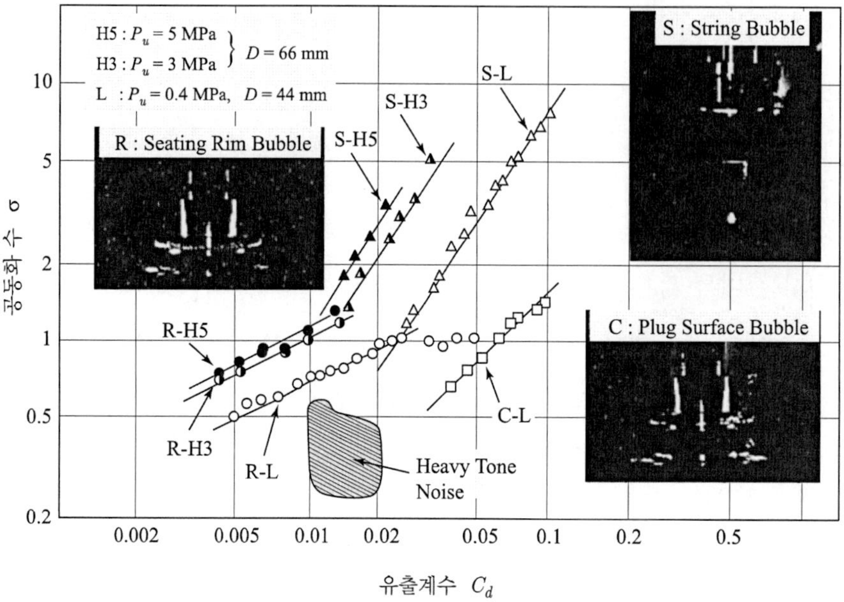

그림 4.31 개방-유동으로 설치된 등고선-플러그 밸브의 개시 공동화수(유입 압력 범위=0.4~5 MPa) [4.13, 4.14, 4.43]

충격파를 생성하는 것으로 밝혀졌다. 시간-압력 추적장치는 폭발파(blast wave)를 개시하는 충격에 반응하여 펄스와 유사하고 완화되는 변동을 기록한다.

길이 방향 보텍스의 단면 구성을 Rankine 보텍스로 대체하여 초기 공동화수 σ_{inc}를 유출계수 C_d와 관련시키는 반경험 공식을 얻을 수 있다. Rankine 보텍스는 비회전(irrotational)하는 외부와 회전(rotational)하는 내부로 구성된 조합된 보텍스이다.

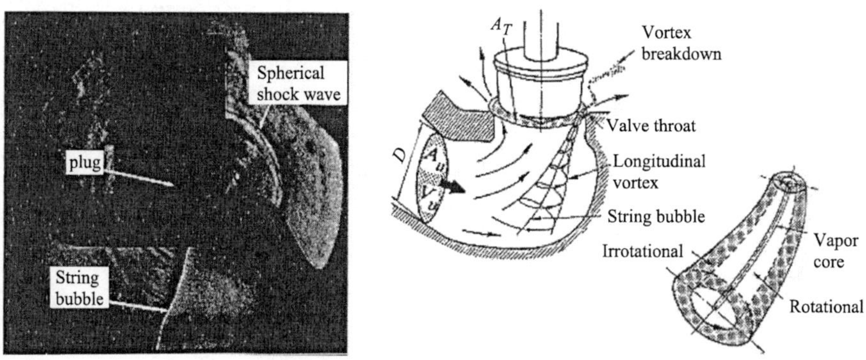

그림 4.32 길이방향 Rankine 보텍스에 의한 줄과 유사한 공동화 기포의 생성

밸브 목 단면 내 비회전 압력은 길이 방향 보텍스의 외부 비회전 부분에 적용되는 베르누이 정리에 의해 밸브 유입압력과 관련된다. 목 단면에서 비회전 압력으로부터 보텍스 코어에서 압력으로의 감소는 보텍스의 순환(circulation) 항으로 기술된다. 만일 높은 순환 수준에서 회전 부분의 반지름이 작으면, 코어의 압력은 쉽게 증기압으로 저하된다.

목에서 보텍스의 외부 반지름은 플러그와 시트-링 사이 간격과 동일하고, 회전 부분 내 축방향 유동이 없는 것으로 가정하면 보텍스 코어의 압력이 목 단면에서 증기압에 도달하는 공동화수 σ_{inc}를 다음과 같이 표현할 수 있다.

$$\sigma_{inc} = K_0\left[1 + \frac{4\left(1 - I_T^2\right)}{1 - I_T^2 + 2I_T^2 log I_T}\right] C_d - 1 \tag{4.5}$$

$$\frac{4\left(1 - I_T^2\right)}{1 - I_T^2 + 2I_T^2 log I_T} = \left(\frac{C_d}{K_0}\right)^{\frac{1}{2}} \frac{I_U^2}{1 - I_U^2 + 2I_U^2 log I_U} \sigma_{inc} \tag{4.6}$$

여기서 I는 외부 부분 반지름 r_i와 내부 부분 반지름 r_r 비율(r_r/r_i)이고, 아래첨자 T와 U는 목과 유입 단면을 나타낸다.

계수 K_0는 밸브 목과 유입부 사이 단면적 비율은 물론 유입부에서 밸브 통로와 보텍스의 직경비에 종속된다. 만일 밸브 챔버 내 유동 구조의 상사성을 가정하면 표준-규격 밸브에서 얻은 수치를 사용하여 다양한 밸브 규격의 K_0 수치들을 결정할 수 있다. 이제 예측을 위해 필요한 유일한 매개변수는 밸브 상류측 배관으로부터 밸브까지에 적용된 스월 교란의 밀도를 표현하는 I_U이다.

그림 4.33a에서 현재 모델로 예측한 등고선-플러그 밸브의 공동화수를 실험 자료와 비교하였다. 2인치 밸브 실험으로 결정된 수치를 사용하여 3인치와 5인치에 할당된 K_0 수치를 추정하였다. 예측결과는 수용할 수 있는 I_U 수치 범위에서 실용적인 적용을 위해 만족스러운 것으로 나타났다. 규격이 3인치 이상의 밸브는 개시에 약간 영향을 미치는 반면 이보다 작은 경우 규격이 감소되면서 개시는 상당히 지연되는 사실을 알 수 있다. 밸브 유입부에 도입된 교란이 강렬하지 않으면 스트링과 유사한 기포는 생성되지 않을 것이다. 유입부 압력이 높아지면서 공동화 개시에 필요한 K_0 수치는 증가한다. Inoue는 이 길이 방향 보텍스 모델의 상세한 묘사를 제시하였다 [4.14, 4.43].

그림 4.31에서 R로 표기한 시팅-림 공동화의 개시는 그림 4.34에서 개략적으로

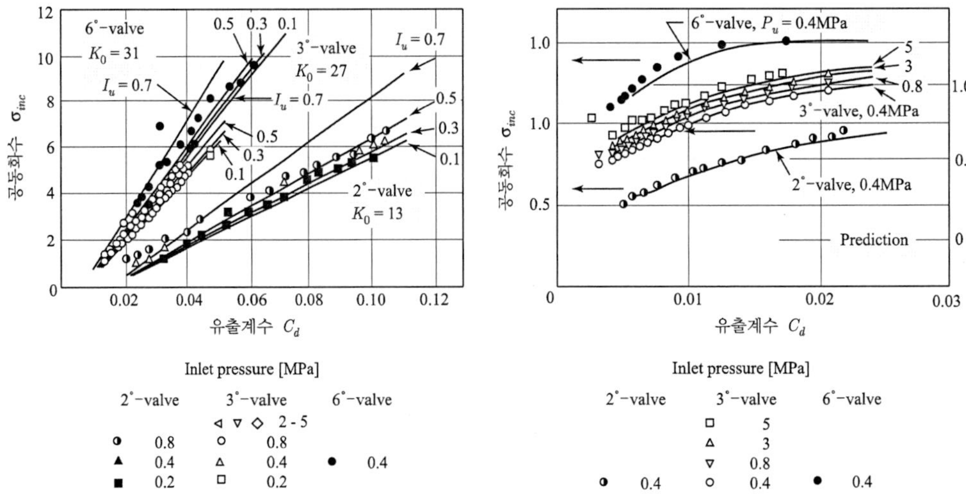

그림 4.33 측정 및 예측된 공동화 개시 한계의 비교[4.14, 4.15, 4.43]

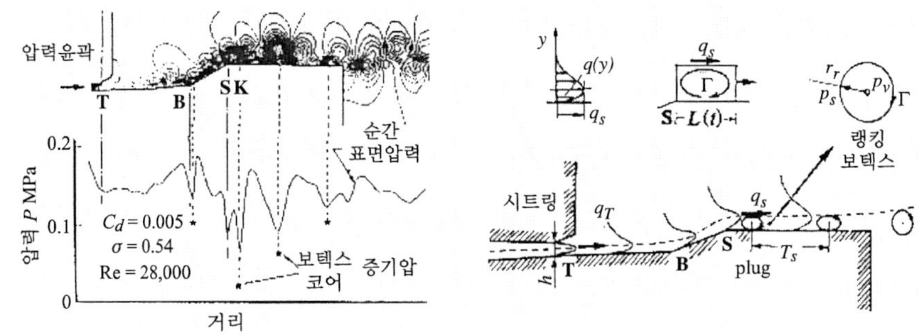

그림 4.34 전단층 보텍스 모델로 연산된 플러그 표면에서의 전단층 유동패턴[4.15, 4.43]

표현한 것과 같이 시팅-림에서 성장하고 분리되는 전단층 보텍스와 밀접하게 관련된다. 그림에서 전산기가 생성한 모델은 밸브 목으로부터 분출된 유동은 플러그 표면을 따라 줄을 지어 이동하고, 경계층 내에서 수많은 보텍스를 생성하는 것을 보여준다. 또한, 순간 압력은 시간 평균 압력이 가장 낮은 S에 인접한 곳에 위치한 보텍스 K의 코어에서 일시적으로 가장 낮은 수치를 취하는 것을 알 수 있다. 보텍스 K의 순간 코어 압력은 증기압에 매우 가깝다.

Arndt의 보텍스로 인한 공동화 개념을 적용하여 표면 경계층 내 와도의 누적으로 생성된 Rankine 보텍스를 고려한다[4.2]. 순환 및 Rankine 보텍스의 내부 반지름은 보텍스 방출의 스트로우홀 수 및 경계층 프로파일과 관련된다. 재차 보텍스 코어의 압력은 개시에서의 증기압과 동일한 것으로 가정한다. 이제 밸브 통로에 따른 정상상태 압력 감소 및 보텍스 방출 순간에서 보텍스에 의한 일시적인 압력 감소 모두를 고려하면 다음과 같이 개시의 공동화수를 표현할 수 있다.

$$\sigma_{inc} = (C_{PS} - 1) + \frac{C_0^2}{2\pi}\frac{q_s^3}{q_T V_u^2}\left(\frac{n+1}{n}\frac{h}{\delta_s}\right)\frac{1}{S_t}\frac{C_d^2}{1 - C_d^2} \tag{4.7}$$

여기서, $C_{PS} = (P_u - P_s)/(P_u - P_d)$는 플러그 위치 S에서 정상상태 압력계수를 의미한다.

계수 C_{PS}는 단조롭게 증가하는 유출계수 C_d의 함수이고, 연산 결과 순환 성장률을 결정하는 계수 C_0는 0.46인 것으로 나타난다. 속도 q_s, q_T, V_u는 위치 S, 목 T, 그리고 밸브 유입부 u에서 수치를 나타낸다. 높은 레이놀즈수 유동에서 $q_s^3/(q_T V_u^2)$은 거의 C_0 자승의 역수에 비례하고, 등가 퍼센트 등고선-플러그에서는 거의 $1.2/C_d^2$과 동일하다. 경계층 프로파일을 $1/n$ 승으로 표현하면 $n = 6.1$ 수치를 사용하여 전통적인 평판 경계층 이론으로부터 경계층 두께 δ_s를 얻는다. 밸브 유입 압력이 커지면서 플러그 표면 유동의 레이놀즈수가 증가하고, 이제 감소된 δ_s 수치는 σ_{inc} 수치를 증가시키는 데 기여한다. 최종적으로 목 폭(throat width) h, 목에서 속도 q_T 그리고 보텍스 방출 주파수 항으로 정의된 스트로우홀 수 S_t는 레이놀즈수에 의해 변화하지 않으며, $0.075(L_1/L_2)$와 동일한 것으로 밝혀졌다. 여기서 L_1과 L_2는 플러그 안양높이와 시팅-림의 두께이다.

그림 4.33b는 식 (4.7)로 계산한 σ_{inc} 수치를 실험 자료와 비교한 것을 보여준다. 예측은 상당히 만족스럽고, 현존하는 모델은 밸브 규격과 압력 수준의 스케일-효과를 분명하게 보여준다. 식 (4.7)의 우측 두 번째 항은 보텍스 내 압력 감소를 표현하며, 이 수치는 밸브 통로에 따른 압력 감소를 표현하는 첫 번째 항의 수치의 크기와 거의 동일하다. C_d가 감소하면서 두 번째 항은 스트로우홀 수 S_t의 감소로 인해 첫 번째 항을 초과하여 증가한다. Inoue는 더욱 상세한 내용을 기술하였다[4.15, 4.43].

4.3.4 공동화 침식 및 공동화-방지 밸브

밸브 트림이 상당히 침식되는 경우 밸브 형식, 재질 및 수명 선정을 위한 실용적인 판단기준 수립시 기본적인 매개변수로서 공동화수를 고려하여 왔다. 그러나 침식은 이 단순한 매개변수뿐만 아니라 밸브의 다양한 국부 조건에도 종속된다.

상기에서 기술한 공동화 예들 중 전단층 보텍스에 의해 생성된 공동화는 시팅-림의 전면 경사부에서의 손상 원인인 것으로 생각된다. 높은 압력 운영 동안 스테인리

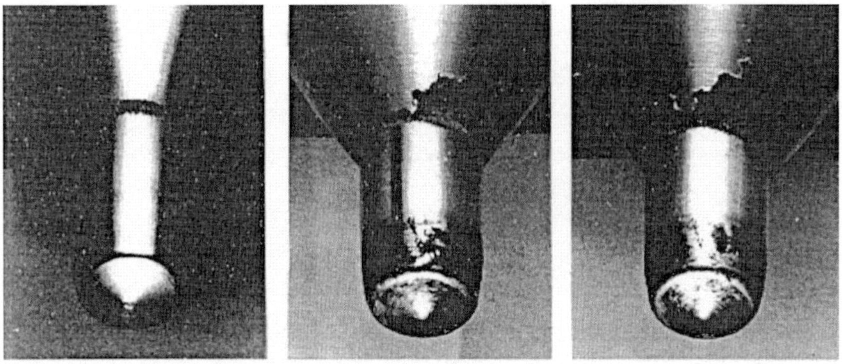

그림 4.35 매우 높은 유입압력 20 MPa에서 형성된 공동화 침식(플러그 직경 = 11 mm, 재질 = SUS 316 스테인리스 스틸)

스 스틸 플러그에서 발생한 전형적인 침식 사진은 그림 4.35와 같다. 20시간 운영 후 플러그 뿌리의 원주가 상당히 침식되고, 밸브의 차수 능력은 거의 손실된 것으로 나타난다. 100시간 운영 후 침식된 부분은 플러그의 중심 부분까지 상당히 깊게 진전되며, 유량특성은 상당히 변화된다. 이 경우 스템의 보수가 불가능하게 되고 균열이 발생하는 운영한계는 150시간이다. 스텔라이트 합금으로 플러그 표면을 코팅하면 수명을 상당히 연장시킬 수 있다.

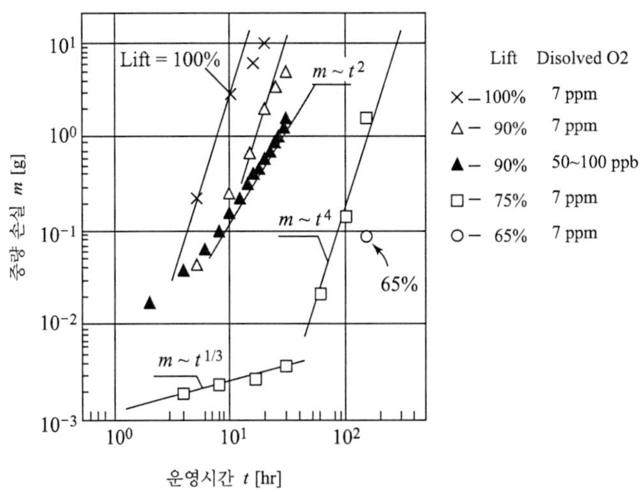

그림 4.36 유입압력 20 MPa에서 침식에 의한 "SUS 316" 플러그의 중량 손실[4.42]

그림 4.36은 운영시간에 따라 손실된 중량을 보여준다. 플러그 뿌리 주변 표면의 초기 조도는 이력에 심각하게 영향을 미친다. 그럼에도 불구하고 중량 손실은 운영기간의 자승으로 관련되는 것을 알 수 있다. 예를 들어 인양 높이가 75%인 경우 최대 50시간까지의 초기 침식 단계에서 침식된 부분은 약 1/3의 지수로 완만하게 전개된다. 이 상황에서는 주로 전단층 공동화에 의해 침식이 발생된다. 이후 약 4의 지수로 급격한 침식단계가 뒤 따른다. 교축된 높은 속도의 제트와의 직접적인 충돌에 의해 침식된 부분에 주로 홈이 파진다. 밸브 인양높이가 완전 개방으로 증가하면서 급속한 발달단계가 즉각 나타나고, 밸브 수명은 75% 인양시 수명의 거의 1/10이 된다. 또한, 시험수에 용해된 산소는 침식 발달에 영향을 미치고, 용해된 산소가 정상적인 조건에서, 즉 포화량의 85%인 7 ppm으로부터 100 ppb보다 작게 감소될 때 지수는 시간 종속 관계에서 거의 절반만큼 감소된다.

본 절을 마무리 하면서 극도로 강력한 용도에서는 빈번하게 통로가 구불구불한 다단계 트림이 사용되는 것을 알 수 있다. 전형적인 트림은 그림 4.37과 같다. 그림 4.25d의 압력선도를 참조할 때 이와 같은 다단계 트림설계는 다음 개념에 기초한다.

- 각 통로의 유출부에서 유속이 감소하면서 $\Delta P_p / \Delta P_0$가 증가한다.
- 마찰 압력 감소가 증가하기 위해서는 반드시 $\Delta P_x / \Delta P_0$가 증가하여야 한다.
- 기포 붕괴 위치가 금속 표면으로부터 멀기 때문에 다공 형상이 선호된다.

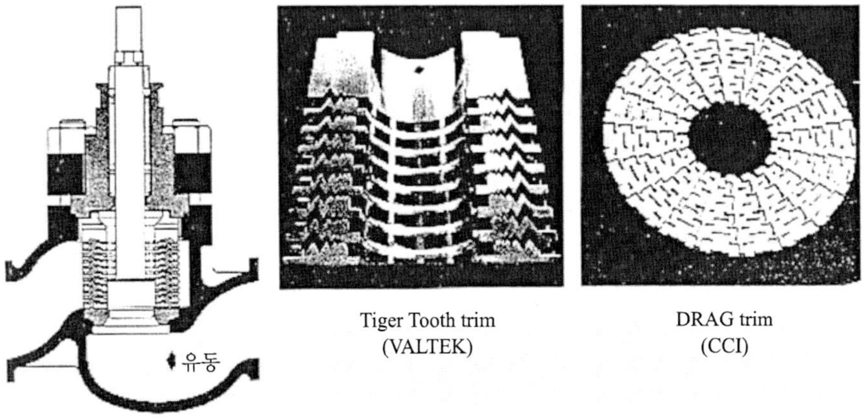

그림 4.37 가장 심각한 용도로 설계된 구불구불한 통로 트림

References

4.1 Acosta, A. J. (1960), 'Cavitating Flow Past a Cascade of Circular Arc Hydrofoils', Calif. Inst. Techl. Rep. E 79, No. 2.

4.2 Arndt, R. E. A. (1976), 'Semiempirical Analysis of Cavitation in the Wake of a Sharp-Edged Disk', Trans. ASME, *Journal of Fluid Engineering,* Vol. 98, No.3, pp. 560-562.

4.3 Auslaender, J. (1964), 'Supereavitating Foils With Flaps Beneath a Free Surface', *J. Basic Engng.,* Trans. ASME, Vol. 86, Ser. D, pp. 197-204.

4.4 Ausaender, J. (1962), 'Low Drag Supereavitating Hydrofoil Sections', Hydronautics Inc., TR 001-7.

4.5 Betz, A. and Petersohn, E. (1931), *Ing.-Arch.,* Vol. 2, p. 190.

4.6 Brennen, C , et al. (1980), 'Leading-Edge Flutter of Supereavitating Hydrofoils', *J. Ship Res.,* Vol. 24, pp. 135-146.

4.7 Brown, P. W. (1963), *Davidson Lab. Rep.,* 971.

4.8 Chen, Y. and Heister, S. D. (1994), 'Two-Phase Modeling of Cavitated Flows', *ASME FED* Vol. 190, pp. 299-307.

4.9 Furuya, O. (1974), 'Supereavitating Linear Cascades with Rounded Noses', *J. Basic Engng.,* Trans. ASME, Vol. 97, Ser. D, pp. 35-42.

4.10 Grumman Aircraft Engng. Corp. (1958), *Super Cavitating Hydrofoil.*

4.11 Harrison, Z. L. and Wang, D. (1967), 'Evaluation of Pressure Distribution on a Cavitating Hydrofoil With Flap', *J. Ship Res.,* Vol. 11, pp. 93-108.

4.12 lhara, A. and Murai, H. (1984), 'Cavitation Inception on a Circular Cylinder at Critical and Supercritical Flow Range', Intnl. Symp. on Cavitation Inception, *ASME FED,* Vol. 16.

4.13 Inoue, F., Outa, E., Matsuoka, H., and Machiyama, T. (1991), 'Flow Oscillation in Contoured Plug Valve with Multi-Hole Retainer and the Related String Cavitation Generation', Proceedings, 3rd International Symposium on Fluid Control, Measurement, and Visualisation, ASME, Book No.100315, pp.77-85.

4.14 Inoue, F., Outa, E., Tajima, K., and Machiyama, T. (1991), 'An Experimental Study on Control Valve Cavitation (2nd Report, String Bubble Cavitation In Contoured-plug Valve)', *Transactions of JSME,* Vol. 57, No. 544, pp. 7-15 (in Japanese).

4.15 Inoue, F., Outa, E., Tajima, K., and Machiyama, T. (1993), 'An Experimental Study on Control Valve Cavitation (3rd Report, Vortex Shedding and Cavitation Inception on a Contoured Plug)', *Transactions of JSME,* Vol. 59, No. 562, pp. 131 - 138 (in Japanese).

4.16 Johnson, V. E., Jr. (1958), 'The Influence of Depth of Submersion, Aspect Ratio, and Thickness on Supercavitating Hydrofoils Operating at Zero Cavitation Number', Proc. 2nd Symp. Naval Hydrodyn., ONR-38, Washington, D. C.

4.17 Kamimoto, G. et al. (1953), 'Cavitation Tests of the Cylinder in Turbulent Flow', *Trans JSME,* Vol. 19, No. 85, pp. 32-37 (in Japanese).

4.18 Kermeen, R. W. et al. (1955), 'Mechanism of Cavitation Inception and the Related Scale-Effects Problem', *Trans. ASME,* Vol. 77, pp. 533-540.

4.19 Kermeen, R. W. (1956), 'Water Tunnel Tests of NACA 4412 and Walchner Profile 7 Hydrofoils in Noncavitating and Cavitating Flows', Calif. Inst. of Tech. Hydrodyn. Lab. Rep. 47-5; Kermeen, R. W. (1956), 'Water Tunnel Tests of NACA 661-012 Hydrofoil in Noncavitating and Cavitating Flows', Ibid. 47-7.

4.20 Kinnas, S. A. and Fine, N. E. (1993), 'A Numerical Nonlinear Analysis of the Flow around Two- and Three-dimensional Partially Cavitating Hydrofoils', *J. Fluid Mech.,* Vol. 254, pp. 151-181.

4.21 Knapp, R. T., Daily, J. W. and Hammitt, F. G. (1979), *Cavitation,* Inst. Hydraulic Res., Univ. Iowa, Iowa, USA.

4.22 Kubota, A. et al. (1992), 'A New Modelling of Cavitating Flows: a Numerical Study of Unsteady Cavitation on a Hydrofoil Section', *J. Fluid Mech.,* Vol. 240, pp. 59-96.

4.23 Lemonnier, H. and Rowe, A. (1988), 'Another Approach in Modelling Cavitating Flows', *J. Fluid Mech.,* Vol. 195, pp. 557-580; Rowe, A. and Blottiaux, O. (1993), 'Aspects of Modeling Partially Cavitating Flows', *J. Ship Res.,* Vol. 37, pp. 34-48.

4.24 Lin, J. D. (1961), 'A Free Streamline Theory About a Flat Plate with Flap at Zero Cavitation Number', Hydronautics Inc. TR 119-3.

4.25 Murai, H. and Kinoe, T. (1968/1969), 'Theoretical Research on Blunt-Nosed Hydrofoil in Fully Cavitating Flow', *RIHSM,* Vol. 20, No. 205, pp. 263-297; Murai, H. et al. (1973), 'Theoretical Research on Blunt Nosed Supercavitating Hydrofoils at Finite Cavitation Number', Proc. 2nd Intnl. JSME Symp. Fluid Machinery and Fluidics, Tokyo, pp. 247-254.

4.26 Murai, H. and Shimizu, S. (1981), 'Hydroelastic Characteristics of Flexible Super-cavitating Hydrofoils, Report 1. Two-dimensional Theory at Zero Cavitation Number When Clamped at Trailing Edge', *Bull. JSME,* Vol. 24, No. 194, pp. 1379-1387; Murai, H. and Shimizu, S. (1981), The Same Tittle Report 2. 'Two-dimensional Theory at Zero Cavitation Number When Supported Elastically', *Ibid.* Vol. 24, No. 194, pp. 1388-96; Murai, H. and Shimizu, S. (1985), 'Steady and Unsteady Characteristics of Chordwise Flexible Supereavitating Hydrofoil at Non-Zero Cavitation Number', *RIHSM,* Vol. 50, No. 372, pp. 1-24.

4.27 Murai, H. et al. (1983), 'Experimental Research on Hydroelastic Characteristics of Flexible Supercavitating Hydrofoils', Proc. 2nd Intnl. Conf. on Cavitation, London, pp. 205-210.

4.28 Numachi, F. and Kawashima, O. (1960/1961), 'Theoretical Considerations Concerning the Boundary Layer and its Separation on Hydrofoils Suitable for Arrangement in Cascade (Report 1)', *RIHSM,* Vol. 12, No. 114, pp. 89-107.

4.29 Numachi, F. (1941), 'Cavitation Tests on Four Hydrufoil Profiles', *Trans. JSME,* Part 3, Vol. 7, No. 28. pp. III-l - III-9 (in Japanese).

4.30 Numachi, F. (1961/1962), 'Cavitation Tests on Hydrofoils Arranged in Accelerating Cascade', *RIHSM,* Vol. 13, No. 121, pp. 1-25.

4.31 Numachi, F. (1969/1970), 'Cavitation Tests on Hydrofoils Designed for Accelerating Flow Cascade/Report 4 (Three Profiles Designed for High Head Kaplan Turbine)', *RIHSM,* Vol. 21, No. 210, pp. 27-55.

4.32 Numachi, F. (1964/1965), 'Cavitation Tests on Hydrofoils Designed for Accelerating Flow Cascade/Report 3 (Five Profiles Generated From Prescribed Pressure Configurations of Types 1 and 3)', *RIHSM*, Vol. 16, No. 151, pp. 1-33.

4.33 Numachi, F. (1954), 'Cavitation Tests on Hydrofoils in Cascade and its Theoretical Basis of Experiment', *RIHSM*, Vol. 4, No. 39, pp. 125-158.

4.34 Numachi, F. et al.(1953), 'Cavitation Tests on Hydrofoil Profiles Suitable for Arrangement in Cascade (3rd Report)', *RIHSM*, Vol. 3, No. 28, pp.99-138; Numachi, F., et al. (1953), the Same Tittle (4th Report) 'Tests on Three Cascade Profiles of Type 3 with Thickness Ratio of 8 Percent', *Ibid.* Vol. 3, No. 29, pp. 139-162.

4.35 Numachi, F. et al. (1967), 'Cavitation Tests on Clark Y Profiles of Several Thickness Ratio', *RIHSM*, Vol. 8, No. 74, pp. 47-56.

4.36 Numachi, F. et al. (1957), 'Cavitation Tests on Six Profiles for Blade Elements', *RIHSM*, Vol. 8, No. 73, pp. 25-46.

4.37 Numachi, F. (1971), 'Surface Pressure Distribution on Hydrofoil Profiles in Cascade, Report 1/Decelerating Cascade Flow', *RIHSM*, Vol. 24, No. 240, pp.143-179.

4.38 Numachi, F. (1962/1963), 'Summary Report on the Research of Cavitation Phenomena Obtained Hitherto in the Institute of High Speed Mechanics (Report 2)', *RIHSM*, Vol. 14, No. 135, pp. 73-87.

4.39 Numachi, F. (1954), 'Summary Report on the Research of Cavitation Phenomena Obtained Hitherto by Our Institute', *RIHSM*, Vol. 4, No. 40, pp. 159-190.

4.40 Oba, R. (1965), 'Theory on Supercavitating Cascade Flow for Arbitrary Form Hydrofoil', Proc. Cavitation in Fluid Machinery, ASME Bound Volume, pp. 70-90.

4.41 Oba, R. (1963/1964), 'Theory on Supercavitating Hydrofoils at Arbitrary Cavitation Coefficient', *RIHSM*, Vol. 15, No. 141, pp. 1-20.

4.42 Okutsu, R., Yuzawa, S., Hashizume, T., Outa, E. and Machiyama, T. (1997), 'Cavitation Erosion Features in Industrial Control Valve at the Inlet Pressure of 20 *MPa*' Proceedings, International Conference on Power Engineering 97, JSME/ASME/CFTE, Tokyo, Vol 1, pp.339-344.

4.43 Outa, E., Inoue, F., Tajima, K., and Machiyama, T. (1993), 'Inception of Vortex-Generated Cavitation in Industrial Contoured-Plug Valve', Proceedings, 4th International Symposium on Cavitation Inception, ASME Winter Annual Meeting, New Orleans, *FED* Vol.177, pp.143-151.

4.44 Outa, E., Tajima, K., Machiyama, T., and Inoue, F. (1986), 'High Frequency Vibration of

Control Valves at Low Openings Due to Cavitation Development', Proceedings, 2nd International Symposium on Cavitation and Multiphase Flow Noise', *FED,* Vol. 45, NCA-Vol. 2, ASME, pp. 31-40.

4.45 Reboud, J. L. and Delannoy, Y. (1994), 'Two-Phase Flow Modelling of Unsteady Cavitation', 2nd Intnl. Symp. on Cavitation, Tokyo, Japan, pp. 39-49.

4.46 Riveland, M. L. (1983), 'The Industrial Detection and Evaluation of Control Valve Cavitation', *ISA Transactions,* Vol.22, No.3, pp. 71-80.

4.47 Shalnev, K. K. (1956), Symp. NPL, 1955, London, 22, p. 1.

4.48 Tullis, J. P. (1971), 'Choking And Supercavitating Valves', Proceedings of ASCE, *J. Hydraulic Division,* Vol.97, HY 12, pp. 1931-1945.

4.49 Tulin, M. P. and Burkart, M. P. (1955), 'Linearized Theory for Flows about Lifting Foils at Zero Cavitation Number', David W. Model Basin Rep. C-638.

4.50 Tullis, J. P. and Ball, J. W. (1974), 'Cavitation Data for Valves and its Application', Proceedings, Conference on Cavitation, IME, Heriot-Watt University, C 153, pp. 55-63.

4.51 Wade, R. B. (1967), 'Linearized Theory of a Partially Cavitating Plane-Convex Hydrofoil Including the Effects of Camber and Thickness', *J. Ship Res.,* Vol. 11, pp. 20-27.

4.52 Wu, T. Y., *Ann. Rev. Fluid Mech.* Vol. 4, pp. 243-285.

4.53 Yamaguchi, H. and Kato, H. (1983), 'On Application of Nonlinear Cavity Flow Theory to Thick Foil Sections', 2nd Intnl. Conf. on Cavitation, IMechE, pp. 167-174.

4.54 Young, J. O. and HoU, J. W. (1966), 'Effects of Cavitation on Periodic Wakes Behind Symmetric Wedges', *Trans. ASME*, Vol. 88, Ser. D, pp. 163-176.

CHAPTER

5

수력기계에서 공동화 현상

5.1 수차 공동화의 일반적인 특징

H. Tanaka

5.1.1 프란시스수차의 공동화

프란시스수차를 설계시 비수력에너지(specific hydraulic energy), 수차 출력 및 속도로 정의되는 특정 운영 조건을 고려한다. 이 설계 조건에서 가능한 최대 성능을 제공하기 위해 물 통로와 러너 날개(runner blade)의 프로파일을 설계한다. 프란시스수차의 러너는 카플란수차와 같이 설계점 이외 조건에서의 성능을 개선하기 위해 임의의 조정 부분을 갖지 않는다. 따라서 설계점 이외 조건에서 유동은 공동화를 촉진하는 경향이 크며 이 공동화는 설계점 이외 조건들과 관련된다. 그림 5.1은 공동화가 발생할 가능성이 큰 프란시스수차의 다양한 설계점 이외 운영 범위를 보여준다. 종축은 유출계수 Q_{ED} 그리고 횡축은 속도계수 n_{ED}를 나타낸다.

$$Q_{ED} = \frac{Q}{D^2\sqrt{E}}, \quad n_{ED} = \frac{nD}{\sqrt{E}}$$

①로 나타낸 범위는 과부하 조건이며, 이 조건에서 러너 날개는 그림 5.2와 같이 러너 날개 하류 지역에서의 공동화에 영향을 미친다.

만일 토마수(Thoma number)가 감소되어 공동화 면적이 날개 피치(pitch)의 절반

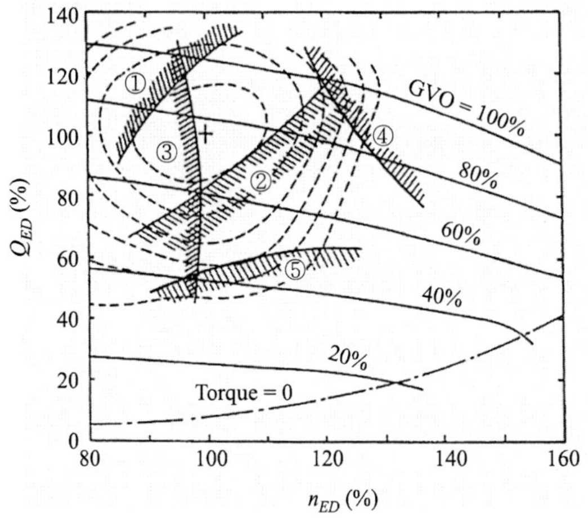

그림 5.1 설계 이외 범위와 관련된 공동화

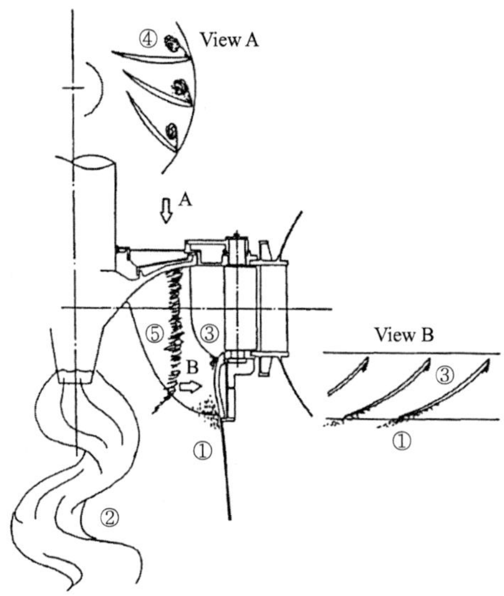

그림 5.2 운영범위와 관련된 공동화

길이가 되면 수차효율은 감소하기 시작한다. 그림 5.4는 5개의 안내깃 개도에 따른 프란시스수차 모델의 공동화 시험 예를 보여준다.

수차 효율의 구획점은 "임계 토마수 " 또는 "임계 시그마" σ_c[1]로 정의된다. 만일

[1]IEC 코드에서 두 개의 특성 토마수 σ_0와 σ_1이 정의된다. σ_0는 효율이 변화되지 않고 유지되는 가장 낮은 토마수 수치이다. σ_1은 효율 1% 저하가 발생하는 토마수 수치이다. 임계 토마수 σ_c는 특성 토마수로서 실무에 광범위하게

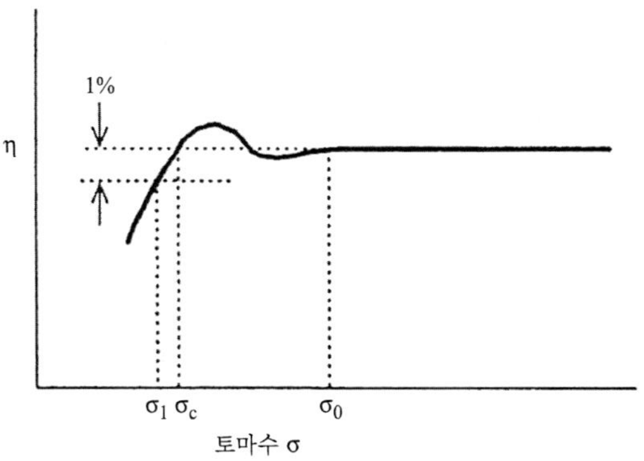

그림 5.3 특성 토마수

토마수가 임계 시스마 이하로 감소되면 공동화는 급격하게 성장한다. 2 ~ 3% 효율 저하에서 대부분의 러너 출구 면적에 걸쳐 공동화가 발생할 수 있고, 강한 공동화 소음이 발생된다.

임계 시그마 수치는 그림 5.5와 같이 부하의 증가와 함께 증가한다. 이 그림은 수차 유출량과 함께 임계 시그마의 변화를 보여준다(이 관계는 그림 5.4에서의 시험 결과들로부터 얻은 것이다). 상부 그림의 수차성능특성은 기준으로 제시되며 여기서 $n_1 = n/\sqrt{H}$, $Q_1 = Q/\sqrt{H}$, $P_1 = P/H^{1.5}$이다. 만일 공동화가 오직 날개 후연(後緣) 인근으로만 제한되고, 기포가 하류에서 붕괴되면 심각한 침식은 발생하지 않을 것이다. 반대로 공동화가 상류측 지역에서 나타나고 기포가 날개 표면에서 붕괴되면 강력한 침식이 발생할 것이다.

②로 표시한 부분 부하 운영 범위에서는 그림 5.6과 같이 러너 콘 직하부 흡출관(draft tube)에서 큰 보텍스 공동화가 나타난다. 통상적으로 "draft tube whirl"이라 불리는 이 보텍스 공동화는 러너로부터 유출되는 유량의 잔류 원주 속도 성분에 의해 발생된다. 통상적으로 헬리컬 보텍스(helical vortex)는 러너 회전속도의 0.25 ~ 0.35 배 주파수로 회전한다. 이 공동화는 침식을 야기하지 않지만 공동화 코어의 회전 때문에 빈번하게 낮은 주파수의 큰 압력 변동(power swing)을 발생시킨다. 이 공동화는 일부 부하 범위(통상적으로 전부하의 약 50 ~ 60%)에서 강력하고 거칠어 흡출관 내 대형 파열소음을 발생시키거나 수차와 발전실에 강한 진동을 발생시킨다. 이와 같은 악영향을 완화시키기 위해 통상적으로 두 방법을 선택한다. 광범위하게 사용되

사용되어 왔다. 이는 그림 5.3과 같이 효율이 비공동화 조건에 상응하는 기반 수치보다 낮게 되는 수치이다.

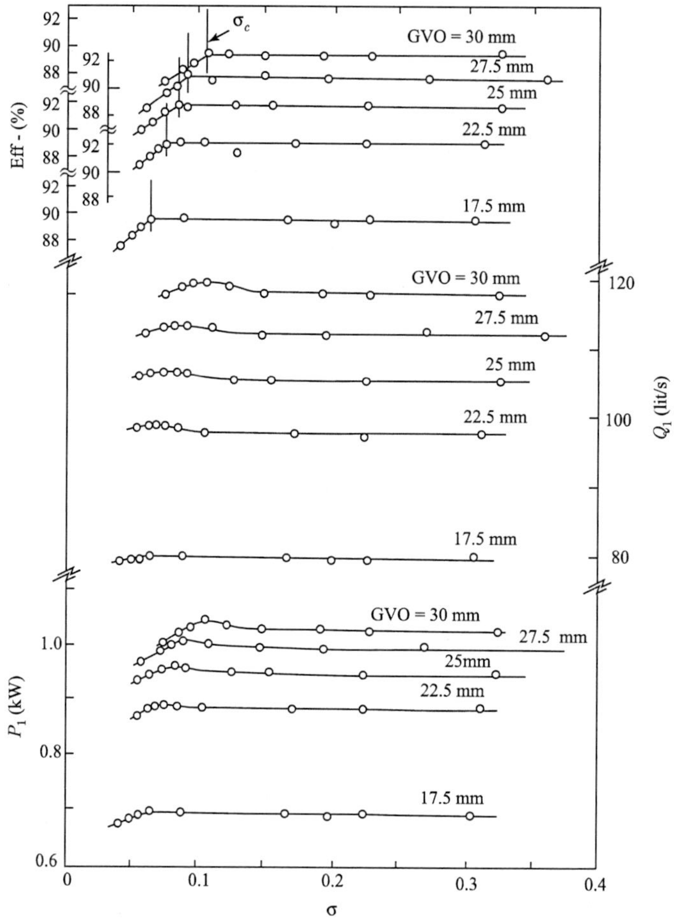

그림 5.4 안내깃 개도에 따른 공동화 시험 결과

는 한 방법은 공기 유입이다. 통상적으로 그림 5.7a와 같이 러너 콘 또는 흡출관의 상부에 대각으로 가로질러 공기 배관을 설치하여 공기를 유입시킨다. 또는 그림 5.7a와 같이 흡출관 벽을 통해 공기를 유입시킨다. 공기 유입은 보텍스 코어를 안정시키고 진동을 억제한다. 반드시 유입 공기량을 최적화하여 진동을 효과적으로 억제하는 동시에 효율에 악영향을 미치지 않도록 하여야 한다. 두 번째 방법은 그림 5.7b와 같이 보텍스 집중도를 감소시키기 위해 흡출관의 상부에 핀(fin)을 설치하는 것이다. 핀이 너무 크거나 많으면 효율이 손상되므로 반드시 적합한 숫자와 타당한 규격을 선정하여야 한다.

큰 낙차 운영에 상응하는 운영 범위 ③에서는 그림 5.2와 같이 국부 공동화가 밴드 인근 흡입측날개 유입 모서리에서 발생한다. 이 공동화는 작은 지역으로 제한되

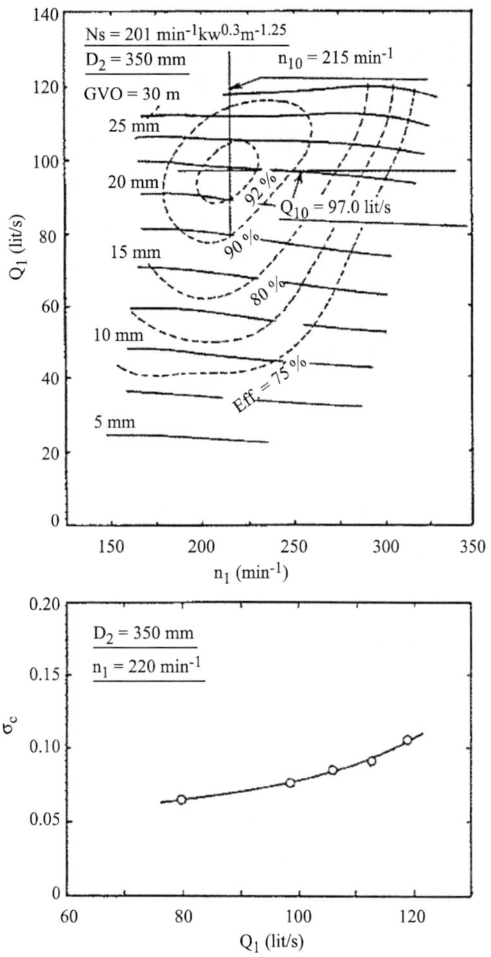

그림 5.5 프란시스수차의 효율과 공동화 특성

지만 집중도가 높아 깊은 침식을 발생시킬 가능성이 크다. 이러한 공동화를 방지하기 위해 적정한 모델 운영 범위 선정이 매우 중요하다. 가능한 예측된 원형의 실제 운영 범위로부터 이 운영 범위를 제외시키도록 주의하여야 한다. 이 지역 인근 날개 프로파일, 날개의 흡입측과 러너 밴드 사이 각도, 안내깃과 러너 날개의 유입부 사이 거리 등과 같은 여러 요소들 모두는 지역 ③에서의 공동화 집중도에 영향을 미친다. 부분 부하 운영에 상응하는 운영 범위 ④에서는 그림 5.2와 같이 유입 모서리를 따라 유동박리가 발생한다. 보텍스 공동화의 상부 끝단은 크라운(crown)과 접촉하고 여기에서 가벼운 침식이 발생할 수 있다. 보텍스의 하부 끝단은 통상적으로 러너 밴드와 접촉하지 않지만 밴드 인근 러너 날개들 사이의 통로를 따라 멀리 유동한다.

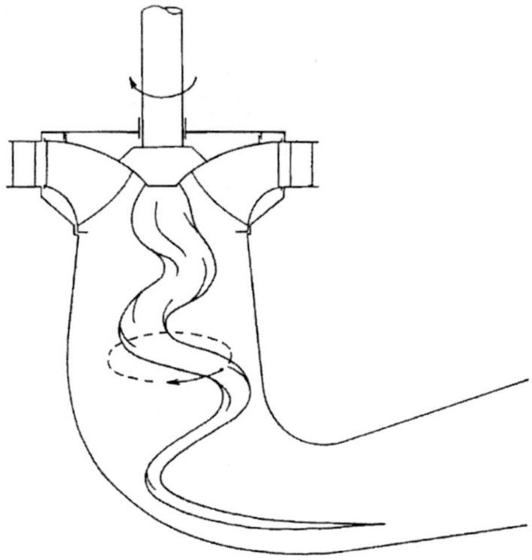

그림 5.6 부분부하 운영에서 관측된 흡출관 공동화

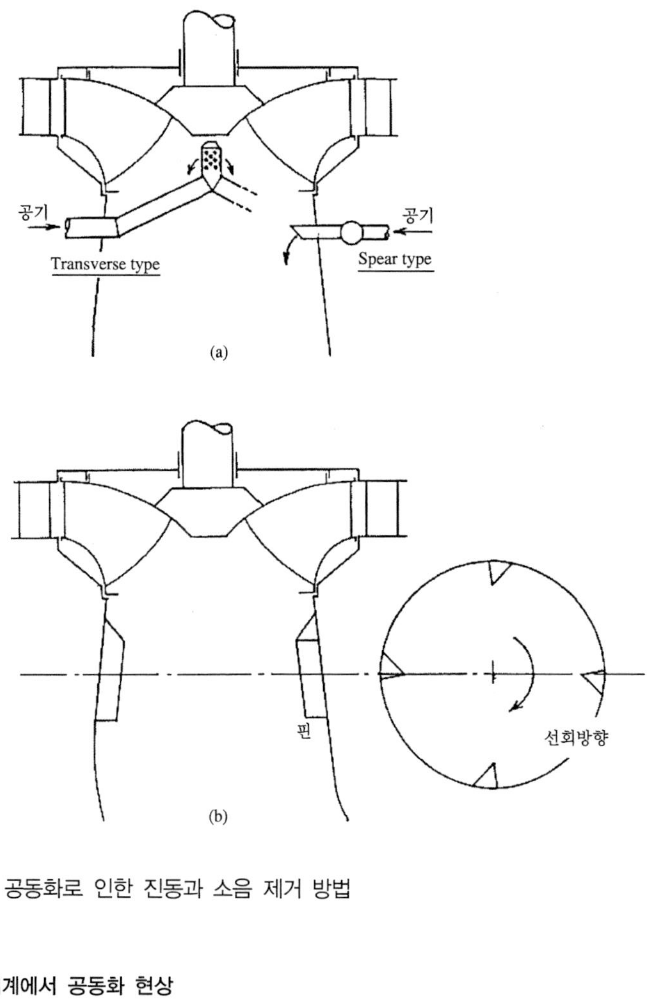

그림 5.7 흡출관 공동화로 인한 진동과 소음 제거 방법

따라서 이 보텍스 공동화를 “날개 사이 보텍스(inter-blade vortices)”라고도 부른다. 이 공동화 형식은 대부분 운영 범위에서 침식 또는 진동을 야기하지 않는다. 그러나 이 보텍스는 극도로 높은 낙차 운영 범위에서 불안정하게 되고 재해적인 진동을 야기할 수 있다.

극도로 낮은 낙차 운영에 상응하는 운영 범위 ⑤에서는 큰 (−) 입사각(incidence angle)으로 인해 유입 유동은 불안정한 보텍스 공동화를 동반하는 유동박리를 야기할 수 있다. 이는 극단적으로 낮은 낙차 운영 범위(최적 낙차의 70% 이하)에서 강력한 진동을 야기한다.

상기에서 기술한 주된 공동화와는 별도로 때로는 미소 국부 공동화가 관측될 수 있다. 이들 중 하나는 러너 실 간극(seal clearance)의 하류측 공동화이다. 이 공동화에 의해 야기된 침식은 통상적으로 미소하지만 러너 실 간극이 크면 강력하게 된다. 전형적인 손상 위치는 그림 5.8과 같다.

공동화 손상을 방지하기 위한 “요구되는 잠수 깊이(required submergence)”는 통상적으로 그림 5.5와 같이 임계 시그마에 의해 결정된다. 일반적으로 수차 최대 유출에서의 임계 시그마의 수치에 특정 여유를 더하여(또는 안전계수를 곱하여) “요구되는 토마수” 또는 “플랜트 시그마 σ_p”를 결정한다. 이제 이 플랜트 시그마로부터

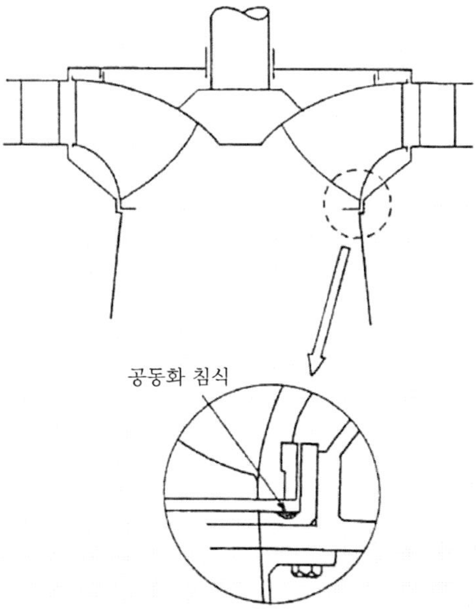

그림 5.8 웨어링 링의 공동화 침식 예

요구되는 잠수깊이를 계산한다. 그러나 임계 시그마는 날개의 흡입측에서 공동화가 충분히 발달하여 수차 효율을 손상시키지만 날개 유입 지역과 같은 다른 지역에서(이는 효율의 저하와 거의 관련되지 않는)의 공동화 정도에 대해서는 아무런 말을 하지 않는 토마수를 나타내는 사실에 유의하여야 한다. 더욱이 이와 같은 방법으로 결정된 플랜트 시그마는 공동화가 발생하지 않는 운영을 보장하지 않는다.

낙차가 낮은 수차에서는 공동화 집중도(공동화 침식 손상과 관련되는 파워 밀도)가 낮아 일부 공동화의 존재를 허용할 수 있다. 이와 반대로 낙차가 매우 높은 수차에서는 높은 유속 때문에 공동화 집중도가 매우 높다. 매우 국부적인 공동화의 존재는 심각한 침식을 야기할 수 있다. 이 기계들에서 공동화 침식이 발생하지 않는 것을 보장하기 위해 반드시 "초기 토마수 σ_i"보다 큰 플랜트 시그마를 채택하여야 한다. 여기서 σ_i는 공동화 개시에 상응하는 토마수이다.

5.1.2 프로펠러수차의 공동화

프란시스수차와 유사하게 고정된 날개를 갖는 프로펠러수차는 그림 5.9와 같은 운영 범위와 관련하여 다양한 공동화 형식을 보여준다. 운영 범위 ①에서 공동화는 큰 날개 부하로 인해 날개의 흡입측에서(그림 5.10에서 ①로 나타낸 위치) 공동화가 발생

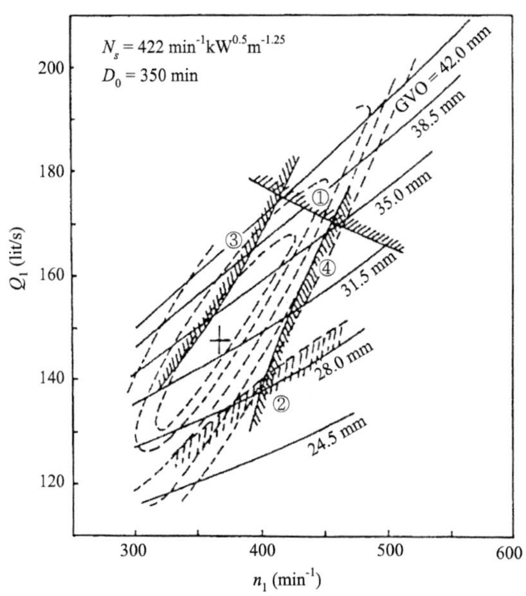

그림 5.9 공동화가 발생하는 프로펠러수차의 운영 범위

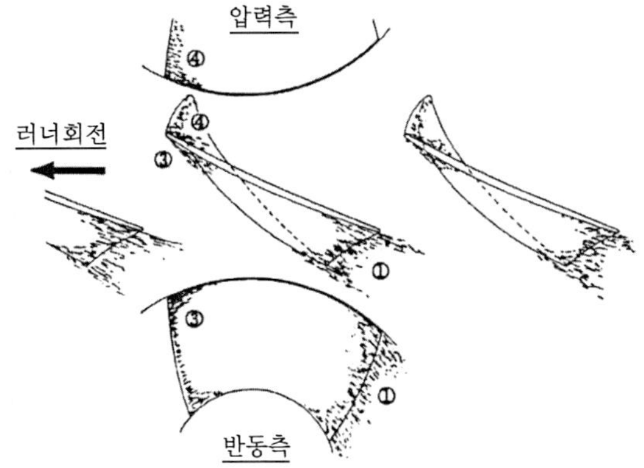

그림 5.10 운영 범위에 따른 프로펠러수차의 러너 날개에서 전형적인 공동화

한다. 운영 범위 ②에서 흡출관 내 보텍스 공동화는 프란시스수차와 유사한 방법으로 발생한다(그림 5.6 참조). 운영 범위 ③에서 날개 유입부에서 상대적인 유입 입사각이 더욱 커져 그림 5.10에서 ③으로 나타낸 유입부 모서리에 따라 공동화가 발생한다. 반면 범위 ④에서 입사각은 (−)가 되며, 그림 5.10에서 ④로 표시한 날개 유입-모서리의 압력측에서 공동화가 나타난다.

가변 러너 날개를 갖는 카플란수차는 통상적으로 소위 “on cam”이라 불리는 조건(즉, 최적의 러너 날개 각도와 안내깃 개도의 조합)에서 운영되어 러너 날개의 입사각은 광범위한 운영 범위에 걸쳐 최적의 수치에 인접하게 유지된다. 따라서 러너 날개의 프로파일을 적정하게 설계하면 지역 ③ 또는 ④에서 공동화가 발생할 가능성이 적다. 또한, 부분 부하 운영시 날개 각도를 조정하면 러너로부터 절대 유출 유속의 잔류 원주 성분이 최소화되어 프로펠러수차와 비교하여 흡출관 내 보텍스 공동화가 상당히 덜 심각하게 된다. 따라서 카플란수차에서는 오직 전부하 범위 인근에서의 공동화만을 고려한다.

추가적으로 프로펠러수차 또는 카플란수차에서는 그림 5.11a와 같이 날개 팁에서 간극 공동화(clearance cavitation)가 발생할 수 있다. 이는 그림 5.11b와 같이 빈번하게 팁 보텍스 공동화가 날개 표면과 접촉하는 날개의 흡입측에서 침식을 야기한다.

러너의 고형비(익현/피치 비율)를 증가시켜 낙차가 큰 카플란수차의 날개 표면에서의 공동화를 감소시킬 수 있다. 그러나 날개 팁의 형상은 높은 낙차와 낮은 낙차 수차 모두에서 공통이기 때문에 팁 공동화를 상당히 감소시킬 수 없다. 그럼에도 불

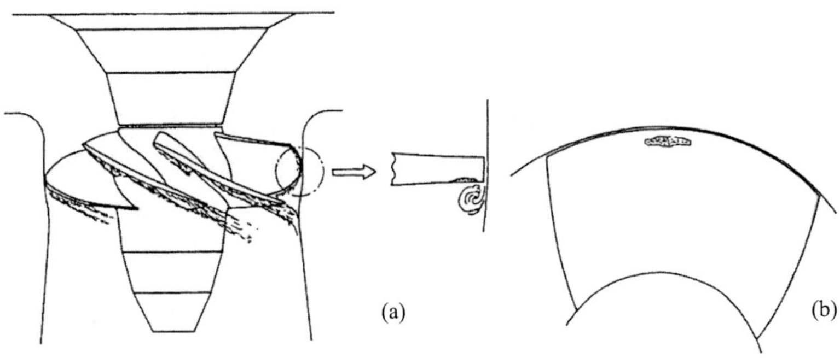

그림 5.11 프로펠러수차에서의 간극 공동화

구하고 그림 5.12a와 같이 날개 팁에 필렛(fillet)을 설치하여 침식을 감소시킬 수 있다. 필렛 자체는 간극 공동화의 집중도 또는 공동화 크기를 감소시키지 않지만 보텍스 공동화를 날개 표면으로부터 멀리 유지하여 손상 가능성을 배제시킨다.

공동화는 프로펠러수차와 비속도가 큰 프란시스수차의 무구속속도(runaway speed)에 양향을 미친다. 그러나 영향은 미소하여 실제적으로 무시할 수 있다. 반면 카플란수차의 경우 영향은 뚜렷하고 따라서 원형 카플란수차의 무구속속도 추정시 반드시 공동화를 고려하여야 한다. 카플란수차의 가장 높은 무구속속도는 통상적으로 러너 날개 각도 9 ~ 12° 사이에서 관측된다. 또한 공동화는 이 날개 각도범위에서의 무구속속도에 상당한 영향을 미친다. 그림 5.13은 날개 수 Z_R이 5 ~ 8개인 다양한

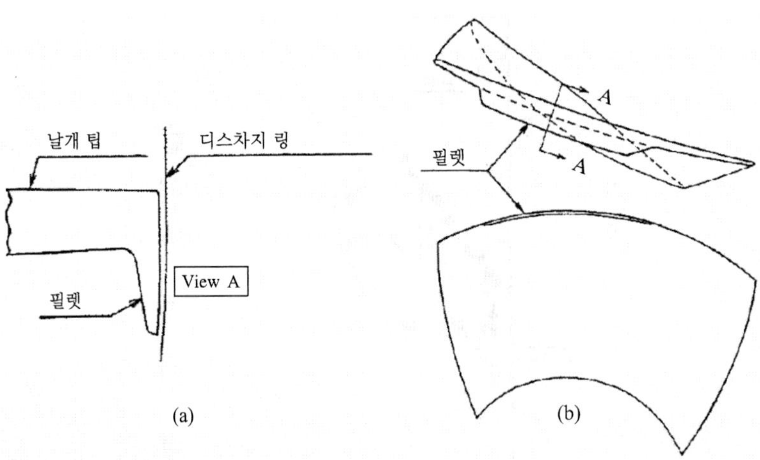

그림 5.12 팁 공동화 침식을 방지하기 위해 날개 팁에 설치된 핀(fin)

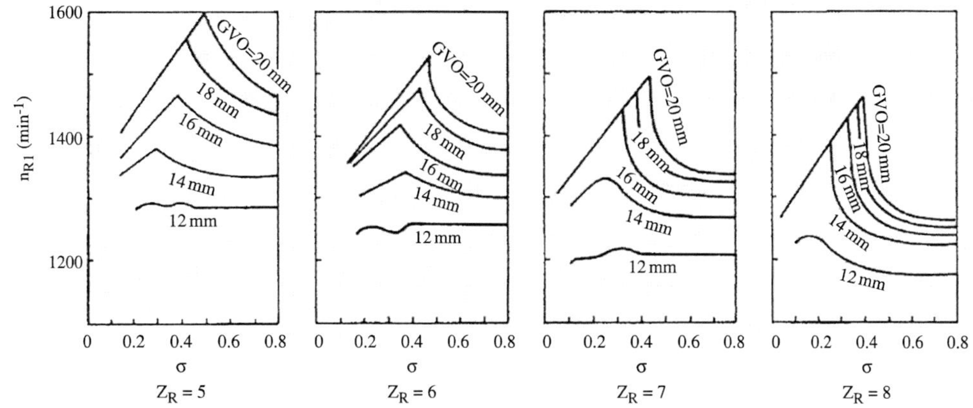

그림 5.13 날개 각 12°, 날개수 5~8개, 직경 200 mm의 모델 카플란수차에서 무구속속도-σ

카플란수차의 날개 각도 12°에서 무구속속도-σ 선도를 보여준다. 무구속속도의 상승을 야기하는 토마수의 수치는 통상적으로 플랜트 시그마에 인접하므로 모델 시험으로 플랜트 시그마에서 무구속속도를 확인하는 것이 바람직하다.

토마수가 감소될 때 공동화의 출현(그림 5.15)에 따라 무구속속도는 두 개의 다른 모드(그림 5.14)로 변화한다. 모드 A에서 동일한 공동화의 출현이 모든 날개상에서 관측되지만 모드 B에서는 공동화 패턴이 매 두 날개마다 주기적으로 반복한다.

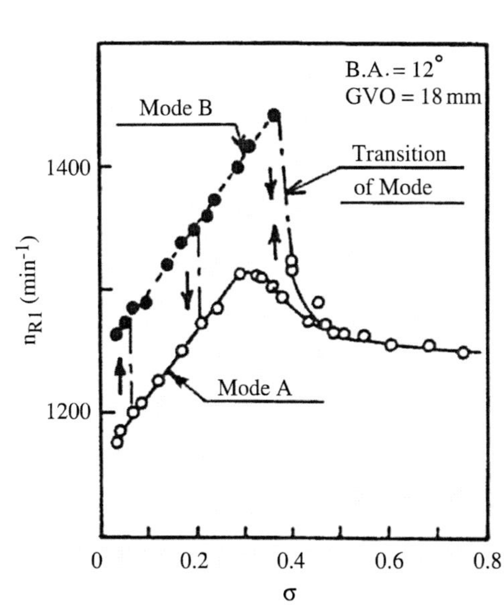

그림 5.14 공동화에 따른 무구속속도 변화의 두 모드

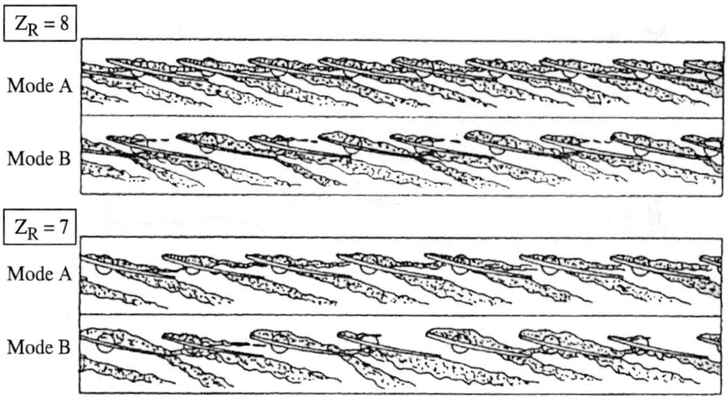

그림 5.15 공동화 아래 무구속 조건 모드에서 관측된 공동화 외관

공동화수가 크면 모드 A는 모드 B보다 안정되지만 공동화수가 작으면 반대가 된다. 한 모드에서 다른 모드로의 변화는 그림 5.14와 같이 임의의 토마수에서 약간의 히스테리시스를 갖고 급작스럽게 발생한다.

5.1.3 펠턴수차의 공동화

펠턴수차에서 압력은 대기압 이하로 저하될 것으로 예상되지 않는다. 그럼에도 불구하고 펠턴수차 버킷(bucket)에서 침식 손상이 빈번하게 관측된다. 이와 같은 침식 손상은 두 메커니즘에 의해 야기되는 것으로 제시된다. 하나는 굴곡진 표면을 통과하는 매우 높은 유속 또는 유동박리에서 집중도가 높은 보텍스에 기인한다. 다른 하나는 액적침식(drop erosion)을 야기하는 높은 속도의 액적(droplet) 충돌에 기인한다. 공동화 침식은 공동화 기포의 붕괴로 인한 높은 충격압력으로 야기된 일종의 피로

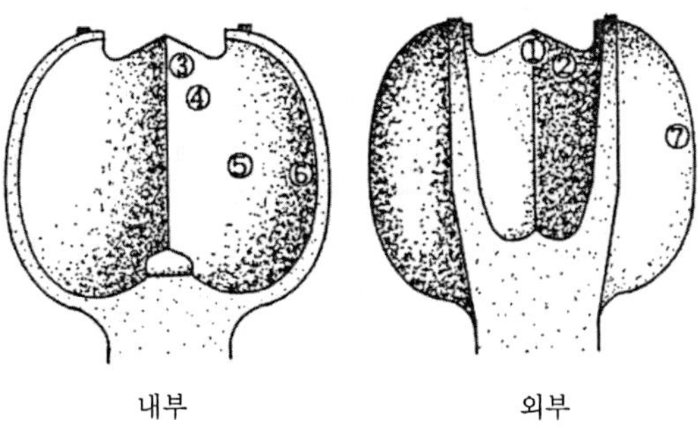

그림 5.16 펠턴수차의 버킷에서 관측된 침식

파괴이고, 또한 액적침식도 작은 물방울과의 충돌로부터의 높은 압력 충격에 의해 야기된 피로파괴이다. 비록 파괴의 원인은 다르지만 파괴특성은 매우 유사하고, 또한 침식된 외관도 거의 유사하기 때문에 육안으로 이들을 구별하는 것이 어렵다. Grein은 침식이 빈번하게 발생하는 위치를 기술하였고(그림 5.16 참조), 각 위치에서 관측된 침식의 근원을 분류하였다(6.2.4절 참조)[5.15].

5.1.4 프란시스 펌프-수차의 공동화

가역 펌프-수차의 경우 통상적으로 수차모드보다는 펌프모드로 운영될 때 큰 토마수에서 공동화가 나타난다. 따라서 펌프모드의 공동화 성능에 기초하여 펌프-수차의 잠수 깊이를 결정한다.

펌프-수차의 펌프모드에서의 전형적인 공동화 특성의 예는 그림 5.17과 같다. 최적 유출량 이하의 부분 유출 범위에서 공동화는 날개 전연(前緣)의 흡입측에서 나타난다(펌프모드 참조). 날개 입구 흡입측의 광범위한 지역에 걸쳐 공동화가 성장(약

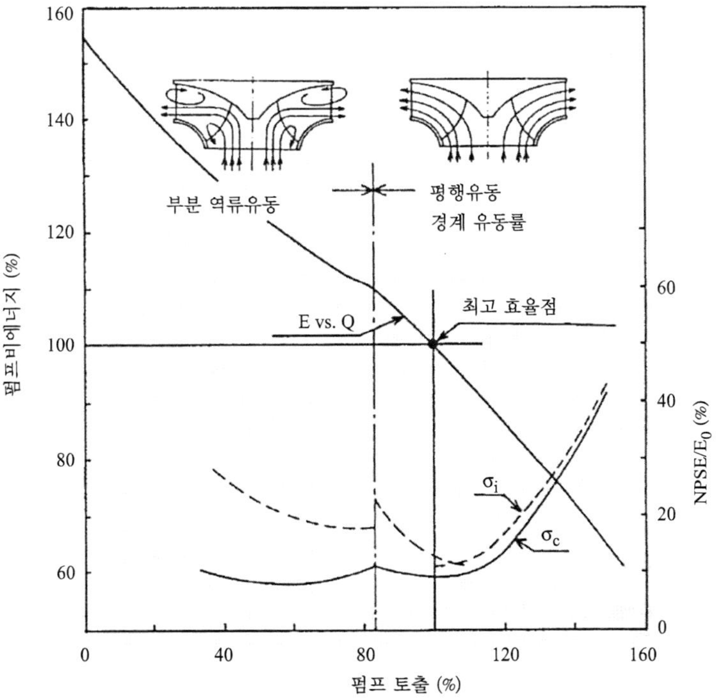

그림 5.17 프란시스형식 펌프–수차의 펌핑 운영에서 공동화 성능의 예제

날개 피치의 2/3)하면 효율은 저하된다. 따라서 그림 5.17과 같이 임계 토마수 σ_c는 공동화 개시 토마수 σ_i보다 상당히 낮다.

유출량이 최적 유출량보다 크면 날개 입구의 압력측에서 공동화가 나타난다. 이 경우 약한 공동화도 효율을 저하시킬 수 있다. 따라서 임계 토마수 σ_c는 상대적으로 초기 토마수 σ_i에 인접한다.

유출량이 극도로 적을 때 그림 5.17과 같이 임펠러/러너 내에서 부분 역류가 발생한다. 경계 유동률에서 균일한 평형 유동(정상적인 운영 범위에서)으로부터 부분 역류 패턴으로의 변이가 급작스럽게 발생한다. 유동 패턴 변화는 매우 뚜렷하고, 또한 공동화 특성들도 경계 유동률에 걸쳐 불연속적으로 변화한다. 부분 역류 범위에서 임펠러/러너로 들어가기 전에 집중도가 높은 불안정한 보텍스가 발생하며 강한 소음과 진동을 동반하는 보텍스 공동화가 발생한다. 따라서 이 범위에서 대형 펌프-수차를 운영하는 것은 현실적으로 불가능하다.

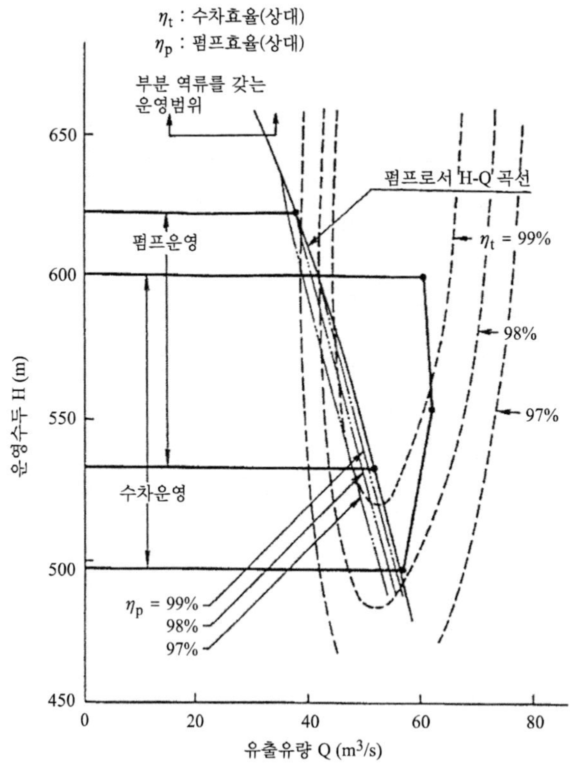

그림 5.18 프란시스 펌프-수차의 특성

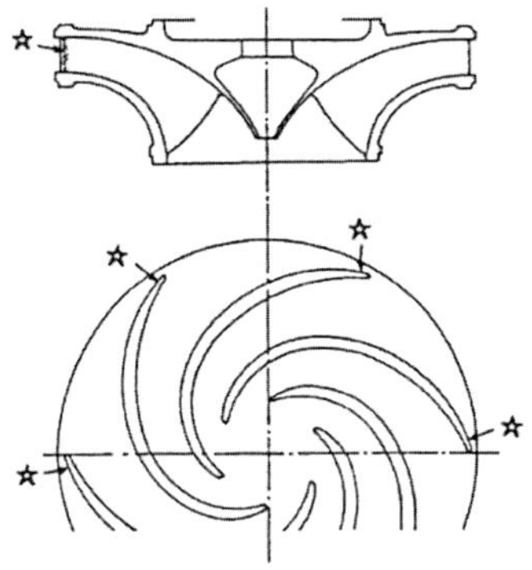

★ : 유입 공동화 침식

그림 5.19 수차모드에 있는 프란시스 펌프–수차의 공동화 침식(터빈모드에서)

일반적으로 공동화는 펌프모드 보다는 수차모드에서 상대적으로 덜 중요하다. 그러나 특히 높은 양정 펌프-수차의 부분 부하에서 날개 전연(前緣)에 따른 공동화는 침식을 야기한다.

펌프모드에서 공동화 성능(cavitation performance)은 수차모드보다 열등하고 또한 설계 운영 조건 이외에서 급격하게 저하한다. 수차모드의 최적 운영 낙차는 통상적으로 펌프모드보다 높다. 따라서 적정한 운영 낙차 범위의 선정은 펌프모드에서의 최적 양정 그리고 수차모드에서 다소 설계점 밖에 인접한 최적 낙차 사이에서 타협안이 되는 경향이 있다. 결과적으로 수차모드의 펌프-수차는 그림 5.18과 같이 항상 최적점보다 낮은 낙차 범위에서 운영된다. 이는 속도 계수 n_{ED} 측면에서 펌프-수차가 최적 속도보다 높은 회전속도에서 운영되는 것을 의미한다. 따라서 이와 같은 운영 조건에서 입사각은 (−)가 되며 그림 5.19와 같이 날개 유입 가장자리의 압력측에서 공동화가 발생한다. 낙차가 큰 펌프-수차에서 이 공동화는 심각한 손상을 야기할 수 있다(6.3.4절 참조).

5.2 펌프 공동화의 일반적인 특징

R. K. Turton

5.2.1 소개

본 절에서는 공동화가 발생할 가능성이 있는 영역(zones)들을 간략하게 기술하고,

공동화가 펌프의 정상적인 수력 성능에 미치는 영향을 토론하며, 일반적으로 수용 가능한 공동화의 거동 결정을 위한 판단기준을 토론하고, 그리고 재순환(recirculation)의 역할을 기술한다. 재질 선정 및 펌프 상세 설계와 관련된 측면들을 기술하면서 본절을 마무리한다.

5.2.2 공동화가 펌프에 미치는 일반적인 영향

그림 5.20과 같이 액체가 펌프 임펠러로 접근하면서 전연(前緣)에서 원주속도가 대략적으로 그 점에서 임펠러의 원주속도가 될 때까지 접선 속도 성분은 증가하기 시작한다. 따라서 유체의 절대 속도가 증가하고 정압은 감소한다. 그림 5.20의 선도는 흡입측에서의 추가 압력 감소를 보여주며, 이는 아마도 그릇된 날개 유입각도 또는 유체의 더욱 낮은 유입각도에 기인하며, 따라서 유동박리가 촉진된다. 만일 유체 유입각도가 설계 수치 이상으로 증가하면 압력측에서 박리가 발생할 것이다. 압력이 증기압 수준에 접근하면서 기포가 형성되고, 기포는 날개 통로로 쓸려 들어가 날개 통로에서 붕괴된다. 그림 5.21은 국부 유속으로 인해 낮은 압력이 발생할 가능성이 있는 영역들 그리고 가끔은 박리가 발생할 수 있는 유량 범위 내 영역들을 보여준다. 기포 개시의 영역으로부터 하류측에서 공동들이 붕괴되어 손상이 발생한다. 초

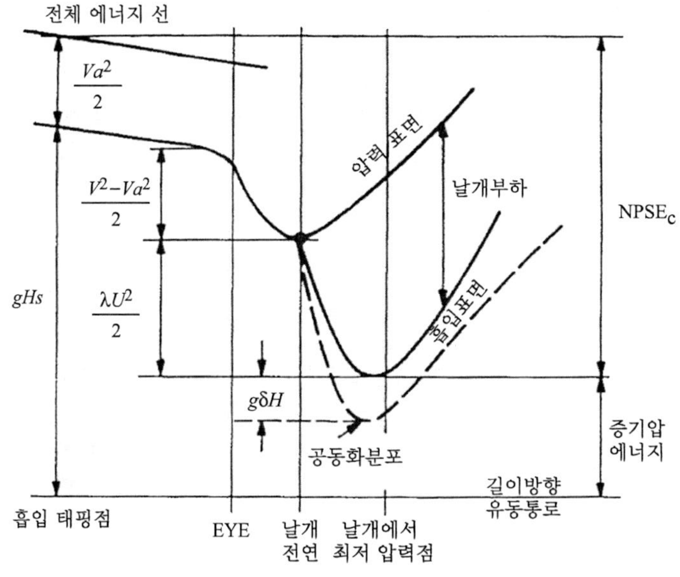

그림 5.20 펌프 흡입부에서 국부 정적 압력의 변화 및 증기압과의 관련

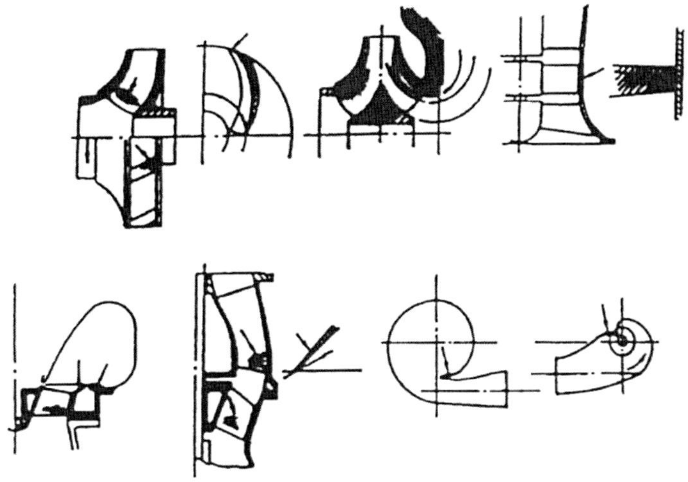

그림 5.21 공동화 손상 위험이 있는 지역

기 공동화로 인한 손상신호는 기포가 붕괴되어 "광택(polished)이 나는" 외관이며, 그림 5.22와 같은 후속적인 침식 및 부식(corrosion)으로 이어진다. 그림 5.23은 공동화 기포가 수력에 미치는 영향을 보여주고, 흡입압력이 저하하면서 펌프의 유량범위가 급격하게 감소되는 것을 알 수 있다.

그림 5.22 작은 원심펌프 임펠러에서의 심각한 공동화 손상

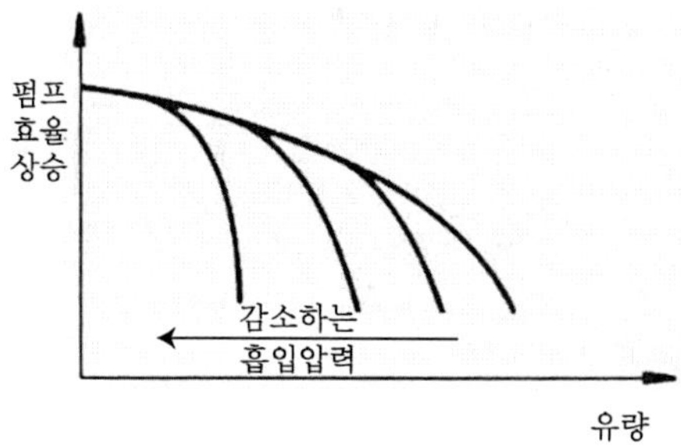

그림 5.23 감소하는 흡입압력이 펌프 특성에 미치는 영향

펌프의 흡입 영역, 그리고 볼류트 케이싱(volute casing)과 임펠러 사이 재순환 현상은 잘 알려져 있다. 재순환은 큰 유량에서 발생할 수 있지만 주로 부분 유량에서 문제가 되는 것으로 보이며 유동박리를 야기한다. Bush 및 Warren의 논문 자료에 기초한 그림 5.24와 5.25는 유동패턴 및 재순환과 관련된 $NPSH_{req}$의 증가를 예증하며 이는 손상을 야기한다[5.10]. 전통적인 펌프장 및 펌프 저장 모두에서 임펠러와 케이싱 사이 재순환은 임펠러 날개 팁과 케이싱에 상당한 손상을 야기할 수 있다는 것이 증명되었다.

5.2.3 순수흡입수두($NPSH$)

전체압력수두와 펌핑되는 유체의 국부 증기압수두의 차이를 정의하기 위해 오래전

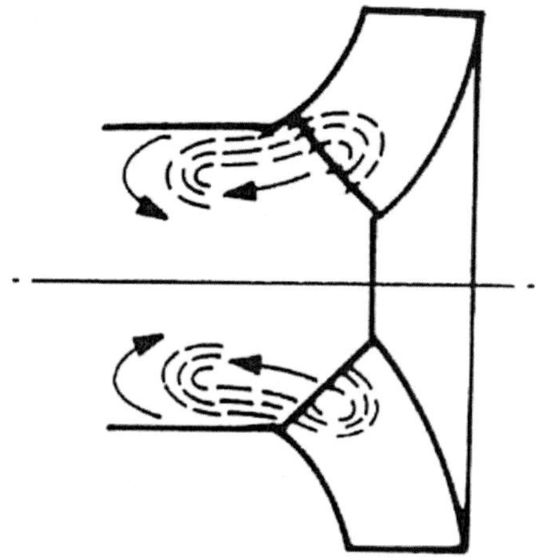

그림 5.24 원심펌프 임펠러의 흡입부 내 재순환

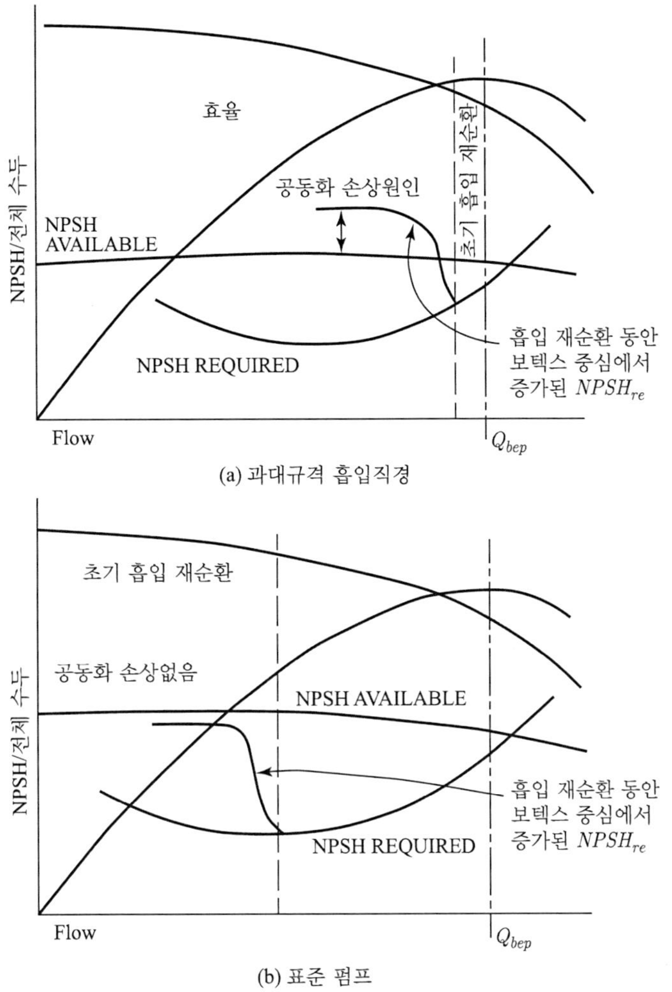

그림 5.25 *NPSH*, 흡입 재순환, 공동화 문제와의 관계

부터 *NPSH*(Net Positive Suction Head) 또는 *NPSE* 용어를 사용하여 왔다. 그림 5.26과 같이 시스템의 계산된 또는 가용한 *NPSH*인 $NPSH_A$ 그리고 요구되는 *NPSH*인 $NPSH_R$ 두 정의를 사용한다.

$NPSH_A$는 흡입 관로시스템과 관련되며 그림 5.25와 같이 유량이 증가하면서 감소된다. $NPSH_R$은 펌프 임펠러의 동적인 동작과 관련된다. $NPSH_R$을 계산할 수 있지만 다음 절에서 일반적으로 임계 수치를 결정하기 위해 사용된 판단기준을 기술한다. 전형적인 $NPSH_R$ 곡선은 그림 5.25와 같다. 만일 $NPSH_R$이 $NPSH_A$보다 작으면 공동화는 문제가 되지 않지만 크면 문제가 될 수 있다.

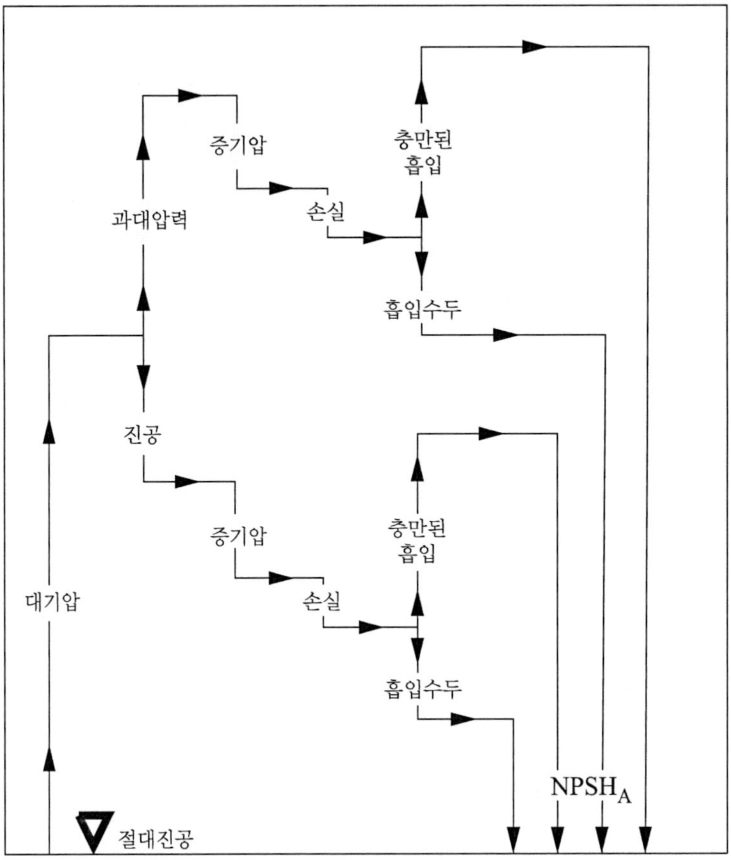

그림 5.26 시스템 *NPSH* 계산 방법(Girdlestone 펌프회사 제공)

5.2.4 임계 $NPSH_R$의 정의

그림 5.27은 AHIS(American Hydraulic Institute Standards)와 같은 규정을 만족시키기 위한 시험으로 임계 $NPSH_R$을 확립하는 방법을 예증한다[5.2]. 설계 회전속도에서 설계 유량을 공급하면서 펌프의 $NPSH_A$는 감소한다. 펌프 수두상승이 x%로 저하되는 $NPSH_A$의 수치를 임계 수준이라 정의하며, 많은 규정들에서 x는 3%이다.

NEL이 예증한 것과 같이 공동화 및 후속적인 손상은 임계 수치보다 상당히 높은 $NPSH_R$ 수치에서 발생하는 것으로 증명되었다[5.11]. 이 연구는 공동화로 인한 금속박리와 소음수준 사이 연관성을 그림 5.28과 같이 예증하였다. $NPSH_A$에 따른 소음수준을 나타낸 그림 5.29는 임계 $NPSH_R$에 도달하기 한참 전에 금속박리가 발생하는 것을 보여준다. 또한 경험은 이러한 결론을 지원한다.

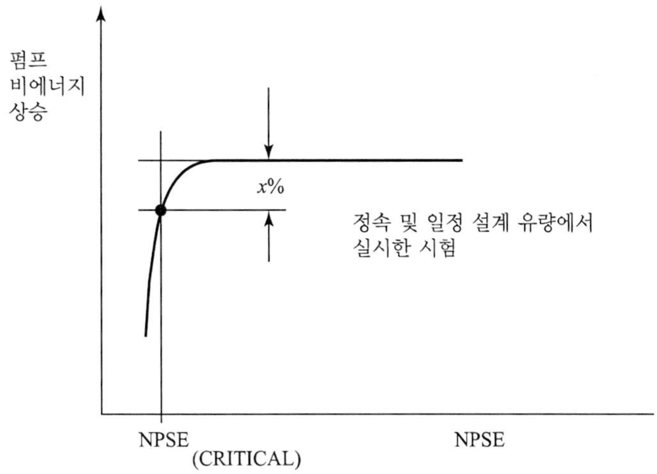

그림 5.27 설계 유량에서 시험할 때 임계 $NPSH_R$을 정의하는 전통적인 방법

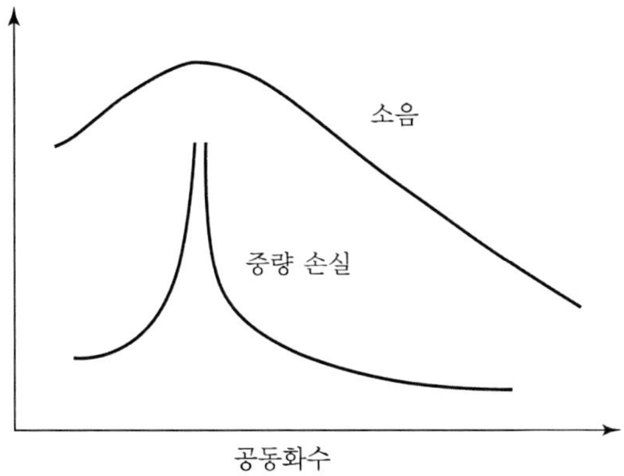

그림 5.28 공동화로 인한 $NPSH$ 수준과 재료손실의 관계[5.11]

5.2.5 펌프 설계를 위한 암시

대부분 공동화 문제는 흡입영역에서 발생하므로 흡입영역은 펌프 설계시 가장 중요하다. 양호한 $NPSH_R$를 제공하기 위한 임펠러 아이(eye) 직경과 허브(hub) 규격을 결정하는 방법을 기술한다. 많은 사람들 중 Gongwer, Lewis 그리고 Pearsall은 이 방법을 조사하였고, 다음과 같이 수용할 수 있는 $NPSH_R$식을 제시하였다[5.14, 5.19, 5.24].

$$NPSH_R = 1.8\frac{V_0^2}{2g} + 0.23\frac{u^2}{2g} \tag{5.1}$$

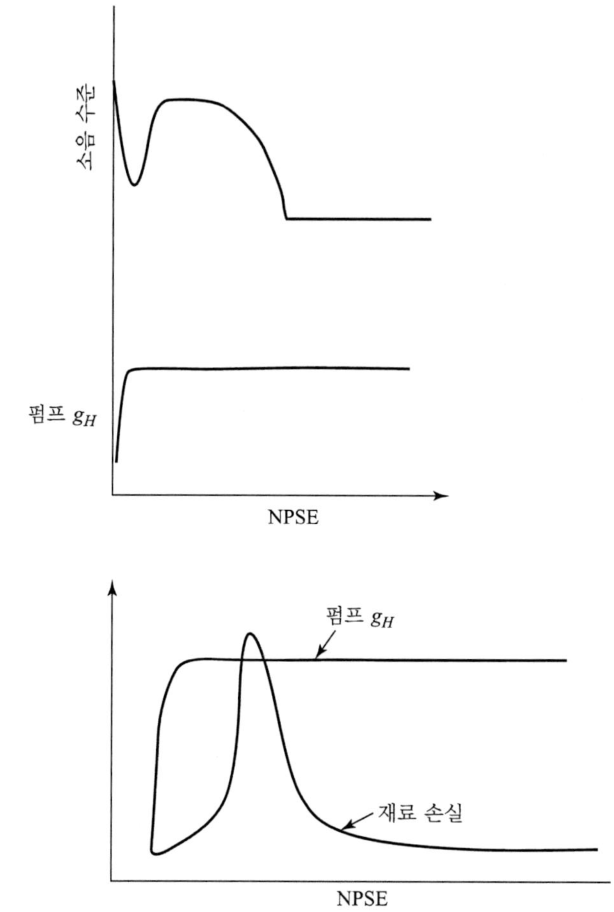

그림 5.29 원심펌프의 소음과 $NPSH_R$의 관계[5.11]

여기서 V_0 : 자오선 속도$(4Q/\pi D^2)$
u : 팁 원주속도$(\omega D_E/2)$

만일 식 (5.1)을 D_E에 대해 미분하고 최적 수치를 구하기 위해 0으로 처리하면

$$D_E = K\frac{\sqrt{Q}}{N} \tag{5.2}$$

상기 식에서 K는 4.66으로 제시되므로 D_E를 계산할 수 있다. 계산결과 $u = 4.16$이 되며 이는 다음 Anderson의 설계 법칙과 잘 일치하며[5.3]

$$\frac{u}{V_0} = 4$$

$$NPSH_{R_{minimum}} = 0.001046 N^{\frac{4}{3}} Q^{\frac{2}{3}} \tag{5.3}$$

최적 무차원 흡입 비속도는 다음과 같이 주어진다.

$$K_{ss} = \frac{2\pi N \sqrt{Q}}{60 g^{\frac{3}{4}} NPSH_R^{\frac{3}{4}}} \approx 3.25$$

상기 식은 유입부에서 선회(whirl)가 없는 끝단 흡입 원심 펌프에 적용된다. Gongwer는 아이로부터 깃 유입부까지 가속을 5%로 가정한다.

많은 사용되는 두 관계식 중 하나는 당초 수차에 사용된 토마 공동화수(Thoma Cavitation number) σ로서 이는 초기 $NPSH_R$을 펌프 수두상승 H와 관련시킨다.

$$\sigma = \frac{NPSH_R}{H} = \frac{gNPSH_R}{gH} \tag{5.4}$$

다른 식은 3% 수두 저하에 기초한 흡입비속도 K_{ss} 또는 S이다.

$$S = \frac{N\sqrt{Q}}{NPSH_R^{\frac{3}{4}}} \tag{5.5}$$

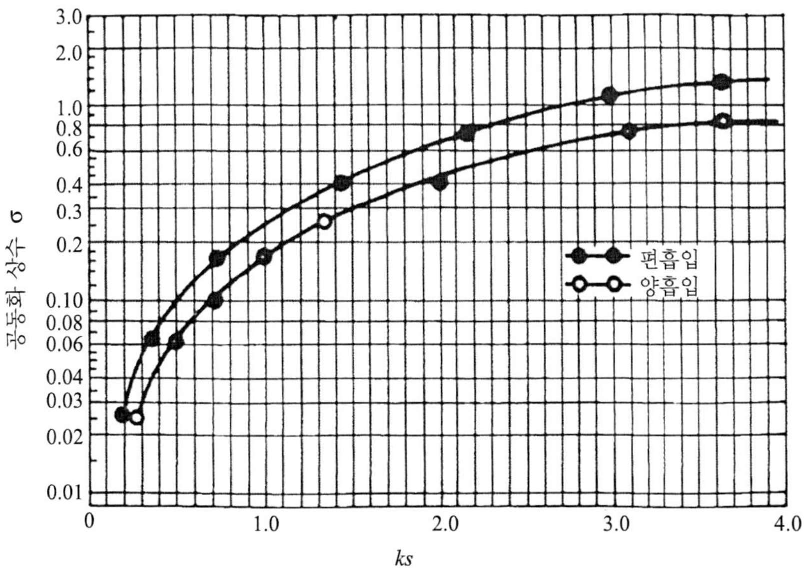

그림 5.30 특성수에 따른 σ 도표

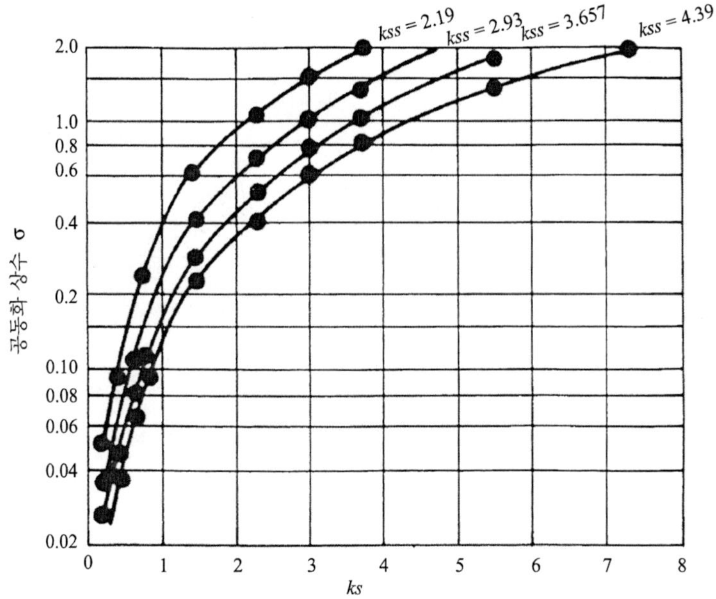

그림 5.31 특성수에 따른 σ와 K_{ss} 도표

또는

$$K_{ss} = \frac{\omega\sqrt{Q}}{(gNPSH_R)^{\frac{3}{4}}} \tag{5.6}$$

따라서 다음과 같이 입증된다.

$$S = \frac{N_s}{\sigma^{\frac{3}{4}}} \tag{5.7}$$

전형적인 도표는 그림 5.30 및 5.31과 같으며 원심펌프의 S 범위는 9,500 ~ 10,500(ft · gpm · rpm)이며 응축 기계의 S는 12,500이다.

5.2.6 인듀서의 역할

펌프에서 $NPSH_R$을 개선하기 위한 한 방법은 그림 5.32와 같이 인듀서를 장착하는 것이다. 인듀서는 임펠러 고정 너트 대신 축방향으로 장착된 장치이다. 인듀서의 깃은 얇은 나사각(helix angle)을 갖고 스파이럴 형태를 따르며, 상당히 얇은 2, 3 또는 4개의 날개를 가질 수 있다. 유동 통로는 길고, 기포는 유동 통로의 초기 부분에서

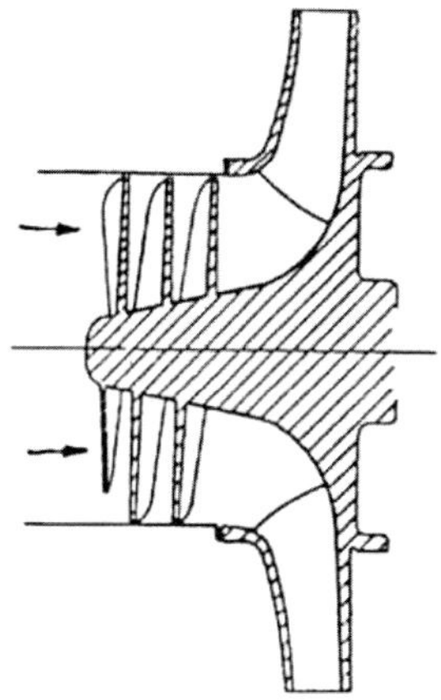

그림 5.32 원심펌프에 장착된 인듀서

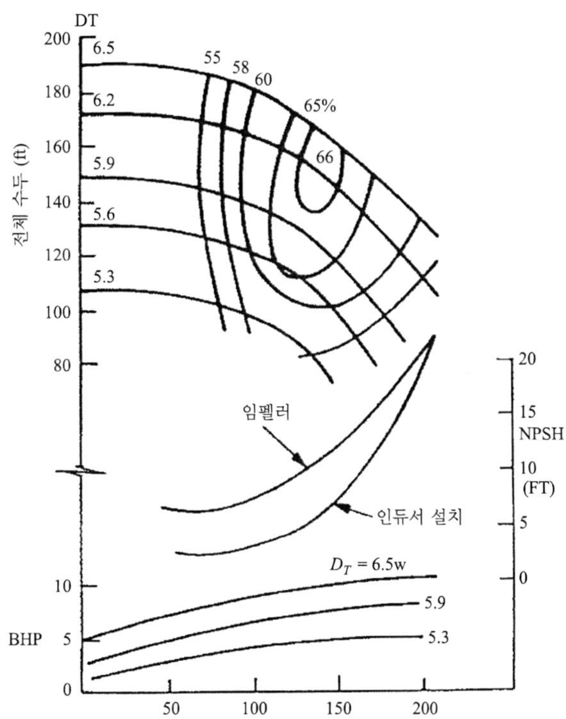

그림 5.33 전형적인 인듀서/펌프 특성

생성되고, 통상적으로 인듀서를 떠나기 전에 붕괴된다. 그림 5.33과 같이 하나의 인듀서는 펌프의 $NPSH_R$을 최소한 수두 1 m를 감소시킬 수 있지만 운영 범위를 상당히 벗어나면 $NPSH_R$은 급격하게 상승한다. 인듀서로부터의 유동은 반드시 수용할 수 있는 입사각을 갖는 임펠러 날개들의 전연(前緣)에 접근하여야 한다. 여기서 입사각은 양호한 조합의 $NPSH_R$ 수치를 제공하는 유동률 범위를 제한하며 이는 인듀서와 임펠러를 조심스럽게 일치시킬 필요성을 의미한다.

실험 자료들은 주로 고속 로켓 펌프로부터 제공되므로 전통적인 물 펌프와 공정 펌프를 위한 인듀서 설계는 전문화된 분야이며 이에 대한 상세한 내용은 Turton, Tillner, Lakshminarayana 및 Oschner 문헌을 참조한다[5.18, 5.30, 5.28, 5.29, 5.27, 5.23].

5.3 펌프 공동화 상사성

V. Chebaevsky and V. Petrov

5.3.1 문제 특성 및 상사성 조건

열-물리적(thermo-physical) 특성이 다른 다양한 액체(예를 들어 저온 액체, 화학적 활성 액체 또는 독성 액체 등)들을 수송하기 위해 베인(vane)펌프를 광범위하게 사용한다. 그러나 이 액체들은 모델시험에 적합하지 않으므로 모델 공동화 자료를 원형(실제) 기계로 조정하기 위해 다른 액체(통상적으로 물)를 사용한 시험으로부터 믿을 수 있는 상사법칙을 유도할 필요가 있다.

일반적으로 펌프의 공동화 체적(즉, 공동) 내 압력 P_c는 액체 포화 증기압 P_v와는 다르다. 그러나 대부분 실제 상황에서 압력 P_c는 P_v와 거의 동일하다. 이는 최대 50℃까지 정상적으로 탈기된 물에 적용된다. 이와 같은 액체에 대해 다음과 같이 $NPSH$를 근사화할 수 있다.

$$NPSH = NPSH_v = \frac{P_s - P_v}{\rho g} + \frac{V_s^2}{2g} + Z \ (\mathrm{m}) \tag{5.8}$$

여기서 P_s : 펌프 상류측에서 액체의 절대 정압(Pa)

V_s : 압력 P_s를 측정하는 지점에서 단면 유속(m/s)

Z : 압력 P_s의 측정 지점과 깃 유입부의 가장자리에서 가장 높은 지점 사이 수직 거리(m)로서 빈번하게 Z수치가 작아 무시할 수 있다.

ρ : 액체의 밀도(kg/m^3)

g : 중력가속도(m/s^2)

그러나 수온이 낮은 일부 액체들에서 압력 P_c는 P_v보다 상당히 작을 수 있는 반면 포화된 증기액과 같은 일부 액체에서는 상당히 크다. 이러한 경우 식 (5.8)의 P_v를 P_c로 대체하여야 하지만 회전하는 임펠러 내 이 공동 압력을 측정하는 것은 극히 어렵다. 이와 같은 액체의 경우 실험으로 $NPSH$를 평가할 수 있다. 그러나 만일 실험에 사용한 액체가 다를 경우 실험으로 얻은 $NPSH$는 크게 된다. $P_c = P_v$인 경우와 $P_c \neq P_v$인 경우 $NPSH$ 결과식은 다음과 같다.

$$NPSH = NPSH_v^0 - \Delta h_t + \Delta h_g \tag{5.9}$$

$$\Delta h_t = \frac{P_v - P_c}{\rho g}$$

$$\Delta h_g = \frac{P_g}{\rho g}$$

여기서 $NPSH$: $P_c \neq P_v$인 경우 임계 순수흡입수두

$NPSH_v^0$: 탈기된 냉수와 같은 액체($P_c \approx P_v$)를 사용하여 얻은 임계 순수흡입수두

Δh_t : 액체 내 열역학적 특성의 영향을 받는 경우에 대한 수정 수치(m)

P_g : 공동 내 용해성 가스의 압력(Pa)

축류펌프의 경우 이 수정 수치들은 액체 특성, 펌프 형상, 그리고 다음과 같은 상태 매개변수들과 관련된다.[2]

$$\frac{\overline{\Delta h_t}}{1 - \overline{\Delta h_t}} = 1.17\left(3.2 - 3\overline{H_a}\right)10^{-6} K^{0.5} Re_D^{0.5} We_D^{0.25} A^{0.25} B^{0.25} \sqrt{\psi sin\alpha_\omega} \tag{5.10}$$

$$\frac{\overline{\Delta h_g}}{1 - \overline{\Delta h_g}} = \frac{f_g K^{0.5}}{1.17\left(3.2 - 3\overline{H_a}\right)10^{-6} Re_D^{0.5} We_D^{0.25} A^{0.25} B^{0.25} \sqrt{\psi sin\alpha_\omega}} \tag{5.11}$$

여기서 $A = \dfrac{2\pi + 7\beta_{1b}}{2\pi - 3\beta_{1b}}$

$B = \dfrac{\pi D_m \sin\beta_{1b}}{\delta_b}$

$\overline{\Delta h_t}$: 상대적 열역학적 수정 수치 $\overline{\Delta h_t} = \dfrac{\Delta h_t \rho g}{P_v}$

---

[2]Chebaevsky, V. and Petrov, V. (1982), "Cavitation in High-performance Rotordynamic Pump", Moscow, Machinostroenne (in Russian) 참조.

$\overline{\Delta h_g}$: 상대적 가스 수정 수치 $\overline{\Delta h_g}=\dfrac{P_g}{P_{gs}}$

$\overline{H_a}$: 측류펌프의 상대적 수두(인듀서 형식 원심펌프) $\overline{H_a}=\dfrac{H_{ai}}{H_a}$

H_{ai}, H_a : 비공동화 영역에서 축류펌프의 수두와 현재수두(그림 5.34 참조)

K : 상 변화 판단기준 수(number of phase transform criterion)

$K=\dfrac{\alpha g\rho}{P_v}$

α : 포괄 계수 $\alpha=\dfrac{\rho_v^2 L_v^2}{C_p(\rho-\rho_v)\rho Tg}$

ρ_v : 포화 증기의 밀도

L_v : 포화 잠열(latent heat of vaporisation)

C_p : 액체의 비열

T : 액체의 절대 온도

Re_D : 레이놀즈수 $Re_D=\dfrac{W_1 D_m}{\nu}$

W_1 : 깃 유입부 평균 직경 D_m에서 액체의 상대속도

ν : 액체의 동점성

We_D : 웨버수 $We_D=\dfrac{\rho W_1^2 D_m}{\sigma}$

σ : 액체의 표면장력계수

β_{1b} : 평균 직경에서 깃의 유입각

ψ : 깃에 대한 공동의 막힘 계수(blockage coefficient)

$\psi=1-\dfrac{\delta_b}{t-\sin\alpha_\omega}$

δ_b : 공동 말단부(end)에서 깃의 두께(만일 공동 길이를 모르면 평균 직경 D_m에서 깃의 최대 두께를 δ_b로서 사용할 수 있다)

t : 평균 직경에서 깃 피치

α_ω : 깃 유입부 평균 직경에서 영각

f_g : 용해성 가스의 비체적 $f_g=\mathcal{L}(T)\cdot R_g\cdot T$

$\mathcal{L}(T)$: 헨리 계수

R_g : 가스 상수

식 (5.10)과 (5.11)을 사용하여 다음과 같이 공동 내 압력 P_c를 결정할 수 있다.

$$P_c=P_v\left(1-\Delta\overline{h_t}\right)+P_{gs}\Delta\overline{h_g} \tag{5.12}$$

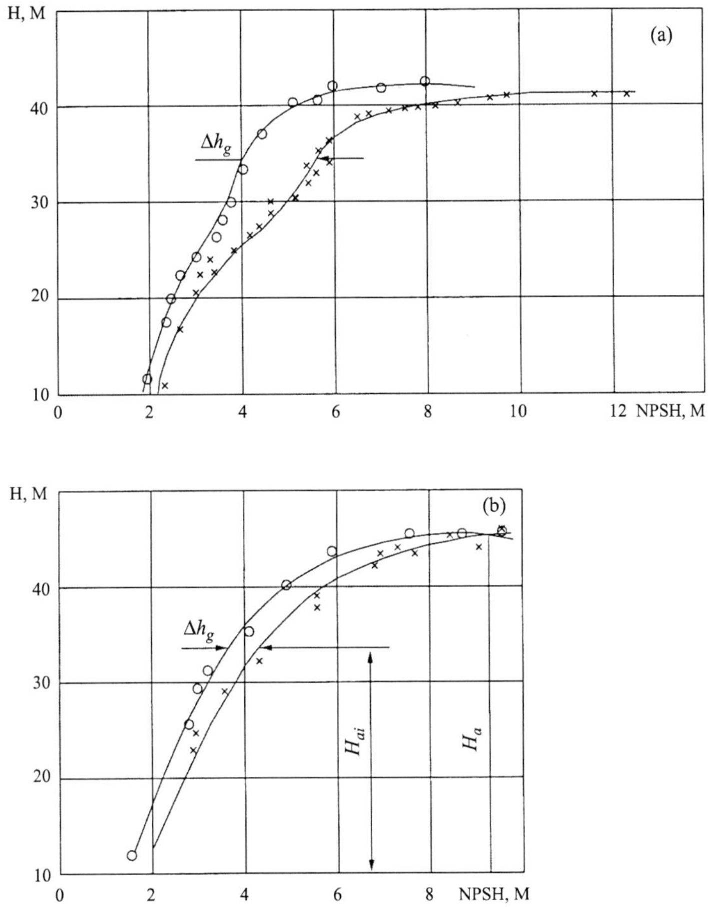

그림 5.34 용해된 가스가 14,500 rpm으로 회전하는 인듀서 펌프의 흡입 성능에 미치는 영향.
(a) $Q/n = 0.09\ \text{m}^3 \cdot \text{min}/(S \cdot r)$; (b) $Q/n = 0.06\ \text{m}^3 \cdot \text{min}/(S \cdot r)$. ○ 탈기된 물, × CO_2가 용해된 물

따라서 수정된 $NPSH$는 다음과 같다.

$$NPSH = \frac{P_s - P_c}{\rho g} + \frac{V_s^2}{2g} + Z \tag{5.13}$$

이제 상기 수정된 표현식을 사용하면 펌프 공동화 성능은 액체의 물리적 특성과 독립적이 되어 오직 깃 프로파일, 펌프 형상 매개변수 및 상태 매개변수와 관련된다.

베인 펌프에 대한 상사이론은 다음 상사성 판단기준을 준수하여야 한다.

1. 기하학적 상사, 즉 $L_M / L_N = \overline{L} = constant$

여기서 $\overline{L}$은 모의 축척비이다. 아래첨자 M과 N은 모델과 실제 조건을 나타낸다. 만일 시험장치에서 실제(즉, 원형) 펌프를 시험하면 이 조건은 자연스럽게 만족된다.

2. 동적 상사, 즉 $Q_M/n_M D_M^3 = Q_N/n_N D_N^3 = constant$
   만일 실제 펌프를 시험장치에서 시험하면 $Q_M/n_M = Q_N/n_N$
3. 열역학적 상사(액체), 즉 $K_M = K_N = constant$
   여기서 K는 상변환의 판단기준 수이다.
4. 점성 상사, 즉 $Re_M = Re_N = constant$
   여기서 Re는 레이놀즈수이다.
5. 표면장력 상사, 즉 $We_M = We_N = constant$
   여기서 We는 웨버수이다. 표면장력 σ를 변화시키기 위해 계면활성제를 사용하여 이 상사를 얻을 수 있다(그림 5.35 참조).
6. 비체적 상사(액체 내 용해성 가스), 즉 $f_{gM} = f_{gN} = constant$
   적정한 모델 액체, 용해성 가스 농도 및 온도 T_M의 선정으로 비체적 상사를 얻을 수 있다.

상기 모든 상사 판단기준을 동시에 만족시키는 것은 불가능하지만 그럴 필요도 없다. 대부분의 저온 액체 및 온도가 상승된 액체에서 실제 가스 농도는 크지 않기 때문에 빈번하게 비체적 상사(액체 내 용해성 가스)가 만족된다. 그러나 다른 상사 판단기준(예를 들어 상변환 K)은 비체적 상사를 따르지 않는다.

통상적으로 청수는 다른 액체들을 모의할 때 공동화 실험을 위한 최상의 선택이다. 청수는 취급하기에 안전하고, 청수의 열-물리적 매개변수들을 쉽게 변경시킬 수 있고, 또한 액체 내 일부 가스들의 용해성이 상당히 높기 때문이다. 폐쇄된 시험 시스템 내 물을 적정한 온도로 가열하여 필요한 모델 운영매체의 점도를 쉽게 얻을 수 있다. 또한, 열-물리(thermo-physical) 매개변수들을 모의하기 위해 특정량의 계면활성제와 함께 일부 용해성 가스를 물에 첨가할 수 있다. 이 실험장치를 다년간 사용한 결과 펌프 공동화 모의를 위한 이 실험방법의 효과도와 신뢰성이 증명되었다.

5.3.2 열역학적 특성 모의

$\Delta h_g = 0$으로 가정하면 식 (5.9)에 따라 다음과 같이 펌프 내 공동화 상태를 표현할

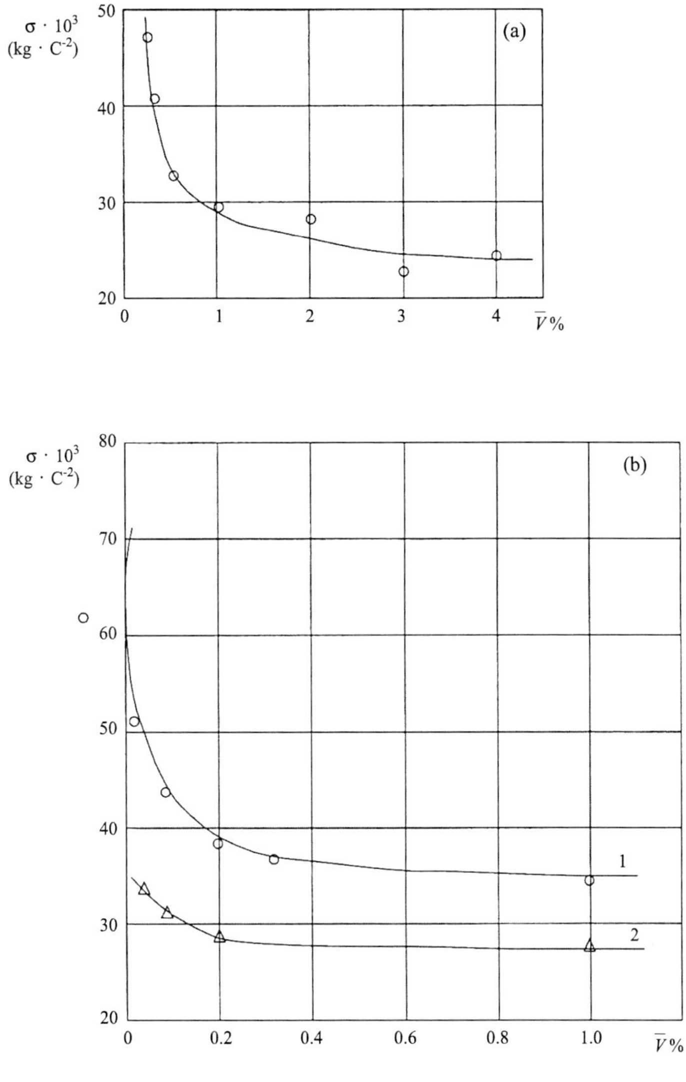

그림 5.35 ASS 농도와 온도에 따른 표면장력계수. (a) ASS-초기 알킬 황산염, T=293K, (b) ASS- OA -10(1-T=293K, 2-T=353K), $\overline{V}$-ASS 농도

수 있다.

$$NPSH_N = NPSH_{H_2O} - \Delta \overline{h}_{tN} \frac{P_{vN}}{\rho N g} \tag{5.14}$$

여기서 $NPSH_{H_2O}$: 실제 펌프가 청수를 펌핑할 때 공동화 상태에서 $NPSH$(m)

$\Delta \overline{h}_{tN}$: 실제 펌프가 다른 매체를 펌핑할 때 상대적 열역학적 수정 수치

실제 운영매체 및 청수는 동일한 유량 Q와 속도 n으로 펌핑된다는 사실에 유의하여야 한다. 식 (5.14)로부터 $NPSH_{H_2O}$와 $\Delta\overline{h}_{tN}$를 더하여 $NPSH_N$ 수치를 얻을 수 있다. 실험 또는 계산으로 $NPSH_{H_2O}$를 평가하는 것은 어렵지 않다. 따라서 모델 펌프를 사용하여 실제 펌프의 동적상사를 보장할 수 있고, 다음과 같이 두 펌프들에 대한 $NPSH_{H_2O}$ 수치를 상관시킬 수 있다.

$$\frac{NPSH_{H_2O \cdot N}}{n_N^2 D_N^2} = \frac{NPSH_{H_2O \cdot M}}{n_M^2 D_M^2} \tag{5.15}$$

청수를 사용하는 모델 펌프의 실험 자료에 기초하여 $NPSH_{H_2O}$를 평가하는 상기 방법은 실제로 광범위하게 사용되어 왔으므로 더 이상의 토론은 필요가 없다. 그러나 모델 실험에 기초하여 $\Delta\overline{h}_{tN}$ 수치를 평가하는 것은 상당히 복잡하다.

식 (5.10)에 따라 실제 펌프와 모델 펌프 사이 공동화 현상의 상사를 만족시키기 위해 반드시 K, Re, We를 일정하게 유지하여야 한다. 즉,

$$\frac{\Delta\overline{h}_{tN}}{1-\Delta\overline{h}_{tN}} = \frac{\Delta\overline{h}_{tM}}{1-\Delta\overline{h}_{tM}} \tag{5.16}$$

또는

$$\Delta\overline{h}_{tN} = \Delta\overline{h}_{tM} \qquad if \qquad \Delta\overline{h}_{tN} \ll 1 \text{ and } \Delta\overline{h}_{tM} \ll 1 \tag{5.17}$$

정확한 모의를 보장하기 위해 반드시 모델 액체 온도를 조정하여 K를 일정하게 유지하여야 하고, 모델 펌프의 속도 $n_M = (n_N \nu_M)/(\overline{L}^2 \nu_N)$를 변화시켜 일정한 레이놀즈수를 얻을 수 있다. 웨버수 판단기준을 만족시키기 위해 필요한 σ_M 수치를 얻기 위해 속도 n_M를 변화시켜 $We_M = We_N$으로 만들고, 모델 액체에 계면활성제를 첨가할 수 있다. 필요한 σ_M 수치는 다음과 같다.

$$\sigma_M = \sigma_N \overline{L}^2 \frac{\rho_M}{\rho_N} \frac{n_M^2}{n_N^2}$$

그러나 정확한 모의를 얻는 것은 항상 쉬운 것은 아니다. 실제로 빈번하게 총체적 상사 판단기준을 사용하여 근사 모의를 채택하는 것이 현실이다. 예를 들어

$$\left(K^{0.5} Re^{0.5} We^{0.25}\right)_N = \left(K^{0.5} Re^{0.5} We^{0.25}\right)_M \tag{5.18}$$

축 회전속도 n과 함께 유입 속도 W_1의 비례 관계를 가정하면 식 (5.10)과 (5.18)을

다음과 같이 표현할 수 있다.

$$n_M = \frac{n_N}{\overline{L}}\left(\frac{\nu_M}{\nu_N}\right)^{0.5}\left(\frac{\rho_N}{\rho_M}\frac{\sigma_M}{\sigma_N}\right)^{0.25}\left(\frac{K_N}{K_M}\right)^{0.5}$$

따라서 실제 펌프와 모델 펌프 사이 공동화 현상 상사를 유지하기 위해 모델 펌프의 매체를 청수로 가정하면 모델 펌프의 축 회전속도는 다음과 같이 된다.

$$n_{H2O} = \frac{n_N}{\overline{L}}\left(\frac{\nu_{H2O}}{\nu_N}\right)^{0.5}\left(\frac{\rho_N}{\rho_{H2O}}\frac{\sigma_{H2O}}{\sigma_N}\right)^{0.25}\left(\frac{K_N}{K_{H2O}}\right)^{0.5} \tag{5.19}$$

표 5.1 4개의 다른 원형 액체에 대한 공동화 모의 프로그램 $\overline{\sigma} = \frac{\sigma_{H_2O}}{\sigma_{H_2O} + ASS}$

실제 유체			모델 액체									비 고
명칭	T (K)	K	명칭	T, K	$\frac{n_M D_M}{n_N D_N}$	$\frac{K_M}{K_N}$	$\frac{Re_M}{Re_N}$	$\frac{We_M}{We_N}$	$\frac{M_{1M}}{M_{1N}}$	$\frac{M_{2M}}{M_{2N}}$	$\overline{\sigma}$	
액체수소	20	0.246	물	600.5	0.675	1	1	1		1		정확한 모의
				479.5	1		1.27	0.612	1	1		대략적인 모의
			물 +ASS	479.5	0.788		1	1	1	1	2.63	"
			액체 수소	107	0.52	1	0.75	1.75		1		"
				102	0.55		0.81	1.5	1	1		"
액체산소	90	0.049	물	441	1.5	1	1.38	0.52		1		"
				384.3	2.0		1.15	0.845	1	1		"
			물 +ASS	441	1.09	1	1	1	1	1	3.6	정확한 모의
				384.3	1.75		1	1	1	1	1.54	대략적인 모의
			액체 수소	74.2	1.15	1	0.88	1.32		1		"
				75.5	1.1		0.88	1.24		1		"
4산화질소	313	0.059	물	460.5	1	1	1.55	0.35		1		"
			물 +ASS	460.5	0.65	1	1	1		1	6.9	정확한 모의
				401.5	0.92		1	1	1	1	4.2	대략적인 모의
비대칭 크실릴 하이드라진	313	0.01	물	367	0.9	1	1.54	0.375		1		"
			물 +ASS	367	0.59	1	1	1		1	6.35	정확한 모의

그러나 만일 필요하면 수온을 변화시키기 위해 표면활성제를 첨가하고 식 (5.18)에 기초하여 기하학적 축척비 $\overline{L}= D_M/D_N$을 변경하여 모델 펌프의 축 회전속도를 추가로 조정할 수 있다.

다른 근사 모의들도 존재한다. 저자는 이들 중 다음 상사 판단기준의 동일성을 제안하였다.

$$\frac{Q}{nD^3}= const,\quad M_1 = \frac{P_v}{\rho g}K^{0.5} = const,\quad M_2 = Re^{0.5}\,We^{0.25} = const \qquad (5.20)$$

결과를 표 5.1에 나타내었다. 표 5.1로부터 모델 펌프를 위한 최상의 매체는 관련된 모든 요소들을 포괄적으로 조정할 수 있는 계면활성제 ASS(active surface substance)를 사용하는 청수인 것이 명백하다. 이렇게 함으로써 모델 액체의 온도에서 많은 실제 액체들에 대해 정확하거나 근사한 모의를 얻을 수 있다.

5.4 공동화 탐지 기법

E. Egusquiza

5.4.1 소개

수력기계 내 공동화의 탐지는 침식을 감소시키고 기계의 최적운영을 위해 중요하다. 공동화 과정 동안 기포 성장과 붕괴는 압력파를 생성하고 소음을 발생시킨다(3.9절 참조). 만일 기포가 고체 경계 인근에서 붕괴되면 집중도가 높은 짧은 기간 압력파(pressure wave)를, 그리고 마이크로-제트 충돌은 침식을 발생시킬 수 있다. 소음은 액체와 구조물을 통해 전파된다. 따라서 실제 기계 내 공동화를 탐지하는 방법은 유체 또는 구조물의 고유 소음 분석과 측정에 기초한다.

다양한 공동화 형식들은 공동화 고유구조와 관련된 형상뿐만 아니라 이들의 소음과 침식에서 다르다. 침식에 대한 중요한 매개변수는 기포 내파가 발생하는 영역 내 국부 압력의 기울기이다. 고체 표면에 대한 기포 내파의 근접(proximity)은 국부 유동 패턴과 난류에 종속된다.

최적 탐지 시스템은 공동화의 존재(초기 공동화의 개시) 여부, 공동화의 형식과 위치 그리고 공동화가 침식을 발생시키는지 여부를 결정하여야 한다. 실제 기계 내 공동화를 탐지할 때 다음과 같은 여러 질문에 직면한다. 측정 장소, 설치한 센서, 신호 처리, 그리고 최종적으로 침식성 공동화의 정도를 정량화하기 위해 어느 음향 또는 진동 매개변수를 사용하여 계산할 것인가?

만일 변환기를 공동화 발생지점 인근에 위치시킬 수 있으면, 상대적으로 유체 고유 소음을 직접적으로 취득할 수 있다. 그러나 공동화 소음이 발생하는 위치와 센서 사이의 변환 기능은 공동화 발달 동안 변화한다. 더욱이 기포가 표면에서 또는 먼 곳에서 붕괴되는지를 공동화 소음으로는 구별할 수 없다. 즉, 유체 내 붕괴되는 기포는 침식시키지 않고, 유체 고유 소음을 발생시킬 수 있다. 또한, 기계 소음을 상당히 제거할 수 있는 방법은 기계 내 하나의 홀을 드릴 가공하는 것이다. 즉, 펌프에서는 날개 인근 유입부에 센서를 위치시키는 것이 가능하며 이 방법을 성공적으로 사용하여 왔다. 그러나 수차에서는 올바른 위치에 압력 센서를 설치하는 것은 상당히 어렵다.

구조물 고유 소음은 기계 및 전기 근원으로부터의 소음 영향으로 인해 더욱 쉽게 변질되고 완화되는 반면 침식성 공동화를 더욱 잘 표현할 수 있다. 그러나 진동 센서를 사용한 측정은 상대적으로 쉽지만 신호가 변질되고 그리고/또는 공동화 이외 근원으로부터의 성분이 포함될 수 있다.

5.4.2 소음과 진동의 생성

기포 기포가 내파(imploding)하면서 현존하는 배경 소음에 중첩되는 불규칙한 기간 그리고 불규칙한 스파이크 형태와 크기를 갖는 높은 주파수 펄스들이 생성된다. 이들은 단극원(mono-pole source)과 유사한 소음을 발산한다. 만일 파장이 근원의 크기보다 크면, 단근원은 낮은 마하수에서 2극(구조물에서 진동) 및 4극(난류 진동)보다 더욱 효율적으로 발산한다[5.26]. 이는 기포성 유체에 의해 전파속도가 감소되지 않아 최소 초기 공동화 동안 배경 소음으로부터 공동화 소음을 구별할 수 있는 기포 직경이 약 1 mm인 사례이다.

생성된 소음은 단일 기포 붕괴 특성, 붕괴되는 기포 숫자 및 발산 효율[이는 근원의 특성 크기(characteristic dimension)와 파장 사이 관계와 같은 여러 매개변수들에 종속된다]에 종속된다.

이 매개변수들 중 중요한 두 매개변수는 생성된 소음의 집중도와 주파수이다. 단일 기포의 경우 집중도는 내파 압력에 종속되며 이 내파 압력은 기본적으로 기포 크기와 국부 압력구배에 종속된다. 공극률이 낮은 경우 클러스터 내파는 개별 기포의 내파보다 크다(높은 국부 압력 구배). 즉, 공극률이 큰 경우 매체의 컴플라이언스가 증가하고, 이에 따른 결과로서 내파 압력은 감소한다. 주파수는 기포-붕괴 시간-스케일의 함수이다. 가장 큰 에너지 밀도의 주파수는 유속과 공동화 계수와 함께 증가한다. 만일 기포가 표면 인근에서 붕괴되면, 높은 주파수의 진동이 발생한다.

공동(Cavities) 고정된 공동이 발달하면 기본적으로 다음과 같은 두 결과가 발생한다. 즉, 낮은 주파수 소음은 증가하고, 높은 주파수 소음은 차폐된다. 난류 및 공동의 증기-가스 혼합체로부터 유체가 박리되는 경계면의 불안정성에 의해 낮은 주파수 소음이 생성된다.

유체역학 조건에 따라 공동은 안정 또는 불안정할 수 있다. 불안정한 특성에서 변동(fluctuation)은 공동의 길이에 필적한다. 변동 동안 공동(U 형상의 보텍스)들은 주 공동으로부터 떨어져 나간다(6.2.1절과 그림 6.7 참조). 공동 변동의 진폭은 공동의 길이와 함께 증가한다. 공동 종료시점에서 구조물에 수직으로 붕괴되는 일시적인 이 U 형상의 보텍스는 폭발성 특성을 가지며 침식성이 매우 강하다[5.4, 5.8, 5.9, 5.13].

만일 공동 변동의 주파수가 구조물의 고유주파수와 일치하면 유체-탄성 결합(hydro-elastic coupling)이 발생하여 일부 불연속 진폭이 광대역 소음에서 나타날 수 있으며 이는 공동(선회성 공동 등)으로 인한 구조물의 발산 주파수와 관련된다. 스트로우홀 수 $St = fL/U$항으로 이 불연속 주파수를 정의할 수 있으며, 여기서 f는 주파수, L은 공동 길이 그리고 U는 유속이다.

수력기계의 운영 동안 다른 구조를 갖는 공동화 형식이 나타날 수 있다. 낮은 압력 영역과 낮은 압력 구배에서 기포가 발생한다. 즉, 프란시스수차의 날개 유출부 및 펌프의 운영 설계점 주변의 날개 유입부에서 기포가 발생한다. 이 공동화 형식은 기계성능을 퇴화시킬 수 있고, 공동화 계수에 크게 종속된다. 불연속 또는 급작스런 압력 구배가 존재하면 부착된 공동[예를 들어 프란시스수차에서 전연(前緣) 공동화]의 발생이 가능하고, 날개 표면에서 공동화 기포와 보텍스가 생성된다. 수차 운영 동안 안내깃과 러너 날개의 상호작용에 의해 유동이 불안정하게 되고, 따라서 날개에서 유체의 입사각이 주기적으로 변화한다. 이 과정은 기포의 내파를 조절하는 낮은 주파수 공동 변동을 유발한다.

5.4.3 전파 (Propagation)

기포 붕괴로 생성된 소음의 주파수는 높으므로 이 소음의 완화는 매우 중요하다. 소음의 생성과 전파는 폐쇄된 공간에서 발생하므로 챔버의 음향 특성을 고려하여야 한다. 벽에서 임의의 발생률 그리고 챔버와 비교할 때 근원의 크기가 작은 사실을 고려할 때 고전적인 소음 공식들을 사용하여 반향음장(reverberating acoustic field)과 직접음장을 계산할 수 있다[5.16]. 챔버의 반향시간을 측정하여 흡수계수를 결정할 수 있다.

공동화가 발생하면 2상 유동(two phase flow)은 물의 국부 임피던스를 변화시키고 압력파 전파속도를 감소시킨다. 압력파는 임계 조건에서 가스 기포 내 공명을 유발할 수 있다. 가스 함량과 핵 농도가 높은 유체 내에서 가스 기포에 의해 생성된 음은 상당할 수 있다.

공동화와 센서들 사이 약간의 거리가 있으므로 전파로 인한 신호 변화를 고려하기 위해 반드시 전달함수(transfer function)를 결정하여야 한다. 전달함수는 매우 복잡하므로 반드시 현장에서 측정하여 결정하여야 한다. 침식이 발생하는 수차의 날개 내 위치한 여기자(exciter)를 사용하여 날개로부터 측정 지점까지 신호의 전달률(transmissibility)을 평가할 수 있다[5.25]. 사용할 수 있는 대표적인 여기자는 비록 최대 여기 주파수가 약 10 kHz이지만 끝이 딱딱한 충격 망치이다. 그림 5.36에서 프란시스수차의 날개 내 위치한 한 센서와 수차 가이드 베어링에 설치한 하나의 센서 사이 주파수 응답(response) 함수를 관측할 수 있다.

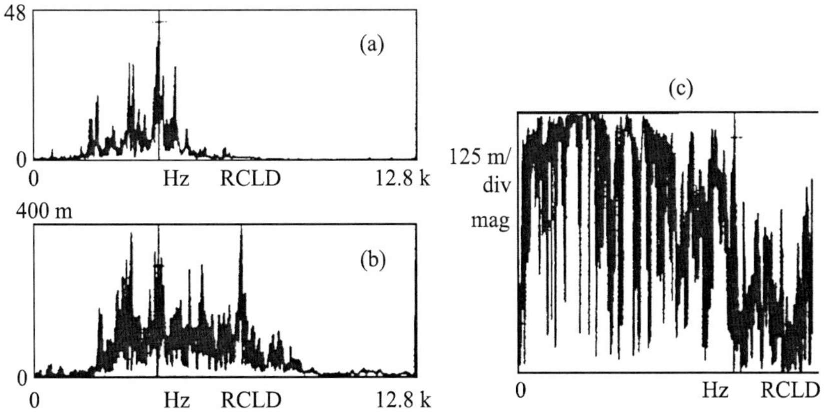

그림 5.36 프란시스수차의 날개에 위치한 가속도계와 수차 가이드 베어링 내 위치한 다른 가속도계 사이 전달함수(충격 해머로부터 신호)
(a) 입력 파워; (b) 출력 파워; (c) 0~12.8 kHz 범위에서 간섭성(coherence)

5.4.4 배경 소음

순환하는 수력기계에서는 수력적 근원과 기계적 근원으로부터의 상당한 배경 소음이 존재한다. 기계는 주기적으로 낮은 주파수와 광대역 소음을 발생시킨다. 이 낮은 주파수 소음은 많은 사례들에서 지배적이며, 만일 공동화 소음을 탐지하려면 반드시 이 소음을 필터(filter)하여야 한다.

여러 방법들을 사용할 수 있지만 가장 단순한 방법은 고속 필터를 사용하여 신호로부터 특정 수치(예를 들어 10 kHz) 이하의 주파수를 제외시키는 것이다. 이는 기포 소음을 탐지하기 위한 유효한 방법이지만 모든 낮은 주파수 내용들이 사라지는 단점이 있다.

한 번 신호를 취득하였으면 기계 소음을 제외시키기 위해 다른 방법들을 사용한다. 한 방법은 기계 축과 동조된 외부 트리거(trigger)와 함께 시간-평균을 사용하는 것이다. 원시 신호로부터 시간 평균된 신호가 제외되므로 오직 회전 주파수와 관련된 성분들만 남는다. 다른 방법은 원치 않는 성분을 제거하기 위해 스펙트럼을 계산하고 편집하는 것이다.

원치 않는 소음을 추출하기 위한 다른 방법은 두 개의 변환기로 적응적 소음(adaptive noise, 또는 환경 맞춤형 소음)을 소거하는 것이다. 공동화가 발생하는 인근에 한 개의 변환기를 그리고 높은 주파수 공동화 소음이 감쇠되는 약간 떨어진 곳에 다른 한 개의 변환기를 설치한다.

5.4.5 주파수 영역 내 공동화 탐지

공동화 발생장소(주파수 영역, 시간-영역 및 시간-주파수 변형에서) 인근에 위치한 센서들이 측정한 신호들을 여러 방법으로 사용하여 공동화를 탐지할 수 있다.

높은 주파수 신호 공동화는 주파수 영역 내 특히, 높은 주파수 범위에서 광대역 패턴을 보여준다. 그림 5.37과 같이 파워 스펙트럼의 높은 주파수 부분은 공동화 출현과 함께 증가한다. 다른 공동화 계수 수치와 함께 프란시스수차 모델 내에 설치된 피에조미터 압력 변환기로 측정하여 압력 변동의 변화를 입증하였다.

1 MHz 이상의 주파수를 포함시키기 위해 공동화 신호들을 측정하였다. 산업용 가속측정기의 최대 공명 주파수는 약 100 kHz이므로 이 측정기는 높은 주파수 진동 탐지에 유효하지 않다. 음향방출 AE(acoustic emission) 센서들은 광대역 공명 영역을 가지므로 500 kHz 이상의 진동을 측정할 수 있다. 그림 5.38은 공동화 문제가 있

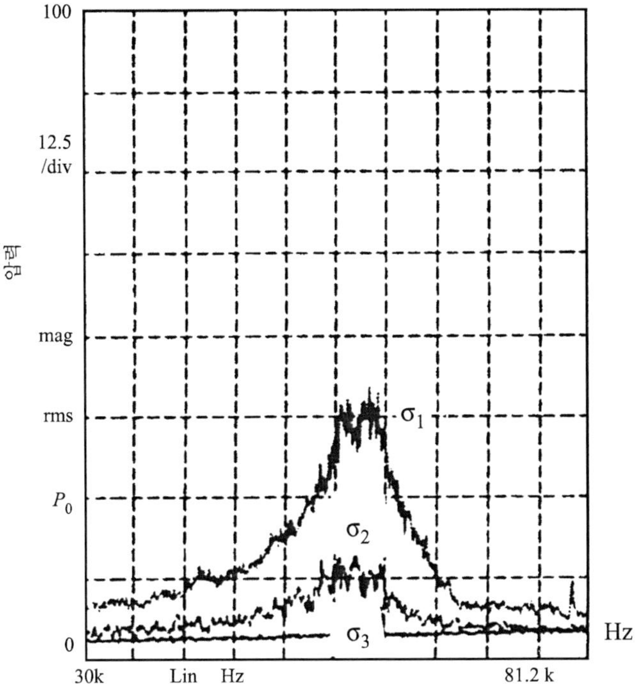

그림 5.37 다른 공동화 계수 수치에서 모델 수차 내 높은 주파수 압력 신호의 변화(범위 30~81 kHz, $\sigma_1 < \sigma_2 < \sigma_3$)

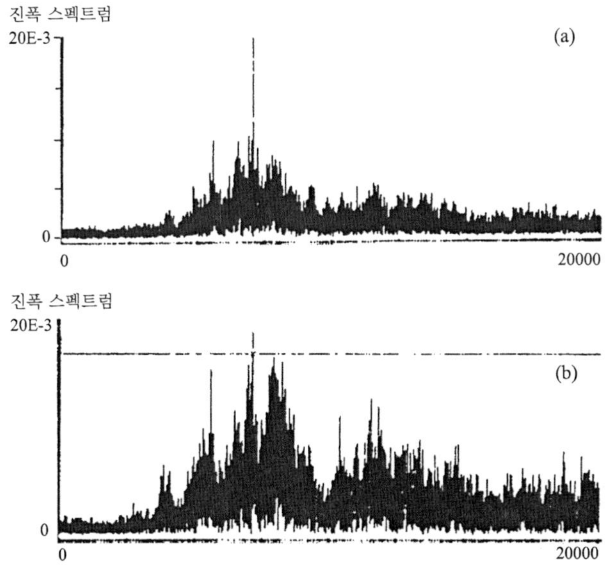

그림 5.38 부분부하에서 프란시스수차의 안내깃에 위치한 AE 센서의 파워 스펙트럼 비교(범위 0~200 kHz). (a) 80% 부하; (b) 100% 부하

는 프란시스수차의 안내깃에 위치한 AE 센서로 측정한 신호 스펙트럼을 보여준다. 기계 부하가 80%에서 100%로 증가할 때 음향방출이 증가한다.

고주파수대(band)의 전반적인 rms 수준 이는 가장 단순한 방법들 중 하나이다. 고속 필터링(또는 주어진 주파수대) 이후 진동 신호들의 rms(최소 15 평균)는 공동화 탐지를 위해 중요한 매개변수가 될 수 있다. 공동화 영역들을 발견하기 위해 다른 주파수대(5 ~ 45 kHz, 15 ~ 35 kHz 등) 내 가속 신호들의 평균자승수치들을 사용할 수 있다[5.8, 5.9]. 이 대역들 중 일부는 공동화를 나타내고, 이를 공동화 집중도와 상관시킬 수 있다.

음압수준(Sound Pressure Levels) 많은 저자들은 음압수준(L_p)과 sound power level (L_w)을 제안하여 왔다. 통상적으로 필터링된 유체 고유 소음의 L_p 수치는 측정할 수 있는 변수이다. 펌프 유입 관로 내 평면파(plane wave) 전파를 가정하여 펌프 유입측에서 L_p와 L_w 모두를 공동화 집중도와 관련시킬 수 있다. 침식 과정과 관련된 공동화-근원 강도를 파악하는 것이 유용하다[5.22].

펌프에서 공동화와 L_p의 관계는 다음과 같다. 소음수준 L_p는 초기 공동화가 발생하면 증가하고, 공동화가 발달하면 최대치에 도달하고 최종적으로 내파 압력을 감소시키는 확산된 공기 기포의 차폐에 의해 다시 감소한다.

펌프의 경우 $\frac{1}{3}$ octave band의 40 kHz에서 L_p 수치가 상관되어 왔다[5.21]. 공동화 개시 수는 펌프 임펠러 팁 속도와 피크 소음 파워의 비율은 물론 펌프의 팁 속도로 정의되고 상관된다. 공동화 개시 수를 사용하여 공동화의 존재를 탐지할 수 있고, 이 경우 피크 소음 상관(correlation)은 펌프 내 공동화 정도의 결정에 도움을 준다.

기포 클라우드 또는 공동으로 인한 저주파수 공동화 클라우드가 발생하면 공동화 지역에서의 밀도가 변화하고 수력 회로(circuit)는 주파수가 다른 두 부분 시스템으로 분리된다. 저주파수 압력 변동은 공동화 지역에서 생성된다. σ가 지속적으로 감소되면 변동의 진폭은 최대치로 증가한 후 감소한다. 공동의 고유주파수가 회로의 고유주파수에 접근할 때 변동의 진폭은 최대가 된다. 이는 공동화의 출현을 탐지하는 간접적인 방법이다[5.20].

프란시스수차의 부분 부하시 흡출관에서 보텍스 공동화가 발생하는 경우 공동들은 저주파수 변동 특성을 보여준다. 공동화 코어가 발생할 때 러너 회전속도의 약 30%에서 압력 변동이 발생하기 때문에 형성된 스파이럴 보텍스를 쉽게 탐지할 수

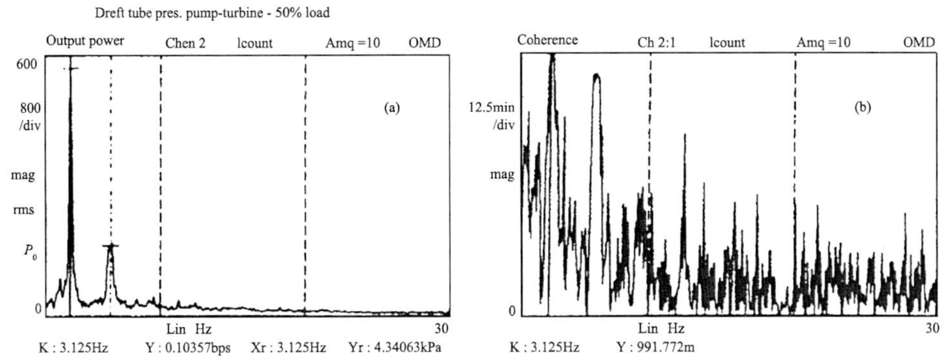

그림 5.39 (a) 600 rpm으로 회전하는 펌프-수차에서 흡출관 보텍스에 의해 생성된 저주파수 압력 맥동의 스펙트럼. 흡출관 보텍스는 약 3 Hz 주파수로 나타난다. 흡출관 내 위치한 센서; (b) 이 신호와 흡출관 내 90° 에 위치한 다른 압력 센서의 신호와의 간섭성(coherence)

있다(그림 5.39).

공동화의 정도는 주파수를 통과하는 축과 날개에서 기계가 발생한 압력 맥동(pulsation)의 진폭에 영향을 미친다. 또한, 이 신호들은 변환기 위치(예를 들어 유입 배관, 유출 배관, 또는 볼류트)에 따라 변화한다. 일부 펌프 형식에서는 진단 목적으로 이 신호들을 사용할 수 있다. 그러나 기계의 회전하는 부분에서의 손상(또는 기하학적 변형)과 같은 다른 요소들도 유사한 징후를 발생시킬 수 있기 때문에 공동화의 결과를 구별하는 것이 어렵다. 따라서 이 방법의 정확도는 낮다.

5.4.6 시간 영역 내 공동화 탐지

고주파수 공동화 소음을 탐지하기 위해 시간 영역 내 분석을 사용할 수 있다. 탐지는 펄스 카운팅(음향 방출), 통계적 분포 등의 형태가 될 수 있다.

고주파수 신호 고속으로 순간 필터링된 시간-영역 압력 신호를 관측하여 공동화가 발생시킨 압력 파열을 탐지할 수 있다. 공동화의 개시에서 내파가 거의 없을 때 신호 에너지를 나타내는 rms 수치는 사실상 변화되지 않는 상태를 유지한다. 그러나 피크 수치는 상당히 증가할 것이고, 따라서 초기 공동화에서는 rms 수치보다 파고율[crest factor(피크/rms 수치)]이 더욱 중요하다. 또한, 분포의 변화를 탐지하기 위해 통계적 모멘트(statistical moments)를 사용할 수 있다.

공동화 펄스에 의해 발생된 충격응력단파(short-impulsive-stress-wave)는 구조물을 통해 전파된다. 공동화를 탐지하기 위해 이와 같이 일시적으로 고주파수 신호들

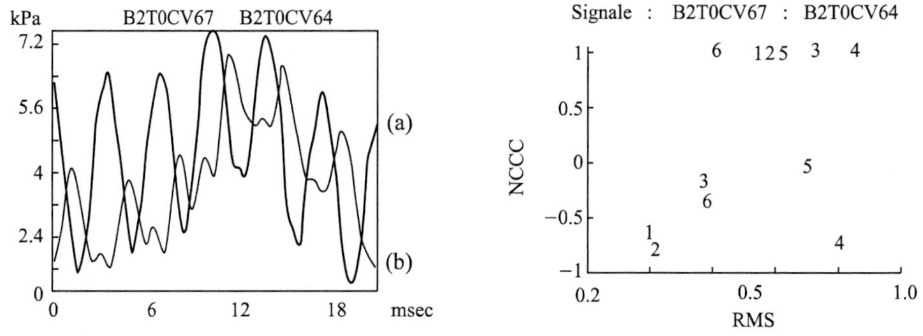

그림 5.40 원심 펌프 내에서 축 동기화된 트리거로 평균한 후 측정된 압력 펄스(임펠러 날개수 = 6, 회전수 = 3000 rpm). (a) 공동화가 탐지되지 않고, 펌프에 의해 생성된 6개 펄스를 쉽게 볼 수 있다. (b) 공동화 계수가 감소될 때 압력 펄스 형상의 변화로 공동화가 발생된 것을 알 수 있다. 신호들을 비교하면 각 압력 펄스의 rms와 정규화된 상관계수가 상당히 변화한다

을 포착하는 펄스 카운팅 등과 같은 음향 방출 기법들을 성공적으로 사용하여 왔다. 과정은 주어진 시간 동안 신호(고진폭 단기 펄스)가 사전 결정된 수준(rms 수준 한계)을 초과하는 발생 횟수를 세는 것으로 구성된다. 이벤트들의 숫자는 이벤트의 진폭 함수로서 표현된다[5.6, 5.7].

동기화된 시간 영역 신호 공동화는 기계가 주기적으로 발생시킨 소음에 영향을 미친다. 공동화가 임펠러 내부에서 발달하기 시작하면 날개 주변 순환이 바뀌며, 따라서 임펠러에 의해 압력 펄스(pressure pulse)가 생성된다. 따라서 축 동기화된 트리거를 사용하면 평균화된 시간-영역 신호들은 각 날개에 의해 생성된 압력 펄스를 제시할 수 있다. 공동화가 출현하면 rms와 각 펄스의 형상이 변화하고, 그림 5.40과 같이 패턴 인식 방법으로 이를 탐지할 수 있으며 이 방법은 펌프 내 발달된 공동화에 유용하다[5.12].

복조기법(Demodulation Techniques) 변동하는 공동들은 가장 큰 침식력(erosive power)을 생성하는 것으로 보이므로 이를 탐지하는 것이 가장 중요하다. 수차 러너가 회전하면서 러너-디퓨저 상호작용 그리고 낮은 낙차 수차에서 수차의 상부와 하부 사이 압력 차이 때문에 기계로 들어가는 유동의 입사각은 변화한다. 이로 인해 날개의 전연(前緣)에서 공동이 지속적으로 변화하고, 공동 종료시 공동 기포 자국을 남긴다. 유동 불안정이 클수록 침식 발생 가능성이 더욱 크다.

이 변동 때문에 공동화 신호는 날개-통과 주파수에 의해 복조된다. 수차 하우징에 장착된 가속기는 음향 방출을 탐지할 수 있다. 만일 공동화가 존재하면 복조된

신호는 날개 및 축 통과 주파수에서 불연속 주파수 신호음(tones)을 보여준다. 위킷 게이트 링크 및 수차 가이드 베어링 지지부는 이러한 형식의 공동화를 탐지하기에 유용한 것으로 증명되었다[5.1].

공동화에 의해 생성된 고역 통과(high pass) 필터링된 신호들을 복조하기 위해 전파 정류 스펙트럼(full wave rectification spectral) 분석 또는 Hilbert 변환을 사용할 수 있다. 파형의 정류는 새로운 저주파수 성분을 도입한다. 평균화가 필요하기 때문에 긴 신호열(signal string)을 저장할 필요가 있다. 전산기 내 대형 저장용량의 필요성은 고주파수 신호들을 처리할 때 단점이 된다. 따라서 기계 내 공동화를 감시할 때 외부 복조기가 선호된다. 이를 방지하기 위한 한 방법은 먼저 축 트리거를 사용하여 신호를 평균하고 이를 복조하는 것이다.

이와 같은 방법으로 공동화의 집중도와 침식률을 정량화하는 것은 쉽지는 않지만 복조는 최상의 방법들 중 하나이다. 실제 기계 내 복조는 센서 위치 및 선정된 주파수대에 따라 다른 수치들을 생산한다. 그림 5.41a는 프란시스수차의 안내깃에 위치한 AE 센서로부터 취득한 신호의 약 60 kHz 주파수대의 복조를 보여준다. 날개 통과 주파수 f_b와 고조파(harmonics, 특히 $2f_b$)에서 피크를 탐지할 수 있다. 복조된 스펙트럼의 rms는 공동화를 정량화하기에 유용한 매개변수이다(그림 5.41b 참조). 최대 부하에서 rms는 높다. 부하를 80%로 감소시키면 피크들이 사라진다.

그림 5.42는 다른 주파수대에 대한 복조 결과를 보여준다. 복조에 적합한 주파수의 선정은 성공을 위해 매우 중요하다는 사실을 알 수 있다. 따라서 부하 그리고 현

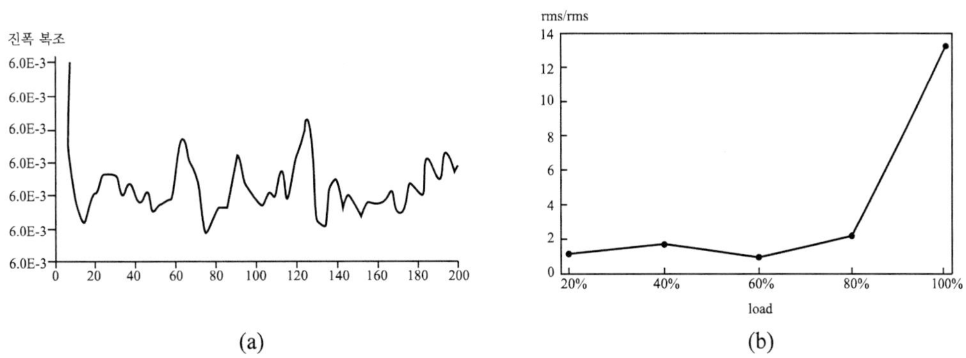

그림 5.41 (a) 프란시스 수차 안내깃에 설치된 AE 센서로 측정한 그림 5.38b 스펙트럼 복조(수차 회전수 = 250 rpm, 러너 날개 수 = 15, 안내깃 수 = 25. 날개의 통과 주파수는 f_b = 62.5 Hz. 복조 스펙트럼의 62.5, 125, 187.5에서 피크들을 확인할 수 있다). (b) 부하를 갖는 복조된 스펙트럼의 rms의 변화

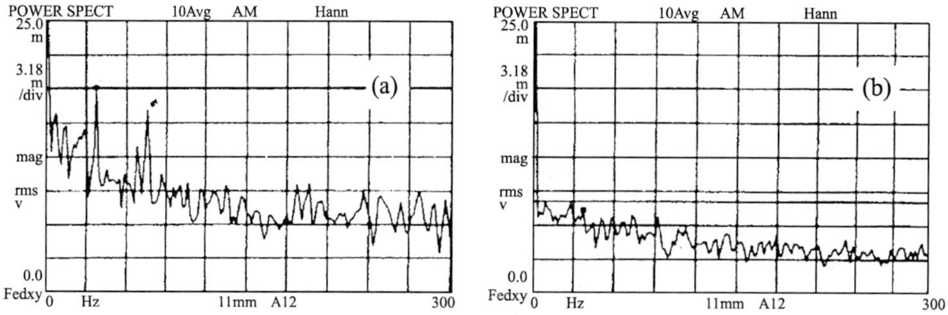

그림 5.42 유입 공동화를 갖는 프란시스수차의 수차 가이드 베어링에 위치한 가속도계가 측정한 신호의 복조. (a) 대역 5~10 kHz에서 f_b, $2f_b$를 관찰할 수 있다; (b) 대역 10~15 kHz에서 날개 통과 주파수를 관측할 수 없다.

장에서 측정한 변환함수(transfer function)를 사용하여 파워 스펙트럼의 변화를 분석할 필요가 있다. 더욱이 다른 위치들에 설치된 가속기로부터 얻은 동일한 주파수대의 복조는 다른 스펙트럼을 초래한다. 50 kHz보다 높은 주파수대를 사용한 결과들은 대역 선정과 거의 무관하게 된다.

이중 채널 분석(Dual Channel Analysis) 공동화의 정체확인(identification) 과정을 개선하기 위해 동일한 위치에 설치된 다른 센서들 또는 다른 위치들에 설치된 동일한 형식의 센서로부터의 두 신호들을 비교하여 상관 및 주파수 응답과 같은 이중 채널 분석을 사용할 수 있다. 예를 들어 동일한 위치에 설치된 압력 변환기 또는 가속기로부터 신호들의 일관성을 계산하여 기계 근원의 소음을 제외시키는 것이 가능하다.

5.4.7 시간-주파수 분석을 사용한 공동화 탐지

공동화 탐지 시 하나의 어려움은 신호의 가변성이다. 시간-주파수 분석 변환(Winger-Vill, wavelets 등)은 실제 기계 내 공동화를 언제 탐지하여야 하는지 그리고 무엇을 측정하여야 하는지에 대해 더욱 개선된 이해를 제공하는 유용한 도구이다.

그림 5.43은 수차 내 두 운영 조건들에서 음향 방출 센서로 측정한 신호 변화를 보여준다. 그림 5.43a와 같이 80% 부하에서는 오직 진폭이 낮은 펄스만이 존재한다. 그림 5.43b의 분광사진에서 최대 부하에서 내파성 공동들에 의해 야기된 고주파수 진동들을 볼 수 있다[5.31].

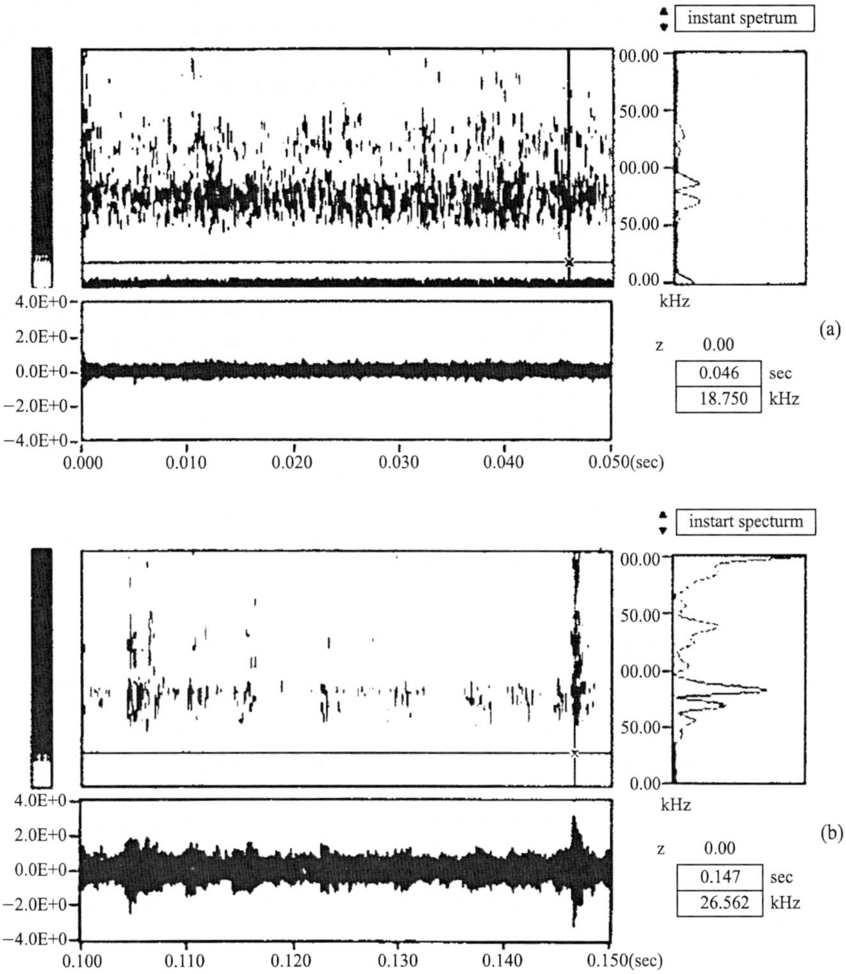

그림 5.43 그림 5.40에 기술된 수차 신호의 시간–주파수 분석(주파수 대역 0~200 kHz, 안내깃에 AE 센서). (a) 80% 부하 수차; (b) 100% 부하 수차

References

5.1 Abbot, P. A. et al. (1986), 'Cavitation Monitoring of Two Axial-Flow Hydroturbines', *International Symposium on Cavitation and Multiphase Flow Noise*, ASME Winter Annual meeting, FED Vol 45, December 7-12, pp 7-15.

5.2 American Hydraulic Institute Standards (1976)

5.3 Anderson, H. (1980), Centrifugal Pumps Trade and Technical Press.

5.4 Avellan F, Dupont Ph (1988), 'Cavitation Erosion of Hydraulic Machines: Generation and Dynamics of Erosive Cavities' *Proc. 14th IAHR Symposium*, Trondheim Norway, pp 725-738

5.5 Avellan F, Farhat M. (1988) 'Shock Pressure Generated by Cavitation Vortex Collapse', *Proceedings Inter. Symp. on Cavitation Noise and Erosion*, ASME Winter Annual Meeting, FED 88 pp 119-125.

5.6 Beyer, J. R., Smith, T. G. (1982), 'Acoustic Emission Characteristics of a Model Francis Turbine under Cavitating and Non-Cavitating Conditions', *Proceedings International Symposium on Cavitation Noise*, The Winter Annual Meeting, ASME, November 14-19, pp 87-92.

5.7 Beyer, J.R. (1986), 'The Use of Acoustic Emission to Detect Cavitation in Model Prototype Applications'. *International Symposium on Cavitation and Multiphase Flow Noise*, FED Vol 45,,.December, pp 7-12.

5.8 Bourdon, P et al. (1990), 'Vibratory Characteristics of Erosive Cavitation Vortices Downstream of a Fixed Leading Edge Cavity', *Proceedings Inter. Symp*, IAHR, Belgrade, H-3

5.9 Bourdon P., Simoneau R., Avellan F. (1993), 'Erosion Vibratory Fingerprint of Leading Edge Cavitation of a NACA Profile and of a Francis Model and Prototype Hydroturbine', FED-176, Bubble Noise and Cavitation Erosion in Fluid Systems, ASME.

5.10 Bush, A. R. et al (1976), 'Coping with Pump Pulsations etc', *Pump World (Worthington Pump Inc)*, 2(1)

5.11 Deeprose, W, M et al. (1994), 'Cavitation Noise, Flow Noise and Erosion', *IMechE Conference 'Cavitation'*, Heriot-Watt, Edinburgh, September.

5.12 Egusquiza, E. et al. (1987), 'Cavitation Detection in Pumps by Signal Analysis', *Euromech Colloquium 222*, Wageningen June 1-3, Paper 5.7.

5.13 Farhat, M. et al (1992), 'Pressions Instationnaires Generees par une Poche de Cavitation Partielle', Societe Hydrotechnique de France, *2me Journees Cavitation*, March 18, pp (1-20)

5.14 Gongwer, A. C. (1941), 'A Theory of Cavitation Flow in Centrifugal Pump Impellers', Number 63. Trans ASME.

5.15 Grein, H. (1990), 'Cavitation Pitting and Rain Erosion of Pelton Runners', *Proc. IAHR Symposium*, Paper H6, Belgrade.

5.16 Guelich J. F. (1990), 'Cavitation Noise in Centrifugal Pumps', *Vibration and Wear in High Speed Rotating Machinery*, Kluwer Academic Publishers, pp 87-112.

5.17 Ishii, Y. (1962), 'The Two Types of the Runaway State of Propeller Turbine under Cavitation', *Proc. IAHR Symposium*, Sendai, pp 247-268.

5.18 Lakshminarayana, B. (1982), 'Fluid Dynamics of Inducers-a Review', *JNI Fluid Eng*, Vol 104, pp 411.

5.19 Lewis, W. P. (1964), 'The Design of Centrifugal Pump Impellers for Optimum Cavitation Performance', EMG (2), *Eng. Trans. Inst. Eng.*, (Aust).

5.20 Li, S. C. (1992), 'Pressure Fluctuations in Cavitating Draft-Tube Flows', *FED* 136 ASME , pp 1-6

5.21 McNulty, P. J. (1986), 'Monitoring the Presence of Cavitation in Pumps by a Single Fluid-Borne Noise Measurement', *Proceeding Intern. Conf. on Condition Monitoring*, BHRA, May 21-23, pp 167-182.

5.22 McNulty, P. J., Pearsall, I. S. (1982), 'Cavitation Inception in Pumps', *Journal of Fluids Engineering*, March, Vol. 104, pp 99-104

5.23 Oschner, K. (1998), 'Stand der Technik be Inducern fur Kreielpumpen Chemis-Technik', 17:174-80.

5.24 Pearsall, I. S. (1973), 'Design of Pump Impellers for Optimum Cavitation Performance', *Proc IMechE*, 187, pp 667.

5.25 Pereira, F., Farhat, M., Avellan, F. (1994), 'Dynamic Calibration of Transient Sensors by Spark Generated Cavity', *Bubble Dynamics and Interface Phenomena*, Kluwer, pp 227-240.

5.26 Ross, D. (1987), *Mechanics of Underwater Noise*, Peninsula Publishing.

5.27 Tillner, W. (1990/1993), 'Avoidance of Cavitation Damage', Original published in German by Export Verlag (1990); English translation edited by Turton, R. K. published by Mechanical Engineering Publications Ltd, London (1993).

5.28 Turton, R. K. (1986), 'Studies of Inducers for Centrifugal Pumps', *IAHR Symposium*, Montreal.

5.29 Turton, R. K., Furukawa, A. (1986), 'Studies of the Cavitating Behaviour of Inducer for Conventional Centrifugal Pumps', *IAHR Symposium*, Trondheim.

5.30 Turton, R. K., Tugen, Z. (1984), 'Use of Inducers as a Way of Achieving Low *NPSE* Values from a Centrifugal Pump', *World Pumps*, Part II, September.

5.31 Vizmanos C , Egusquiza E. (1996), 'Cavitation Detection in a Francis Turbine', *Modelling, Testing & Monitoring for Hydro Powerplants II, HydroPower & Dams*, Lausanne.

CHAPTER 6

공동화 손상

6.1 공동화 손상의 일반 메커니즘

6.1.1 소개

유체 내 기포 또는 공동의 붕괴에 의해 생성된 충격압력(impact pressure)을 광범위하게 연구하여 왔다. 이 이론적 그리고 실험적 조사로부터의 일부 결과들을 표 6.1과 같이 요약할 수 있다[6.29, 6.18, 6.20, 6.36, 6.24, 6.11 및 6.49]. 이 수치들로부터 충격압력은 대기압의 수천에서 수만 배에 도달할 수 있는 것을 보여준다. 현재는 침식력 생성에 대해 기본적으로 두 개의 다른 관점들이 존재한다. 하나는 주로 붕괴되는 기포에 의해 생성되는 충격압력에 의한 것, 그리고 다른 하나는 붕괴되는 기포에 의해 생성된 충격파(충격파)와 마이크로 제트에 의한 것이다.

6.1.2 공동화 기포 붕괴 압력과 손상

일반적으로 많은 연구자들은 공동화 침식은 공동화 기포 붕괴에 의해 생성된 충격압력에 의해 야기된 기계적인 장애(failure)라는 사실에 동의하여 왔다. 그럼에도 불구하고 압력의 크기 및 이 충격에 의해 야기된 표면파괴(surface fracture) 과정에 대한 상세한 정보는 아직도 구할 수 없으며 현재도 진행 중인 연구 주제이다. 수력기계에서 공동화는 빈번하게 많은 공동화 기포로 구성된 클라우드 형태로 나타난다. 이와 같은 클라우드가 경계면 또는 인근에서 붕괴되면 표면은 크기가 다른 기포-붕괴 압력에 노출된다. 이는 기포 크기, 형상 그리고 붕괴 위험 등이 모두 다르기 때문이다. 각 충격은 국지적인 작은 지역과 매우 짧은 시간에 걸쳐 동작한다. 압력이 작용하는 지역과 기간은 공동화 손상의 메커니즘에 영향을 미치는 중요한 요소들이다. 요즘은 일부 측정 기법들을 사용하여 이 붕괴 압력을 어느 정도 정확하게 추정하는 것이 가능하다. 이 기법들 중 일부는 공동화 클라우드 인근에 설치된 수중청음기를 사용하는 음향-임피던스 방법[6.38 및 6.2], 시험 몸체 상에 부착된 알루미늄 또는 연강(mild steel) 조각 상에서 공동화 피팅률(pitting rate)을 계산하는 방법[6.26 및 6.41], 압력에 민감한 필름으로 충격압력을 측정하는 방법[6.25], 그리고 압력 탐침봉을 사용하는 펄스-높이-스펙트럼(pulse-height-spectrum) 방법이다.

한 예로서 그림 6.1은 벤트리 내 공동화 기포 붕괴에 의해 생성된 누적 펄스 높이(충격하중) 숫자의 분포를 보여준다[6.21]. 펄스 높이는 직경 2 mm의 측정 면적에

표 6.1 기포 붕괴 압력

	조사자	기포	붕괴압력 계산 또는 측정방법	결과	참고문헌
이론	Rayleigh	빈 기포	구형 비압축성	초기 반경의 1/20 단계에서 1260 atm	[1]
	Hickling and Plesset	가스 기포 초기 가스압력 : $pg = 10^{-3}$ atm	구형 압축성	$< 2 \times 10^4$ atm	[2]
	Ivany and Hammitt	가스 기포 초기 가스압력 : $pg = 10^{-3}$ atm $pg = 10^{-4}$ atm	구형 압축성	6.77×10^4 atm 5.82×10^5 atm	[3]
	Plesset and Chapman	증기 기포	마이크로제트 속도에 기초	2×10^3 atm	[4]
실험 (단일 기포)	Jones and Edwards	스파크로 인한 반구형 기포	피에조미터 압력계	10^4 atm	[5]
	Fujikawa and Akamatsu	수충격 튜브 내 H_2 가스	압력계 홀로그래피 간접측정	기간 2 ~3 μs $10^4 \sim 10^5$ atm	[6]
	Tomita and Shima	스파크로 인한 기포	압력 변환기 광탄성(photoelasticity)	수십 MPa	[7]

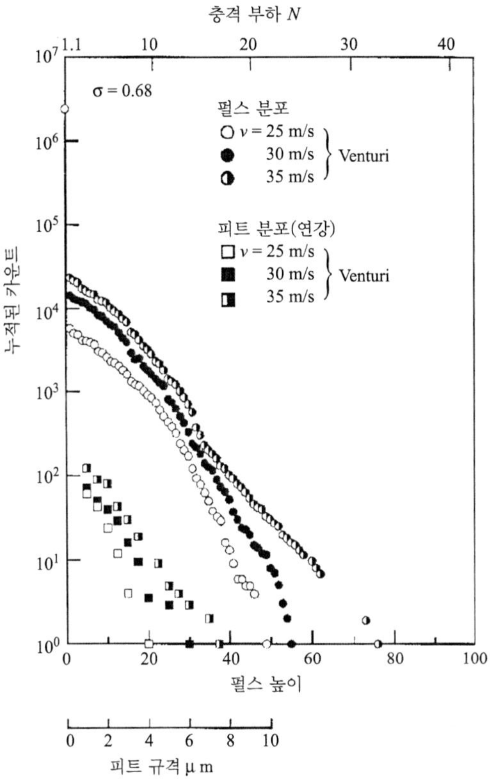

그림 6.1 벤트리 설비 내 속도에 따른 연강 표면에서 누적된 피트 크기와 펄스 높이의 분포

서 세라믹 피에조미터로 제작된 압력 탐지기가 감지한 110 μs의 샘플링 간격에서 생성된 충격하중의 최대 수치이다. 샘플 크기는 5분 동안 취득한 2.69×10^6개의 펄스 높이다. 이 연구들로부터 일반적인 경향을 추출하였다. 즉, 비록 충격하중 분포 곡선은 공동화 조건에 따라 다르지만 다수의 큰 충격하중은 항상 기하급수적으로 감소한다.

그림 6.2는 1시간 동안 공동화에 노출되어 침식된 연강 표면상 피트를 보여준다. 체심입방격자(body-centered cubic lattice)를 갖는 페라이트(ferrite) 상에서 매우 큰 충격압력에 의해 표면에서 미세 균열(micro fracture)로 인해 피트가 발생한다. 상기 충격압력을 측정한 것과 동일한 면적과 기간에 걸쳐 측정한 연강 상 피트 크기 분포는 그림 6.1과 같다. 최소 관측 가능한 크기는 약 1 μm이다. 피트 크기의 분포는 펄스 높이 분포를 닮는다. 피트를 발생시키는 큰 충격하중의 숫자는 놀랍게도 상당히 적다. Knapp이 수행한 소프트 알루미늄 시편의 피트 조사결과는 3,000개의 이동성

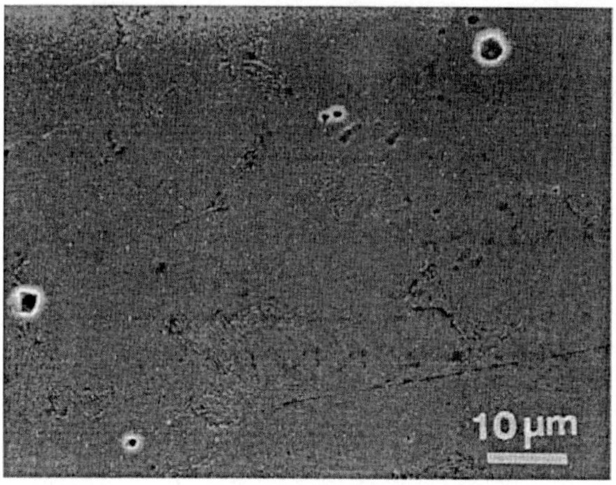

그림 6.2 벤트리 설비 내 연강 표면에서 피트의 전자현미경 스캐닝

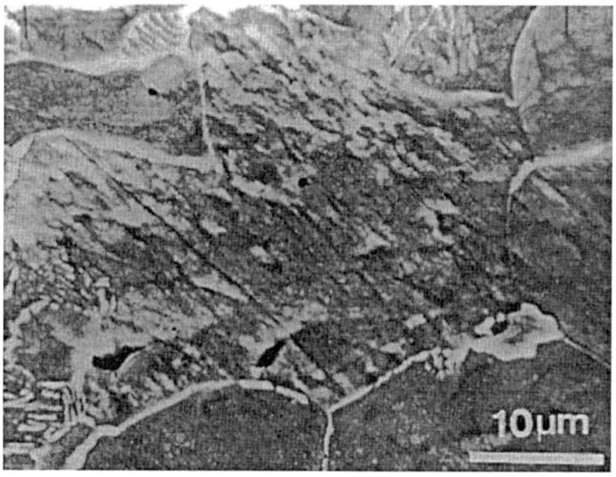

그림 6.3 연강의 페라이트 입자상 슬립 선(진동 장치의 주파수 = 22 kHz, 진폭 = 40 μm, 액체 = 25℃ 이온-교환수, 시험 기간 = 10분)

공동들 중 오직 하나만이 손상을 야기하는 것을 보여준다[6.22]. 또한, Robinson은 붕괴되는 1만개의 기포 중 오직 하나만이 표면상에서 피트를 형성한다고 주장한다[6.41]. 따라서 심각한 공동화 손상은 단순히 이러한 충격파괴의 누적으로만 진행되지 않는다.

그림 6.3과 6.4는 진동장치(가장 공통적인 가속 침식 시험장치) 내 공동화에 노출된 페라이트 결정(grain) 내 균열의 망(network)과 미끄럼선(slip line)을 보여준다[6.34]. 침식-피트 생성 비율은 페라이트 결정상 가공경화로 인해 노출 시간에 따라 더욱 작아지게 된다. 반면 반복된 작은 충격압력에 의해 발생된 피트를 따라 많은

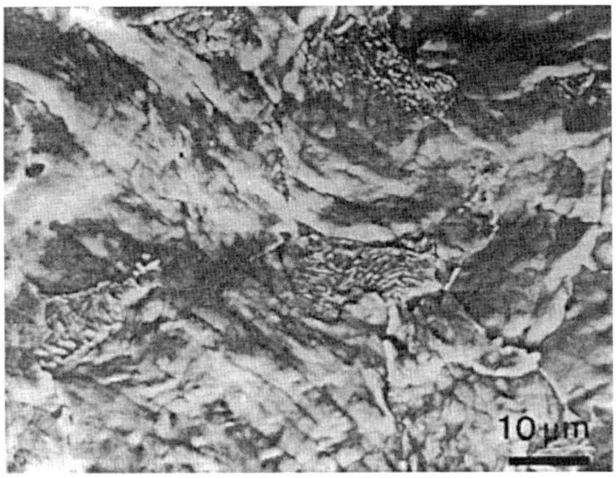

그림 6.4 페라이트 입자의 소성 변형(진동 장치의 주파수 = 22 kHz, 진폭 = 40 μm, 액체 = 25℃ 이온–교환수, 시험 기간 = 15분)

미끄럼선이 결정상에서 나타난다. 이 압력은 충격적으로 하나의 피트를 형성할 수 있는 임계 수치보다 작다. 후속적으로 이 미끄럼선을 따라 피로균열(fatigue cracks)이 시작되고, 침식된 큰 입자들이 박리되고, 이와 같은 형식의 피로파괴로 인해 스폰지와 같은 특유의 침식-표면이 발생한다.

면심입방격자(face-centered cubic lattice)를 갖는 동과 알루미늄의 경우 약간의 피트가 형성되지만 이 재질들은 소성변형 능력이 크기 때문에 자국(indent) 숫자가 많다. 그러나 이 경우 충격적으로 자국을 형성시킬 수 있는 수치보다 작은 반복된 충격압력도 공동화 침식에 기여한다. 그림 6.5는 처음에 표면으로부터 심각하게 손상된 표면으로 진행하는 일련의 사진을 보여준다[6.34]. 진동장치 내 20초 동안 공동화에 노출된 표면에서 결정 경계에 따라 상호 미끄러짐으로 인한 금속현미경 조직이 선명하게 나타난다(그림 6.5b 참조). 그림 6.5c에서 큰 자국들이 국부적으로 발생하여 표면이 거칠게 되고, 방향이 다른 미끄럼선이 각 결정상에서 나타나고, 2차 미끄럼이 형성되고 소성 변형이 급격하게 발생한다. 이 과정이 반복되고 피로-형식 파괴로 인해 큰 침식 입자들이 계속하여 박리된다.

De는 공동화 기포 붕괴 압력과 침식 사이 관계로서 계산된 중량 손실에 기초하여 붕괴 압력의 음향 파워(acoustic power)와 침식력 사이 선형 관계를 증명하였다[6.8]. 최근에는 새로운 방법이 보고되었다[6.22]. 즉, 충격펄스의 분포와 가설의 피로 S-N 곡선을 비교한 결과 공동화 조건 및 재질과 관계없이 Miner의 피로파괴법칙을 따르는 것으로 나타났다. 따라서 더욱 진행된 단계에서는 주로 작은 충격압력의

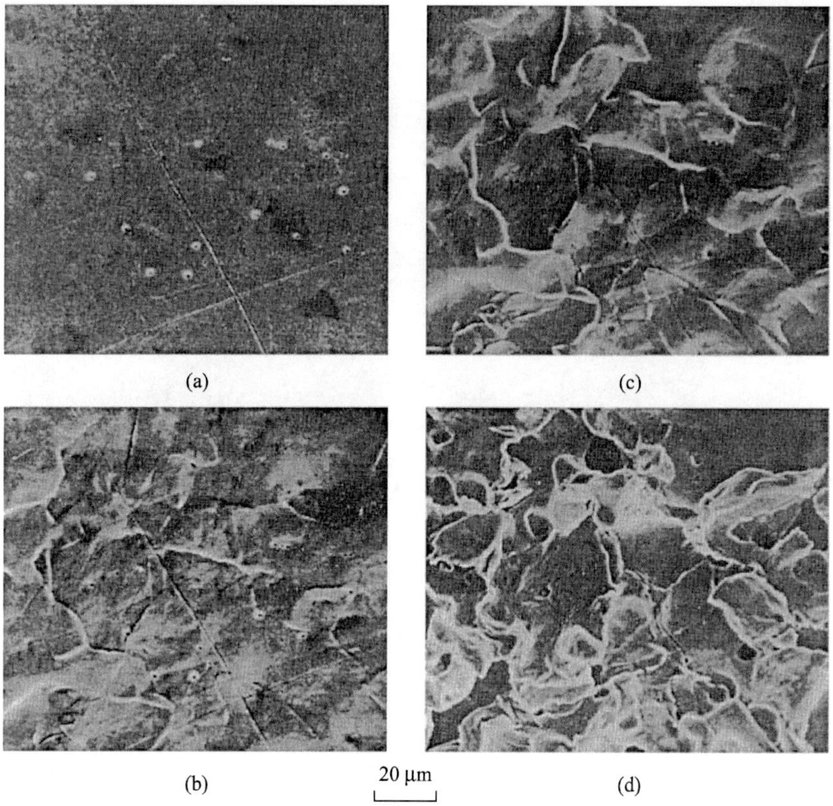

그림 6.5 동 표면의 공동화 손상(진동 장치의 주파수 = 22 kHz, 진폭 = 40 μm, 25℃ 이온-교환수)
(a) 처음 표면; (b) 시험 기간 20 μs; (c) 시험 기간 60 μs; (d)시험 기간 180 μs

반복으로 야기된 미세 균열 피로의 누적으로 인해 공동화 침식이 발생한다.

6.1.3 침식 저항과 기계적 특성 사이 상관

침식률과 재료의 기계적 특성 사이 관계를 광범위하게 조사 중이다. 인장강도 또는 경도(hardness)와 같은 단일 기계적 특성은 양호한 침식 저항(예를 들어 체적 손실 비율의 역수)의 상관을 보여주지 않는다. 그러나 다음과 같은 식에 기초하여 더욱 개선된 상관을 얻을 수 있으며, 이 상관은 파괴에 이르기까지 변형 에너지(strain energy)를 의미한다[6.19 및 6.16].

파단에너지(proof resilience)

$$\frac{\text{내력}\,(proof\ \ stress)^2}{2\times\text{탄성계수}}$$

또는 극한 에너지(ultimate resilience)

$$\frac{\text{인장응력}^2}{2\times\text{탄성계수}}$$

또는 파괴에 도달할 때까지 수행된 일

$$\text{내력}+\frac{2}{3}(\text{인장응력}-\text{내력})\times\text{신장}$$

그러나 광범위한 재질에 걸친 통일된 관계는 아직까지 발견되지 않았다. 이는 아마도 기포 붕괴가 매우 작은 지역에서 작용하고, 이로 인해 일부 특정 재료는 벌크(bulk) 재료 특성에 기초한 상관으로부터 이탈하는 사실에 기인할 것이다. 하나의 예로서 취성 구조를 갖는 주철은 벌크 강도와 비교할 때 주목할 만한 미소규모 강도의 감소 때문에 상관이 이루어지지 않는다[6.33]. 또한 스테인리스강과 같은 가공경화 능력이 큰 재료들은 반복된 작은 충격압력의 동작으로 인해 이들의 표면 미세-구조가 변화하기 때문에 상관으로부터 이탈한다.

또한 유체의 부식성(corrosiveness)은 미소규모 강도에 영향을 미치며 전기화학 분해와 비교할 때 기계적 손상을 증대시킨다[6.32]. 따라서 재료의 미세부식 민감도는 부식성 액체 내 공동화 손상에 중요한 요소이다.

6.2 수차에서 공동화 손상

S. C. Li

6.2.1 소개

공동화로 인한 기계 성분의 재료 손상[3]은

- 효율 및 출력 손실과 같은 기계 성능을 저하시킨다.
- 수력 동요와 기계 진동을 추가로 발생시킨다.
- 장기 정지 및 고비용 보수를 야기하고, 예정에 없던 기기 정지에 따른 용량 가용도의 손실 및 반복된 대규모 보수에 의한 기계 수명의 감소와 같은 일부 간접비용을 초래한다.

[3]또한 공동화 손상은 공동화 피팅(pitting) 또는 공동화 침식으로도 인용된다.

공동화 손상의 정확한 예측은 아직도 불가능하지만 손상률은 다음 세 요소에 종속되는 것으로 알려져 있다.

- **공동화의 침식력(erosive power)** 수력기계에서는 기본적으로 손상을 야기하는 이동성 기포 공동화와 보텍스 공동화[4] 두 형식의 침식성 공동화가 존재한다. 이들의 위치와 심각도는 운영 조건, 설치 높이 및 물에서 공기 함량(content)은 물론 기계 형식, 설계 및 제작 품질에 종속된다.
- **재료 저항** 공동화 손상의 메커니즘은 재료의 형식과 결정 구조에 종속된다. 또한, 제작 및 보수 과정과 관련된 열처리 및 기계 다듬질 그리고 재료 내 응력의 상태와 수준은 공동화 저항에 영향을 미친다.
- **액체 매체의 내용물** 액체 내 공기 이외 고체 입자 및 산성 물질 등은 공동화 침식 과정에 영향을 미치며, 통상적으로 시너지효과를 통해 공동화 침식이 증대된다.

여기에서는 침식력과 공동화 패턴을 설명하기 위해 2D 하이드로포일에서 발생(전개)할 수 있는 4개의 기본적인 공동화 형식을 기술한다. 발생된 공동화 형식은 그림 6.6과 같이 주로 공동화가 존재하지 않은 압력분포의 특성에 종속된다. 입사각 α_i[5]가 작으면(예를 들어 $\alpha_i = 0° \sim 3°$) 흡입측에서의 압력 분포는 (−) 압력 피크 없이 부드러운 변화를 보여준다. 이와 같은 유동 조건 아래 발생된 공동화의 원인은 이동성 기포가 된다. 낮은 압력 영역의 시작부터 기포가 폭발적으로 성장하여 후속적으로 압력-회복 영역 내에서 붕괴된다. 공기 함량은 초기 공동화수 σ_{in}에 크게 영향을 미친다. 기포는 시간과 공간 영역에서 다소 무작위로 붕괴되며 약한 침식력을 생성한다. α_i가 $\alpha_i = 3° - \alpha_s$ 범위로 증가하면(여기서 α_s는 유동박리가 발생할 때 수치이다) 전연(前緣)에서 (−) 압력 피크가 나타난다. 이제 이동성 기포 공동화보다 크지만 공기 함량에 덜 민감한 σ_i 수치를 갖는 쉬트 공동화가 전연(前緣)에서 발생한다. σ_i 수치가 상대적으로 작을 때(예를 들어 $\alpha_i = 3° \sim 4°$) (−) 압력 피크의 크기는 작고, 발생된 쉬트 공동은 얇고 안정적이며 부드럽고 투명한 경계면을 가지며, 때로는 폐

[4]만일 쉬트 공동화가 부드럽고 투명하면 재질에 대한 손상력이 거의 없기 때문에 여기에서는 쉬트 공동화가 포함되지 않는다. 반면 쉬트 공동화의 보텍스 부분들이 손상에 대한 책임이 있을 때만이 침식성이 있게 된다. 본 세부절의 다음 부분을 참조한다.

[5]주어진 α_i에 상응하는 압력분포 패턴이 포일의 기하학에 종속될 때. 여기에서 인용된 α_i 수치들은 오직 개념적 설명을 위한 목적이다.

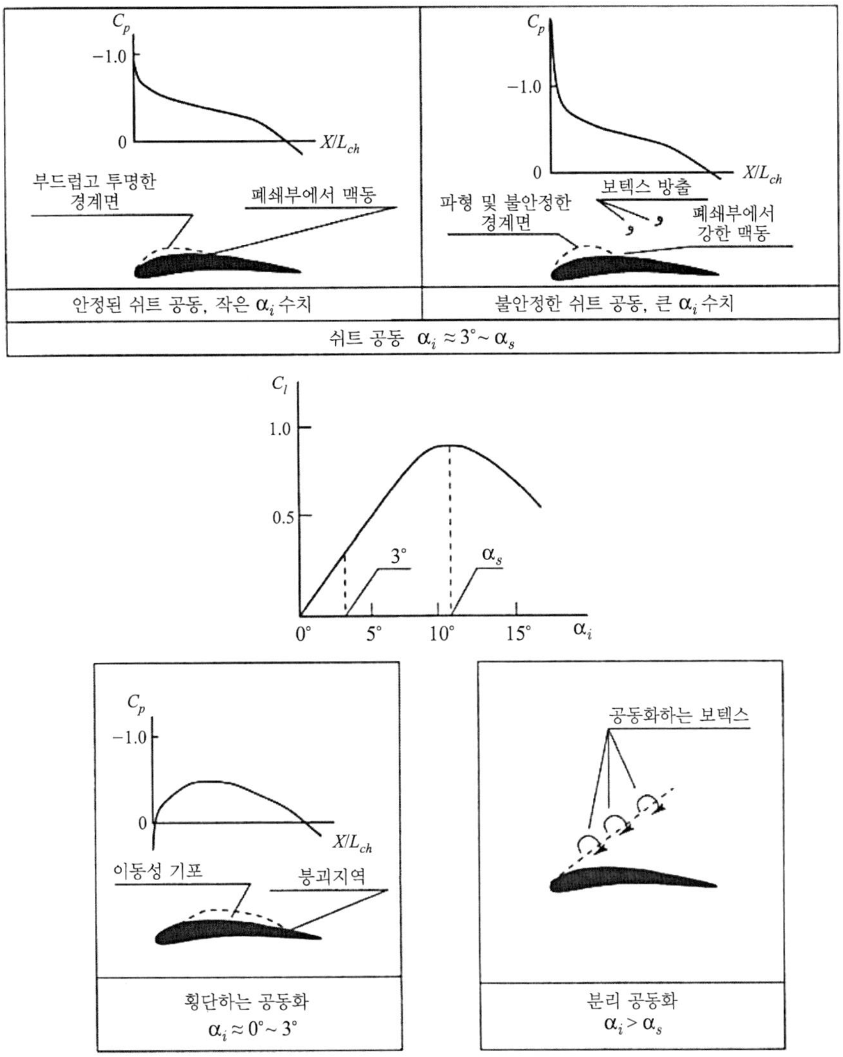

그림 6.6 공동화 4 형식(포일의 입사각 α_i는 0–양력선에 따라 정의. α_s는 유동 박리가 발생하는 입사각. 오직 상부 표면에서 압력 분포만을 보여준다)

쇄부에서 맥동하는 작은 꼬리를 갖는다. 이 공동화 형식은 맥동하는 폐쇄부에서 일부 손상 용량(capacity)을 제외하고 침식력을 거의 생산하지 않는다. σ_i 수치가 크면 공동은 두껍고 불안정하게 되며 공동 폐쇄부에서 강한 맥동이 발생한다. 공동의 불안정하고 물결모양의 경계면은 상당한 난류이고, 공동화 보텍스를 방출한다. 이는 침식성이 가장 강한 공동화 형식이다. $\sigma_i > \sigma_s$일 때 유동박리로 인해 자유 전단층 구조가 발생하며 이 안에서의 강한 와도로 인해 상당히 더 높은 σ_{in} 수치에서

Karman 보텍스 공동화가 생성될 수 있다. 공동화 보텍스는 포일로부터 멀리 끌려가며, 따라서 포일 자체에 대한 손상 가능성은 거의 없지만 만일 인근에 다른 기계 요소들이 있으면 공동화 보텍스는 심각한 손상을 야기할 수 있다.

Avellan과 Dupont은 이와 같은 불안정한 침식성 쉬트 공동화의 파워와 메커니즘으로서 불안정성 발생과 보텍스 방출을 설명하는 경계층 전단 유동과 유사한 메커니즘을 제안하였다[6.4, 6.10]. 이들은 공동 표면 상에서의 강한 전단 응력으로 인해 쉬트 공동의 경계면은 고체 경계와 유사한 역할을 하는 것으로 가정한다(그림 6.7 참조). 공동 박리는 날개길이방향 지점부터 시작하여 하류측에서 콘(cone)-형상 조인트를 형성한다. 입사각이 작고(예를 들어 $\alpha_i < 3°$) 레이놀즈수가 작으면 공동은 불안정하게 되고 대부분의 경계면은 부드럽고 투명하다. 입사각과 레이놀즈수가 증가하면 공동 지점은 더욱 작은 공간과 천이점(transient point, 투명한 표면으로부터 물결/불안정한 표면으로의 천이)을 갖고 앞으로 이동한다. 이는 난류로의 천이에 의해 야기될 수 있고, 또한 공동 폐쇄부에서 격렬한 맥동과 동반되어 앞으로 이동한다. Kelvin-Helmholtz 불안정성(instability)으로 인해 공동 콘들의 유동방향 롤링업(rolling-up)에 의해 강하게 섭동되는 날개길이방향 와도선(vorticity line)은 U-형상 와도로 변형되며, 표면으로 들어 올려져 스트로우홀 주파수 f에서 방출된다.

$$f = \frac{S_t U_\infty}{l_c} (\text{Hz})$$

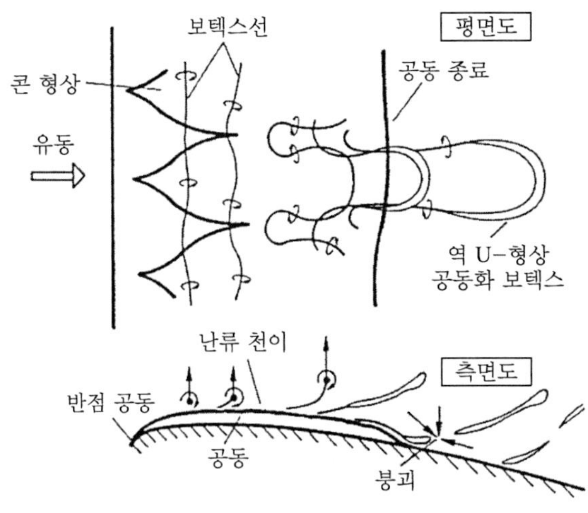

그림 6.7 2D 하이드로포일에서 불안정한 전연 공동화의 개념도[6.4]

여기서 U_∞ : 상류측 유속(m/s)

l_c : 대략 $\frac{l_c}{L} = F\left(\frac{\sigma - \sigma_{in}}{\alpha_i}\right)$으로 표현되는 공동 길이(m), 여기서 L은 포일 익현 길이, σ_{in}은 초기 공동화 계수, σ는 공동화 계수, 그리고 α_i는 입사각

S_t : 대략 0.3으로 평가되는 스트로우홀 수

보텍스 스트레칭 또는 주된 공동으로부터 끌려온 증기에 의한 와도 증가로 인해 U-형상 보텍스 코어 안에서 공동이 형성된다. 주된 공동 폐쇄부로부터 생성된 선회 보텍스(whirl vortex)의 붕괴로 야기된 포일에서 손상 지역은 폐쇄부 하류측에 집중된다. 이와 같은 불안정한 공동의 침식력은 가장 크며, 최소한 안정된 공동의 침식력보다 크다. 주 공동의 직하류측에서 높은 압력 회복 아래 보텍스 코어 내 기포 클라우드[6]의 붕괴가 집중되어 이와 같이 매우 높은 침식력 생성의 원인이 된다. Avellan에 따르면 이와 같은 공동화 보텍스 붕괴에 의해 생성된 충격압력은 1950~2540 MPa에 도달할 수 있으며 이 수치는 스텔라이트와 같은 산업용 재료를 손상시킬 수 있다[6.3]. Avellan은 다음 식으로 이와 같은 전연(前緣) 공동이 생산하는 침식력 P를 추정한다[6.4].

$$P = \frac{1}{2}\rho F(C_{p,max} + \sigma) S_t U_\infty^3 \, l_c \, (\mathrm{W}) \tag{6.1}$$

여기서 ρ : 액체 밀도(kg/m^3)

F : 공동화수 σ와 입사각의 영향을 나타내는 하이드로포일의 특성함수, 여기서 $C_{p,max}$는 최대압력계수

S_t : 보텍스 방출과 관련된 스트로우홀 수

그러나 2D 포일에 기초한 상기 내용을 수차와 펌프에서의 공동화 침식 문제들에 적용할 때는 반드시 다음 측면들을 주의하여야 한다.

- 러너 캐스케이드는 완전한 3D 날개 시스템이다. 날개 유입 가장자리에 따른 날개길이방향에서 고르지 않은 입사각 분포는 3D 유동의 결과에 상당히 영향을 미치며, 특히 유동방향 롤링업을 두드러지게 하고 강한 유동방향 보텍스를 형성한다.

[6]기포 클라우드의 붕괴에 집중하려면 3.7.3절 “기포-기포 상호작용”에서 Hansson & MØch가 개발한 다중 기포의 클러스터 붕괴 모델을 참조한다.

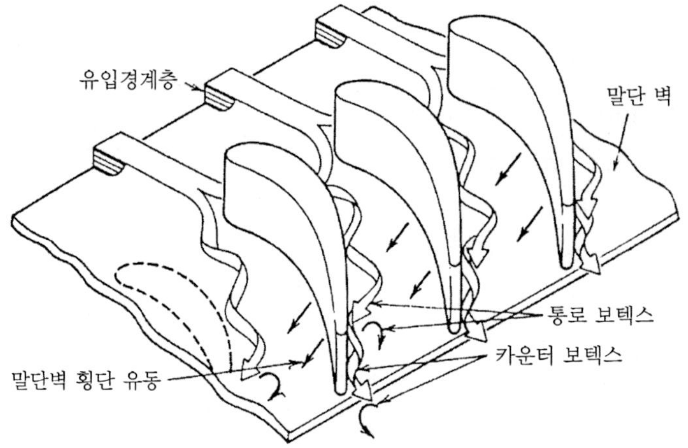

그림 6.8 날개-캐스케이드와 바닥 판과의 교차점에서 2차 보텍스[6.27]

- 날개와 크라운 및 밴드(프란시스 형식) 또는 허브(축류 유동 형식)와의 교차점 주변 경계층 내에서 형성된 2차 유동(secondary flow)은[7] 빈번하게 그림 6.8과 같이 교차점 주변에서 유동방향 보텍스 유동을 형성한다. 이 보텍스는 상당히 높은 공동화수에서 공동화하기 시작하고, 기계 운영 조건에 따라 하류측에서 붕괴되고, 붕괴 과정에서 대단히 큰 침식력을 생산한다.
- 러너 날개를 향한 유입 유동은 균등하지 않고, 비속도가 높은 기계의 경우 날개길이방향의 변화가 매우 커서 날개들 사이에서 3D 유동 특성이 두드러진다. 더욱이 안내깃의 후류는 러너 날개에 대한 상대적인 유입 유동을 일시적으로 변화시키고, 이는 전연(前緣) 공동의 동요 및 주파수 f_{gv}를 통과하는 안내깃에서의 보텍스 방출을 조절한다. 따라서 식 (6.1)의 스트로우홀 수 S_t를 조절된 주파수 f_{gv}에 기초한 조절된 스트로우홀 수로 대체하여야 한다.
- 기계 러너의 유동 통로에 따른 평균 압력은 수차에서 감소하고 펌프에서 증가하는 반면 2D 포일 유동의 경우 그림 6.9와 같이 유입과 유출에서 기본적으로 동일하다. 결과적으로 펌프 내 전연(前緣) 공동화의 침식력은 붕괴되는 공동화된 보텍스로 인한 더욱 높은 압력 구배로 인해 강화되는 반면 수차에서는 약화된다. 동일한 이유로 통상적으로 후연(後緣) 인근 또는 익현 중간에서 나타나

[7] 이와 같은 2차 유동 형성의 메커니즘은 Kuethe & Chow, 1986[6.27], pp 433-436 그리고 Hamn-Ching Chen, 1995[6.6]과 같이 문서화가 잘 되어 있다.

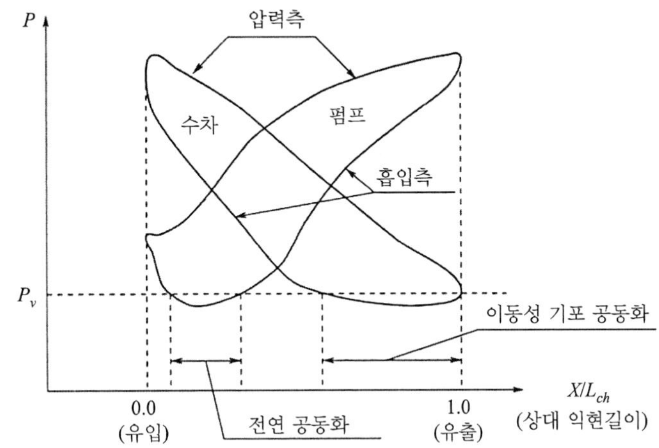

그림 6.9 수차와 펌프 날개에서 압력분포의 개념도

는 손상과 관련된 이동성 기포 공동화는 수차에서는 빈번하게 관측되지만 펌프에서는 거의 관측되지 않는다.

기계에서 공동화 손상 집중도는 통상적으로 유속의 6승에 비례한다. 높은 낙차의 프란시스 펌프-수차에서 공동화 손상의 전형적인 시편은 그림 6.10과 같다. 펌핑 모드에서 (−) 입사각에 의해 발생된 전연(前緣) 공동화에 의해 오직 시운전으로부터 4,000시간 운영 후 고정 깃의 압력측에서 이와 같이 깊은 스폰지와 유사한 손상이 발생한다[6.28]. 이 사례는 매우 높은 평균 압력 영역(약 400 m 펌핑 수두)에서도 전연(前緣) 공동화가 발생할 수 있고, 극단적으로 높은 침식력을 생산할 수 있는 사실을 증명한다.

6.2.2 프로펠러수차와 카플란수차

날개에서 빈번하게 관측된 공동화 손상 영역은 그림 6.11과 같다. 흡입측 전연(前緣) 공동화 손상 영역 I_S는 통상적으로 설계낙차보다 높은 운영낙차(결과적으로 더욱 큰 유입 입사각을 초래)에 기인하는 반면 압력측에서의 대조적인 영역 I_P는 설계 낙차보다 낮은 운영낙차[(−) 입사각을 초래]에 기인한다. "on cam"으로 운영되는 카플란수차의 경우 이 두 영역들은 상당히 덜 손상되기 쉽다. 팁 보텍스 공동화는 흡입측 원주상 중간-익현 길이에 따른 영역 III_S에서, 그리고 중간-익현 영역에 따른 팁 말단부(tip end)인 영역 IV에서 손상을 야기한다. 특히, 낙차가 큰 수차에서 이와 같은

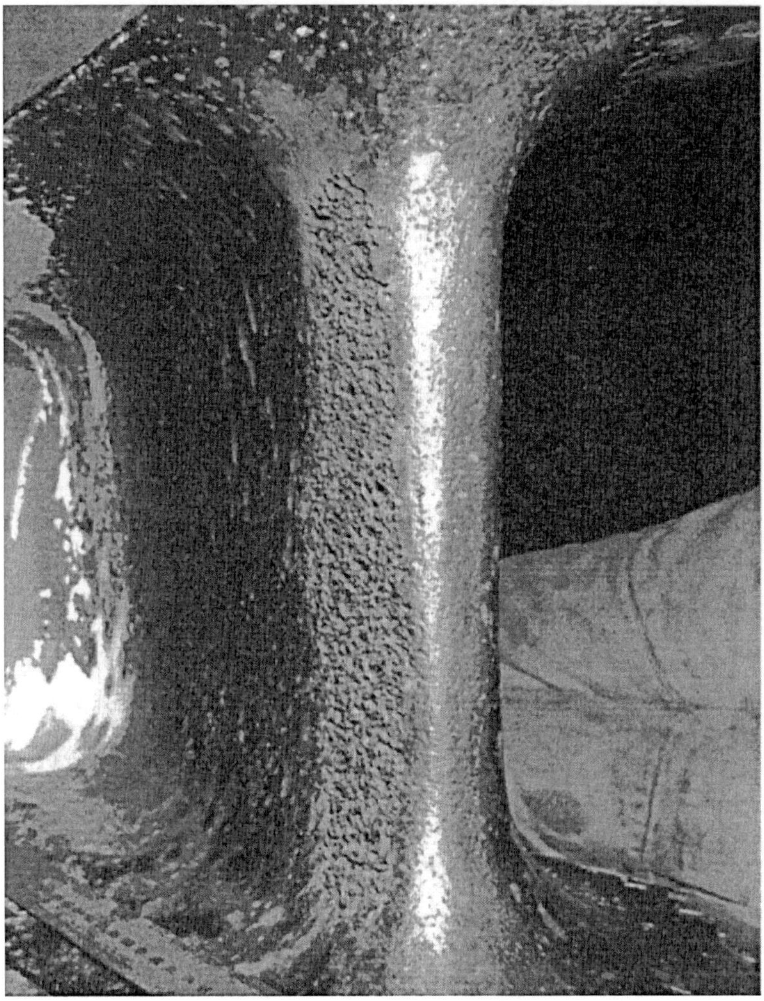

그림 6.10 펌프모드에 있는 프란시스 펌프-수차 고정깃의 압력측 전연 공동화 손상[6.28]

팁 보텍스의 강한 침식력에 의해 이와 같은 손상이 발생한다. 중간-익현으로부터 꼬리까지의 지역에서 관측된 손상된 영역 II_S은 빈번하게 이동성 공동화가 원인이고, 이동성 공동화는 높은 유동률(즉, 기계의 공동화수 σ가 높은 수치 영역에 있는) 그리고/또는 기계의 높은 설치 위치(즉, 플랜트의 공동화수 σ_p가 낮은)에서 발생한다. 통상적으로 이 이동성 공동화의 침식력은 낮을지라도 성능(효율)을 상당히 감소시킨다. 카플란수차에서 발생된 허브 공동화는 허브의 구형 부분과 날개 축 인근 흡입측 모두에서 손상을 야기할 수 있다. 통상적으로 이와 같은 손상은 심각하지만 전형적으로 카플란수차에서 발생한다.

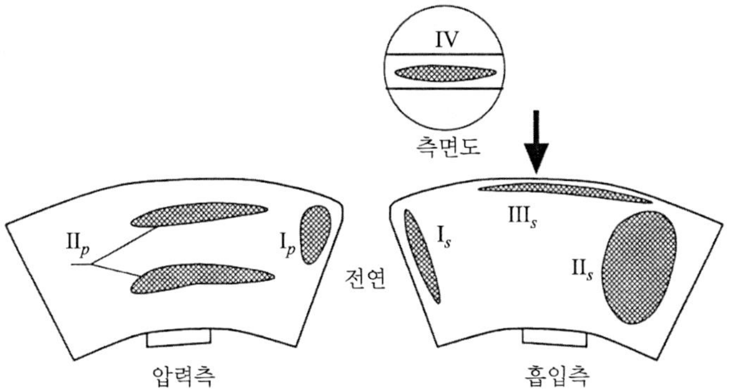

그림 6.11 프로펠러수차와 카플란수차의 날개에서 공동화 손상영역

회전하지 않는 부분에서의 손상 영역은 그림 6.12와 같다. 또한, 팁-보텍스 공동화도 디스차지링(discharge ring)을 손상시키며 침식 밴드(영역 V)를 생성한다. 디스차지링과 흡출관 라이너 사이 불연속부는 빈번하게 공동화 침식 띠(영역 VI)를 초래한다. 또한, 안내깃의 바닥으로부터 방출된 공동화된 2차 보텍스는 러너 날개는 물론 보텀링 그리고/또는 디스차지링(영역 VII)을 손상시킬 수 있다. 영역 VII 내 손상은 빈번하게 안내깃의 후류의 직하류에서 나타나며 간헐적으로 원주방향으로 나타난다.[8] 안내깃-누수(폐쇄된 부분에서) 공동화에 의해 야기된 손상은 빈번하게 영역

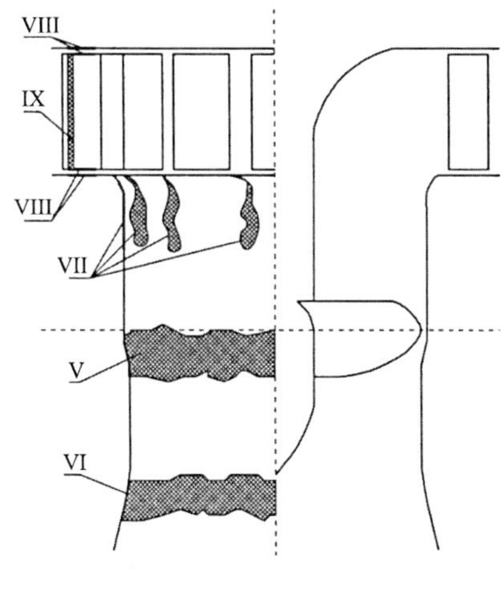

그림 6.12 프로펠러수차와 카플란수차의 비회전 부분에서 공동화 손상영역

[8]이와 같은 프로펠러 수차 안내깃의 후류 내 보텀링에서 손상 지역은 6.6.4절 예제 2를 참조한다.

VIII로 나타낸 안내깃의 수직 말단부(end) 그리고 안내깃의 수평 밀봉부(영역 IX)에서 나타난다(이것의 대조물은 보텀링 상판에서도 나타난다). 낙차가 큰 수차는 이 공동화 손상에 더욱 민감하다.

6.2.3 프란시스수차

프란시스수차에서의 손상은 그림 6.13과 같다. 앞과 유사한 방법으로 설계된 것보다 높은 운영낙차에서 흡입측 전연(前緣) 공동화 손상 영역 I_S가 발생한다. 프란시스수차(특히 비속도가 높은 경우)의 자오선(meridian) 속도장은 밴드의 구석 주변에서 가장 크며, 자오선 속도가 상당히 불균등하여 전연(前緣) 후면 날개 흡입측에서 (−) 압력이 두드러지게 나타난다. 따라서 보텍스 코어가 공동화에 매우 민감한 이 부분에서 유동방향 2차 보텍스 유동 구조가 형성된다. 이 공동화 보텍스의 붕괴는 영역 I_S 날개들과 밴드 모두에서 매우 공격적인 침식을 발생시키고, 이는 비록 설계 조건 아래에서 운영되지만 프란시스수차에서 발생하는 전형적인 손상 패턴이다. 설계 낙차보다 낮은 낙차에서 운영될 때 전연(前緣) 공동화 손상은 영역 I_P로 나타낸 압력 측에서 발생한다. 이 두 손상 영역들은 플랜트 공동화수 σ_p의 수치보다는 설계수치로부터 이탈된 유입 입사각과 관련된다. 그러나 비속도가 작은 프란시스 러너는 운영부하의 변화에 민감하지 않기 때문에 이 두 전연(前緣) 손상 영역들에서의 손상은 거의 없는 것을 보여준다. 낮은 부하 운영으로 발생된 공동화 손상 영역 II_c는 날개

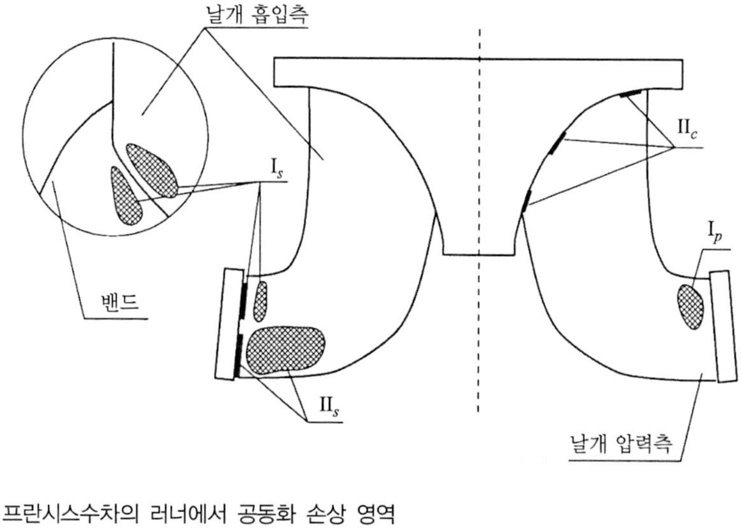

그림 6.13 프란시스수차의 러너에서 공동화 손상 영역

들의 유입부에서 발생된 강한 2차 보텍스의 불안정성 때문에 복잡하며, 주로 허브로부터 밴드까지의 입사각 변화에 의해 야기된다. 이 공동화 보텍스는 다양한 형태로 그리고 두 인접한 날개들 사이 임의의 공간 위치에서 나타날 수 있다. 때로는 설계 및 운영 조건에 따라 두 개의 평행한 보텍스가 나타날 수 있다. 따라서 관측된 손상 패턴은 위치에 따라 다르다. 만일 보텍스가 날개 유입 가장자리와 크라운의 교차점에 부착되고 두 인접한 날개들 사이 공간을 통해 하류측 흡출관으로 확장되면 보텍스의 붕괴에 의해 교차점에서 부착된 영역이 손상될 수 있다. Göde가 퍼텐셜 유동 모델을 사용하여 모의한 이와 같은 전형적인 2차 보텍스 유동의 개요는 그림 6.14와 같다[6.12]. 보텍스가 부착될 수 있는 두 번째 위치는 날개들 사이 크라운의 중간 지점이다. 또한, 부착은 하류측 날개의 유출부를 향해 더욱 이동한다. 따라서 크라운상 손상 영역은 여러 장소들에서 나타날 수 있다. 만일 보텍스가 러너의 중심까지 하류측으로 더욱 이동하면, 흡출관 내에서 공동화 보텍스-코어 유동이 형성되고, 큰 압력 맥동을 생성하지만 흡출관에 대한 손상은 미소하다. 밴드 인근 흡입측에서 후

그림 6.14 날개들 사이 유입부에서 부분부하 2차 보텍스(이 보텍스의 상부 말단부는 날개 전연과 크라운의 교차점에 부착된다)[6.12]

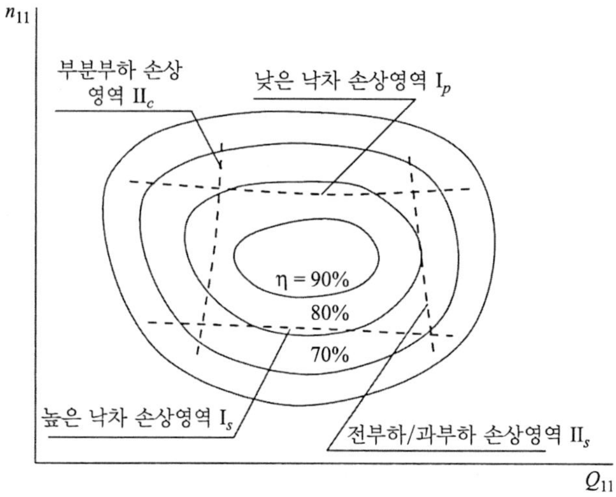

그림 6.15 운영 범위가 공동화 손상에 미치는 영향의 개념도

연(後緣) 손상 영역 II_S가 빈번하게 관측된다. 즉, 이 손상 영역은 중간-익현부터 후연(後緣)을 향해 나타나고, 이동성 기포 공동화에 의해 발생된다. 이 손상은 빈번하게 전체 유동률 또는 낮은 플랜트 공동화수 σ_p에서 운영할 때 발생한다. 또한, 밴드 밀봉부를 통한 누수는 밴드 및 디스차지링과 흡출관 라이너에서 누수 공동화(보텍스 형식) 손상을 야기할 수 있다. 그림 6.15는 공동화 손상에 대한 운영 범위의 영향을 보여주며, 여기서 $n_{11} = nD/\sqrt{H}$는 단위 속도, $Q_{11} = Q/\left(D_1^2\sqrt{H}\right)$는 단위 유출량이다.

비회전 부분에서의 공동화 손상은 프로펠러수차와 카플란수차의 안내깃에 상응하는 위치들에서 빈번하게 관측되며(그림 6.12 참조), 이 손상은 안내깃이 폐쇄될 때 나타나는 누수에 의해 발생된다. 낙차가 큰 수차들은 누수 공동화 손상에 더욱 민감하다.

6.2.4 펠턴수차

펠턴수차의 경우 두 공동화 계수를 확인할 필요가 있다. 하나는 계산 또는 실험으로 평가할 수 있는 니들(needle) 표면에서 발생된 가장 낮은 압력(음)과 관련되고, 다른 하나는 평가하기가 어렵지만 버킷의 내부 표면상에서 발생된 가장 낮은 압력과 관련된다. 이 수차형식에서 특히, 버킷과 관련된 손상과 공동화의 이해는 주로 원형 관측으로부터 얻을 수 있으며 제한된다.

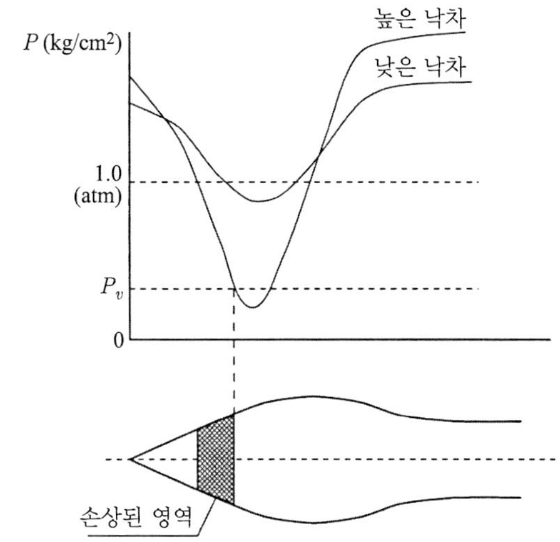

그림 6.16 압력 분포와 공동화 손상

현재 IEC 코드는 펠턴수차에서는 손상이 발생하지 않는 것으로 규정하고 있다. 그럼에도 불구하고 특히 낙차와 비속도(제트 숫자가 높은)가 큰 수차의 여러 위치들에서 손상이 발생한다. 빈번하게 관측되는 니들의 표면에서의 공동화 손상은 그림 6.16과 같다. 부분 부하 및 높은 낙차 조건에서 낮은 영역 내 압력은 증기압으로 감소될 수 있다. 적정한 프로파일 설계는 공동화 성능을 개선시켜 이 손상의 위험을 감소시킬 수 있다. 버킷에서는 그림 6.17과 같이 공동화 침식 또는 액적침식(rain erosion)[9]에 의해 손상 영역들이 발생한다[6.13]. 스플리터(splitter)의 뒷면에서의 손상 영역 1은 팁이 제트 내부로 침투 할 때마다 뒷면에서 발생된 작은 공동의 반복된 붕괴에 의해 발생된다. 또한, 제트 내 고르게 분포되지 않은 에너지로 인한 액적침식은 이 손상의 원인이다. 비속도가 큰 수차와 멀티-제트 수차에서 침투의 뒷면에서 손상 영역 2가 빈번하게 관측된다. 여기서 제트의 외부층은 빈번하게 이전 제트로부터 분출된 유출 유동에 의한 교란에 기인한 액적(droplet) 층이고 영역 2에서 이 액적침식이 발생한다. 버킷의 바닥에서 손상영역 4가 빈번하게 탐지된다. 이는 아마도 제트로 들어가는 다음 버킷의 뒷면에 의해 빈번하게 제트가 교란되고, 교란된 제트 내 액적 또는 공동화된 고속 보텍스 유동을 형성하고, 후속 액적침식 또는 공동화 침식을 야기하기 때문이다. 더욱 낮은 압력과 더욱 높은 공동화 손상 위험으로 이어

[9] 제트의 상호작용과 splashing으로부터 발생하는 이동성 액체 액적의 반복된 충격에 의해 액적침식이 발생한다. 액적침식된 표면은 공동화로 인해 손상된 표면과 매우 유사한 외관을 갖는다.

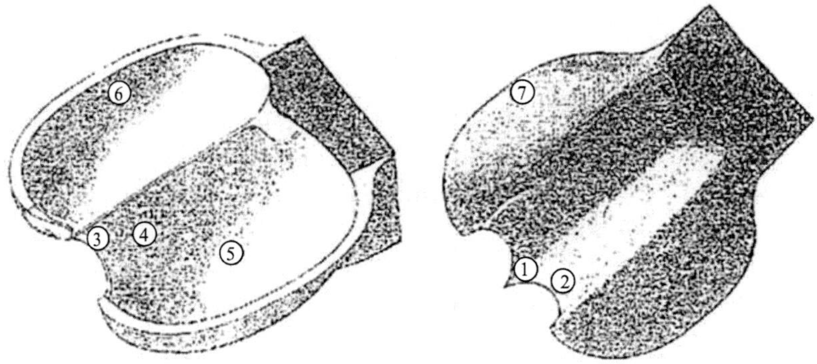

그림 6.17 펠턴 버킷에서 손상[6.13].
(1) 스플리터 팁의 뒷면 (2) cut-out 뒷면 (3) 스플리터 팁의 전면 (4) 스플리터의 상부 영역 (5) 버킷 바닥 (6) 내부 버킷 벽의 상부 영역 (7) 외부 버킷 벽의 상부 영역

지는 유출 각도가 큰 버킷에서 손상영역 5가 관측된다. 유출각도의 감소는 이와 같은 공동화 손상을 감소시키는 것은 물론 수차 효율을 개선시키지만 후속적으로 들어오는 버킷의 손상영역 7에 대한 액적의 접선방향 충격을 야기하여 액적침식 손상을 초래할 수 있다. 불량한 프로파일과 불량하게 표면 처리된 버킷의 경우 손상영역 3(즉, 스플리터 팁의 전면 가장자리), 그리고 손상영역 6(즉, 스플리터의 상부 표면)이 관측될 수 있다.

빈번하게 실트 침식의 후속적인 영향으로서 펠턴수차에서 공동화 손상이 발생한다. 펠턴수차는 특히 낙차가 큰 경우 실트 침식에 매우 민감하다. 니들, 노즐, 그리고 버킷에서 실트-침식된 표면들은 유동 조건을 악화시키고 2차 공동화 손상을 촉진한다.

6.2.5 공동화 보증

공동화 보증은 기계 제작사와 소유자 사이 계약적인 동의로서 이는 보장된 기간 안에 선정된 운영 시간 동안 허용할 수 있는 공동화 손상으로 인한 금속 손실을 제시하는 것이다. 공동화 손상량은 다음 요소들에[10] 종속된다.

- 기계 형식과 설계
- 공동화에 노출되는 부품들의 재료와 표면 조건

[10] IEC Publication 609: Cavitation Evaluation in Hydraulic turbines, Storage Pumps, and Pump-Turbines 참조.

- 플랜트 내 기계의 설치 높이, 즉 플랜트의 σ_p 수치
- 운영 기간과 운영 조건

통상적으로 보증은 다음과 같이 허용 가능한 금속-손실률 $\dot{W}$ 항으로 제시된다.

$$\dot{W} = \frac{K_1 D^2}{H_0}$$

여기서 $\dot{W}$: 허용 가능한 금속 손실률(lb/hr or kg/hr)

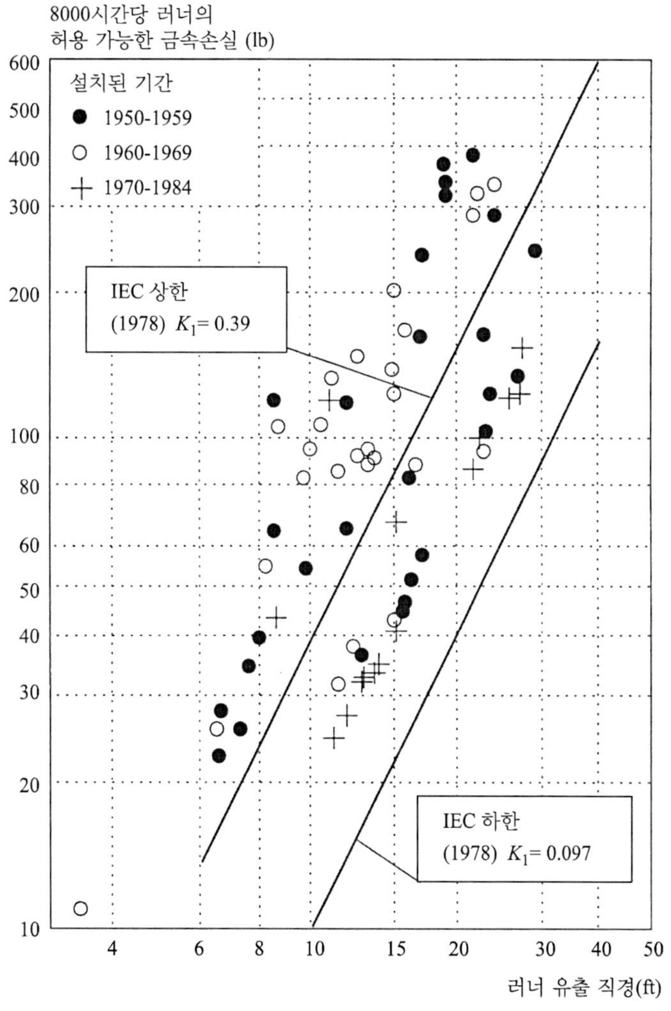

그림 6.18 1950년 이후 미국에 설치된 729대와 비교한 IEC 공동화 손상 보증[6.47]

K_1 : 공동화 집중도 계수(lb/ft^2 or kg/m^2)
D : 러너 유출 직경(ft or m)
H_0 : 공동화 보증 운영 기간(hrs)

빈번하게 IEC(International Electrotechnical Commission), 미공병단, 미국 TVA (Tennessee Valley Authority), 그리고 USBR(United States Bureau of Reclamation) 등이 제공하는 여러 기준들을 사용한다. IEC 코드는 러너 단독에 대해 다음 수치를 제시한다.

$$K_1 = 0.097 \sim 0.39 \text{ lb/ft}^2 (0.48 \sim 1.9 \text{ kg/m}^2)$$

Sinclair는 그림 6.18과 같이 IEC 코드와 비교하여 1950년 이후 미국에 설치된 전체 729대 수차를 조사하였다[6.47]. 그는 IEC 코드의 하한 사용은 허용 가능한 것으로 결론내렸다. 대형 러너(직경이 7.3 m 이상) 그리고 보수에 따른 정지로 인해 발전과 용량 가치가 손실되는 발전설비에 대해 K_1 수치를 IEC 하한의 75%로 감소시킬 것을 권장한다. 프로펠러수차와 카플란수차의 경우, 비회전 부분에 대한 손상은 러너 한계수치의 50%를 초과하지 않아야 하고, 프란시스수차와 펌프-수차에서는 33%를 초과하지 않아야 한다. 운영 보증 기간 H_0는 8,000시간이고, 첨두 운영설비 및 펌프-수차에서는 3,000시간으로 감소된다. 권장된 보증 기간은 2년이다. 펠턴수차에 대한 보증 코드는 아직 유용하지 않고 IEC 초안을 준비 중이다.

6.3 펌프에서 공동화 손상

S.C. Li

6.3.1 소개

펌프의 경우 주로 날개 유입부에서 공동화 손상이 발생하며 다음 두 요소 때문에 수차에서보다 공동화 현상이 더욱 심각하다. 첫 번째, 펌프(특히 설계 조건 이외 지점 및 용량이 작은 상업용 펌프)의 유입부 내 유동은 매우 불안정한 보텍스 유동이고, 이는 공동화에 매우 민감하고[11] 대부분의 침식력[12]을 제공한다. 두 번째, 앞에서 기

[11] 3.7.4절 "기포-유동장 상호작용"(단일/개별 기포 연구)으로부터 주변 압력과 보텍스에 의해 야기된 압력의 저하 비율 Ω는 $\Omega = \frac{\rho}{P_{amb}}\left(\frac{\Gamma}{2\pi a_c}\right)^2$으로 알려져 있다. 코어 중심에서 극단적인 압력저하(a_c가 가장 작은 수치가 되는)를 예상할 수 있다. 더욱이 포획효과로 인해 코어 내 핵의 숫자 밀도는 공동화하기에 상당히 높고, 핵은 코어 중심에서 상당

술한 것과 같이 펌프의 유동 통로에 따른 평균압력의 증가는 압력회복의 압력구배를 두드러지게 하며, 이는 공동화 기포/클러스터의 붕괴에 필요한 상당한 힘을 제공한다. 통상적으로 결과적인 손상률은 수차보다 수배 이상 크다. 압력측에서 높은 구동력 때문에 일부 사례에서 특히 이와 같은 공동화에 의해 발생된 날개의 압력면(pressure faces)에서 손상은 흡입면에서의 손상보다 50배 크다[6.15].

6.3.2 축류펌프

축류펌프 공동화 손상의 원인 및 위치들은 그림 6.19와 같이 축류수차(프로펠러 및 카플란)와 다소 유사하다. 특히, 날개가 고정된 펌프의 경우 유동률과 NPSH 수치가 낮을 때 흡입측 전연(前緣) 공동의 폐쇄부에서 손상 영역 I_S가 가장 빈번하게 관측된다. 흡입측 손상 영역 II_S 그리고 날개의 팁 말단부 및 디스차지링의 반대 표면에서 손상 영역 III은 팁-보텍스 공동화에 의해 발생된다. 가변익의 경우 날개와 허브 사이 틈새 누수로 인해 허브 공동화 손상이 발생할 수 있다. 또한, 압력측에서 전연(前緣) 공동의 폐쇄부에서 손상 영역 I_P가 발생할 수 있으며, 날개가 고정된 경우 전부하 이상에서 운영될 때 특히 그렇다.

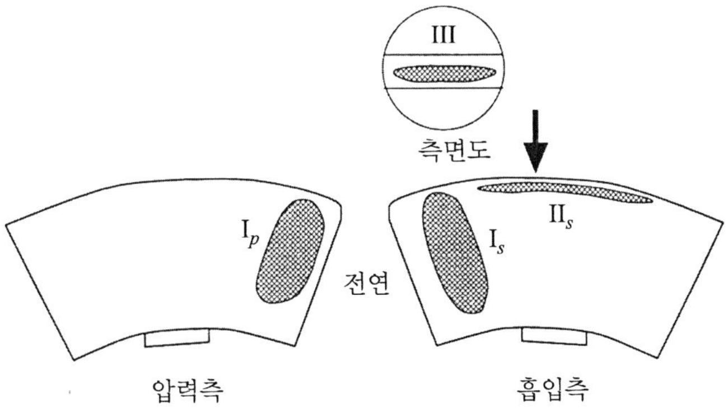

그림 6.19 축류 펌프에서 공동화 손상 영역

히 긴 시간 동안 거주할 수 있다. 따라서 상당히 높은 주변 압력 아래에서도 코어 내 공동화 발생이 촉진된다.

[12]불안정한 보텍스 공동화는 더욱 심각한 손상(최소한 안정된 대조물보다도 큰 정도로)을 발생시킨다. 이는 낮은 유량 그리고/또는 낮은 $NPSH$ 수치에서 운영되는 펌프에서 빈번한 사례이다.

6.3.3 원심펌프

원심펌프에서는 보텍스 유동 패턴 그리고 공동화된 보텍스가 내파하는 위치를 쉽게 예측할 수 없기 때문에 프란시스수차에서보다 손상 위치는 더 불확실하다. 임펠러 설계는 물론 운영 조건에 따라 손상 위치들은 극단적으로 변화한다.

기본적으로 다음과 같이 두 범주로 공동화 손상을 분류할 수 있다. 펌프가 최적 유동률 $Q/Q_0 \approx 1$ 또는 이 인근에서 운영될 때 오직 얇고 부드러운 쉬트 공동이 날개 전연의 압력측 그리고/또는 흡입측에서 나타날 수 있으며 약간의 손상 가능성이 발생한다. 유동률이 $Q/Q_0 \approx 1$로부터 변화하면서 전연(前緣) 공동 폐쇄부 ($Q/Q_0 < 1$을 때는 흡입측에서 그리고 $Q/Q_0 > 1$일 때는 압력측에서)에서 손상이 발생한다. 그림 6.21은 원심펌프의 흡입측에서 이와 같은 손상을 보여준다. 영역 I_S는 전연(前緣) 공동의 폐쇄부에 위치한다. 날개-허브 필렛과 날개-밴드에서 형성된 공동화된 2차 보텍스에 의해 손상 영역 II_S와 III_S이 발생한다. 유동률이 더욱 감소되면 임펠러 유출부는 물론 펌프 유입부에서 유동 재순환이 발생하여 위치와 패턴을 쉽게 예측할 수 없는 보텍스가 발생한다.[13] 이 보텍스는 날개의 압력측에 부착되어 그곳에서 극단적인 손상력을 생성할 수 있다. 이외 만일 흡입측 전연(前緣) 공동으로부터 방출된 보텍스가 날개 또는 인근에서 붕괴되면 가변익의 압력측에서 침식력이 생성될 수

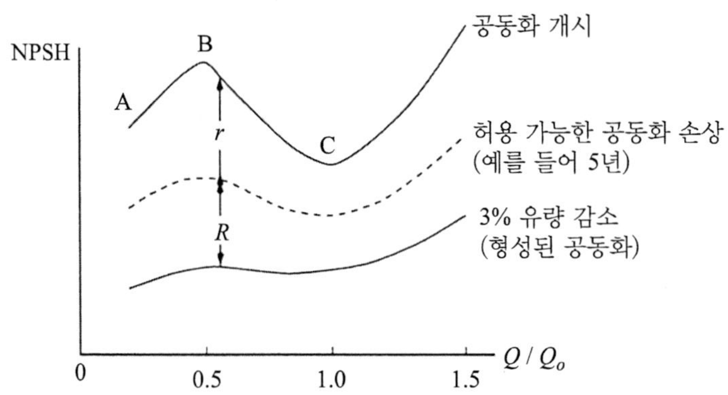

그림 6.20 상대 유동률에 따른 공동화 개시, 허용가능한 손상, 3%(유동률 저하) *NPSH* 선의 변화

---

[13]큰 유입-아이 직경(예를 들어 높은 유입 원주속도)과 작은 날개-날개 중첩을 갖는 큰 에너지 펌프에서 유입 재순환이 발생할 가능성이 크다. 재순환의 특징은 유출 아이 직경에서 거부된 역류와 허브 인근 유입 유량 사이에서 생성된 매우 불안정한 전단 보텍스에 의해 결정된다. 만일 이 보텍스들이 유동 통로의 표면에 부착되면 심각한 손상이 예상된다. 임펠러 유출 그리고/또는 디퓨저 내 유사한 손상은 유출 재순환에 의해 야기될 수 있다.

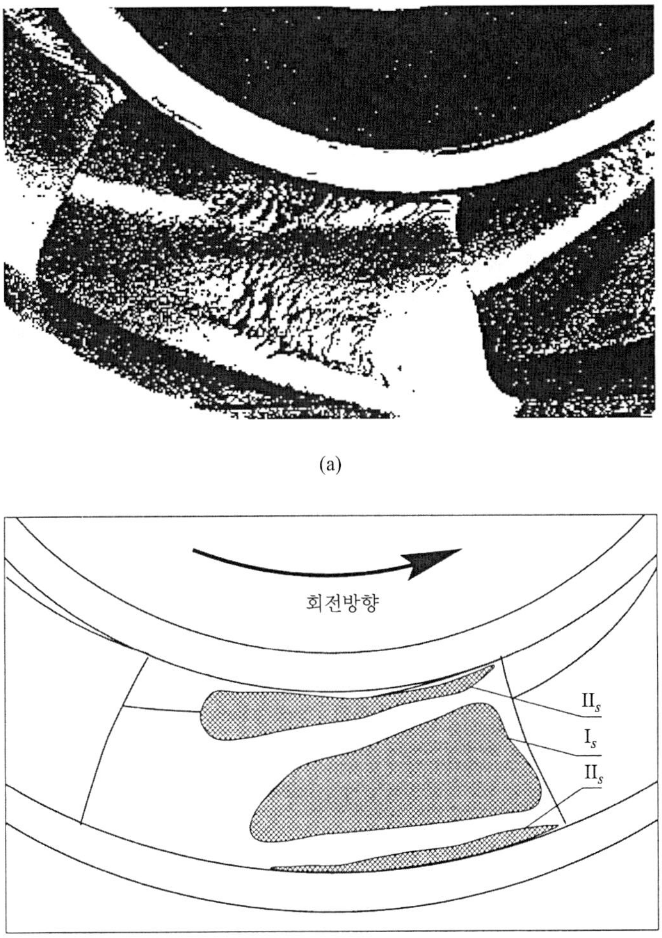

그림 6.21 임펠러의 흡입측에서 공동화 손상((a) 손상 사진; (b) 손상 영역)[6.35]

있다. 특히, 유동률이 낮을 때[즉, 그림 6.20에서 영역 B로부터 유동률 감소와 함께 NPSH 선이 하강하고, 만일 NPSH 수준이 보텍스 코어를 공동화하기에 충분히 낮으면 큰 유동률 서지 및 손상을 초래하는 A까지] 이와 같은 재순환에 기인한 불안정한 보텍스가 지속적으로 존재한다[6.35].

6.3.4 펌프-수차

펌프-수차에 대한 공동화 손상은 수차모드로 운영될 때는 펌프-수차의 대조물인 수차에서의 손상과 그리고 펌프모드로 운영될 때 대조물인 펌프에서의 손상과 유사하다.

그러나 펌프-수차의 설치 높이는 발전모드에서 필요한 것보다 큰 σ_p 수치를 제시하는 펌프모드에 의해 결정된다. 따라서 수차모드로 특히, 날개 흡입측의 끝 부분에 걸쳐 운영되는 수차의 것과 비교하면 펌프-수차의 공동화 손상은 상당히 낮다.

두 운영 모드에서 유입 유량이 이탈할 때 심각한 전연(前緣) 공동화 손상이 관측될 수 있다. 또한, 이동성 공동화에 의해 날개 흡입측에서 손상이 발생할 수 있다. 프로펠러수차와 카플란 펌프-수차에서는 팁-보텍스 공동화 손상이 그리고 카플란 펌프-수차에서는 허브 공동화 손상이 발생한다.

펌프모드로 운영될 때 러너 입구 및 러너 토출측에서의 유동 재순환은 심각한 손상을 야기할 수 있다. 또한, 이 모드에서 깃 입구의 부적정한 설계 또는 러너의 지엽적으로 불균등한 유출 유량으로 인해 안내깃에서 상대적인 입사각이 주기적으로 변화하여(주파수를 통과하는 날개에서) 그림 6.10과 같이 안내깃은 물론 고정깃에서도 전연(前緣) 공동화 손상이 발생할 수 있다. 이 손상은 전연(前緣)에서의 불안정한 공동특성과 높은 압력/압력 구배로 인해 빈번하게 심각하다.

6.3.5 공동화 보증

6.2.5절에서와 같이 IEC 코드 출판 609에 따라 저장 펌프 및 펌프-수차에 대한 공동화 보증을 적용할 수 있다.

다른 펌프에 대한 공동화 보증은 통상적으로 펌프가 적정한 서비스를 제공할 수 있는 운영 수명으로 제시된다. 하나의 판단기준은 만일 공동화 손상의 한계 수치[14]를 초과하지 않으면 100,000시간 또는 10년(80,000시간)의 운영 수명을 기대할 수 있다고 가정한다. 빈번하게 인용되는 다른 판단기준은 40,000시간 또는 운영 수명 5년이며, 이는 그림 6.20과 같이 제한된 공동화 손상을 허락한다. 허용 가능한 공동화 손상(5년)에 대한 NPSH 선은 개시 선과 3% 선 사이에 있다.

특정 용도에 대한 보증 운영 수명은 사례마다 다를 수 있다. 예를 들어 우주선 주 엔진을 위한 고압 산화제 터보펌프의 경우 불량한 운영 조건(즉, 극도로 높은 흡입비속도, 수두 상승 및 유동률)에서 감지할 수 있는 공동화를 고려하여 예상 수명은 오직 7.5시간으로 제한된다.

형상/재질/운영 조건들을 알고 있는 펌프의 누적 자료에 기초하여 다양한 방법으

[14]한계 수치는 공동화 집중도 및 재료 저항에 의해 결정된다. 즉, 만일 공동화로 인해 발생하는 내파 압력이 재료의 피로 강도 이상이면 한계수치에 도달하거나 또는 초과한 것으로 간주할 수 있다.

로 운영 수명을 추정할 수 있다. 예를 들어 Gülich는 원심 및 사류 펌프의 전연(前緣) 공동 또는 이 공동의 소음수준을 침식률과 관련시켜 펌프가 요구되는 운영 수명 $I_{L,Req}$에 도달할 수 있는 확률을 계산하기 위한 방법을 제안하였다[6.15]. 공동특성과 재료손실이 최대로 발생하는 위치에서의 침식률 E_R을 상관시키기 위해 다음 식을 사용한다.

$$E_R = C_L\left(\frac{L_{cav}}{L_{cav,R}}\right)^{x_2}\frac{(P_0 - P_2)^3 F_{cor}}{R_m^2\,F_{mat}}\left(\frac{\alpha_R}{\alpha}\right)^{0.36}\left(\frac{a}{a_R}\right)\left(\frac{\rho_R^H}{\rho^H}\right)^{0.44}\left(\frac{\text{m}}{\text{s}}\right) \tag{6.2}$$

여기서 C_L : 흡입측에서 2.3×10^{-12}, 압력측에서 1.1×10^{-10}인 상수(m^3/N_s)

x_2 : 흡입측에서 2.83, 압력측에서 2.6

$L_{cav,R}$: 기준 공동 길이 10 mm

L_{cav} : 측정된 공동 길이(mm)

P_0 : 임펠러 입구에서 정압(N/m^2)

P_v : 증기압(N/m^2)

F_{cor} : 부식 효과를 고려하는 계수

R_m : 인장 강도(N/m^2)

F_{mat} : 재료 특성을 고려하는 계수

α_R : 기준 가스 함량(24 ppm)

α : 가스 함량(ppm)

a_R : 물속에서 기준 음속(m/s)

a : 사용된 물 속에서 음속(m/s)

ρ_R^H : 물의 기준 포화 증기 밀도($0.0173\ \text{kg/m}^3$)

ρ^H : 주어진 온도에서 물의 포화 증기 밀도(kg/m^3)

각 운영 조건에 대한 침식률 E_R을 평가하고 상대적인 기간 τ로 곱한다. 계산된 운영 수명은 다음과 같다.

$$I_{L,Cal} = \frac{0.75E_B}{\sum \tau E_R}\ (\text{s})$$

여기서 E_B : 날개 두께(m)

따라서 수명 계수 R_L을 평가하여 그림 6.22의 곡선 1로부터 펌프가 요구되는 운영 수명 $I_{L,Req}$을 지속할 수 있는 확률 W를 얻을 수 있다.

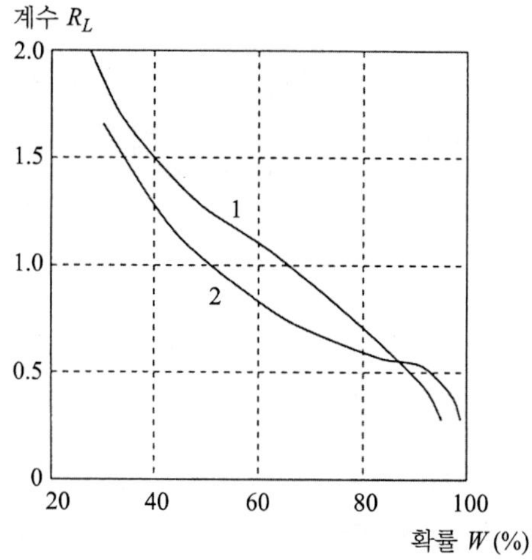

그림 6.22 운영 수명의 확률 함수(곡선 1 = 공동 특성법, 곡선 2 = 공동화 소음 수준법)[6.15]

$$R_L = \frac{I_{L,Req}}{I_{L,Cal}}$$

또한, 유사하게 공동화 소음수준 CNL(cavitation noise level)을 평가하여 요구되는 운영 수명에 도달하는 확률을 추정할 수 있다[6.15]. 또한 손상에 영향을 미치는 계수들을 평가하여 운영 수명을 추정할 수 있다. 예를 들어 Doolin은 (1) 정격 NPSH(3% 수두 저하)에 대한 $NPSH_a$의 비율, (2) 액체의 열역학적 특성, (3) 액체의 부식 효과, (4) 재료의 공동화 저항, (5) 펌프 속도, (6) 비첨두 운영, (7) 흡입비속도 7개 계수들을 사용하여 운영 수명을 추정하기 위한 한 방법을 제안하였다[6.9]. 수명계수 F_L, 즉 이 7개 계수들의 곱에 기초하여 다음과 같이 운영 수명 I_L을 추정할 수 있다[6.9].

$$I_L = 10F_L \text{ (yrs)}$$

6.4 실트성 물의 영향

S.C. Li

6.4.1 소개

실트가 많이 함유된 실트성 물에 의해 발생된 수력기계의 거친 마모는 세계적인 문제가 된다. 특히, 이는 공동화 침식과 함께 발생할 때는 아직도 잘 이해되지 않는 여러 학문이 관련되는 주제가 된다. 실트 침식과 공동화 침식 사이 상호 영향 메커니즘, 즉 부품을 더욱 완전하게 파괴하는 시너지효과를 철저히 이해하여 계획, 기계 선정 및 배치, 기계의 수력 설계, 재질 선정/코팅 적용, 그리고 기계 운영/유지관리/보수 등을 다루기 위한 포괄적인 지침을 제공할 수 있어야 한다. 비속도가 큰 수력기계의 부품들은 이와 같은 시너지 손상[15]에 대해 더욱 민감해지는 경향이 있다. 따라서 실트 농도가 높은 환경에서 기계를 사용하는 경우 모래 침식과 공동화 손상으로부터 발생하는 불이익을 이해하고 평가하는 것이 중요하다.

6.4.2 실트 침식

실트 침식된 표면의 형태는 유동 방향으로의 미소 절삭 홈(grooves)의 특징으로 나타난다. 그림 6.23과 6.24는 프란시스수차의 안내깃과 펠턴수차의 노즐 니들에서 유동 방향으로 침식된 선명한 홈을 보여준다. 지금까지는 다음 3요소가 침식과정을 지배하는 것으로 증명되었다.

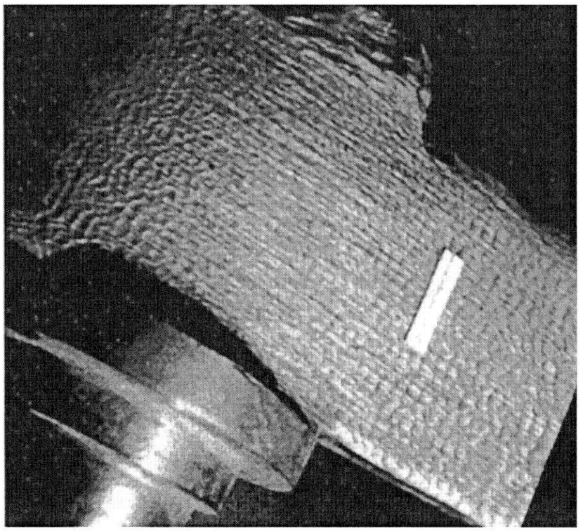

그림 6.23 침식된 안내깃(프란시스수차, P=4.4 MW, H=154 m, 재질=14/1 스테인리스 스틸, 운영시간=41,000 hrs, 실트 농도=최대 1.5 kg/m^3)[6.14]

[15]실트 단독 침식률은 상대적인 유속의 3승으로 증가하며, 공동화 단독 침식률은 상대 유속의 6승으로 증가한다. 반면 시너지 효과로 인한 침식률은 상기 합보다 상당히 크게 증가한다.

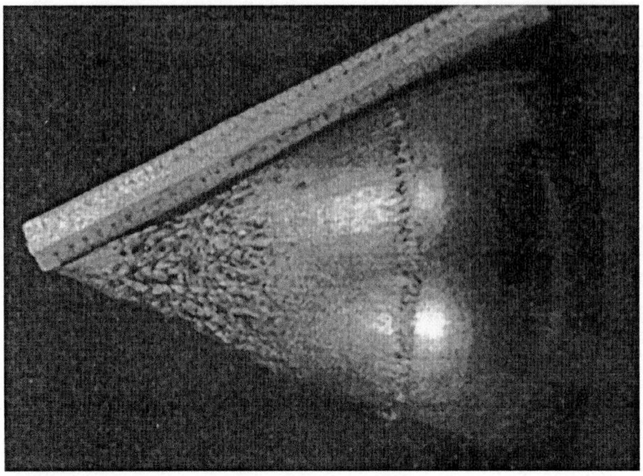

그림 6.24 침식된 펠턴수차의 노즐(노즐 수=2, P=8.4 MW, H=540 m)[6.14]

실트 특성 날카로운 모서리를 갖는 크고 딱딱한 입자들은 침식 가능성이 가장 크다. 통상적으로 동반된 입자들은 매우 딱딱하고 날카로운 석영입자, 실트암(siltstone) 입자 그리고 매우 미세한 진흙 입자들로 구성된다. 이들 중 계절적으로 히말라야 및 알프스와 같은 산에서 녹는 눈에 의해 강으로 유입되는 석영 입자의 범위는 수 μm부터 수백 μm에 이른다. 통상적으로 석영의 농도는 높지 않지만(오직 수 kg/m^3) 침식성이 매우 크다. 나머지 입자들은 주로 실트암이고, 통상적으로 이송과정 동안 이들은 서로 갈려(milled) 크기가 미세(수 μm ~ 100 μm)하게 된다. 또한, 이 입자들은 침식성이 있고 침식률은 대략 실트암의 농도와 비례하는 것으로 보고되었다[6.14]. 그러나 실트암의 침식력은 홍수 기간 동안 동반된 여분의 미세 진흙 입자들에 의해 억제된다. 따라서 침식-방지 조치의 계획 및 설계를 위해 동반된 입자들의 구성, 이들의 선별(screening) 특성, 그리고 이들의 형상과 경도에 대한 정보가 필요하다. 일부 강(river)에서 동반된 입자들의 전형적인 선별 규격 특성을 그림 6.25와 같이 요약할 수 있으며, 이 그림은 히말라야 강(즉, 중국 Min Jiang 강에 대한 곡선 No. 5)에서의 입자들은 다른 강에서의 입자들보다 더 거친 것을 보여준다[6.14].

재료특성 일반적으로 침식 저항을 평가할 때 재료의 경도가 핵심 매개변수이다. 즉, 경도가 증가하면 저항도 증가한다. 따라서 재료의 경도가 침식성 입자의 경도보다 크면 침식은 예상되지 않는다. 그러나 고무 등과 같이 소프트하지만 탄성이 있는 재료는 아마도 입자 충돌로부터의 충격을 흡수하는 능력 때문에 특정 침식 저항을 보여준다. 이 경우 이 재료의 인성(toughness)은 경도보다 지배적인 역할을 한다.

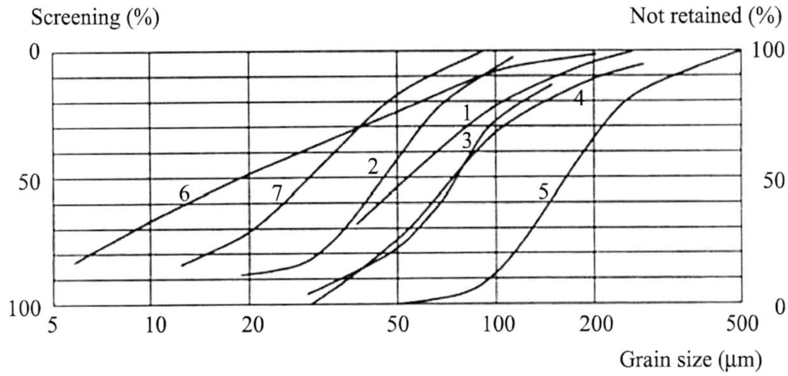

그림 6.25 일부 발전소의 취수에서 고체 입자의 선별 특성[6.14]
1 = Grand Dixence 펌프 가압 저장소(스위스), 2 = Stefel(스위스), 3 = Nathpa Jhakri(인디아), 4 = Kabul river(파키스탄), 5 = Ming Jiang river(중국), 6 = Shuikou 발전소(Min Hiang river, 중국), 7 = Zermatt(스위스)

구동력(Driving Force) 입자를 재료 표면과 충돌시키거나 표면을 절삭하는 구동력은 복잡하다. 첫 번째, 많은 사례에서 주된 구동력은 입자에 대한 상대적인 유동속도에 기인한다. 구동력은 상대적인 유동 방향으로 입자에게 힘을 가한다. 이와 같은 힘에 의해 구동되는 입자의 침식력은 유동 속도와 함께 증가한다. 따라서 유동 속도가 큰 곳에서는 심각한 침식을 예상할 수 있다. 더욱이 난류 유동에서 입자의 모멘트가 증가될 뿐만 아니라 입자는 미소절삭(즉, 입자의 절삭 능력이 손실된 후)되고 다시 에너지를 얻는 경계의 외부 층으로 이송된 후 이 모멘텀을 반복적으로 얻을 수 있다.

두 번째, 일부 유동에서 관성력은 지배적인 역할을 한다. 이와 같은 사례는 오목한 표면에 수직인 원심력이 입자를 표면에 누른 상태로 끌고 가면서 표면을 절삭할 때 발생한다. 따라서 큰 입자들과 높은 유속에 직면하는 경우 유동방향의 급격한 변화를 방지하도록 주의를 기울여야 하고, 반드시 이에 상응하는 침식-방지 조치를 채택하여야 한다. 큰 에디(eddies) 또는 보텍스 코어 내부에 동반된 입자들의 축이 표면에 평행인 경우 표면에 수직인 원심력은 이 입자들을 표면에 충돌시키고 절삭하도록 만드는 또 다른 사례이다. 그림 6.26과 같이 안내깃(프란시스수차)의 앞면 보텀링 표면에서의 능삼무늬 세굴(scouring)은 기기에서 이와 같이 형성된 2차 보텍스 내 입자들에 의한 미소절삭의 전형적인 예이다. 보텍스 유동과 결과적인 세굴 패턴 사이 일치를 입증하기 위해 그림 6.26과 비교하여 그림 6.8 및 6.27을 관찰한다.

세 번째, 일부 경우 중력과 부력은 중요한 역할을 하지 않더라도 반드시 이들을

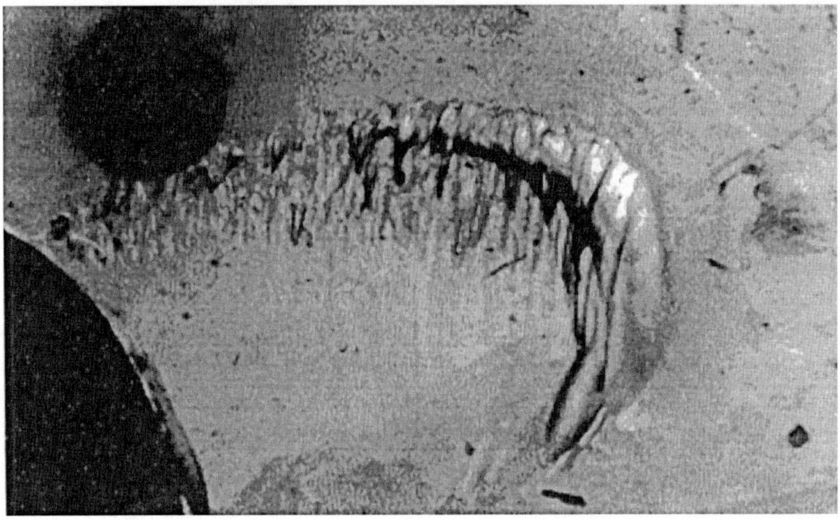

그림 6.26 안내깃의 전면부 guard-ring 표면에서 능삼무늬 세굴(프란시스수차, P=43 MW, H=420 m, 운영시간=12,000 hrs)[6.14]

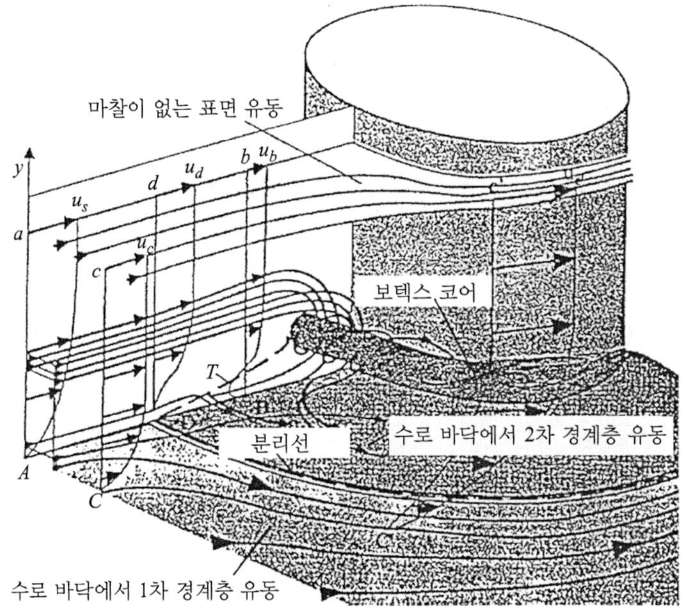

그림 6.27 기둥과 바닥 판과의 교차점에서 형성된 2차 보텍스-코어[6.14]

고려하여야 한다.

다양한 실트-침식 모델들을 사용할 수 있으나 이들 중 상기 요소 모두를 모의할

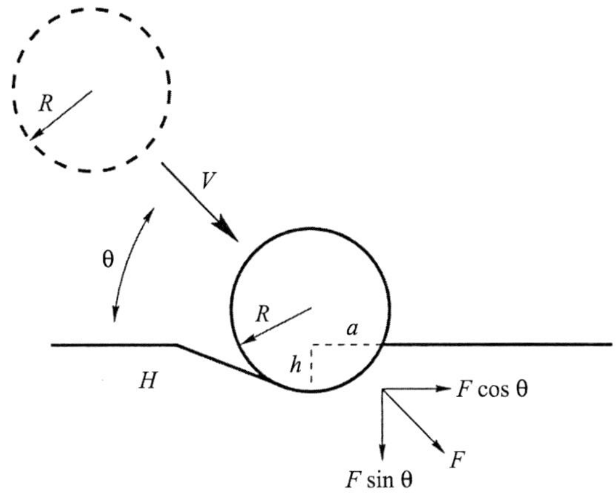

그림 6.28 침식 침투 모델[6.43]

수 있는 모델은 없다. 여기에서는 Sato가 개발한 모델을 소개한다[6.42]. 이 모델은 실트 입자가 최대 깊이 $D_{p,max}$까지 침투하여 입자의 운동 에너지가 0으로 감소한다고 가정하여 입자의 상대적인 침투 깊이 $D_p(=h/a)$를 추정한다(그림 6.28 참조).

$$D_{p,max} = 0.64\rho^{\frac{1}{4}}\sin\theta^{\frac{1}{2}}V^{\frac{1}{2}}H^{-\frac{1}{4}}$$

여기서 ρ : 입자 밀도(kg/m^3)
θ : 입사각(degree)
V : 입자의 충격 속도(m/s)
H : 비커 재료 경도 × 10^7(kg-m/s^2/m)

Sato는 그림 6.29와 같이 최대 침투 깊이 $D_{p,max}$와 입자-표면 전단 강도 f에 따라 실트침식을 이랑(ploughing), 쐐기(wedging) 및 절삭(cutting) 3개의 모드로 더욱 상세하게 분류하였다[6.43]. 이랑과 쐐기 모드는 수력기계에서 공통적으로 관측된다.

6.4.3 실트 침식과 공동화 침식의 시너지효과

실트성 물에서 실트 마모와 공동화 침식은 시너지효과를 통해 다음 방법으로 서로 증대된다.

공동화 촉진 동반된 입자는 물의 핵 농도를 증가시키고, 결과적으로 공동화 발생을 촉진한다. Toshiba는 수돗물과 비교하여 실트성 물에서 초기 공동화수 σ_{in}가 10~

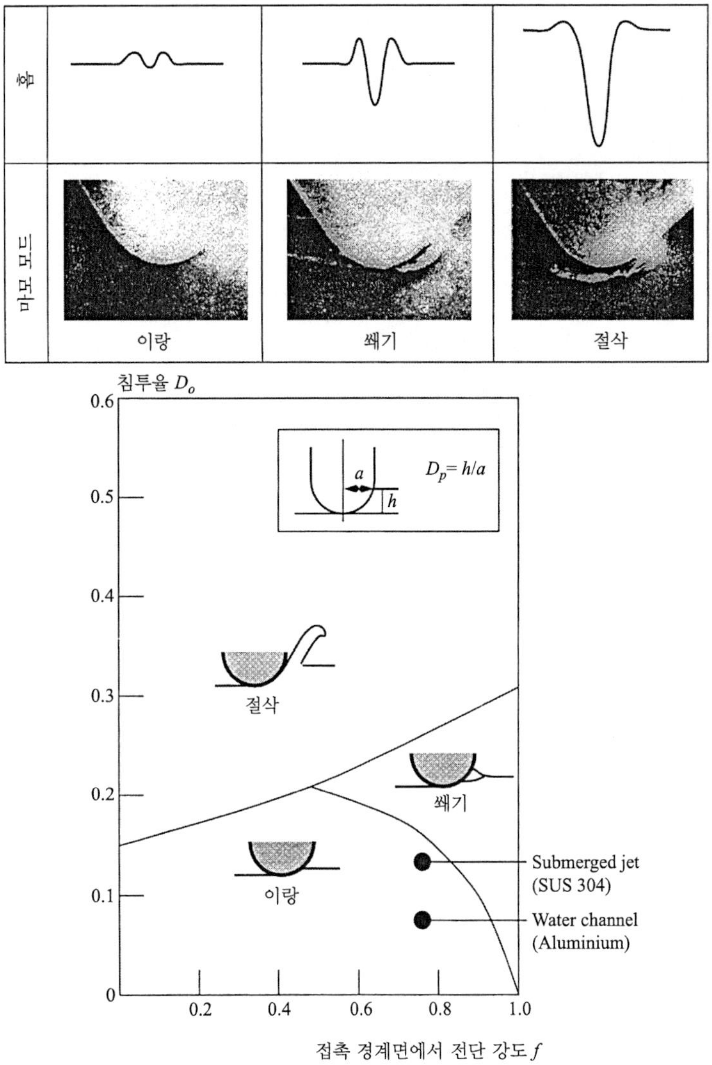

그림 6.29 마모 모드 선도[6.43]

15% 감소한 것으로 보고하였다[6.50].

충돌 강화(impingement strengthening) 입자가 공동화와 결합되면 상당히 더 높은 유속을 얻게 된다. 특히, 붕괴되는 기포로부터의 마이크로 제트는 입자에게 표면을 향한 매우 높은 속도를 제공한다. 따라서 입사각 $\theta \approx 90°$와 높은 속도를 갖는 입자의 충돌은 비공동화 조건에서의 충돌보다 상당히 강하다.

한 예로서 Jin은 스테인리스 스틸 18Cr8Ni의 하이드로포일에 대한 손상연구결과

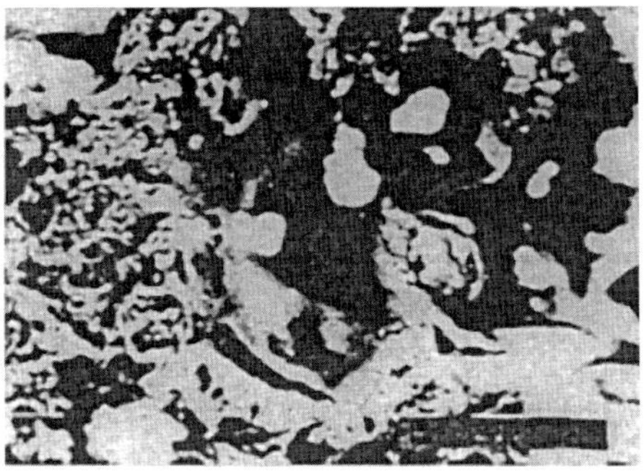

(a)

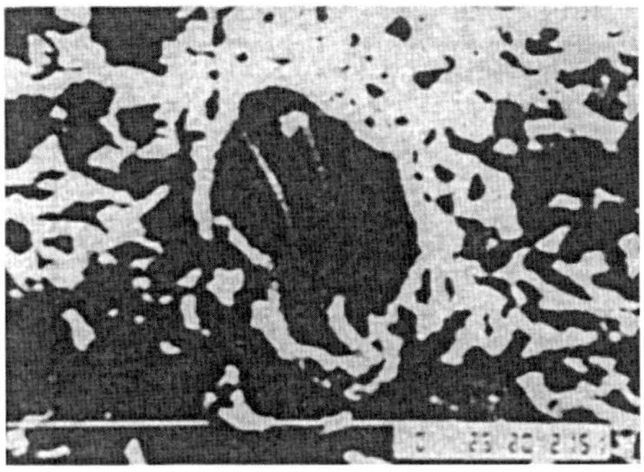

(b)

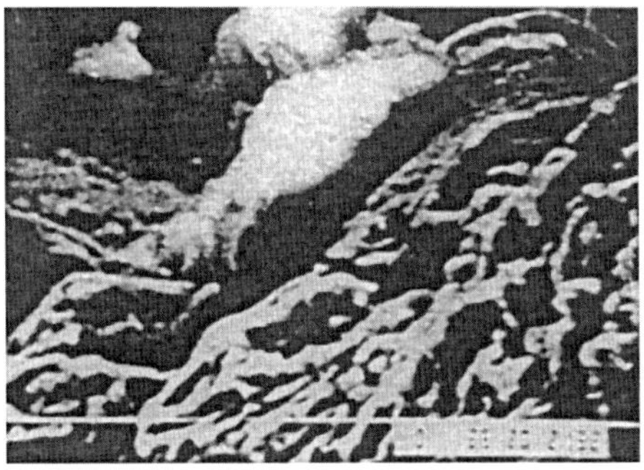

(c)

그림 6.30 실트와 공동화 침식의 시너지효과에 의한 손상((a) 500배 확대된 피트 바닥 표면에 박힌 입자, (b) 750배 확대된 피트–바닥 표면에서 절삭 흔적, (c) 1750배 확대된 피트의 측면에서 쐐기 박힌 입자)[6.23]

를 제시하였다[6.23]. 이랑 모드는 실트 침식을 지배하였고, 이로 인해 최대 폭 1 mm, 최대 깊이 0.15 mm의 홈이 부드럽게 침식되었다. 그러나 공동화 조건 아래 홈은 더욱 깊고 길어져서 최대 길이 7 mm, 최대 깊이 5 mm가 되었다. 더욱 깊은 침투로 인해 그림 6.30a와 같이 공동화 마이크로 제트에 의해 손상된 피트의 바닥 표면에 수많은 입자들이 박혔다. 그림 6.30b는 절삭된 공동화 피트의 바닥 표면을 보여준다. 또한 그림 6.30c와 같이 쐐기 모드도 관측된다.

유동 패턴의 변화 공동화가 발생하면 원래 비공동화 유동 패턴에 비해 빈번하게 유

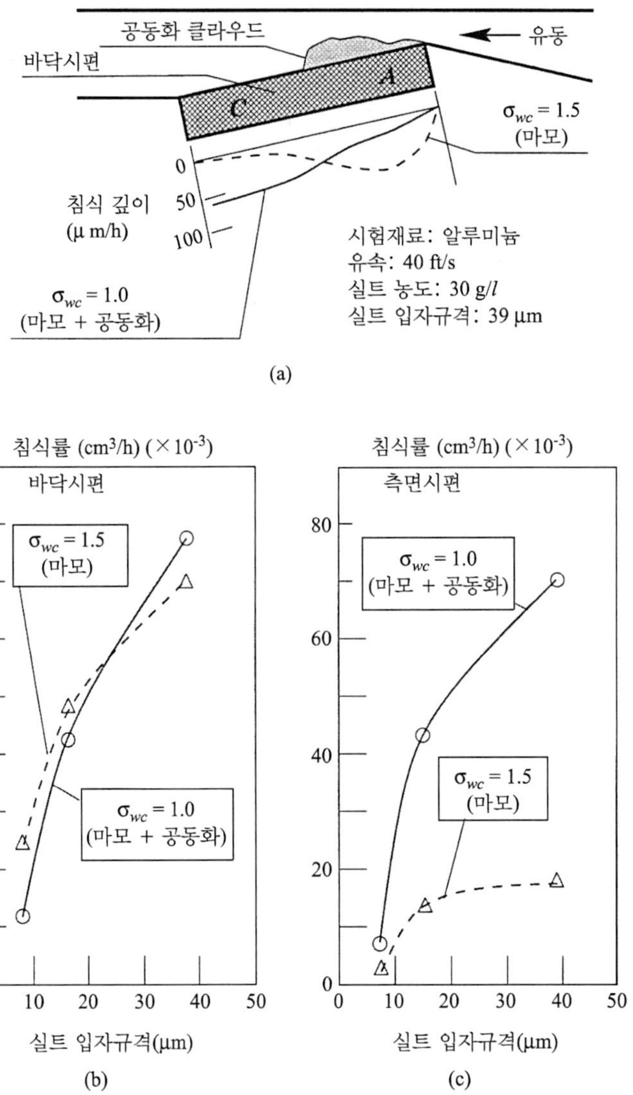

그림 6.31 유동 패턴 변화가 침식률에 미치는 영향(시험 재료 = 알루미늄, 속도 = 40 m/s, 실트 농도 = 30 g/ℓ)[6.43]. (a) 시편 바닥에서 침식 깊이, (b) 시편 바닥에서 침식률, (c) 시편 측면에서 침식률

동 패턴은 주목할 만큼 변화한다. 이 유동 패턴에서는 폐쇄부에서 강한 보텍스, 그리고 보텍스 방출과 결합되는 불안정한 전연(前緣) 공동과 같은 더욱 격렬한 구조들이 관련된다. 이 유동 구조 내 동반된 입자들은 강한 손상 잠재력을 소유한다. Sato의 연구결과 그림 6.31과 같이 2D 전연(前緣) 공동 내 관련된 유동 변화가 벤트리 유동 장치 내 공동화 유무에 따른 실트 침식에 영향을 미친 것으로 증명되었다[6.43]. 공동화가 없을 때 높은 유속과 강한 전단 보텍스로 인해 바닥 시편의 A 부분은 심각하게 침식되는 반면 C 부분은 덜 침식된다. 공동화가 발생할 때 격렬한 공동의 종료 및 방출된 보텍스의 붕괴로 인해 C 부분에서는 실트 침식과 공동화 침식 모두가 가속화되는 반면 A 부분은 상대적으로 덜 격렬한 공동 쉬트에 의해 덮어져 실트 충돌이 억제되기 때문에 침식은 감소된다(그림 6.31a 참조). 전체 중량 손실로 평가한 시편 바닥의 침식은 전반적으로 영향을 받은 것으로 보이지 않는다. 그러나 시편 측면에서 전체 침식은 시너지효과에 의해 두드러진다. 이 연구는 유동 변화에 따른 시너지효과와의 밀접한 관계를 명백하게 보여준다. 또한, 이 연구는 다른 장치들에서 유동 패턴 변화에 대한 상세한 결과를 무시하고 수행한 일부 연구들이 시너지에 대해 논란이 많은 결론에 도달하는 이유를 설명한다.

반면 고체 입자들의 존재에 의해 야기된 압력 분포의 변화는 공동화의 범위를 확대하여 공동화 손상력을 증가시킨다.

후속적인 손상 실트 침식 또는 공동화 침식에 의해 또는 이들의 시너지효과에 의해 야기된 표면 손상은 기계부품의 형상을 악화시키고, 직하류에서 공동화 보텍스와 같은 격렬한 유동 패턴의 변화를 유발하여 더 큰 손상을 초래할 수 있다. 전연(前緣) 프로파일의 악화가 유동 패턴을 더욱 악화시키고 더 큰 손상을 야기하여 침식 과정을 가속화하는 전연(前緣) 침식에서 이와 같은 후속적인 손상이 관측된다.

시너지효과에 의한 재료 파괴의 메커니즘은 재료마다 다르다. Zhao는 미세 구조의 관측에 기초하여 수력기계에서 빈번하게 사용되는 금속(예를 들어 초경합금, 스테인리스 스틸 및 탄소강)에 대한 모델을 상정하였다[6.51]. 시너지효과에 의한 중량 손실률 W_{c+s}는 개별 실트 침식비율 W_s와 공동화 침식 W_c의 가중된 합계로서 다음과 같이 기계적인 특성과 관련된다.

$$W_{c+s} = AW_c + BW_s = \alpha\frac{1}{(\epsilon_f H)^2} + \beta\frac{1}{H}$$

여기서 A, B : 공동화 침식과 실트 침식 가중계수

α, β : 가중 계수 A, B와 관련된 상수

ϵ_f : 재료의 피로-연성 계수 ϵ_f'을 나타내기 위해 사용된 정적 인장 시험에서 재료의 실제 파괴 변형 $\epsilon_f' = (0.35 \sim 1.0)\epsilon_f$

H : 재료의 경도(HRC)

이 모델은 공동화 침식과정은 낮은 주기의 변형 피로(strain fatigue)이고, 침식률은 Manson-Coffin 이론에 따라 피로수명에 역으로 $(\epsilon_f H)^2$ 비례하고, 실트 침식은 하나의 미소절삭 과정으로서 이 과정의 비율은 경도 H에 역으로 비례한다고 가정한다. 가중 계수 A와 B, 또는 상수 α와 β는 다음 요소들에 종속된다.

- 실트 농도 및 구성, 입자 경도/형상/크기와 같은 실트 특성
- 유동 및 공동화 패턴, 유속, 난류 수준 및 공동화의 심각도와 같은 유동특성
- 재료 형식

6.5 고저항(High Resistance) 재료

S.C. Li

6.5.1 소개

공동화 손상과는 별도로 부식 및 실트 침식도 구조물 재료 파괴의 원인이 된다. 환경에 따라 이 세 원인은 단독 또는 조합으로 존재하므로 더욱 엄격한 재료선정이 필요하다. 더욱이 재료선정시 손상에 대한 재료의 저항은 유일한 판단기준이 아니며 재료 강도, 가공성, 용접성, 성형성 및 비용 등과 같은 다른 요소들도 재료선정에 영향을 미친다.[16]

수력기계가 공동화 손상을 받는 경우 빈번하게 스테인리스 스틸로 공동화 손상에 노출되는 부분을 보호하면서 몸체는 주물 또는 탄소강으로 제작한다. Simoneau는 이와 같은 기계는 두 개의 다른 공동화 형식에 노출되는 것으로 증명하였다[6.46]. 하나는 집중도가 높은 공동화로서 이는 빈번하게 높은 낙차/높은 유속 기계에서 발생한다. 이는 높은 침식률(예를 들어 오스테나이트계 스테인리스 스틸에서 0.2 ~ 3.0 mm/년)로 날개 전연(前緣)과 같은 작은 제한된 면적을 손상시키고, 조사결

[16] 이 비용은 원 재료 자체 비용과 평가하기 어려운 선정된 재료의 주물, 기계가공 및 열처리비용을 포함한다.

과 기계적인 파괴가 지배적인 역할을 하는 것으로 증명되었다. 다른 하나는 이종금속 부식과 연계된 집중도가 낮은 공동화로서, 이는 탄소강과 스테인리스 스틸 사이 경계면에서 발생한다. 이 손상은 0.5 ~ 2.0 mm/년의 침식률로 상당히 큰 면적에 영향을 미친다. 설명한 것과 같이 공동화 단독으로의 공격은 약하기 때문에 부식은 이러한 손상 형식에서 중요한 역할[17]을 한다.

6.5.2 용융 재료

임펠러, 디퓨저 및 케이싱과 같은 일반적인 펌프 부품 제작시 탄소강은 성형성이 양호하고, 제작 동안 또는 미래 보수시[18] 부품들을 용접할 필요가 없기 때문에 광범위하게 사용된다.

수차와 대형 펌프 제작시 저-망간강을 광범위하게 사용하며, 이는 탄소강과 같이 공동화에 취약하지만 탄소강보다는 더 강하고 용접성이 좋기 때문에 오스테나이트 스테인리스 스틸로 피복[클래드(clad) 또는 육성(overlay)]하여 공동화의 영향을 받는 부분을 보호한다. 빈번하게 사용되는 저-망간강은 탄소 0.2%와 망간 1%를 함유한다.

현재는 특히 높은 낙차/높은 유속 기계 제작시 마르텐사이트계 스테인리스 스틸(13% Cr과 4% Ni 또는 17% Cr과 7% Ni)과 같이 공동화에 더욱 강한 재료로 저-망간강을 대체하고 있다.[19] 이 기계들은 공동화 손상이 적고 보수 주기는 2 ~ 4년으로 증명되었다. 이제 적정하게 선정된 스테인리스 스틸로 손상된 면적을 피복하여 보수한다. 예상된 수차의 서비스 수명 60년이 증명되면서 전력기관들은 빈번하게 최소한 30년 동안 큰 유지관리 없이 수차 운영을 희망한다. 일부 현존하는 우수한 수차들의 경험으로부터 러너가 100% 스테인리스 스틸이고, 최초 현장 보수 이후 스텔라이트 21 육성(overlay)과 같은 코발트 기반 합금으로 집중도가 높은 공동화 영역을 보호하면 이와 같은 요구조건을 만족시킬 수 있는 가능성을 보여준다.

---

[17] 이 침식의 역할은 pH가 낮은 물 또는 염소를 포함하는 일부 특정 용도에서 최악의 전체 공동화-손상 문제이지만 빈번하게 과소평가된다.

[18] 작은 펌프의 경우 이 주철 부품의 서비스 수명(5~10년) 동안 보수 용접이 예상되지 않는다. 반대로 수차와 저장 펌프들은 최소한 상당히 긴 수명(예를 들어 60년)으로 설계되고 러너 등과 같은 보수 용접이 빈번하게 예상된다.

[19] 오스테나이트 스테인리스 스틸은 성형성, 주물성 및 용접성 그리고 기계가공성이 우수하다. 또한, 이들은 마르텐사이트 스테인리스 스틸보다 용접 균열 경향이 적고 공동화 저항이 더욱 양호하다. 따라서 일부 실무(Medley, 1992 [6.30])는 비록 이들의 강도, 마모, 그리고 갤링(galling) 저항이 낮지만 수차 러너의 제작에 낮은-니켈 오스테나이트 스테인리스 스틸의 사용을 권장한다.

가공 및 보수를 위해 많은 스테인리스 스틸들을 개발하여 왔다. 이 주제에 대해 Rao가 수행한 체계적인 연구는 표 6.2와 같이 공통적으로 사용되는 광범위한 금속 육성 재료 범위를 다룬다[6.39]. UR(ultimate resilience) 및 BHN 경도와 같은 재료의 기계적 특성들과 공동화 저항과의 상관관계는 잘 알려져 있다[6.17].[20] 그러나 스테인리스 스틸, 니켈 당량(nickel-equivalent, 예를 들어 코발트-기반) 합금의 공동화 저항은 이들의 크롬 및 니켈 당량 매개변수인 Cr_{eq} 및 Ni_{eq}와 더욱 양호하게 상관된다. 다음과 같이 Delong 공식으로 이 Cr_{eq}와 Ni_{eq} 수치를 추정할 수 있다.

$$Cr_{eq} = Cr + Mo + 1.5Si + 0.5Nb$$

$$Ni_{eq} = Ni + 0.5Mn + 30(C + N)$$

상기 식에서 중량 퍼센트에 기초하여 각 성분을 계산한다. 동과 코발트를 포함하는 일부 합금에서는 동과 코발트의 기여는 $0.44Cu$와 $0.41Co$로 가중되어 니켈 당량 Ni_{eq}에 첨가되어야 한다. 이 재료들에 대한 Cr_{eq}와 Ni_{eq} 계산 수치들은 표 6.3 및 그림 6.32의 Schaeffler 선도와 같다.

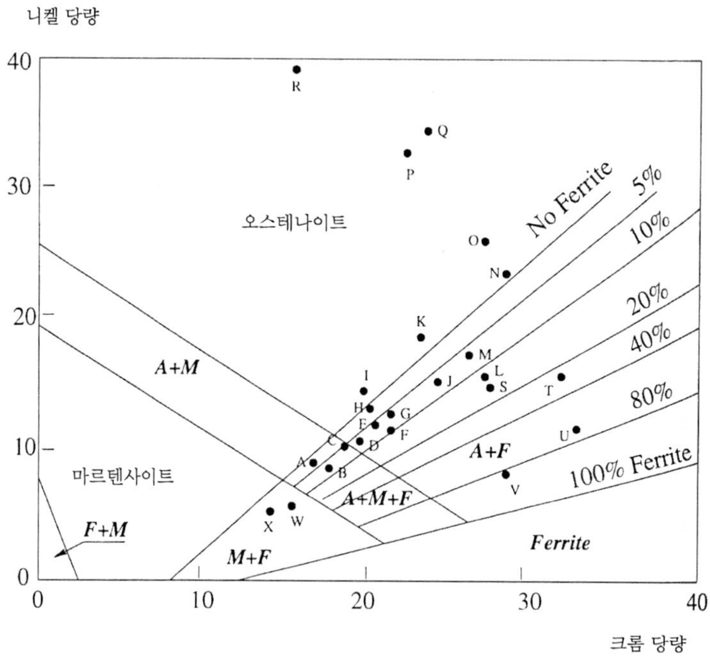

그림 6.32 Schaeffler 선도[6.39]

[20] 대부분 재질의 공동화 저항은 대략 BHN^2/E에 비례하는 것으로 취급할 수 있으며 여기서 E는 탄성계수이다.

표 6.2 스테인리스, 니켈 및 코발트 합금[6.39] *: $T_a + N_b$

합금	명칭	성분(중량 %)															
		C	N	Mn	Ni	Co	Cu	Si	Cr	Mo	Nb	V	Ti	W	P	S	Fe
A	TSN	.04	-	0.4	7.0	-	1.5	0.7	15.0	-	0.7	-	-	-	?	?	Bal
B	17-4	.08	-	0.3	5.0	-	3.2	0.4	16.4	0.2	0.3	.05	-	-	.027	.015	Bal
C	301	.07	-	0.9	8.0	-	0.2	0.5	17.3	0.3	-	.05	-	-	.022	.007	Bal
D	303	.03	-	1.9	9.0	-	0.5	0.6	17.8	0.5	-	.05	-	-	.035	.190	Bal
E	347-L	.06	-	0.8	9.7	-	-	0.8	18.2	0.2	0.3	.06	-	-	.019	.014	Bal
F	308-L	.03	-	0.9	9.9	-	-	0.8	19.4	0.3	-	.05	-	-	.017	.014	Bal
G	308	.08	-	0.7	9.6	-	-	0.8	19.1	0.2	-	.07	-	-	.025	.012	Bal
H	316-L	.05	-	0.9	11.2	-	-	0.7	16.2	2.5	-	.05	-	-	.027	.012	Bal
I	316	.10	-	1.0	11.0	-	0.2	0.7	17.0	1.8	-	.08	-	-	.021	.015	Bal
J	309	.08	-	1.1	12.4	-	-	0.6	22.7	0.1	-	.07	-	-	.021	.020	Bal
K	XRD	.04	-	0.8	16.7	-	-	0.7	16.3	5.5	-	-	-	-	.032	.024	Bal
L	P5	.04	-	1.1	13.2	-	-	0.9	22.0	2.8	-	.06	-	-	.032	.026	Bal
M	P4	.10	-	2.0	12.9	-	-	0.2	22.0	2.8	-	-	-	-	.026	.017	Bal
N	310	.11	-	1.1	19.0	-	-	0.6	26.9	0.1	-	.08	-	-	.020	.016	Bal
O	254-SLX	.07	-	1.2	22.7	-	1.6	1.0	20.8	4.2	-	-	-	-	.027	.023	Bal
P	320	.04	-	0.7	31.4	-	-	0.9	18.9	2.0	-	-	-	-	?	?	Bal
Q	3A-395	.11	.20	1.6	25.0	-	-	0.7	15.2	6.2	0.7	-	-	-	.040	.020	Bal
R	330	.22	-	1.8	32.7	-	-	0.5	15.3	0.6	-	-	-	-	?	?	Bal
S	FAL/PW	.03	.13	0.7	9.4	-	0.1	0.8	21.6	3.5	-	.06	-	-	.030	.020	Bal
T	F-255	.05	.18	1.0	6.7	-	1.7	0.4	26.1	3.8	-	.06	.03	-	.006	.009	Bal
U	312	.09	-	0.6	8.1	-	-	0.8	30.8	0.1	-	.06	-	-	.024	.009	Bal
V	446	.15	.15	1.4	0.5	-	-	0.2	27.2	-	-	-	-	-	.016	.016	Bal
W	CA6NM	.04	-	0.6	4.0	-	-	0.5	12.9	0.7	-	-	-	-	.012	.018	Bal
X	13/2	.06	-	0.5	2.5	-	1.1	0.1	13.3	-	-	-	-	-	?	?	Bal
a	I-182	.04	-	7.1	63.5	-	0.1	1.0	12.9	0.05	1.7*	-	.3	-	.011	.004	13.2
b	068-HH	.08	-	5.1	64.9	-	-	1.0	18.1	0.7	2.1*	-	-	-	.009	.005	8.0
c	I-112	.17	-	0.4	55.1	-	0.3	3.5	19.9	6.8	3.6*	-	-	-	.010	.006	5.9
d	H-716	1.10	-	1.0	23.0	11.5	-	1.5	26.0	3.0	-	-	-	3.5	?	?	29.0
e	H-25	.08	-	1.1	9.4	43.8	-	0.3	19.1	-	-	-	-	8.3	?	?	17.1
f	E-25	.14	-	1.1	10.9	50.0	-	?	20.5	-	-	-	-	14.2	.015	.019	2.3
g	C-227	.38	-	1.0	3.5	60.5	0.1	0.1	27.1	4.4	-	-	-	-	?	.012	2.7
h	S-6B	1.10	-	-	-	66.9	-	-	28.0	-	-	-	-	4.0	?	?	-
j	S-21	.22	-	0.5	2.3	59.0	-	0.1	29.3	4.9	-	-	-	-	?	.013	3.4

표 6.3 크롬 & 니켈 당량, δ 페라이트 함량 및 침식률[6.39]

합금	명칭	Cr_{eq}	Ni_{eq}	$\frac{Cr_{eq}}{Cr_{eq}+Ni_{eq}}$	Md_{30} ^{0}C	$\delta Ferrite$ $Vol\%$	침식률 mg/h		침식률
							낮은 집중도	높은 집중도	High/Low
A	TSN	16.4	9.1	0.64	+123		4.0	11.0	2.8
B	17-4	17.4	9.0	0.66	+125		2.9	7.0	2.4
C	301	18.3	10.5	0.63	+29		4.4	12.0	2.7
D	303	19.3	10.8	0.64	+29		2.8	-	-
E	347-L	19.8	11.9	0.61	+9	4	4.2	14.1	3.2
F	308-L	20.8	11.3	0.64	-2	2	4.2	12.8	3.0
G	308	20.5	12.4	0.62	-11	7	4.0	12.1	3.0
H	316-L	19.7	13.1	0.60	-31	3	4.5	13.3	3.0
I	316	19.9	14.5	0.58	-51	1	4.9	13.8	2.8
J	309	23.7	15.3	0.60	-112	5	4.7	18.6	3.9
K	XRD	22.9	18.3	0.56	-193			19.8	
L	P5	26.1	15.0	0.63	-156	7	5.6	13.4	2.4
M	P4	25.1	16.9	0.60	-145	9	6.0	12.0	2.0
N	310	27.8	22.9	0.55	-349	1	7.6	25.0	3.3
O	254-SLX	26.5	26.1	0.50	-294		6.6	22.3	3.4
P	320	22.3	33.0	0.4	-462		9.4	28.1	3.0
Q	3A-395	22.8	35.1	0.39	-498		10.4	32.7	3.1
R	330	16.6	39.5	0.30	-488		7.2	24.5	3.4
S	FAL/PW	26.3	14.4	0.65	-164	15*	5.1	6.8	1.3
T	F-255	30.6	14.8	0.67	-178	35*	2.1	5.9	2.8
U	312	32.1	11.0	0.74	-202	70*	2.8	8.6	3.1
V	446	27.6	10.2	0.73	-38	85*	8.1	26.6	3.3
W	CA6NM	14.5	5.4	0.73	+200		6.7	15.0	2.2
X	13/2	13.5	5.0	0.73	+232		8.9	20.0	2.2
a	I-182	15.2	68.3	0.18			8.3	24.6	3.0
b	068-HH	21.4	69.9	0.23			9.2	29.9	3.2
c	I-112	33.8	60.4	0.36			4.4	12.9	2.9
d	H-716	33.8	61.2	0.36				6.8	
e	H-25	25.5	30.4	0.46			2.6	10.0	3.8
f	E-25	30.8	36.1	0.46				6.1	
g	C-227	31.7	40.2	0.44			0.4	1.2	3.2
h	S-6B	30.9	60.4	0.34				1.3	
j	S-21	34.4	33.4	0.51			0.3	1.3	4.3

* : 금속조직학적으로 추정된 수치

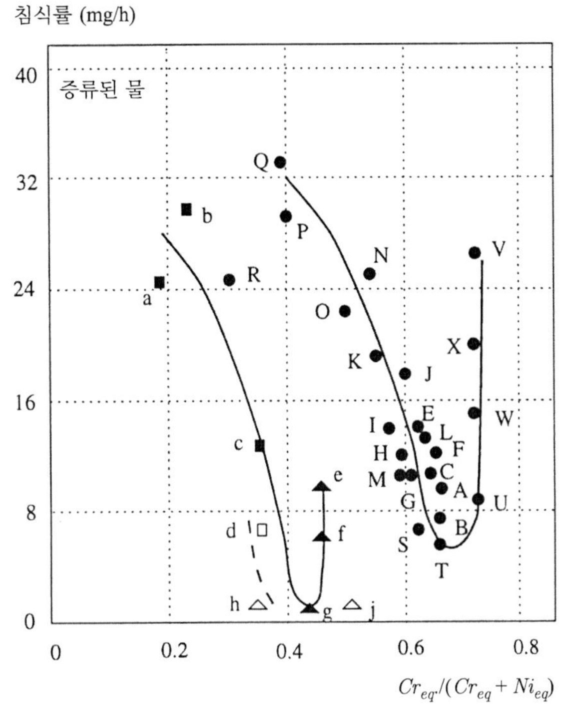

그림 6.33 스테인리스 스틸, 니켈 기반 합금, 니켈 당량 기반 합금의 크롬 및 니켈 당량과 침식률의 관계[6.1]

표 6.2에 열거된 스테인리스 스틸, 니켈-기반 합금 및 니켈 당량(코발트 기반) 합금의 공동화 저항은 이 상관관계에 의해 잘 예측된다(그림 6.33 참조). 스테인리스 스틸의 경우(오른쪽 곡선) 다음에서 침식률이 최소가 된다.

$$\frac{Cr_{eq}}{Cr_{eq}+Ni_{eq}} \approx 0.7$$

여기서 2중 페라이트-오스테나이트(austenite) 미세구조(35% 페라이트)를 갖는 스테인리스 스틸 T(즉, $F255$)가 최소 침식률에 위치하고, 주로 페라이트 및 마르텐사이트 구조인 스테인리스 스틸 U, V, W 및 X(즉, 312, 446, $CA6NM$ 및 13/2)는 곡선의 상승 부분에 위치한다. $Cr_{eq}/(Cr_{eq}+Ni_{eq})$ 수치가 낮은 100% 오스테나이트계 용접 금속 O, P, Q 및 R(즉, $254SLX$, 320, $3A395$ 및 330)은 저항력이 적다. 스테인리스 스틸 R(즉, 330)은 스테인리스 스틸이 아니라 니켈 기반 곡선(왼쪽 곡선) 상에 위치하므로 니켈 기반 합금으로서 거동한다. 이는 최대 Ni_{eq} 40%를 제공하는 상당히 더 높은 니켈 당량 성분(0.22% 탄소)에 기인한다. 유사한 이유로 합금 $d(H716)$를 니켈 기반 합금으로 고려할 수 있다.

니켈 또는 니켈 당량-기반 합금 곡선은 $Cr_{eq}/(Cr_{eq}+Ni_{eq})\approx 0.4$일 때 침식률이 최소인 것을 보여준다. 강한 공동화 저항을 소유하는 코발트 합금 g, j, h(즉, $C227$, $S6B$, $S21$)가 이 영역에 위치한다. 비록 합금 $h(S21)$와 같이 코발트 합금 g, j(즉, $C227$, $S6B$) 모두는 약 60%의 코발트를 포함하지만 이들의 탄소 수준은 합금 h $(S21)$의 탄소 1.10%와 비교하여 상당히 낮다(0.38%와 0.22%). 이와 같이 탄소 수준이 낮아 이 두 코발트 합금으로 용착된 육성부분을 쉽게 재성형할 수 있다. 그림 6.33의 곡선으로 후에 개발된 성분 비율이 다음과 같은 고저항 합금을 양호하게 예측할 수 있다.

$$TS1(1.0\%\ C,\ 10\%\ Ni,\ 12\%\ Co,\ 5\%\ Si,\ 30\%\ Cr,\ 42\%\ Fe)$$

$$\frac{Cr_{eq}}{(Cr_{eq}+Ni_{eq})}\approx 0.45$$

또한, Rao는 금속의 침식을 지배하는 금속조직학적 요소들을 기술한다. 첫 번째, 응력으로 인한 오스테나이트로부터 마르텐사이트로 상변형은 100% 오스테나이트계 및 오스테나이트계-페라이트 2중 스테인리스 스틸에 대한 공동화 저항의 기준이다.[21] 공동화 저항은 그림 6.34와 같이 변형 수준에 비례한다.[22] 반면 열-마르텐사이트(thermal martensite)는 공동화 저항에 우호적이지 않다. 이는 아마도 응력으로 인한 α' 마르텐사이트가 소유하는 체심입방격자구조와 비교할 때 열-마르텐사이트는 정방성(tetragonal) 구조를 갖기 때문일 것이다. 이는 열-마르텐사이트를 포함하는 합금[즉, $A(TSN)$, $B(17/4)$, $W(CA6NM)$, $X(13/2)$와 같이 오스테나이트-마르텐사이트 영역 내 2중 합금]이 이들의 대조물인(동일한 Md_{30} 수치 측면에서) 100% 오스테나이트계 합금보다 침식률이 높은 이유를 설명한다. 두 번째, 7%, 9%, 15%, 35%, 70%의 δ 페라이트를 포함하는 $L(P5)$, $M(P4)$, $S(FAL/PW)$, $T(F255)$, $U(312)$와 같이 10 ~ 80%(집중도가 낮은 공동화의 경우) 또는 5 ~ 80%(집중도가 높은 공동화의 경우)의 δ 페라이트를 포함하는 2중 오스테나이트계-페라이트 합금의 경우 δ 페라이트는 침식률을 낮추는 우호적인 역할을 한다(그림 6.34, 6.35 및 표 6.3 참조). 공동

[21] 이는 오직 소량의 페라이트를 함유하는 2중 스테인리스 스틸에 대해서만 유효하다. 높은-집중도 공동화(진동 시험 ±20 μm)에 대한 페라이트 량의 한계는 최대 5%, 낮은-집중도 공동화(진동 시험 ±12 μm)에 대해서는 최대 15%이다.

[22] 실제 0.3 변형 아래 마르텐사이트가 50% 배출되는 온도 Md_{30}로 변형 수준을 측정한다.

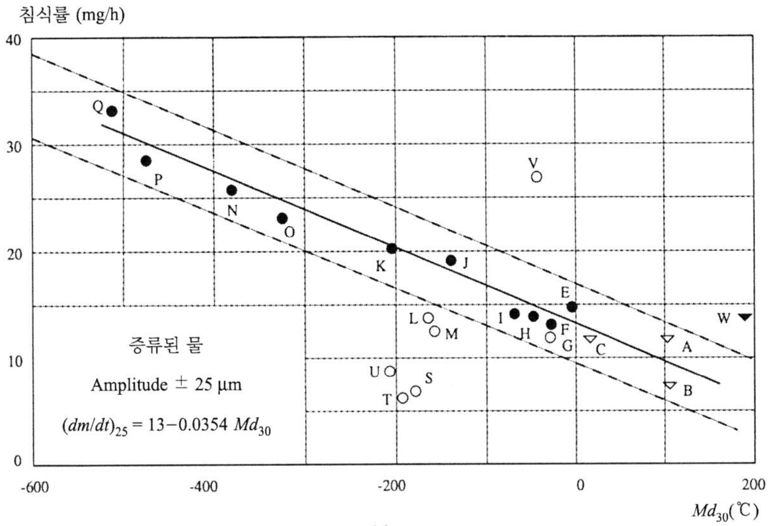

(a)

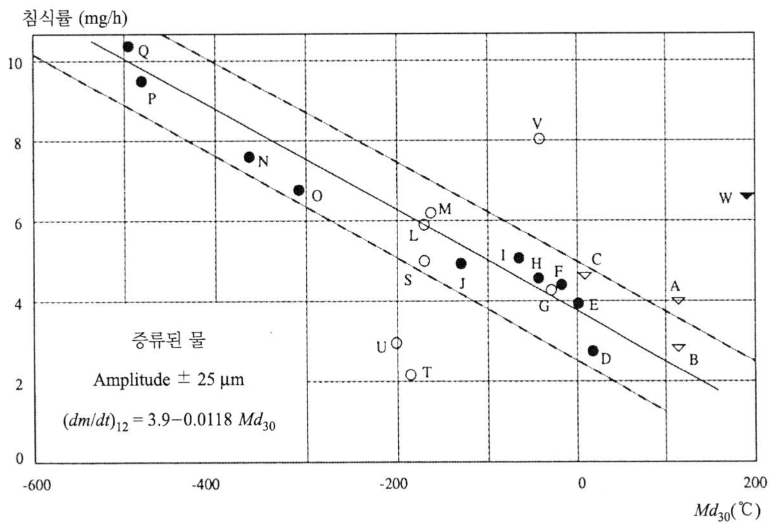

(b)

그림 6.34 침식률과 Md_{30} 수치[6.39].
●: 오스테나이트 합금(δ 페라이트<5%); ○: 2중 오스테나이트-페라이트 합금(δ 페라이트>5%); ▽: 3중 오스테나이트-페라이트-마르텐사이트 합금. (a) 집중도가 높은 공동화 (b) 집중도가 낮은 공동화

화 공격의 집중도에 대한 δ 페라이트의 영향 종속도는 아마도 공동화 충격으로 유발된 응력과 재료 내 분산된 δ 페라이트 상(phase)(δ 페라이트는 오스테나이트 상[23]

[23] δ 페라이트 상(phase)의 경우 $C_{req}/(C_{req}+N_{ieq})$ 수치가 최적 수치 0.7에 더욱 인접하고, 이로 인해 응력률 민감도

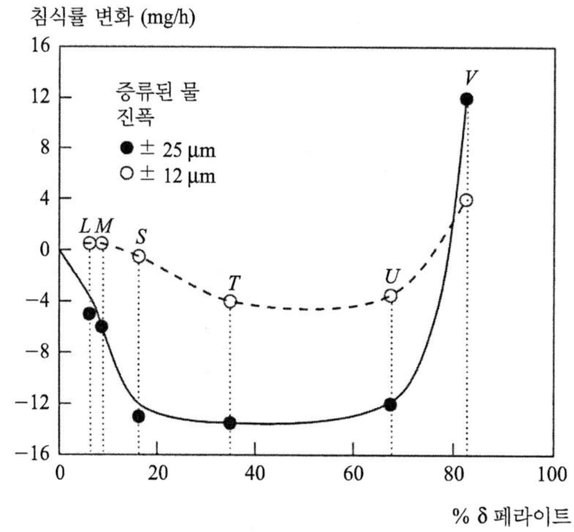

그림 6.35 2중 오스테나이트-페라이트 합금과 이들의 오스테나이트 대조물 사이 침식률 차이[6.39]

에서의 침식 저항과는 본질적으로 다른 역할을 한다) 사이 호환 범위에 기인할 것이다. 세 번째, 코발트-기반 합금의 우수한 공동화 저항은 최적 수치(약 20 mJ/m^2)에 가까운 낮은 적층 결함 에너지 SFE(stacking fault energy) 아래 변형(strain)으로 인한 마르텐사이트 변환 동반을 결부시키는 미세한 변형에 기인한다. 강 및 니켈과 같은 일부 요소들은 SFE 수치를 증가시키는 반면 크롬, 몰리브덴 및 텅스텐과 같은 일부 요소들은 SFE 수치를 감소시키기 때문에 현명한 합금 요소의 선정으로 이와 같은 최적수치를 얻을 수 있다. 최적 공동화 저항을 얻기 위해 허용 가능한 $N_i + F_e$의 최대 수치는 약 11%이다. 저항을 증가시키기 위한 C의 한계 수치는 0.2%이고, 이 C 수치를 초과하면 침식저항은 개선되지 않으며, 이는 코발트-기반 합금의 우수한 저항은 탄화물(carbide) 체적 분율이 아니라 주로 연속모상(matrix phase)에 기인하는 것을 의미한다.

빈번하게 사용되는 다른 재료들 중 하나는 1975년 Armoc Inc가 소개한 Nitronic 60이다. 이는 304와 비교하여 망간과 실리콘 함량이 상대적으로 높은 질소-강화된 오스테나이트계 스테인리스 스틸이다(표 6.4 참조). 비록 재료의 공동화 저항은 코발트 합금만큼 높지 않지만 Schumacher가 시험한 모든 스테인리스 스틸 중 부식, 갤

가 높아져 비록 δ 페라이트 상(phase)은 분명히 규정되지 않은 내파 충격을 유지할 수 없지만 오스테나이트 상(phase)보다 우수하다. 하나의 예로서 합금 T(F255)를 들면 이 수치는 페라이트 상에서는 0.71 그리고 오스테나이트 상에서는 0.65인 것으로 밝혀졌다.

표 6.4 Nitronic 60의 화학 성분[6.45]

구분	C	Mn	Si	Cr	Ni	N
Nitronic 60	0.07	8.0	4.0	16.5	8.5	0.14
304	0.06	1.5	0.5	19.0	9.0	0.03

표 6.5 상대적 공동화 저항

(A) 자료 출처 : Rao & Kung[6.39]

재질	상대적 저항
Cast iron	0 ~ 1 and 0 ~ 4
Manganese bronze	0.5
Cast carbon steel	1.0
Carbon steel plate	1.0
Aluminium bronze	3.6
309 stainless steel overlay	5.0
Cast stainless steel (CA6NM)	5.5
Cast stainless steel (CF8)	5.5
Stainless steel plate(304)	5.5
308 stainless steel overlay	7.1
Haynes 25	9.2
Nitronic 60	13.2
Ferrallium 255	14.5
Stellite 21	49.0

Note: 상대 저항은 탄소강을 기준으로 정규화되었음.

(B) 자료 출처 : Schumacher[6.45]

TEST 1 (by Corps of Engineer, USA)	
재질	상대적 저항
Nitronic 60	1.00
308L	1.89
Aluminium bronze	3.00
304	3.67
CA6NM	6.80

Note: 진동시험 ASTM G32

TEST 2 Weldments (by TVA, USA)	
재질	상대적 저항
Cobalt alloy 6	0.76
Nitronic 60	1.00
308L	3.38
316	4.62
Aluminium bronze	12.40

Note: 고압 제트 충돌시험

링(galling) 및 공동화 저항에 대한 종합성능이 최상이며, 재료비 및 가공비가 상당히 낮다[6.30]. 이 재료는 공동화 침식, 마모 및 갤링이 동일하게 중요한 용도(예를 들어 밀봉부 내 위킷 게이트의 갤링을 최소화하기 위해 사용된 Nitronic 60 웨어링, $CA6NM$ 안내깃에 직접 용착된 Nitronic 60 용접선, 그리고 수차 러너 날개상 Nitronic 60의 용접 부위 등)에서 선호된다.

Nitronic 60의 상대적인 공동화 저항을 표 6.5에[24] 열거하였다. Ireca 및 Tribonic 20은 우수한 포괄적인 특성을 소유하는 새롭게 개발된 또 다른 재료이다[6.30]. Ireca는 캐나다 Hydro-Quebec이 개발한 철-기반 저-코발트 합금이다(표 6.6 Ireca 참조).

표 6.6 Ireca–화학 성분(중량 %)[6.30]

C	Mn	Si	Cr	Ni	Co	N
0.20	10	3	17	0	8	0.2

Hydroloy HQ 913은 용접 육성 목적으로 사용되는 Ireca의 명칭이다. 308 스테인리스 스틸과 유사한 양호한 용접성 및 표면 연삭(grinding) 특성과 함께 낮은 SFE와 관련된 변형에 의한 미세 결합(fine twinning)으로 인해 Ireca는 스텔라이트(Stellite) 6과 스텔라이트 21에 필적하는 높은 공동화 저항을 갖는다. Tribonic 20은 100% 오스테나이트계 철-기반 합금이다. 표 6.8과 같이 크롬 함량이 낮다고 스테인리스 스틸로 분류하면 안 된다. 이 합금의 부식저항은 응력 완화된 410과 동일하고 갤링(galling) 저항은 최소한 Nitronic 60과 동일하거나 일부 경우 우수하며, 공동화 저항은 304와 316 스테인리스 스틸의 4배이다. Tribonic 20은 수차 러너, 실 링(seal rings) 그리고 축 슬리브와 같은 용도에 적합하다. 더욱 최근에 중국 수력발전연구소가 SPHG1으로 명명한 열 ~~용융~~(heat-fusible) 금속 파우더와 $1Cr18Ni9Ti + SPHG_1$으로 명명한 컴파운드 클래드 강판(cladding plates)을 개발하였으며 Sanmenxia 수력발전소에서 공동화와 실트 침식[25]의 시너지 손상으로부터 카플란수차 ZZ360과 ZZ362를 보호하기 위해 성공적으로 이를 채택되어 왔다. 이 재료들은 A132 스테인리스 스틸 육성보다 저항이 10배 높고, 이전에 사용한 에폭시-세라믹 컴파운드 코딩

[24] 이 자료들은 다른 출처로부터 유도되었다. 따라서 이들은 정량적으로 올바르지 않다. 오직 참조용으로만 표 6.5를 사용하여야 한다.

[25] 황하강에 위치한 Sanmenxia 발전소는 심각한 공동화 및 실트 침식 문제를 경험한다. 수차를 통과하는 연간 평균 실트 농도는 15 kg/m^{3}이다.

표 6.7 Ireca-침식률 비교[6.30]

CA6NM	CA6NM-L	308	301	S21	S6	Hydroloy	Ireca(cast)
15	27	15	6	1.4	0.7	1.2	1.0

표 6.8 Tribonic 20 화학 성분(중량 %)[6.30]

C	Mn	Si	Cr	Ni
0.03	14	5	5	5

보다 우수한 성능을 보여주었다.

응력 상태, 열처리 및 부식과 같은 다른 요소들도 재료의 공동화 저항에 영향을 미친다.

Rao가 수행한 응력의 상태와 수준에 대한 진동시험결과 (1) 탄소강의 경우 2축 압축 응력을 포함하는 시편의 침식률은 무응력(stress-free) 상태에서 더욱 높게 되며, 만일 2축 인장 응력을 가하면 침식률은 무응력 상태의 수치로부터 감소한다[6.39]. (2) 스테인리스 스틸의 경우 적용된 응력은 마르텐사이트 스테인리스 스틸(CA6NM)과 오스테나이트계 스테인리스 스틸의 공동화 저항을 낮추고, 오스테나이트계-페라이트 2중 스테인리스 스틸(F255)의 공동화 저항을 개선시킨다[6.10]. (3) 용접에 의해 발생된 잔류응력은 공동화 저항에 복잡하게 영향을 미친다. 이는 용접 동안 발생하는 희석공정(dilution process)으로 인해 이들의 화학 조성이 더욱 극적으로 변화되는 3개의 다른 재료(용접부, 모재 및 이들의 경계면)가 관련되기 때문이다. 따라서 공동화 저항에 대한 용접 저항의 영향을 예측하기 위한 일반 법칙은 없으므로 반드시 각 경우를 개별적으로 평가하여야 한다.

수력기계에서 직면하는 부식 형식은 기본적으로 일반 부식, 부식-침식, 틈새부식, 응력 부식, 이종금속 부식, 입계(intergranular) 부식이다[6.31]. 일반적으로 부식성 매체(예를 들어 해수)는 부식과 공동화 침식의 시너지 효과로 인해 금속 용착부의 낮은-집중도 공동화 저항을 1.2 ~ 2.5배로 감소시킨다. Rao는 합금 요소 Mo는 해수[26]에서 100% 오스테나이트계 스테인리스 스틸 용접 금속의 공동화 저항에 해로운 영

[26] 해수에서 스테인리스 스틸 용접부의 공동화 저항은 주로 오스테나이트 상(phase)에서 몰리브덴의 존재에 의해 저항이 약화되는 오스테나이트 상(phase)의 피팅 부식 저항에 따라 결정된다. 100% 오스테나이트 스테인리스 스틸이 바로 이러한 사례이며, 페라이트 안정장치(stabiliser)가 되는 몰리브덴은 오스테나이트 상 대신 페라이트 상에서 용해되는 경향이 있기 때문에 2중 오스테나이트-페라이트 스테인리스 스틸은 이 사례에 해당되지 않는다.

향을 미치는 반면 2중 오스테나이트계-페라이트 스테인리스 스틸, 니켈-기반 및 코발트 기반 합금의 경우 이들의 틈새 부식 저항을 개선하여 우호적인 영향을 미치는 것을 언급하였다[6.39]. 두 종류의 금속 결합으로 인한 이종금속 부식은 양극성(anodic polarity)으로 결합된 재료의 공동화 저항을 악화시킨다. 탄소강 A36 또는 마르텐사이트 스테인리스 스틸 13/4에 적용된 2중 오스테나이트계-페라이트 스테인리스 스틸 308L의 용접 육성에서 최악의 이종금속 결과가 발생한다(표 6.9와 6.10 참조). 이 두 기저 금속(A36과 13/4)의 용접 육성 재료로서 코발트-기반 합금 S21을 사용하면 가장 낮은 이종금속 결과를 얻을 수 있다. 용접열에 의한 오스테나이트계 스테인리스 스틸의 예민화(sensitisation)[27]는 입계-부식의 영향을 받는 저항 감소의 주된 원인이다. 예민화 영향을 방지하기 위한 방법은 저탄소 스테인리스 스틸과 낮은 중간패스 온도를 사용하는 것이다.

용접열에 의한 열 영향으로서 야기된 예민화와는 별도로 용접 후 열처리는 실제적으로 가장 공통된 열 영향이다. 3중 오스테나이트계-페라이트-마르텐사이트 합금인 A(TSN)와 B(17/4)는 아마도 경도 감소에 기인하여 열처리 후(응력 완화) 더욱 급속하게 침식된다(표 6.11 참조). 약간의 δ 페라이트를 함유하는 합금 E(347L), G(308) 및 I(316)는 표 6.11과 같이 열처리 후 침식률 변화를 보여준다.

합금 $E(347L)$가 증명한 것과 같이 합금 요소 Mo와 Nb는 용접 후 열처리에 유익한 효과를 갖는다. 열처리 후 2중 오스테나이트계-페라이트 스테인리스 스틸 $T(F255)$는 σ 상(phase)을 형성하여 δ 페라이트를 강화하고, 붕괴를 지연시켜 공동화 저항을 상당히 개선시킨다(두 요소에 의해 침식률은 1/2로 감소). 따라서 Rao는 비록 2중 오스테나이트계-페라이트 스테인리스 스틸 $T(F255)$의 공동화 저항은 코발트-기반 합금 $j(S21)$보다 낮지만 최상의 종합성능을 갖는다고 결론내렸다. $T(F255)$의 용접성과 기계가공성이 우수하여 공동화 보수를 위한 최적의 금속 육성 재료로 사용된다.

[27] 예민화는 다음과 같은 현상이다. 오스테나이트 스테인리스 스틸이 1150~1250°F 온도 범위에 노출될 때 재료 내 탄소는 입자 경계를 향해 확산되고, 높은 탄소 농도는 이 경계에서 크롬 탄화물을 형성하여 크롬을 묶는다. 이로 인해 입자 경계 주변 중간 지역에서 크롬 고갈 지역이 발생하고, 이 지역은 벌크 재료보다 부식 저항이 낮고, 입계부식을 초래한다(Miller, 1992 [6.31]).

표 6.9 공동화 침식과 이종금속부식 아래 용접금속의 침식률
기반 금속: 탄소강(ASTM A36) (Rao & Kung, 1987 [6.39])

금속 및 조건			질량 손실	부식전류(mA)
A36	공동화하는	단독	167.6	-
308L(F)	공동화하는	단독	45.0	-
F255(T)	공동화하는	단독	21.3	-
S21(j)	공동화하는	단독	0.1	-
A36 308L(F)	정적인 정적인	결합	3.7 0.2	0.31
A36 F255(T)	정적인 정적인	결합	3.2 0.087	0.31
A36 S21(j)	정적인 정적인	결합	4.1 0.046	0.47
A36 308L(F)	공동화하는 정적인	결합	166.3 0.8	0.10
A36 F255(T)	공동화하는 정적인	결합	165.6 0.4	0.13
A36 S21(j)	공동화하는 정적인	결합	172.4 0.3	0.15
A36 308L(F)	정적인 공동화하는	결합	24.5 21.5	2.61
A36 F255(T)	정적인 공동화하는	결합	17.4 20.6	1.97
A36 S21(j)	정적인 공동화하는	결합	19.9 0.8	0.23
A36 308L(F)	공동화하는 공동화하는	결합	203.7 35.9	1.53
A36 F255(T)	공동화하는 공동화하는	결합	186.2 9.7	1.21
A36 S21(j)	공동화하는 공동화하는	결합	177.2 0.3	0.7

표 6.10 공동화 침식과 이종금속부식의 시너지효과에 따른 용접금속의 침식률
기반 금속: 마르텐사이트 스테인리스 스틸(13/4) (Rao & Kung, 1987 [6.39])

금속 및 조건			질량 손실	부식전류(mA)
13/4	공동화하는	단독	61.3	-
308L(F)	공동화하는	단독	45.0	-
F255(T)	공동화하는	단독	21.3	-
S21(j)	공동화하는	단독	0.1	-
13/4 308L(F)	정적인 정적인	결합	0.043 0.072	0.001
13/4 F255(T)	정적인 정적인	결합	0.133 0.0	0.007
13/4 S21(j)	정적인 정적인	결합	0.116 0.104	0.001
13/4 308L(F)	공동화하는 정적인	결합	42.7 0.2	0.037
13/4 F255(T)	공동화하는 정적인	결합	44.5 0.1	0.024
13/4 S21(j)	공동화하는 정적인	결합	44.9 0.6	0.004
13/4 308L(F)	정적인 공동화하는	결합	0.2 39.9	-0.11
13/4 F255(T)	정적인 공동화하는	결합	0.1 27.2	-0.0015
13/4 S21(j)	정적인 공동화하는	결합	0.0 0.1	-0.0018
13/4 308L(F)	공동화하는 공동화하는	결합	51.1 36.9	0.06
13/4 F255(T)	공동화하는 공동화하는	결합	47.2 13.7	0.05
13/4 S21(j)	공동화하는 공동화하는	결합	43.2 0.2	0.01

표 6.11a 용접후 열처리의 열 영향

열처리	합금	미세구조변화	침식률(mg/h)			
			낮은 집중도		높은 집중도	
			원상태	열처리	원상태	열처리
630℃에서 12℃/h 비율로 24시간 냉각	E	예민화	4.2	3.0	14.1	7.8
	G		4.0	3.4	12.0	13.6
	I		4.9	5.1	13.8	13.5
593℃에서 4시간 공기냉각	A	응력 완화	4.0	5.1	11.0	14.4
	B		2.9	3.7	7.0	10.9
870℃에서 24시간 노(furnace) 냉각	T	시그마 상 (sigma phase)	2.1	1.4	5.9	3.2

표 6.11b 용접후 열처리의 열 영향

합금	조건	경도(Rc)
A	원상태	28 ~ 33
	열처리	23 ~ 28
B	원상태	36 ~ 39
	열처리	34 ~ 37
T	원상태	23 ~ 25
	열처리	35 ~ 37

6.5.3 비용융(Non-fused) 재료

대부분의 비용융 재료들을 시험 용도로 사용한다. 빈번하게 시험 조건이 일치하지 않아 다양한 출처로부터 얻은 자료를 비교할 수 없다. 제작사들이 제공한 재료 특성과 적용 절차들은 극단적으로 다를 수 있다. Sinclair의 조사에 따르면 미국 내 수차와 펌프 중 1/3 정도는 비용융 재료를 사용하여 보수하였다[6.47]. 그러나 이 보수들 중 오직 1/3만이 성공적이거나 부분적으로 성공적이었다. 수력기계의 마모 및 공동화 연구를 위한 중국 국가 실험기관이 정리한 파일롯 마모 및 공동화 저항 재료 시험으로부터 얻은 정보를 지침으로서 사용할 수 있다[6.48].[28] 빈번하게 사용된 5개의 비용융 재료형식은 에폭시, 폴리우레탄-기반 플라스틱, 네오프렌(neoprenes), 세라믹

[28] 18개 연구소, 설계기관, 제작사 및 발전소에서 제공한 총 27개 금속 및 비금속 재료들을 동일한 공동화 및 실트 침식 공격 아래 ZD661-LH-120 원형 프로펠러 수차에서 시험하였다.

컴파운드, 플라즈마 스프레이다.

다양한 에폭시/에폭시 컴파운드 및 폴리우레탄-기반 플라스틱과 같은 인성 및 탄성 재료들은 낮은 집중도의 공동화 및 마모 부분은 물론 특히, 이종금속(스테인리스 스틸과 탄소강 기반 사이 경계면) 부식과 낮은 공동화 침식의 시너지효과에 노출되는 곳의 보호 코팅 재료로서 적합하다. 집중도가 낮은 스파이럴 케이싱, 노즐 배관, 흡출관 및 날개의 공동화 영역을 이 두 형식의 재료로 구성된 코팅으로 보호하기에 적합하다.

세라믹 자체의 우수한 경도는 마모 저항에 양호하지만 공동화 공격에 대한 저항은 매우 불량하여 다양한 세라믹 컴파운드를 개발하여 왔다. 이 컴파운드 중 일부는 인성이 개선되어 공동화에 대한 저항이 양호하다. 중국 Academy of Steel and Iron이 개발한 금속-세라믹 컴파운드를 용접 재료로서 사용할 수 있다[6.48]. 세라믹 컴파운드는 날개 및 전연(前緣) 공동화의 공격을 받는 안내깃 부분과 같은 심각한 공동화 공격 또는 마모 공격을 받는 부분을 성공적으로 보호하는 것으로 보고되었다.

빈번하게 사용하는 플라즈마 스프레이는 세라믹, 폴리머 및 금속 코팅이다. 이 스프레이 코팅의 공동화/마모에 대한 저항성능은 주로 스프레이 재료 자체에 의해 결정된다. 즉, 세라믹 및 경질 재료 코팅은 마모 저항이 우수하지만 공동화 저항은 불량하다. 그러나 폴리머 코팅은 이들 개별적인 특성에 따라 공동화/마모/부식의 시너지 공격에 대해 통일되게 더욱 양호한 저항을 보여준다.

일반적으로 네오프렌의 저항은 폴리머 재료만큼 양호하지는 않지만 네오프렌 사용(미국에서는 오직 3 사례)에 대한 정보는 거의 없다. 비용융 재료 사용의 장점은 다음과 같다.

- 비금속 재료의 코팅은 공동화 침식과 이종금속 부식의 시너지효과에 대해 재료를 양호하게 보호한다.
- 이 재료들 중 일부(예를 들어 세라믹 컴파운드)는 집중도가 높은 공동화로 손상된 부분의 보수에 적합하며, 공동화 및 마모 저항이 우수하다.
- 비용융 재료 적용시 열영향을 발생시키지 않으며, 용접 보수와 비교할 때 시간이 적게 소요된다.

그러나 이 재료 사용시 주된 어려움은 다음과 같다.

- 이 재료를 성공적으로 적용하기 위해서는 접합(bonding) 기술이 매우 중요하다. 특히, 습한 서비스 조건에서 기계의 운영 부하 또는 공동화 충격에 기인한 동

적 부하를 받을 때 양호한 접합강도를 얻는 것이 어렵다.

- 이 재료들에 인접한 지역 내 용접 작업은 접합 장애를 야기하고 독성 가스를 발생시킬 수 있다.
- 비용융 재료로 보호한 부분에서 미래 보수작업 수행시 이 재료의 비전도성으로 인해 아크 가우징(gouging)이 불가능하다.

일부 비용융 재료 제품과 이들의 용도에 대한 정보를 간략하게 소개한다. 공통적으로 사용된 에폭시/에폭시 컴파운드의 상품명은 Devcon[29], Nordbak, Resweld, Epoxylite, Melaloxies 및 Velodur이다. 또한 섬유 강화 에폭시(Con-Chem) 및 Carbomastic 15(콜탈 에폭시)들도 공동화 보수에 성공적인 것으로 보고되었다[6.47]. 중국의 Yellow River Committee 연구소와 Tianjin Design Institute of Hydro Power가 공동으로 개발한 세라믹 에폭시 컴파운드는 공동화와 마모의 시너지효과에 양호하게 저항한다[6.48]. 미국의 Palmer International Inc가 개발한 세락믹 에폭시와 유사한 Dura Tough 상품은 CA6NM(13/4) 스테인리스 스틸보다 공동화 침식에 대해 4배 이상 그리고 오스테나이트계 스테인리스 스틸 육성(308)보다 2배 높은 저항력을 가지며, 제 자리에서 집중도가 낮은 공동화 마모 부분에 적용할 수 있다고 보고되었다. Duratough DL은 점성 액체 상부 코팅제로, 그리고 Duratough DP는 공동화로 심각하게 피팅 자국이 발생된 부분을 메우기 위한 재료로서 사용된다. 또 다른 유사한 세라믹 컴파운드 제품은 Belzona이다. Belzona R은 메움재료로, 그리고 Belzona S는 상부 코팅제로 사용된다. 미국에서 Belzona를 사용한 프로펠러 및 카플란수차의 날개의 공동화 보수 경험으로부터 이 재료는 공동화 침식을 완화시키는 것으로 증명되었지만 이 재료 역시 피트되며 약 2년 간격으로 대체할 필요가 있다. Fluorocarbon Ltd가 개발하고 Schroder가 시험한 주물 가능한 polyamide Cast Polyamid 12(Lauyamid)는 고품질 펌프-합금 재료인 G-X 3CrNiMoCuN 24-6(Noridur)보다 공동화, 마모 및 부식 저항이 우수하다고 주장한다[6.44]. 특히, 슬러리 펌프의 프로펠러 제작시 이 재료가 권장된다. 중국에서 수행한 실험에 따르면 Suide Power Station 파일롯 시험에서 플라즈마 스프레이로서 채용된 나이론 컴파운드 스프레이는 공동화와 마모에 대해 상당히 양호한 코팅을 제공할 수 있다[6.48].

---

[29]플라스틱 스틸 퍼티, 스테인리스 스틸 퍼티, 그리고 마모 저항 퍼트 3 형식으로 구매 가능하다.

6.6 기계 보수 (Repair of Machine)

S.C. Li

6.6.1 소개

수차 및 대형 펌프, 저장 펌프 및 펌프-수차의 공동화-손상 보수원리는 기본적으로 동일하다. 작은 주철 펌프의 경우 용접 보수는 비현실적이거나 또는 비경제적이어서 단순히 손상된 부품들을 새로운 부품으로 교체한다. 따라서 본 절에서 두 예를 들어 수차 및 펌프-수차에 대한 보수 철학을 간략하게 기술하고 증명한다. 이에 대한 표준절차와 상세내용은 참고문헌 [6.37]과 [6.47] 그리고 USBR Power O & M Bulletin No. 24 “Welding Repair to Hydraulic Equipment” 등과 같은 문헌을 참고할 수 있지만 기관마다 다르다. 제작사로부터의 입력 정보는 중요하므로 항상 이를 고려하여야 한다.

6.6.2 손상 원인

검사 손상 원인을 분석하기 위해 손상 자체와 PH 수치, 동반된 고체 입자 및 산소 농도 등과 같은 액체 품질과 운영시간/모드/범위를 포함하는 완전한 기계의 운영 이력 자료를 얻는 것이 매우 중요하다. 이와 같이 누적된 운영자료의 검토 결과 미국 내 수차 러너와 다른 부분들의 검사는 4년에 1회 빈도로 수행된다. 공동화 손상이 최소인 기계의 경우 수차는 4년 주기, 펌프-수차는 2년 주기의 검사가 권장된다. 검사 동안 손상 위치, 범위, 체적 또는 중량 그리고 외관을 다음과 같은 적절한 방법으로 기록하여야 한다.

- 기록 양식
- 사진
- 투입 인력 및 보수를 위해 소비한 용접 재료량(이로부터 대략적으로 손상량을 추정할 수 있다)
- 손상된 표면의 모조품을 제작하기 위해 vinyl polysilixane 폴리머[Reprosil과 Permagum으로 명명된 치과인상(dental impression)을 제작하기 위해 사용된 재료]를 사용하여 표면 조도(작은 불연속 공동화 피트의 크기와 깊이)와 같은 손상 특징 및 개별 체적 손실을 정확하게 기록할 수 있는 복제기법

검사 시 실트 침식 및 다양한 부식과 같은 다른 손상과 공동화 손상을 반드시 구별하여야 한다. 그러나 빈번하게 시너지효과(공동화-실트 침식 또는 공동화-이종금속 부식 등)에 의해 손상이 발생한다.

분석(Analysis) 전술한 것과 같은 기계에서 발생하는 다양한 공동화 손상 형식의 메커니즘에 기초하면 현장 검사, 모델 연구 및 수치 모의 수단으로 기계에서 탐지된 특정 손상의 원인을 확인할 수 있다.

많은 사례에서 기계 운영 이력(모드/양정/출력/시간 등)을 참조하여 현장에서 손상 범위, 위치 및 표면 특징을 조사하여 원인들을 확인할 수 있다. 분석을 위한 일부 기본적인 지침은 다음과 같다.

- 만일 손상이 매우 국부적으로 발생하고, 불량한 제작 또는 프로파일 작성 실수 또는 이전 부적정한 보수에 의해 일부 표면 불연속부(discontinuity)의 직하류에서 손상이 나타나면, 반드시 표면 불연속부를 먼저 처리하여야 한다.
- 만일 손상이 날개마다 다르면(일부 날개들은 손상이 없음), 손상의 원인은 명백하게 동일하지 않은 프로파일 또는 올바르지 않은 날개의 위치가 된다. 손상이 최소인 날개(또는 손상이 없는 날개)를 파악하고 손상된 날개의 위치를 조정하거나 또는 다시 프로파일을 작성하기 위한 형판(template)을 제작하기 위해 이 날개를 사용하여야 한다.
- 만일 손상이 모든 날개에서 또는 일부 부품(예를 들어 보텀링)들에서 축대칭으로 동일하게 나타나면, 원인은 올바르지 않은 기계 설계(매개변수 선정, 유체 통로 프로파일 및 날개 윤곽 등) 또는 불충분한 플랜트 공동화수 σ_p 또는 부적정한 운영 범위(양정 및 출력)가 될 수 있다.
- 만일 손상이 지속적으로 나타나거나 또는 보수 이후 공격적인 형태로 나타나면, 이전 보수 방법에 대해 의심하여야 한다.
- 만일 다음 검사에서 이전 보수 이후 손상이 감소되면, 이전의 원인 분석과 보수 방법은 기본적으로 올바른 것으로 결론짓고, 미래 보수시 동일한 절차로 수행하여야 한다.

일부 손상 원인과 처방 조치들은 참고문헌[6.47]에서 찾아 볼 수 있다. 그러나 현장 조사는 항상 만족스러운 해답을 제공하지 않으므로 일부 손상 사례는 추가 모델 및 수치 연구를 필요로 한다. 모델 연구는 공동화 발생, 공동화 패턴과 손상에 대한 정보를 제공할 수 있다.[30] 전산 유동모의는 유동박리, 최소 압력 지점 및 보텍스와 같은 공동화를 잠재적으로 유발할 수 있는 임계 유동구조의 확인에 도움을 줄 수 있다. 손상 원인과 만족스런 해답을 정확하게 집어내기 위해 빈번하게 상기 세 조치들을 통합적으로 수행하여야 하여야 한다.

6.6.3 보수에서 주된 관심

보수 프로그램 작성시 반드시 다음과 같은 여러 요소들을 고려하여야 한다.

보수 방법 빈번하게 사용되는 보수 방법들은 다음과 같다.

- 육성(Overlay)과 클래딩(cladding): 육성은 가장 광범위하게 사용되는 방법이다. 손상된 표면을 아크 가우징 등으로 제거하고 본 재료와 동등하거나 우수한 공동화 저항을 갖는 재료로 용접하여 메운다. 또한, 클래딩도 공통적인 방법이다. 손상된 부분을 제거하고 용접 육성 대신 용접 클래딩강판으로 메우고, 스테인리스 강판의 모서리 주변과 내부 홀을 용접한다. 클래딩은 보수 시간과 열을 감소시킬 수 있다. 그러나 동적 부하 아래에서는 실패할 수 있고, 판 하부에서 이종금속 부식이 발생하는 경향이 있다.
- 비용융 재료의 메움과 코팅: 비용융 재료들은 공동화 저항이 낮기 때문에 집중도가 낮은 공동화로 인한 손상된 부분을 보수하기 위해 빈번하게 사용된다. 적용이 용이하여 일시적으로 보수하기 위해 비용융 재료를 사용할 수 있다. 메움 보수와는 별도로 이종금속 부식을 방지하기 위해 스테인리스 스틸 육성과 탄소강의 경계면을 에폭시와 같은 비용융 재료들로 코팅한다.[31]

공동화-방지 장치 추가 공동화 및 공동화 손상을 최소화하기 위해 다양한 공동화-방지 장치를 사용할 수 있다. 예를 들어 공동화 영역으로의 급기(aeration)는 효과적인 방법이다. 날개 공동화 손상과 소음을 감소시키기 위해 날개의 공동화 부분에 공기 완충(air cushion)을 제공하기 위해 약간의 공기를 주입할 수 있다. 공기 주입량은 수차 유동률의 약 0.1 ~ 0.2% 정도이다. 프란시스수차에서 공동화 및 이와 관련된 압력 변동을 억제하기 위해 빈번하게 흡출관 내 공동화 부분에 공기를 주입한다. 그러

---

[30] 이 목적으로 페인트 제거, 압력에 민감한 필름, 그리고 오일-필름 추적과 같은 다양한 기법들을 사용할 수 있다.

[31] 이 용도에서는 공동화 공격에 의해 제거되는 위험 없이 에폭시 코팅이 유지될 수 있도록 낮은-집중도 공동화 영역에 경계가 위치하도록 큰 면적으로 스테인리스 스틸 육성을 반드시 확대하여야 한다.

나 공기의 과대 주입은 수차 효율을 감소시키므로 통상적으로 기계 유동률의 1.5~2.0%를 채택한다. 프로펠러 및 카플란수차에서 팁-공동화 손상을 감소시키기 위해 날개 흡입측 원주상에 핀과 같은 다른 장치들을 설치하여 왔다.

보수 빈도 미국 경험에 따라 수차 공동화를 보수하기 위한 빈도는 금속 손실률 및 다음과 같은 플랜트 소유자의 철학에 따라 다르다[6.47].

- 매 검사 기간 동안 모두 보수한다.
- 3 mm보다 큰 공동화 손상 부분만을 보수한다.
- 스테인리스 스틸 육성부에서의 3 mm 이상의 피팅(pitting)된 부분만을 보수한다. 탄소강의 경우 약하게 손상된 부분을 스테인리스 스틸 용접 재료를 사용하여 보수한다.
- 공동화 손상이 최대 깊이 10 mm까지 진행하도록 허락하고, 2회 용접 패스로 보수할 수 있다.
- 손상이 수차 강도의 손상을 위협할 때만 보수한다.

러시아에서 보수 빈도를 결정하는 판단기준은 다음과 같다[6.37].

- 기계는 현장에서 보수할 수 없을 정도로 심각하게 손상되지 않아야 한다. 스테인리스 스틸의 예열 없이 허용 가능한 보수 깊이는 재료 특성과 용접 절차에 따라 다르다. 이 깊이는 20Cr13Ni의 경우 5 ~ 8 mm이고 0Cr12NiCu의 경우 10 ~ 12 mm이다.
- 탄소강으로 제작된 러너에 대한 판단기준은 수차 효율의 감소가 재정적으로 타당한 수준을 초과하지 않는 것이다. 경험으로부터 0.2% 효율 저하 이후 보수작업은 정당화되는 것으로 증명되었다.

그림 6.36과 같이 시간당 보수비용 C_{repair}/T, 효율 저하로 인해 발생된 시간당 비용 C_{eff}/T의 합이 최소가 되는 방법으로 최적 보수 주기 T(hrs)를 결정하여야 한다. 보수비용 C_{repair}는 직접 보수비용 그리고 공동화 보수로 인해 발생된 중지시간(downtime) 비용(예를 들어 발전 손실 및 용량가치 손실)과 광범위한 손상 보수로 인한 기계 서비스-수명 손실 비용으로 구성된 간접비용을 포함한다.

용접 재료의 선정 미국 경험에 따라 다음 사항들이 권장된다[6.47].

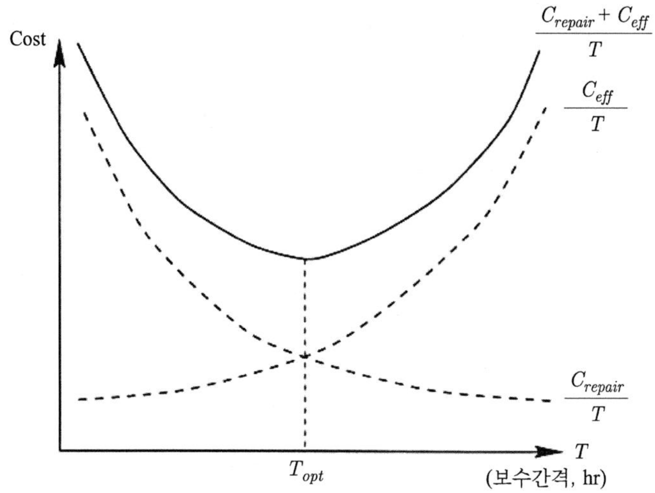

그림 6.36 최적 보수 간격 결정

- 기반 재료가 탄소강인 수차 성분 : 용접 깊이가 10 mm 이상인 부분은 반드시 E7018 연강 용접재료(저습도 형식)로 최대 10 mm 깊이로 육성하여야 한다. 깊이가 10 mm 이하인 나머지 부분은 반드시 300계열 오스테나이트계 스테인리스 스틸 재료로 메워야 한다. 재료의 첫 패스는 반드시 309 스테인리스 스틸이어야 하고,[32] 나머지 부분은 308 스테인리스 스틸이어야 한다. 깊은 손상 부분에서의 탄소강과 스테인리스 스틸과의 열팽창 차이로 인한 날개 비틀림을 방지하기 위해 스테인리스 스틸의 사용을 금지한다.
- 마르텐사이트계(martensitic) 스테인리스 스틸(CA6NM) : 손상 깊이가 재료 두께의 10%를 초과하지 않는 응력 수준이 낮은 부분과 높은 부분에서는 반드시 308 오스테나이트계 스테인리스 용접 재료를 사용하여 보수하여야 한다. 손상 깊이가 재료 두께의 10%를 초과하는 곳에서는 반드시 수차 제작사와 상의하여야 한다. 이를 위해 410Ni-Mo 용접 재료는 화학적 특성과 물리적 특성이 기저 재료의 특성과 유사하기 때문에 적합할 수 있다. 수소유기균열(hydrogen-induced cracking)을 방지하기 위해 이 용접 보수 재료는 높은 예열이 필요하고, 용접 금속을 완화시키기 위해 540℃에서 후열 처리가 필요하다. 15Cr25Ni 오스테나이트계 용접 재료를 사용하여 보수한다. 50% 코발트 기반 합금의 육성

[32]309 스테인리스 스틸 내 높은 페라이트 수준은 고온에 약한 균열(미소 균열, micro-fissuring)의 위험을 감소시킨다.

은 후열 처리 없이 양호한 물리적 특성과 공동화-저항 특성을 갖는 결과를 얻는다.

- 오스테나이트계 스테인리스 스틸(육성 포함) : 반드시 308 오스테나이트계 용접 재료를 사용하여 손상된 부분을 보수하여야 한다.

심각한 공동화 손상이 발생하는 부분에서는 6.6.2절을 참조하여 보수시 다음 용접 재료들을 선정할 수 있다.

- F255(Ferralium 255)와 같이 35% δ 페라이트를 포함하는 2중 오스테나이트계-페라이트 스테인리스 스틸은 용접성이 우수하며, 용접 금속부를 필요한 형상으로 쉽게 그라인딩할 수 있다. 비용은 다른 스테인리스 스틸과 유사하다.
- 질소-강화 오스테나이트계 스테인리스 스틸인 Nitronic 60은 타당한 비용(코발트 합금보다 상당히 낮은)으로 최상의 포괄적인 저항을 제공한다. 100% 오스테나이트계 철-기반 합금인 Tribonic 20은 Nitronic 60보다 갤링(galling) 저항이 양호하다.
- 코발트 기반 합금인 S21(스텔라이트 21)의 공동화 저항은 훨씬 우수하다. 그러나 고온 균열(micro fissuring)에 취약하기 때문에 깊은 용접부 및 크랙과 같이 매우 제한된 부분에 사용할 수 없다. 따라서 용접 금속 F255의 상부 최종 3회 패스와 같은 최종 용접 재료로서만 사용할 수 있다. 이 재료는 고가이고 기계 가공성(그라인딩)은 불량하다.
- 코발트(43.8%) 합금 H25(haynes 25)는 F255보다 공동화 저항이 우수하다.
- 상당히 적은 코발트(8%)를 함유하는 철-기반 합금인 Ireca(Hydrology HQ 913으로 명명된)는 308 스테인리스 스틸과 유사하게 용접성과 연삭 특성이 상당히 양호한 반면 공동화 저항은 S21 60%와 동등하다.

예열(Preheating) 용접 전 적정한 예열은 수소유기균열과 과도한 연성 손실을 방지할 수 있다. 예열량은 기반 금속의 화학 성분[33], 기반 금속의 두께, 보수가 필요한 부분의 구속(restraint) 및 강성도(rigidity), 용접 과정 동안 실제 열 유입, 그리고 용접 재료의 형식에 종속된다[6.47].

[33] 특히 $C_{eq} = C + Mn/6 + (Cr + Mo + V)/5 + (Ni + Cu)/15$로 평가되는 기반 금속의 탄소 당량 C_{eq}

- 탄소강 기반 금속과 탄소강 용접 재료 : 필요한 예열은 표 6.12의 기반 재료의 두께 및 등가 탄소로부터 결정된다. 수차에서 사용되는 전형적인 탄소 재료에 대한 최소 예열은 표 6.13과 같다.
- 탄소강 기반 금속과 오스테나이트계 스테인리스 스틸 용접 재료 : 오스테나이트계 스테인리스 스틸은 수소를 흡수하여 용접 비드 아래 균열을 방지하기 때문에 예열은 탄소강 용접 재료에서 필요한 예열보다 83℃(150℉) 적을 수 있지만 16℃(60℉)보다 적어서는 안 된다. 그러나 오스테나이트계 스테인리스 스틸 용접 금속은 예민화에 의해 발생된 입계 부식에 민감하다(6.5.2절 참조). AISI-316L 스테인리스 스틸(탄소 함유량은 오직 0.03%)과 같은 저탄소 스테인리스 스틸 용접 금속은 예민화에 덜 민감하다. 예민화를 방지하기 위해 낮은 중간 패스(interpass) 온도가 권장된다.
- 오스테나이트계 스테인리스 스틸 기반 금속과 오스테나이트계 스테인리스 스틸 용접 재료 : 공칭 예열 16℃(60℉)이 필요하다.
- 마르텐사이트계 스테인리스 스틸(CA6NM) 기반 금속과 오스테나이트계 스테인리스 스틸 용접 재료 : 최소 예열은 재료 두께가 102 mm(4인치) 이하이면 반드시 66℃(150℉)이 되어야 하고, 102 mm(4인치) 이상이면 반드시 121℃(250℉)이 되어야 한다. 구속된 부분에서는 예열을 56℃(100℉)씩 증가시켜야 한다.
- 스텔라이트 21 용접 재료 : 공칭 16℃(60℉) 예열이 필요하다.

표면 처리 표면 조도는 공동화 발생과 관련된 핵심 요소이다. 미국에서는 다음과 같은 상한 표면처리 R_s를 권장한다[6.47].

$$H < 91\ \text{m}(300\ \text{ft})\text{인 경우}\ R_s \le 6.3\ \mu\text{m},$$

$$H = 91 \sim 305\ \text{m}(300 \sim 1000\ \text{ft})\text{인 경우}\ R_s \le 3.2\ \mu\text{m},$$

$$H > 305\ \text{m}(1000\ \text{ft})\text{인 경우}\ R_s \le 2.3\ \mu\text{m}$$

보수시 다음 사항에 주의하여야 한다. 만일 보수작업에 재성형(re-contouring) 또는 재-프로파일링(re-profiling)이 포함되면, 작은 단계로 여러 번 연속적으로 보수하여 최종 형상에 도달되도록 보장하여야 한다. 이외 성공적인 보수를 보장하기 위해서는 치수를 감시하고 강한 버팀대와 지지대를 사용하여 비틀림을 반드시 방지하여야 한다.

표 6.12 권장되는 최소 예열 온도(℉) (Sinclair & Rodrigue[6.47])

기반 금속 두께(인치)	탄소 당량				
	0.35	0.40	0.45	0.50	0.55
0.5	60	60	60	125	200
0.75	60	60	125	250	300
1.0	60	60	200	300	350
1.5	60	150	250	350	400
≥ 2	60	200	300	400	400

권장된 온도는 저수소 전극봉 사용 및 최소 아크 에너지 0.30 kj/in에 기초한다.

표 6.13 전형적인 탄소강 수차재질에 따른 예열(Sinclair & Rodrigue, 1986[6.47])

재료(ASTM)	두께(인치)	탄소 당량(%)	최소 예열(℉)
A27 Gr60-30	1	0.40	60
	1½	0.40	150
	> 2	0.40	200
A27 Gr65-35	1	0.42	120
	1½	0.42	190
	> 2	0.42	240
A27 Gr70-40	1	0.45	200
	1½	0.45	250
	> 2	0.45	300
A516 Gr55	1	0.41	120
	1½	0.41	190
	> 2	0.43	260
A516 Gr60	1	0.44	180
	1½	0.44	230
	> 2	0.46	320
A516 Gr70	1	0.49	280
	1½	0.49	330
	> 2	0.51	400
A285 Gr B	1	0.37	60
	1½	0.37	60
	> 2	0.37	120

주의 : 상기 탄소 당량 수치들은 개별 ASTM 기준이 허용하는 최대 허용 탄소 및 망간 함량에 기초한다. 낮은 예열을 고려할 때 실제 탄소 당량은 낮을 수 있다.

6.6.4 예제

다음은 현장 검사, 모델 조사 및 수치해석을 사용하여 성공적으로 보수한 사례를 예증한다.

예제 1

본예는 Coulson이 보고한 프란시스수차의 전연(前緣) 공동화 손상 사례이다[6.7]. 캐나다 La Grande 2의 프란시스수차는 초기에 제자리에서 날개 유입부를 수정하여 부분적으로 개선하였으나 전연(前緣)에서 심각한 공동화 손상이 발생하였다. 추가 모델 연구의 도움으로 공동화로부터 자유로운 단순하고 만족스런 해답에 도달하였다.

손상 표 6.14의 수차에 대한 공동화 보증은 연속 운영 기간 10,000시간 동안 최대 금속 손실 중량을 45.5 kg으로 제한한다(그림 6.37 참조). 그러나 보증 기간 시작 이전에 최초 시운전의 3,000시간 초기 검사 동안 심각한 공동화 손상이 탐지되었으며, 이 손상은 매우 국부적으로 제한되고 날개마다 반복적으로 나타났다. 즉, 침식된 부분의 깊이는 1 ~ 15 mm로 다르고 스테인리스 스틸의 육성 두께를 초과하기도 한다. 손상된 부분은 그림 6.39a와 같이 유입 가장자리로부터 하류측으로 약 60 cm 그리고 날개-밴드 접합부로부터 약 30 cm 날개의 후면에 집중된다.

표 6.14 LG–2 수차 사양(Coulson et al, 1984[6.7])

LG–2 수차 특성	
원형 수차	
공칭 출력(MW)	338.7
정격 순수 낙차(m)	137.2
순수 낙차 범위(m)	127.4-143
동기 속도(rev/min)	133.3
러너 외경(mm)	5940
러너 질량(t)	90
공칭 플랜트 시그마	0.102
모델	
시험 수두(m)	15
스케일 계수	13.38

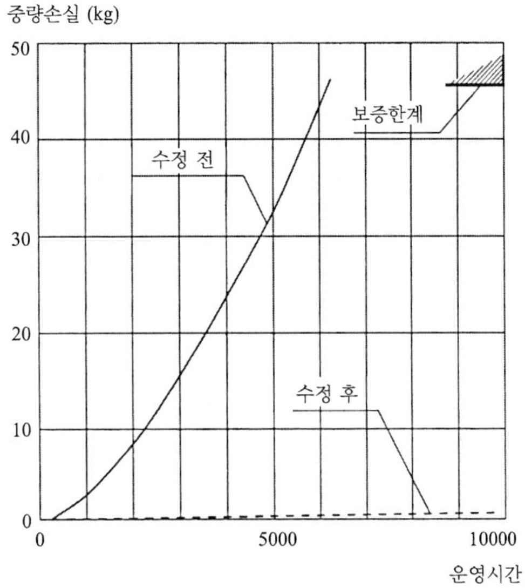

그림 6.37 공동화 손상에 의한 금속 손실량[6.7]

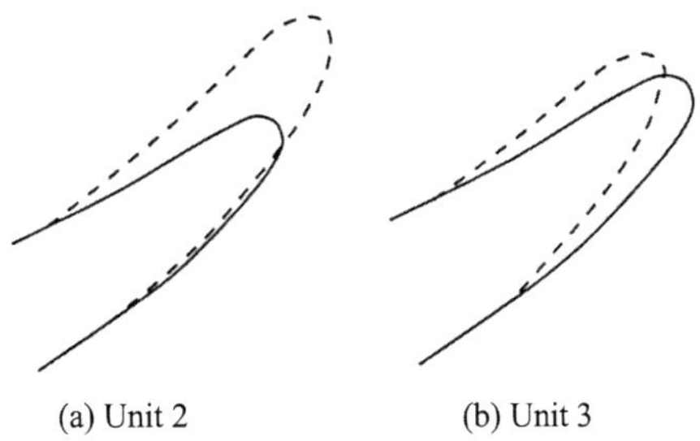

그림 6.38 유입–가장자리 수정

초기 수정 입사각을 감소시키기 위해 그림 6.38과 같이 현장에서 두 방법으로 유입 곡률(날개 높이의 하부 1/4에서)을 변화시켜 수정하였다. 한 방법은 2호기 후면에서의 금속 손실을 최소화하기 위해 유입 가장자리를 약간 연장시키고 정면부(face side)를 육성하였다. 다른 방법은 3호기의 날개를 연장시키지 않고 유입 가장자리의 곡률을 증가시켰다. 수정 3,500시간(2호기) 및 1,300시간(3호기) 이후 검사 결과 2호기에서 손상은 상당히 감소하였고, 3호기에서는 1/3로 감소되었지만 이와 같은 개선은 아직도 만족스럽지 못한 것으로 나타났다.

모델 조사 및 최종 해답 손상 원인을 정확하게 집어내기 위해 추가 모델 연구(축척비=13.38)를 수행하였다. 최소 유동 교란으로 임계 공동화 영역을 관측하기 위해 스파이럴 케이스와 디스트리뷰터(distributor)를 통해 러너 유입부 인근으로 정밀한 내시경을 삽입하였다. 유입 가장자리의 약 1 cm 하류 날개와 밴드 접합부에서 공동화 기포가 나타나는 것으로 관측되었다. 모델에서 유입 곡률의 변경은 공동화 발생에 거의 영향을 미치지 않는 반면 필렛의 수정은 더욱 큰 영향을 미치는 것으로 보였다. 따라서 모델에서 추가 수정 시험 이후 최종적으로 단순하고 효과적인 해답에 도달하였다. 이 해답은 그림 6.39b와 같이 밴드 인근 유입 가장자리를 두껍게 하고 날개의 후면 육성과 함께 점진적으로 반경이 증가하는 필렛이다. 최종 수정 이후 2,350시간 서비스 이후 검사 결과 이와 같이 수정된 날개에서 심각한 금속 손실이 발생하지 않았고 효율은 0.5% 증가된 것으로 증명되었다.

본 예는 유입 가장자리의 변경은 항상 전연(前緣) 공동화 손상에 대한 해답이 아니고, 2차 보텍스의 형성에 영향을 미치는 필렛의 반경은 밴드 인근 전연(前緣) 공동화 손상에 대한 원인이 되고, 특히 복잡한 사례에서 최종 해답을 찾을 때 현장 조사/분석은 충분하지 않을 수 있다는 사실을 증명한다.

예제 2

본 예는 Baetz가 보고하였던 개량된 프로펠러수차의 날개 압력 측에서 전연(前緣) 공동화 손상과 조합된 팁 보텍스 공동화를 포함하는 드물고 복잡한 사례이다[6.5].

프랑스 Kembs 발전소의 개량된 프로펠러수차는 500시간 운영 후 날개의 압력측에서, 3,000시간 이후 보텀링에서 손상이 발생된 것으로 발견되었다. 손상-패턴 분석에 기반한 날개의 국부 절삭과 공동화 방지 핀 설치를 포함하는 단기 해결책은 성공적이지 않았다. 이제 유동 분석을 통해 얻은 해답과 날개 유입 가장자리를 수정하고 날개의 날카로운 팁-가장자리를 둥글게 만든 모델 시험으로 확인된 해답은 최종적으로 손상 문제를 해결하였다.

손상 유량 수요가 증가하여 수차 개량시 수차 직경의 증가, 날개 숫자의 감소((6개에서 5개로) 및 안내깃 개도를 증가시켰으나 디스트리뷰터의 위치와 안내깃의 프로파일 그리고 흡출관 엘보와 디퓨저는 그대로 유지한다. 따라서 유동 통로의 개량 설계시 그림 6.40과 같이 보텀링에서 회전이 매우 날카롭게 되었다. 이에 따라 두 부분에서 공동화 손상이 발견되었다. 하나는 그림 6.41a와 같이 디스차지링을 향한 날개 원주에 인접한 날개 압력측의 유입 부분에서 발생하는 매우 국부적이고 공격적인 손상이다. 날개는 스테인리스 스틸(Cr 17%, Ni 4%)로 제작되었다. 손상 깊이는 5 mm를 초과하였다. 다른 하나는 통상적인 탄소강으로 제작된 보텀링에서 집중도가 낮은 공동화 손상으로서 그림 6.41b와 같이 주기적인 방위각(azimuth)에서 발생한다.

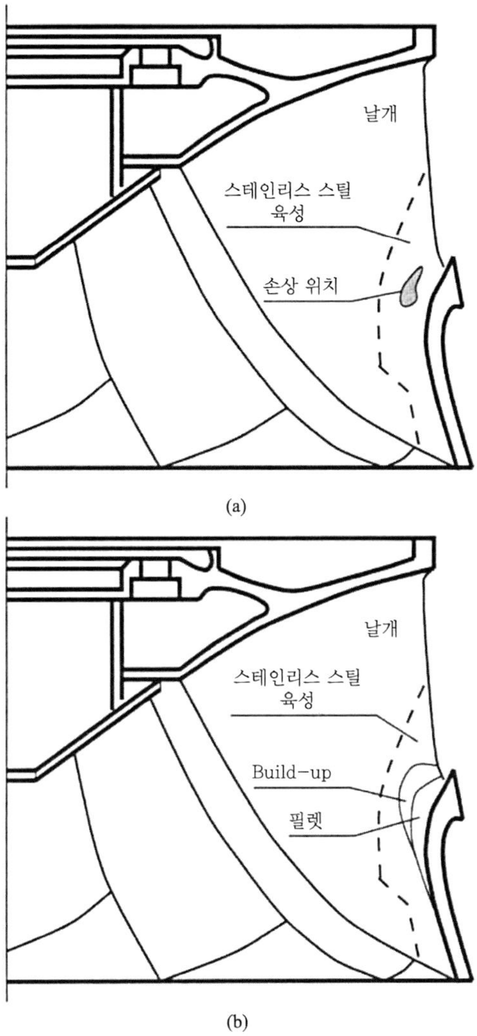

그림 6.39 전연 공동화 손상과 최종 수정((a) 날개 뒷면에서 전연 손상, (b) 최종 수정)[6.7]

단기 해결 날개에서의 공격적인 손상 특성으로 인해 최종 해답에 도달하기 전에 현장 손상 패턴 분석에 기초한 단기 방법이 제시되었다. 분석결과 손상원인은 날개 팁으로부터 20 mm에 걸친 (−) 입사각으로 추정된다. 따라서 팁을 향한 유입부 가장자리를 절삭하여 유입부 코너 반지름 R을 50 mm로 형성하여 (−) 입사각을 제거하였다. 더욱이 팁 주변 손상의 특성에 기반하여 압력측에 공동화-방지 핀들을 설치하였다. 이 초기 수정은 문제를 효과적으로 해결하지 못하였다. 그러나 손상 부분이 110 mm(핀이 없을 때)에서 60 mm(핀이 있을 때)로 감소된 사실은 손상은 전연(前緣) 공

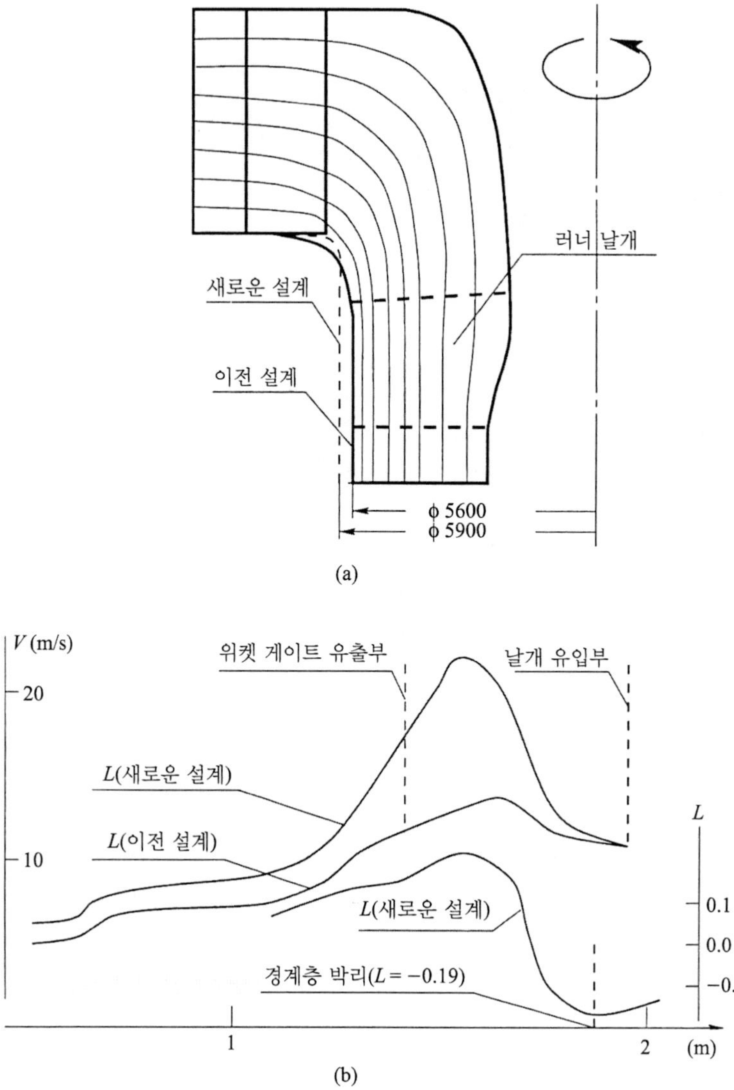

그림 6.40 당초 및 개량 설계 사이 유동 비교((a) 자오선 유동, (b) 보텀링과 디스차지링에 따른 자오선 속도와 경계층의 진화)[6.5]

동화가 아닌 팁-보텍스 공동화와 관련된다는 실마리를 제공하였다. 스테인리스 스틸 육성을 사용하여 보텀링에서의 손상을 성공적으로 보수하였다.

유동 분석 유입부 가장자리 인근 압력측에서 팁 공동화 손상은 드물었고, 이 위치에서 이와 같은 압력 차이[즉, 압력측에서 과소압력(underpressure) 그리고 흡입측에서 과도압력(overpressure)]를 발생시키는 메커니즘을 추가로 연구하였다.

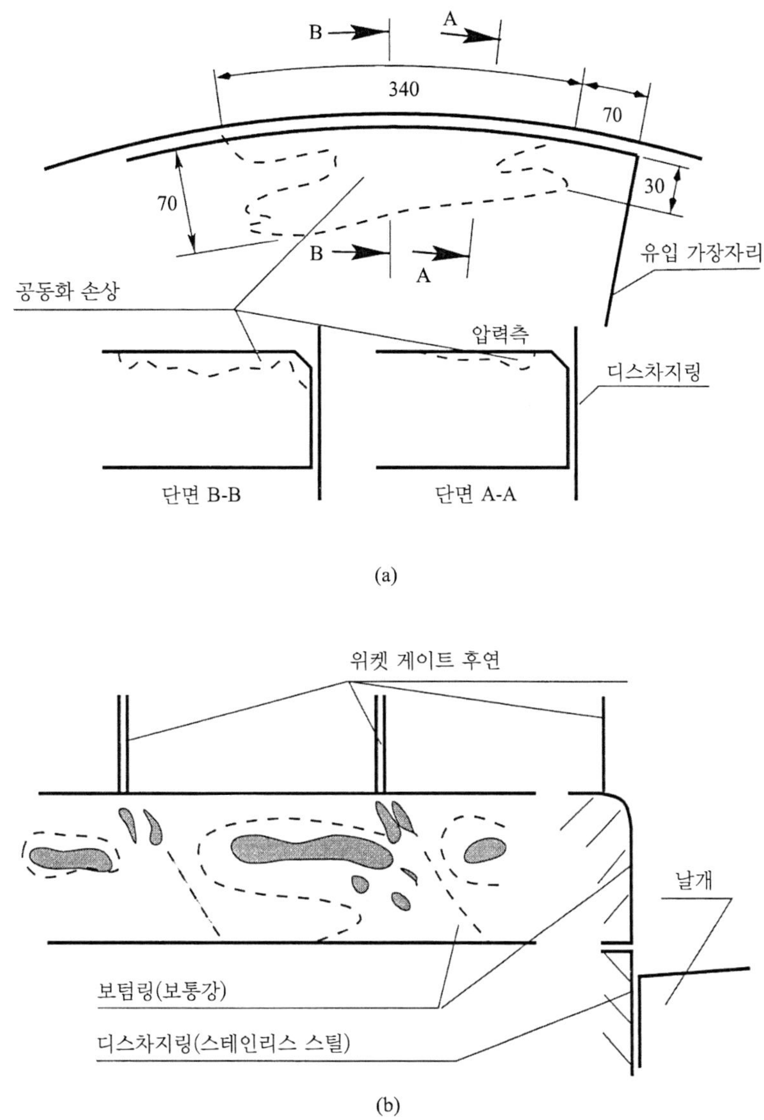

그림 6.41 개량 설계에서 손상 지역((a) 날개에서 손상, (b) 보텀링에서 손상)[6.5]

먼저 개량 설계를 위한 자오선 유동 계산(퍼텐셜 유동 모델) 결과 보텀링 코너에서 피크 속도가 증가된 것을 보여주었다. 따라서 이곳에서 보텀링에서의 공동화 손상의 원인이 되는 −4 mWC의 진공 압력이 형성되며, 이후 급격하게 감속되어 경계층이 두껍게 되고 박리된다(그림 6.40 참조). 보텀링과 디스차지링의 벽에 따른 경계층 계산 결과 개량 설계는 날개 유입부에 상응하는 위치에서 경계층 두께를 최대 40

mm로 증가시킨 것으로 나타났다. 이 위치에서 만일 형상계수(form factor) L이 −0.178 이하가 되면 박리 가능성이 커서 날개 주변의 선두 부분을 경계층 내부에, 즉 속도-부족 영역 또는 박리 영역에 있게 만든다. 따라서 만일 날개 유입부에 상응하는 위치에서 박리가 발생하면 날개 단면이 디스차지링의 벽으로부터 멀리(예를 들어 20 mm) 떨어져 있어도 그림 6.42와 같이 실제로 0이 되는 상대적인 유입 각도 β 또는 박리가 발생하지 않을 때 −5° 입사각도로 인해 날개의 입사각은 약 −30°가 된다. 개량 설계에 따른 이와 같은 경계층의 특성 변화는 팁-보텍스 공동화가 발생하였던 팁 주변(periphery)의 선두 10% 익현 길이에서 역 압력 차이를 발생시키는 실

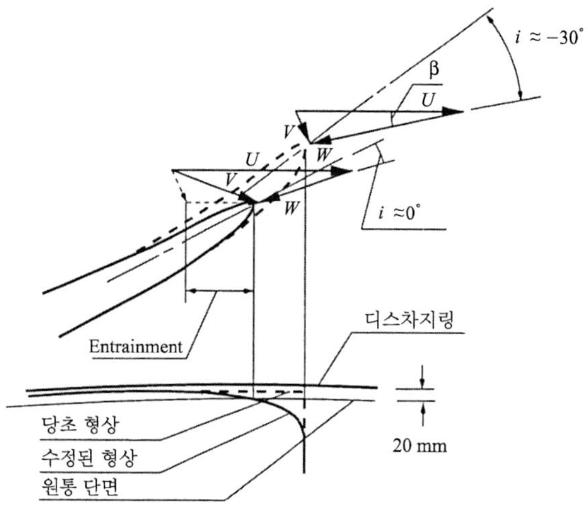

그림 6.42 경계층 박리와 동조가 개량 및 최종 수정된 날개의 입사각에 미치는 영향

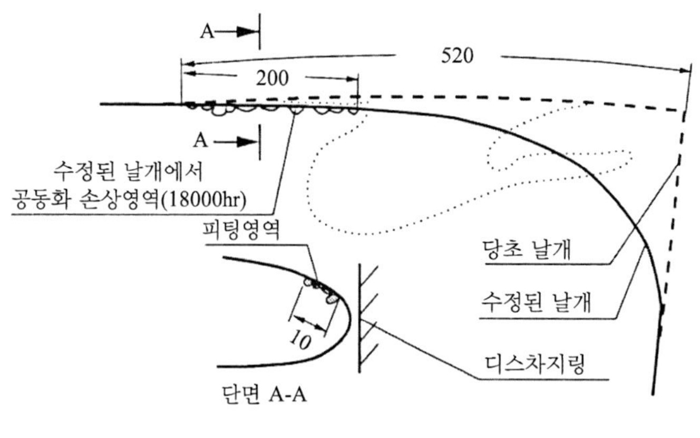

그림 6.43 날개 수정 이전과 이후 손상 지역들의 비교[6.5]

제 원인이 되었다.

모델 연구 모델 연구를 통해 경계층 박리와 개량 설계에서 제시된 최종 수정의 유효성을 확인하였다. 그림 6.42를 참조하면 수정은 (1) 그림 6.43과 같이 날개 구석의 큰 부분을 절삭하여 경계층 박리점으로부터 전연(前緣)을 후퇴시켜 충분한 공간을 남겨 경계층을 가속시켰던 재동조효과(re-entrainment effect)를 발생시키고, 날개 자체의 곡률을 우호적으로 약 3° 감소시켜 입사각이 대략적으로 0이 되도록 하는 것이다. (2) 날개 팁을 둥글게 만들어 팁 보텍스의 강도를 감소시키는 것이다.

원형 결과 최종 수정 이후 18,000시간 서비스를 완료한 후 검사결과 주변에서 약간의 공동화 손상이 발생하였지만 상당히 개선된 것을 보여주었다(그림 6.43 참조).

References

6.1 Akhtar, A. (1986), 'Materials Technology for Turbine Performance', *Water Power and Dam Construction*, August 1986, ppl3-19.

6.2 Arai, C. (1984), 'An Acoustic Detection Method of Cloud Cavitation', *Trans. ASME, J. Fluids Eng., Vol.106*, p.466.

6.3 Avellan, F. and Dupont, Ph. (1988), 'Cavitation Erosion of Hydraulic Machines: Generation and Dynamics of Erosive Cavities', 14th IAHR symposium on Progress within Large and High Specific Energy Units, Trondheim, Norway.

6.4 Avellan, F., Dupont, Ph. and Farhat, M. (1991), 'Cavitation Erosion Power', 1st ASME-JSME Fluids Engineering Conference, Portland, USA.

6.5 Baetz, P. et al, (1989), 'Increased Unit Output of Kembs Propellers-Control of Cavitation Damage', *Journal of Hydraulic Research*, Vol.27, No.6.

6.6 Chen, H. C. (1995), 'Assessment of a Reynolds Stress Closure Model for Appendage-Hull Junction Flows', *Journal of Fluids Engineering*, V.117, 557-563.

6.7 Coulson, D. M. et al, (1984), 'Solving a Severe Cavitation Problem at La Grande 2', *Water Power and Dam Construction*, January, 1984, pp20-24.

6.8 De, M. K. and Hammitt, F. G. (1982), 'New Method for Monitoring and Correlating Cavitation Noise to Erosion Capability', *Trans. ASME, J. Fluids Eng.*, Vol.104, p.481.

6.9 Doolin, J. H. (1986), 'Judge Relative Cavitation Peril with Aid of These Eight Factors', *Power*, Oct. 1986.

6.10 Dupont, Ph. and Avellan, F. (1991), 'Numerical Computation of a Leading Edge Cavity', 1st ASME-JSME Fluids Engineering Conference, Portland, USA.

6.11 Fujikawa, S. and Akamatsu, T. (1978), 'Experimental Investigations of Cavitation Bubble Collapse by a Water Shock Tube', *Bull. JSME, Vol.21*, No. 152 , p.223.

6.12 Gode, E. and Cu6nod, R. (1989), 'Numerical Flow Simulations in Francis Turbines', *Water Power & Dam Construction*, May 1989, ppl7-21.

6.13 Grein, H. (1990), 'Cavitation Pitting and Rain Erosion on Pelton Runners', IAHR Symposium on Modern Technology in Hydraulic Energy Production, Belgrade.

6.14 Grein, H. and Schachenmann, A. (1992), 'Abrasion in Hydroelectric Machinery', *Sulzer Technical Review*, 1/1992.

6.15 Giilich, J. F. and Rosch, A. (1989), 'Cavitation Erosion in Centrifugal Pumps', *Chemical Engineering Progress*, Nov. 1989, pp68-73.

6.16 Hammitt, F. G. (1980), *Cavitation and Multiphase Flow Phenomena*, McGraw-Hill, New York, 1980.

6.17 Hammitt, F. G. (1983), *Cavitation and Multiphase Flow Phenomenon*, Lecture Notes (in

Chinese) presented at the China Ship Research Centre, Wuxi, China.

6.18 Hickling, R. and Plesset, M. S. (1964), 'Collapse and Rebound of a Spherical Bubble in Water', *Phys. Fluids, Vol.7, No.l*, p.7.

6.19 Hobbs, J. M., 'Experience with a 20-kc Cavitation Erosion Test', *ASTM STP, Vol.408*, p.159.

6.20 Ivany, R. D. and Hammitt, F. G. (1965), 'Cavitation Bubble Collapse in Viscous Compressible Liquids-Numerical Analysis', *Trans. ASME, Ser.D, Vol.87*, p.977.

6.21 Iwai, Y., Okada, T. and Mori, H. (1990), 'An Experimental Investigation of Cavitation Bubble Collapse Pressure and Erosion Pits in Flowing System', Cavitation and Multiphase Flow Forum, *ASME FED Vol.98*, p.127

6.22 Iwai, Y., Tanaka, S. and Okada, T. (1989), 'A Study of Cavitation Bubble Collapse Pressure and Erosion, Part 2: Estimation of Erosion from the Distribution of Bubble Collapse Pressure', *Wear, Vol.133,* p.233.

6.23 Jin, H., Zhang, F., Li, S. and Hang, C. (1986), 'The role of Sand Particles on the Rapid Destruction of the Cavitation Zone of Hydraulic Turbines', *Wear* 112, ppl99-205.

6.24 Jones, I. R. and Edwards, D. H. (1960), 'An Experimental Study of the Forces Generated by the Collapse of Transient Cavities in Water', *J. Fluid Mech.*, Vol.7, p.596.

6.25 Kato, H., Maeda, M. and Nakashima, Y. (1981), 'A Comparison and Evaluation of Various Cavitation Erosion Test Methods', Proc. ASME Symp. on Cavitation Erosion Fluid Systems, 1981-6, p.83.

6.26 Knapp, R. T. (1955), 'Recent Investigations of the Mechanics of Cavitation and Cavitation Damage', *Trans. ASME, October*, p. 1045

6.27 Kuethe, A. M. and Chow, C. Y. (1986), *Foundations of Aerodynamics*, 4th Edition, John Wiley & Sons, New York.

6.28 Li, S. C. (1987), 'Cavitation Damage on Pump-turbine', Consultant File.

6.29 Lord Rayleigh (1914), 'On the Pressure Developed in a Liquid during the Collapse of a Spherical Cavity', *Philos. Mag., Vol.34*, P-94.

6.30 Medley, D. F. (1992), 'Selecting Alloys for Optimum Turbine Life and Efficiency', *ASME FED* 136.

6.31 Miller, R. S. (1992), 'Corrosion in Pumps', Proceedings of 9th Int. Pump Users Symposium, Houston, USA.

6.32 Okada, T. (1981), 'Corrosive Liquid Effects on Cavitation Erosion', *J. Ship Research*, Vol.25, N0.4, p.271.

6.33 Okada, T., Iwai, Y. and Yamamoto, A. (1983), 'A Study of Cavitation Erosion of Cast Iron', *Wear, Vol.84*, p.297.

6.34 Okada, T., Iwamoto, J. and Sano, K. (1977), 'Fundamental Studies on Cavitation Erosion (Observation of Eroded Surface by Scanning Electron Microscope)', *Bull. JSME, Vol.20,*

No.147, p.1067.

6.35 Palgrave, R. and Cooper, P. (1986), 'Visual Studies of Cavitation in Pumping Machinery', 3rd International Pump Symposium, Houston, USA.

6.36 Plesset, M. S. and Chapman, R. B. (1971), 'Collapse of an Initially Spherical Vapour Cavity in the Neighbourhood of a Solid Boundary', *J. Fluid Mech., Vol.47, No.2*, p.283.

6.37 Pylaev, N. E. and Agelly, U. W. (1974), *Cavitation in Hydraulic Turbines* (in Russian), Mashinostroenie, Moscow.

6.38 Ramamurthy, A. S. and Bhaskaran, P. (1979), 'Velocity Exponent for Erosion and Noise due to Cavitation', Trans. *ASME, J. Fluids Eng., Vol.101*, p.69.

6.39 Rao, A. S. and Kung, D. (1987), *Metallic Overlay Materials for the Optimum Cavitation Performance of Hydraulic Turbines*, Report for the Canadian Electric Association, CEA No.135 G273.

6.40 Rao, A. S., Kung, D. and Akhtar, A. (1986), 'Effects of Stress on Cavitation Erosion', IAHR Symposium, September 1-6, Montreal, Canada.

6.41 Robinson, M. J. and Hammitt, F. G. (1967), 'Detailed Damage Characteristics in Cavitation Venturi', *Trans. ASME, J. Basic Eng., Vol.89, No.l*, p. 161.

6.42 Sato, J. et al, (1990), 'Comparison of Silt Erosion Characteristics of Materials through Different Types of Test Methods', 3rd China-Japan Joint Conferences of Fluid Machinery.

6.43 Sato, J., Usami, K., Okamura, T. and Tanaba, S. (1992), 'Basic Studies of Coupled Damage Caused by Silt Abrasion and Cavitation Erosion', *ASME FED* 136.

6.44 Schroder, V. (1987), 'Cavitation Erosion Studies with Construction Material Samples Made of Cast Chromium-Nickel Steel and Cast Polymide', *Pipes & Pipelines International* May-June, 1987.

6.45 Schumacher, W. (1989), 'Reduced 0 & M Costs through Better Metallurgy', Water Power '89.

6.46 Simoneau, R. (1984), 'The Optimum Protection of Hydraulic Turbines against Cavitation Erosion', 12th IAHR Symposium, Sterling, UK.

6.47 Sinclair, J. P. and Rodrigue, P. R. (1986), *Cavitation Pitting Mitigation in Hydraulic Turbines*, EPRI AP-4719, Palo Alto, California, USA.

6.48 Sui-de Hydropower Station and National Experiment Centre for Abrasion and Cavitation Control in Hydraulic Machinery, (1987), 'Summary of Pilot Test for Cavitation and Abrasion Resistance of Hydraulic Turbine in Suede Hydropower Station', *Journal of Abrasion and Cavitation in Hydraulic Machinery* (in Chinese), Vol.1 No.5.

6.49 Tomita, Y. and Shima, A. (1986), 'Mechanisms of Impulsive Pressure Generation and Damage Pit Formation by Bubble Collapse', *J. Fluid Mech., Vol.169*, p.535.

6.50 Toshima, M., Okamura, T., Satoh, J., Usami, K. and Tanabe, S.(1991), 'Basic Study of Coupled Damage Caused by Silt Abrasion and Cavitation Erosion', *J. JSME* (B) V.57

No.539, pp20-25.

6.51 Zhao, K., Gu, C , Shen, F. and Lou, B. (1993), 'Study on Mechanism of Combined Action of Abrasion and Cavitation Erosion on Some Engineering Steels', *Wear* No.162-164, pp811-819.

CHAPTER

7 공동화로 인한 진동

7.1 수차에서 공동화로 인한 압력 맥동

7.1.1 날개 공동 맥동

J. Sato

최근 수차에서의 공동화는 높은 압력 영역 내 안내깃과 같이 고정된 캐스케이드에서 보다는 낮은 압력 영역 내 러너 날개와 같이 회전하는 캐스케이드에서 더욱 공통적으로 발생한다. 러너 날개로부터 발생된 공동화는 이 날개들로부터 떨어져 나갈지라도 다른 임의의 회전 또는 고정된 캐스케이드에 도달하지 않아도 물 속에서 압력 맥동을 야기하고 음향 소음을 발생시킨다. 이 맥동은 수차의 모든 구성품들은 물론 콘크리트 구조물로 전파되고, 발전소를 진동시킨다. 오늘날 수력 발전소에서 소음 감소의 요구가 증가하고 있다.

비속도 범위 28 ~ 60 rpm · m · m^3/s 내 5개의 다른 프란시스 펌프-수차에서 공동화로 인해 발생된 반경방향 변동 힘을 측정하였다[7.53]. 펌핑 모드에서 변동 크기는 공동화수 σ가 감소하면서 특정 공동화수 σ_c에 도달할 때까지 일정하게 유지된 후 증가한다(그림 7.1a 참조). 공동화가 국부 최대에 도달한 후 더욱 심각해지면서 변동 크기는 급격하게 감소하기 시작한다. 수차모드에서 변동의 크기는 임의의 공동화수 동안 실제로 일정하게 유지되며, 이는 공동화수 변화에 약하게 영향을 받는 것을 의미한다(그림 7.1b).

제5장과 제6장에서 기술한 것과 같이 수차 러너에서 다양한 공동화 형식이 발생

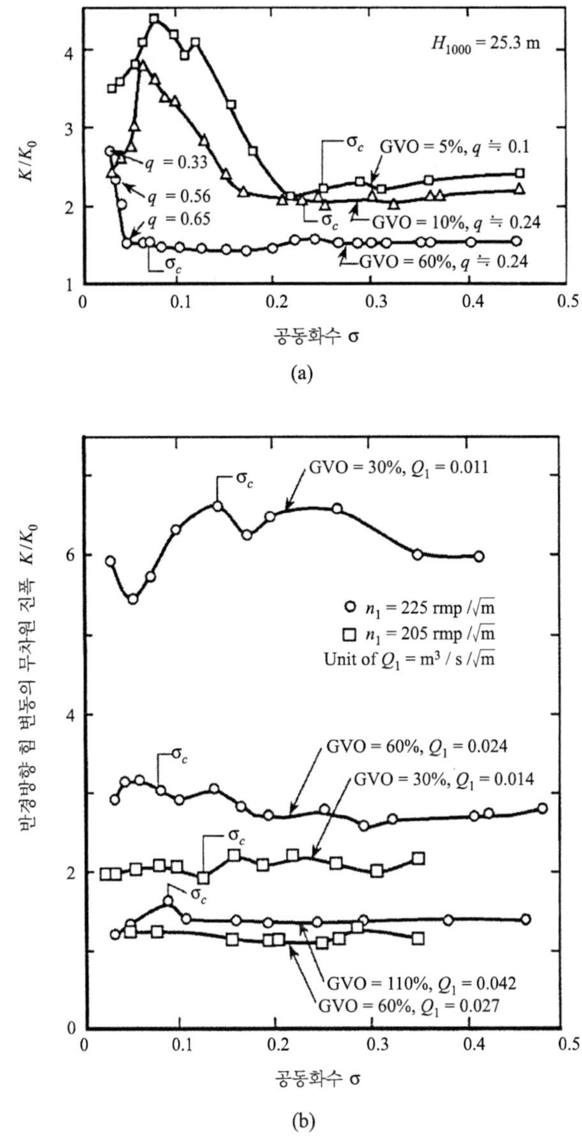

그림 7.1 비속도가 중간인 펌프-수차의 반경방향 변동 힘의 크기와 공동화수의 관계((a) 펌핑 모드; (b) 발전 모드)

한다. 가장 심한 맥동은 러너의 전연(前緣)에서의 입사각이 설계점으로부터 극단적으로 벗어난 (+) 또는 (−) 지점에서 나타난다. 통상적으로 (+) 입사각은 높은 낙차 운전점에서 발생하고 격렬한 진동을 초래하는 반면, (−) 입사각은 통상적으로 낮은 낙차 운전점에서 발생한다[7.42, 7.51]. 부분 부하 또는 과부하에서 이와 유사한 극단적인 입사각의 이탈이 발생하며, 이는 안내깃과 러너 깃 사이 복잡한 유동 패턴으로부터 발생한다. 다음은 전형적인 공동 맥동의 일부이다.

- 비속도가 중간인 프란시스 러너에서 이와 같은 설계 이외 지점에서 발생하였던 전형적인 심각한 사례가 보고되었다[7.57]. 매우 낮은 낙차 운전점에서 전연(前緣) 압력측에서의 유동박리는 그곳에서 보텍스를 생성하고, 크라운으로부터 시작하여 아래 방향(즉, 러너 유출부를 향해)으로 연장되는 선 보텍스를 형성한다(그림 7.2 참조). 이 보텍스의 코어는 통상적으로 공동화한다. 만일 보텍스가 인근 날개의 흡입측과 접촉하면 그곳에서 침식이 발생할 수 있다. 이러한 종류의 공동화로 야기된 맥동은 매우 강하다. 일부 상황에서 공동화 보텍스는 흡입측에서 날개 길이의 2/3까지 연장되어 가장 격렬한 진동을 야기하고, 후속적으로 날개 유출부에서 심각한 침식을 유발할 수 있다[7.42, 7.51].
- 다른 예는 카플란 러너의 흡입측에서의 공동화이다. 매우 높은 낙차 운전점에서 전연(前緣)으로부터 공동화가 발생한다. 이러한 공동화 형식은 매우 불안정하고 강한 변동을 야기하고, 직하류에서 집중적인 침식력을 생성한다.
- 매우 낮은 부분부하 또는 높은 낙차 운전시 흡입측 인근에 인접한 두 날개들 사이에서 날개 내부 보텍스가 나타난다. 통상적으로 높은 낙차 운전에서 수차 공동화수는 상대적으로 작기 때문에 이 보텍스는 항상 공동화한다. 만일 이 날개 사이 보텍스가 날개들과 접촉하지 않으면, 날개를 손상시키지 않지만 수차에서 항상 특정 맥동을 야기한다(그림 7.3).

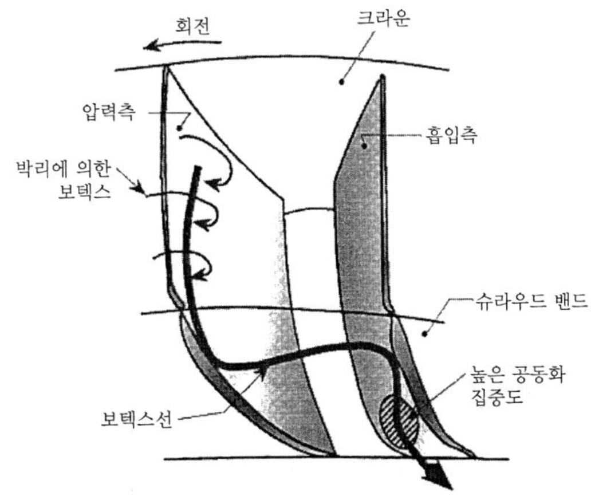

그림 7.2 낮은 수두에서 보텍스 선

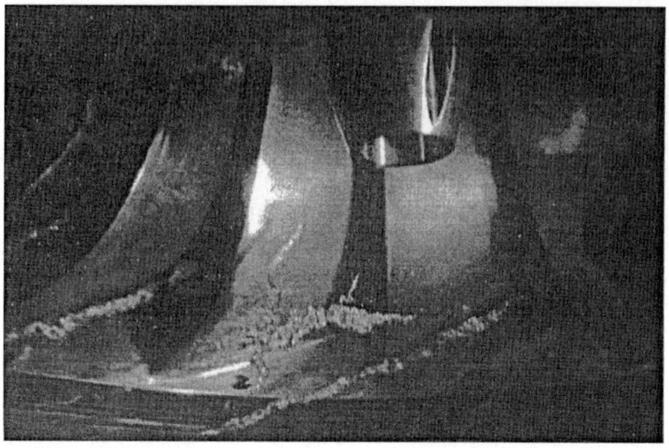

그림 7.3 높은 수두에서 날개 보텍스

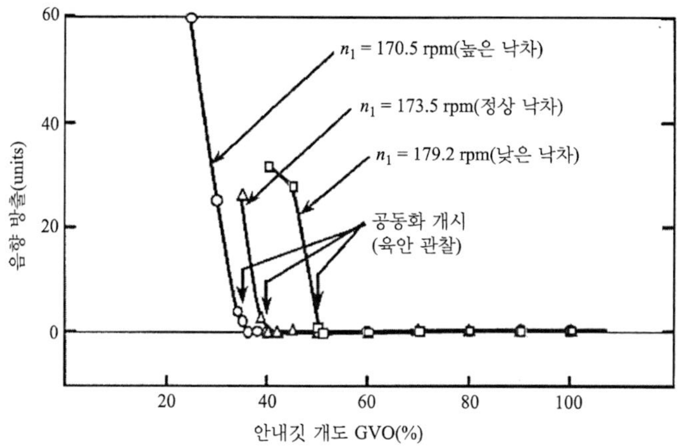

(a)

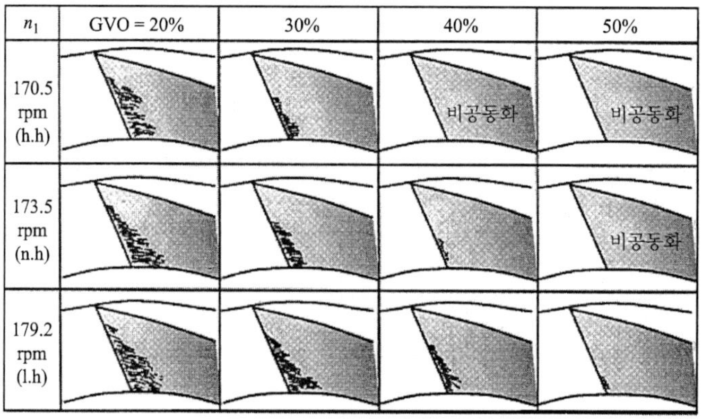

(b)

그림 7.4 발전 모드에 있는 펌프-수차의 유입 공동화((a) 음향 방출; (b) 육안 관측)

그러나 이와 같이 공동화로 인한 진동을 공동화 수준 지수로서 유리하게 사용할 수 있다. 특히, 현장에서 원형 수차 감시에 유용하다. 즉, 가속기를 수차의 외벽에 부착하고 공동화로부터 음향 방출을 측정하여 공동화 존재를 성공적으로 탐지할 수 있다(그림 7.4 참조).

7.1.2 날개 후류 공동화 맥동 (pulsation)

J. Sato

심각한 맥동과 공명소음를 야기할 수 있는 Karman-보텍스-방출을 방지하기 위해 통상적으로 러너의 후연(後緣)을 얇고 비대칭 형상으로 제작한다. 그러나 이 비대칭 형상은 빈번하게 공동화의 원인이 되고, 또한 맥동을 유발한다. 일부 사례에서 공동화는 후연(後緣)을 손상시킬 수 있다.

7.1.3 흡출관 보텍스 코어 공동화 맥동

P. Henry

날개가 고정된 프란시스수차의 경우 설계 이외 유량점에서 운영할 때 잔류 스월은 흡출관에서 보텍스를 야기한다. 보텍스는 부분 부하에서 러너와 동일한 방향으로, 그리고 과부하에서는 반대 방향으로 회전한다[7.8, 7.9]. 보텍스의 구조는 흡출관 설계와 러너 유출 속도 분포 모두에 종속된다. 유량이 매우 적은 경우 이 보텍스는 상당히 교란된다. 50% 유량으로부터 거의 최대 효율 유량까지 러너 회전 주파수의 0.2

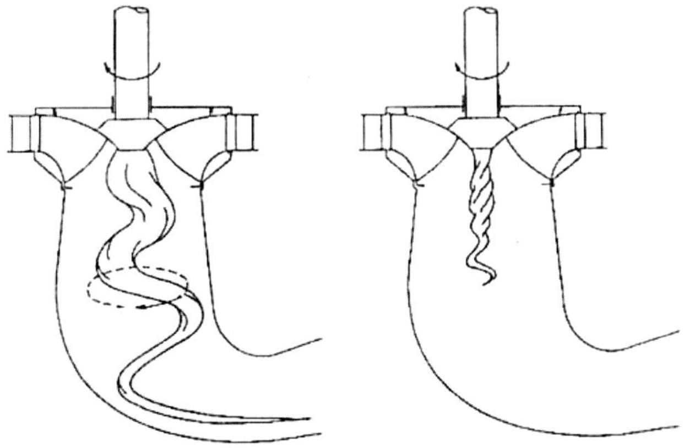

그림 7.5 러너 유출부의 부분부하에서 헬리컬(좌측), 전부하에서 축방향 중심(우측)보텍스 공동

~0.3배의 세차운동(precession motion)은 흡출관 콘 전체 높이에서 스파이럴 보텍스 패턴을 생성한다(그림 7.5 좌측). 스파이럴 보텍스(spiral vortex)는 흡출관 곡관까지 연장될 수 있다. 최대 효율 유량을 초과하면 보텍스는 흡출관 콘 내 축 방향 중심에 위치하며 스파이럴 종료부가 매우 짧다. 부분 압력이 충분히 낮으면 보텍스 코어는 공동화하고 육안으로 보텍스 패턴을 관측할 수 있다. 흡출관 공동화를 관찰하면 불

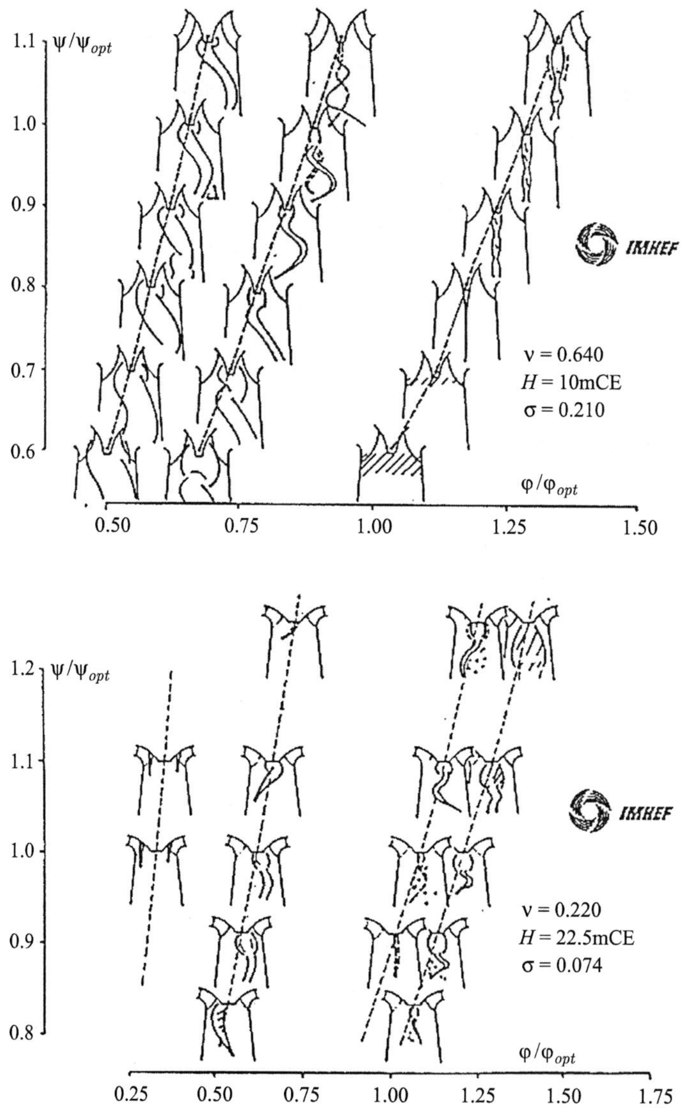

그림 7.6 흡출관 공동화 패턴과 프란시스수차의 운영 조건과의 관계

안정한 유동장에 대한 흥미로운 정보를 얻을 수 있다(그림 7.6).

또한, 흡출관 공동화는 유동 내 압축성 체적을 생성하며, 이는 토마수 σ에 강하게 종속된다. 이 공동화 컴플라이언스는 흡출관 내 수체(water plug)의 관성력과 함께 흡출관 유동의 자유 동요(free oscillations) 주파수를 결정한다[7.22]. 정상적으로 이는 러너 회전 주파수의 두 배보다 적다.

압력 동요는 자연적으로 불안정한 유동장과 함께 간다(그림 7.7). 최대 효율 유량의 50% 이하에서는 통상적으로 간헐적인 충격(shock)과 함께 광대역의 불규칙한 소음만이 측정된다[7.25]. 그림 7.8과 같이 최대 효율 유량의 50 ~ 80% 사이에서 흡출

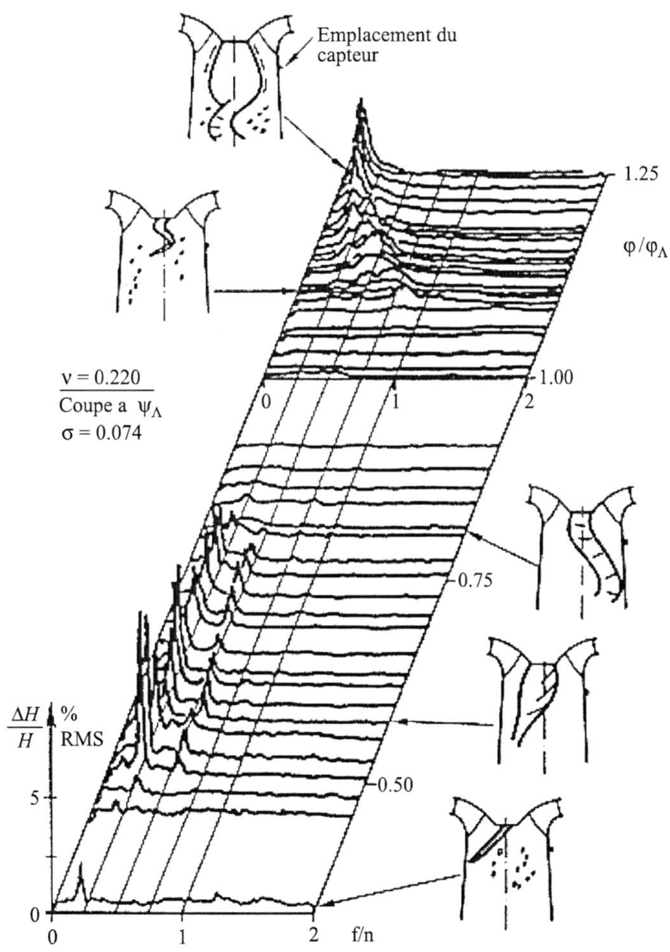

그림 7.7 유량계수와 흡출관 압력 동요, 공동화 패턴과의 관계

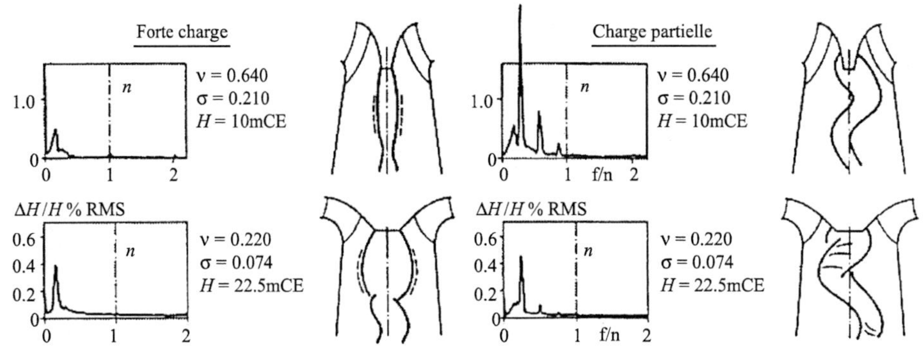

그림 7.8 비속도가 높은 수차와 낮은 수차의 부분부하와 전부하에서 보텍스 공동과 부분부하 압력 동요

관 내 세차와 관련된 회전하는 정현파 압력장(sine pressure field)이 압력 신호를 지배한다[7.2, 7.36]. 세차운동이 중심에서 다소 벗어나면서 단면적 평균된 압력은 일정하지 않고, 일부 여기(excitation)가 러너를 통해 발산되고 펜스톡(penstock) 내부로 전달된다. 만일 세차 주파수(precession frequency)가 흡출관 또는 펜스톡의 자유진동 주파수 중 하나와 인접하면, 강한 서징(surging)이 발생할 수 있다. 최대 효율 유량의 약 80%에서의 불안정한 유동 패턴은 회전 주파수 이상의 날카로운 압력 펄스의 파열로 이어진다[7.23]. 전부하에서의 낮은 출력 광대역 소음은 흡출관 자유진동을 여기(excite)한다(그림 7.8 참조). 만일 펜스톡으로부터 동적인 증폭이 없으면, 일부 수차 설계에서는 통상적으로 상당히 완만하지만 자가-증폭된(self-amplified) 서지가 발생할 수 있다.

7.2 펌프에서 공동화로 인한 맥동

7.2.1 소개

R. K. Turton

최근에 펌프의 흡입부에서 재순환의 영향을 광범위하게 연구하여 왔다. 펌프 설계자는 $NPSH_A$가 작으면 흡입 배관의 규격을 증가시키거나 또는 인듀서를 설치하는 방법을 선택한다. 이미 5.2절에서 예증한 것과 같이 만일 흡입 배관의 직경이 증가하면 $NPSH_R$이 증가하여 $NPSH_A$에 접근하거나 초과할 수 있는 설계 유동률에 가까워지게 된다(그림 5.25 참조).

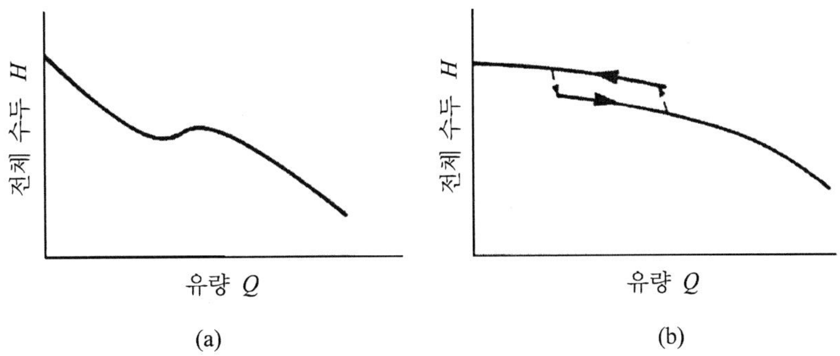

그림 7.9 부분 유량에서 공동화로 인한 펌프 특성에서의 히스테리시스((a) $Q-H$ 곡선에서의 저하(dip); (b) $Q-H$ 곡선에서 히스테리시스)

따라서 재순환은 수력성능과 $NPSH_R$에 영향을 미친다. 또한, 재순환과 관련된 영향은 그림 7.9와 같이 유량-수두 곡선에서 히스테리시스의 발생, 그림 7.10과 같이 유량 감소에 따라 $NPSH_R$이 감소하면서 곡선에 피크를 발생시키는 $NPSH_R$의 증가이다.

Yedidiah는 낮은 유동률에서 $NPSH_R$이 감소하면서 낮은 주파수 동요(영역 1에서 6 주기/초)는 매우 강렬하게 되지만, $NPSH_R$이 더욱 감소하면 소음도 감소한다고 주장한다[7.56]. 그는 섬광촬영장치(stroboscopic illumination)를 사용하여 투명한 5인치 흡입관에서의 유동을 관측하였다. 펌프 비속도는 200 rpm · US gall/min · ft이고 일정한 피치의 인듀서를 설치하였다. 타당한 $NPSH_R$로 시험할 때 비록 강렬한

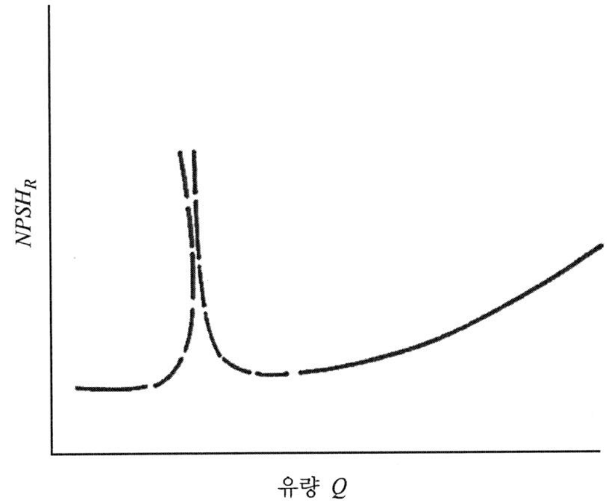

그림 7.10 Yedidiah가 기술한 부분 유량에서 $NPSH$의 서지[7.56]

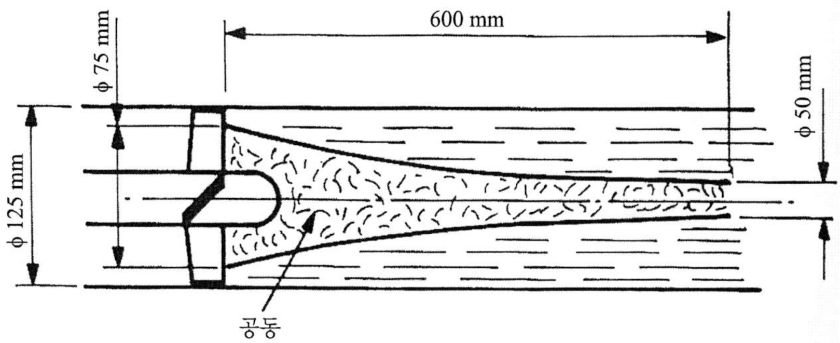

그림 7.11 Yedidiah가 기술한 재순환에 의해 야기된 안정된 중심 공동[7.56]

예선회(prerotation)를 관측할 수 있었지만 펌프는 조용히 0 유량으로 운전되었다. 부분 유량에서 $NPSH_R$이 감소하면서 그림 7.11과 같이 단일 대형 공동이 주기적으로 출현하였다. 이 공동은 강렬하게 붕괴되어 이미 언급한 진동과 소음을 발생시킨다. 대략적인 공동 규모를 그림에 주석으로 표기하였다. $NPSH_R$이 더욱 감소되면서 예선회가 중지되고, 인듀서 내에서 증기 포켓이 형성되었다. Yedidiah는 이 포켓은 쿠션으로 동작하여 소음을 감소시켰고, 또한 감소된 수두의 원인으로 제시한다. 다른 기술자의 경험은 이 제시를 지원한다. Massey는 비속도 26.1과 147.5인 두 펌프를 50 Hz에서 운영한 경험을 기술한다[7.33]. 또한, 그는 생성된 순수 수두를 최대 20% 변화시켜 1 ~ 6 Hz의 주파수 범위를 관측하였다.

그는 관측된 서지는 밸브, 자동 배수(leak-off) 시스템 및 자동 수위의 제어를 불안정하게 만들어 흡입 및 유출 시스템에 상당한 영향을 미쳤다고 언급하였다.

그의 분석에 기초한 그림 7.12는 시스템 $NPSH$와 1% 수두저하 판단기준에 기초한 $NPSH_R$ 사이 관계를 제시하고, 마찰이 적은 시스템의 서지 위험성을 판단할 수 있도록 허락한다.

7.2.2 공동화로 인한 맥동의 특성

인듀서와 원심펌프의 흡입 성능 곡선상에 작도된 공동화로 인한 맥동은 그림 7.13 및 7.14와 같다[7.26, 7.54]. 통상적으로 이 맥동은 다음 장소에서 발생한다.

1. 유량 계수 증가에 따라 수두가 감소하는 설계유량계수 인근에서
2. 상당한 수두 감소 없이 수두 손상(breakdown)보다 약간 큰 공동화 계수에서

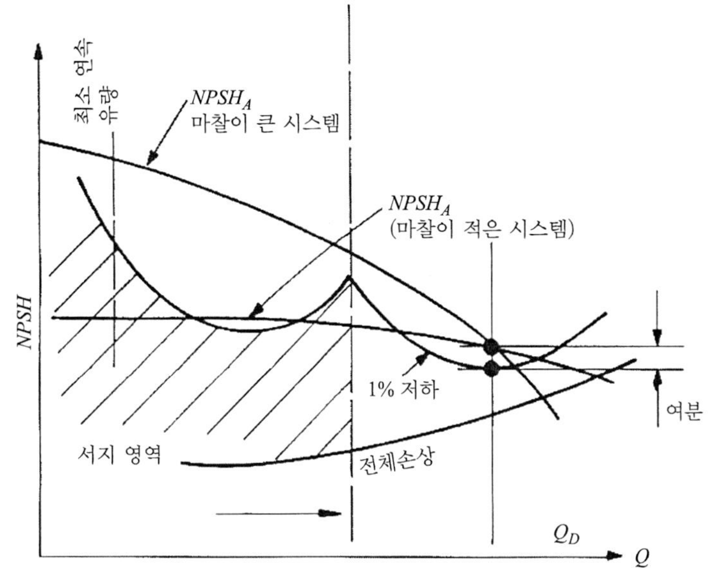

그림 7.12 1% 저하 $NPSH_R$ 곡선 및 관련된 서지 그리고 높고 낮은 마찰 시스템에 대한 $NPSH_A$ 곡선들의 비교[7.33]

상기 항목 1의 특징은 팬과 압축기에서 관찰되는 전통적인 서지 및 회전실속(rotation stall)과는 상당히 다르다. 이는 공동화로 인한 맥동의 원인은 수두-유량 계수 특성의 상승 구배로 인한 서지 및 회전실속의 원인과는 본질적으로 다르다는 사실을 의미한다. 서지와 회전실속을 방지하기 위해 단순히 운전점을 제한하여 서지와 회전실속으로부터 탈출할 수 없기 때문에 이는 문제해결을 더욱 어렵게 만든다. 상기 항목 2의 특징은 공동화로 인한 수두감소로 맥동이 발생하지 않는다는 사실을 암시한다. 대신 그림 7.13 및 7.14와 같이 한 번 수두 손상(breakdown)이 발생하면 맥동이 중지된다.

두 형식의 맥동은 그림과 같다. 즉, 공동화수가 감소되면서 먼저 회전(rotational)하는 공동화가 존재하고, 이는 그림 7.14에서 "약한 동요"로 표현된다. 그림 7.15는 인듀서의 세 날개들에서 시간에 따른 공동 길이의 변화를 보여준다. 이는 공동의 전파는 날개 번호 3 → 2 → 1 순서, 즉 임펠러 회전방향인 것을 보여준다. 전파되는 속도비(공동화된 부분의 회전속도/임펠러의 회전속도)는 그림 7.13과 7.15에서 1.16이고, 그림 7.14와 7.16에서 1.25로 둘 모두 임펠러보다 신속하게 회전한다. 이는 분리된 영역이 임펠러보다 완만하게 회전하는 회전실속의 특성과 다르다.

작은 공동화수에서 "낮은 주기 동요" 또는 "강한 동요"가 존재한다. 그림 7.16은

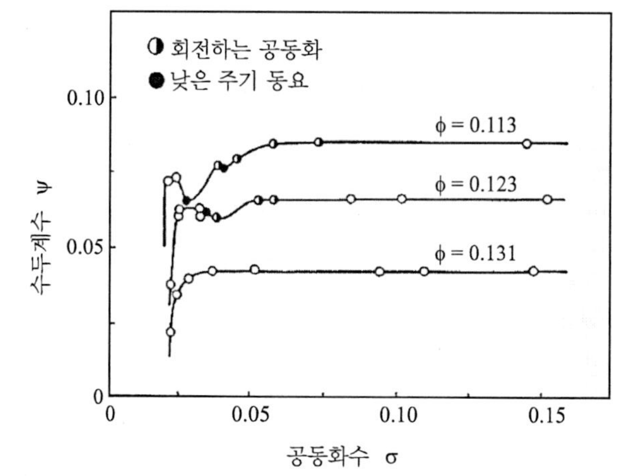

그림 7.13 인듀서 내 공동화로 인한 맥동[7.26]

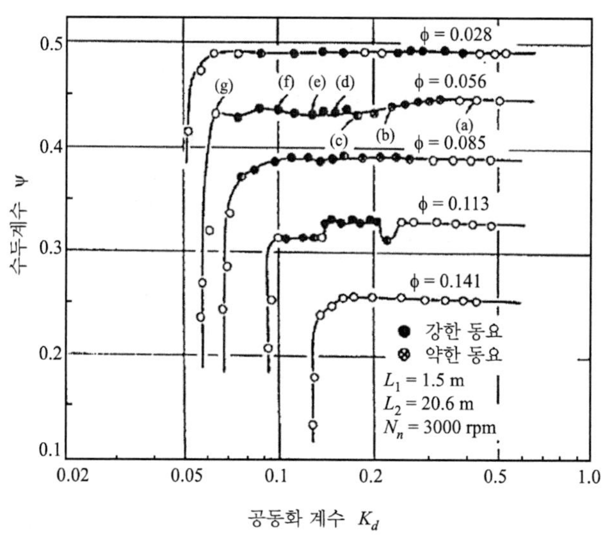

그림 7.14 원심펌프 내 공동화로 인한 맥동[7.50]

흡입 배관 길이가 그림 7.14와 같은 맥동의 주파수에 미치는 영향을 보여준다. 즉, "약한 동요"로 표기된 회전하는 공동화는 흡입 배관 길이 l_1에 의해 영향을 받지 않는 반면 "강한 동요"의 주파수는 길이에 영향을 받는 것을 보여준다. 비록 표시하지는 않았지만 "강한 동요"에서는 상당한 유입 유동률 변동이 관측되지만 회전하는 공동화의 경우보다는 상당히 적다. "낮은 주기 동요" 또는 "강한 동요"의 경우 모든 날개에서의 공동체적은 동일한 상(phase)에서 변화한다. 이러한 관찰로부터 회전하

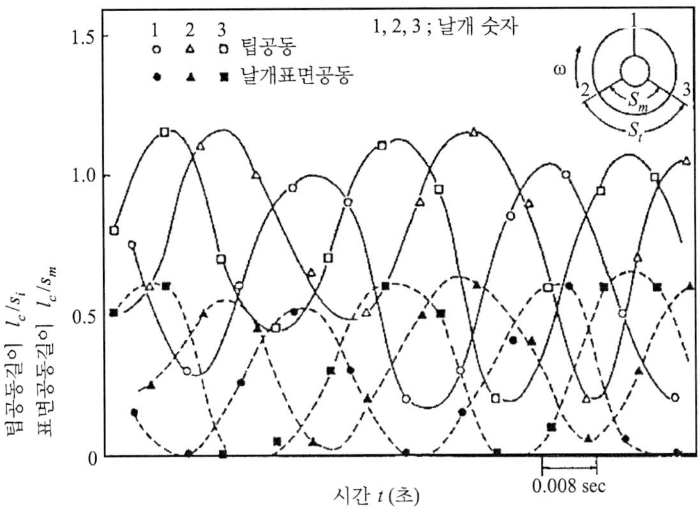

그림 7.15 날개가 3개인 인듀서에서 공동 길이 동요[7.26]

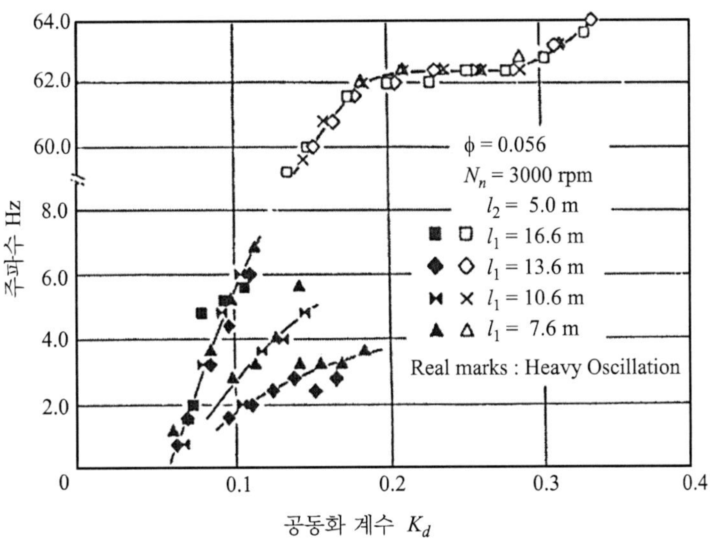

그림 7.16 흡입 배관 길이가 원심 펌프 내 맥동 주파수에 미치는 영향[7.54]

는 공동화 또는 "약한 동요"는 회전실속과 같이 국부 유동 동요인 반면 "강한" 또는 "낮은 주기" 동요는 압축시스템 내 "서지"와 유사한 시스템의 불안정한 상태인 것으로 결론내릴 수 있다. 여기에서 공동화로 인한 시스템의 불안정성을 "공동화 서지"라 부른다. 그림 7.17은 강한 공동화 서지 아래 전형적인 유입 압력 동요의 파형을

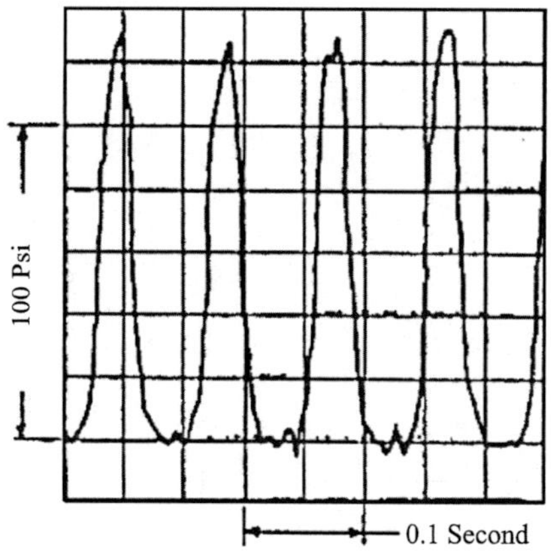

그림 7.17 심각한 공동화 서지 아래 유입 압력 동요의 전형적인 파형[7.45]

보여준다[7.45]. 이 파형은 U 형상이며 이 파형의 평탄한 바닥은 증기압에 상응한다.

Acosta의 선구적인 과업 이후 공동화의 전파성 소유 여부를 확인하고, 시스템의 불안정성과 이 속성의 관계를 명확하게 하기 위한 연구를 수행하여 왔다[7.1]. 여기에서 제시된 회전하는 공동화를 명백하게 확인한 것은 매우 드문 사례인 사실을 반드시 명심하여야 한다. 공동화수가 감소되면서 전파속도 비율은 1에 접근한다[7.26, 7.44]. 비율이 1인 상황은 더욱 빈번하게 관측되고, 심각한 동기 축 진동을 야기한다. 날개 숫자가 짝수인 경우 교번(alternate) 날개 공동화라 부른다[7.1].

7.2.3 공동화로 인한 맥동의 메커니즘

Y. Tsujimoto

먼저 그림 7.18과 같은 펌핑 시스템을 고려한다. 펌프 유입부에서 체적이 $V_c+\delta v_c$인 하나의 공동을 가정한다. 공동체적은 유입 압력과 유입 축방향 유속의 함수이므로 다음과 같이 교란을 표현할 수 있다.

$$\delta v_c = -K^* \delta p_i - M^* \delta u_1 \tag{7.1}$$

여기서 $K^* = -\partial v_c / \partial p_i$를 "공동화 컴플라이언스"라 부른다. $M^* = -\partial v_c / \partial u_1$를 "질량 유동 이득계수"라 부른다. 각 성분에 대해 다음 관계식을 갖는다.

$$\text{연속성} \quad : \ \delta u_2 - \delta u_1 = \frac{d}{dt}(\delta v_c) \tag{7.2}$$

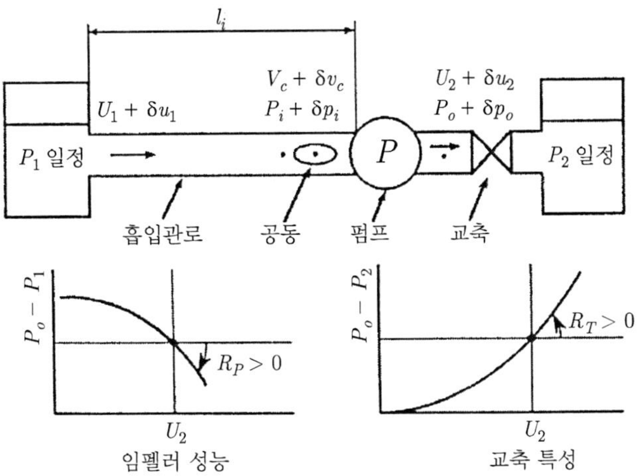

그림 7.18 공동화 서지 모델

$$\text{성능} \quad : \delta p_0 - \delta p_i = - R_p \delta u_2 \tag{7.3}$$

$$\text{유입관로} \quad : \rho l_1 \frac{d\delta u_1}{dt} = - \delta p_i \tag{7.4}$$

$$\text{유출관로} \quad : \delta p_0 = R_T \delta u_2 \tag{7.5}$$

이제 5개의 미지수와 5개 식이 있다. 예를 들어 이 식들로부터 다음과 같은 하나의 식을 얻을 수 있다.

$$\rho l_1 K^* \frac{d^2 \delta u_1}{dt^2} + \left(\frac{\rho l_1}{R_P + R_T} - M^* \right) \frac{d\delta u_1}{dt} + \delta u_1 = 0 \tag{7.6}$$

만일 다음 조건에서

$$M^* > \frac{\rho l_1}{R_P + R_T} \tag{7.7}$$

시스템이 (−) 감쇠를 가지면 맥동이 발생한다. 식 (7.7)은 다음을 의미한다.

- (+) 질량 유동 이득계수는 공동화 서지의 원인이다.
- 만일 유입 관로의 길이가 감소하고 유출 저항 $(R_P + R_T)$이 증가하면 공동화 서지의 가능성은 증가한다.

(+) 질량 유동 이득계수는 유입 유량의 증가로 인해 공동이 수축되고, 따라서 유

입 유량의 추가 증가는 감소된 체적을 채우는 것을 촉진한다는 사실을 직감적으로 이해할 수 있다. 상기 두 번째 견해는 전통적인 서지와는 다른 맥동의 특징을 제시한다. 전통적인 서지의 원인이 될 수 있는 (−) 펌프 저항 $(R_P < 0)$은 공동화 서지를 감쇠(damping)하는 효과를 갖게 된다. 비록 유출 저항 $(R_T > 0)$이 공동화 서지를 촉진할지라도 유입 저항은 감쇠효과를 갖는다. 더 큰 유출저항을 갖는 더욱 짧은 유입 관로는 유출부의 것과 비교할 때 높은 유입 교란 진폭으로 이어진다. 반면 식 (7.6)으로부터 중립 안정성, 즉 $M^* = \rho l_1/(R_P + R_T)$에서 각 주파수(angular frequency) ω를 다음과 같이 결정할 수 있다.

$$\omega = \frac{1}{\sqrt{\rho l_1 K^*}} \tag{7.8}$$

상기 식은 하류측 관로 매개변수들과는 독립적이고 $1/\sqrt{l_1}$에 비례한다. 식 (7.11)에서와 같이 K^*는 U_T^{-2}와 상관되므로 공동화 서지의 주파수 ω는 전통적인 서지의 일정한 주파수와는 대조적으로 임펠러 속도 U_T에 비례한다.

따라서 공동화 서지는 기본적으로 유입 관로에서 발생하는 하나의 현상이다. 공동화로 인한 수두저하는 공동화 서지를 감쇠하는 효과를 갖는다. 공동은 성능의 퇴화가 아니라 공동의 체적 변화를 통해 불안정성을 야기하는 사실에 유의하여야 한다[7.45, 7.58 및 7.17].

회전하는 공동화에 대해 2차원 모델을 제안하여 왔다[7.47]. 식 (7.1) ~ (7.5)와 유사한 관계를 사용하여 다음과 같이 식 (7.6)에 상응하는 3차 특성식을 얻는다.

$$\left(k^* - k_1^*\right)\left(k^* - k_2^*\right)\left(k^* - k_3^*\right) = 0 \tag{7.9}$$

여기서 $k^* = k_R^* + jk_I^*$는 감소된 복소 주파수이고, k_R^*과 k_I^*는 전파속도비와 교란 감쇠비이다. $k_{1R}^* > 1$ 및 $k_{2R}^* < 0$인 조건에서 k_1^*과 k_2^*은 임펠러보다 신속하게 또는 임펠러 회전 방향과 반대로 전파하는 회전하는 공동화를 의미한다. k_1^*와 k_2^*는 주로 질량 유동 이득계수 M과 공동화 컴플라이언스 K에 종속되고, 인듀서의 압력 성능과는 거의 독립적이다. 회전하는 공동화에 대한 대략적인 판단기준은 다음과 같다.

$$M > 2K(1+\sigma)\cot\overline{\beta}_1 \tag{7.10}$$

여기서, σ는 공동화수이고 $\overline{\beta}_1$는 축방향으로부터 측정된 상대적인 유동각이다. 따라서 (+) 질량 유동 이득계수도 회전하는 공동화를 유발한다. 회전하는 공동화는 유입부에서 발생하는 하나의 현상인 것으로 증명되었다. 비록 k_1^*는 실험적으로 관측된 회전하는 공동화를 상당히 잘 모의할지라도 실험에서 후방(backward) 모드의 존재는 확인되지 않았다. $k_{3R}^* < 1$인 조건에서 k_3^*는 주로 압력 성능에 종속되고 상대적으로 공동화 특성에 민감하지 않은 회전실속을 의미한다. 회전하는 공동화와 회전실속은 다른 특성 해들로 표현되는 사실에 유의하여야 한다. 이는 회전하는 공동화는 완전히 다른 현상인 것을 암시한다. 즉, "회전하는 공동화"는 k_3^*로 표현되는 회전실속 내 하나의 공동화가 아닌 사실을 암시한다.

실험으로 회전실속 내 공동화를 관측하여 왔다. 그림 7.19는 수두저하 없이 약한 공동화 조건 아래 첨두 수두 특성 이하의 낮은 유동률에서 축류펌프 내에서 관측된 공동화 형식들을 보여준다. $C_1 \sim C_3$ 공동화는 전파하는 속성을 소유하며 전파속도비는 그림과 같다. 이 전파속도비는 공동화 형식, 흡입 수두 H_s, 그리고 유동률 Q_N에 따라 서로 상당히 다르다. 그러나 이들 모두는 임펠러보다 더욱 완만하게 회전하며 이는 회전실속의 속성이다.

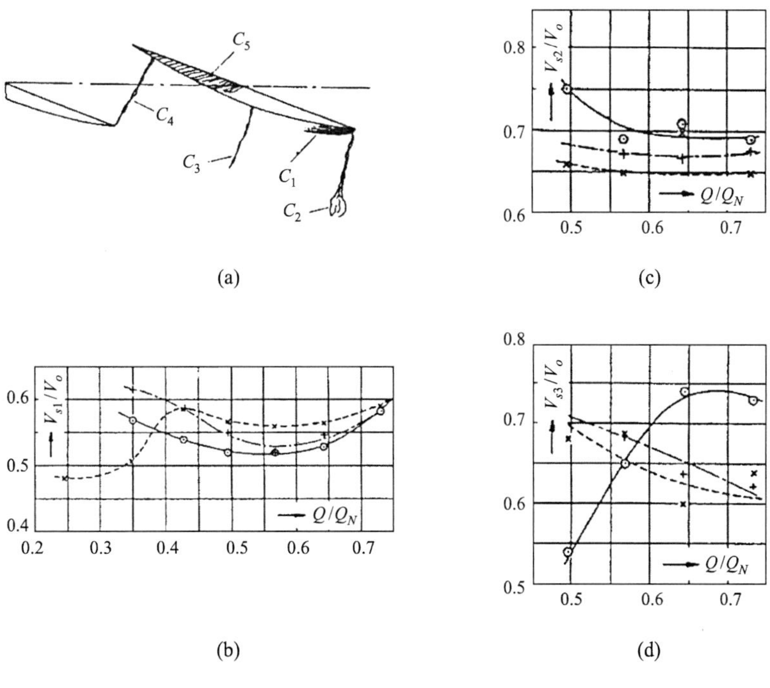

그림 7.19 회전실속에서 공동화((a) 다양한 공동화의 개략도, (b) C_1 공동화에 대한 전파속도 비율, (c) C_2 공동화에 대한 전파속도 비율, (d) C_3 공동화 전파속도 비율)[7.38]

원인 및 개시유량 범위	부분 불안정	시스템 불안정
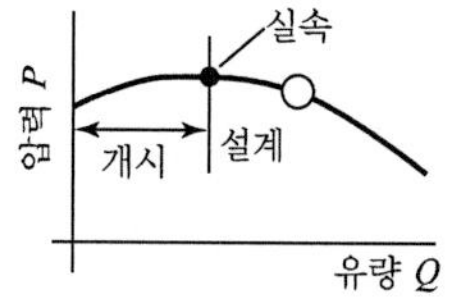 압력성능의 상승구배 $\partial P / \partial Q > 0$	회전실속	서지
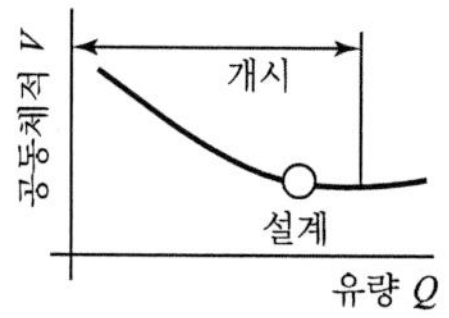 +질량 유량 이득계수 $M = -\partial V / \partial Q > 0$	회전 공동화	공동화 서지

그림 7.20 터보기계에서 유동 불안정성들과의 관계[7.47]

터보기계 시스템들 내 유동 불안정성들 사이 관계를 그림 7.20과 같이 요약하였다.

7.2.4 공동화 특성-질량 유동 이득계수 및 공동화 컴플라이언스

Y. Tsujimoto

본 절에서 어떻게 질량 유동 이득계수가 (+)가 되는지를 기술한다. 무차원 질량 유동 이득계수 M과 공동화 컴플라이언스 K를 다음과 같이 정의한다.

$$M = -\frac{U_T}{A_i H}\frac{\partial V_c}{\partial C_{z1}}, \qquad K = -\frac{\rho U_T^2}{2A_i H}\frac{\partial V_c}{\partial p_1} \tag{7.11}$$

여기서 U_T : 유입부에서 팁 속도

A_i : 흡입 면적

H : 날개 간격

V_c : 전체 공동체적

C_{z1} : 유입부에서 축 방향 속도

p_1 : 유입 압력

먼저 날개 공동을 고려한다. 통상적으로 유입 압력이 클수록 공동은 작아지기 때문에 $K > 0$인 사실을 수용할 수 있다. 임펠러 유입부에서 속도 삼각형은 축방향 속

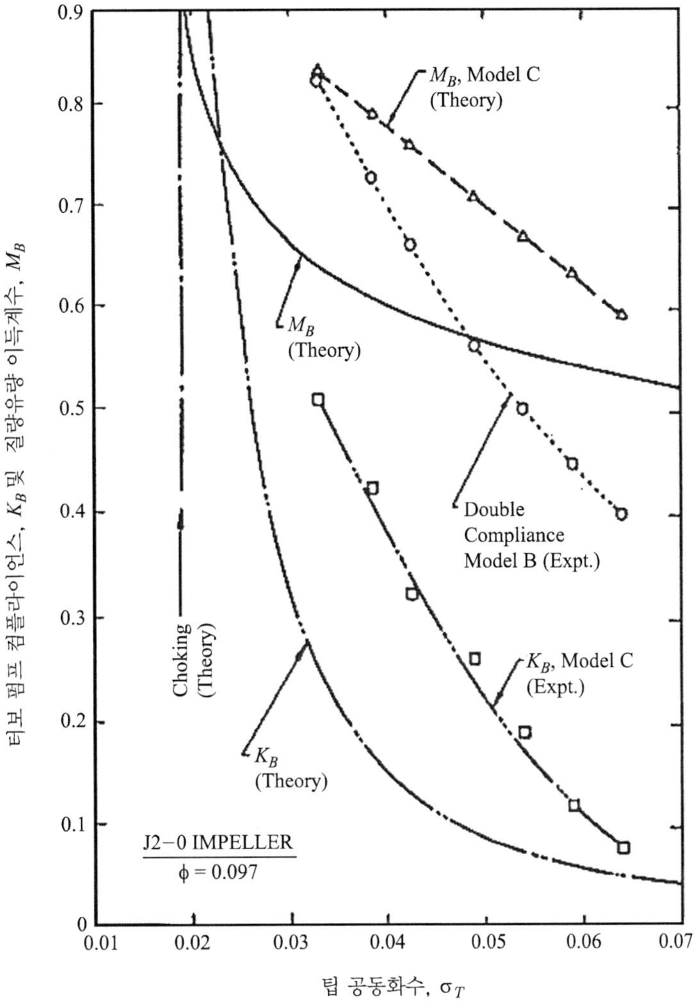

그림 7.21 실험 수치와 준-정적 날개 표면 공동화 해석으로 계산된 질량 유동 이득계수 M_B와 공동화 컴플라이언스 K_B의 비교[7.5]

도가 클수록 입사각이 작은 것을 보여준다. 따라서 축방향 속도가 클수록 공동체적이 작아지므로 날개 공동은 (+) M을 갖는다. 이와 같은 논리를 팁 공동에도 적용할 수 있다. 그림 7.21은 준-정적 날개 공동 계산 결과와 실험 수치들을 비교한 것을 보여준다[7.5]. 비록 전반적인 경향은 잘 일치하지만 실험에서의 팁 보텍스, 역류 및 기포 공동으로 인해 실험 수치들이 크게 나타난다. 공동화수가 감소할 때 K는 M보다 신속하게 증가하는 것은 주목할 만하다.

인듀서의 불안정한 공동화 특성에 대한 가장 완벽한 실험 자료는 참고문헌[7.7]

에 수록되었다. 발생된 기포의 공극률(void fraction)은 입사각에 비례하는 것으로 가정하는 기포성 유동 모델로 이와 같은 공동화 특성을 모의하였다[7.6].

원심펌프의 경우 부분 부하에서의 공동화 서지는 매우 심각하므로 특히 중요하다. 이와 같은 경우 그림 5.24에서 기술한 것과 같이 상당한 역류가 빈번하게 관측된다. 배관 벽 인근 역류의 폐쇄효과(blockage effect)로 인해 전체 유동률이 감소하지만 중심부에서의 축방향 속도는 증가한다. 베르누이식으로부터 중심부에서 압력은 감소하고 유입 공동체적은 증가한다. 따라서 질량 유동 이득계수 M은 (+)가 된다. 그러나 동요하는 조건 아래 유동률 감소 이후 특정 시간 지연을 갖고 역류가 발생하기 시작한다. 따라서 상기 결과[즉, 질량 유동 이득계수 M이 (+)가 되기 위해]가 발생하도록 허락하기 위해 유입 배관 길이와 공동화 컴플라이언스에 종속되는 가능성 있는 시스템 동요의 기간과 비교할 때 이 시간 지연은 반드시 작아야 한다. 따라서 질량 유동 이득계수 M은 주파수의 함수이고, M을 상수로 가정하는 선형 처리는 이 사례에서 부적합하다. 참고문헌 [7.55]에서 이 메커니즘을 상세하게 제안하였고 조사하였다.

7.3 운영 조건의 영향

P. Henry

7.3.1 사전 토론

다음과 같은 유량 계수 ϕ, 에너지 계수 ψ, 그리고 토마수 σ로 프란시스수차의 운영 조건들을 표현할 수 있다.

$$\phi = \frac{Q}{\phi R_{l_e}^3 \omega}; \quad \psi = \frac{2E}{R_{l_e}^2 \omega^2}; \quad \sigma = \frac{NPSE}{E}$$

본 절에서는 상기 매개변수가 수차 운영과 관련된 다양한 동적 현상에 미치는 영향을 기술한다[7.25].

7.3.2 부분부하 세차(precession)

설계점 이외 운영시 프란시스수차 또는 프로펠러수차의 흡출관 내 회전하는 유동은 이 자체를 세차운동으로 정리(organize)할 수 있다[7.13]. 보텍스가 발생하는 캐스케이드를 이용한 실험 조사결과 관류(through-flow)의 모멘텀과 모멘텀의 모멘트의 임계 비율(즉, 임계 ϕ 수치 이하) 초과시 실제로 이 불안정성이 발생하였던 것으로 증명되었다. 스트로우홀과 오일러 판단기준에 기초한 상사법칙에 대한 연구는 무차원 주파수 f^* 및 진폭 매개변수 Δp^*로 이어졌다. 이를 모델 시험 운영 매개변수로 변환하면 다음과 같다.

$$f^* = \frac{fD^3}{Q} = \frac{f}{n}\frac{1}{2\pi}\frac{8}{\pi}\frac{\pi R^3\omega}{Q} = \frac{f}{n}\frac{4}{\pi^2}\phi^{-1}$$

$$\Delta p^* = \frac{D^4\Delta p}{\rho Q^2} = \frac{\Delta p}{\rho E}\frac{E}{D^2}\frac{D^6}{Q^2} = \frac{\Delta p}{\rho E}\frac{\omega^2}{8}\frac{2E}{R^2\omega^2}\frac{64}{\pi^2\omega^2}\frac{\pi^2 R^6\omega^2}{Q^2}$$

$$= \frac{\Delta p}{\rho E}\frac{8}{\pi^2}\psi\phi^{-2}$$

이는 만일 유동이 상사하면 세차 주파수는 러너 회전 주파수에 비례하고, 관련된 압력 동요 진폭은 시험 수두에 비례하는 것을 의미한다. 결과적인 무차원 수치들은 상사한 조건에서 운영되는 모든 기하학적으로 상사한 수차들의 표현에 적절하다.

흡출관 콘 각도 그리고 러너와 곡관(bend) 사이 거리는 통계학적으로 비속도 ν에 종속된다. 이 두 매개변수에 의해 강하게 영향을 받는 세차운동도 반드시 ν에 의해 영향을 받는다. $\nu = 0.216 \sim 0.640$ 범위의 여러 수차 모델에서 최대 효율 유량의 60%에서 발생하는 동요를 조사한 결과 주파수와 관련된 명쾌한 결론에 도달하지 못한다. 주파수는 Rheingans가 제시한 $f/n = 0.28$에 인접한 평균 수치와 함께 러너 회전 주파수의 $0.22 \sim 0.31$ 사이에서 변화한다. 일부 저자들은 비속도가 낮은 수차의 높은 세차 주파수에 대해 보고한 사실에 유의하여야 한다[7.12].

공명하지 않는 동요 진폭은 ν에 따라 선형적으로 성장한다(그림 7.22). 즉, 비속도가 높은 수차의 $2 \sim 3\%$ rms는 흡출관 콘의 하류측에서 상당히 정상적인 것으로 보이지만 비속도가 낮은 수차의 1% rms는 이미 너무 높은 것으로 보인다. 공명에 인접하면 진폭은 흡출관 콘의 하류측에서 정상적인 수준의 두 배에 도달할 것으로 예상할 수 있다. 물론 이 비율은 순수하게 대략적이다. 물론 러너 유출속도분포가 세차운동에 가장 크게 영향을 미친다. 이는 ν-경향에서의 큰 분산을 설명한다.

상대적인 세차 주파수 f/n은 ϕ에 따라 약간 변화한다. 보텍스 기계 이론은 첫 번째 가정(guess)으로 0 유량에서 $f/n = 1$로부터 0 유출 스월 유량에서 $f/n = 0$으로 감소하는 주파수를 제시한다[7.43]. 그러나 수차 러너를 이용한 시험들은 이에 대해

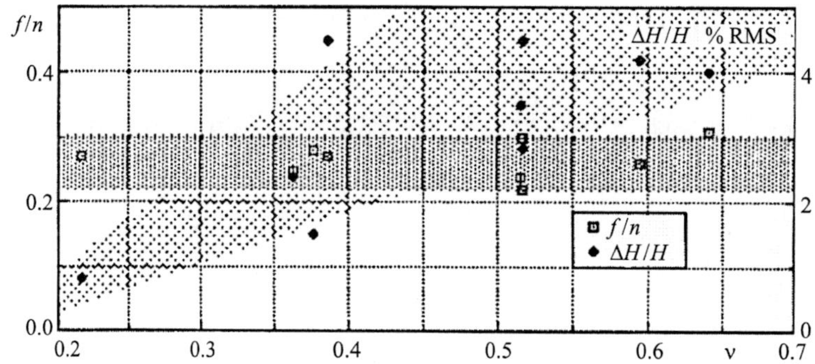

그림 7.22 비속도 ν가 공명이 없는 부분부하 압력 동요의 크기와 주파수에 미치는 영향

아무것도 증명하지 않는다. 최대 효율 유량의 50 ~ 90% 사이에서만 세차 동요가 정리된다(organised). 이 범위에서 f/n은 상당히 일정하게 유지된다. 약간의 상승 및 하강은 러너 설계에 종속되는 것으로 보인다. 에너지 계수 ψ 및 토마수 σ는 물론 국부 속도장과 상대적인 세차 주파수도 공동체적에 영향을 미친다.

그림 7.23은 프란시스수차 운영과 관련된 압력 변동의 분석 표현 예를 보여준다. 원은 주파수를, 삼각형은 진폭을, 사각형은 위상 이동(phase shift)을 나타낸다. 실선 또는 대시선(예를 들어 상부 좌측 선도)으로 세차현상을 나타내었다. 흡출관 내 수주(water column)의 자유진동을 점선 또는 진폭을 표시하지 않은 주파수로 표현하였다. 예를 들어 상부 왼쪽 선도로부터 세차 동요는 $0.5 \sim 0.9\phi_{opt}$ 범위에서 약 $0.3n$으로 활성화되며, 약 $0.7\phi_{opt}$에서 최대 진폭을 보여준다. 이 유량 범위에서(보텍스 공동체적이 가장 큰) 세차 주파수는 다른 곳보다 높다. 자유진동 주파수는 ϕ_{opt}까지 증가하고, 손실된 후 $1.2\phi_{opt}$ 초과하여 2개의 뚜렷한 밴드로서 다시 나타난다. 하부 왼쪽 선도는 탐구된 ψ 범위 안에서 상대 세차 및 상대 세차의 제2조파(second harmonic) 주파수(검은 원)는 크게 변화하지 않는 것을 보여준다. ψ가 증가하면서 세차 주파수는 감소한다. 우측 선도는 세차에 의해 여기(excited)된 흡출관 내 수주 공명의 예를 보여준다. 즉, $\sigma = 0.20$에서 세차 주파수(백색 원과 실선)는 자유진동 주파수(점선)와 동일하다. 토크(torque) 동요의 증폭이 주목할 만하다.

흡출관 콘 내 세차운동으로 인한 불안정한 압력장은 단순하게 회전하는 것이 아니다. 수로의 비대칭(주로 곡관) 특성 때문에 회전은 중심에서 벗어난다. 이는 흡출관 단면에 작용하는 압력 힘의 표면 합계가 0이 아닌 사실을 의미한다. 포괄적으로 말하면 관측된 동요를 회전하는 압력장과 맥동(또는 동기적인)하는 압력장으로 분리

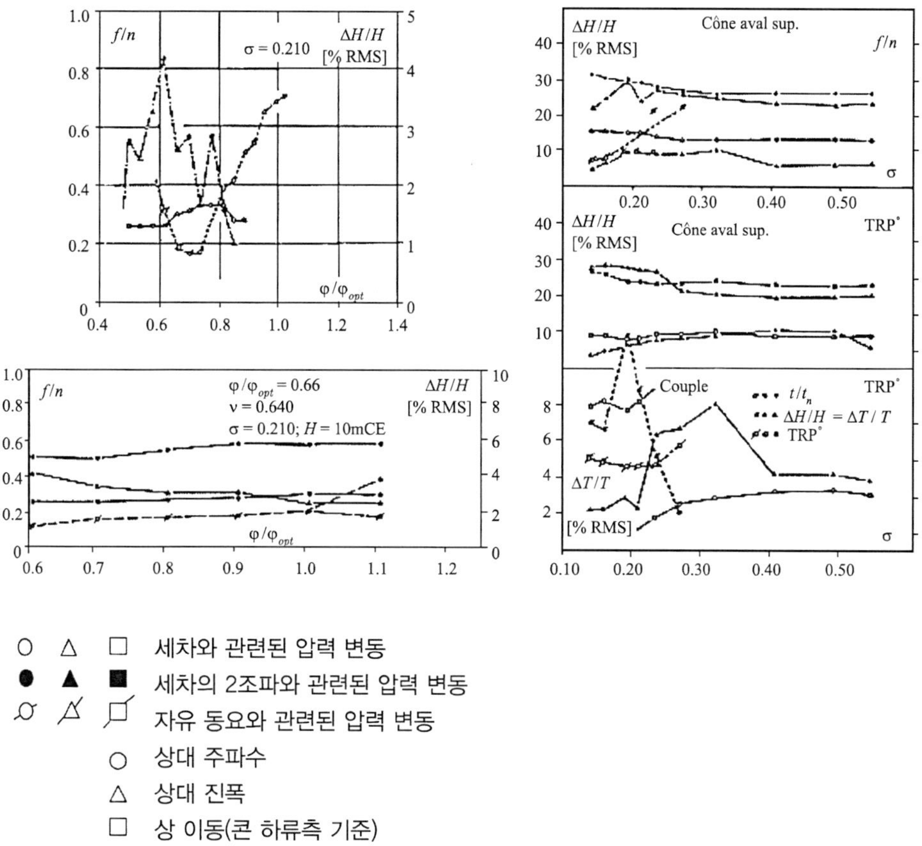

그림 7.23 ϕ, ψ, σ가 부분부하 동요에 미치는 영향

할 수 있다. 이들을 주파수 영역 또는 시간 영역으로 분리할 수 있다. 이는 곡관이 세차운동의 왜곡에 미치는 영향(단면적, 깊이 그리고 교각의 변화)을 정성적으로 명확하게 한다.

그림 7.24의 주파수 영역에서 흡출관 콘 단면 주변 여러 위치들로부터의 압력 동요 벡터를 조합한다[7.36]. 이상적으로 각 벡터는 이에 상응하는 센서의 위치를 나타내어야 한다. 원 반지름은 회전하는 압력장 진폭을 나타내고, 기점(origin)으로부터 원 중심까지 거리는 맥동하는 압력을 나타낸다. 부분부하 동요의 두 성분을 분리하기 위해 이론적으로는 오직 3개의 압력 신호만이 필요하며, 실제로 4개 신호는 더욱 양호한 선명도를 제공한다.

그림 7.25의 시간 영역에서 흡출관 콘 단면 내 90° 떨어진 두 센서들로 전송된 신호들을 조사하면 회전하는 압력장과 맥동하는 압력장을 분리할 수 있다[7.41]. 4상

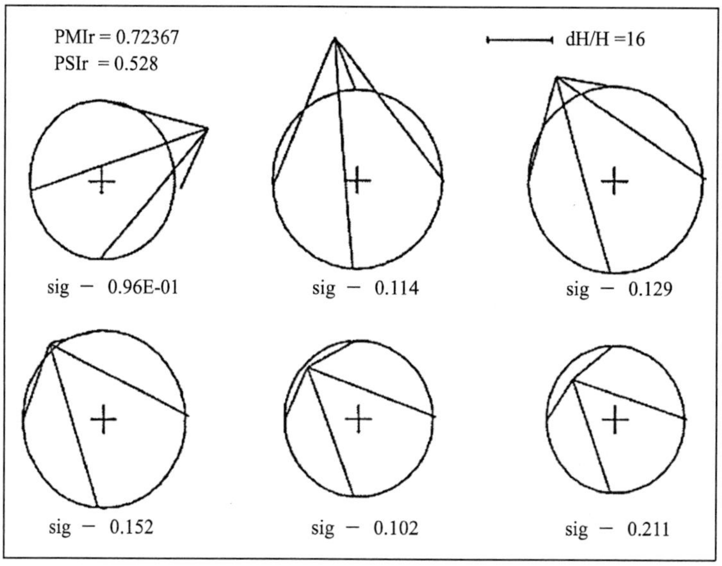

그림 7.24 압력 동요의 벡터 조합 및 부분부하 변동의 회전장과 맥동장으로의 분할

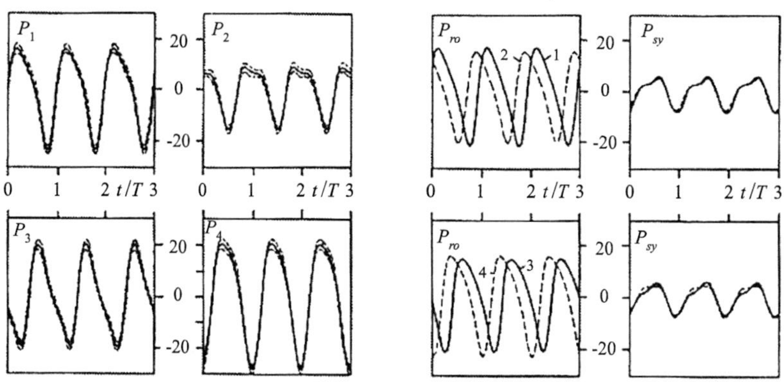

그림 7.25 압력 신호의 시간 영역 조합 및 부분부하 변동의 회전장과 동기장(synchronous fields)으로의 분할(신호 쌍들로부터 추출된 흡출관 콘에서 90° 간격 4개 센서들에서 시간-평균된 압력 동요 P_i, 회전 P_{ro}, 맥동 P_{sy} 성분)[7.41]

(quad phase) 이동은 회전 장(rotating field) 제거에 도움을 준다. 그러나 이 방법은 비트(beat)를 사용하는 신호분석을 허락하지 않으므로 사용이 제한된다. 실제로 강한 고조파(harmonies)도 결과에 나쁜 영향을 준다.

7.3.3 80% 부하 동요

그림 7.26에서 굵은 선으로 80% 부하 동요를 작도하였다[7.23]. 이는 러너 회전 주파수보다 높은 피크 그룹으로 구성된다. 헬리컬 보텍스 공동이 흡출관 내 가장 낮은 부분까지 확장될 때 진폭은 더욱 크게 된다. 이 현상은 세차와 연결될 수 있다. 즉, 콘의 하류측과 상류측으로부터의 신호들은 첫 번째 피크에서는 동상(in phase)이 되고, 두 번째 피크에서는 반대 상(phase), 세 번째 피크에서는 다소 동상이 된다. 첫 번째 또는 두 번째 피크에서 가장 큰 진폭이 동반된다.

경험으로부터 이 동요 주파수는 ϕ 및 ψ에 따라 강하게 증가하는 것으로 증명되었다. 이들은 세차의 고조파가 아니다. 또한, 이들은 σ에 따라 강하게 증가하고, 따라서 수력적 현상의 속성을 보여준다. 이들의 전역 전개(global evolution)는 최대 효율 유량의 75%~85% 사이 흡출관 자유진동의 전역 전개와 유사하다. 시험 수두의 큰 변화는 상대 주파수에 거의 영향을 주지 않는다. 가장 큰 진폭은 $0.8\psi_{opt}$ 근방에서 관측된다. 공기 주입은 이 동요를 완벽하게 제거한다.

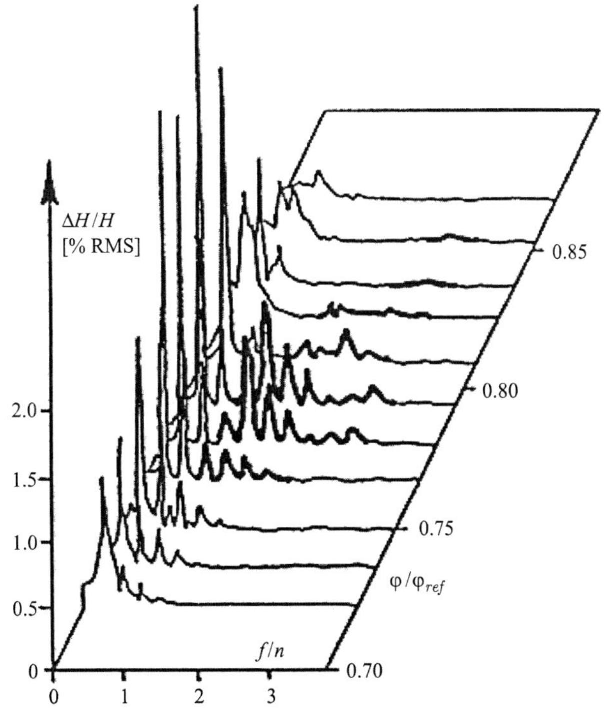

그림 7.26 흡출관 벽에서 80% 부하 동요

7.3.4 흡출관 자유진동

부분부하 변동의 공명 보텍스 기계를 사용한 실험은 공동화 매개변수 K가 세차운동 주파수 및 관련된 압력 동요 진폭에 미치는 영향을 증명하였다[7.39, 7.40]. 모멘텀수(momentum number)의 모멘트 m이 주어진 경우 공동화가 존재하지 않거나 또는 매우 강하지 않으면 K의 변화는 주파수와 진폭에 영향을 미치지 않는다. 임계 K 수치에서 주파수는 약간 저하하고 진폭은 증가한다. 만일 K가 더욱 감소되면 진폭은 재차 감소한다. 주파수는 감소한 후 정지되므로 이를 감지할 수 있다. 만일 회전하는 압력장이 주로 큰 K 변동을 지배하면 임계 K에서 동요는 흡출관 콘 단면 안에서 거의 동상(in phase)이 된다. 보텍스 공동의 체적 변화는 이 불안정한 압력(서지) 구조를 가시화한다.

보텍스 기계의 임계 조건에서 관측된 동상(in-phase)의 높은-진폭 동요는 세차의 주파수와 자유진동의 주파수의 일치에 기인하였다. 실제 러너를 사용한 수차 모델에서 유사한 시험들은(토마수 σ를 변경하지만 ϕ와 ψ는 일정하게 유지) 유사한 진폭의 전개를 보여주었으나 공명과 낮은 σ 수치에서 체계적인 세차 주파수 상승을 보여주었다.

그림 7.27의 오른쪽 그림은 $\nu=0.515$ 프란시스수차 모델에서 σ에 따른 부분부하 동요의 전개를 보여준다. 세차와 관련된 압력 변동 진폭은 공명을 벗어나면서 급격하게 감소한다(공명은 선도의 극좌에 있음). 또한 자유진동 진폭 (Δ')도 작도하였다. 자유 동요 주파수가 $\sigma=0.273$, $f/n=0.46$에서 세차 제2조파 주파수(흑색 원)와 일치할 때 증폭이 명백하게 나타난다. 공명에서 세차 주파수의 상승은 세차의 제2조파에서 더욱 명백해진다.

이전에 공명 조건 외부에서의 자유진동 주파수를 추적하지 않았기 때문에 수차 제작사의 연구 목표는 자유진동 주파수의 이해보다는 오직 세차와 관련된 동조 여기(synchronous excitation)의 감소로 향하였다. 따라서 거의 모든 출판된 도서들은 오직 세차 주파수만을 언급하고 있다.

임계 σ에서 급작스런 흡출관 동역학의 변화는 존재하지 않는다. 자유동요(free oscillation) 주파수는 전체 운전 범위에서 존재한다[7.22]. 자유동요 주파수는 부분부하 공명에서 수차의 동적 거동을 지배하지만 수차 유동에 의해 발생된 광대역 수력 소음에 의해 다른 운영 조건들에서도 촉발된다.

자료 취득시 자유 트리거(free trigger)와 Hanning 가중함수를 사용하면 지배적인 성분에 과도하게 집중하지 않고 신호 주파수의 해상도를 향상시킬 수 있다. 일련의

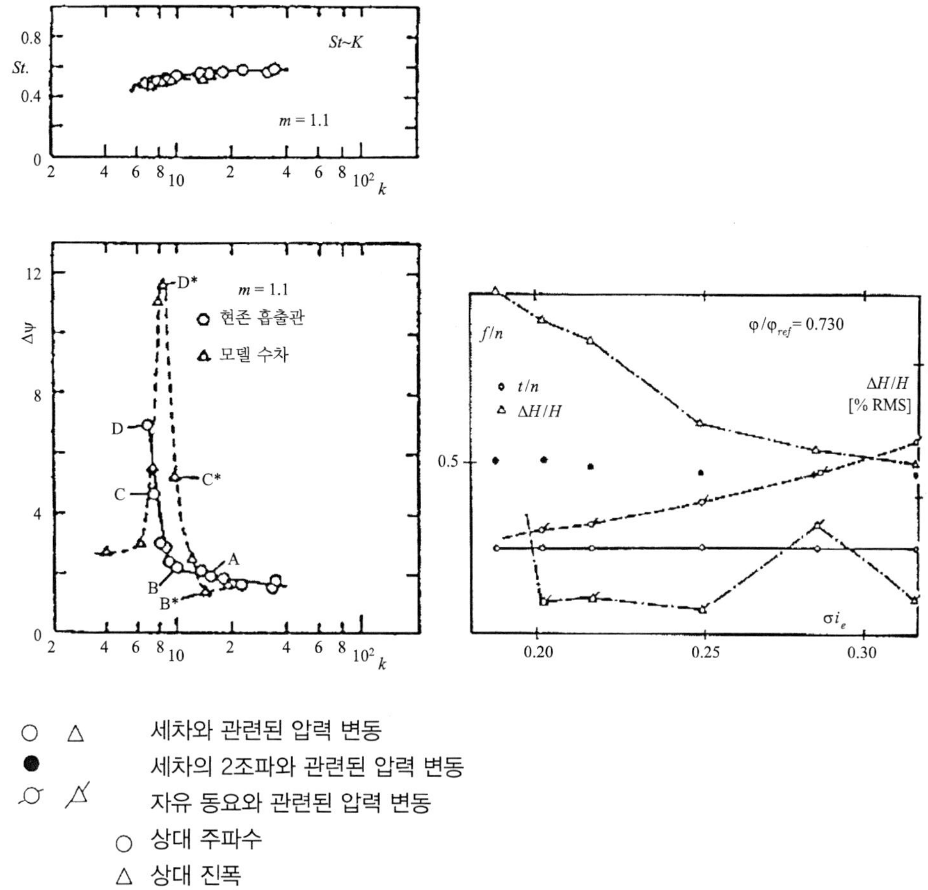

그림 7.27 보텍스 기계 및 수차 모델 내 부분부하에서 공명[7.40]

시간-순서의 FFTs를 평균한 후 신호에서 모든 관련 주파수를 강조하여 표시하면 자유동요는 0에 가까운 위상 이동, 균등한 진폭, 흡출관 콘의 단면 주변으로부터의 신호들 사이 높은 일관성을 갖는다. 다양한 여기(excitations), 즉 세차 및 세차의 고조파(harmonics), 회전 주파수 등은 자유진동을 증폭시킨다. 자유동요는 수체(water plug)의 관성력과 보텍스 공동 컴플라이언스의 연합작용에 기인한다. 공동체적을 관찰하면 자유동요 주파수 추적에 도움을 얻을 수 있다[7.21].

일정한 ψ와 σ를 사용하여 부분부하 운영 범위를 조사하였다. 각 시험 점에서 자유동요 주파수는 물론 세차 주파수 및 세차 주파수의 제2조파[공명을 여기(excite)할 가능성이 큰]를 수집하였다. 또한, 이 주파수의 진폭과 위상 이동을 기록하였다. 이 자료들은 반드시 모델 시험으로부터 간직하여야 하는 전형적인 정보들이다. 세차와 관련된 가장 큰 진폭들은 통상적으로 곡관(하류측) 내부 흡출관 콘에서 발견된다. 가장 작은 진폭은 곡관의 외부(상류측)에서 발견된다. 이 두 종류의 신호들은 위상 이동을 통해 공명을 추적하기 위한 최상의 민감도를 제공한다. 이러한 이유로 하류측 콘과 상류측 콘 센서들과 관련된 자료를 종관선도(synoptic diagram)로 작도한다(그림 7.28 참조). 스파이럴 케이싱 유입부에서의 압력 동요는 세차 압력장의 맥동하

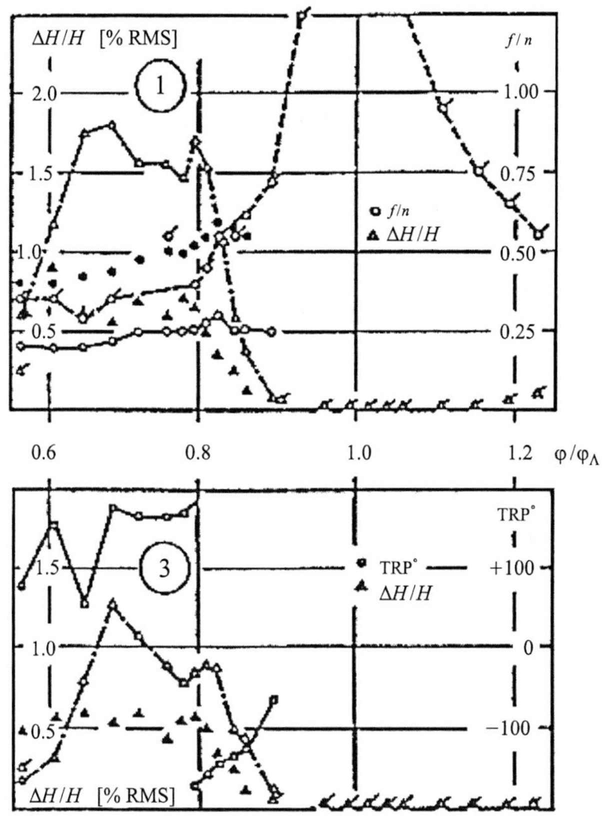

○ △ □ 세차와 관련된 압력 변동
● ▲ 세차의 2조파와 관련된 압력 변동
○/ △/ 자유 동요와 관련된 압력 변동
○ 상대 주파수
△ 상대 진폭
□ 상 이동(콘 하류측 기준)
1 콘 하류
3 콘 상류

그림 7.28 뚜렷한 주파수와 진폭의 개요도

는 성분에 기인한다. 이 압력 동요는 오직 정성적인 수치만을 가지며 진폭은 공급 배관의 동적 거동에 크게 종속된다.

이전 그림들과 같이 동일한 방법으로 종관선도를 읽는다. 상부 그림에서 하류측 콘 센서가 감지한 세차와 관련된 압력 동요의 제2조파(동일한 심볼이지만 흑색)는 물론 주파수(원으로 표시된)와 진폭(삼각형으로 표시된)을 읽는다. (o′)심볼과 점선을 사용하여 흡출관 내 수주의 자유동요의 주파수를 작도한다. 또한, 항상 그런 것은 아니지만 여기에서 상응하는 진폭을 작도한다. 하부 그림에서는 상류측 콘 센서가 감지한 세차와 관련된 진폭 그리고 세차의 제2조파 및 자유진동을 표현한다. 상류측과 하류측 콘 내 세차의 위상 이동 (□′)을 표현한다.

부분부하에서 자유동요 및 보텍스 공동화 컴플라이언스 본 절에서는 프란시스수차 흡출관의 동역학에 집중한다. 실제로 흡출관의 경사진 말단부인 유입부는 러너에 의해 폐쇄되고, 유출부는 임피던스가 0인 한계를 갖고 개방되어 수체(water plug)를 형성하는 관으로 흡출관을 간주할 수 있다(그림 7.29 참조). 가스 체적은 유입 영역의 일부를 차지한다. 또한 다음과 같이 단순화한다.

- 가스 체적과 비교하여 러너 어드미턴스(admittance)는 매우 작기 때문에 경사진 말단부에서 흡출관이 폐쇄된 것으로 근사화할 수 있다.
- 보텍스 공동은 러너 유출부에서 집중된다.
- 집중 매개변수의 분석을 위해(만일 관이 상대적으로 짧으면 수용 가능함) 수체 컴플라이언스는 흡출관 유입부에서 집중되고 보텍스 공동들과 통합된다.
- 보텍스 공동과 인근 물 사이 질량 이동은 존재하지 않는다. 공동화 및 수체 모두의 전체 컴플라이언스는 주어진 운전 조건에서 일정하게 유지된다.

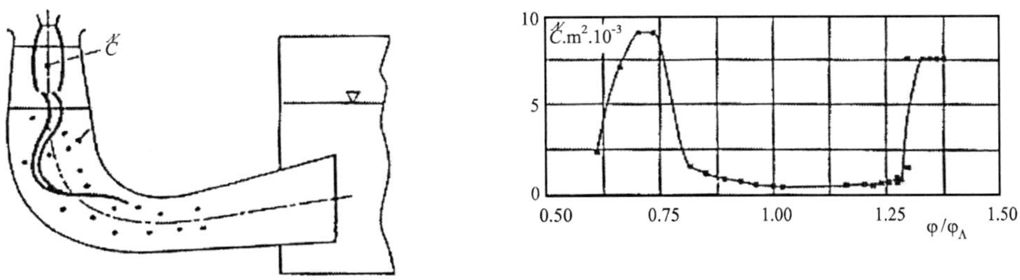

그림 7.29 프란시스수차 흡출관과 공동화 컴플라이언스

다음과 같이 흡출관 내 수체의 자유진동 주파수를 작성할 수 있다.

$$f_0 = \frac{1}{2\pi\sqrt{\widetilde{C}\widetilde{L}}}$$

$$\widetilde{L} = \int_L \frac{dl}{A}; \quad \widetilde{C} = \widetilde{C}_C + \widetilde{C}_T = \int_L \frac{Adl}{S^2} - \frac{\partial V_T}{\partial NPSE}$$

만일 순수 흡입 에너지 $NPSE$가 보텍스 공동 주변 에너지를 나타내면, 공동체적 V_T와 관련된 컴플라이언스는 $-\partial V_T/\partial NPSE$가 된다. 만일 γ가 작은 공동체적 변화에 대한 폴리트로픽(polytropic) 계수이면 다음과 같이 표현할 수 있다.

$$\frac{\partial V_T}{\partial NPSE} = \frac{V_T}{\gamma NPSE}$$

만일 물로부터 증발된 모든 증기가 보텍스 공동 안에 있는 것으로 가정하면 $\widetilde{C}_C$를 평가하기 위해 사용한 파의 전파속도 S는 다소 높다. 즉, S는 실제 수차에서는 약 800 m/s이고, 탄성벽을 갖는 모델 수차에서는 200 m/s이다. 직경 400 mm 러너의 전형적인 실험실 모델의 흡출관은 $NPSE =$ 4.5 J/kg에서 0.19×10^{-3} m^3와 동등한 수체 컴플라이언스를 갖게 된다. 만일 완전 발달된 보텍스 공동과 비교하면 이 추가 컴플라이언스는 상당히 미소하다. 이러한 이유로 빈번하게 다음 식을 사용한다.

$$f_0 \approx \frac{1}{2\pi}\left(\int_L \frac{dl}{A}\frac{V_T}{\gamma NPSE}\right)^{-1/2}$$

자유진동의 상사가 도출되는 과정을 살펴보자.

$$\lambda_{f0} = \left(\lambda_R^{-1}\lambda_R^3\lambda_\gamma^{-1}\lambda_\sigma^{-1}\lambda_E^{-1}\right)^{-1/2} = \frac{\sqrt{\lambda_E}}{\lambda_R} \quad if\ \lambda_\sigma = \lambda_\gamma = 1$$

만일 상사법칙이 이루어지면 회전 주파수는 동일한 법칙에 의해 비수력에너지(specific hydraulic energy) 및 수차 규격과 연계된다.

$$\lambda_\psi = 1 \rightarrow \lambda_n = \frac{\sqrt{\lambda_E}}{\lambda_R}$$

이러한 이유로 비-순응성(non-compliant) 흡출관의 자유진동 주파수는 러너 회전 주파수와 상사가 된다. 즉,

$$\lambda_f = \lambda_n$$

자유동요 주파수가 아닌 공동화 컴플라이언스 자체의 행렬 바꾸기(transpose)하여 더욱 정확한 근사화를 얻을 수 있다[7.21, 7.22, 7.24]. 수체 컴플라이언스 $\widetilde{C}_L$를 추정한 후 f_0로부터 이 근사화를 평가한다. 무차원 공동화 컴플라이언스는 다음과 같다.

$$\widetilde{C}^* = \widetilde{C} \cdot \frac{E}{R_{le}^{-3}}; \quad \lambda_{\widetilde{C}^*} = 1$$

만일 흡출관이 방수로 터널과 함께 연장되면 길이방향 컴플라이언스 분포를 간과할 수 없다. 아직 $\widetilde{C}^*$를 행렬 바꾸기를 할 수 있지만 자유진동 주파수를 평가하기 위해 반드시 임피던스를 계산하여야 한다.

전부하(Full load) 맥동 보텍스 기계 이론은 러너-유출-스월 방향과 관계없이 회전 유동의 불안정성을 예측한다. 그러나 만일 축방향 속도와 원주속도의 비율 C_u/C_a로서 모멘텀수의 모멘트를 단순화하면 부분부하보다 전부하에서 세차 한계는 0 스월 유량으로부터 상당히 더 먼 사실을 쉽게 이해할 수 있다. 한편, 러너 공동화 및 발전 효율 손상(breakdown)에 의해 부과된 운전 한계는 프란시스수차가 최대 효율 유량의 130%를 초과하여 운전되지 않도록 방지한다. 이러한 이유로 세차의 회전하는 압력장 특성은 전부하에서 절대 중요하지 않다.

그림 7.30과 같이 최대 효율 유량을 초과하면 자오선 속도는 흡출관 유동의 중앙 영역 내에서는 더욱 커지고 축에 인접한 곳과 러너 콘 아래에서는 급격하게 작아진다[7.27]. 축방향 중심에서 회전은 자유 보텍스(free vortex)로 정리된다. 기계 축에 인접한 정압력은 낮아 축방향 중심에서 공동이 형성된다. 비속도가 낮은 수차에서는 나선 꼬리(helical tail)가 축방향 대칭 공동을 따르고, 이는 비록 흡출관 콘 벽에서 회전하는 압력장이 관측되지 않을지라도 회전 불안정성을 의미한다. 부분 부하 공동과 달리 전부하 공동은 에너지 계수 ψ가 높을 때 일정한 게이트 개도와 σ에서 빈번하게 더욱 크다.

부분부하에서의 보텍스 공동과 동등한 체적을 갖는 전부하에서의 보텍스 공동의 존재는 이 큰 유량에서 반드시 자유동요가 존재하여야 하고, 이 부분 유량에서와 같이 동일한 주파수대를 가져야 한다는 사실을 의미한다. 광대역 수력소음은 동요를 여기(excite)하고, 이 동요는 최대 효율 유량을 초과하면 상당히 격렬해질 수 있다. 또한 강한 자오선 속도 구배 영역 내에서와 같이 공동 인근에서 발생된 불안정성에 의해 동요가 여기(excited)된다. 이와 같은 불안정성은 스트로우홀 상사를 따르므로 이들의 주파수는 러너 회전 주파수와 흡출관-자유-동요 주파수와의 상사를 따른다.

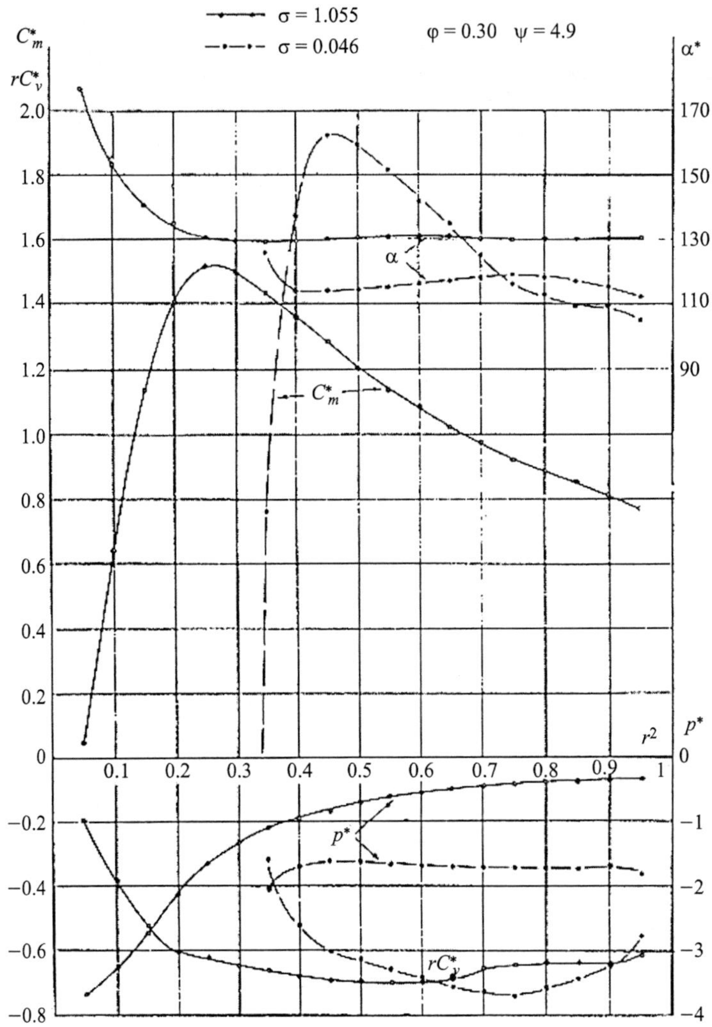

그림 7.30 보텍스 공동 유무에 따른 전부하에서 러너 유출부에서 속도 분포[7.27]

사실 흡출관 콘 벽으로부터의 압력 동요의 진폭 스펙트럼의 폭포 집합체에서 하나 이상의 전부하 맥동의 산마루(ridges)를 볼 수 있다(그림 7.31 참조). 주어진 콘 단면에 설치된 다른 센서들로부터 읽은 이 동요는 높은 일관성, 동등한 진폭, 그리고 위상이동이 없는 특징을 갖는다. 외부 여기자(exciter)를 사용하면 모든 동요 주파수에서 증폭이 강한 것을 보여줄 수 있다[7.21]. 즉, 이들은 자유동요이다. 이 외부 여기(excitation)는 오직 매우 낮은 진폭만을 가질 수 있으며 만일 이 외부 여기가 공명 모드에 있으면 단순히 흡출관 반응과 상호작용한다.

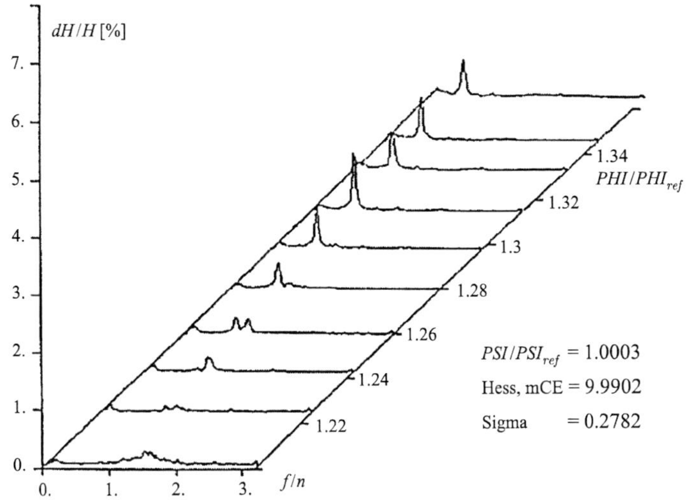

그림 7.31 폭포 선도(전부하에서 흡출관에서의 자유 동요)

7.3.5 자가 동요 (Auto-oscillations)

보텍스 공동의 비선형 표현 일부 프란시스수차 운전조건들은 외관상 자발적인 진폭 성장하는 자유진동의 특징을 갖는다[7.8, 7.14, 7.50]. 또한 분명한 여기(excitation) 없이도 격렬한 파열과 충격이 발생할 수 있다. 이 특수한 불안정성을 자가 동요(auto-oscillations)라 부른다. 불안정성에 대한 임피던스 방법의 설명은 자가 동요 현상의 비선형 메커니즘을 포함하지 않기 때문에 비난받아 왔다. 비선형 보텍스 공동 컴플라이언스 표현은 실제로 시스템 감쇠를 수정하고, 일부 매개변수 조합들은 흡출관 자유진동을 불안정하게 만든다.

주기적인 보텍스 공동체적의 변화는 부분부하 공명(특히 낮은 진폭의 경우) 및 전부하 맥동에서 압력 변동을 가시화한다. 컴플라이언스의 동적 변화를 흡출관 거동 모델에 도입하는 것이 적합한지 여부에 대해 상당히 궁금해 할 수 있다. 이제 전역 공동화 컴플라이언스 $\widetilde{C}_a$는 정상유동 상태 컴플라이언스 $\widetilde{C}_s$ 주변 1차식 전개의 결과가 된다.

$$\widetilde{C}_a = \widetilde{C}_s + \frac{\partial \widetilde{C}_s}{\partial Q}(q_a - Q) + \frac{\partial \widetilde{C}_s}{\partial p} p_a$$

그리고

$$\frac{\partial \tilde{C}_s}{\partial p} = -1\frac{1}{\rho}\frac{\partial \tilde{C}_s}{\partial E}$$

여기서, 시간 변수는 러너 유출부(정상유동 상태 압력이 0이 되는)에서 압력 p_a와 유량 q_a, 그리고 흡출관 내 비압축성 수체 내 유동률이다. p_a와 q_a가 주어진 모멘텀의 전역 모멘트에 대한 보텍스 공동 주변 유동을 결정하면서 이 편미분의 도입은 타당하게 보인다. 비록 이는 매우 단순화된 실제 현상의 표현일지라도 결과적인 상태식은 약간의 흥미로운 점들을 보여준다.

비선형 상태식 시스템은 그림 7.32와 같이 단일 펜스톡으로 공급되는 프란시스수차로 구성된다. 집중 매개변수로 분석을 수행한다. 전술한 것과 같이 시스템 내 동적 상수들은 가변 공동화 컴플라이언스 $\tilde{C}_a$, 펜스톡 관성 $\tilde{L}_c$, 단순한 수두손실로서 처리된 수차 러너 내 비선형 감쇠이다. 상태 변수들은 관성력에 중요한 펜스톡 내 유동률 q_c과 흡출관 내 유동률 q_a 그리고 컴플라이언스에 중요한 압력 p_c와 압력 p_a이다.

시작하기 위해 러너의 어드미턴스는 0으로 가정한다. 즉, 오직 흡출관 동역학만을 고려하고 러너를 통과하는 유동률은 일정하다.

$$\dot{q}_a = \frac{p_a}{L_a}$$

$$\dot{p}_a = -\frac{Q - q_a}{\tilde{C}_a}$$

$$\tilde{C}_a = \tilde{C}_s\left(1 - \frac{1}{\rho \tilde{C}_s}\frac{\partial \tilde{C}_s}{\partial E}p_a + \frac{1}{\tilde{C}_s}\frac{\partial \tilde{C}_s}{\partial Q}(q_a - Q)\right)$$

이제 펜스톡 내 관성과 컴플라이언스 그리고 러너로 인한 감쇠를 도입한다.

$$\dot{q}_c = \frac{p_o - p_c}{\tilde{L}_c}$$

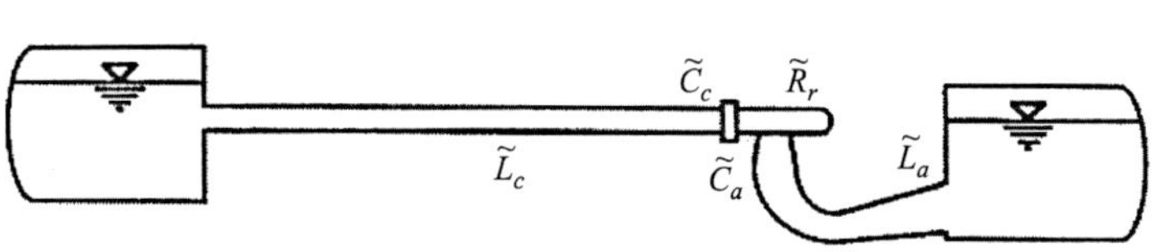

그림 7.32 시스템 동적 매개변수

$$\dot{q}_a = \frac{p_a}{\widetilde{L}_a}$$

$$\dot{p}_c = \frac{q_c - q_r}{\widetilde{C}_c}$$

$$\dot{p}_a = \frac{q_r - q_a}{\widetilde{C}_a}$$

그리고

$$\widetilde{C}_a = \widetilde{C}_s\left(1 - \frac{1}{\rho\widetilde{C}_s}\frac{\partial\widetilde{C}_s}{\partial E}p_a + \frac{1}{\widetilde{C}_s}\frac{\partial\widetilde{C}_s}{\partial Q}(q_a - Q)\right)$$

$$q_r = \sqrt{\frac{p_c - p_a}{\widetilde{R}_r}}$$

$$p_a \geq -\rho NPSE$$

Runge-Kutta법을 사용하여 상기 상태식을 수치해석으로 해결할 수 있다.

$$X = [q; p] \quad \text{and} \quad \dot{X}(t) = f[X(t) + U(t)]$$

$$X(t + \Delta t) = X(t) + \frac{1}{6}(a + 2b + 2c + d)$$

여기서

$$a = \Delta t \cdot f[X(t), U(t)]$$

$$b = \Delta t \cdot f\left[X(t) + \frac{a}{2}, U\left(t + \frac{\Delta t}{2}\right)\right]$$

$$c = \Delta t \cdot f\left[X(t) + \frac{b}{2}, U\left(t + \frac{\Delta t}{2}\right)\right]$$

$$d = \Delta t \cdot f[X(t) + c, U(t + \Delta t)]$$

시스템 안정성 만일 $\partial\widetilde{C}/\partial Q$와 $\partial\widetilde{C}/\partial E$의 부호가 반대가 되면 러너에서 어드미턴스가 0인 시스템은 안정되고, 부호가 동일하면 불안정하다는 것을 증명할 수 있다. 확증 없이 교란을 적용한 후 안정된 상황에서는 정감쇠(positive damping)와 함께 자유동요가, 불안정한 매개변수 조합에서는 부감쇠(negative damping)와 함께 자유동요가 나타난다.

자유동요는 펜스톡과 동적으로 관련되면서 급격하게 완화된다. 그러나 만일 공급관로의 자유동요 주파수와 인접하도록 펜스톡 동적 매개변수들을 선정하면 아직도 부감쇠를 갖는 자유동요가 나타날 수 있다.

일반적으로 ψ_A에서 매우 작은 유량으로부터 최대 효율 유량의 60% 또는 75%까지는 $\partial\widetilde{C}/\partial Q$는 (+)이다. 이제 보텍스가 없는 영역까지 $\partial\widetilde{C}/\partial Q$는 (−)이다. $\partial\widetilde{C}/\partial Q$는 $\partial\widetilde{C}/\partial Q=0$인 부분부하점을 통과한 후 전부하에서 다시 (+)가 된다. 이 경향은 $\partial\widetilde{C}/\partial Q=0$이 되는 부분부하 유량의 이동(shifts)을 제외하고 인접한 ψ 수치들에서 계속된다. 그러나 ψ 수치를 더욱 낮추면(ψ_A의 약 60%) $\partial\widetilde{C}/\partial Q$ 평가가 상당히 어려워지게 된다.

$\partial\widetilde{C}/\partial E$의 변화는 기계 설계에 다소 종속된다. 부분부하에서 $\partial\widetilde{C}/\partial E$는 ψ_A에 대해 0에 가깝다. ψ수치가 낮은 경우 $\partial\widetilde{C}/\partial E$는 항상 (−)이다. 전부하에서 $\partial\widetilde{C}/\partial E$는 ψ_A에 대해 거의 항상 (+)이고, ψ_A 이하 수치에서는 (+) 또는 (−)가 될 수 있다. 그림 7.33은 상기 내용을 개략적으로 보여준다.

때로는 아주 적은 유량(예를 들어 Q_A의 50% 이하)에서 또는 전부하에서 자가동요의 파열이 보고된다[7.8, 7.12, 7.14]. 이 두 운전 범위에서 $\partial\widetilde{C}/\partial Q$와 $\partial\widetilde{C}/\partial E$의 부호는 반대가 될 수 있다. 이 보고된 자가동요 사례들은 여기에서 분석한 형식이 될 수 있다. 비록 부분 유량에서 자가동요는 성가실지라도 통상적으로 수차는 긴 기간에 걸쳐 이와 같은 조건에서 운전되지 않기 때문에 너무 나쁘지는 않다. 그러나 전부하 자가동요는 주된 골칫거리이고 재앙적인 결과를 초래할 수 있다. 사용자는 수차의 최대 출력 영역 내 수차의 불안정성을 전적으로 수용할 수 없다.

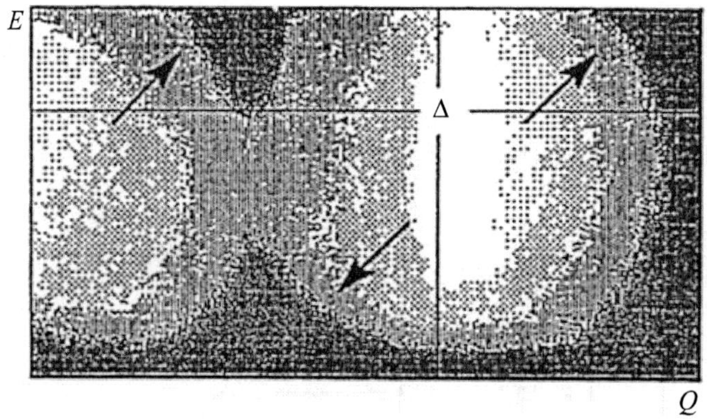

그림 7.33 에너지-유동 선도에서 공동화 컴플라이언스의 개요도(만일 면적이 음영으로 더 크게 나타나면 컴플라이언스는 커진다. Δ = 최대효율, 화살표-가능성 있는 자가동요)

7.3.6 시험 낙차의 영향

시험 낙차의 전체 범위 안에서 회전속도를 조정하여 원형 수차의 운영 조건들과 상사인 모델 수차의 운영조건들을 얻을 수 있다. 시험낙차가 클 때는 공급펌프와 제동력, 시험 낙차가 낮을 때는 운전의 안정성과 측정기의 민감도에 의해 시험한계가 결정된다.

운전 조건들의 설정 및 변동하는 수치 측정에 우호적으로 시험 낙차를 선정한다. 대부분의 사례에서 레이놀즈 상사를 위한 시험 낙차는 도달 수준을 초월하고, 프루드 상사를 얻는 것이 어렵다. 이는 공동화 조건들의 상사는 σ를 계산하는 기준 고도에서만 실제로 충족된다는 사실을 의미한다. 따라서 이 고도 선정은 반드시 동적 거동의 관측에 기초하여 시험 낙차의 한계효과를 최소화하여야 한다.

많은 저자들은 그들 선정을 지지하는 완전한 실험 증거를 제시하지 않고 러너 아래 러너 직경의 1배 또는 흡출관의 중간 깊이를 기준고도로 제안하였다[7.39]. 만일 러너 유출부를 기준 고도로 설정하면, 실제로 흡출관 내 증기 생성은 시각적으로 시험 수두와 독립적이다[7.21, 7.24]. 만일 이와 같은 기준을 사용하면, 자유동요의 상대 주파수는 실제로 시험 낙차에 따라 변화하지 않는다는 사실은 이 의견을 확인해 준다(그림 7.34와 7.35 참조).

부분부하 세차와 관련된 동요의 상대적인 주파수 및 진폭은 기본적으로 시험 낙

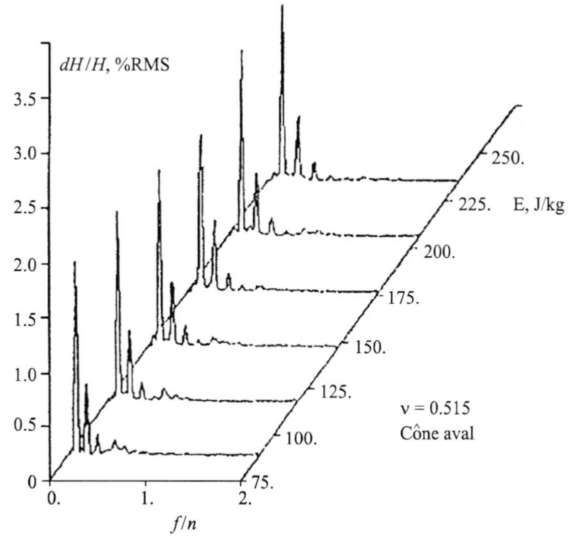

그림 7.34 시험수두가 부분부하 변동에 미치는 영향(콘 하류)

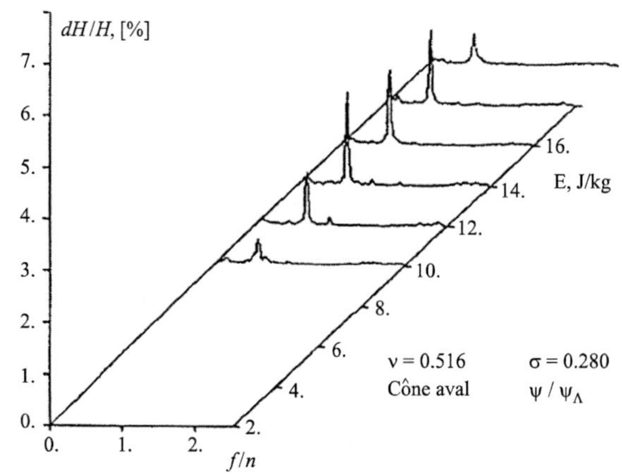

그림 7.35 시험수두가 전부하 변동에 미치는 영향(콘 하류)

차와 독립적이다. 실제로 시험 회로의 동적인 특성에 종속되는 상대적인 압력 변동의 진폭은 시험 낙차에 따라 변화할 수 있다. 그러나 공급 관로 내 압력 신호의 음향 파워 분석을 통해 이 왜곡들을 제거할 수 있다.

전부하 맥동의 진폭은 공급 관로 동역학에 정확하게 그리고 강하게 종속된다. 회로 구성을 고려하면 시험 낙차의 변화는 압력 변동 수준은 물론 진폭 전개 시험 매개변수(유량 계수, σ)도 강하게 변경시킬 수 있다. 이 경우 전부하에서의 교란과 관련된 에너지 방출은 매우 미미하거나 또는 존재하지 않기 때문에 음향 파워 분석은 큰 도움이 되지 않는다.

7.3.7 토마수 (Thoma number)

토마수 σ는 주어진 운전 조건에서 흡출관 내 보텍스 공동체적에 영향을 미친다. 즉, σ가 낮을수록 공동체적이 크다. 흡출관 컴플라이언스가 자유동요의 주파수를 결정하는 것처럼 σ도 자유동요의 주파수에 영향을 미치게 된다.

경험으로부터 자유진동 주파수는 전부하는 물론 부분부하에서 σ에 따라 선형적으로 변화하는 것으로 증명되었다(그림 7.27 및 7.36).

부분부하에서 자유진동은 임계 σ 수치에 걸쳐 세차 주파수에서 발생하는 것을 보여준다. 이는 흡출관 내 수주의 공명으로 연결된다. 이 공명의 주된 특징은 흡출관 단면 내 압력 동요의 위상 이동이 0이라는 것이다. 이는 주어진 흡출관 벽의 위치에서 더욱 큰 진폭이 존재할 가능성을 의미하지 않는다. 즉, 반응 맥동장(pulsating

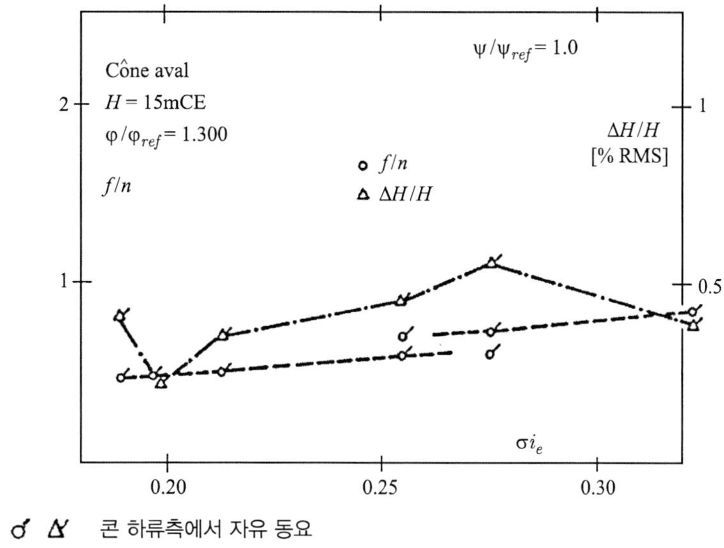

그림 7.36 전부하에서 σ의 영향(콘 하류측에서 자유 동요)

field)은 반드시 일부 원주 내에서 세차 회전장(rotating field)과 반대가 되어야 한다(그림 7.24). 여기서 공명은 관측 가능한 진폭의 저하로서 나타날 수 있다. 부분 부하 공명은 거의 항상 공급 관로에게 강한 음향 에너지 방출을 제공한다.

보텍스 공동체적은 흡출관 콘 내 속도장과 세차 주파수를 미미하게 수정한다. 이 결과로서 부분 부하에서 두 개의 일정한 회전장 주파수의 수치 사이에서 점프가 발생한다.

σ 수치가 매우 낮으면 전부하에서의 공동화는 러너 날개 상에서 거의 수주분리되는 심각한 단계로 발달한다. 이와 같은 전부하 맥동에서는 큰 진폭을 갖는 전역적으로 낮은 주파수 서지가 시스템 동역학을 지배할 것이다[7.19]. 그러나 원형 수차들에서는 이 운전 조건들은 거의 존재하지 않는다.

7.4 수력기계 설치에서 공동화 공명

P. Henry

7.4.1 소개

유동 시스템 내 공동화에 의해 발생된 공명은 잘 이해되지 않는 주제이다. 공동화

벤트리 유동 내 공동화와 관련된 낮은-주파수 변동 조사시 공동화 공명이 최초로 명명되었다[7.29, 7.30, 7.31]. 공동화 발생에 따라 변화하는 공동의 고유주파수와 유동 회로의 고유주파수의 일치는 시스템 내 공동화 공명으로 이어지는 것을 암시한다.[1] 프란시스수차 모델 연구에서 흡출관 내 공동은 일부 운전 조건에서 콘의 물 부분과 조합될 컴플라이언스만을 소유하고, 오실레이터(oscillator, 즉, 전술한 수체)를 형성하는 집중 커패시터(lumped capacitor)보다는 오실레이터 자체로서 거동할 수 있다는 유사한 사실이 증명되었다[7.32]. 이는 공동화 공명이 발생할 수 있는 모드는 여러 요소들에 종속되어 변화하고, 집중 컴플라이언스 모델은 오직 1차 근사식인 사실을 나타낸다.

이와 같은 현상의 불확실성과 복잡성으로 인해 예측은 쉬운 과업이 아니고 또한 항상 성공적이지도 않다. 여기에서는 이와 같은 현상 및 일부 대처법을 입증하기 위해 수체모델(water plug model)에 기초한 공동화 공명의 실용적인 사례를 제시하였다.

본 사례연구는 스페인 Salamanca 지방에 소재한 Saucelle Huebra 플랜트(그림 7.37)의 수차($\nu=0.516$)를 다룬다[7.24, 7.25]. 계약에 따라 1986년 모델 인수 시험 동안 운전 안정성 제어를 수행하였다. 모델 시험의 해석 결과는 실제 규격의 수차를 전부하에서 운전하였을 때 발생하였던 불안정성을 예측하지 못하였다. 이 문제로 인해 일련의 실험실 시험을 추가로 수행하였다.

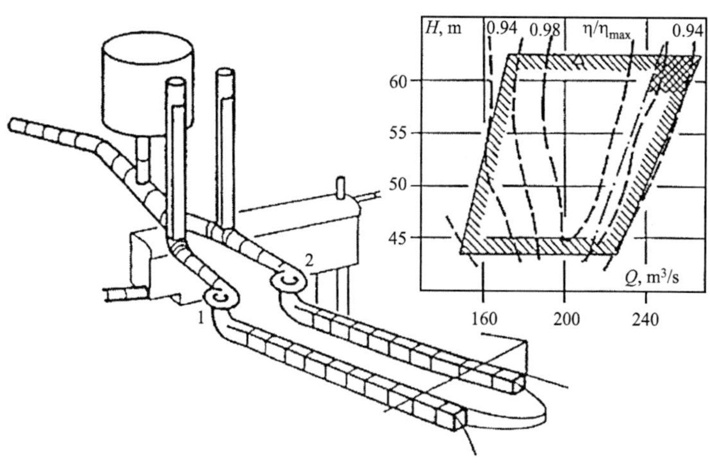

그림 7.37 Saucelle–Huebra 설치도 및 운영 범위와 전부하 불안정성

[1] 3.7.3절 "기포-기포(대규모) 상호작용"의 주석 12, 13, 14 참조.

7.4.2 원형 설치

구성 Saucelle Huebra 발전소는 스페인과 포르투갈의 경계인 Rio Duero에 설치된다. 이 발전소는 240 MW Saucelle 발전소를 보강하고, 또한 2단계에서 Rio Huebra의 낮은 부분을 처리한다. Duero에 위치한 현존하는 댐으로부터 시작하여 1330 m의 긴 터널을 통해 서지탱크로 물을 취수한다. 이제 수문 갱도가 설치된 분지 펜스톡을 통해 지하 발전실 내 두 개의 프란시스수차에게 물이 공급된다. 러너 직경 5.23 m, 정격 낙차 62 m(608 J/kg)에서 정격 동력은 137 MW이다. 낙차 62 m 이하에서 토마수 $\sigma = 0.28$이고, 러너 유출부를 기준 고도로 설정한다. 흡출관은 길이 109 m와 118 m의 두 방수로터널을 통해 방수된 물과 연결된다.

유량 147 ~ 246 m^3/s에서 수차의 운전 범위는 427 ~ 612 J/kg이다. 높은 낙차 영역에서는 정격 수문 개도를 초과하여 최대 140 MW까지 운전이 보장된다.

현장 관찰 수차 시운전 직후 최소 방수위와 130 MW 이상에서 맥동이 발생하였다(그림 7.38). 축 밀봉과 러너 콘을 통한 급기 장치는 자연적인 공기 유입을 허락하지 못하였다. 비록 높은 방수위에서 맥동을 수용할 수 있지만 운영은 일시적으로 128 MW로 제한되었다.

러너 콘을 통한 자연 공기 유입을 용이하게 하기 위해 2호기를 수정하였다[7.16, 7.46]. 즉, 모델 시험 동안 보텍스 공동의 상부를 관측할 수 있는 수위까지 도달할 수 있도록 깔대기 형상의 Snorkel tube(그림 7.39)를 러너 콘에 설치하였다. 압력과 출력의 변동을 기록하기 위해 일부 계측기를 설치하였다. 광범위한 공기 유입 가능

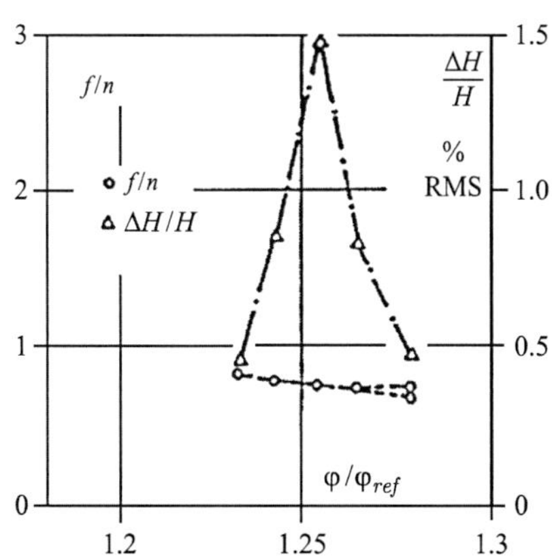

그림 7.38 원형 흡출관 벽에서 전부하 압력 변동

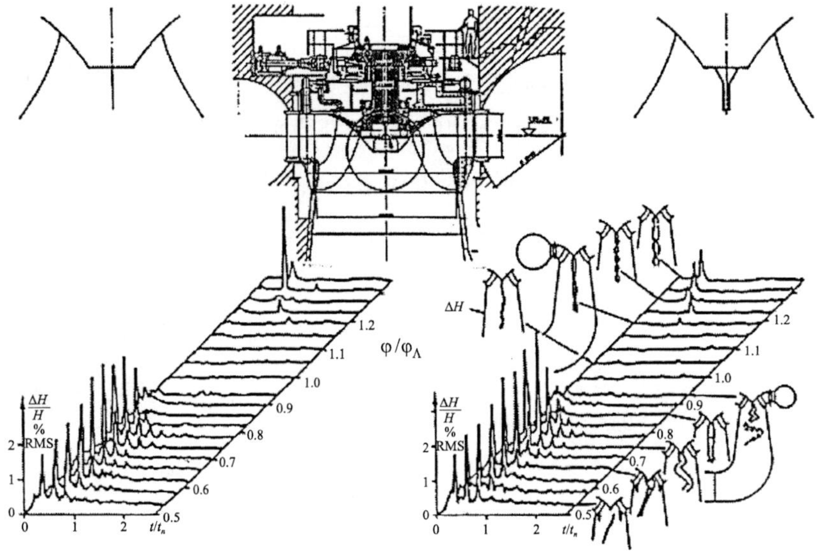

그림 7.39 절단된 콘과 Snorkel 튜브 확장에서 압력 변동

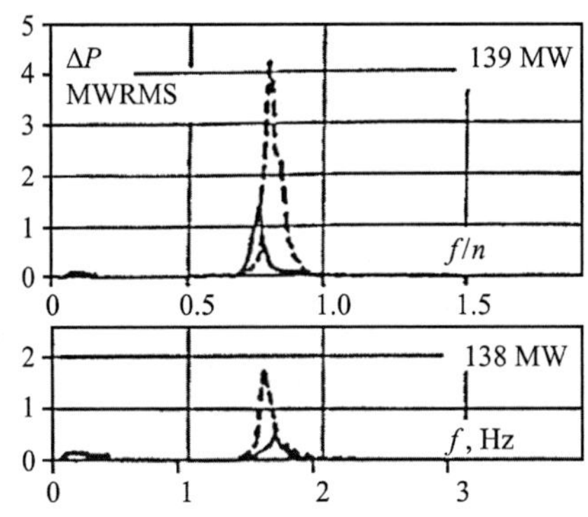

그림 7.40 2호기에서 출력 *f*(실선 = 2호기 단독, 점선 = 1호기 + 2호기)

성을 조사하기 위해 압축기도 설치하였다. 공기 유입을 차단한 상태에서 일정한 시험 낙차 아래 최대 140 MW 범위까지 과부하시험을 하였다. 전부하에서 맥동은 주목할 만큼 상당히 낮은 진폭으로 감소하였다. 수정되지 않은 1호기에서는 이 운전범위에서 아직도 과도한 동요가 발생하였다. 그림 7.40은 2호기의 138 MW와 139 MW 출력에서의 변동을 보여준다. 만일 2호기를 단독으로 운전하면 동요를 수용할 수 있다. 또한, 만일 1호기를 전부하에서 운전하면 지배적인 주파수가 이동(shift)하고 1호기에서 발생된 성가신 변동은 2호기까지 전달된다.

추가 시험에서 약간의 공기를 강제로 주입한 결과 전부하 맥동의 주파수와 진폭 모두가 더욱 감소된 것을 보여주었다. Snorkel tube 사용 자체는 전부하 맥동을 완화시키기에 충분하므로 최종적으로 공기유입을 배제하였다. 2호기와 동일한 방법으로 1호기 러너 콘을 수정하였다. 이후 Saucelle-Huebra 발전소 수차의 운전은 발전효율 손실 없이 최대 140 MW까지 제한되지 않는다.

7.4.3 모델 시험

사전 토론 비록 사용자는 상기와 같은 안정성 문제에 대한 단순한 해결책에 완전히 만족하였지만 아직도 다음과 같은 여러 질문들에 대한 답변이 필요하다.

- 실험실에서 수행한 모델 시험 동안 왜 전부하 불안정성이 탐지되지 않았는가?
- 러너 콘 확장이 공기유입 없이 어떻게 맥동을 억제하였는가?
- 긴 방수로 터널은 동요에 어떻게 영향을 미치는가?

상기 질문에 대답하기 위해 IMHEF 시험실에 Hydro Vevey 모델을 설치하였다. 새로운 평가법을 사용하여 이 모델의 동역학적 거동을 상세하게 조사하였다. 모델 러너의 직경은 0.28 m이고 주된 시험 낙차는 15 m이었다.

최초 일련의 시험에서 최대 효율 에너지 계수에 걸친 운전 범위와 플랜트 토마 수 σ_p에서 당초 러너와 수정된 러너를 시험하였다(그림 7.39). 그리고 부분부하부터 전부하로 유량을 조정하였다. 무차원 주파수 f/f_n에 따라 흡출관 콘 벽에서 동요의 진폭을 작도하였다. 부분 부하 압력 변동은 크게 수정되지 않았지만 전부하 맥동의 진폭 차이는 상당하였으며 이는 관 확장으로 적정한 개선이 이루어진 것을 의미하였다.

이 고무적인 결과에 따라 시험 낙차가 전부하 맥동에 미치는 영향을 조사하였다. 그림 7.41은 지배적인 주파수 그리고 10 m와 20 m 낙차에서 이에 상응하는 진폭을 보여준다. 이 시험 낙차에서 Snorkel tube 확장은 맥동을 더욱 강하게 만들었지만 상대 주파수에는 영향을 미치지 않았다.

시험 회로의 영향 공급관로를 다르게 구성하여 시험하였다(그림 7.42). 높은 압력관로 내부에 삽입된 탱크는 이 관로의 동적 반응을 수정하였다. 이 수정은 러너 회전 주파수의 두 배에서 가장 강하게 나타났다. 진폭은 전역적으로 낮았지만 상대 주파수는 변화하지 않았다. 이 조사 결과는 시험 낙차 또는 공급관로의 동적 반응은

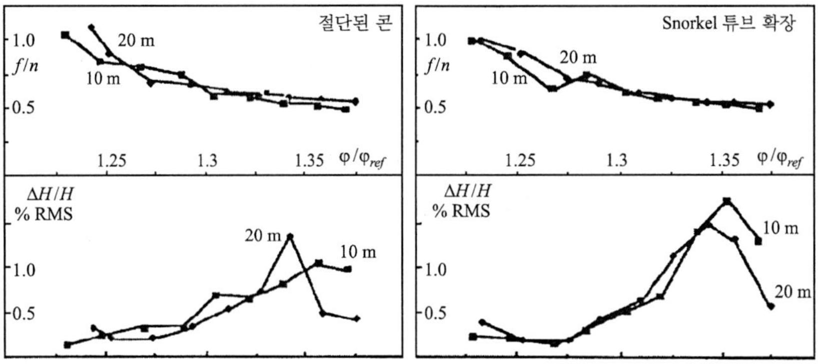

그림 7.41 10 m와 20 m 낙차에서 흡출관 벽, 절단 콘, Snorkel 튜브 확장에서 전부하 맥동

이 중요한 현상의 상대 주파수에 영향을 미치지 않는다는 중요한 정보를 제공한다. 이 맥동 진폭은 시험 조건에 따라 변화하는 반면 맥동 신호는 모든 사례에서 잘 정리된다.

만일 수차 유출부가 Saucelle-Huebra 수차와 같이 자유 표면 수조 대신 방수로 수로에 연결되면 반드시 주의하여야 한다. 물론 원형 방수로 구조물과 기하학적으로 유사한 모델을 구축할 수 있지만 동적 상사는 만족되지 않을 것이다. 그림 7.43은 원형 배열과 기하학적으로 유사한 3개의 다른 방수로 구조를 갖는 흡출관 콘에서 압

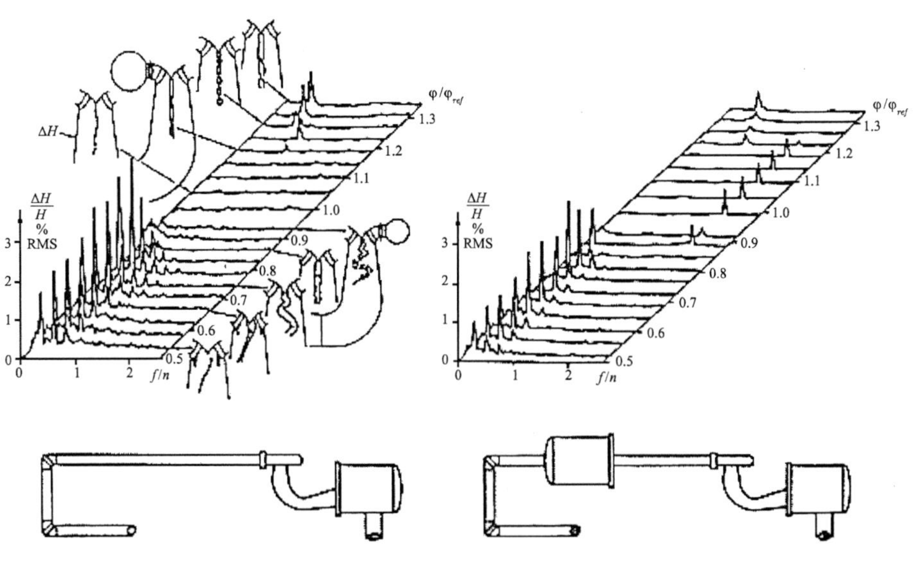

그림 7.42 공급관로 구성이 다를 때 흡출관 벽에서 압력 동요

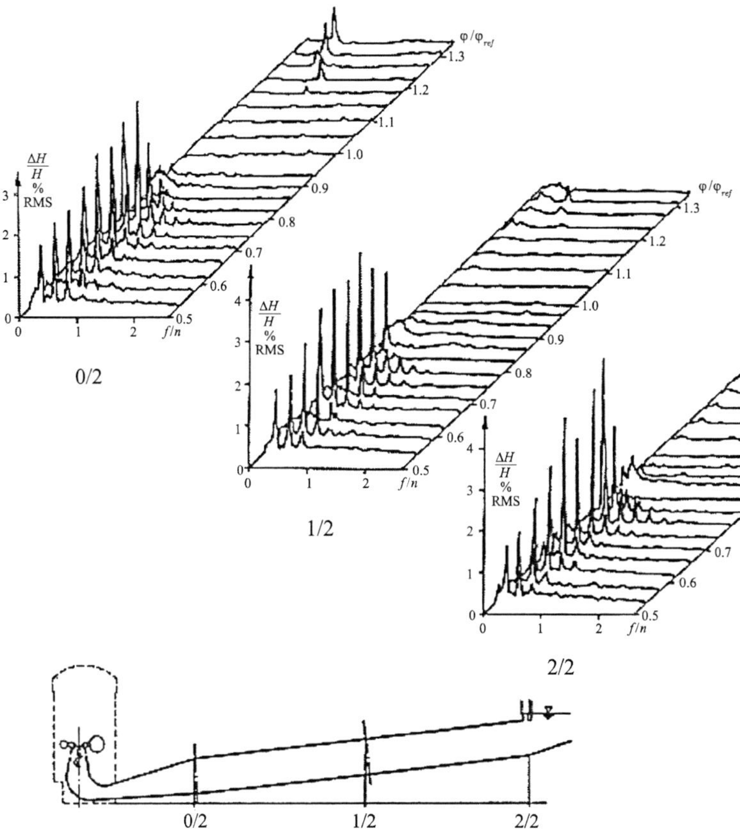

그림 7.43 2호기의 방수로 터널과 3개의 다른 방수로 구성에 대한 흡출관 콘에서 전부하 맥동

력 동요를 보여준다. 전부하 맥동은 짧은 흡출관 구성에서는 뚜렷하게 나타나고, 절반 터널 구성에서는 덜 심각한 수준으로 유지되고, 전체 터널 구성에서는 거의 탐지되지 않는다.

예측 요소들 변수량(variable quantity)은 공동화 컴플라이언스이다. 만일 흡출관의 자유동요 주파수가 전체 회로의 공명 주파수에 인접하면 공동화 공명(불안정성)이 발생할 수 있다. 모델에서 자유동요 주파수를 관측하여 상당히 쉽게 공동화 컴플라이언스를 추정할 수 있다(그림 7.44).

7.4.4 원형 설치의 안정성

자유진동 공동화 컴플라이언스에 대한 지식을 터득하면 그림 7.45와 같은 전체 수력

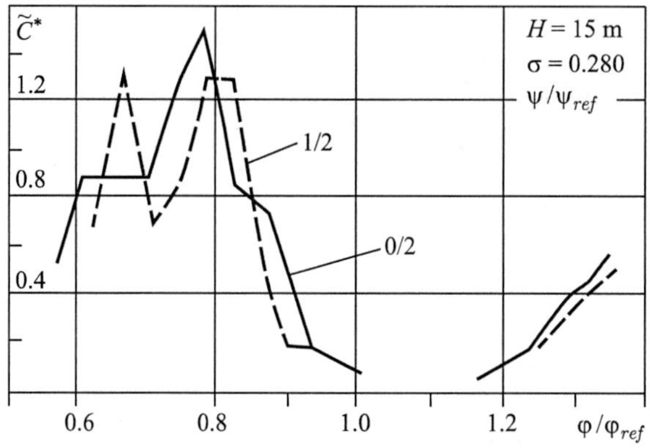

그림 7.44 두 개의 다른 방수로로 구성된 모델 시험으로 평가된 무차원 공동화 컴플라이언스

시스템의 안정성 분석시 모델 수차의 동적 거동을 고려하는 것이 가능하다. 상세한 시스템 자료는 다음과 같다.

서지탱크 :	$A_{cheq} = 1963.5\ \text{m}^2$	$k_{req} = 0.025\ \text{s/m}^2$
수문 갱도 :	$A_{chva} = 50\ \text{m}^2$	$k_{rva} = 1.5\ \text{s/m}^2$
운전 조건:	$Q = 258\ \text{m}^3/\text{s}$	$H = 61\ \text{mWC}$

관로시스템의 경계조건은 다음과 같이 주어진다.

- 상류수(headwater)에서 자유표면
- 서지탱크와 수문 갱도에서 자유표면
- 1호기 정지
- 2호기 방수로에서 자유표면

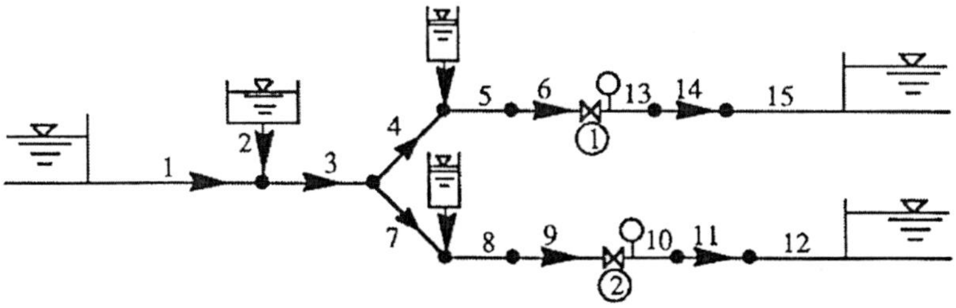

그림 7.45 임피던스 계산을 위한 급수시설의 개략도

배관	길이(m)	직경(m)	파속(m/s)	수두손실계수
1	1330.0	12.0	1300.0	0.02
2	38.0	8.0	800.0	0.02
3	30.0	12.0	1300.0	0.02
4	30.0	8.0	1300.0	0.02
5	38.0	6.5	1300.0	0.02
6	17.0	6.1	800.0	0.02
7	20.0	6.25	1300.0	0.02
8	40.0	10.7	1300.0	0.02
9	110.0	12.9	800.0	0.02
10	30.0	8.0	1300.0	0.02
11	48.0	6.5	1300.0	0.02
12	17.0	6.1	1300.0	0.02
13	20.0	6.25	1300.0	0.02
14	40.0	10.7	1300.0	0.02
15	100.0	12.9	1300.0	0.02

시스템에 유동률 변동을 부과하였으므로 2호기 러너 유출부와 관련된 유동률과 에너지 변동을 연산할 수 있다. 다른 경계조건들로부터 국부 임피던스를 연산한다. 이제 고려한 주파수에서 시스템을 조율(tune)하는 공동화 컴플라이언스를 평가한다. 또한, 어드미턴스가 0인 경계조건에서 러너 유출부에서의 임계 공동화 컴플라이언스를 계산한다. 주어진 매개변수들을 사용하여 음향 전달을 연산한다. 2호기의 방수로를 10개의 균등 길이 단면으로 표현한다(흡출관 6개와 터널 4개). 계산시 현장 시험으로부터 이전에 얻었던 동요 주파수 그리고 이 운전 조건에서 모델 시험으로 사전에 예측하였던 공동화 컴플라이언스 모두를 선발(single out)할 수 있다(그림 7.46 참조). 결과는 파속 1300 m/s 또는 320 m/s(고조파 모드)에 대한 가능성 있는 원형 설치의 조율을 보여준다. 다음 사항들을 고려하면 이는 양호한 계산으로 보인다.

- 계산시 0.4 ~ 0.8 Hz 대역에서 동요가 발생하였지만 현장 기록에는 발생하지 않았다.
- 모델시험으로 얻은 집중 매개변수인 무차원 컴플라이언스 $\tilde{C}^* = 0.26$은 수차 운전으로 인한 모든 추가 컴플라이언스를 포함한다. 이제 완전 강성체 덕트 내 평균 압력 1.5 bar에서 물의 파속은 1300 m/s를 의미한다.

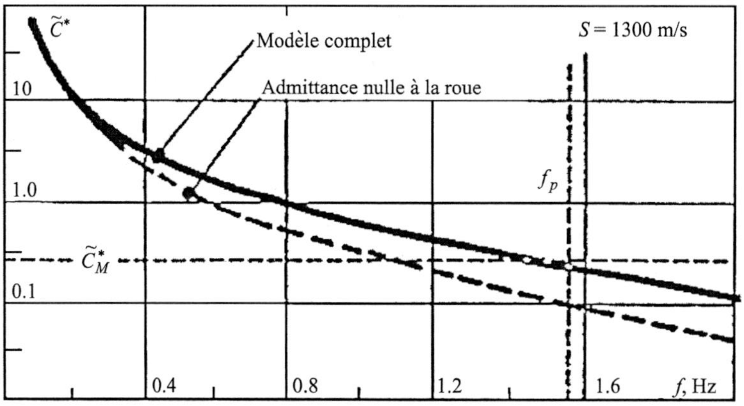

그림 7.46 2호기의 임계 공동화 컴플라이언스

현장시험 동안 $\phi/\phi_{ref}=1.255$에서 러너 콘을 수정한 2호기의 단독 운전시 수용할 수 있는 동요(즉, $0.75n$에서 $\Delta H/H=1.5\%\ rms$와 $\Delta P/P=1.0\%\ rms$)가 발생하였다. 반면 1호기와 2호기의 전부하 병렬 운전시 2호기에서 과도한 변동(즉, $0.81n$에서 $\Delta H/H=3.7\%\ rms$와 $\Delta P/P=3.1\%\ rms$)이 발생하였다.

또한, 현장시험으로부터 얻었던 1.68 Hz의 주파수를 구하기 위해 다음과 같은 경계조건들에서 1호기의 임계 공동화 컴플라이언스를 연산한다.

- 상류수(headwater)에서 자유표면
- 서지탱크와 수문 갱도에서 자유표면
- 1호기의 방수로에서 자유표면
- 이전에 계산된 것과 같이 공동화 컴플라이언스와 함께 2호기의 방수로에서 자유표면

1호기의 합성 컴플라이언스는 복소수 수치이고, 오직 실수 부분만을 유지한다(허수 부분은 매우 적다). 이제 자유동요 주파수와 감쇠를 확인한다. 그리고 시스템에 걸쳐 압력과 유동률 진폭을 연산한다. 현장 기록과 일치시키기 위해 진폭을 조정한다. 이제 그림 7.47과 같은 완벽한 급수시설에 대한 동요 모드를 얻을 수 있다.

연산된 1호기의 공동화 컴플라이언스는 약 $\phi/\phi_{ref}=0.25$에서 모델 시험으로부터 얻은 것과 잘 일치한다. 연산된 모드 형상에서 서지탱크 삽입부, 분기관 및 수문 갱도에서 유동률 진폭의 점프가 명백하게 나타난다. 비록 이 요소들은 첫눈에는 중요

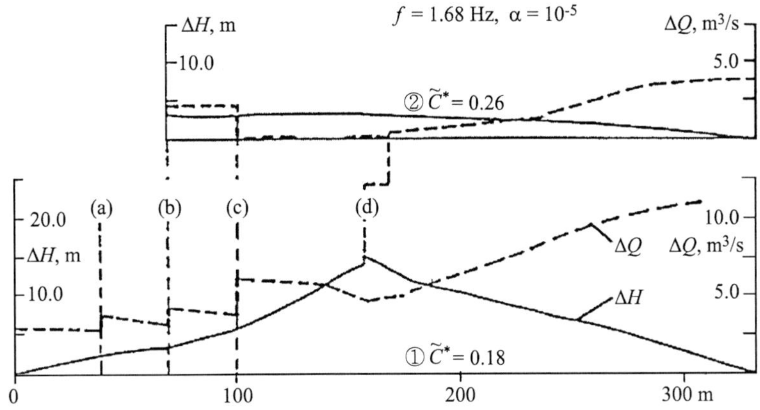

그림 7.47 1.68 Hz에서 원형 급수시설의 동요 모드

하지 않은 것처럼 보일지라도 이들은 진동 모드를 수정하므로 반드시 사전 계산에 포함시켜야 한다.

논평 Saucelle-Huebra 수차의 안정성 분석은 전부하 운전과 관련된 공동화 공명의 위험을 명백하게 보여준다. 실험실 시험은 공동화 공명을 야기할 정확한 운전 조건 또는 공동화 공명의 진폭을 나타낼 수 없다. 그럼에도 불구하고 주어진 러너 설계에 대한 모델 시험은 공동화 공명으로 인한 전부하 맥동의 가능성을 어느 정도 나타낼 수 있다. 또한 모델시험은 이 시스템-불안정성의 수치 해석에 필요한 수차의 동적 특성을 제공할 수 있다.

References

7.1 Acosta, A. J. (1958), 'An Experimental Study of Cavitating Inducers', Second Symposium on Naval Hydrodynamics, Office of Naval Research, Dept. of Navy, ACR-38, August 1958.

7.2 Angelico, G., Muciaccia, F. Rossi, G. (1986), 'Part Load Behaviour of a Turbine: a Study on a Complete Model of Hydraulic Power Plant', IAHR Symposium, Montreal.

7.3 Angelico, G., Fanelli, M., Siccardi, F. (1987), 'Hydraulic Machinery as a Transfer Element for Steady Pulsating Quantities', IAHR W.G., Line.

7.4 Badie-cassagnet, A. et al. (1981), 'Application de I'intensimetrie Acoustique a Pidentification des Sources de Pulsation de Pression dans les Circuits', CETIM, Senlis.

7.5 Brennen, C, Acosta, A.J. (1976), 'The Dynamic Transfer Function for a Cavitating Inducer', *ASME J. Fluids Eng.*, Vol.98, No.2, 1976-6, pp.182-191.

7.6 Brennen, C. (1978), 'Bubbly Flow Model for the Dynamic Characteristics of Cavitating Pumps', J. Fluid Mech., Vol.8-9, part 2, pp.223-240.

7.7 Brennen, C. E., Meissner, C , Lo, E. Y., Hoffman, G. S. (1982), 'Scale Effects in the Dynamic Transfer Functions for Cavitating Inducers', *ASME J. Fluids Eng.*, 104-4, pp.428-233.

7.8 Campmas, P. (1960), 'Stabilite du Regime de Fonctionnement des Turbines Francis', AIRH Symposium, Nice.

7.9 Campmas, P., Giraud, H. (1960), 'Analyse du Fonctionnement d'une Turbine Francis: Comparaison des Investigations sur Modele Reduit et sur Turbine Industrielle', AIRH Symposium, Nice.

7.10 Dorfler, P. (1983), 'Francis Turbine Impedance-Experimental Results vs. Theoretical Model', IAHR W.G., Milan.

7.11 Dorfler, P. (1983), 'Evaluation Concepts for Low Frequency Oscillations in Hydraulic Reaction Turbines', IAHR W.G., Milan.

7.12 Dorfler, P. (1985), 'Francis Turbine Surge Prediction and Prevention', Waterpower' 85, Las Vegas.

7.13 Fanelli, M. (1991), 'Research on Off-design Behaviour of Francis Turbines: an Overview of Present State, Difficulties, Open Problems, Needs and Strategies', IAHR W.G., Milan.

7.14 Fisher, R. K., Ulith, P. (1982), 'Comparison of Draft Tube Surging of Homologous Scale Models and Prototype Francis Turbines', *Voith Research and Construction*, Vol.28e.

7.15 Fritsch, A., Maria, D. (1987), 'Dynamic Behaviour of a Francis Turbine at Partial Load: Model-prototype Comparison', IAHR W.G., Lille.

7.16 Grein, H. (1980), 'Vibration Phenomena in Francis Turbines: Their Causes and Prevention', IAHR Symposium, Tokyo.

7.17 Greitzer, E. M. (1981), 'The Stability in Pumping Systems - The 1980 Freeman Scholar Lecture', *ASME J. Fluids Eng.*, Vol.303, No.2, pp.193-242, 1981-6.

7.18 Henry, P. (1984), 'La Cavitation dans les Machines Hydrauliques', *Publication EPFL*, Lausanne.

7.19 Henry, P., Graeser, J. E., Prenat J. E., Wegner M. (1984), 'Scale Effects Concerning Hydraulic Quasi-stationary Oscillations on a Turbine Model and Its Test Circuit', IAHR Symposium, Stirling.

7.20 Henry, P. (1984), 'La Cavitation dans les Machines Hydrauliques', *Publication EPFL*, Lausanne.

7.21 Jacob, T., Maria, D., Prenat, J.-E. (1987), 'Comportement Dynaniique D'une Turbine Francis 1 Forte Charge. Comparaisons modele-prototype', *SHF Comite technique* 134, Paris.

7.22 Jacob, T., Prenat, J. E., Grenier, R. (1988), 'A Characterization Procedure for the Dynamic Behaviour of Francis Turbines: Practical Comparison of Elbow and Moody Type Draft Tubes', IAHR Symposium, Trondheim.

7.23 Jacob, T., Prenat, J. E. (1990), 'Generation of Hydro-acoustic Disturbances by a Francis Turbine Model and Dynamic Behaviour Analysis', IAHR Symposium, Belgrade.

7.24 Jacob, T., Prenat, J. E., Vullioud, G., Lopez Araguas, B. (1992), 'Surging of a 140 MW Francis Turbine at High Load, Analysis and Solution', IAHR Symposium, Sao Paulo.

7.25 Jacob, T. (1993), 'Evaluation sur modele Reduit et Pre'ction de la Stabilite de Fonctionnement des Turbines Francis', These EPFL, Lausanne.

7.26 Kamijo, K., Shimura, T., Watanabe, M. (1977), 'An Experimental Investigation of Cavitating Inducer Instability', ASME Paper 77-WA/FE-14, 1977-11, and also 'A Visual Observation of Cavitating Inducer Instability', NAL TR-598T, 1980-5.

7.27 Kazan, M. N. (1962), 'Turbine Francis: Etude de L'ecoulement a la Sortie D'une Roue Francis', These EPFL, Lausanne.

7.28 Kercan, V., Bajd, M. (1988), 'Computation and Experimental Investigation of Draft Tube Vortex in Francis Turbines of Various Specific Speed', IAHR Symposium, Trondheim.

7.29 Li, S. C , Zhang, Y. J., Hammitt, F. G. (1983), 'Low-frequency Fluctuations Associated with Cavitating Venturi Flows', DRDA Rept. No.UMICH 014571-64-1, University of Michigan, Ann Arbor, USA.

7.30 Li, S. C , Zhang, Y. J., Hammitt, F. G. (1986), 'Statistical Considerations of Pressure Pulses from a Cavitating Venturi', *Proc. Instn. Mech. Engrs*. 200, N0.C6, pp381-387.

7.31 Li, S. C. et al (1989), 'Cavitation Resonance in a Venturi Loop', *ASME FED*, Vol.79, pp71-74.

7.32 Li, S. C. (1992), 'Pressure Fluctuations in Cavitating Draft-tube Flows', *ASME FED*, Vol.136, ppl-6.

7.33 Massey, I. C. (1976), 'The Suction Instability Problem in Rotodynamic Pumps', International

Conference on Design and Operation of Pumps and Turbines. NEL, East Kilbride, Scotland, Paper 4.1.

7.34 Muciaccia, F., Rossi, G. (1983), 'Experimental Approach to the Study of Stationary Pulsations at the Rope Frequency on Francis Turbine Models: Measurement Techniques and Some Results', IAHR W.G., Milan.

7.35 Muciaccia, F., Rossi, G., Zanetti V. (1984), 'Study on Model of the Dynamic Behaviour of a Hydraulic Machine', IAHR Symposium, Stirling.

7.36 Muciaccia, F., Rossi, G. (1985), 'Experimental Approach to the Study of the Dynamic Behaviour of a Francis Turbine Model at High Specific Speed when Operating at Reduced Load', IAHR W.G., Mexico.

7.37 Muciaccia, F. (1991), 'Influence of the Extension of the Pier Nose, Inside the Draft Tube Elbow of a Francis Turbine, on the Pressure Pulsations and Rotating Radial Thrust at Suction Vortex Frequency', IAHR W.G., Milan.

7.38 Murai, H., Takeuchi, H. (1969), 'Observation of Cavitation and Flow Pattern in an Axial Flow Pump at Small Flow Rate', *Mem. Inst. high Sp. Mech.*, Japan, Vol.254, (1968/1969), No.246, pp.315-333.

7.39 Nishi, M., Kubota, T., Matsunaga, S., Senoo, Y. (1980), 'Study of Swirl Flow and Surge in an Elbow Draft Tube', IAHR Symposium, Tokyo.

7.40 Nishi, M., Matsunaga, S., Kubota, T., Senoo, Y. (1984), 'Surging Characteristics of Conical and Elbow-type Draft Tubes', IAHR Symposium, Stirling.

7.41 Nishi, M. (1992), 'Pressure Data Analysis by Using Nishi's Method', Kyushu Institute of Technology.

7.42 Numachi, F. (1954), 'Summary Report on the Research of Cavitation Phenomena Obtained Hitherto by our Institute', *Rep. Inst. High Speed Mech.*, Tohoku Univ., Vol.14, No.40, ppl59.

7.43 Palde, U. (1974), 'Model and Prototype Turbine Draft Tube Surge Analysis by the Swirl Momentum Method', IAHR Symposium, Vienna.

7.44 Rosenman, W. (1965), 'Experimental Investigations of Hydrodynamically Induced Shaft Forces with a Three Bladed Inducer', *Proc. Symposium on Cavitation in Fluid Machinery*, ASME WAM, pp.172-195.

7.45 Sack, L. E., Nottage, H. B. (1965), 'System Oscillations Associated with Cavitating Inducers', *ASME J. Basic Eng.*, Vol.87, Ser.D, No.4, pp.917-925.

7.46 Thicke, R. H. (1980), *Methods of Controlling Turbine Draft Tube Vibrations and Stability*, Canadian Electrical Association, Hydraulic Power Section.

7.47 Tsujimoto, Y., Kamijo, K., Yoshida, Y. (1993), 'A Theoretical Analysis of Rotating Cavitation in Inducers', *ASME J. Fluids Eng.*, Vol.115, No.l, pp.135-141, 1993-3.

7.48 Ulith, P., Jaeger, E. U., Strcheletzky, M. (1974), 'Contribution to Clarifying the Inception of Nonstationary Flow Phenomena in the Draft Tube of High Specific Speed Francis Turbines

Operating at Part Load', IAHR Symposium, Vienna.

7.49 Vatcher, T. R., Hunter, M., Perreault, G., Coulson, D. M. (1984), 'Hydraulic Resonance in a 78 MW Francis Turbine - Field Test Results', IAHR Symposium, Strirling.

7.50 Viegner, M. (1983), *Cavitation as Erosion and Instability Causeexperiments and Remedies*, Lahore.

7.51 Wade, R.B. and Acosta, A.J. (1967), 'Investigation of Cavitating Cascades', *Trans. ASME*, Ser. D., Vol.89, No.4, pp693.

7.52 Wylie, E. B., Streeter, V. L. (1985), *Fluid Transients*, FEB Press, Ann Arbor.

7.53 Yamaguchi, Y. and Miura, S. (1981), 'Characteristics of Radial Force Fluctuation on Runners of Francis-type Pump-turbines', *Bulletin of the JSME*, vol. 24, No. 195, PP1586-1593.

7.54 Yamamoto, K. (1980), 'An Experimental Study on Instability in a Cavitating Centrifugal Pump with a Volute Suction Nozzle', *Proc. IAHR Symposium*, Tokyo, pp.303-312.

7.55 Yamamoto, K. (1992), 'Instability in a Cavitating Centrifugal Pump (3rd Report, Mechanisms of Low-Cycle System Oscillation)', *Trans. JSME*, 58-545 (1992-1), pp.180-186.

7.56 Yedidiah, S. (1986), 'Certain Effects of Recirculation on Cavitation in Centdfugal Pumps', *Proc. IMechE*, 200, pp283-292.

7.57 Yokoyama, T., Hishida, Y. and Niikura, K. (1984), 'Some Operating Experiences at Off-Design Points for Pump-Turbines and Hydraulic Turbines', *Proceedings of 13th IAHR Symposium on Fluid Machinery*, Stirling.

7.58 Young, W. E. et al (1972), 'Study of Cavitating Inducer Instabilities, Final Report', NASA-CR-123939, 1972-8.

7.59 Zielke, W. (1980), *Unsteady One-dimensional Flows in Complex Networks and Pressurized Vessels: Vibrations and Resonance in Hydraulic Systems*, Von Karman Institute for Fluid Dynamics.

CHAPTER

8

기계 부정류로 인한 불안정한 공동화 유동 Part 1: 수차 부정류

C.S. Martin

8.1 소개

펌프 및 수차 운영시 이들이 반드시 수용하도록 설계하여야 하는 부정류모드는 기계의 낮은 압력측에서 그리고 이와 관련된 물 통로에서 공동화를 증가시키는 결과를 초래할 수 있다. 이와 같이 확장된 공동화는 잠재적으로 더욱 심각한 부정류 현상으로 그리고 실제로 더욱 심각한 상황에서는 수격으로 연결될 수 있다. 수차의 부하 차단시 형성된 증기 공동이 러너 아래에서 후속적으로 역류와 동시에 붕괴되었던 수격사고가 있었다. 이 사고에서 수차 러너 아래 공극부 내부로 역류가 유입되기 때문에 빈번하게 이 현상을 *역류 수격(reverse water hammer)*이라 부른다. 그러나 본 절에서는 더욱 실질적인 표현인 *흡출관 수주분리(draft tube column separation)*를 사용한다. 흡출관 수주분리는 부하 차단 동안 프란시스수차와 카플란수차에서 발생하여 왔다.

수차에서 부정류 현상은 정상적인 기동 및 정지로부터 전부하 차단의 더욱 심각한 사례에 이르며, 후자는 흡출관 수주분리와 관련된 가장 심각한 사례이다. 비정상적으로 긴 흡입관로를 갖는 펌프 및 펌핑 모드에 있는 펌프-수차의 기동은 펌프 흡입측 수주분리로 연결될 수 있는 조건을 갖는다.

수차 흡출관 수주분리의 발생과 심각도는 초기(정상유동 상태) 공동화 현상 및 정도, 수차 부하 그리고 관련된 보텍스 코어 및 수반되는 공동화의 크기, 용해된 가스의 방출, 주입으로부터 존재하는 자유 공기의 양, 흡출관 길이, 그리고 수차 안내 깃의 폐쇄율과 같은 요소들에 종속된다.

펌프-수차와 같은 단위설비의 더욱 빈번한 운영 주기와 연계된 긴 방수로에 대한 현재 실무는 부분 부하 스월링(swirling)의 특성, 흡출관 수주분리 및 임의의 심각한 수격에 대한 추가 연구를 수행하기 위한 충동으로 이어져 왔다.

8.2 수차 공동화 형식

제5, 6, 7장에서 언급한 것과 같이 수력기계 내 공동화를 광범위하게 조사하여 왔다. 흡출관 수주분리에서 관심거리는 초기 공동화 조건들 그리고 붕괴 즉시 수격을 야기할 수 있는 큰 증기-공기로 충만된 공극의 발생에 미치는 임의의 영향이다. 비속도로 표현한 것과 같이 공동화수, 부하 %, 그리고 흡출관 맥동 및 서징이 수차 설계에 미치는 영향을 토론한다.

수력기계의 성능에 대한 공동화의 인지 및 영향은 1세기 넘게 알려져 있고, 현상의 특성과 관련된 다양한 실험과 현장 조사를 수행하였다. 상세한 내용은 Raabe의 문헌 및 제5장과 제6장을 참조한다[8.48]. 본 절은 프란시스수차와 카플란수차의 러너에서 그리고 펌프-수차 임펠러에서의 공동화 형식들만을 간략하게 기술한다.

8.2.1 프란시스수차

Deriaz는 공동화를 유발시켜 가시적인 로프 보텍스(rope vortex)를 발생시켰고, 보텍스 방출에 의한 파워 스윙을 조사하였다[8.10]. Deriaz는 프란시스 러너의 흡출관 내 공동화 패턴을 조심스럽게 관측한 결과 및 초기 연구들 중 한 연구결과를 제시하였다. 논문은 공동화에 의해 가시화되는 유사-로프 보텍스 및 부분부하 운전시 러너 회전 방향에서 이들의 세차를 예증한다(그림 8.1 참조). Dziallas는 $n_s = 174$인 프란시스수차의 부분부하, 최적부하, 그리고 과부하 조건에서 압력 맥동을 측정하여 이 지식을 추가하였다[8.13]. 그림 8.2와 같이 부하 범위에서의 압력 편위(pressure excursion)와 관련된 상대적인 정보가 제공된다. Lecher는 1968년에 프란시스수차에서 용해된 공기 함량과 수두가 공동화 패턴에 미치는 영향을 철저하게 관찰하였다

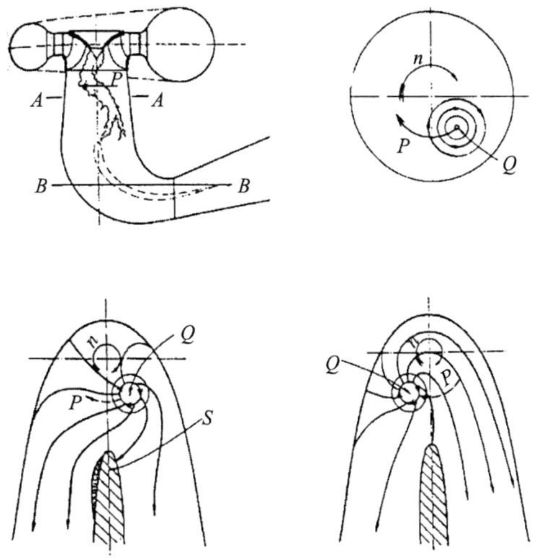

그림 8.1 보텍스 중심 Q와 보텍스 코어의 세차 P를 정의하는 Deriaz의 개략도[8.10]

[8.29].

Wegner와 Roman은 1984년에 프란시스수차 러너와 관련하여 다음 4개의 공동화 형식을 정의하였다[8.54].

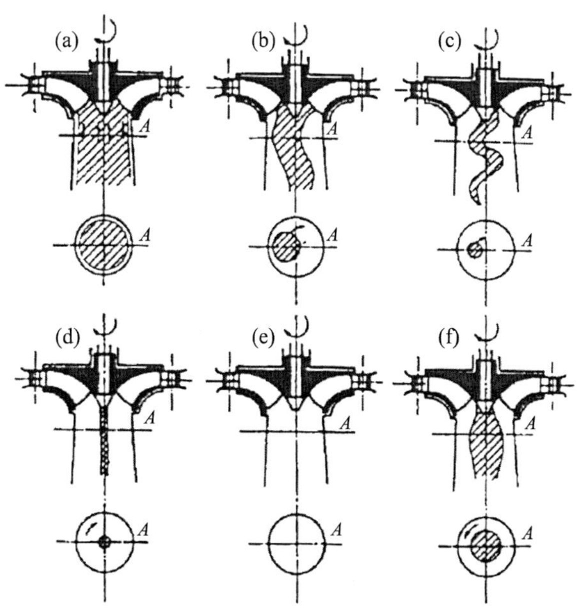

그림 8.2 다양한 부하에서 사수 보텍스 영역을 보여주는 Dziallas의 개략도

- **유출부 가장자리 공동화** : 날개에 부착된 작은 개별 기포가 형성된다. 이 형식의 공동화는 잠수깊이에 강하게 종속되고 소음수준이 낮다.
- **날개들 사이 유입부 가장자리 공동화** : 러너 깃 사이 큰 기포가 형성된다. 날개들 사이 유입부 가장자리 공동화는 상대적인 광대역 소음 및 단위 속도에 대한 민감도와 함께 높은 소음수준을 발생시킨다.
- **날개 흡입측 유입부 가장자리 공동화** : 유입부 가장자리의 가장 낮은 부분에서 보텍스 또는 공극이 형성되며, 심각한 압력 변동으로 이어진다.
- **부분부하 보텍스 공동화** : 수차 크라운에서 코어 보텍스를 생성하고, 낮은 주파수 소음 및 안내깃 개도에 민감도를 초래한다.

Borciani는 부분 펌핑, 수차 부분 부하, 그리고 무구속과 같은 비정상적인 운전 영역을 포함하여 운전 조건들의 범위에 걸쳐 공동화 지수가 프란시스수차와 펌프-수차의 운영에 미치는 영향을 평가하였다[8.3]. Anderson은 더욱 빈번하게 발생하는 과부하 조건들의 문제 그리고 공동화 기포 불안정성 모델링에서 수반되는 문제를 언급하였다[8.1].

흡출관 서지와 동요 1940년 흡출관 서지의 주파수와 러너 속도 사이 초기 상관관계를 규명하였던 Rheingans에 따라 1912년 이후 부분부하 운전에서 흡출관 서징으로 인한 파워 스윙(power swing)을 인지하여 왔다[8.49]. Ulith가 1974년 조심스럽게 수행한 수차 모델 연구는 이른바 공동화하는 사수 보텍스 코어(cavitating dead-water vortex core)와 관련된 규칙적인 낮은-주파수의 동요 패턴을 예증하였다[8.52]. 그림 8.3에 사수역(dead-water zone)의 불안정한 거동의 일부를 예증하였다. 수력적 부정

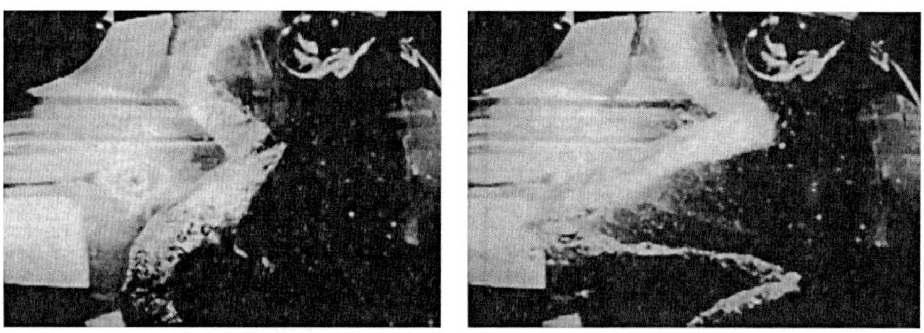

그림 8.3 회전 동안 불안정한 사수 영역의 거동[8.52]

류에서 중요한 것은 흡출관과 수차 그리고 전체 관로 시스템과 이것의 선천적 고유 주파수(inherent natural frequencies) 사이 상호작용이다. 후에 기술하는 것과 같이 증기 및 자유 공기의 존재는 명백하게 이 음향 특성들을 상당히 변경시킬 수 있다. Grein은 흡출관 서지 감소를 위해 여러 개도에 걸쳐 흡출관 영역 내부로 공기 주입의 긍정적인 영향을 문서화하여 왔다[8.21, 8.22, 8.45, 8.47]. Fisher는 분석적 모델링과 관련된 지식은 물론 수력 모델 결과들을 활용하기 위해 만일 흡출관 여기(excitation)와 수력 시스템 자체 사이에서 *최소 동적 작용(minimum dynamic action)*이 존재하면 실험실 압력 맥동 측정결과를 전체 규모에 걸쳐 외삽할 수 있다는 사실을 증명하였다[8.17]. Doerfler는 공칭 정상유동상태 운전 아래 맥동의 수학적 모델링 그리고 관련된 수력 시스템을 다루어 왔다[8.11, 8.12, 8.16].

Nishii의 일련의 논문들은 러너 존재 여부에 따라 원뿔(conical)과 엘보우-형식 흡출관에서 스월 유동 영향에 대한 이해를 상당히 향상시켰다[8.34, 8.35, 8.36, 8.37]. 그림 8.4는 스월이 발생한 엘보우-형식 흡출관에서 보텍스 코어 공동화가 변동하는 압력에 미치는 영향을 보여준다[8.34]. 예상한 것과 같이 스트로우홀 수, 스월 비율(각 모멘텀의 함수), 그리고 공동화 지수 사이 상관관계가 존재하였다(그림 8.5 참조). 실제 모델 러너에 흡출관이 장착된 압력 변동을 비교하여 러너가 없는 시험 장

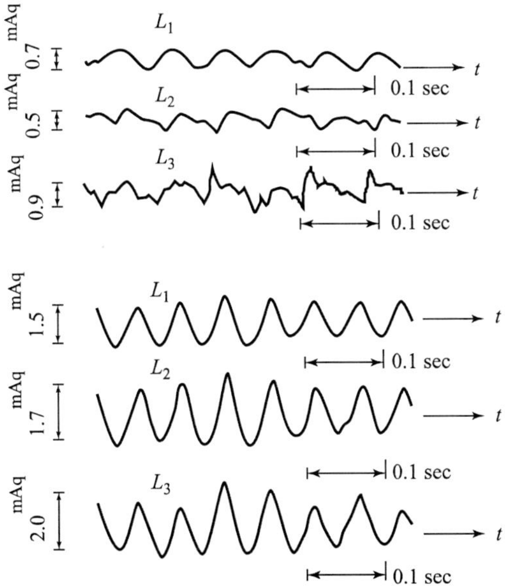

그림 8.4 공동화하지 않는 보텍스 코어에 대한 압력 기록[8.34]

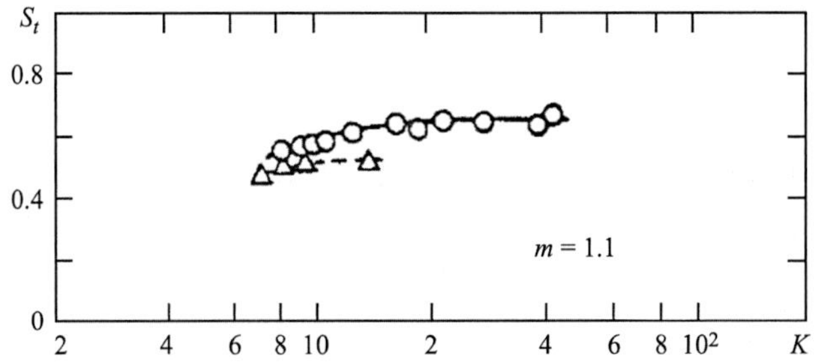

그림 8.5 공동화가 보텍스 코어에 대한 스트로우홀수 $S_t - K$에 미치는 영향[8.34]

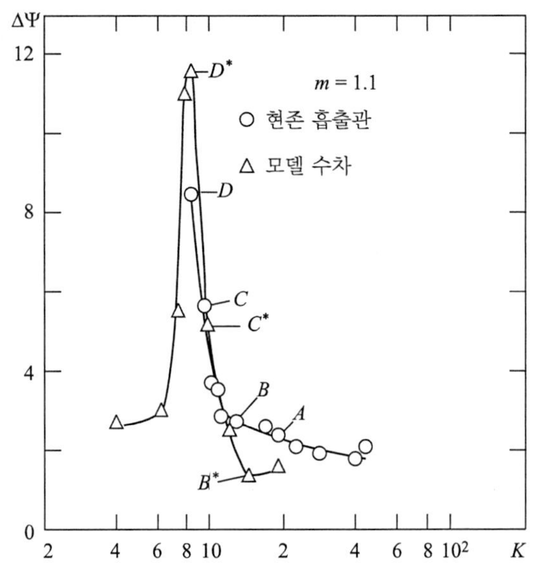

그림 8.6 모델 흡출관과 모의된 흡출관 내 서징의 비교($\Delta\Psi - K$)[8.34]

치의 사용과 관련된 질문에 대한 해답을 구할 수 있다(그림 8.6 참조). 그림 8.7은 Nishi가 흡출관 서지와 함께 확인된 보텍스 코어의 형식을 묘사한다[8.34]. 유발된 스월을 사용한 이러한 기본적인 연구들은 모든 측정 장소에서 큰 동기(synchronous) 압력 변동을 초래하였다. Nishii가 수행한 매우 기본적인 연구는 투명한 엘보우-형식 흡출관을 통해 관측된 스월 매개변수에 종속되는 다음과 같은 4개의 유동 영역을 감안한다(그림 8.8 참조)[8.36].

- 유동 영역 I : 작은 스월 유동에서 보텍스 코어는 긴 직선의 로프형태이고, 실속이 최소이고, 압력 변동은 작다.
- 유동 영역 II : 높은 스월 비율에서 불규칙적인 보텍싱(vortexing)이 일시적 유

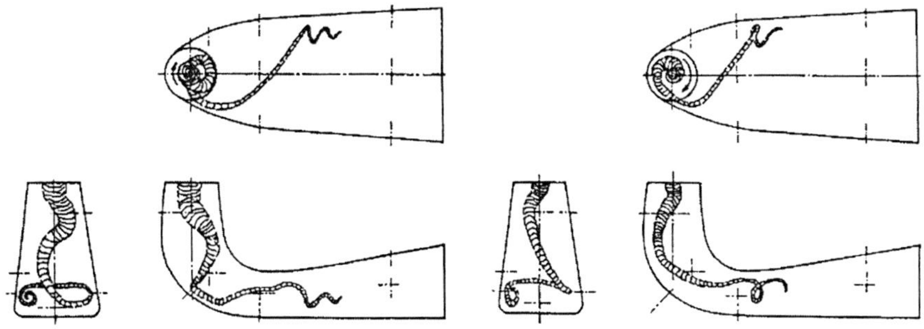

그림 8.7 흡출관 서지와 관련된 보텍스 코어의 형식((a)압력파 절정기에서, (b)압력파의 최저기에서)[8.34]

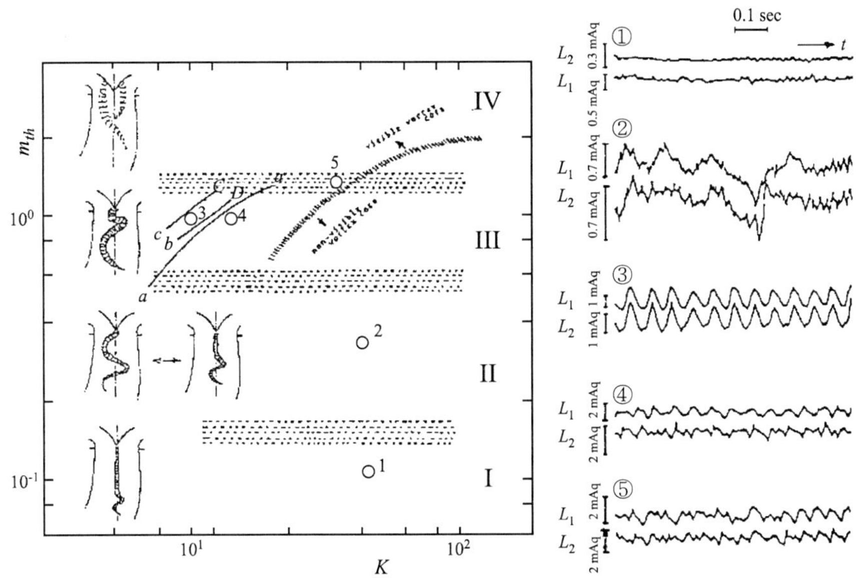

그림 8.8 다양한 스월과 공동화 수치에서 유동 체제 및 관련된 압력 변동[8.37]

행으로 발생한다.

- 유동 영역 III : 거의 흡출관까지 확장하는 안정된 스파이럴 보텍스가 생성된다. 상당히 규칙적인 압력 변동이 발생한다.
- 유동 영역 VI : 매우 강한 스월 비율의 존재는 상당히 규칙적으로 압력을 변화시키고 두 보텍스 코어의 생성으로 이어질 수 있다.

Muciaccia는 광범위한 운전 범위에 걸친 맥동 진폭과 로프 보텍스의 주파수에 대한 자료를 제공하며, 모델링 법칙을 사용하여 오직 중간 정도의 압력 맥동만을 확대

(scale up)할 수 있다고 결론 내린다[8.33]. 그림 8.9는 상대적 수문 개도가 로프 주파수에 미치는 영향을 보여준다. Muciaccia는 만일 수력 회로가 스케일법칙을 만족시키지 못하면 실질적인 수력적 모델링은 완벽하게 유효하지 않다는 사실을 강조한다. Li가 최근 수행한 공동화 흡출관 유동의 상세한 연구는 공동화 클라우드의 고유주파수는 시스템 특성의 중요한 매개변수이고, Rheingans 수치를 초과하면 추가 주파수

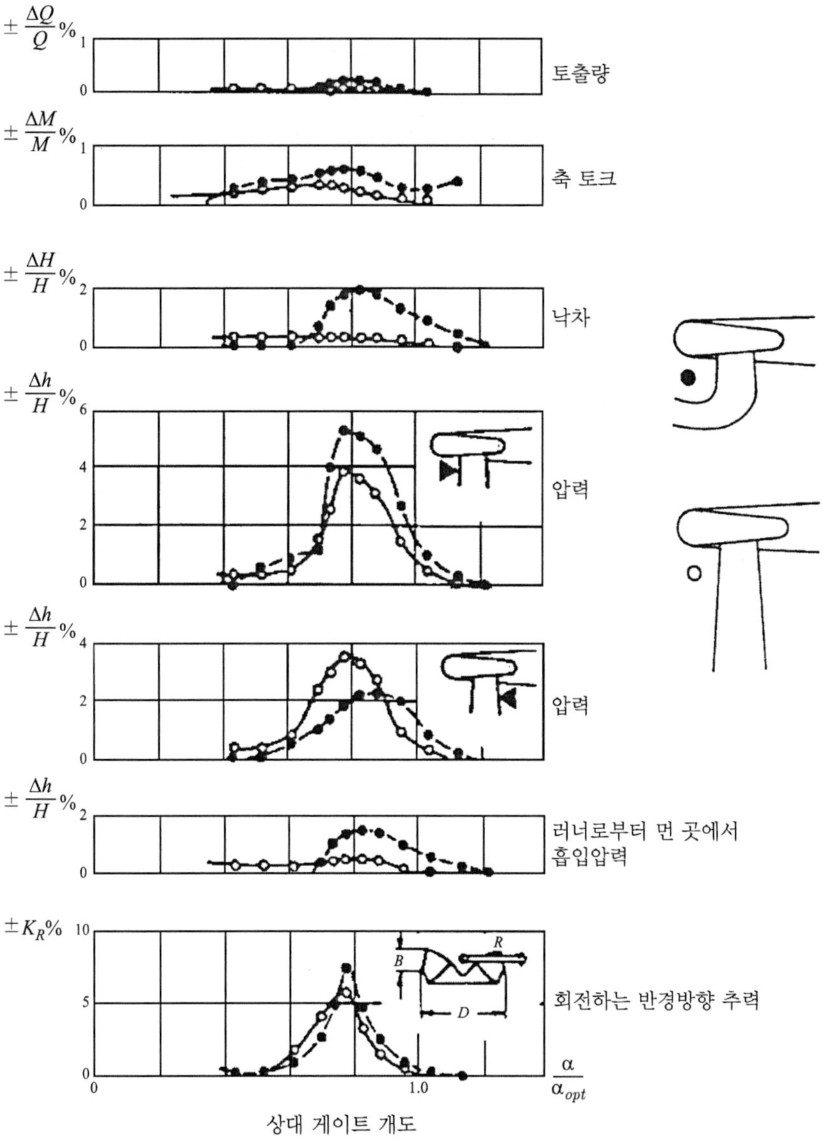

그림 8.9 프란시수차의 상대 게이트 개도에 따른 로프 주파수 변화[8.33]

성분이 존재하는 사실을 보여준다[8.30].

Bhan은 다수의 프란시스수차에서 흡출관 서지의 발생 및 감소 수단과 관련된 현실적인 경험을 조사하였다[8.2].

8.2.2 카플란수차

Ishii와 Chen이 수행한 카플란 러너 밑에서 발생하는 흡출관 수주분리에 대한 무구속 공동화 특성들은 소중하다[8.26, 8.7]. Ishii는 무구속 조건 아래 두 면적 공동화(area cavitation) 형식을 정의하였다. 첫 번째 형식은 모든 날개 상에서 유사한 공동화가 발생하는 정상적인 발생인 반면 두 번째 형식은 인접한 날개 상에서 공동화가 다르지만 교번(alternate) 날개들 상에서는 유사하기 때문에 비정상적인 발생이다. 그림 8.10은 Ishii가 정의한 두 공동화 형식을 보여준다. Eichler는 침식 스케일링(scaling)을 평가하기 위한 목적으로 그림 8.11과 같은 추가 가시화를 제공한다[8.14].

Fisher가 문서화 한 것과 같이 여러 공동화 형식들이 카플란수차의 날개 및 흡출관 내에서 발생할 수 있다[8.18]. Fisher는 다음과 같이 4개의 기본적인 공동화 형식들을 정의하며 이 형식들은 상호 독립적이지 않다.

- **면적 공동화** : 날개 흡입측의 면적에 걸쳐 형성된다. 기포는 무작위로 생성되고, 높은 압력 유동 영역으로 이동하여 붕괴된다. 수차 성능에 미치는 영향은 상당하다.

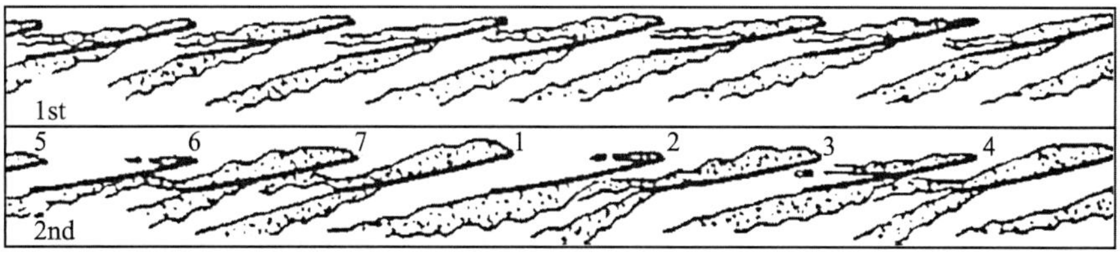

그림 8.10 카플란수차 날개에서 첫 번째와 두 번째 공동화 형식[8.26]

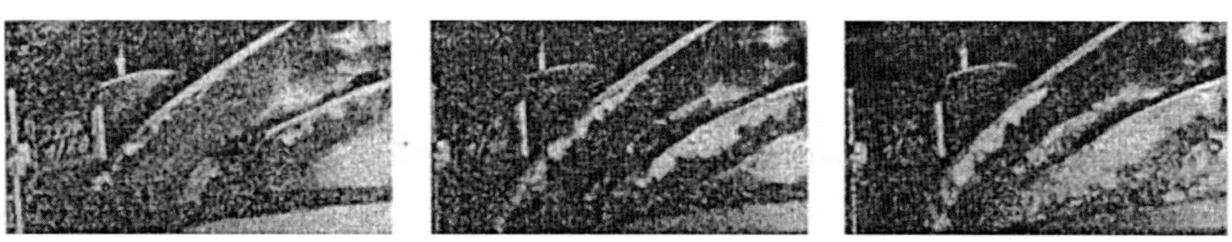

그림 8.11 공동화지수가 카플란 날개 공동화에 미치는 영향[8.14]

- 유입부 가장자리(entrance edge) 공동화 : 설계 이외 지점 운전에서 기포가 생성되며 이곳에서 날개 입사각도는 (+) 또는 (−)가 될 수 있다.
- 공동화 보텍스(보텍스 형식 유동) : 공동화 지수에 상대적으로 둔감한 설계 이외 지점 운전에서 기포가 생성된다.
- 누수 공동화(Leakage cavitation) : 수차 날개의 낮은 압력측에 인접한 틈새 영역 내에서 기포가 생성된다.

8.3 흡출관 수주분리(역 수격) 사고

프란시스수차와 카플란수차 수력발전소에서 부하 차단시 발생하였던 부정류와 관련된 여러 사고들이 보고되었다. 일부 사고사례 문헌에서 이 사고를 빈번하게 “역 수격(reverse waterhammer)”이라 부르지만 명확하게 하기 위해 본서에서는 “흡출관 수주분리”라고 부른다.

Pejovic은 카플란수차의 부분부하에서 조속기 실패로 인해 8 MW로부터 20 ~ 25 MW로 급격하게 동력이 증가한 사고를 보고하였다[8.42, 8.43, 8.44]. 후속적으로 비상정지버튼이 작동하여 심각한 부하 차단이 이루어져 흡출관 내 큰 증기 공동이 발생하였고, 한 번 분리된 수주가 재결합되면서 공동의 붕괴로 수격현상이 발생하였다. 충격(shock)으로 인해 러너 날개가 파괴되었고 축방향 추력의 크기를 철저하게 조사하게 되었다. 미래 사고 방지를 위한 해답은 안내깃 폐쇄시간을 연장시키는 것이다. 이와 같은 상황에서는 공기 주입은 물론 2단 폐쇄를 고려하여야 한다.

Chaudhry는 1976년 제2발전소에서 발생하였던 미소한 수주분리 이벤트를 보고하였다[8.5, 8.6]. 원형시험에서 257 MW의 부하차단 동안 수차 유입부 압력은 펜스톡의 설계 수치에 거의 근접한 것을 보여주었다. 그림 8.12는 흡출관 내 일치하는 압력 스파이크를 보여주며 중간 크기 공동화 기포의 생성을 강하게 시사한다. 안내깃의 부분 개방 위치는 단위설비의 상류측으로의 압력 펄스 이동을 허락하였다.

Dahlbeck이 160 MW 프란시스수차의 흡출관 내 압력을 측정한 결과 부하 차단 동안 상대적으로 신속한 안내깃 폐쇄 비율에서 큰 증기 공동이 발생한 사실을 보여주었다[8.8]. 따라서 안내깃 폐쇄시간을 연장하여 공동화를 억제하였다.

D’Amorin이 보고하고, 그림 8.13에서 예증된 것과 같이 Paulo Afonso IV 발전소에서 402 MW 프란시스수차는 최소한 부분적인 흡출관 수주분리를 경험하였다[8.9].

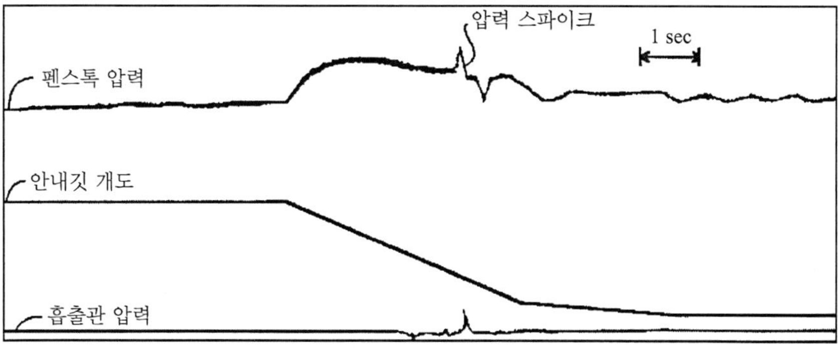

그림 8.12 Chaudhry가 현장에서 측정한 흡출관 수주분리 결과[8.6]

수주분리의 억제를 위한 권장안은 안내깃의 폐쇄시간을 8.5초에서 10~11초로 연장하는 것이다.

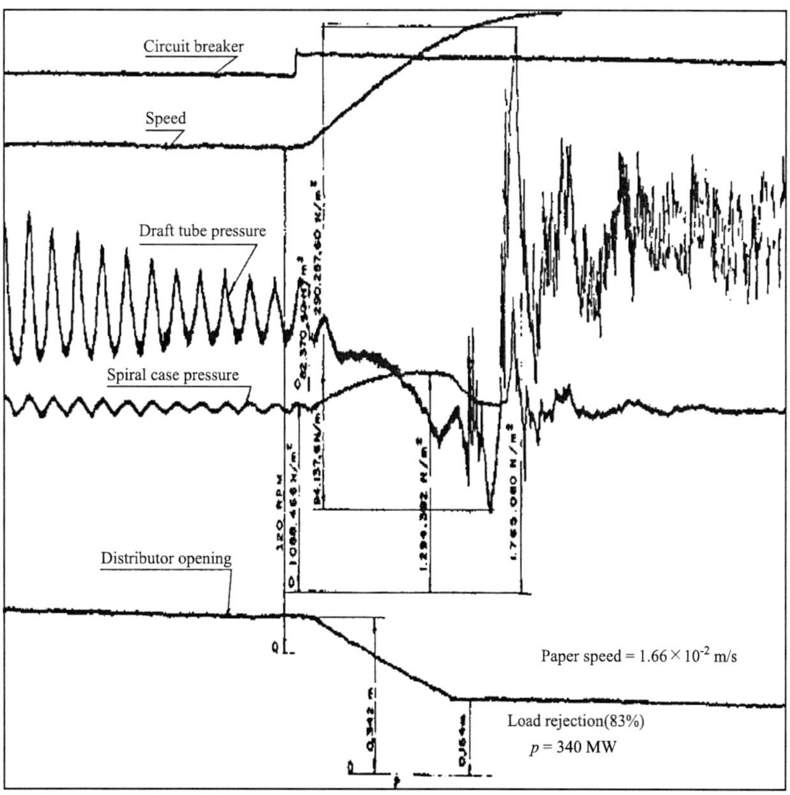

그림 8.13 대형 프란시스수차의 부하차단에 의한 흡출관 수주분리[8.9]

8.4 공동화하는 부정류 유동의 물리적 모델링

Watanabe는 부하 차단 동안 흡출관 수주분리 문제를 다루는 최초의 실제 모델 중 하나를 수행하였다[8.53]. 다양한 부정류 운전 모드(주로 부하 차단)를 모의하기 위해 실제 펌프-수차(P=300 MW 및 H=300 m) 수력모델을 구축하였다. 분석적 모델링에서 기술한 어려움 때문에 실제 모델을 선정하였고, 복잡한 기하학적 구조와 유동 패턴을 표현하는 문제를 실현하였다. 더욱 심각한 공동화 조건 아래 20:1 모델에서 수주분리가 발생하였다. 이보다 약간 적은 공동화 조건에서는 흡출관 내 측정된 압력 기록에서는 명백한 기포 생성이 존재하지 않았다.

Matsumoto는 스월이 수력 부정류(특히, 부하차단으로 인한 흡출관 수주분리)에 미치는 영향에 대한 더욱 기본적인 지식을 얻기 위해 특수 아크릴 수지인 plexiglass로 모델을 구축하였다[8.32]. 이 연구를 위한 시험 장치는 그림 8.14와 같다. Nonoshita가 후에 출판한 그림 8.15와 유사한 압력 기록은 용해된 가스의 방출은 최대 서지를 효과적으로 완화시키는 사실을 시사하였다[8.40]. 러너 바로 아래 코어의 침투로 인해 기포성 영역이 나타났다. Nonoshita가 수행한 다른 과업은 부분 부하에서 초기 스월의 영향, 그림 8.16의 결과가 보여주는 것과 같이 증가된 계면적(interfacial area)으로 인해 증가된 가스 방출의 영향 및 동반된 최대 압력의 완화를 증명하기 위한 지식을 확장하였다[8.38. 8.39, 8.41]. Wiggert가 취득한 그림 8.17은 증기-공

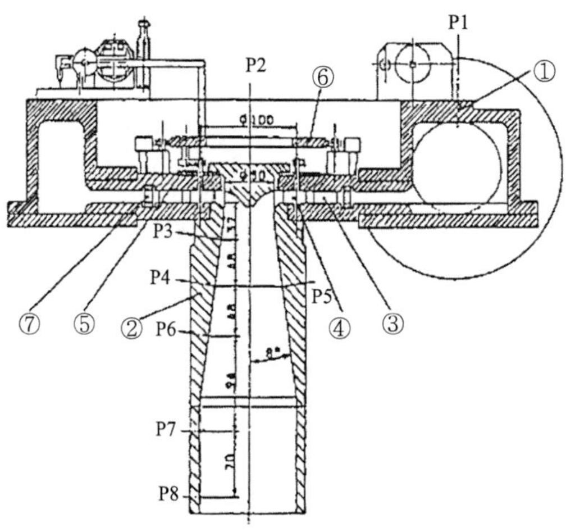

그림 8.14 Matsumoto가 사용한 모델 수차를 위한 시험장치((1) Scroll, (2) 디퓨저, (3) 고정깃, (4) 안내깃, (5) 링크, (6) 회전 디스크, (7) 스크린)[8.32]

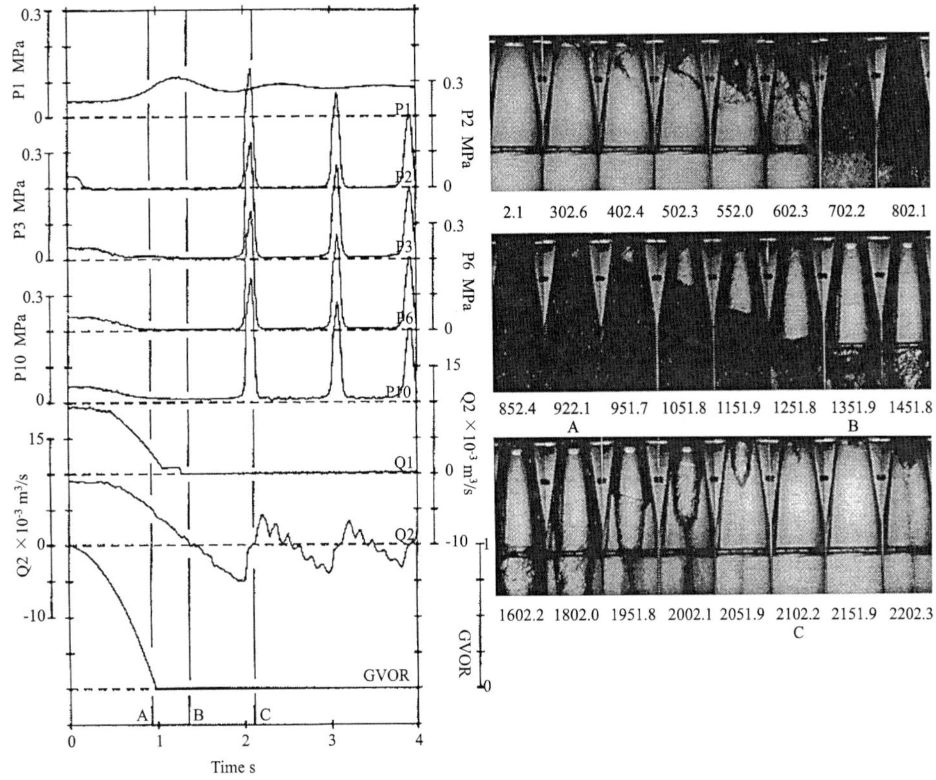

그림 8.15 부하차단 동안 모델 흡출관에서 측정된 압력기록[8.40]

기 혼합물의 생성은 배관 내 혼합물 생성과 유사하다는 사실을 나타낸다[8.55]. Nonoshita는 안내깃의 2단 폐쇄는 오직 국부적인 흡출관 수주분리만을 발생시키며 이 수주분리는 스월과 직접적으로 관련된 서지와 상호작용할 수 있다는 사실을 지적하였다[8.41]. 반면 일단 폐쇄는 스월에 의해 영향을 받지 않는 큰 증기 공동을 발생시킬 수 있다.

8.5 수로 내 2상 유동(Two-Phase Flow) 모델링

정확하고 확정적인 포괄적인 1차원, 2차원, 또는 3차원 분석 모델 구축시 수로와 흡출관 내 여러 영역들에서 어느 정도의 2상 유동이 발생할 수 있는 사실을 반드시 인지하여야 한다. 유동 패턴은 여러 요소(특히, 각 상의 질량 유동률)들에 따라 완벽하게 산포된 가스(기포성 유동)로부터 완벽하게 산포된 액체[박무(mist) 또는 환상형

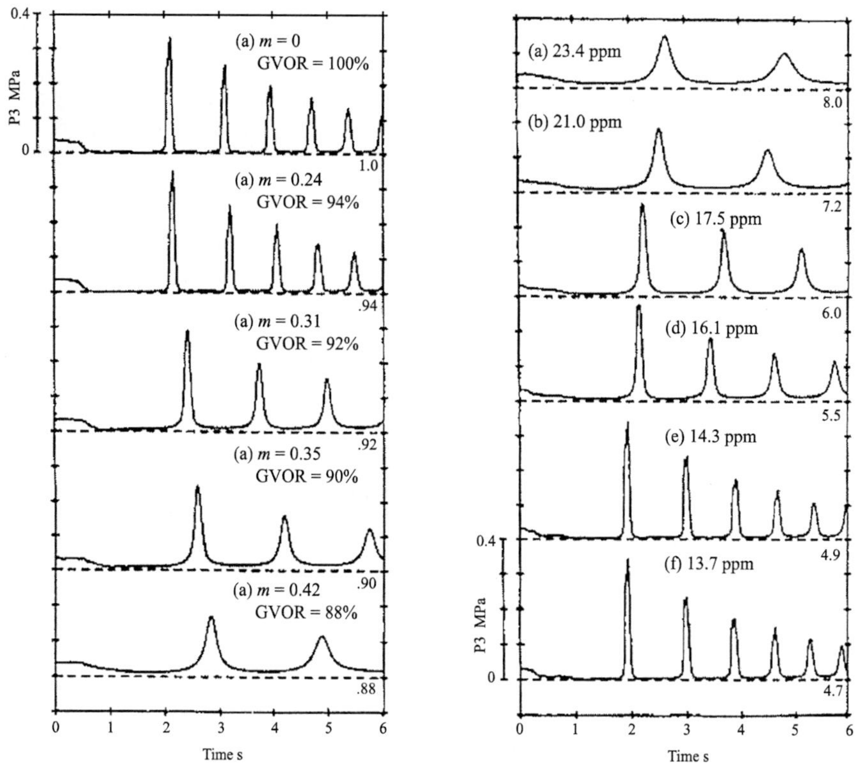

그림 8.16 Nonoshita가 측정한 스월 및 용해된 공기 함량이 흡출관 수주분리에 미치는 영향[8.40]

박무(annular mist)] 범위가 될 수 있다. 중력은 수로 경사가 변화되면서 유동 패턴 발달에 상당한 영향을 미칠 수 있다. 수직 상방향 유동과 수평 유동에서 확인되었던 정상 유동 영역들 중 일부는 그림 8.18과 같다. 이 유동영역들 중 하나로 확인할 수 있는 판단기준은 어느 정도 관측자에 의존한다. 그림 8.18이 보여준 일부 유동 패턴들 사이 큰 차이는 보편적인 2상 유동 분석 모델의 개발 가능성은 다소 먼 사실임을 시사한다. 사실 상들 사이 상대속도의 영향, 상 상호작용, 열(heat), 질량 및 모멘텀 전달은 다른 영역보다 한 유동 영역에 상당히 더 크게 영향을 미칠 수 있다. 가장 적합한 모델은 분석한 유동영역에 따라 변할 수 있지만 통상적으로 긴 수로 내 유동에 대한 1차원의 가정은 심각한 제한이 아니다.

각 상의 속도에서 상당한 차이가 발생하지 않으면 분산된 유동(기포성 또는 액적)에 대해 동질 모델을 적정하게 성공적으로 적용할 수 있다. 소위 동질 모델에서는 평균 특성을 갖는 단일 유사-유체로서 성분들을 처리한다.

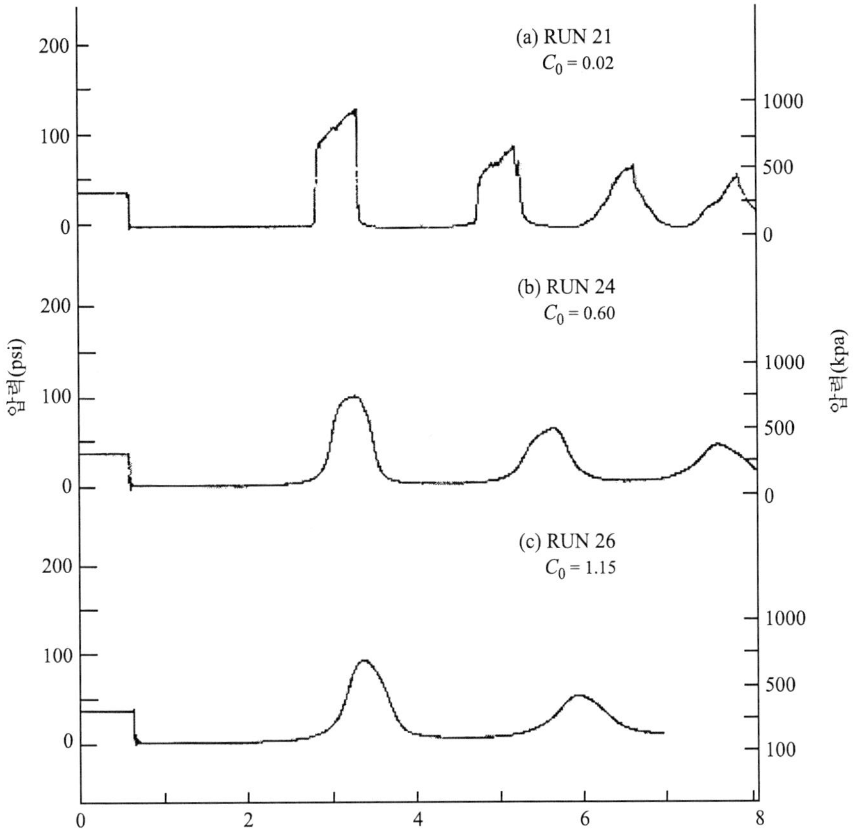

그림 8.17 Wiggert & Sundquist가 측정한 용해된 가스가 관로 수주분리에 미치는 영향[8.55]

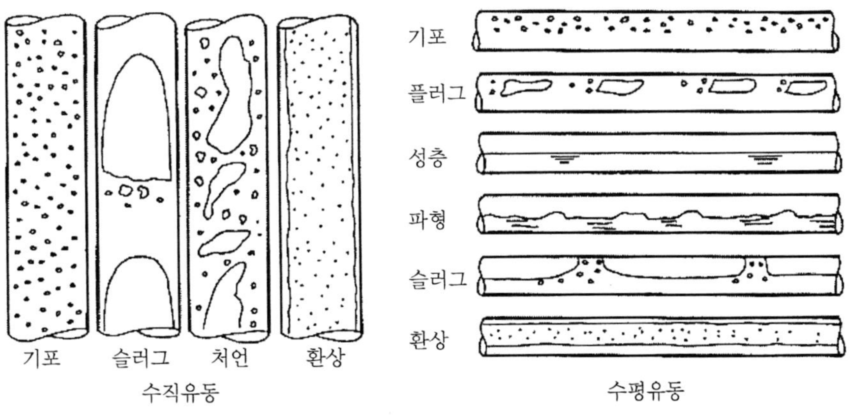

그림 8.18 배관 내 2상 유동 체제의 정의[8.31]

가스와 액체 사이 미끄럼을 고려하지 않으므로 매 순간마다 가스와 액체 속도들은 동일한 것으로 가정한다. 일부 부정류 및 정상유동에서 관성력과 중력은 충분히 중요한 역할을 하므로 반드시 공기 기포와 액체 사이 상대 속도를 고려하여야 한다. 따라서 동질 모델은 관련된 단순화 이외 많은 사례에서 적합하지 않을 수 있다. 박리된 유동모델에서 상들은 서로 상호작용하고 함께하는(side-by-side) 유동으로 간주된다. 수로 내 2상 유동은 다른 많은 체제[기포성, 슬러그, 처언(churn), 성긴(wispy) 환상유동, 그리고 환상유동 등]로 발생할 수 있기 때문에 포괄적인 일차원 모델의 개발은 매우 어렵다.

8.5.1 음속 (Acoustic velocity)

식 (8.1)은 동질 유동 그리고 미끄럼이 발생하지 않는다는 가정 아래 수로 내 2상 혼합물에서 압력파의 전파속도 a 또는 이론적인 음향 속도를 나타낸다.

$$a^2 = \frac{1}{(1-\alpha)\rho_l\left[\frac{D}{E_\epsilon} + \frac{\alpha}{K_g} + \frac{1-\alpha}{K_l}\right]} \tag{8.1}$$

D/E_ϵ 항은 1상 액체 유동 또는 공극률 α가 매우 작은 두 성분 유동에서 중요할 수

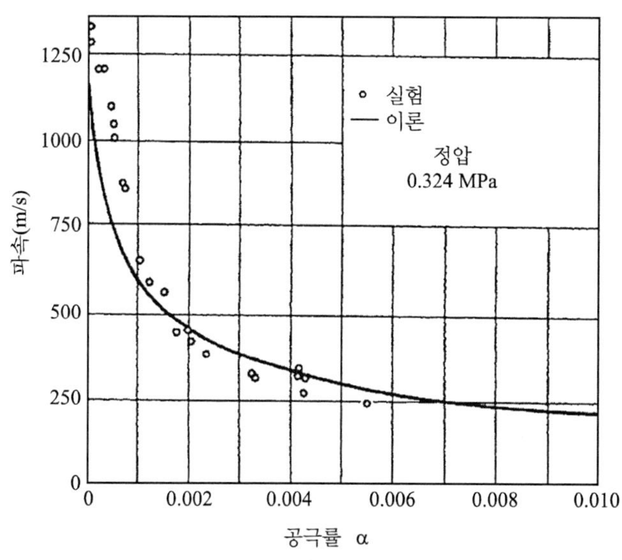

그림 8.19 공기-물 혼합체의 측정된 파속과 이론파속[8.28]

있다. 그러나 α가 작거나 중간 수치일 때 배관 벽 탄성 효과는 매우 작게 된다. 가스의 탄성체적계수 K_g로 표현된 공극률 α와 압력 p 두 수치는 가스 성분의 영향을 나타낸다. 여러 조사자들은 2상 유동 및 두 성분 유동 상황에서 음속을 측정하였다. 이 측정들 중 많은 것들은 기포성-유동 체제에서 수행되었다. Kobori는 공극률이 낮은 공기-물 혼합체에 대한 전파속도를 그림 8.19로 보여준다[8.28].

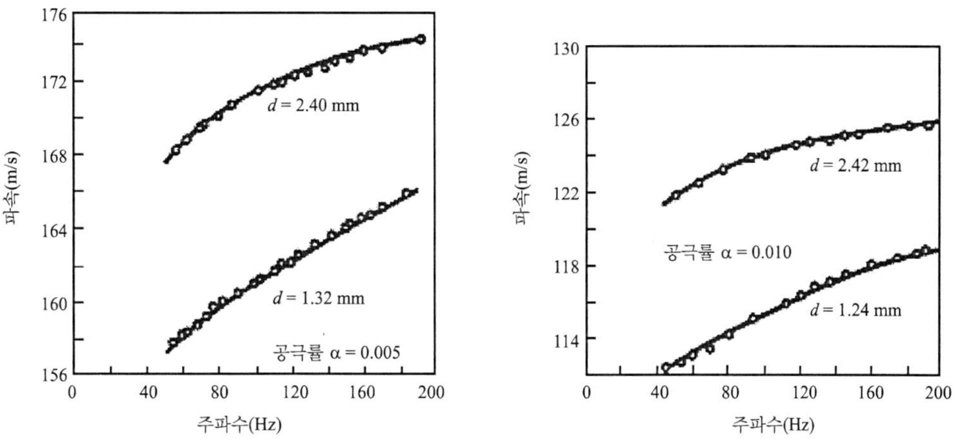

그림 8.20 주파수와 기포 규격이 음속에 미치는 영향[8.51]

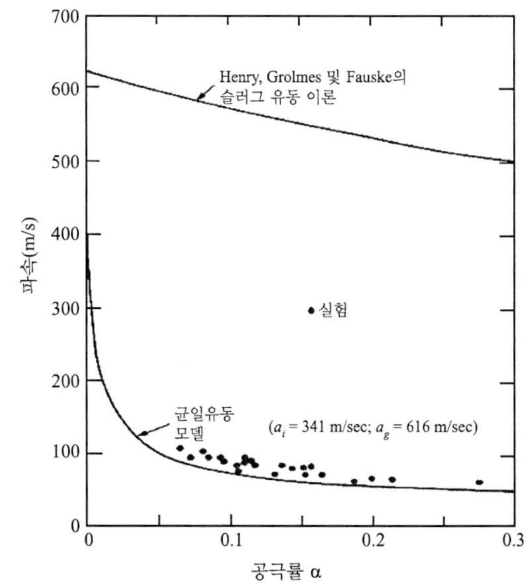

그림 8.21 슬러그-유동 체제 내 파속[8.31]

또한, 음향 연구자들은 음속이 동요의 주파수에 미치는 영향을 조사하였다. 그림 8.20은 Ruggles, Scarton, 그리고 Leahy가 최근 측정한 기포성 회분(batch)-유동 장치 내 다른 기포 크기를 보여준다[8.51].

8.5.2 슬러그 유동 (Slug flow)

슬러그 유동은 수로의 수평, 경사, 또는 수직 등 모든 방향에서 발생할 수 있다. Martin이 보고한 것과 같이 길이 18.8 m, 직경 26 mm의 투명한 합성수지배관 내 공기-물 혼합체의 2상 기포성 유동과 슬러그 유동의 파 전파를 조사하였다[8.31]. 그림 8.21은 Henry, Grolmes, 그리고 Fauske의 이론과 비교한 슬러그 유동(slug flow) 체제 내 공극률 범위에서의 전파속도를 보여준다[8.24]. 명백하게 동질 모델은 이들의 이론 보다 상당히 양호하게 표현하며, 이 모델은 단대단(end-to-end)으로 배치된 이상적인 가스 플러그와 액체 플러그 사이 유달시간(time of travel)에 기초한다[8.25].

8.6 공동화하는 부정류 유동의 분석 모델링

Jordan은 잠재적인 흡출관 수주분리를 재앙적인 위험으로 주목한다[8.27]. 논문은 공기 도입을 고려하는 것은 물론 강성주이론과 탄성이론 모두를 고려한다. Rongqiao는 Martin의 문헌 [8.31]에 주어진 두 성분 식을 포함하지만 계산을 포함하지 않는 단순한 수주분리모델을 개발하였다[8.50].

Nonoshita는 그림 8.16과 같이 상당히 합리적인 결과를 갖는 하나의 모델 시험을 실제로 모의하기 위해 특성법을 사용하였다[8.40]. 이 모델은 보텍스 코어 경계면에서 가스 전달을 평가하여 가스 방출 영향을 포함시킨다.

References

8.1 Anderson, A. (1989), 'Cavitation Driven Draft-Tube Oscillations of Francis Turbines at Overload', *International Congress on Causes and Accidents in Fluid Systems, Sao Paulo, Brazil, Vol. 1, March 6-10, pp. 33-39.*

8.2 Bhan, S., Codrington, J. B., and Mielke, H. (1988), 'Reduction of Francis Turbine Draft-Tube Surges', *ASME Fifth International Symposium on Hydropower Fluid Machinery*, Winter Annual Meeting, Chicago, November 27 - December 2, pp. 95-102.

8.3 Borciani, G. A., and Rossi, G. (1983). 'Cavitation-Parameter Effects on Francis Turbines and Francis Type Pump Turbines', *ASME Symposium on Performance Characteristics of Hydraulic Turbines and Pumps*, Boston, November 13-18, pp. 75 - 82.

8.4 Cassidy, J. J. and Falvey, H. T. (1970), 'Observations of Unsteady Flow Arising After Vortex Breakdown', *Journal of Fluid Mechanics*, Vol. 41, Part 4, pp. 727-736.

8.5 Chaudhry, M. H. (1982), 'Experience on Hydraulic Transients in Hydropower and Pumping Plants'' *11th IAHR Symposium on Hydraulic Machinery*, Amsterdam, 1982, Vol. 2, Paper 29.

8.6 Chaudhry, M. H. (1991), 'Mathematical Model of Transient Flows with Column Separation', *9th Round Table of IAHR Group on Hydraulic Transients with Water Column Separation*, Valencia, September, pp. 211-220.

8.7 Chen, Y. W. and Whippen, W. G. (1978), 'Turbine Runaway, Hysteresis and Thoma's Sigma Characteristics of Francis Pump-Turbines', *9th IAHR Symposium on Hydraulic Machinery*, Fort Collins, June 12-14, Vol. 2, pp 402-412.

8.8 Dahlbeck, N. (1986), 'Detailed Studies of Pressure Transients at Load Rejection of a Water Power Plant', *Fifth BHRA International Conference on Pressure Surges*, Hanover, West Germany, September 22-24, Paper C4, pp. 73-79.

8.9 D'Amorin, P. M. (1989), 'Occurrence of Draft-Tube Waterhammer in Francis Turbine of Paulo Afonso Power Station - Its Causes and Adopted Solutions', *International Congress on Causes and Accidents in Fluid Systems*, Sao Paulo, Brazil, Vol. 1, March 6-10, pp. 160-173.

8.10 Deriaz, P. (1960), 'A Contribution to the Understanding of Flow in Draft-Tubes of Francis Turbines', *1st IAHR Symposium on Hydraulic Machinery*, Nice, Paper B-l.

8.11 Doerfler, P. (1980), 'Mathematical Model of the Pulsations in Francis Turbines Caused by the Vortex Core at Part Load', *Escher Wyss News*, Vol. -, No. 112, pp. 101 - 106.

8.12 Doerfler, P., (1985), 'Francis Turbine Surge Prediction and Prevention', *Waterpower 85 -International Conference on Hydropower.*

8.13 Dziallas, R. (1964), 'Francisturbinen bei Teil- und Uberlast', *VDI Bericht*, No. 75, pp. 53-64.

8.14 Eichler, O. and Jaeger, E. U. (1979), 'The Assessment of the Cavitation Behaviour of Kaplan Turbines on the Basis of a Comparison between Model Tests and Field Experience', *Voith Research and Construction*, Vol 25e, Paper 4.

8.15 Falvey, H. T. (1993), 'A Primer on Draft-Tube Surging', *Hydro Review*, Vol.12, No. 1, February, pp. 76-86.

8.16 Fanelli, M. (1988), 'Mathematical Models of the Vortex Rope Surge Effects in a Draft-Tube of a Francis Turbine Working at Partial Load', *14th IAHR Symposium on Hydraulic Machinery*, Trondheim, June 20-23, Vol. 1, Paper Fl, pp. 341-354.

8.17 Fisher, R. K., Palde, U., and Ulith, P. (1980), 'Comparison of Draft-Tube Surging of Homologous Scale Models and Prototype Francis Turbines', *10th IAHR Symposium on Hydraulic Machinery*, Tokyo, pp 541-556.

8.18 Fisher, R. K., and Cybularz, J. M. (1985), 'Characteristics of Axial Turbines in Cavitating Regimes', *ASME Symposium on Cavitation in Hydraulic Structures and Turbomachinery*, Joint ASCE/ASME Mechanics Conference, Albuquerque, June 24-26, pp. 119-127.

8.19 Gajic, A., Pejovic, S., Arautovic, D., and Ignjatovic, B. (1992), 'Reverse Waterhammer Analysis in Kaplan Turbines', *16th IAHR Sym posium on Hydraulic Machinery*, Sao Paulo, September, Vol. 1, pp.161-171.

8.20 Graeser, J. E., Prenat, J. E., and Walther, W. (1982), 'Caracteristiques de Machines Hydrauliques et de Vannes dans les Calculs de Regimes Transitoires', *11th IAHR Symposium on Hydraulic Machinery*, Amsterdam, 1982, Vol. 2, Paper 31.

8.21 Grein, H. (1974), 'Partial Pressure and Gas Content Inside a Cavitating Vortex Core and Influence on Pressure Fluctuations in The Draft-Tube of a Francis Turbine', *Proceedings, Institution Mechanical Engineers*, London, Vol. C182, pp. 313-319.

8.22 Grein, H. (1980), 'Vibration Phenomena in Francis Turbines: Their Causes and Prevention', *10th IAHR Symposium on Hydraulic Machinery*, Tokyo, pp 527-539.

8.23 Grolmes, M. A., and Fauske, H. K. (1969), 'Propagation Characteristics of Compression and Rarefaction Pressure Pulses in One-Component Vapour-Liquid Mixtures', *Nuclear Engineering and Design*, Vol. 11, pp. 137-142.

8.24 Henry, R.E., Grolmes, M.A., and Fauske, H.K. (1969), 'Propagation Velocity of Pressure Waves in Gas-Liquid Mixtures', *Cocurrent Gas-Liquid Flow*, Edited by E. Rhodes and D.S. Scott.

8.25 Hsu, Y. Y., and Graham, R. W. (1976), *Transport Processes in Boiling and Two-Phase Systems*, McGraw-Hill.

8.26 Ishii, Y. (1962), 'The Two Types of Runaway State of Propeller Turbine under Cavitation', *2nd IAHR Symposium on Hydraulic Machinery*, Sendai, Paper B-5, pp. 247-263.

8.27 Jordan, V. (1975), 'Reverse Waterhammer in Turbine Draft-Tubes', *Water Power and Dam Construction*, Vol. 55, Part One, February, pp. 75-80, Part Two, March, pp. 116 - 118.

8.28 Kobori, T., Yokoyama, S., and Miyashiro, H., (1955), 'Propagation Velocity of Pressure Wave in Pipe Line', *Hitachi Hyoron*, Vol. 37, No.10, October , pp. 1407-1411 (in Japanese).

8.29 Lecher, W. (1960), 'Cavitation Research on Water Turbines', Escher *Wyss News*, Vol. 23, No. 1, pp. 41-48.

8.30 Li, S. C. (1992), 'Pressure Fluctuations in Cavitating Draft-Tube Flows', *ASME Symposium on Hydropower Fluid Machinery*, Winter Annual Meeting, Anaheim, November 8-13, pp. 1-6.

8.31 Martin, C. S., (1993), 'Pressure Wave Propagation in Two-Component Flows', NATO Advanced Study Institute on Computer Modeling of Free Surface and Pressurized Flows, Washington State University, Pullman, Washington, June 28 - July 9, 1993, Edited by M. H. Chaudhry and L. W. Mays, NATO Series E: Applied Sciences, Vol 274, Kluwer Academic Publishers, pp. 519-552.

8.32 Matsumoto, Y., Ohashi, H., Nonoshita, T., and Kubota, T. (1986), 'Transient Characteristics of Swirl Flow in Draft-Tube', *13th IAHR Symposium on Hydraulic Machinery*, Montreal, September, Vol. 1, Paper 36.

8.33 Muciaccia, F. F., Rossi, G., and Zanetti, V. (1984), 'Study on Model of the Dynamic Behavior of a Hydraulic Machine', *12th IAHR Symposium on Hydraulic Machinery*, Stirling, August 2730, Vol. 1, Paper 3.10, pp. 341-355.

8.34 Nishi, N., Kubota, T., Matsunaga, S., and Senoo, Y. (1980), 'Study on Swirl Flow and Surge in an Elbow Type Draft-Tube', *10th IAHR Symposium on Hydraulic Machinery*, Tokyo, pp 557-568.

8.35 Nishi, N., Matsunaga, S., Kubota, T., and Senoo, Y. (1982), 'Flow Regimes in an Elbow-Type Draft-Tube', *11th IAHR Symposium on Hydraulic Machinery*, Amsterdam, Vol. 2, Paper 38.

8.36 Nishi, N., Matsunaga, S., Kubota, T., and Senoo, Y. (1984), 'Surging Characteristics of Conical and Elbow-Type Draft-Tubes', *12th IAHR Symposium on Hydraulic Machinery*, Stirling, Paper 3.6, pp 272-283.

8.37 Nishi, M., Matsunaga, S., Kubota, T., and Senoo, Y. (1986), 'Effect of Draft-Tube Shape on the Characteristics of Pressure Surge and Swirl Flow', *13th IAHR Symposium on Hydraulic Machinery*, Montreal, September, Vol. 1, Paper 7.

8.38 Nonoshita, T., Matsumoto, Y., Ohashi, H., and Kubota, T. (1988), 'Transient Phenomena in a Draft-Tube during a Load Rejection', *14th IAHR Symposium on Hydraulic Machinery*, Trondheim, June, Vol. 1, Paper F3, pp. 365-376.

8.39 Nonoshita, T., Matsumoto, Y., Ohashi, H., Kubota, T., and Fujita, M. (1990), 'Effect of a Swirl Flow on Transient Phenomena in a Draft-Tube during Load Rejection', *15th IAHR Symposium on Hydraulic Machinery*, Belgrade, September, Vol. 1, Paper J5.

8.40 Nonoshita, T., Matsumoto, Y., Ohashi, H., and Kubota, T. (1991), 'Model Analysis of Water Column Separation Accompanied with Swirl Flow', *9th Round Table of IAHR Group on Hydraulic Transients with Water Column Separation*, Valencia, September, pp. 235-249.

8.41 Nonoshita, T., Matsumoto, Y., Ohashi, H., and Kubota, T., (1992), 'Effect of a Swirl Flow on Transient Phenomena in a Draft-Tube during Load Rejection', *16th IAHR Symposium on Hydraulic Machinery*, Sao Paulo, September, Vol. 1, pp. 141-150.

8.42 Pejovic, S., Krsmanovic, Lj., Gajic, A., and Obradovic, D. (1980a), 'Kaplan Turbine Accidents and Reverse Water Hammer', *Third BHRA International Conference on Pressure Surges*, Canterbury, March 12-15, Paper H2, pp. 391-400.

8.43 Pejovic, S., Krsmanovic, Lj., Gajic, A., and Obradovic, D. (1980b), 'Kaplan Turbine Incidents and Reverse Water Hammer', *Water Power and Dam Construction*, Vol. 56, August, pp. 36-40.

8.44 Pejovic, S., Gajic, A., and Obradovic, D. (1980c), 'Reverse Waterhammer in Kaplan Turbines', *10th IAHR Symposium on Hydraulic Machinery*, Tokyo, pp. 489-499.

8.45 Pejovic, S., Gajic, A., and Obradovic, D. (1984), 'The Effects of Air Supply to the Draft-Tube upon Hydraulic Oscillations in a Hydropower Plant', *12th IAHR Symposium on Hydraulic Machinery*, Stirling, August 27-30, Vol. 1, Paper 3. 4, pp. 242-253.

8.46 Pejovic, S., Obradovic, D., and Gajic, A. (1986a), 'Field Tests and Calculations of the Effects of Air Introduction into the Draft-Tube upon Hydraulic Oscillations in a Hydropower Plant', *13th IAHR Symposium on Hydraulic Machinery*, Montreal, September 2-5, Vol. 1, Paper 9.

8.47 Pejovic, S. (1986b), 'Pressure Surges and Vibrations in Hydropower Plants - Experiences in Yugoslavia', *Current State of Technology in Hydraulic Machinery*, Edited by A. P. Boldy and D. C. Guo, Inaugural Meeting of the International Editorial Committee for Book Series on Hydraulic Machinery, Beijing, July, Paper 10, pp. 177-204.

8.48 Raabe, J. (1985), *Hydropower - The Design, Use, and Function of Hydromechanical, Hydraulic and Electrical Equipment*, VDI Verlag.

8.49 Rheingans, W. K. (1940), 'Power Swings in Hydroelectric Power Plants', *TRANS ASME*, Vol. 62, April, pp. 171-184.

8.50 Rongqiao, W. (1986), 'Analysis of Reverse Waterhammer in Draft-Tubes of Turbines', *ASME International Symposium on Fluid Machinery Troubleshooting*, Winter Annual Meeting, Anaheim, December 7-12, FED-Vol. 46, PWR-Vol. 2, pp. 75 - 82.

8.51 Ruggles, A. E., Scarton, H. A., and Leahy, R. Y. (1989), 'Relationship between Standing Waves, Pressure Pulse Propagation, and Critical Flow Rate in Two-Phase Mixtures', TRANS ASME, *Journal of Heat Transfer*, Vol. I 1 1 , No. 2, May , pp. 467-473.

8.52 Ulith, P., Jaeger, E. U., and Strscheletzky, M. (1974), 'Contribution to Clarifying the Inception of Nonstationary Flow Phenomena in the Draft-Tube of High Specific Speed Francis Turbines Operating at Part Load', *7th IAHR Symposium on Hydraulic Machinery*, Vienna, September, Paper III-4.

8.53 Watanabe, T., and Mutaguchi, K. (1979), 'Research of Hydraulic Transient Phenomena in Pump Turbine', *Pump Turbine Schemes-Planning, Design, and Operation*, Joint ASME-CSME Conference on Applied Mechanics, Fluids Engineering and Bioengineering Conference, Niagara Falls. New York, June 18-20, pp. 57-65.

8.54 Wegner, M. and Roman, J.M. (1984), 'Control of Erosion and Instability Effects Induced by Cavitation in Francis Turbines', *12th IAHR Symposium on Hydraulic Machinery*, Stirling, August 27-30, Vol. 1, Paper 15, pp. 77-89.

8.55 Wiggert, D. C , and Sundquist, M. J., (1979), 'The Effect of Gaseous Cavitation on Fluid Transients', *ASME Transactions, Journal of Fluids Engineering*, March, Vol. 101, pp. 79-86.

Part 2: 펌프 부정류

H. Tsukamoto

8.7 소개

펌프 시스템 내 펌프 기동, 정지 또는 속도변화, 또는 밸브-개도 변경시 부정류가 발생한다. 이와 같은 과정 동안 만일 시스템 내 유체 압력이 증기압 이하로 저하되면 시스템에서 부정류 공동화가 발생한다. 이와 같은 공동화 부정류의 가장 심각한 형식은 수주분리로서 이는 펌프의 전력 차단과 같은 기계적 원인에 의해 야기된 (-) 압력으로 인해 펌프 토출관로 내에서 발생한다[8.69, 8.56]. 액체로 충만된 펌프 토출관로 내에서 발생하는 부정류 공동화에 대한 많은 연구들이 보고되었다[8.57].

또 다른 문제는 관련된 펌프의 부정류 성능이다. 부정류 기간 동안 펌프는 펌프의 정상적인 수두-유량 및 속도 범위로부터 먼 곳에서 운전될 수 있는 반면 펌프의 운전점은 한 정상유동상태에서 다른 유동상태로 변화한다. 일부 특정 상황에서 펌프는 수차로서 또는 펌프 역회전 방향으로 운전될 수도 있다. 그러나 이와 같은 펌프의 부정류 공동화 행위에 대해 아는 것이 거의 없다.

통상적으로 흡입관로는 충분히 길지 않아 압력 상승이 위험하지 않기 때문에 펌프 토출 관로 내 부정류에 관심을 갖게 된다. 그러나 본 절에서는 흡입관로에서 발생하는 부정류 공동화 현상을 기술한다.

8.8 토출관로 내 부정류 공동화

8.8.1 부정류 공동화 형식

액체로 충만된 관로 내에서 비정상유동 과정 동안 부정류 공동화가 빈번하게 발생한다. 부정류 공동화를 “공동화 유동”과 “수주분리” 두 형식으로 구별할 수 있다[8.60].

때로는 가스 방출이라 불리는 공동화 유동은 상당히 긴 관로 길이에 걸쳐 확장될 수 있는 기포성 유동 형식이다. 통상적으로 이 분산된 가스 기포의 공극률은 작다. 또한, 증기기포가 액체 안에서 분산된다. 이와 같은 “가스공동화”는 1초~수초 정도로 완만하게 이루어지는 과정이다.

수주분리는 액체 관로 내에서 발생하는 "증기공동화"이고, 여기서 기포 집단은 합쳐지기에 충분히 커서 배관 내에서 증기 포켓을 형성한다. 증기공동화는 오직 수 μs가 소요되는 상당히 신속하게 이루어지는 과정이다. 그림 8.22는 펌프의 동력 차

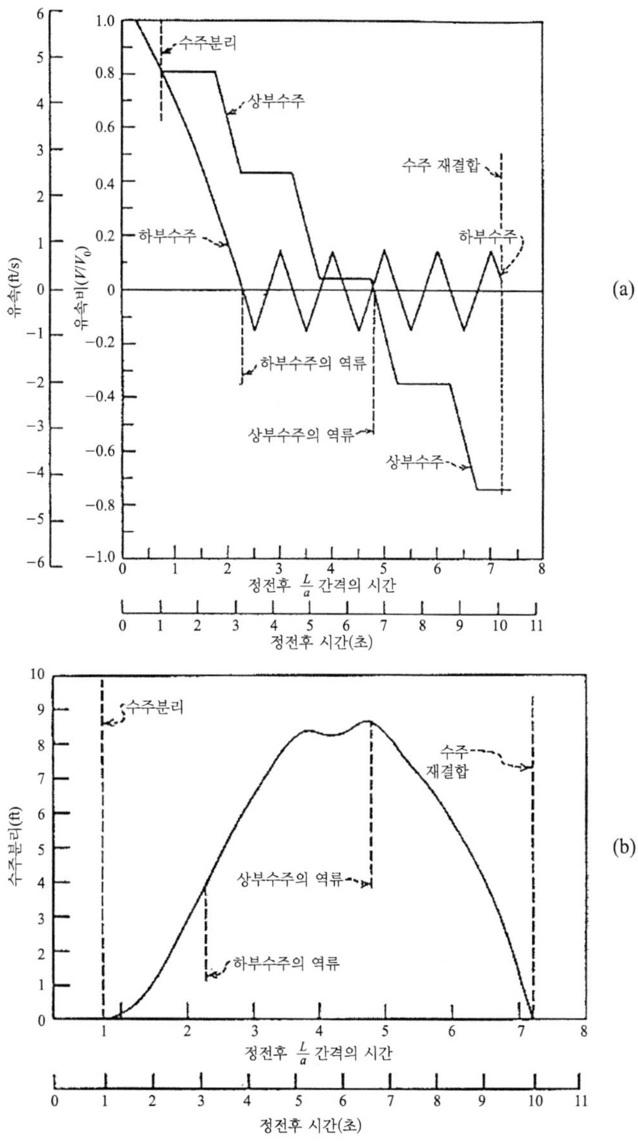

그림 8.22 펌프장 정전에 의한 수주분리((a) 수주 이동; (b) 수주의 시간 이력), L/a=토출관로 파 이동 시간, V_0=초기 정상 조건에서 토출관로 내 유속)[8.65]

단으로 인한 펌프 토출 관로에서 수주분리를 보여준다. 그림 8.22a는 상부수주와 하부수주의 이동을, 그리고 그림 8.22b는 이에 상응하는 수주분리 과정을 보여준다 [8.65]. 이 분리된 두 수주가 재결합될 때 관로를 파괴시키기에 충분히 높은 압력상승(충격파 속성)이 발생할 수 있다.

8.8.2 수주분리 (Water Column Separation)

펌프 동력 차단으로 인한 토출관로 내 부정류 현상은 그림 8.23과 같다[8.66]. 그림 8.23b는 No.8 밸브실에서 공극이 발생하기 시작할 때(압력이 증기압으로 유지되는 조건에서) 급격하게 증기압으로 떨어지고, 공극 붕괴로 인해 압력이 급격한 상승 이후 수주의 분리와 결합이 반복되어 동요가 발생하는 압력-시간 이력을 보여준다. 트립 약 64초 후 첫 번째 증기 체적이 붕괴되어 최대 서지 517 kPa(75 psig)가 발생하였다. 정상적인 운전 압력은 30.5 kPa(−9인치 Hg)이다. 이 경우 펌프 트립 후 9개 측

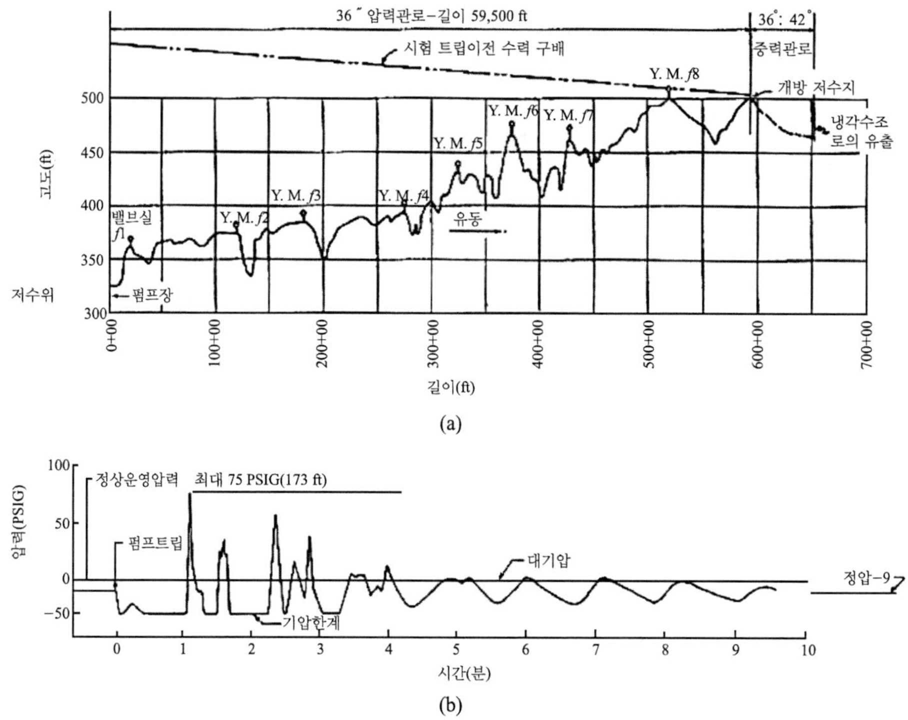

(a)

(b)

그림 8.23 펌프장 정전에 의한 관로 압력 변화((a) 펌프장 프로파일; (b) 펌프 정전후 8번 밸브에서 서지)[8.66]

정 지점 모두에서 수주분리가 발생하였다.

8.9 터보펌프 내 부정류 공동화 유동

8.9.1 실제 전체 압력 상승

부정류 계산을 위해 반드시 펌프가 생성하는 실제 전체 압력 상승 P를 명확히 해야 한다. 이 압력은 정상상태 운전에서는 펌프 흡입부터 토출까지 전체 압력 상승 P_i와 동일하다. 그러나 유동률이 불안정할 때는 펌프 임펠러와 케이싱 내 포함된 물의 관성효과로 인해 펌프를 통한 전체 압력에서 약간의 차이가 발생한다. 이 차이를 피상(apparent) 전체 압력 상승 P_c라 부르며, 다음과 같이 부정류 공동화 내 P_c를 계산할 수 있다[8.64].

$$P_c(t) = -\left[\left(\frac{\rho L_{eqs}}{A_0}\right)\frac{dQ_s(t)}{dt} + \left(\frac{\rho L_{eqd}}{A_0}\right)\frac{dQ_d(t)}{dt}\right] \tag{8.2}$$

여기서, 펌프를 단면적 A_0, 길이 $L_{eqs}+L_{eqd}$의 직관으로 표현한다. 다음과 같이 등가 배관 길이 L_{eqs}와 L_{eqd}를 구할 수 있다.

$$L_{eqs} = \int_{s=0}^{L_1} \frac{A_0}{A(s)} ds \tag{8.3}$$

$$L_{eqd} = \int_{s=L_1}^{L} \frac{A_0}{A(s)} ds \tag{8.4}$$

여기서, s는 흡입부로부터 측정된 거리, L은 전체 통로 길이이다[8.70]. 따라서 순수 펌핑 동작에 의한 실제 전체 압력 상승은 다음과 같다.

$$P = P_i - P_c \tag{8.5}$$

8.9.2 공동화하는 펌프의 부정류 거동

본 절에서는 한 예로서 급작스런 토출 밸브의 개방과 폐쇄 후 공동화하는 원심펌프의 부정류 거동을 기술한다. 순간적인 회전속도, 흡입 및 토출 압력, 그리고 유동률의 변화는 그림 8.24와 같다. 이와 같은 부정류 과정에 의해 부정류 공동화가 발생한다[8.68]. 이 그림은 측정된 흡입압력 p_s와 토출 압력 p_d, 흡입유량 Q_s와 토출유량

Q_d, 실제 전체 수두 상승 $H_p(=P/(\rho g))$, 그리고 $\sigma=0.085$의 낮은 흡입 압력조건과 가장 큰 밸브 개방/폐쇄 비율에서 피상 전체 수두상승 $H_c(=P_c/(\rho g))$의 변화를 보여준다. 여기에서 $\sigma=2gH_{sv}/u_2^2$은 공동화 계수이고, $H_{sv}=H_s-p_v/(\rho g)$(즉, NPSH), H_s는 펌프 흡입구에서 전체 수두이다.

부정류 공동화 과정에서 펌프 내 전체 공동화 체적의 성장과 축소에 의해 유입부와 유출부 사이 유동률 차이가 발생하는 반면 정상상태 운전시에는 유동률 차이는

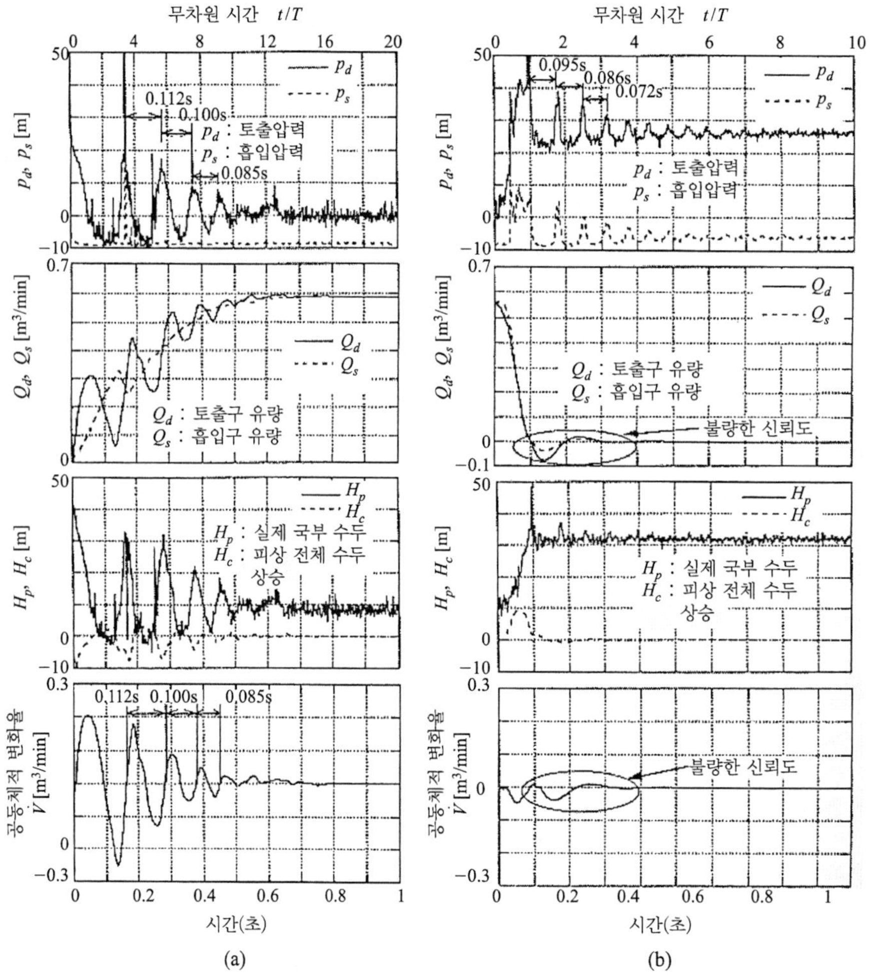

그림 8.24 Q_s, Q_d, p_s, p_d, H_P, H_c, $\dot{v}$의 시간 이력(N_0 =평균회전속도, T=밸브 개방/폐쇄 시간, 아래첨자 N=비공동화 사례, 아래첨자 0=초기 수치, 아래첨자 f=최종 수치)[8.68].
(a) 밸브 급개방 사례 NT=2.99, σ_f =0.085, Φ_{Nf} =0.107;
(b) 밸브 급폐쇄 사례 NT=2.99, σ_0 =0.085, Φ_{N0} =0.107

0이다. 질량보존식은 다음과 같이 공동화 체적의 변화율 $\dot{v}$ 항으로서 축소되며, $\dot{v}$의 변화는 그림 8.24와 같다[8.67, 8.58].

$$\dot{v} = Q_d - Q_s \tag{8.6}$$

밸브 급개방시 유출부에서의 압력과 유동률은 최종 안정상태에 도달하기 전에 완만하게 변동한다(그림 8.24a 참조). 1회의 완전 변동에 필요한 시간 간격은 공동화 체적과 같이 시간에 따라 감소한다. 이 압력과 유동률 동요는 주로 펌프 내 전체 공동화 체적의 성장과 수축(shrinkage)에 기인한다. 만일 액체 내 가스 기포가 존재하면 액체로 충만된 관로 내 압력파 전파는 상당히 감소될 수 있으며, 공동화로 발생된 작은 공기/증기 기포는 파속을 감소시키고 후속적으로 1회의 완전한 압력 변동에 필요한 시간 간격을 증가시킨다[8.69, 8.56].

반면 밸브 폐쇄 사례는 다른 현상을 보여준다. 즉, 그림 8.24b와 같이 0 유동률에 도달한 후 흡입 및 토출 압력 변동이 발생한다. 토출 압력 변동에 필요한 시간 간격은 흡입 압력 변동의 시간 간격과 일치하고, 이는 수주분리에 의해 수격이 동반되는 사실을 시사한다.

8.9.3 펌프의 부정류 특성

수주분리 또는 공동화 유동을 수반하는 펌프 시스템에 대한 많은 연구들에서 부정류 과정은 충분히 완만하여 펌프가 준-정적으로(즉, 펌프의 정상적인 성능 곡선을 따라 한 정상상태 운전점에서 다른 운전점으로 이동) 반응할 수 있다고 가정한다. 이와 같은 준-정적 특성 가정의 유효성을 본 절에서 토론한다. 실제 동적 행위가 준-정적 가정과 어떻게 다른지를 살펴보기 위해 실제 전체 압력 상승 P와 상대적인 준-정적 수치를 비교한다. 그림 8.25(밸브 개방)와 8.26(밸브 폐쇄)은 측정된 궤적들을 보여준다. 부정류 과정 동안 순간 펌프 토출유량 계수 ϕ와 전체 수두 상승 계수 ψ의 좌표는 이 궤적에 따라 이동한다. 이 두 계수들은 다음과 같이 정의된다.

$$\phi = \frac{Q_d}{\pi d_2 b_2 u_2} \tag{8.7}$$

$$\psi = \frac{2gH_p(t)}{u_2^2} \tag{8.8}$$

여기서 b_2 : 펌프 임펠러 유출 통로 폭

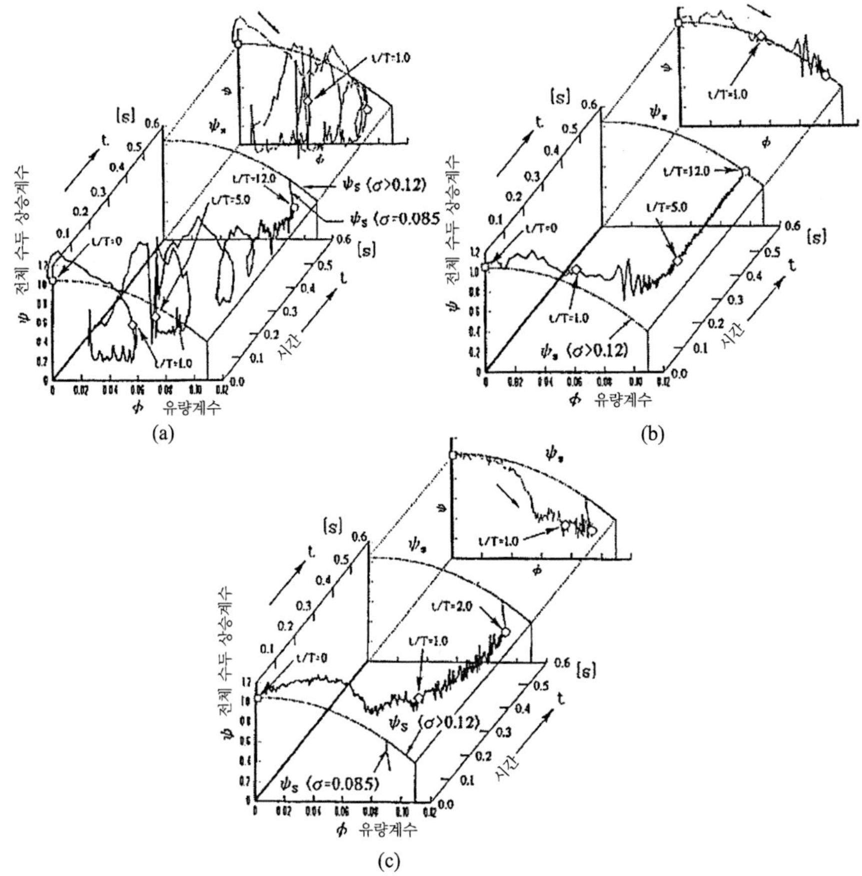

그림 8.25 토출밸브 급개방시 유출유량계수 ϕ와 전체 수두상승계수 ψ의 역학관계[8.68].
(a) 공동화 사례 NT=2.99, σ_f =0.085, Φ_{Nf} =0.107
(b) 비공동화 사례 NT=2.99, σ_f =0.3, Φ_{Nf} =0.093
(c) 공동화하지만 밸브의 완만한 개방 사례 NT=17.3, σ_f =0.085, Φ_{Nf} =0.107

d_2 : 펌프 임펠러 외경
u_2 : 임펠러 원주속도

점-대시-선으로 $\sigma_{f,0} = 0.085$에서 측정한 정상상태 특성곡선을 표시한다. 만일 부정류 과정이 충분히 느리면 펌프의 순간 압력상승은 정상상태 $\phi - \psi_s$ 곡선에 따라 인접하게 이동하므로 준-정적 사례로 간주할 수 있다. Kaneko는 이 그림들로부터 명백하게 알 수 있는 것과 같이 실제 부정류 특성은 준-정적 부정류 특성으로부터 상당히 이탈하는 것으로 보고하였다[8.59]. 공동화가 발생하지 않는 경우(그림 8.25b와

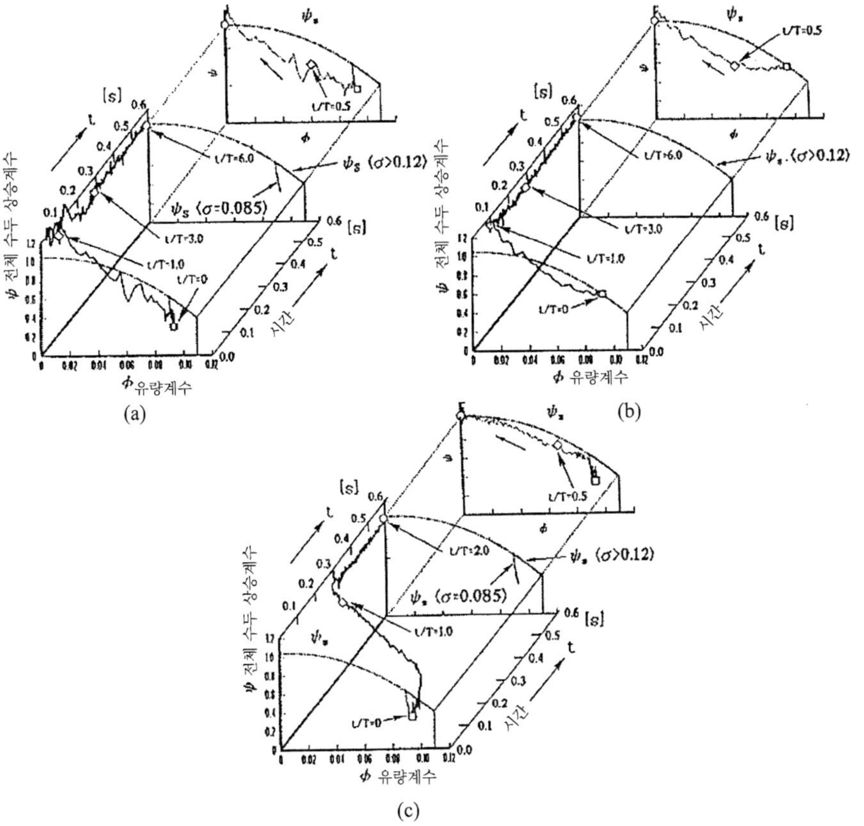

그림 8.26 토출밸브 급폐쇄시 유출유량계수 ϕ와 전체 수두상승계수 ψ사이 역학관계[8.68].
(a) 공동화 사례 NT=2.99, σ_0 =0.085, Φ_{N0} =0.107
(b) 비공동화 사례 NT=2.99, σ_0 =0.3, Φ_{N0} =0.093
(c) 공동화하지만 밸브의 완만한 개방 사례 NT=17.3, σ_0 =0.085, Φ_{N0} =0.107

8.26b) 밸브 급개방시 전체 수두상승 ψ_i는 준-정적 수치 ψ_s보다 크고 밸브 급폐쇄시 보다는 작다. 공동화가 발생하는 경우 부정류 전체 수두상승계수 ψ_i는 대부분의 부정류 과정 시간 동안 ψ_s보다 크다.

이 그림들로부터 알 수 있듯이 만일 펌프 운영 조건이 급격하게 변화되면 준-정적 부정류 특성으로부터 상당히 이탈한다. 그러나 준-정적 가정의 적용 한계는 아직도 매우 명확하지 않다. 그럼에도 불구하고 운전점들 사이 변화율이 상당히 느리면 대부분 계산에서 현실적으로 준-정적 가정을 수용할 수 있다[8.63, 8.61].

8.10 펌프 시스템 내 부정류 공동화 유동의 전산 모의

펌프와 토출관로 모두에서 부정류 유동을 모의하기 위해 반드시 펌프와 모터의 관성력, 펌프 특성, 그리고 토출관로 내 압력파 거동 3개의 영향을 고려하여야 한다[8.62]. 전술한 것과 같이 통상적으로 펌프 부정류 특성을 준-정적으로 가정한다. 관로 내 부정류 공동화와 관련하여 관로에 따른 공극률의 변화 그리고 후속적으로 파속의 변화, 에너지 소멸, 가스 방출 등과 같은 많은 미지수들이 존재한다. 이와 같은 부정류 공동화 유동에 대한 많은 접근들이 보고되었다[8.69, 8.69]. 관로 내 비정상 유체 유동을 지배하는 편미분방정식을 일련의 유한차분식으로 변형시켜 수치적으로 해결할 수 있다[8.69]. 한 예로서 그림 8.27은 수평 관로 내 공동화 유동을 야기하는 펌프 트립 및 재기동 사례에서 계산된 압력과 속도변화를 보여준다[8.60]. 이 예에서 큰 저수지는 일정한 하류측 압력을 제공한다. 펌프 트립 후 (−) 압력파가 하류측으로 전파되는 것을 볼 수 있고, 관로의 특정 부분에서 압력은 일정한 낮은 압력으로 나타낸 증기압으로 감소되며 이는 공동화 유동이 존재하는 것을 의미한다. 특정 시간 이후 관로 말단부로부터 이동하는 (+) 압력파는 이 공동화 영역을 무효화한다. 계산된 수치(점선)는 측정된 수치(실선)와 잘 일치한다.

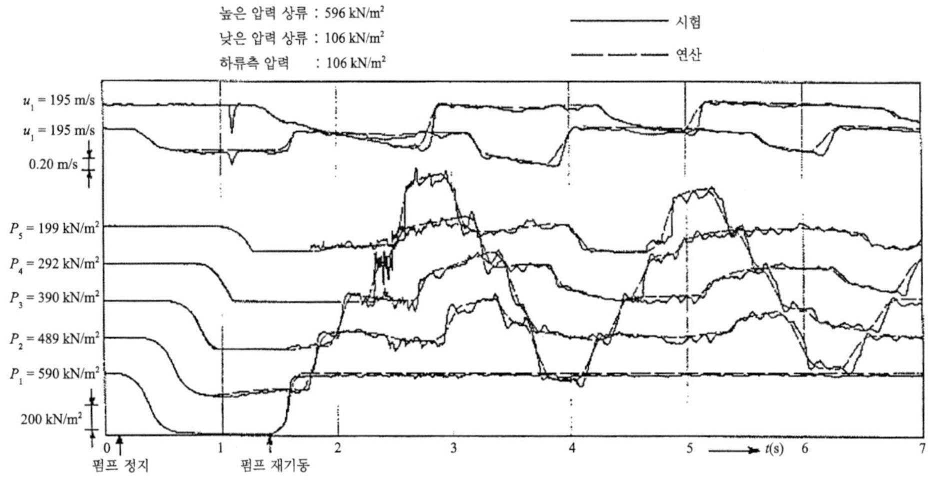

그림 8.27 수평관로 내 공동화 유동을 야기하는 펌프 장애 모의(길이 = 1,450 m, 직경 = 0.1 m, u_1 = 상류측 유속, u_2 = 하류측 유속, $p_{1,2,3,4,5}$ = 상류측 말단부로부터 3 m, 299 m, 597 m, 887 m, 1,168 m에서 압력)[8.60]

8.11 결론

더욱 완벽한 관로 내 부정류 공동화의 이론적 모델을 확립하기 위해 추가 과업이 필요하지만 현존하는 방법으로 대부분의 현실적인 펌프 토출 관로 내 부정류 공동화 사례들을 합리적인 정확도로 예측할 수 있다. 액체 추진기관과 같은 일부 극단적인 조건에 사용되는 펌프의 부정류 공동화 특성을 예측하기 위해서는 펌프의 공동화의 동적행위를 추가로 연구하여 펌핑 시스템의 부정류 공동화의 예측을 더욱 개선하여야 한다.

References

8.56 Chaudhry, M. H., (1987), *Applied Hydraulic Transients*, Second Edition, Van Nostrand Reinhold, New York.

8.57 Fan, D., and Tijsseling, A., (1992), 'Fluid-Structure Interaction With Cavitation in Transient Pipe Flows', *ASME Journal of Fluids Engineering*, Vol. 114, pp.268-274.

8.58 Greitzer, E.M., (1981), 'The Stability of Pumping Systems', ASME *Journal of Fluids Engineering*, Vol. 103, pp. 193-242.

8.59 Kaneko, M., and Ohashi, H., (1982), 'Transient Characteristics of a Centrifugal Pump During Quick Change of Flow Rate', *Trans. JSME*, Ser.B, Vol.48, No.426, pp.229-237 (in Japanese).

8.60 Kranenburg, C, (1974), 'Gas Release During Transient Cavitation in Pipes', *Journal of the Hydraulic Division, ASCE*, Vol.100, No. HY10, pp.1383-1398.

8.61 Lefebvre, P. J., and Barker, W. P., (1994), 'Cavitation in Transiently Operating Centrifugal Pump', *ASME FED* Vol.190, pp.11-17.

8.62 Miyashiro, H., (1967), 'Waterhammer Analysis of Pump Discharge Line With Several One-Way Surge Tanks', *ASME, Journal of Engineering for Power*, Vol. 89, pp.621-627.

8.63 Nguyen Due, J.M., Von Kaenel, A., and Danguy, F., (1993), 'Transient Behavior of Liquid Hydrogen Pumps During Start-Up and Shutdown of Rocket Engines', *ASME FED*, Vol.154, pp.159-170.

8.64 Ohashi, H., (1968), 'Analytical and Experimental Study of Dynamic Characteristics of Turbopumps', *NASA TN* D-4298.

8.65 Parmakian, J., (1958), 'One-Way Surge Tanks for Pumping Plants', *Trans. ASME*, Vol. 80, pp.1563-1573.

8.66 Richards, R.T., (1956), 'Water-Column Separation in Pump Discharge Lines', *Trans. ASME*, pp. 1297-1304.

8.67 Sack, L.E., and Nottage, H.B., (1965), 'System Oscillations Associated With Cavitating Inducers', *ASME Journal of Basic Engineering*, Vol. 87, pp.917-924.

8.68 Tsukamoto, H., and Tanaka, T., (1994), 'Transient Characteristics of a Cavitating Centrifugal Pump System at Rapid Change in Flow Rate', *ASME FED*, Vol.190, pp.175-183.

8.69 Wylie, E.B., and Streeter, V.L., (1978), *Fluid Transients*, McGraw-Hill, New York.

8.70 Yamamoto, K., (1990), 'Instability in a Cavitating Centrifugal Pump (2nd Report, Delivery of Mechanical Energy during Oscillation)', *Trans. JSME*, Ser. B, Vol.56, No.523, pp.644-650 (in Japanese).

CHAPTER 9

2상 유동

산업계를 비롯한 일상생활에서 나타나는 열전달 및 유동 관련 현상을 고려하면 2개 이상의 물질들이 2개 이상의 상(phase)을 이루고 있는 경우를 쉽게 발견할 수 있다.

기체와 액체의 2상 유동은 각종 보일러, 응축기, 증발기 등의 단위 기기로부터 공기조화장치, 냉동장치, 담수화장치, 원자력 발전소 등의 각종 열교환장치 등에서 이용되고 있고, 펌프, 수차 등 유체기계에서 발생하고 있다. 또한, 기체, 액체 및 고체가 혼합되어 흐르는 현상을 다상유동(multi-phase flow)이라 부른다.

9.1 2상 유동의 이해

9.1.1 유동 측면

2상 유동연구는 송유관을 통한 기름 등의 수송이나 빙축열 시스템 등에서의 슬러리 수송 등 관내 유동에 따른 압력저하의 예측이 주요 연구분야이다. 기체 내의 액체 분무나 입자, 혹은 액체 내의 기포 유동과 관련된 분포, 확산 등의 예측도 중요한 분야 중 하나이다. 일반적으로 유체역학적인 문제와 같이 배관의 크기, 길이 등의 3상 유체 수송에 대해 펌프 혹은 송풍기의 최적 사용과 관련된 문제 등으로 2상 유동을 요약할 수 있다.

9.1.2 열전달 측면

열전달 측면에서의 비등 및 응축에 대한 연구는 기포나 액적의 생성, 성장 과정과 관련된 내용을 다룬다. 비등 및 응축 과정에서 상 경계면에서의 분자 운동과 이에 따른 열역학적 비평형 현상이 중요 연구분야 중 하나이다.

9.1.3 2상 유동의 특징

흔히 볼 수 있는 유동형태로서 액체 유동 내 기포가 함께 유동하는 경우, 기체 유동에서 액적들이 떠서 함께 유동하는 경우, 또는 수평관 내의 상부에는 기체가 흐르고, 하부에는 액체가 흐르는 경우 등 2상 유체를 구성하는 기체와 액체 사이에 밀도차가 크게 나타나므로 기체는 부력을 받아 중력과 반대 방향으로 항상 떠오르는 경향이 있다. 기액 2상 유동은 비등 및 응축 등 상변화 과정에서 형성, 발달하고, 기액 2상 유동의 열전달 기구는 2상 유동 기구와 상호 관련되어 2상 유동 열전달이라는 연구분야가 매우 중요하게 다루어지고 있다.

9.1.4 2상 유동의 파악

유동 방향이 수직 또는 수평 여부에 따라서 유동 형식이 변화한다. 이와 같은 2상 유동의 현상을 이해하기 위해서는 2상 유동의 형식을 일단 분류하고, 분류된 유동 형식의 특성을 이해하는 것이 중요하다. 이는 열전달이나 증발/응축 등 질량 전달의 정도는 유동 형식에 따라서 크게 좌우되므로 주어진 유동 조건에서 유동 형식을 예견할 수 있는 근거를 제공하기 때문에 매우 중요하다.

따라서 유동 형식의 종류에 대해 알아본다. 또한, 최근에는 우주산업의 발달로 인하여 무중력(또는 미소한 중력) 상태에서의 2상 유동에 대해 활발한 연구가 진행되고 있으나 본 절에서는 통상적으로 접할 수 있는 중력장 내 2상 유동에 대해 알아본다.

9.2 수직유동

중력은 유동 방향과 같거나 정반대이므로 유동의 형태는 축대칭이 된다. 수직유동의 종류는 다음과 같다.

- 기포유동(bubbly flow)
- 슬러그유동(slug flow)

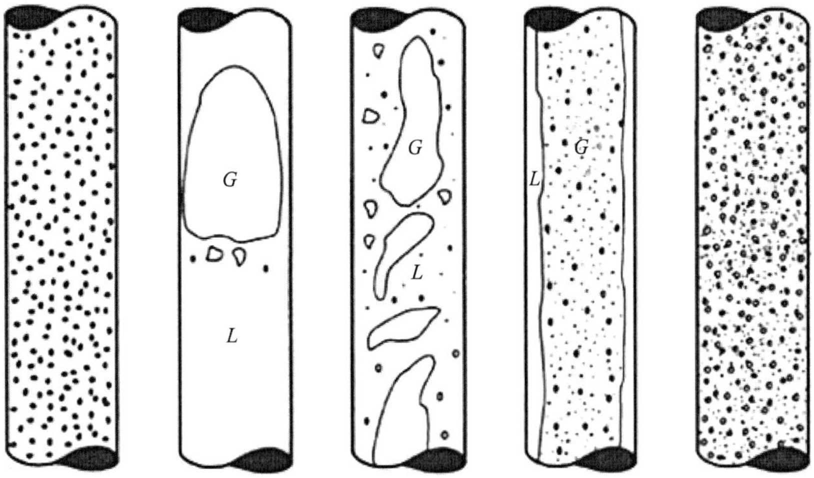

G : 가스, *L* : 액체

그림 9.1 수직 2상 유동 종류(기포, 슬러그, 처언, 환상, 액적유동)

- 처언유동(churn flow)
- 환상유동(annular flow)
- 액적유동(drop flow)

9.2.1 유동 형식의 확인

이러한 각 유동 형식의 경계는 확연히 구분되는 것은 아니며, 한 유동 형식에서 다른 유동 형식으로 천이해 갈 때는 유동 형식이 섞여서 나타난다. 천이 영역에서는 두 유동 형식을 연결해서 부르기도 하는데, 예컨대 기포유동에서 슬러그유동으로 천이하는 과정의 유동 형식을 기포-슬러그유동, 처언유동과 환상유동의 중간 형태인 위스피(wispy) 환상유동, 액막과 액적이 동시에 흐르는 환상-분무유동(annular-mist flow, dispersed annular flow)이라고 부른다.

9.2.2 유동 양식의 구분

기포유동 기상(gas phase)은 분산된 작은 기포들의 형태로 연속적인 액체상(liquid phase) 내에 축대칭의 형태로 분포한다. 기포의 크기(직경)는 관 직경에 비하여 대단히 작으며, 따라서 기포 유동은 관 벽면의 직접적인 영향을 받지 않는다. 그러나 관

벽면과 항상 접촉하고 있는 액체상에 의하여 기포의 유동이 영향을 받으므로 관 벽면의 영향을 간접적으로 받게 되며 유동 조건에 따라서는 단면에 따른 기포 분포 상태가 변화한다.

기포유동은 공극률이 0.3 이하에서 주로 나타난다. 적절한 첨가제를 섞어주면 훨씬 높은 공극률(거의 1에 가까운 값)에서도 기포유동이 가능하다. 거품 형태로 흐르는 경우엔 포말유동(froth flow)이라고도 한다. 작은 기포의 형태는 대체로 구형을 이루나, 기포의 양이 많을수록 기포 간의 충돌 및 합착에 의해서 좀 더 큰 기포가 형성되며, 큰 기포들은 주위 유동에 의해서 변형되어 타원형이나 캡(cap) 형태를 보이기도 한다.

슬러그유동 관 직경과 거의 같은 직경을 가진 테일러 기포(Taylor bubble)가 상향으로 흐르며, 이 기포와 관 벽면 사이에는 액체가 얇은 막(film)의 형태로 하향 유동을 한다. 기포의 길이는 직경 정도로부터 직경의 100배에 이르기까지 유동 조건에 따라서 다르게 나타나며, 각 테일러 기포 사이에는 작은 기포들이 섞인 액체 슬러그가 존재한다. 대체로 작은 질량 플럭스를 가진 2상 유동에서 많이 나타나며, 기포유동에서 하류로 흘러가면서 작은 기포들 간의 합착에 의해서 형성되는 경우가 많다.

처언유동 슬러그유동과 어느 정도 유사하나 앞부분이 둥근 탄환 형태의 슬러그 기포와는 달리 기포의 형태가 많이 변형되어 불규칙적인 형태를 이루며 기포와 기포 사이의 액체 슬러그가 과다한 양의 기체 유동에 의해 일시적으로 파괴되었다가 다시 복원되는 등 유동 전체가 동요한다. 따라서 액체도 계속 상하로 요동하면서 흐르게 된다.

환상유동 액체는 관벽을 따라서 액막의 형태로 흐르고, 기체는 관 중심 부분을 따라서 흐르는 유동이다. 기체의 흐름이 클 때 나타나는 것이 보통이며, 유속이 느린 액막과의 큰 상대 속도에 의해서 액막의 형태가 파형을 이루거나 액막으로부터 액체가 작은 액적들의 형태로 떨어져 나와 기체유동에 유입되는 경우가 많다. 작은 액적(또는 분무) 등이 관 중심 부분의 기체와 함께 유동하는 환상유동을 특히 환상-분무유동이라 부른다. 반면에 기체의 유량이 매우 작을 때, 중력에 의해 액체가 환상유동의 형태로 관벽을 따라 흘러 내리는 경우도 있는데, 이때의 흐름을 특히 액막유동(film flow)이라 부른다.

환상분무유동 작은 액적(또는 분무) 등이 관 중심 부분의 기체와 함께 유동하는 환상유동을 특히 환상-분무유동(annular-mist flow)이라 부른다.

9.3 수평유동

수평유동(horizontal flow)에서는 중력이 반경 방향으로 작용하므로 유동은 중심축에 대하여 비대칭 형태를 가지며 상대적으로 밀도가 큰 액체는 아래쪽에서 흐르는 경향을 보인다. 과열상태로 흘러 들어온 증기의 유동 형식은 관 입구에서 전단력에 의해서 지배된다.

9.3.1 수평유동 종류

수평 2상 유동의 기본 형식은 다음과 같으나 2개의 유동 형식이 섞여서 나타나는 경우에는 2개의 유동 형식을 연결하여 부르는 것은 수직유동의 경우와 동일하다.

분무유동, 환상유동, 기포유동은 전단력의 지배를 받으며 파형유동, 성층유동, 플러그유동, 슬러그유동, 반환상유동은 중력의 지배를 받는다.

- 기포유동(bubbly flow)

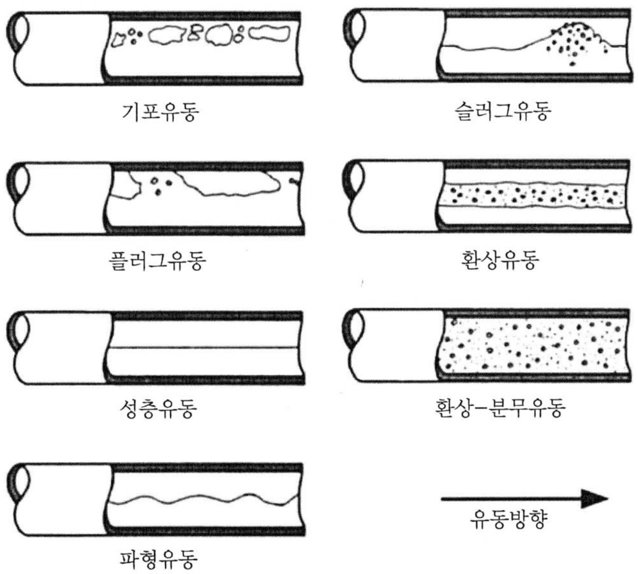

그림 9.2 수평 2상 유동 형식

- 플러그유동(plug flow)
- 성층유동(stratified flow)
- 파형유동(wavy flow)
- 슬러그유동(slug flow)
- 환동(annular flow)

9.3.2 유동 형식의 구분

기포유동 연속적인 액체상에 작은 기포가 분포된 형태이다. 부력의 영향에 의해서 기포들은 수평관 상부에 많이 분포된 상태로 흐르는 형태이다. 액체의 유량이 증가할수록 기포들은 관 단면 전체에 균일하게 분포하는 경향이 있다.

플러그유동 수직유동의 슬러그유동(혹은 플러그유동)과 유사하다. 기포유동이 느려지게 되면 기포들 간의 합착에 의해서 긴 형태의 플러그 기포가 형성되며, 이 기포는 관 윗부분을 따라 흐르게 된다.

성층유동 기체와 액체가 모두 느린 속도로 수평관 내를 흐를 때 나타난다. 특히, 기체와 액체 간의 상대 속도가 작기 때문에 두 유체의 경계면은 부드러운 형태를 갖는다.

파형유동 성층유동에서 기체 속도의 증가에 따라서 두 유체 간의 상대속도가 커지게 되면 경계면이 교란을 받아서 표면파(surface wave)가 발생하는 유동이다. 표면파는 유동방향으로 움직이게 된다.

슬러그유동 플러그유동의 형태와 유사하나 기체의 빠른 속도에 의해서 발생된다는 점에서 차이가 발생한다. 파형유동에서 기체의 속도가 증가하면 경계면 파동의 진폭이 커지면서 기포가 섞인 파가 관 상부를 간헐적으로 접촉하면서 빠른 속도로 하류로 이동한다. 액체 슬러그가 접착하고 난 뒤의 관 상부에는 액체가 액막의 형태로 얼마간 남아 있게 되며, 이 상태에서 기체의 속도가 조금 더 빨라지게 되면 파형-환상유동이 나타나고, 궁극적으로 환상유동으로 천이한다.

환상유동(환상-분무유동) 빠른 속도의 기체가 관 중심부를 흐르고, 상대적으로 느린 액체는 관벽을 따라서 액막의 형태로 같은 방향으로 흐른다. 이때 중력의 영향으로 관 상부는 항상 액막으로 덮여 있는 것은 아니며 관 하부에서는 좀 더 두꺼운 액막을 형성하게 된다. 기체의 속도가 아주 빨라지게 되면 액막으로부터 액체의 일부가 이탈하여 액적의 상태로 기체유동에 유입되는 환상-분무유동이 나타나게 된다.

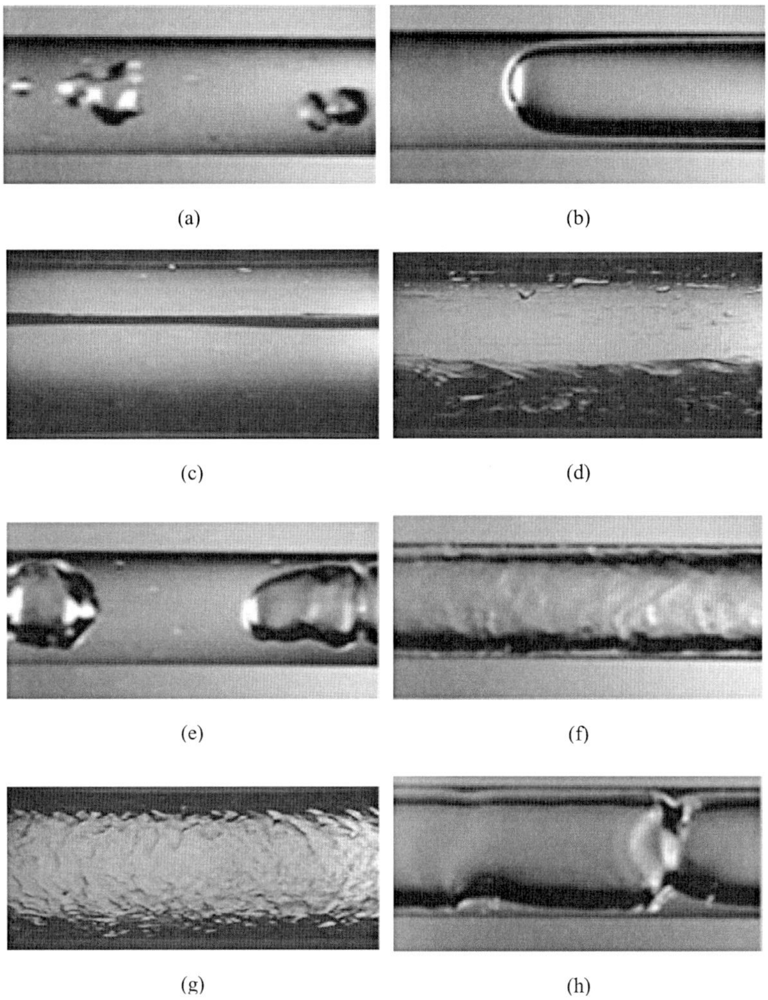

그림 9.3 수평 2상 유동 종류 사진[(a) 기포유동, (b) 플러그유동, (c) 성층유동, (d) 파형유동, (e) 슬러그유동, (f, g) 환상유동, (h) 슬러그-환상유동]

부록

용어정리

◆ **음향 임피던스(acoustic impedance)** 음파가 전파될 때, 그 파면에 평행인 면에서의 음압을 그 면을 통과하는 파동의 부피속도로 나눈 양이다. 일반적으로 복소수로 표현되며, 실수 부분은 음향저항, 허수 부분은 음향리액턴스라고 부르고, 단위는 음향옴(Ω)을 사용한다. 한편, 음파가 평면파로 진행할 때는 단위넓이 음향임피던스는 매질의 속도와 매질의 곱으로 표현되며, 이 값은 물질에 따라 고유하다.

즉, 음파가 전해지는 매질의 각 미소부분의 진동속도를 u(이것을 입자속도라 한다), 음파의 파면에 평행한 어떤 넓이를 S, 거기서의 음압을 P라 했을 때 $Z=P/(uS)$로 표시되는 Z가 음향임피던스이다(uS는 넓이 S를 통과하는 부피속도).

음파가 무한히 넓은 매질 속을 전파할 때 음원에서 충분히 떨어진 곳에서는 평면파가 되는데, 평면파에서는 음압과 입자속도가 항상 비례하고 위상이 일치한다. 따라서 이 경우에는 단위넓이 음향임피던스는 실수 부분만으로 되며, 매질의 밀도 ρ와 그 매질 속의 소리의 전파속도 C와의 곱 ρC와 같아진다. 물질에 따라 정해지는 이 상수를 고유음향저항이라 한다.

◆ **어드미턴스(admittance)** 교류회로에서 전류의 흐르기 쉬운 정도를 나타내는 것으로 임피던스의 역수(逆數)이며, 직류회로의 컨덕턴스에 해당한다.

◆ **진폭(amplitude)** 주기적인 진동이 있을 때 진동의 중심으로부터 최대로 움직인 거리 혹은 변위를 나타내는 용어이다.

한쪽 끝 부분이 고정되어 매달려 있는 용수철의 다른 쪽 끝 부분을 길게 늘였다가 놓아보자. 고정되지 않은 용수철의 다른 쪽 끝 부분이 처음 멈춰 있었을 때의 위치를 진동 중심이라고 할 때 용수철은 그 지점을 기준으로 하여 아래·위 방향으로 주기적인 왕복 운동을 보이게 된다. 이러한 주기적인 운동에서 위치 변화가 최대로 일어났을 때 진동 중심에서 이 위치까지의 거리를 진폭이라고 부른다.

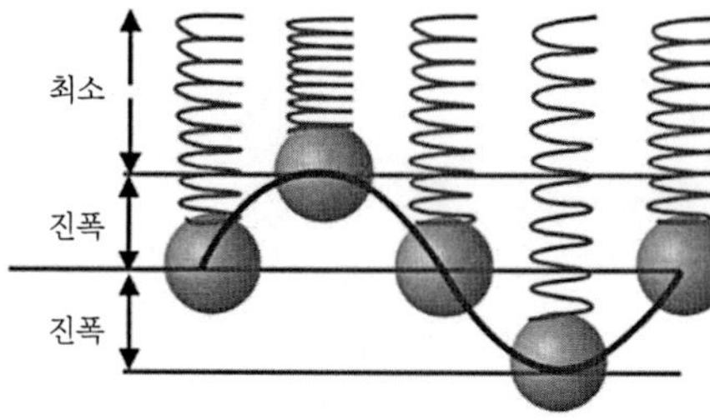

◆ **영각(attack angle)** 유체역학에서 영각(또는 받음각) α는 몸체의 기준선(빈번하게 에어포일의 익현선) 그리고 유체와 몸체 사이 상대적 운동을 나타내는 벡터 사이 각도이다. 아래 그림에서 화살표는 고정된 2차원 에어포일 단면 주변 자유유동 내 공기의 속도를 나타내는 벡터이다. 상부 선은 에어포일의 익현선이고 하부 선은 화살표와 평행이다.

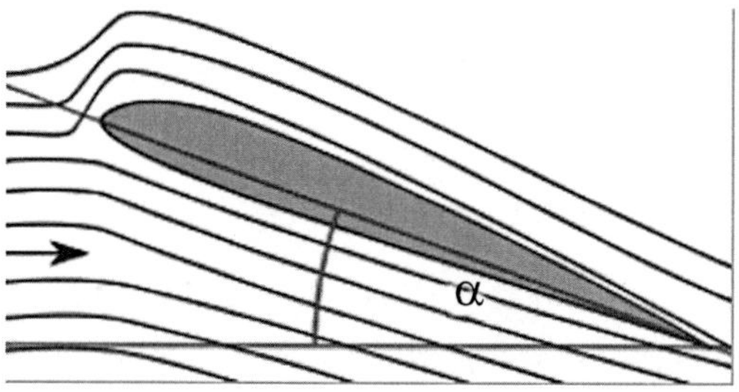

◆ **오스테나이트(austenite)** γ철(면심입방구조)에 다른 원소가 용해되어 생성된 고용체이다. 실온에서 오스테나이트의 조직이 되도록 한 강철을 오스테나이트 강이라 한다. 철은 녹을 때까지 두 번 결정형을 바꾸는데, 900℃ 이하와 1,400 ~ 1,528℃(녹는점)까지 범위에서는 체심입방(體心立方) 결정형이지만 900 ~ 1,400℃에서는 면심입방 결정형이 된다. 순철은 웬만큼 급히 냉각시켜도 900℃를 경계로 하는 면심입방 → 체심입방의 결정형 변화는 막을 수 없어 체심입방형으로 되지만, 철에 탄소가 알맞게 들어간 강에서는 급랭함으로써 이 변화가 도중에 정지한다. 이것을 다시 탄소 이외의 다른 원소를 하나 더 첨가한 합금강으로 하면 첨가하는 원소에 따라서 이 변화가 완전히 멈추어 면심 입방의 철이 상온까지 도달할 수 있다. 니켈·크롬을 많이 첨가한 18-8 스테인리스강, 망간을 첨가한 망간강 등이 대표적인 예이다. 이와 같은 합금 원소가 녹아든 면심입방정의 철을 철강학자인 R. Austenite의 이름을 따서 오스테나이트라 한다. 상온에서 안정된 체심입방의

철보다도 탄소가 더 많이 녹아들며, 마모에 강한 특성이 있으므로 철도 레일의 포인트·무한궤도의 벨트 등에는 망간강의 오스테나이트가 사용된다.

◆ **경계층(boundary layer)** 경계층은 Ludwig Prandtl이 1904년 최초로 정의하였다. 이는 유동장을 두 영역으로 나누어 유동 공식을 단순화한다. 하나는 경계층 내부로서 점성에 의해 지배되며 경계 몸체가 경험하는 주된 항력을 생성한다. 다른 하나는 경계층 외부로서 해에 큰 영향을 미치지 않고 점성을 무시할 수 있는 영역이다. 경계층의 두께는 통상적으로 점성 유동 속도가 자유유동(free stream) 속도(비점성 유동의 표면 속도) u_0의 99%인 고체로부터 떨어진 거리로 정의된다.

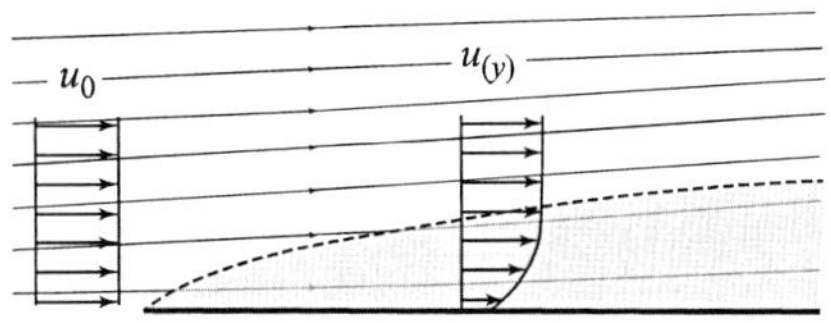

층류경계층 속도 프로파일

◆ **전단유동(boundary shear flow)** 물체 내의 어떤 면에서 단위면적당 작용하는 힘을 응력(stress)이라 한다. 응력은 두 가지로 나누어진다. 즉, 면에 평행인 방향으로 작용하는 힘을 전단응력(shear stress)이라 하고, 면에 수직인 방향으로 작용하는 힘을 압력 또는 장력(tension)이라 한다. 고체에 전단응력이 작용하면 전단변형(직육면체의 부피가 변하지 않고서 평행 6면체가 되는 변형)이 생기지만 액체는 전단응력에 저항할 수가 없어서 전단변형이 계속된다. 이 전단응력에 의해서 생기는 유동을 전단유동이라 한다. 유동에 의한 전단변형의 증가율을 전단속도(shear rate)라고 부른다. 유동의 속도 기울기와 같다. 뉴턴유체에서는 전단응력은 전단속도의 크기에 비례하고 그 비례상수가 점도이다. 정지한 유체 중에서 전단응력은 0이 된다.

◆ **포점(bubble point)** 어떤 액체(단일 성분 또는 혼합물)의 온도와 구성을 일정하게 유지한 채로 임의의 압력을 기준으로 압력을 감소시키면, 어떤 점(온도)에서 첫 증기기포가 발생한다. 이때를 포점(bubble point)이라고 한다. 그리고 압력을 더욱 더 감소시키면 더 많은 액체가 증발한다. 그래서 액체의 마지막 방울이 없어지는 점(온도)을 이슬점(dew point)이라고 한다.

다시 거꾸로 어떤 기체(단일 성분 또는 혼합물)의 온도와 구성을 일정하게 유지한 상태에서 임의의 압력을 기준으로 압력을 증가시키면, 액체의 첫 방울이 생기며, 이 점을 이슬점이라 한다. 그리고 계속해서 압력을 증가시키면, 더 많은 기체가 응축(응결, condensation)하고, 더욱 더 압력을 증가시키면 증기의 마지막 기포가 없어지며 이 점을 포점이라 한다.

◆ **캠버(camber)** 만곡 날개 단면 중심선이 위로 휜 것으로 곡면이라고도 한다. 캠버가 위로 많이 휠수록 양력은 증가하지만 공기저항도 함께 증가한다(전연(leading edge) 참조).

◆ **캠벨 정리(Campbell theorem)** 캠벨 정리는 하나의 수학적 정리로서 감쇠된 시스템에서 결정된 강도(intensity)로 작용하는 확률 충돌(impulse)의 점근적(asymptotic) 분포를 평가한다. 이 정리는 임의의 n차원의 Riemannian manifold는 $(n+1)$차원 Ricci-flat Riemannian manifold 내에서 국부적으로 embedded될 수 있는 것을 보장한다.

◆ **익현선(chord line)** 전연 중심선과 후연의 중심선을 잇는 직선으로서, 날개 형태의 기준이 되는 선이다(전연(leading edge) 참조).

◆ **컴플라이언스(순응도, compliance)** 강성도의 역수로서 전형적으로 m/N으로 측정된다. 물질의 변형과 흐름을 연구하는 물리과학인 유변학(rheology)에서는 응력에 대한 변형 비율로서 정의된다. 따라서 응력의 역수의 단위 1/Pa를 갖는다.

◆ **수속(收束)효과(convergency effect)** 구조물이나 건축군이 존재하기 때문에, 또는 국소 지형으로서 절벽 위나 골짜기에서 기류가 수속하여 속도가 증가하는 현상이다.

◆ **디스차지링(discharge ring)** 주로 사류수차의 러너와 접하는 곳에서 보텀링과 디스차지링이 사용되며, 디스차지링의 재질은 스테인리스 계열이다. 프란시스수차의 러너는 오직 보텀링과 접하며 보텀링 하류에 흡출관이 사용된다. 흡출관의 재질은 통상적으로 구조용 강을 사용한다.

◆ **디스트리뷰터(distributor)** 프란시스수차에서 인입부(Runner Inlet)의 유수의 흐름을 원활하게 유도하는 안내깃(Guide vanes)과 고정깃(stay vanes) 일체를 말한다.

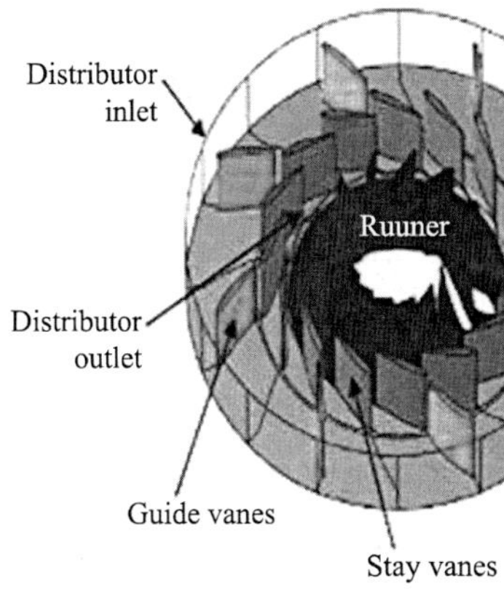

◆ **액적(droplet)** 성질이 다른 유체 중에 방울형태로 존재하는 액체덩어리를 말한다.

◆ **에디(eddy)** 유체 유동의 일부가 본류와 반대 방향으로 소용돌이치는 현상이다. 움직이는 유체는 물체의 아래 방향 흐름에 또는 방해물 뒤의 유체는 방해물의 각 가장자리에 유체의 소용돌이를 만든다. 방해물 뒤쪽에는 반대 방향의 흐름이 따른다. 이 현상은 물살이 빠른 강에서 돌출한 큰 바위 뒤에서 가장 잘 관측된다.

◆ **오일러(Euler) 문제** 아래 그림에서 보여주는 것과 같이 오일러 방법에서는 관측자는 고정된 위치에서 이동하는 물을 관찰하여 문제를 해결하는 방법.

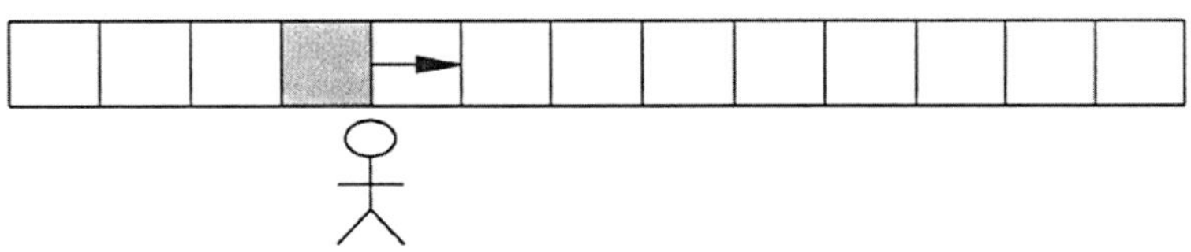

◆ **여기(excitation)** 물체 또는 생체가 외부로부터 어떤 자극을 받아 반응하여 정지 상태에서 활동상태로 이행하는 동작이다.

◆ **페라이트(ferrite)** α철을 조직학상 페라이트라 한다. 라틴어의 철(Ferrum)에서 유래한 말이다. 페라이트의 성분은 순철에 가깝고, 탄소가 0.85% 이하의 강에서는 이른바 프리 페라이트(free ferrite)로서 존재한다. 피클린산 또는 초산의 알코올 용액 등으로 부식할 때는 착색이 안되며 백색 조직으로 나타난다. 탄소가 0.85% 이하의 강, 즉 아공석강에 있어서는 퍼얼라이트(흑색으로 나타난다)와 프리 페라이트(free ferrite, 백색)와의 비율에 의해서 강의 함탄량을 현미경 조직상으로 추

정할 수가 있다. 페라이트는 연하고 전연성이 크며 강자성체이지만 보자력은 작다.

보통 MO·Fe_2O_3의 화학식으로 표시되는 산화물로서 M은 2가의 금속이온, 예컨대 Mn, Mg, Ni, Co, Cu, Zn 등 전기 저항이 매우 높고 고주파 자심으로 매우 중요시하는 재료이다.

◆ **플랩(Flap)** 날개의 양력을 증가시키기 위해 날개의 면적을 늘리거나 날개 캠버(camber)를 변형시키는 장치로 플랩과 슬랫(slat)을 사용한다. 일반적으로 날개 후연에 부착된 것을 플랩이라 하고, 전연에 부착된 것을 슬랫이라고 부른다.

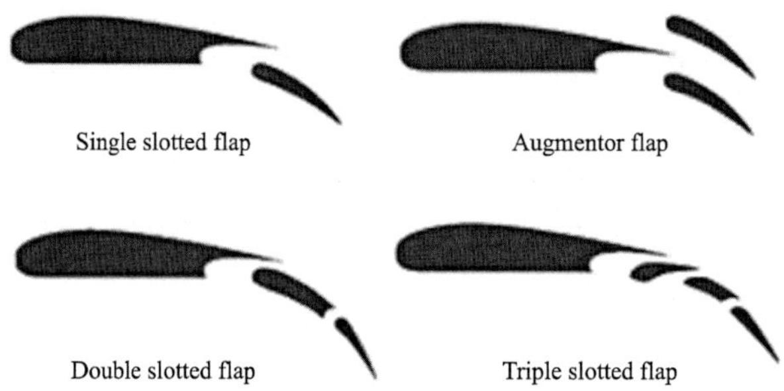

플랩 종류

◆ **유동박리(flow separation)** 유동이 두 방향으로 나누어지는 현상이다.

◆ **변동(fluctuation)** 물질의 여러 가지 물리량이 그 물질이 비록 거시적으로 보아 평형상태에 있을지라도 일정 조건하에서 평균값의 주변에 있는 분포를 이루고 있는 현상으로 흔들림이라고도 한다. 변동의 방향은 평균값에 대해 증·감의 양방향으로 일어나므로 물성값의 "흔들림" 그 자체의 평균은 0이 되고, 그 제곱 평균값은 물질의 성질에 현저한 영향을 미치는 경우가 있다. 예를 들면 브라운 운동은 충돌하는 분자의 운동량 변동에 의한다.

◆ **플럭스(flux)** 주어진 방향에 대하여 수직인 면적을 통하여 단위 시간당 특정 물리량이 수송되는 비율을 말하며, 플럭스 밀도라고도 한다. 이 경우에 물리량은 에너지, 질량, 열, 운동량, 유체, 수증기 등이 될 수 있다.

◆ **프란시스수차(Francis trubine)** 대표적인 반동수차로서 유량이 비교적 많고 저낙차와 중낙차에서 사용된다. 수직축형과 수평축형이 있고, 또 케이싱의 유무와 형

상에 따라 여러 가지가 있지만 일반적으로 와형실(spiral case)을 갖춘 수직축형이 많이 쓰인다. 그림은 그 예를 보인 것으로서, 물은 와형실에 도입되어 안내 날개를 통해 날개차로 유입되며, 날개에 반동 작용을 주어 날개차를 회전시킨다. 출력에 맞추어 수차 전체가 소형이 되고, 손실되는 배수의 속도 에너지를 작게 할 수 있어서 비교적 효율이 높으며, 발전용으로 많이 쓰이고 있다.

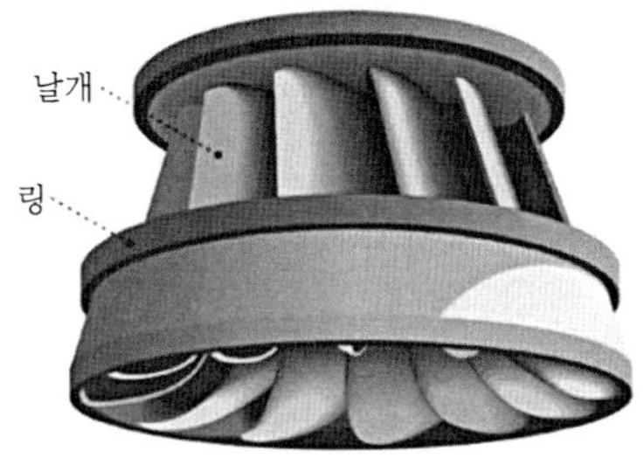

프란시스수차 러너

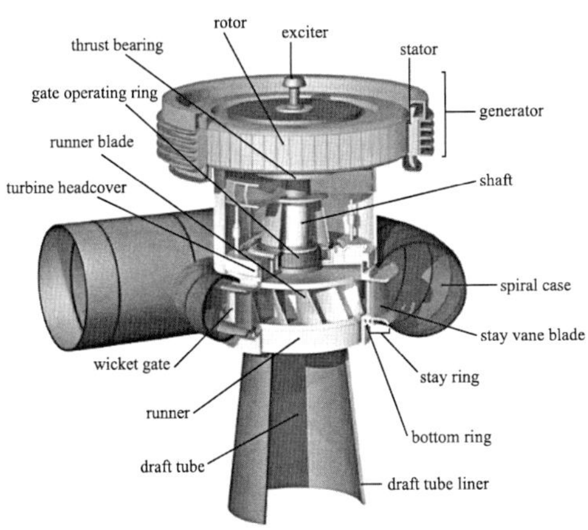

프란시스수차 조립도(영어)

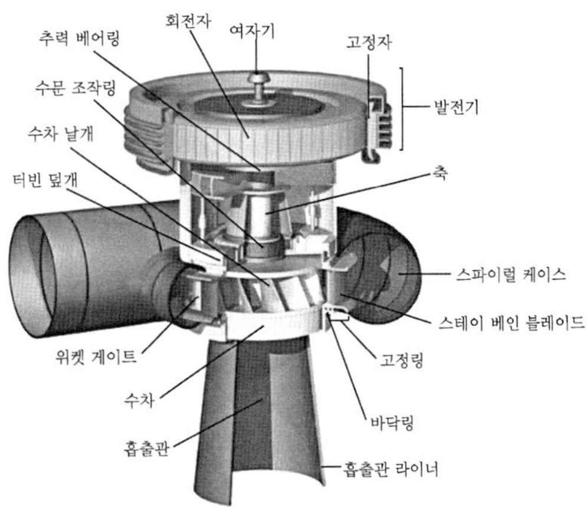

프란시스수차 조립도(한국어)

◆ **자유전단층(free shear layers)** 유체 속의 얇은 층을 따라 접선방향의 유속이 급격히 변화하고 있을 때의 층을 말한다. 자유경계층(free boundary layer)이라고도 한다. 층 안의 유체는 바깥쪽에 비하여 와도가 강하며 그 크기는 층 양쪽의 속도 차를 층의 두께로 나눈 값이다. 둔한 물체(bluff body, 유선형이 아닌 물체)가 빠른 흐름의 유체와 부딪힐 때 물체 뒤쪽의 사수(死水)영역과 주위의 흐름 사이에 전단층이 생긴다. 이것은 상류쪽에 있는 물체의 표면에 따라 발달한 경계층이 물체에서 떨어져 나간 것이다. 대기나 해수에 자주 전단층이 형성된다. 보통 전단

층은 불안정하고 층이 물결치기 시작하여(켈빈-헬름홀츠 불안정성) 소용돌이 대열로 들어간다. 만일 어떤 흐트러짐이 있으면 소용돌이 대열 앞 또는 뒤의 전단층 난류로 전이하며 이를 전단난류라고 부른다. 층 안에 소용돌이나 흐트러짐이 발달하면 그 양쪽에 있는 유체를 층으로 끌어들여 혼합이 촉진되며, 이와 같은 층을 혼합층이라고 부른다. 분출하는 연료의 연소는 혼합층 안에서 일어나고 있다. 분류의 출구에 있는 흐름에도 분출하는 유체와 주위의 유체 사이에 축대칭인 전단층이 생기고 있다.

◆ **프루드수(Froude number)** 유체의 이동을 모델화하고 특징짓는 단위가 없는 지수를 말한다. 프루드수 Fr는 관성력과 중력의 비, 즉 관성력/중력으로 나타낸다.

$$Fr = \frac{U}{\sqrt{gD}}$$

여기서 U는 유속, g는 중력가속도, D는 수심이다. 프루드수가 1보다 작으면 조용한 흐름 또는 아임계유동(subcritical flow)이라 부르며, 물의 표면이 거의 평탄하여 만약 돌을 던지면 파도가 빨리 소멸되는 경우이고 이런 흐름을 정류(Tranquil flow)라고 한다. 반면 프루드수가 1보다 크면 물의 표면은 큰 파도와 교란작용이 크게 일으키는데, 이를 초임계유동(Supercritical flow)이라고 부른다. 프루드수가 1이면 임계유동(Critical flow)이라고 부르며, 이 경우에는 유체의 총에너지가 최소가 된다.

◆ **감마과정(Gamma process)** 감마과정은 독립 감마 분포 증분을 갖는 확률 과정이다. 빈번하게 $\Gamma(t;\gamma,\lambda)$로 표현되며, 이는 $+x$에 대해 $\nu(x)=\gamma x^{-1}e^{-\lambda x}$의 강도 정도를 갖는 순수 점프 증가 Levy과정이다. 따라서 크기가 $[x, x+dx]$ 사이에 있는 점프들은 강도 $\nu(x)dx$인 푸아송과정으로 발생한다. 매개변수 γ는 점프 도입률(arrival rate)을 제어하고 스케일링 매개변수 λ는 점프크기를 역으로 조정한다. 이 과정은 $t=0$에서 수치 0으로부터 시작하는 것으로 가정한다.

때로는 감마과정은 평균 μ와 단위시간당 증분의 편차 ν로 표현되며 이는 $\gamma=\mu^2/\nu$ 그리고 $\lambda=\mu/\nu$에 상응한다.

◆ **가우스분포(Gaussian distribution)** 도수 분포 곡선이 평균값을 중앙으로 하여 좌우 대칭인 종 모양을 이루는 분포로서 신장(身長)의 분포, 지능(知能)의 분포 등 그 예가 많으며 정규분포라고도 한다.

◆ **가우스과정(Gaussian process)** 가우스과정은 확률론적 과정 X_t, $t \in T$이고, 표본(sample)들의 임의의 유한 선형 조합은 조인트 가우스분포를 갖는다. 더욱 정확하게는 표본 함수 X_t에 적용된 임의의 선형 함수는 정규 분포된 결과를 제공할 것이다. 표기법에 따라 $X \sim GP(m, K)$로 작성할 수 있으며 이는 확률 함수 X는 평균 함수 m과 공분산함수(covariance function) K를 갖는 GP로서 분포된다는 것을 의미한다.

◆ **젤라틴(gelatin)** 동물의 가죽, 힘줄, 연골 등을 구성하는 천연 단백질인 콜라겐을 뜨거운 물로 처리하여 얻을 수 있는 유도 단백질의 일종이다.

◆ **조화 주파수(harmonic frequency)** 기본 주파수의 정수배인 주파수를 말하며 고조파라고도 한다.

◆ **헨리의 법칙(Henry's law)** 동일한 온도에서, 같은 양의 액체에 용해될 수 있는 기체의 양은 기체의 부분압과 정비례한다. 여기서 기체의 종류는 액체에 소량이 녹는 것(대체로 무극성 기체)이어야 한다. 예를 들어, 메탄, 산소, 이산화탄소 등이 이 법칙이 적용되지만, 암모니아와 같이, 물 속에 대량으로 녹아서 이온화되거나 산-염기 반응을 하는 기체(즉, 일부 극성 기체 분자)들은 이 법칙이 적용되지 않는다. 헨리의 법칙은 다음과 같은 방정식으로 나타낼 수 있다.

$$p = kc$$

여기서 p(atm)는 용액 위에 있는 기체의 분압, c(mol/L)는 용질의 농도, k는 압력/농도의 단위를 갖는 헨리상수이다. 이 헨리상수는 용매, 용질, 온도에 따라 결정된다. 온도 298°K에서 물에 대한 헨리상수는 다음과 같다.

산소(O_2): 769.2 L · atm/mol
이산화탄소(CO_2): 29.4 L · atm/mol
수소(H_2): 1282.1 L · atm/mol

◆ **능삼무늬(herringbone)** 오늬무늬, 삼릉문(杉綾文)이라고도 한다. 그 중복된 중심에 직선이 들어간 것을 시우문(矢羽文 : 矢羽根文)이라고도 하는데 모두가 같은 것이다. 가장 단순한 기하학 문양의 하나로, 선사시대의 유물에서 흔히 볼 수 있다.

◆ **홀로그래피 기법(holography)** 레이저 광선을 이용하는 입체 사진술로서 3차원 입체 영상을 2차원 평면 스크린으로 표현하기 위해 사용하는 기법이다.

◆ **유체-탄성(hydro-elastic)** 유체(특히 물) 유동의 결과로서 탄성 변형을 받는 상태이다.

◆ **임피던스(impedance)** 전기 회로에 교류를 흘렸을 경우에 전류의 흐름을 방해하는 정도를 나타내는 값을 말하며, 전압을 V(V), 전류를 I(A)라고 하면 임피던스 Z는 $Z = V/I(\Omega)$으로 구해진다. 임피던스는 주파수에 관계없는 저항 R과 주파수에 따라 크기가 변화하는 리액턴스 X로 나누어지며, 리액턴스는 유도 리액턴스와 용량 리액턴스로 나누어진다. 임피던스는 어드미턴스의 역수이다.

◆ **내파(imploding)** 기포가 파괴되면 기포 내 압력이 주변압력보다 낮아 기포 주변의 유체가 기포로 유입되면서 파괴되는 현상으로 외파(exploding)와는 반대되는 현상이다.

◆ **입사각(incident angle)** 포일에 유동이 들어오는 것을 입사라 하고, 이때 그 포일의 법선과 입사하는 유동의 방향이 이루는 각도를 입사각이라 한다. 유동의 방향과 포일 사이의 각도가 아니라 유동의 방향과 포일의 법선 사이의 각도라는 점을 주의해야 한다.

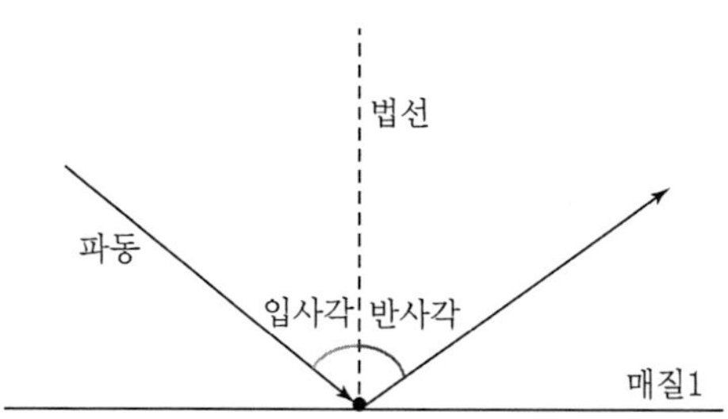

◆ **관성(inertance)** 관성은 시간에 따라 유동률을 변화시키기 위해 필요한 압력차이의 척도이다. 국제단위는 m^{-4} 또는 $Pa \cdot m^{-3} \cdot s^2$이고 통상적으로 기호 I를 사용한다. 배관의 관성은 다음 식으로 주어진다.

$$I = \frac{\rho \cdot l}{A}$$

여기서 ρ는 유체의 밀도, l은 배관 길이, A는 배관 단면적이다. 압력차이는 다음 식과 같이 유동률을 변화시키는 것과 관련된다.

$$\triangle p = I \cdot \dot{Q} = I\frac{dQ}{dt}$$

여기서 p는 유체의 압력, $\dot{Q}$는 체적 유동률이다. 이 공식은 일정한 밀도, 균일한 가속, 완전 발달된 플러그 유동으로 가정한다. 이는 수격 등을 발생시킨다.

◆ **카플란수차(Kaplan turbine)** 반동 수차에 속하는 프로펠러 수차의 일종으로, 부하의 변동에 따라서 날개의 각도가 변하는 수차이다. 특히, 저낙차(5 ~ 40m)에서 수량이 변화하는 경우에 적합하다.

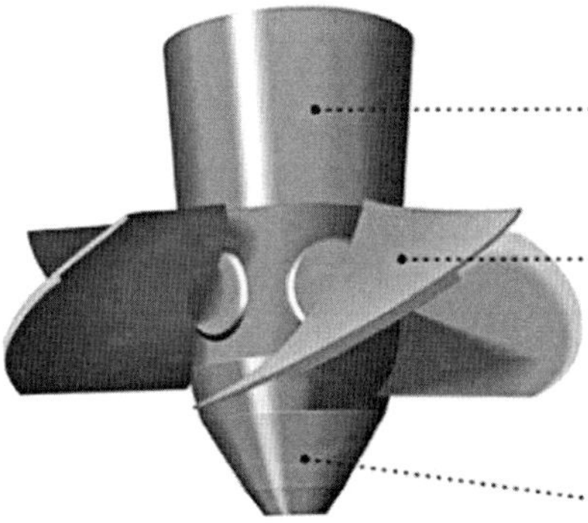

카플란수차 러너

◆ **Karman vortex street** 점성(粘性) 유체 속에 놓인 물체의 하류쪽에 규칙적으로 발생하는 소용돌이 열(渦列)이다. 카르만(Karman)은 이 소용돌이의 안정성을 조사하여 그림과 같은 원주의 하류쪽에 번갈아 반대방향으로 발생하는 규칙적인 소용돌이는 소용돌이의 거리 a와 소용돌이 열(列)의 간격 b가 $b/a = 0.281$의 관계를 충족시킬 때에 한하여 안정됨을 증명했다. 1912년에 연구성과를 발표하고, 이후 이 소용돌이는 카르만의 소용돌이라 불리게 되었다. 흐름에 발생하는 소용

돌이는 공업상 폐해를 미치는 경우가 많지만 카르만의 소용돌이의 규칙성을 잘 이용하여 소용돌이의 발생 주파수를 계수하여 유량을 측정하는 것으로 소용돌이 유량계가 있다. 프로세스 공업용, 자동차용 등으로 널리 쓰이고 있다.

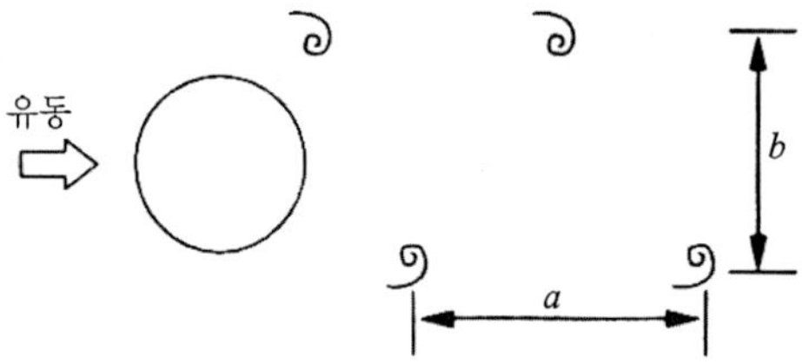

◆ **콜모고로프 스케일(Kolmogorov scale)** 유체의 난류운동으로부터 빼앗아 오는 에너지는 점성 감쇠 그리고 난류 에너지 스펙트럼 중 평형 범위에 해당하는 높은 파수(wave numbers)에 기인한다는 평형이론에 기초한 미세구조 길이단위로서 크기가 가장 작은 난류의 스케일이다.

◆ **콜모고포프 이론(Kolmogorov theory)** 러시아 과학자인 Andrey Kolmogorov는 확률론에서 다음과 같은 정리(theorem)를 제시하여 탁월한 업적을 쌓았다. Hahn-Kolmogorov theorem, Kolmogorov existence theorem, Kolmogorov continuity theorem, Fréchet-Kolmogorov theorem, Kolmogorov's three-series theorem, Kolmogorov's zero-one law, Chapman-Kolmogorov equations, Kolmogorov inequalities.

◆ **라그랑지(Lagrange) 문제** 아래 그림과 같이 라그랑지 방법에서는 관측자는 고정된 위치에서 유동을 관측하는 대신 유동과 함께 이동한다. 따라서 고정된 격자를 갖는 대신 배관을 통해 동질의 농도를 갖는 물의 덩어리들을 추적한다.

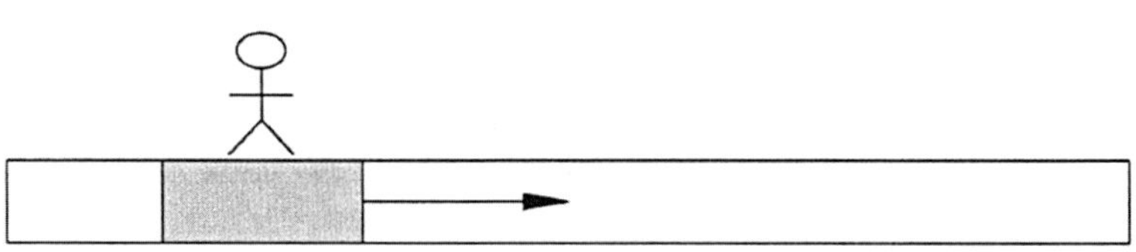

◆ **층류박리(laminar separation)** 경계층이 난류가 되지 않고 아직 층류를 유지하고 있는 부분에서 물체의 표면에서 분리되어 떨어져 나가는 현상이다. 양력은 입사각에 따라 변화하는데, 입사각이 너무 커도(즉, 기수를 너무 치켜 올리면) 에어포일 상부표면에서 난류가 발생하여 양력을 감소키는 와류가 형성된다. 따라서 모

든 항공기는 임계 입사각이 있다. 입사각이 크면 공기가 에어포일 윗면 후연(後緣, trailing edge) 부분에서 공기의 흐름이 분리되어 떨어져 나가는 현상을 박리라 하고 이 박리가 일어나면 양력이 감소하여 항공기는 실속하여 추락하게 된다.

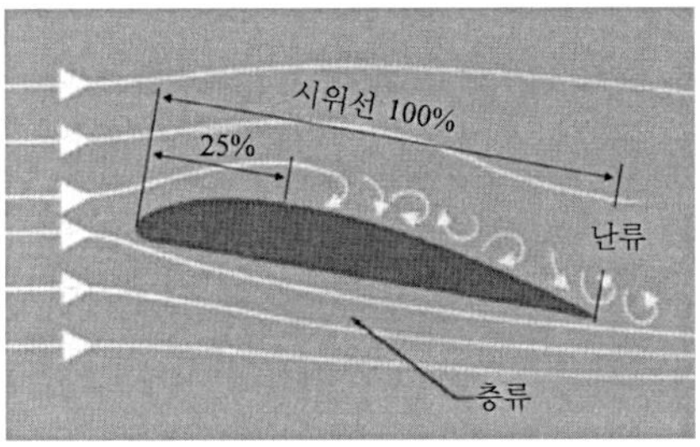

◆ **전연(前緣, leading edge)** 펌프, 수차, 응집기 등의 날개에서 제일 앞부분의 끝에 해당되는 부분이다. 저속 항공기의 경우에는 전연의 모양이 둥글거나 두껍지만, 고속 항공기일수록 두께가 얇아지며 초음속 항공기의 경우에는 쐐기 모양으로 날카로운 전연 모양을 갖는다.

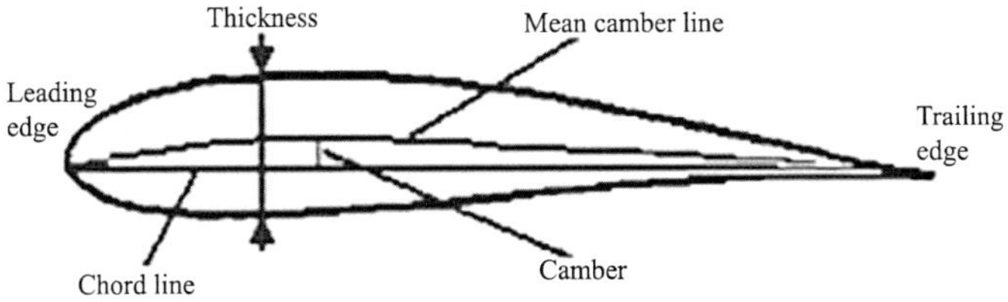

◆ **만손-코핀 이론(Manson-Coffin theory)** 낮은 주기 피로로 인한 수명을 예측하기 위한 이론이다.

◆ **마르텐사이트(martensite)** 탄소를 고용하고 있는 α 철, 즉 α 고형체를 말하며, 소입강 조직의 하나이다. 결정구조는 체심정방정계(α 마르텐사이트) 및 체심입방정계(β 마르텐사이트)로, 마상(麻狀) 또는 침상의 조직이다. 강을 소입하여 MS 변태를 생성시켰을 때나 오스테나이트를 상온 가공하였을 때 얻을 수 있으며, 상온에서는 불안정하다. 강의 소입조직 중에서는 가장 단단하고 약하며, 강자성을 가지고 있고, 오스테나이트보다 밀도가 작다. 그 때문에 오스테나이트 → 마르텐사이트의 변태일 경우는 팽창하여 용적을 증가시키며 소입 변형이나 소입 균열의 원인이 된다.

◆ **단극원 소음(mono-pole source noise)** 소음 발생원이 하나인 소음으로서 소음원의 숫자에 따라 2극, 4극 소음으로 분류한다. 단극소음은 소음의 확장 또는 축소 근원으로 표현된다. 2극 소음원 소음은 두 개의 에너지원에 의해 생성되며 하나는 크기가 확대되는 반면 다른 하나는 축소한다. 4극원 소음은 두 쌍의 2극 소음원으로 구성되며 각 쌍은 각 근원을 갖고 확대 및 축소되는 과정에 있어도 두 쌍은 별개로 진행이 완료된다.

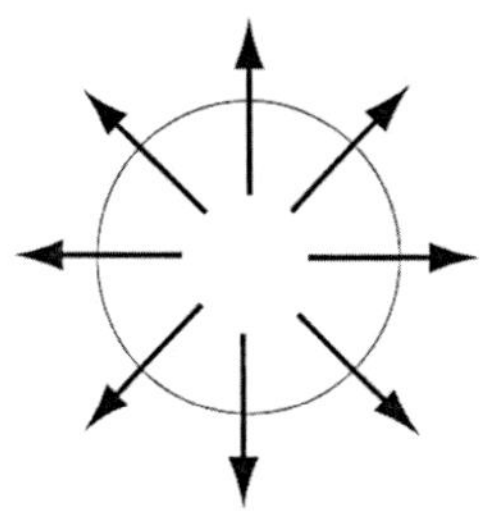

단극원

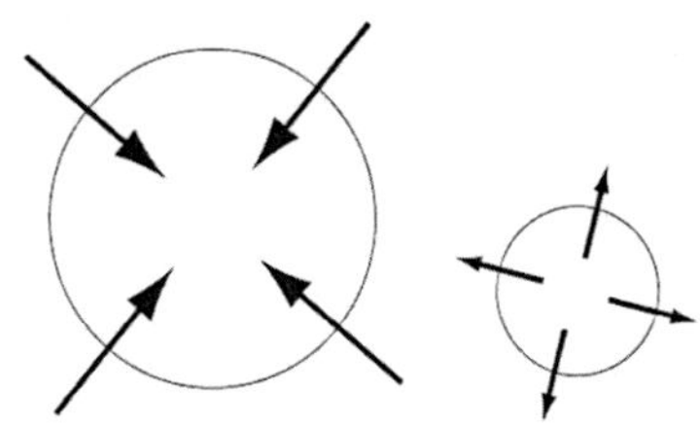

2극원

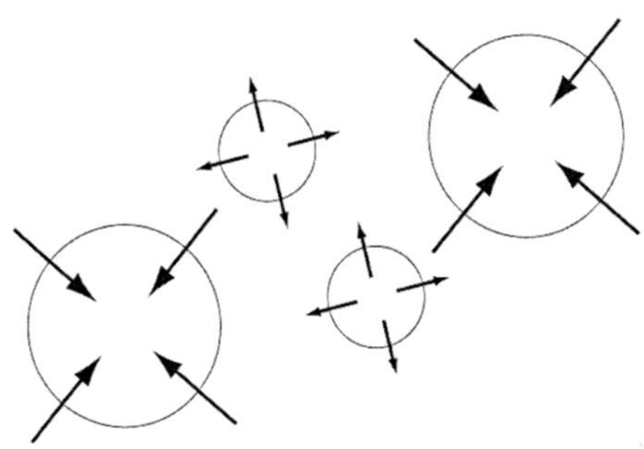

4극원

◆ **동요(oscillation)** 동요는 하나의 중심값(빈번하게 중심 점) 또는 두 개 이상의 다른 상태 사이에서, 특히 시간상에서 반복적인 변화(variation)이다. 익숙한 예는 흔들리는 시계추 및 변화하는 전력이다. 진동(vibration)은 기계적 동요를 의미하기 위해 더욱 협소하게 사용되지만 동요의 동의어로도 사용된다.

◆ **수동 컴플라이언스(passive compliance)** 외부로부터 에너지를 공급받는 액추에이터를 사용하지 않는 기구

◆ **유적선(pathline)** 유선과 달리 라그랑지(Lagrange) 방법에 따라 그린 선을 유적선(流跡線, pathline)이라고 한다. 이는 유체 입자를 따라가면서 그 궤적을 표현한

것이다. 예를 들어 한강의 흐름을 기술하기 위해 작은 모형배를 띄워서 어떻게 흘러가는지 관찰한다. 그리고 모형배가 통과한 경로를 표시한다. 정상흐름의 경우 유적선과 유선은 일치한다.

유체의 흐름 속에 육안으로 볼 수 있는 물질, 예컨대 알루미늄 분말이나 색소 등을 넣으면 실제로 유적선을 볼 수 있다. 따라서 정상흐름의 경우 유선도 직접 관찰할 수 있다.

◆ **펠턴수차(Pelton turbine)** 물이 갖는 압력 수두(壓力水頭)를 안내실(펠턴수차에서는 노즐) 안에서 전부 속도 수두로 바꾼 다음 러너에 작용시키는 형식의 수차이다. 낙차가 큰 곳에서 사용되는 충동 수차이다.

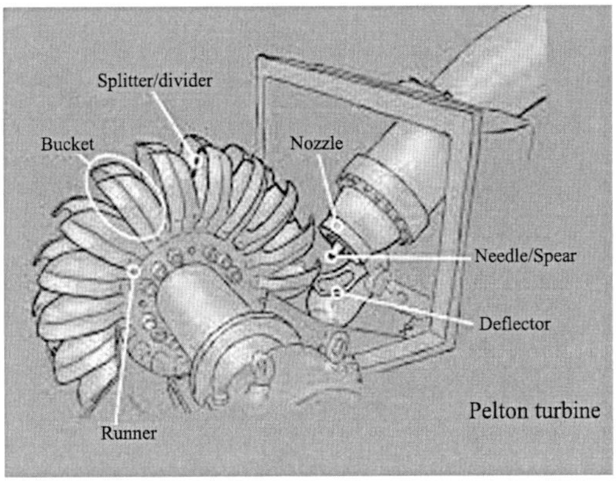

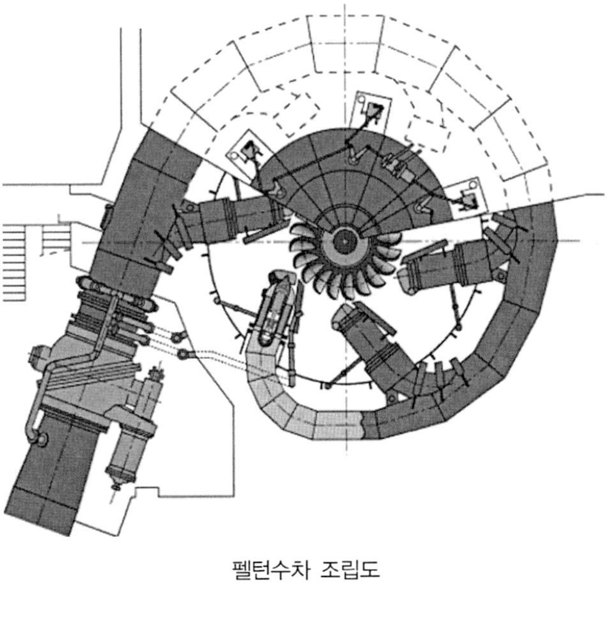

펠턴수차 조립도

펠턴수차 러너

◆ **섭동(perturbation)** 행성의 궤도는 태양의 인력만 생각하면 타원이 되지만, 다른 행성으로부터도 힘을 받고 있으므로 엄밀하게 타원은 아니다. 이렇게 행성의 궤도가 다른 천체의 힘에 의해 정상적인 타원에서 어긋나는 것을 섭동이라 한다.

◆ **섭동법(pertubation method)** 섭동이라고 하는 것은 행성의 공전운동이 다른 행성의 영향을 받아서 혼란되는 현상을 뜻한다. 이렇게 다른 행성의 작용을 고려할 때는 기본해에 부가항을 붙여서 문제를 다시 풀며, 이때 이 부가항을 섭동이라고 한다. 이런 일을 하는 이유는 비선형방정식을 선형화하기 위해서이다.

각 방정식과 조건이 모두 선형항이라고 하면 쉽게 풀 수 있지만, 관성항이나 기압경도력 등은 비선형항이므로 이를 선형화시킬 필요가 있다. 이렇게 비선형방정식을 선형화하는 방법들 중 하나이다.

◆ **피팅(pitting)** 공동화 현상 또는 부식으로 인하여 강재 단면 일부 또는 전체에 걸쳐서 육안으로 보이는 크기로 발생된 점모양의 구멍

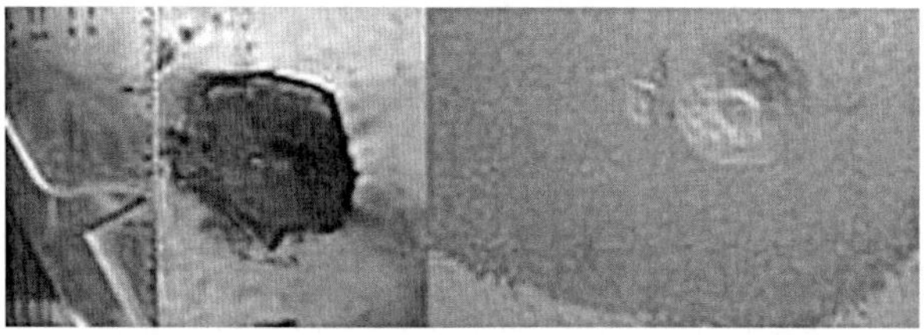

샌딩 전후 피팅

◆ **평면파(plane wave)** 파면의 모양이 직선 또는 평면을 이루면서 진행하는 파동을 평면파라고 한다. 파동이 진행할 때 그 위상이 같은 점을 연결한 선 또는 면을 파면이라고 하며, 파면과 파동의 진행 방향은 서로 수직이다. 파동은 파면의 모양에 따라서 그림과 같이 평면파와 구면파로 나눌 수 있는데, 파면의 모양이 직

선 또는 평면을 이루면서 진행하는 파동을 평면파라고 하고, 파면의 모양이 원 또는 구면을 이루면서 퍼지는 파동을 구면파라고 한다.

긴 막대로 물결파를 만들면 평면파가 만들어지며, 구면파도 멀리 퍼져 나가면 평면파에 가까워진다. 구면파는 멀리 퍼져 나감에 따라 파동에너지가 보존되어야 하므로 진폭이 줄어들지만, 평면파는 멀리 퍼져 나가도 진폭에 거의 변함이 없다.

평면파와 구면파

◆ **플러그 유동(plug flow)** 유수의 모든 부분에서 유속은 일정하고 유동 방향은 수평인 유동이다.

◆ **푸아송분포(Poisson distribution)** 일정한 시간 또는 구간 내 특정한 사건이 발생할 확률의 분포를 푸아송분포라 하고 기댓값, 즉 평균을 λ, 발생횟수를 k라고 하면

$$f(k;\lambda)=\frac{\lambda^k e^{-\lambda}}{k!}$$

예를 들어 한국에서 8시에 하루에 평균 7명의 아이가 태어난다고 할 때 오늘 9명이 태어날 확률은 다음과 같다.

$$f(7;9)=\frac{9^7\times e^{-9}}{7!}=0.117$$

푸아송분포는 왼편이 볼록한(concave) 분포인데 λ가 커질수록 오른편으로 이동해서 좌우대칭인 분포로 접근한다.

◆ **퍼텐셜 유동(potential flow)** 점성효과가 없는 이상화된 유동으로서 보텍스가 발생하지 않는 완전 유체유동

◆ **세차(precession)** 팽이의 회전축이 연직축 둘레를 회전하는 것과 같이 자전운동

을 하고 있는 물체의 회전축이 어떤 부동축의 둘레를 회전하는 현상으로서 지구의 경우 자전축은 지구 공전 궤도면에 직교하는 축과 23°27'의 각도로 기울어져 있는데, 이 자전축이 달과 태양의 조석력에 의하여 지구가 자전하는 동안 작은 범위로 회전운동하는 것을 말한다. 공전의 결과로 천구(지구에서 관측하는 하늘의 시야)에 보이는 별의 위치들이 해마다 조금씩 달라지는데 이런 천체상의 지구의 활동을 세차라 한다.

세차는 회전하는 몸체의 회전축의 방향의 변화이다. 관련 기준틀에서 이를 첫 번째 오일러 각도에서 변화로 정의할 수 있는 반면 세 번째 오일러 각도는 회전 자체를 정의한다. 다시 말해 세차 몸체 자체의 회전축은 다른 축 둘레를 회전한다. 두 번째 오일러 각도가 변화하는 운동을 nutation이라 부른다. 물리학에서는 torque-free 및 torque-induced 두 세차 형식이 존재한다.

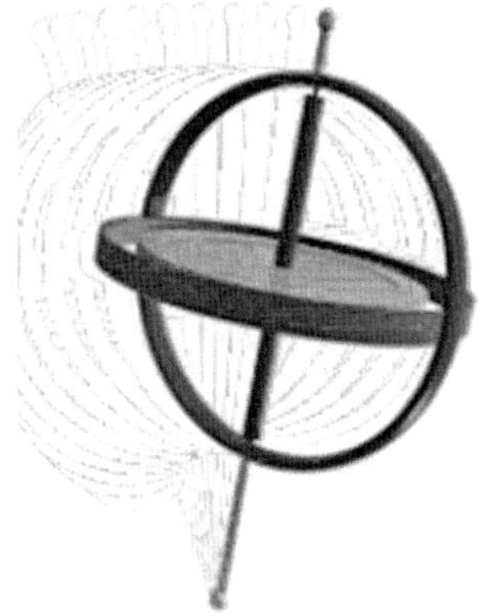

◆ **예선회(prerotation)** 유체가 흡입관속에서 날개차 입구에 도달하기까지 유기되는 선회운동이다.

◆ **프로펠러수차(Propeller turbine)** 프로펠러수차는 회전체 보스(boss) 주위에 4 ~ 8매의 날개깃을 고정시킨 반동식(反動式) 수차로, 물의 흐름 속에서 프로펠러를 회전시켜 동력을 얻는다. 주로 낙차가 작고 유량이 많은 곳에 알맞도록 설계되었으며, 낙차가 클수록 날개깃의 수가 많아진다. 구조가 간단하여 가격이 저렴한 것이 장점이지만 날개깃이 보스에 고정되어 있어 유량이 변하면 효율이 떨어지는 단점이 있다.

이러한 문제점을 해결하기 위해 유량의 변화에 따라 날개깃의 각도를 변화시킬 수 있도록 개량한 것이 카플란(Kaplan)수차이다. 카플란수차는 유량이 많고 낙차의 변화가 큰 경우에도 안정적으로 사용할 수 있는 장점이 있으며, 표준화를 통하여 가격을 크게 낮출 수 있기 때문에 대규모 수력발전에 적합하다.

◆ **맥동(pulsation)** 주기적으로 팽창과 수축을 반복하는 운동이다.

◆ **액적침식(rain erosion)** 고속으로 충돌하는 액체방울에 의한 재료가 손상되는 침식이다.

◆ **랭킨 보텍스(Rankine vortex)** 이는 외부 비회전(irrotational) 부분과 내부 회전(rotational) 부분으로 구성된 조합된 보텍스이다.

◆ **레이놀즈수(Raynolds number)** 유체의 흐름에서는 점성에 의한 힘이 층류가 되게끔 작용하며, 관성에 의한 힘은 난류를 일으키는 방향으로 작용하고 있다. 이 관성력과 점성력의 비를 레이놀즈수 Re라 부르고, 수식으로 표시한다면 다음과 같이 된다.

$$Re = \frac{vD}{\nu}$$

여기서, v는 유속, D는 배관 내경, $\nu = \eta/\rho$는 동점성 계수이다. 레이놀즈수는 무차원의 수치가 되므로, 어떠한 계열의 단위로부터 계산할지라도 같은 수치가 된다. 주로 상온액의 유동실험에 의해 $Re = 2{,}000$ 이하인 유동은 층류가 되고, 이상인 유동은 난류인 것으로 밝혀졌다.

◆ **회전실속(rotation stall)** 회전날개가 주방향으로 이동하면서 날개가 발생하는 양력의 일부를 실속하는 현상이다.

◆ **쉐플러 선도(Schaeffler's diagram)** 스테인리스강인 용접 금속의 조직과 화학 성분과의 관계를 나타내는 그림이다. 오스테나이트 안정 원소인 니켈, 탄소 그리고 망간, 페라이트의 안정 원소인 크롬, 몰리브덴, 규소와 니오븀으로부터 각각 니켈 당량과 크롬 당량을 구해서 그림에 나타내고 그것에 대응하는 조직을 나타낸 것으로서, 이 도표를 사용하면 용접금속의 화학성분으로부터 그 조직을 측정할 수가 있다.

◆ **쉬린렌 기법(Schlieren method)** 빛의 굴절을 이용하여 근소한 굴절률의 변화를

명암의 차로서 나타내는 광학적인 측정법이다. 그림과 같이 렌즈(또는 반사경)로 빛을 한 점에 모으고 그 바로 뒤에 육안이나 카메라를 놓고 시료에 핀트를 맞춘다.

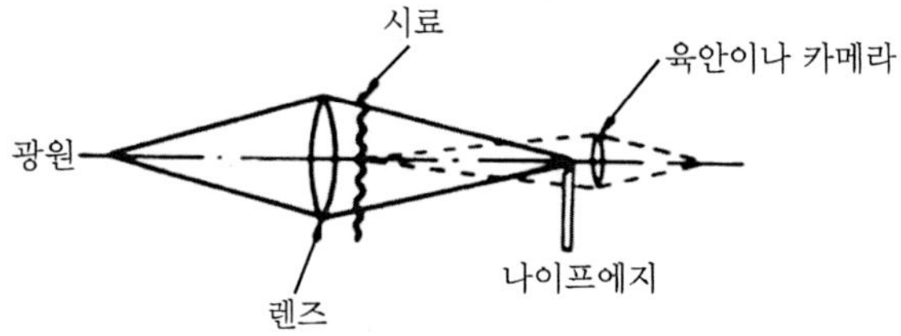

점상(點像)의 면에 나이프 에지를 놓고 점상의 일부를 가리면 시야는 어두워지지만 시료의 일부에 굴절률 변화가 있어서 거기를 통과하는 빛이 구부러져 나이프 에지에 가려지면 그 부분은 어둡고, 또 나이프 에지의 위를 통과하면 그 부분은 밝게 보인다. 온도나 압력에 의한 굴절률의 변화, 밀도가 다른 증기가 있는 등 눈에는 보이지 않는 굴절률의 변화를 수반하는 현상을 관측하는 데 적합하다. 실리렌(복수)은 독일어로 광학적 불균일, 맥리(脈理)를 말한다.

◆ **예민화(sensitisation)** 오스테나이트 스테인리스 스틸이 1150~1250°F 온도범위에 노출될 때 재료 내 탄소는 입자 경계를 향해 확산되고, 높은 탄소 농도는 이 경계에서 크롬 탄화물을 형성하여 크롬을 묶는다. 이로 인해 입자 경계 주변 중간 지역에서 크롬 고갈 지역이 발생하고, 이 지역은 벌크 재료보다 부식 저항이 낮고, 입계부식을 초래한다. 이와 같은 현상을 예민화(sensitisation)라 한다.

◆ **전단유동(shear flow)** 고체역학에서 폐쇄된 얇은 벽두께 튜브 내 전단유동은 얇은 단면 주변의 단위 둘레 길이 당 내부 전단력 V로 정의된다. 전단유동은 단위 길이당 힘의 차원을 가지며, 국제 단위에서는 N/m이다.

$$q = \frac{V_y Q_x}{I_x}$$

여기서, q는 전단유동, V_y는 전체 단면을 통한 중립축 x에 수직인 전단력, Q_x는 접수단면에 대한 중립축 x에 대한 1차 모멘트, I_x는 전체 단면적에 대한 중립축 x에 대한 2차 모멘트이다.

◆ **차폐효과(Shielding Effect)** 차폐효과는 임의의 원자 내 하나 이상의 전자껍질을

갖는 전자와 핵 사이 인력을 기술한다. 핵에서 전자들의 인력(attraction force)의 차이로 인해 전자 클라우드에서 효과적인 핵 전하(nuclear charge) 내 감소로 차폐효과를 정의할 수 있다. 이 효과를 스크린효과(screen effect) 또는 원자 차폐라고도 부른다.

◆ **실트(silt)** 모래보다 미세하고 점토보다 거친 퇴적토이다.

◆ **고형비(solidity)** 프로펠러의 임의의 반지름 위치에서 원판 둘레에 대해 날개가 차지하는 길이의 비율이다.

◆ **스플리터(splitter)** 펠턴수차 버킷의 분류수를 좌우로 나누어 튀어 돌아오는 물과의 간섭을 적게 하기 위하여 버킷에 경사를 줌으로써 수력 효율을 높이는 역할을 하며, 입사각은 보통 4 ~ 5°로 제작한다.

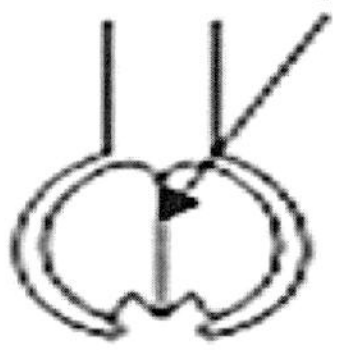

◆ **적층 결함 에너지 SFE(stacking fault energy)** SFE는 매우 작은 규모에서의 재료 특성이다. 이는 단위 면적당 단위 에너지인 γSFE로 표기된다. SFE는 금속의 마모 저항 및 특히 갤링에 대한 저항을 결정하는 주된 요소이다.

재질	Ag	Si	Ni	Cu	Mg	Al
SFE mJm^{-2}	20 ~ 30	>42	90	70 ~ 78	125	160~200

◆ **실속(stall)** 비행기의 날개 표면을 흐르는 기류의 흐름이 날개 윗면으로부터 박리되어, 그 결과 양력(揚力)이 감소되고 항력(抗力)이 증가하여 비행을 유지하지 못하는 현상이다. 그 원인으로서는 날개의 영각을 어느 한도 이상이 되었을 때 또는 날개의 표면에 강한 충격파(衝擊波)가 발생하여 그 하류의 흐름이 떨어져 나감으로써 실속이 일어난다. 항공기의 주날개가 실속하면 조종이 매우 어렵게 되며, 이 상태를 그대로 방치해 두면 스핀과 같은 위험한 상태에 빠지거나 적어도

원상으로 회복하려면 상당한 고도가 필요하게 된다. 따라서 이륙 직후나 착륙 직전과 같은 저고도에서의 실속은 매우 위험하며, 더욱이 저속일수록 영각이 크기 때문에 실속이 일어날 위험성이 크다. 일반적인 송풍기에서도 회전날개나 안내깃(guide vane)에 실속이 일어나는 경우가 있으며, 송풍기의 효율이 떨어지고 심하면 날개가 파손되는 경우도 있다.

◆ **정태분석(static study)** 어떤 현상의 일정 시점 또는 일정 기간의 상태에 대하여 분석하는 일을 말한다.

◆ **정상확률과정(stationary random process)** 표본함수들의 모든 통계적 성질이 시간에 따라 변하지 않을 때 이러한 확률과정을 정상확률과정이라 한다. 여기서 모든 통계적 성질이란 평균과 같은 일차적 통계나 에너지 또는 전력과 같은 이차적인 통계는 물론 모든 차의 통계적 성질을 포함한 이름이다.

◆ **스텔라이트(stellite)** 경질 주조 합금 공구 재료이며, 주조 상태로 사용하는 합금이다. 1907년 Haynes가 발명한 것이며, 단련할 수는 없어도 금형 주조에 의해서 필요한 형상으로 만들 수 있다. 상온에서는 담금질 고속도강보다도 다소 연하지만 600℃ 이상에서는 그보다 단단하기 때문에 절삭 조건에 따라서는 오히려 고속도강보다 절삭 능력이 크다. 주철과 연강의 절삭에 사용되지만 취약하고 충격에 의해서 결손되는 결점이 있다. 내마모성과 고온 경도가 크며, 열팽창 계수와 용융온도는 강과 비슷하므로 밸브 시트의 덧붙이로 많이 사용한다. 스텔라이트의 덧붙이(盛金)를 stelliting이라고 한다. 스텔라이트는 고속도강과 소결 탄화물 합금 공구가 발달한 최근에는 공구로 사용되는 일이 적으며, 큰 내산성을 이용하여 인견 공업과 의료 기구 등에 사용되고 있을 뿐이다.

◆ **강성도(stiffness)** 한 물체의 강성도는 변형에 대한 탄성체로 제공되는 저항의 척도이다. 봉의 인장 또는 압축과 같이 자유도가 1인 탄성체의 경우 강성도 k는 다음과 같이 표현된다.

$$k = \frac{F}{\delta}$$

여기서, F는 몸체에 가해진 힘, δ는 힘에 의해 발생된 변위이다. 국제단위는 N/m이다.

◆ **유선(streamline)** 운동하는 유체의 각 점에서 속도벡터의 방향이 접선방향이 되도록 그은 곡선으로 유동장을 기술할 때 오일러방법에 따라 그리는 것이다. 이 방법은 유체가 흘러갈 때 각 점에서 시간에 따른 속도를 측정해 표현한다. 예를 들어 한강의 흐름을 기술하기 위해 성수대교, 한강철교, 반포대교 등의 지점에서 시간에 따른 유속을 측정한다. 그리고 각 점에서 잰 속도를 가지고 속도벡터를 그린 후 그 벡터들에 접하도록 그은 선이 유선이다. 시간에 따라서 속도가 변하면 유선의 모양이 시간에 따라 달라진다. 하지만 시간에 따라 속도가 변하지 않는 정상흐름의 경우에는 유선이 변하지 않는다.

◆ **초공동화(supercavitation)** 하이드로포일 또는 반 몸체(half body)에서 공동은 몸체보다 길게 될 수 있으며, 여기서 명백한 쉬트 공동이 발생하며 Tulin은 이를 "초공동화(supercavitation)"라 명명하였다.

◆ **스월(Swirl)** 유체의 회전운동을 의미하며 해양에서는 큰 해류의 주변이나 전선 부근에서 시계 또는 반시계 방향으로 회전하는 해수의 흐름. 유체 안에서 팽이처럼 회전하는 부분으로 점성 때문에 유체의 각 부분에 운동차이가 생겨 일어나는 현상으로, 유체 안에서 물체를 움직이거나 반대로 물체를 유체 속에 넣을 때 또는 유체가 세차게 흘러갈 때 발생한다.

◆ **팁(tip)** 날개 길이 방향에서 맨 끝 자리를 의미한다.

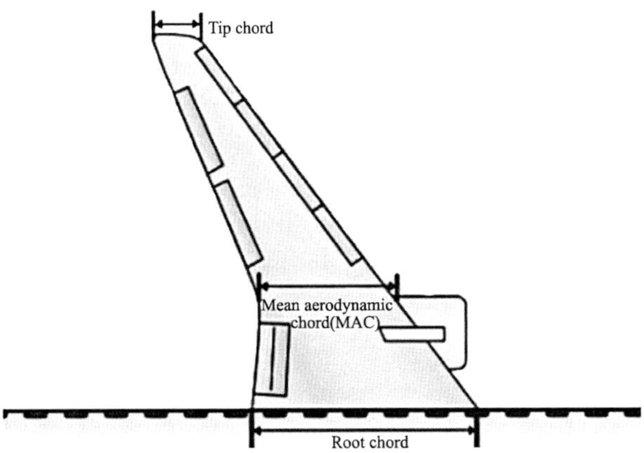

◆ **후연(trailing edge)** 날개에서 제일 뒷부분의 끝에 해당되는 부분이다. 후연의 모양은 일반적으로 직선모양이거나 뾰족한 모양을 가지기 때문에 에어포일의 후연

은 전체적으로 유선형이다.

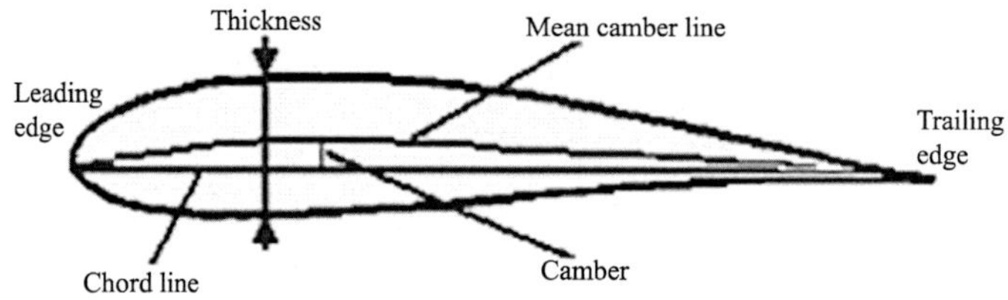

◆ **후연(後緣) 보텍스(trailing vortex)** 날개 후연에서 발생하는 보텍스를 말한다. 압력이 낮은 날개 윗면에는 날개 끝 아래면 바깥쪽으로부터 공기가 휘돌아 들어오기 때문에 발생한다. 따라서 자동차 쿼터 필러 부근이나 펜더 뒤 끝(後端)에서 발생하여 후방으로부터 나오는 보텍스도 후연 보텍스라고 한다. 고속도로에서 노면이 젖어 있을 때 타이어에서 올라오는 물보라의 움직임에서 후연 보텍스를 관찰할 수 있다.

◆ **등류(uniform flow)** 정상류 중에서 흐름의 상태가 장소에 관계없이 변화하지 않는 흐름, 즉 장소를 기준으로 하여 수로의 어느 단면에 있어서도 유량과 유속이 같은 흐름으로 등속 정류라고도 한다. 자연의 하천에는 엄밀한 의미에서는 등류 구간은 없으나 계산의 간략화를 위해 변화가 적은 구간을 등류로 취급한다.

일정한 단면의 관수로의 흐름

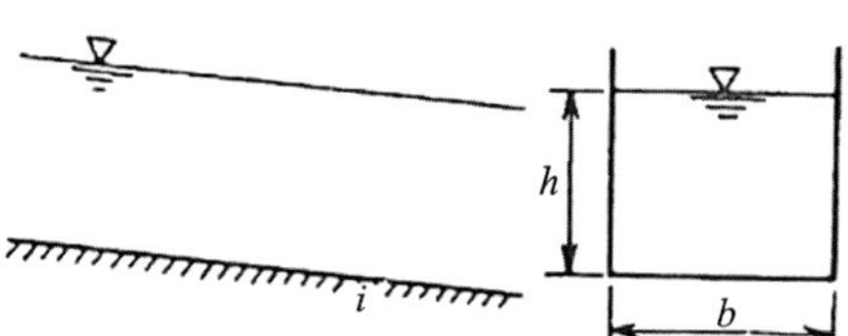

일정한 단면 실험 개수로의 흐름
(i, b, h, : 일정)

◆ **변분법(variational method)** 미적분학의 일종으로, 일반 미적분학과는 달리 범함수를 다룬다. 이런 미적분학은 알려지지 않은 함수와 이함수의 도함수를 다루는데, 주로 어떤 값을 최소화하거나 최대화하는 함수 모양이 어떻게 되는가를 다룬

다. 범함수(functional)는 함수들의 집합을 정의역으로 갖는 함수이다. 선형범함수와는 유사하지만 약간 다른 개념이다. 모든 선형함수가 범함수는 아니다.

◆ **속도 퍼텐셜(velocity potential)** 유체 내 속도의 장을 나타내는 퍼텐셜을 가리키는 용어이다. $V(x)= grad\ \psi(x)$에서 $V(x)$가 속도일 때 $\psi(x)$는 속도 퍼텐셜이다. 일반적으로 공간의 각 점을 x라 했을 때 벡터장 $V(x)$는 $V(x)= grad\ \psi(x)+ rot\,V(x)$의 형태로 표현할 수 있는데, "소용돌이가 없는 흐름"이라고 가정하면, 제2항은 0이 되어 $V(x)$는 퍼텐셜장 $\psi(x)$에 의해 결정된다. $V(x)$가 흐름의 속도를 나타낼 때 $\psi(x)$를 속도 퍼텐셜이라 한다.

◆ **진동(vibration)** 진동은 기계적 현상으로서 평형점을 중심으로 동요가 발생한다. 동요는 시계추의 운동과 같이 주기적이 될 수 있거나 또는 자갈길에서 타이어의 움직임과 같이 무작위가 될 수 있다.

◆ **공극률(void fraction)** 유동 단면적 또는 특정 체적 중 공동 또는 기포가 차지하는 비율이다. 또는 2상 유체 단위 체적당 기체가 차지하는 체적의 비율을 말한다.

◆ **보텍스(vortex)** 유체 내 유동이 직선 또는 곡선의 축선을 중심으로 spinning하는 영역. 유체역학에서 보텍스는 유체 매체 내 하나의 영역(region)으로서 여기에서 유동은 축선(axis line)에서 대부분 회전하며, 직선축 또는 곡선축에서 발생하는 선회성(vortical) 유동이다. 보텍스는 액체, 가스, 그리고 플라즈마와 같은 액체와 같은 휘저은 유체 내에서 형성된다. 보텍스의 예는 연기 링(smoke ring), 보트와 패들의 후류의 whirlpool, 열대성 cyclone(허리케인), tornado, 그리고 dust devil, 그리고 비행기의 후류가 된다.

보텍스는 난류 유동의 주된 성분이다. 외력이 없으면 유체 사이 점성마찰은 유동을 비회전 보텍스의 집합으로 정리하여 아마도 대규모 보텍스를 포함한 대형 유동으로 중첩시키는 경향이 있다. 각 보텍스에서 유체의 속도는 이 축의 다음에서 가장 크며, 축으로부터 거리에 반비례하여 감소한다. 와도(유체의 curl 속도)는 축 둘레 코어 영역 내에서 매우 높고, 큰 보텍스에서는 거의 0이다. 그리고 압력은 보텍스의 축에 인접하면서 저하한다.

보텍스가 한 번 생성되면 복잡한 방법으로 이동(move), 스트레치(stretch), 트위스트(twist)할 수 있다. 이동성 보텍스는 약간의 각 및 선 모멘텀, 에너지 및 질량을 소유한다. 정적인(stationary) 보텍스에서는 유선(streamline)과 유적선(pathlines)이 닫혀있다(closed). 이동성 또는 진화성 보텍스에서는 전반적인 유동에 의해 이상한 그러나 개방된 곡선으로 스트레칭 된다.

◆ **보텍스 방출(vortex shedding)** 보텍스가 물체 후류(wake)로 만들어져 나가는 현상을 말한다.

◆ **보텍스 형식(vortex type)** 이론적으로 보텍스 내 입자의 속도(즉, 와도)는 축으로부터 거리 r에 따라 많은 방법으로 변화할 수 있다. 그러나 다음과 같이 두 개의 중요한 특별한 사례가 존재한다.

- 강성체 보텍스(rigid-body vortex) : 만일 유체가 강성체와 같이 회전하면, 즉 각 회전속도 Ω가 균등하면 u는 축으로부터 거리에 비례하여 증가한다. 즉, 유동이 수송하는 작은 볼은 강성체의 일부와 같이 볼의 중심을 기준으로 회전한다. 이와 같은 유동에서 와도는 어느 곳에서나 동일하다. 즉, 와도 $\vec{\omega}$의 방향은 회전축과 평행하고 크기는 회전 중심 둘레 유체의 균일한 각속도 Ω의 두 배가 된다.

$$\vec{\Omega}=(0,\ 0,\ \Omega),\quad \vec{r}=(x,\ y,\ 0)$$

$$\vec{u}=\vec{\Omega}\times\vec{r}=(-\Omega y,\ \Omega x,\ 0)$$

$$\vec{\omega}=\nabla\times\vec{u}=(0,\ 0,\ 2\Omega)=2\Omega$$

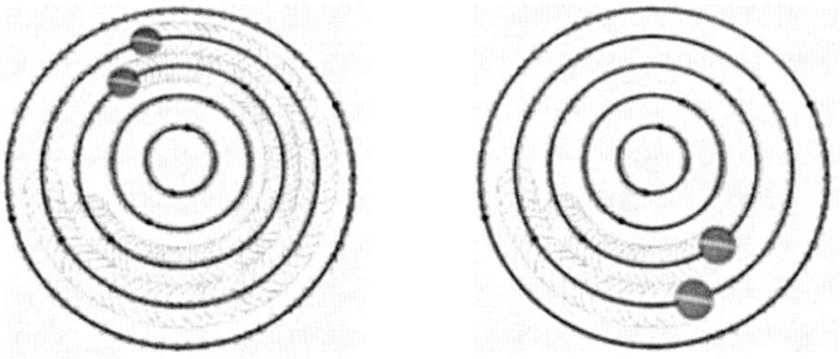

- 비회전성 보텍스 : 만일 입자 속도 u가 축으로부터 거리 r에 반비례하면 상상의 시험 볼은 이 자체가 회전하지 않는다. 이는 보텍스 축 둘레 원을 이동하면서 동일한 방향(orientation)을 유지할 것이다. 이 경우 와도 $\vec{\omega}$는 그 축이 아닌 다른 임의의 점에서 0이 되고, 유동은 비회전성(irrotational)이라 말한다.

$$\vec{\Omega}=(0,\ 0,\ \alpha r^{-2}),\quad \vec{r}=(x,\ y,\ 0)$$

$$\vec{u} = \vec{\Omega} \times \vec{r} = \left(-\alpha y r^{-2},\ \alpha x r^{-2},\ 0\right)$$

$$\vec{\omega} = \nabla \times \vec{u} = 0$$

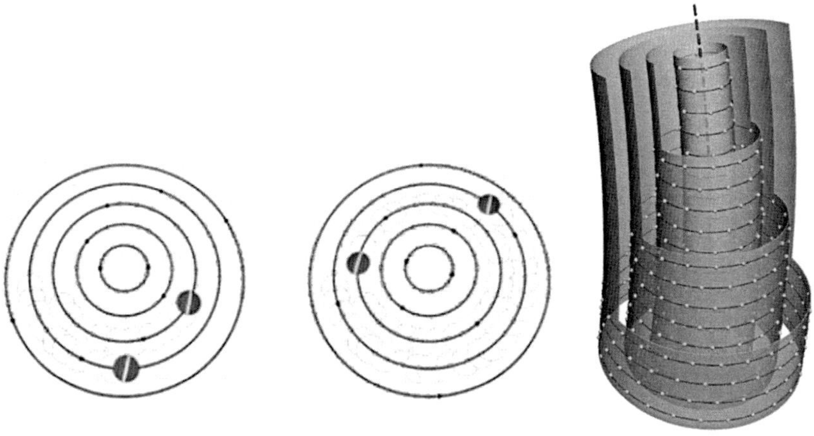

이상적인 비회전성 보텍스의 축 둘레 유체 입자의 유적선(대시선)

컬러 연기로 도출한 비행기 통과에 의해 생성된 보텍스

◆ **와도**(vorticity) 보텍스 역학에서 핵심 개념은 와도로서, 이는 유체와 함께 이동하는 관측자가 인지하는 유체 내 한 점에서 국부 회전 운동을 묘사하는 벡터이다. 개념적으로 작은 거친 볼이 임의의 점에 위치하고 유체와 함께 자유롭게 이동할 때 이 볼이 볼의 중심을 기준으로 어떻게 회전하는지 관찰하여 와도를 관찰할 수 있다. 와도 벡터의 방향은 이 상상의 볼의 회전축의 방향(오른손 법칙에 따

라)인 반면 길이는 볼의 각속도의 두 배로 정의된다. 수학적으로 유체의 속도장의 curl(또는 회전 rotational)로서 정의되며, 통상적으로 $\vec{\omega}$ 로 표기되고, 벡터분석 공식 $\nabla \times \vec{u}$로 표현된다. 여기서, ∇는 nabla 연산자이고, $\vec{u}$는 국부 유체 속도이다.

와도 $\vec{\omega}$로 측정된 국부 회전을 임의의 고정된 축 또는 외부 환경과 관련된 유체의 부분의 각속도 벡터와 혼돈하면 안 된다. 보텍스에서는 특히 $\vec{\omega}$는 보텍스 축과 관련된 평균 각속도 벡터의 반대가 될 수 있다.

◆ **후류(後流, wake)** 유체와 물체가 상대속도를 가지고 작용할 때, 물체 후방에 생기는 흐름을 말한다. 물체에서 멀리 떨어지면 후류는 소멸한다. 일반적으로 물체 표면에서 경계층이 박리할 때는 후류의 폭이 넓고, 박리하지 않을 때는 좁다.

역자약력

박 한 영

- 박사/기술사/(전)겸임교수/역자
- 기계공학석사 Texas Tech University
- 방문연구원 University of Wisconsin at Madison
- KYPIPE 프로그램(Dr. D.J. Wood, University of Kentucky) 교육자격인증서 취득
- 『펌프핸드북』 저술(2002)
- 『그림으로 푸는 수충격해석』 저술(2004)
- 『전산기로 푸는 수충격해석 입문』 저술(2005)
- 『전산기로 푸는 수충격해석 완성』 저술(2005)
- 『밸브 핸드북』 저술(2005)
- 『펌프장설계』 저술(2007)
- 『상하수도 관망해석·설계』 저술(2007)
- 『Pipe2008을 이용한 관망해석 · 설계』 저술(2008)
- 『정수설비핸드북』 저술(2009)
- 『Pipe2010을 이용한 관망해석·설계』 저술(2010)
- 『배관핸드북』 저술(2010)
- 『전산유체 따라잡기』 저술(2010)
- 『배 · 급수시스템 핸드북』 저술(2011)
- 『물수요예측』 저술(2011)
- 『최적화 이론 및 실제』 저술(2011)
- 『배 · 급수시스템 최적 설계·운영』 저술(2013)
- 『밸브 · 작동기 A to Z』 저술(2013)
- 『물손실제어』 저술(2014)
- 『유체기계에서의 공동화현상』 저술(2015)
- 현 국방대 안보과정 교육파견

정 태 희

- 단국대학교 경영학과 졸업(1982)
- 단국대학교 대학원(석사) 졸업(1984)
- (주)삼진정밀 대표이사 취임 (현) (1991)
- (주)삼진코리아 대표이사 취입 (현) (2005)
- 『밸브 · 작동기 A to Z』 저술(2013)
- (주)삼진JMC 대표이사 취임 (현) (2007)

안 상 구

- 1962. 2 한양대 기계공학과 졸업
- 2002. 2 서부산업단지공단 이사장 역임
- 2015. 7 (주)청우하이드로 대표이사 회장
- 2009.10 동탑 산업 훈장(대통령)
- 2010. 5 명문장수기업인상 표창(중소기업중앙회)

구 본 철

- 주)금성이앤씨 대표이사
- 한국유체기계학회 특별회원
- 한국강구조학회 특별회원
- 기획재정부장관 표창(2011)
- 대통령직속 중소기업특별위원회 표창(2000)
- 물 흐름을 이용한 발전장치 특허 외 60여건

박 노 현

- 주)금성이앤씨 기업부설연구소장
- 한국유체기계학회, 한국강구조학회 정회원
- 숭실대학교 기계공학과 박사과정
- 수차의 이론과 실제 저술(동명사. 2014)
- 수문 매입형 수차발전장치(2014) 외 특허 다수

신 현 욱

- 2006. 5 Helsinki School of Economics MBA
- 1996. 2 서울대학교 기계설계학과 졸업
- 2014. 4 한국그런포스펌프㈜ 대표이사 · 사장
- 2010. 1 그런포스그룹 글로벌 인재 발탁 및 수상 (First Asian Global Talent)
- 2013. 9 오백만 불 수출의 탑 수상 (한국무역협회)

양 재 구

- 한국해양대학교 기관학과 졸업(1985. 2)
- 장한기술(주) 기술팀장, 품질부서장, 생산부서장, 고객지원팀장(1989-2005)
- 공기조화 및 냉동기계기사 1,2급, 해기사(1984)
- 한국설비기술협회 밀폐식 팽창탱크, 부스터펌프 표준화규격 제정위원 및 간사
- 우수자본재개발 대통령표창(2014. 9)
- 에어챔버형 수충격 완화장치, 수충격 방지 대응시간 도입과 동력절감 등 특허 11건
- 2005년~현재 플로우테크(주) CTO/CEO

양 철 수

- 인천대학교 기계공학과 졸업
- 인천대학교 대학원 기계공학과 석박사
- (현)에스엠테크 대표이사/연구소장
- (현)환국환경공단 기술자문위원
- (현)유한대학교 겸임교수

정가 35,000원

유체기계에서의 공동화 현상

2015년 7월 10일 초판 인쇄
2015년 7월 20일 초판 발행
저　자 : S. C. Li
역　자 : 박한영 · 정태희 · 안상구 · 구본철 · 박노현
신현욱 · 양재구 · 양철수
발행자 : 우명찬 · 송　준
발행처 : 홍릉과학출판사
주　소 : 서울시 강북구 인수봉로 50길 10
142-885
등　록 : 1976년 10월 21일 제5-66호
전　화 : (02) 999-2274~5, 903-7037
팩　스 : (02) 905-6729
e-mail: hongpub@hongpub.co.kr
http://www.hongpub.co.kr
ISBN: 979-11-5600-379-3